전기전자공학(일반)

구민사 Technology Computer

www.kuhminsa.co.kr

Preface

현대 전기전자 기술은 우리 가정에 TV, 냉장고, 비디오, 오디오, 세탁기 등을 포함하여 산업용 기계, 조명, 방송통신설비, 의료기기, 교통기관, 해양개발, 항공우주산업, 정보처리 등 전자부품(components)과 제어(control), 통신(communication), 컴퓨터(computer)의 4C가 융합한 기술시대로 전자공학의 발전과 더불어 공장자동화(FA), 사무자동화(OA), 홈오토메이션(HA)의 3A 등 사회 전체의 거의 모든 분야에 직·간접적으로 전기전자공학이 매우 광범위하게 공통분야로 응용되고 있습니다.

따라서 이 시대는 전기전자를 떼어 놓고는 생각할 수도 없고, 현대를 사는 이라고 말할 수 없을 정도로 전기전자는 우리 주위에 없어서는 안 될 중요한 학문입니다. 전기전자에 입문하려는 초보자 및 기계분야, 자동차분야, 자동화분야, 건축, 통신분야, 컴퓨터 관련 분야 등을 포함한 모든 공업기술계 학생 및 기술자를 대상으로 한 전기전자 공학의 입문서로써 이론과 실무적인 내용을 중심으로 꾸며져 있습니다.

오늘날 전자회로는 개별 소자를 이용한 단순 회로보다는 고도로 집적된 IC를 중심으로 그 인터페이스가 핵심을 이루고 있지만, 다이오드로부터 마이크로프로세서까지의 반도체 소자가 모두 PN접합에서 시작되고 있으며, R, L, C의 수동소자와 함께 전자회로의 기본을 이루고 있습니다. 따라서 이 책은 전기전자 기초이론 및 6가지 주요 부품(저항, 콘덴서, 코일, 다이오드, 트랜지스터, 연산증폭기 등)을 중심으로 부품 특성 및 부품관련 회로들로 구성하였습니다.

또한 자격시험을 대비하는 분들을 위해 이전에 자격시험으로 출제되었던 전기 및 전자분야의 기능사, 기사, 산업기사 시험에서 간추린 많은 연습문제들을 수록하여 전기전자관련 자격증을 준비하는 수험생 여러분께 활용하실 수 있도록 구성하였습니다.

그리고 이 책에서 용어 이해 및 간단한 계산을 하기 위해 사용될 기초수학 및 기초물리 분야에 도움을 드리고자 부록편을 만들어 예제와 함께 정리하였습니다.

학습자는 사전에 전기전자에 대한 기본 지식을 습득한 후, 전기전자 부품 특성 및 주변 회로를 이해하고 숙지한다면 좀 더 깊이 있는 전기전자 분야에 접목될 수 있고, 이 전기전자공학 책은 다양한 기술분야의 공통학문으로서 현장 또는 수검생들에게 활용될 수 있을 것입니다.

끝으로 이 책이 나오기까지 많은 도움주신 도서출판 구민사 조규백 대표님과 저의 지인 여러분께 감사의 인사를 드립니다.

저자 씀.

Contents

Part 1 전기전자 기초이론

Contents

Part 2 전기전자소자와 회로

Contents

Part 3 회로시험기 구조 및 사용법

부록

| 자격검정 문제 출제 범위(전기전자 부분 발췌) |

공유압 기능사

기초전기 일반	1. 직교류 회로
	2. 전기기기의 구조와 원리 및 운전
	3. 시퀀스 제어
	4. 전기측정

공조냉동 산업기사

전기제어공학	20	1. 직류회로
		2. 정전용량과 자기회로
		3. 교류회로
		4. 전기기기

메카트로닉스 기사

메카트로닉스 기기	20	1. 메카트로닉스 기기

생산자동화산업기사

메카트로닉스	20	1. 기계제작
		2.전기/전자/ 전력의 기초
		3. 전기 구동의 기초
		4. 반도체 및 센서
		5. 논리회로의 기초
		6. 마이크로프로세서

승강기 기능사

승강기개론, 안전관리, 승강기보수, 기계·전기기초이론	60	23. 승강기 동력원의 기초전기

승강기 기사

전기제어공학	20	1. 직류회로
		2. 정전용량과 자기회로
		3. 교류회로
		4. 전기기기

전기기능사

전기이론 전기기기 전기설비	60	1. 정전기와 콘덴서
		2. 자기의 성질과 전류에 의한 자기장
		3. 전자력과 전자유도
		4. 직류회로
		5. 교류회로
		6. 전류의 열작용과 화학작용
		7. 변압기
		8. 직류기
		9. 유도전동기
		10. 동기기
		11. 정류기 및 제어기기

전기기사

전기자기학	20	1. 진공중정전계
		2. 진공중 도체계
		3. 유전체
		4. 전계의 특수해법 및 전류
		5. 자계
		6. 자성체와 자기회로
		7. 전자유도 및 인덕턴스
		8. 전자계
회로이론 및 제어공학	20	1. 회로이론

전기산업기사

전기자기학	20	1. 진공중정전계
		2. 진공중 도체계
		3. 유전체
회로이론	20	1. 전기회로의 기초
		2. 직류회로
		3. 정현파 교류
		4. 전계의 특수해법 및 전류
		5. 자계
		6. 자성체와 자기회로
		7. 전자유도 및 인덕턴스
		8. 전자계
		9.과도현상

전자기능사

전기전자공학, 전자계산기일반, 전자측정, 전자기기 및 음향영상기기	60	1. 직·교류회로
		2. 전원회로의 기본
		3. 각종 증폭회로
		4. 발진 및 펄스회로
		5. 논리회로
		6. 반도체

전자기사

전기자기학	20	1. 진공중 정전계
		2. 진공중 도체계
		3. 유전체
		4. 전계의 특수해법 및 전류
		5. 자계
		6. 자성체와 자기회로
		7. 전자유도 및 인덕턴스
전자회로	20	1. 전원회로
		2. 증폭회로
		3. 연산 증폭회로
		4. 발진회로
		5. 변복조회로
		6. 펄스회로
		7. 디지털회로
물리전자 공학	20	1. 물리전자공학

전자산업기사

전자회로	20	1. 전원회로
		2. 증폭회로
		3. 발진 및 변조회로
전기자기학 및 회로이론	20	1. 진공중 정전계
		2. 진공중 도체계
		3. 유전체
		4. 전계의 특수 해법 및 전류
		5. 자계
		6. 자성체와 자기회로
		7. 전자유도 및 인덕턴스

항공산업기사

항공장비	20	1. 항공전기 계통

항공정비기능사

항공장비		3. 항공장비

전기전자 기초이론

Part 1

E L E C T R I C A L E L E C T R O N I C S

1

E L E C T R I C A L E L E C T R O N I C S

| Chapter |

01 전기와 전자

제 1 절 전기의 성질

1 전기의 정의

일상적으로 말하고 있는 전기란 자석에서 발생하는 자력선을 도체로 끊어줌으로써 도체에 유기 기전력이 유기되고 이것을 모아서 가정으로 보내지고 있는 시스템적인 것을 말하기도 하지만, 물리적인 개념으로 보면 전자의 이동으로 생기는 에너지의 한 형태로 도체내 전자를 움직이게 하는 힘을 의미한다.

전기는 열이나 빛, 기계의 운전을 비롯한 여러 가지 물리적인 효과를 발생 시킬 수 있는 눈에 보이지 않는 힘을 갖고 있으며, 이러한 힘들은 전하사이의 인력(흡인)과 척력(반발)으로 나타난다.

2 전기의 유래

BC 600년경 그리스의 탈레스는 호박을 마찰하면 대전하여 가벼운 물체를 흡인하는 것을 알고 있었는데, 이것이 전기 현상의 최초의 발견이다. 이 호박을 의미하는 그리스어의 '엘렉트론'이 그 뒤에 전화되어 '일렉트리시티(electricity)'라는 말이 유래된 것으로 전해진다.

전기와 자기를 명백히 구별한 것은 탈레스 이후 2천여 년이 지나 16세기 말, 영국의 엘리자베스 여왕의 시의(侍醫)였던 길버트는 자철광이나 호박에 대하여 여러 가지 실험을 한 끝에 자기나 마찰전기에 대해서 알아냈다. 길버트는 호박 이외에도 유리, 수정, 유황 등을 마찰시키면 역시 가벼운 물체를 끌어당긴다는 것을 발견했다. 그는 이러한 현상을 물질이 호박화하기 때문이라고 생각했다. 여기서 호박화하는 원인이 되는 것을 electricity(전기)라고 부르게 되었다.

그 후 프랑스의 물리학자 뒤페가 전하에 양음(+, -)의 구별이 있는 사실을 발견하였고, 프랑스의 토목공학자 쿨롱은 전기를 가진 물체 사이에 작용하는 전기력에 관한 쿨롱의 법칙을 발견하였으며, 또 이탈리아의 물리학자 볼타에 의해 전지가 발명되는 등 전기 현상이 정밀과학으로서의 체계를 갖추게 되었다.

전기의 정체가 처음으로 규명된 것은 1897년의 일로 에디슨이 백열전구를 발명한 이후 20년쯤이 지나서 영국의 물리학자 J.톰슨이란 사람에 의해서 밝혀졌다.

현대물리학에서 전기라는 것은 물질을 구성하고 있는 소립자의 속성이라 할수 있는 이른바 '전자의 존재'에 대한 톰슨의 발견은 원자물리학의 발전에 의한 물질 구조의 규명과 연결되어, 전자공학(electronics)이라고 하는 전자의 응용분야 즉, 진공관이나 트랜지스터를 이용하는 길을 개척하는데 공헌하였다.

톰슨의 실험에서는 빛과 같은 것이 양극에서 음극으로 흐른 것이 아니고, 반대로 음극에서 양극으로 흘렀다는 사실을 확인함으로서 전기는 전자의 이동에서 생긴다는 것을 발견하였다.

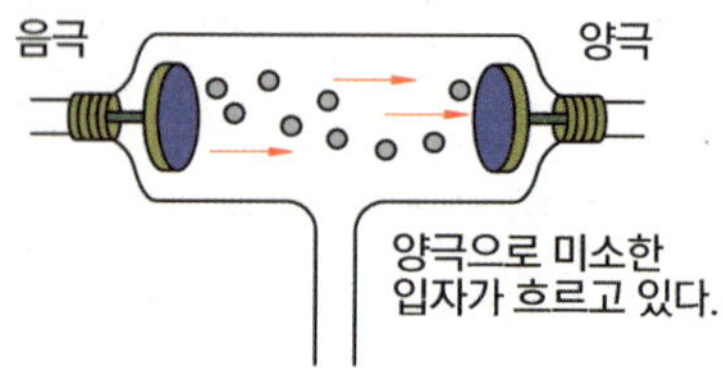

| 그림 1-1 | 진공방전

실험 방법은 유리관의 양쪽 끝에 전극을 붙인 다음, 속의 공기를 빼고 높은 전압을 가할 때 음극(-)쪽에서 양극(+)쪽으로 빛과 같은 것이 흐르는 것(진공방전 : 진공 속을 전류가 흐르는 것)을 발견하였는데 이것은 지금까지 알고 있던 전기는 +에서 −로 흐른다는 사실과 다른 반대현상을 발견하였다. 이것은 극히 미소한 입자인 전자의 흐름임을 발견한 것이다.

3 전기의 극성

전하는 모든 전기현상의 근원이 되는 실체이며, 그 성질이 전기량에 의해 규정되는 것으로 전기와 거의 비슷한 뜻으로 쓰이지만, 각각의 물체나 입자 등이 지닌 전기를 가리킬 때 쓴다. 전하를 전기라고도 하고 양전하·음전하를 양전기·음전기라고도 한다.

모든 전기적 과정은 전기를 띤 입자의 존재와 그 입자의 운동에 근거를 두고 있다. 또 이들 입자들은 서로 반대되는 극성 즉, (+)극성인 양전기(positive electricity)를 띤 입자와

(−)극성인 음전기(negative electricity)를 띤 입자로 구분된다.

자연계에 존재하는 음(-), 양(+)의 2종류의 부호를 가진 전하의 양(전기량)은 실수로 나타내며 그 단위는 C(쿨롱)이라 하고, 1C은 도선에 1A의 전류가 흐를 때 1초간에 통과하는 전기량을 말한다.

전하로 존재할 수 있는 최소의 양은 물질을 구성하는 원자 내의 전자 또는 양성자 1개가 가지는 전기량으로 1.602×10^{-19}[C]의 값을 가진다.

모든 물질들 즉, 고체나 액체 그리고 기체까지도 이들 두 가지 종류의 전기를 띤 기본 미립자를 포함하고 있다고 보고 있다.

4 전기의 반발과 흡인

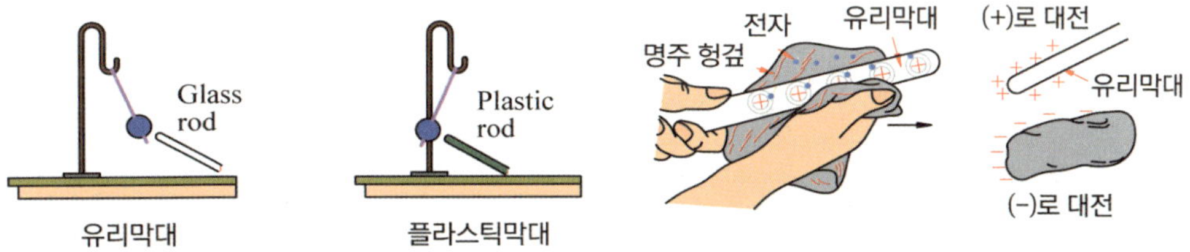

| 그림 1-2 |

유리 막대를 마른 모직물(또는 명주)로 마찰시킨 다음, [그림 1-2]과 같이 명주실에 매달은 (+)대전체에 가까이 하면, 대전체는 유리 막대에 달라붙는다. - 흡인

플라스틱 막대를 명주로 마찰시킨 다음, [그림 1-2]와 같이 대전체에 플라스틱 막대에 근접시키면 서로 밀어낸다. - 반발

여기서 유리막대는 (+)로 대전되고 명주헝겊은 (-)로 대전 되었음을 알 수 있으며(마찰전기 발생) 따라서 유리 막대나 플라스틱 막대를 명주(또는 모직물)로 마찰시키면 전기를 띠게 되며, 두 막대에서 발생된 전기가 같은 종류일 때는 밀어내고(반발), 다른 종류일 경우에는 끌어당긴다는(흡인) 것을 확인할 수 있다.

5 대전 및 대전체

물질은 전기적으로 (+)를 띠는 양성자와 (-)를 띠는 전자로 구성되어 있다. 보통의 경우 전자와 양성자의 개수가 같아 중성을 띠고 있다. 그러나 전자가 외부에서 충분한 에너지를 얻으면 이동하게 되어 전기적 중성이 깨져버린다. 예를 들어, 에보나이트를 털가죽으로 문지르면 털가죽에 있던 전자가 운동에너지를 얻어 에보나이트로 이동한다. 결과적으로 에보나이트는 전자가 (+)전기를 띠는 양성자보다 많아져 (-)전기를 띠는 대전체가 되고, 털가죽은 전자를 잃어 (+)전기를 띠는 대전체가 된다.

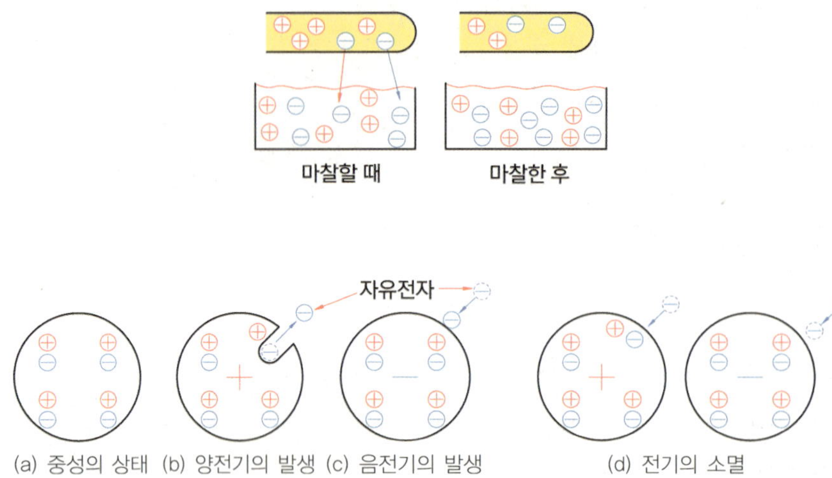

| 그림 1-3 |

대전체가 전기를 띠고 있는 것은 정전기 유도현상을 이용한 검전기를 이용하여 확인할 수 있다. 두 물체를 문지를 때 같은 물질이더라도 상대 물질에 따라 (-) 혹은 (+)로 대전되는데 그 순서를 대전열이라 한다. 대전체가 계속 전하를 가지고 있으려면 전자의 이동을 막는 물질로 주위와 절연(絶緣)되어 있어야 한다.

일반적으로 대전(electrification)이라 함은 마찰 등에 의해서 전기를 띠게 되는 현상인데, 중성인 어떤 물질에 원자가 더 들어오거나(-인 전자가 많아 음전기가 됨) 나감(+인 양성자가 많아 양전기가 됨)에 따른 과부족으로 생긴 현상이다. 즉 물질이 양전기나 음전기를 띠는 것이며, 전하(electric charge)는 물체가 대전 되었을 때 물체가 띠고 있는 전기를 뜻한다. 그리고 (+)와 (−)로 대전된 물체를 대전체(electrified body)라고 한다.

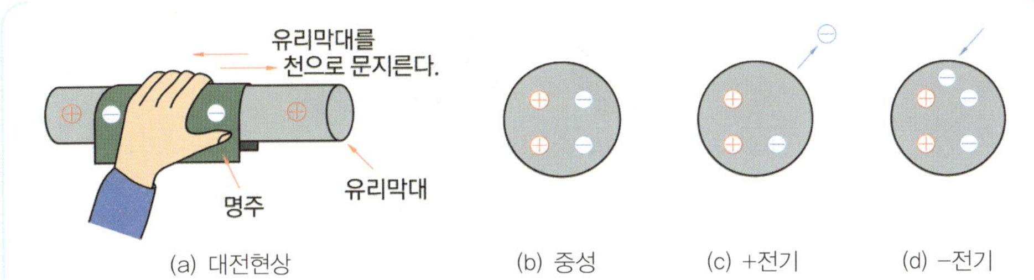

| 그림 1-4 | 대전현상의 원리

6 쿨롱의 법칙

프랑스의 물리학인 샤를 오귀스탱 드 쿨롱(Charles Augustin de Coulomb)은 정전기력의 크기를 나타낸 쿨롱의 법칙으로 유명하다. 전하량을 나타내는 SI단위 쿨롱[C]은 그의 이름을 딴 것이다.

쿨롱의 법칙은 두 전하 사이에 미치는 정전기력에 관한 내용이다.

즉, $F = K\dfrac{Q_1 Q_2}{\varepsilon r^2}$ (ε = 유전율)으로 두 전하 사이에 작용하는 정전기력은 두 전하 사이 거리의 제곱에 반비례하고, 두 전하량의 곱에 비례한다.

$\varepsilon = \varepsilon_0 \varepsilon_r$로 나타낼 수 있으며 여기서 ε_0은 진공의 유전율 값 ($= 8.854 \times 10^{-12}$[F/m]), ε_r은 비유전율(Relative permittivity) 값을 말한다.

ε_r은 매질의 비유전율 값으로 진공을 1로 놓고 비교한 값이다. 아래 표에 따라 공기 중에서도 약 1로 놓고 계산하면 공기 중에 쿨롱의 법칙은 다음과 같다.

$$F = 9 \times 10^9 \frac{Q_1 Q_2}{r^2} \left\{ \begin{aligned} F &= \frac{1}{4\pi\varepsilon} \frac{Q_1 Q_2}{r^2} = \frac{1}{4 \times 1.00059 \times (8.854 \times 10^{-12})} \frac{Q_1 Q_2}{r^2} \\ &\simeq 8.982 \times 10^9 \frac{Q_1 Q_2}{r^2} \end{aligned} \right.$$

| 표 1-1 | 물질의 비유전율 값

유전체	ε_r	유전체	ε_r
진공	1.00000	운모	5 ~ 9
공기	1.00059	염화비닐	5 ~ 9(50[Hz])
절연유	2.2 ~ 2.4		3.3 ~ 4.5(106[Hz])
폴리에틸렌	2.2 ~ 2.4	소다유리	6 ~ 8
실리콘유	2.58	자기	5 ~ 6.5
수정	3.6	산화티탄자기	60 ~ 100
절연니스	5 ~ 6	티탄산바륨	1000 ~ 3000

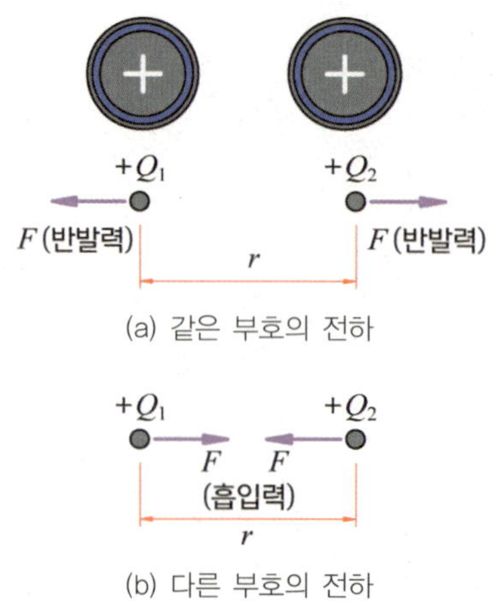

| 그림 1-5 | 두 전하 사이의 전기력

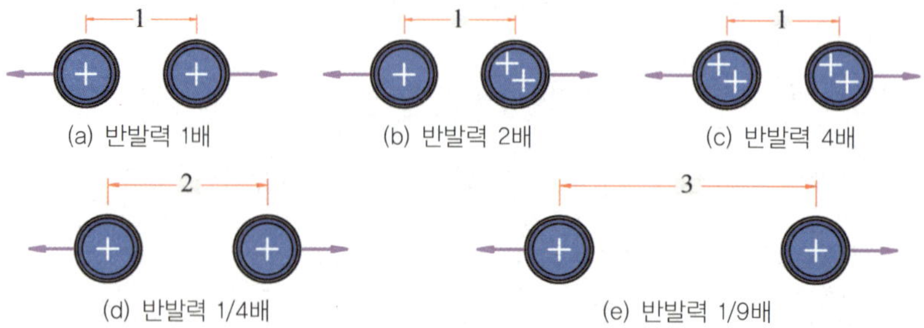

| 그림 1-6 |

ε_0은 진공 상태의 유전율 값인 8.854×10^{-12}[F/m]을 의미하며, F(패럿)은 1쿨롱(Coulomb)의 전기량이 충전될 때 두 판 사이에 1볼트 전위차가 나타나는 축전기의 전기용량이다.

즉 1[F] = 1[C]/1[V]로 나타낼 수 있다.

표의 비유전율 값은 정해진 진공 상태의 유전율 값에 진공의 비유전율을 1로 놓고 그에 비례한 다른 재질의 유전율 값을 의미한다. 즉 진공에 상대적으로 비례하는 유전율 값이다.

유전율(Permittivity)은 물질상수로서 유전체(절연체)가 전하를 축적하는 성질로서 전자의 흐름을 방해하는 성질이다.

즉, 유전율(Permittivity) = ε_0(상수항)×ε_r(변수항) 로 나타낼 수 있다.

절연체의 양면에 전극 판을 밀착시키고 전원을 연결하면 이 절연체에는 (+)쪽에 (-), (-)쪽에 (+)의 전기가 유도되어 전기분극이 일어난다. 이와 같이 전기분극이 생기는 것을 유전체라 한다. 이 작용이 강한 것이 유전체 세라믹스다. 금속판 두 장을 마주보게 한 것이 축전기의 기본인데 한쪽에 (+), 다른 한쪽에 (-)를 연결하면 양쪽면에 구속되는 전기량이 발생되는데 이 전기량을 정전용량이라 한다.

전극판이 넓을수록 전극판의 간격이 가까울수록 정전용량은 커진다. 여기서 이 두 장의 극판 사이에 유전체를 끼우면 전기분극작용이 생겨서 보다 많은 전기를 축전할 수 있는데 이와 같이 소형인데도 전기용량을 크게 한 것이 축전기다.

유전율은 부도체(유전체에) 관련된 용어이기도 하다. 다시 말하면 부도체에 전기장을 인가했을 때 분극이 되는 정도를 나타내는 상수이며, 부도체의 유전율이 크면 분극이 더 잘 이루어진다.

이것을 이용해서 평행판 커패시터에 분극이 잘 되는 유전율이 큰 부도체(유전체)를 넣어서 전기 용량을 크게 한다.

유전체에는 전자와 원자핵이 붙어 있어서(자유전자가 없어서) 전기장을 인가해도 전자가 움직일 수는 없다. 이렇게 서로 전자와 핵이 고정된 상태에서 전기장 방향과 반대로 정렬되는 것이 분극이다.

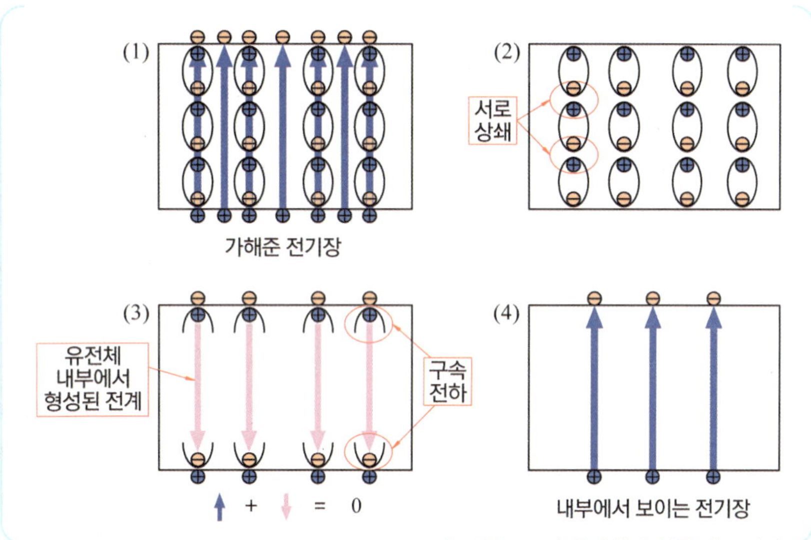

| 그림 1-7 | 유전체가 분극되는 과정

7 전기장 및 전기력선

전기장은 전기력이 작용하는 공간을 말하며, 전기력선은 전기장의 크기와 방향을 선으로 나타낸 것으로 전기는 '+'에서 '-'로 방향으로 흐르는 것을 선으로 나타내었다.

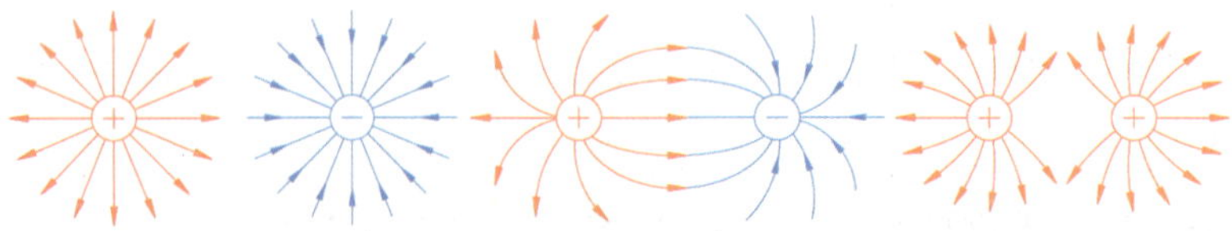

| 그림 1-8 | 전기력선

8 물질의 구조

우리들 주위에 있는 책상, 의자, 연필, 못, 칼 등은 일정한 공간을 차지하며 무게와 형태를 갖고 있는데 이를 물체라고 하며, 이들 물체를 구성하고 있는 나무(셀룰로오스), 쇠 등의 재질들은 물질이라고 한다. 또한 물질을 작게 쪼개면 그 성질을 그대로 갖고 있는 최소의 입자들이 나타나는데 이를 분자라고 한다. 다시 분자를 쪼개면 그 분자의 성질과 무관한 작은 입자가 나타나고 이를 원자라고 하는데, 결국 모든 물질은 원자들의 결합으로 이루어짐을 알 수 있다. 이 원자는 양성자, 중성자, 전자로 구성되어 있고 이들을 소립자라고 부른다. 다시 소립자는 경입자(lepton)와 강입자(hadron)로 분류하는데, 여기에서는 양성자와 중성자로 구성된 원자핵과 전자를 최소 단위로 보고 설명하고자 한다.

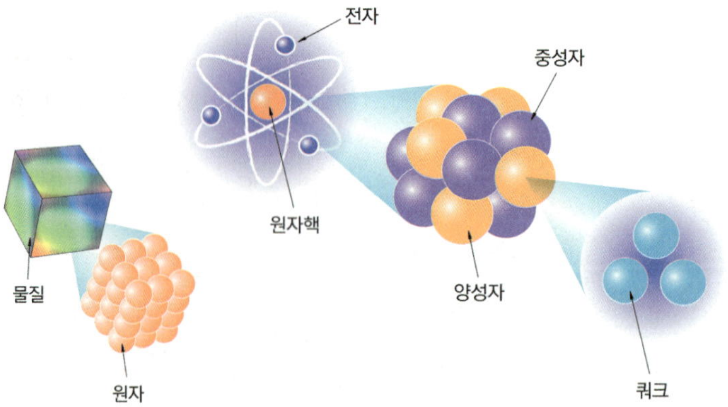

책상→ 나무 → 셀루로오즈[$(C_6H_{10}O_5)n$] → 원자[C(탄소), H(수소), O(산소)]
(물체) →(물질) → (분자) → (원자)

| 그림 1-9 |

제 2 절 | 원자

1 원자의 구조

원자의 종류는 지금까지 주기율표상 기준으로 118종으로 종류에 관계 없이 모든 원자는 원자핵과 전자로 구성되어 있으며, 전자는 핵 주위를 빠르게 돌고 있다. 원자핵은 다시 양성자와 중성자로 나누어진다.

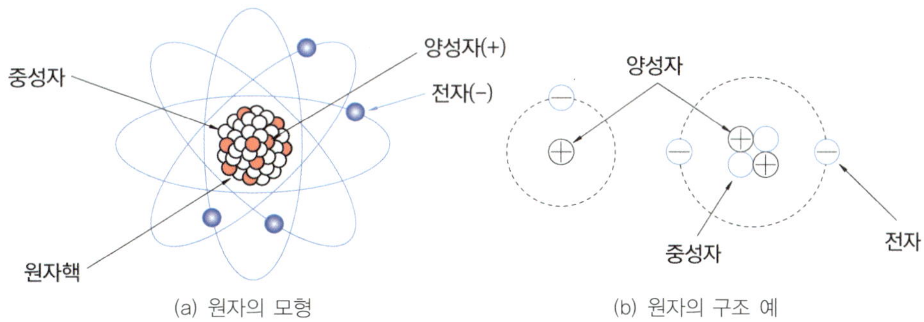

| 그림 1-10 | 원자의 모형 및 구조

즉 원자는 전기적으로 양전하를 가진 양성자, 전기적으로 음전하를 가진 전자, 그리고 전하를 가지고 있지 않은 중성자의 세 종류 입자로 구성되어 있다. 양성자와 중성자는 원자핵에 뭉쳐져 있고, 전자는 그 바깥에 퍼져 있다. 원자의 화학적 특성이 양성자의 수에 의해서 결정된다. 하나의 양성자로 된 원자는 수소이고, 두 개의 양성자로 된 원자는 헬륨이며, 세 개로 된 원자는 리튬이다. 양성자의 수가 늘어날 때마다 새로운 원소가 만들어진다. 또한 원자에 들어 있는 양성자의 수는 언제나 전자의 수와 같다. 때문에 전자의 수에 의해서 원소의 화학적 특성이 결정된다고 하기도 한다.

- 핵(nucleus) 원자의 중심 부분. 전하는 양전하이다. 양성자와 중성자로 이루어지며, 그 주위로 전자가 움직인다.
- 중성자(neutron) 원자의 핵을 구성하는 입자. 그 전하는 중성이다. 1개의 업 쿼크와 2개의 다운 쿼크로 구성된다.
- 양성자(proton) 원자의 핵을 구성하는 입자. 그 전하는 양성이다. 2개의 업 쿼크와 1개의 다운 쿼크로 구성된다.
- 전자(electron) 음전하를 가지는 입자. 원자핵 주위를 돈다.

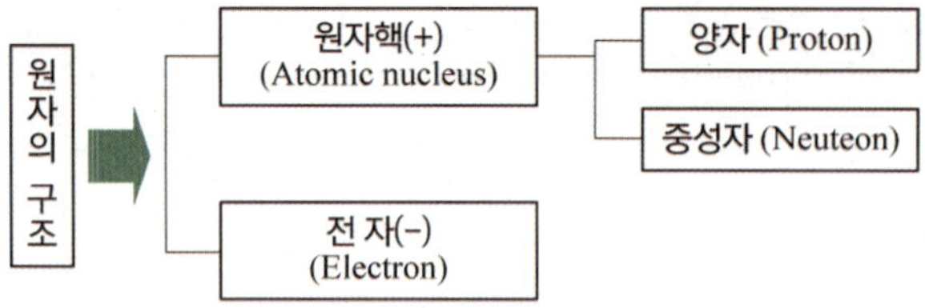

| 그림 1-11 | 원자의 구조

중성자와 양성자는 원자의 핵을 차지하고 있다. 원자의 핵은 매우 작다. 원자의 크기는 10^{-10}[m] 정도이며 원자의 핵의 크기는 10^{-15}[m] 정도이다. 그러나 원자 질량의 대부분이 원자의 핵에 집중되어 있기 때문에 그 밀도는 매우 크다.

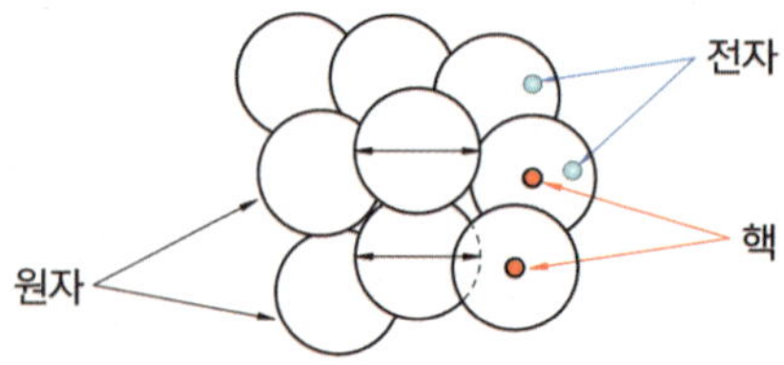

| 그림 1-12 | 원자의 크기

원자는 대단히 작아서 원자 1개의 지름은 1나노미터의 10^{-1}로, 1나노미터는 10^{-9}[m]이다. 원자 한 개의 크기 단위로는 옹스트롬(Å)이란 단위를 사용하며, 1[Å]은 10^{-10}[m]이다.

핵자들의 모임으로 이루어진 원자핵의 크기는 원자핵에 포함된 핵자들의 수와 관계된다. 원자의 크기는 대략 최외각 전자의 반경으로 정의하며 약 0.05[nm](헬륨 원자)에서 0.2[nm](세슘 원자) 정도이다. 대부분의 원자의 반지름은 0.1～0.2[nm] 사이이다.

원자핵의 반지름은 원자의 반지름보다 훨씬 작기 때문에 미터 단위보다는 페르미 단위로 측정한다. 1페르미[fm]는 10^{-15}[m]에 해당한다(1[fm] = 10^{-15}[m]). 따라서 원자의 반지름은 원자핵 반지름의 약 10^4배 크다. 그리고 양성자의 수는 전자의 수를 나타내는 원자번호(atomic number, Z)와 같다.

원자의 질량은 전자, 양성자, 중성자의 질량과 관계된다. 양성자의 질량은 전자의 질량보다 1,836배 무겁고, 중성자는 양성자와 대략 비슷하다. 각각의 질량은 다음과 같다.

- 전자 : $me = 0.511MeV/c^2 = 9.11 \times 10^{-28}$[g]
- 양성자 : $m_p = 938.3MeV/c^2 = 1.673 \times 10^{-24}$[g]
- 중성자 : $m_n = 939.6MeV/c^2 = 1.675 \times 10^{-24}$[g]

원자의 대략의 질량은 양성자 1개와 전자 1개의 질량인 수소의 질량(약 $1GeV/c^2$)을 기준으로 핵자(양성자, 중성자)의 전체 수를 세어 계산한다.

예를 들어, 탄소(C) 원자는 6개의 양성자와 6개의 중성자를 가지므로 수소원자 질량의 12배이다. 이처럼 핵자의 수가 원자의 질량을 대부분 결정하기 때문에 이를 질량 수(mass number, A)라고 한다. 질량 수가 A인 원자의 질량은 약 Am_H이다.

기본 입자를 고려하지 않는 원자 단위 이상에서 전하량은 모두 전자 한 개의 전하량인 $1.6021773349\times10^{-19}$에 대한 정수배로 존재한다. 즉, 일반적인 경우 전자 한 개가 갖는 전하량이 전하량의 최소 기준으로 사용될 수 있다.

1개의 전자 양성자가 갖는 전기량의 절대값은 같고 1.60218×10^{-19}[C]으로 이는 전기량으로서는 최소값이다.

정상 상태에서 원자를 이루고 있는 양성자의 수는 전자의 수와 동일하며, 양성자 1개가 지니는 전기량은 전자 1개가 지니는 전기량과 크기가 같고 극성은 반대이다. 따라서 전체적으로 볼 때 원자는 전기적으로 중성 상태를 나타낸다.

또한 원자핵의 이름은 원자핵에 포함된 양성자의 수로 정해진다. 그리고 원소의 이름은 원자핵의 이름으로 사용된다. 양성자의 수는 같지만 중성자의 수가 다른 원자핵을 동위원소라고 한다.

| 표 1-2 | 원자의 물리적 특성

구성입자		실제질량(g)	상대적질량	실제전하(C)	상대적전하	관련성질
원자핵	양성자	1.673×10^{-24}	1	$+1.6\times10^{-19}$	+1	원자번호
	중성자	1.673×10^{-24}	1	0	0	동위원소
전자		9.1093×10^{-28}	$\frac{1}{1837}$	-1.6×10^{-19}	-1	화학적성질

Exercise 1

4.8×10^{-6}[C]은 몇 개의 전자가 갖는 전하량에 해당하는가?

explanation

전자 1개의 전하량은 $e = 1.60\times10^{-19}$C이다. 따라서 $\frac{4.8\times10^{-6}}{1.60\times10^{-19}} = 3\times10^{13}$개의 전자가 갖는 전하량에 해당된다.

2 보어의 원자모형

원자 모형이란 눈으로 직접 볼 수는 없지만, 원자가 나타내는 성질로 미루어 알게된 지식으로, 1903년 전자를 발견한 영국의 톰슨(Joseph John Thomson, 1856~1940)이 플럼푸딩 모형이라고 부르는 원자 모형을 제안했다. 이 원자모형에서는 전자들이 원자 안에 골고루 퍼져 있는 양성자들 사이에 여기저기 박혀 있었다. 톰슨의 원자모형은 원자에서 방사선이 나오는 것과 원자가 이온이 되는 것을 설명하는데 효과적이었다.

그러나 톰슨의 원자모형은 그의 제자였던 러더퍼드에 의해 새로운 원자모형으로 대체되었다. 러더퍼드의 원자 모형은 양전하를 띠고 있는 원자핵과 그 주위를 전자들이 돌고 있는 원자모형이었다. 전체 원자에 비해 아주 작은 원자핵은 대부분의 원자 질량을 가지고 있고 전자는 텅 빈 공간이나 다름없는 원자 속을 날아다니고 있었다. 즉, 원자핵이 발견된 것이다. 그 후 원자모형은 보어의 원자모형을 거쳐 양자역학적 원자모형으로 발전해 갔다.

원자의 내부구조를 설명하는 모형을 제시하여 측정된 원자의 성질을 설명하고 설명할 수 없는 성질이 발견되면 그것을 설명할 수 있는 새로운 모형을 제시하는 것이다. 1908년 원자는 더 이상 쪼개질 수 없는 가장 작은 알갱이라는 돌턴의 주장도 하나의 원자 모형이었다고 할 수 있다.

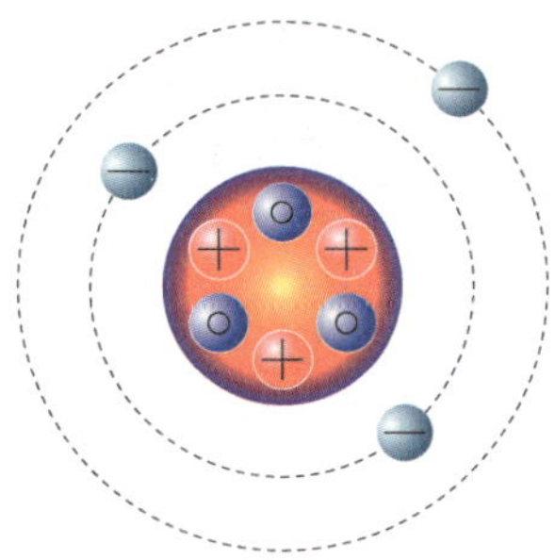

| 그림 1-13 |

덴마크의 물리학자인 닐스 보어는 수소 스펙트럼에 관한 발머의 연구와 러더퍼드의 원자 모형, 그리고 에너지의 불연속성을 발견한 플랑크의 양자 가설을 받아들여 전자 궤도 모형을 만들었다. "전자가 원자핵을 중심으로 일정한 에너지 준위의 원궤도(전자 껍질)를 따라 회전한다"라는 그의 이론은 다음과 같은 가정에 근거를 두고 있다.

① 원자핵 주위의 전자는 복사를 방출하지 않으면서도 특정한 원형 궤도들을 따라 핵 주위를 돌 수 있다. 이러한 궤도들을 원자의 불연속적인 정상 상태라고 불렀다.

② 주어진 궤도상에서 원자핵 주위를 운동하는 전자의 각 운동량은 $\frac{h}{2\pi}$(h : 플랑크 상수)의 정수배가 되는 그러한 정상 상태만이 허용된다.

③ 전자가 에너지 준위가 낮은 궤도에서 에너지 준위가 높은 궤도로 전이할 때에는 에너지를 흡수하고, 에너지 준위가 높은 궤도에서 에너지 준위가 낮은 궤도로 전이할 때에는 에너지를 방출한다.

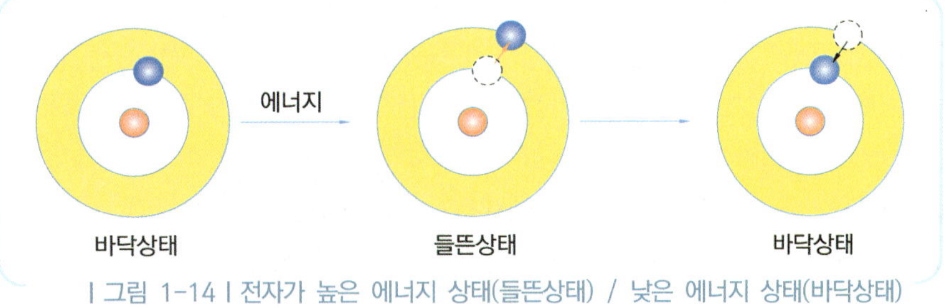

| 그림 1-14 | 전자가 높은 에너지 상태(들뜬상태) / 낮은 에너지 상태(바닥상태)

보어의 원자 모형에서 전자 궤도는 이후 전자 껍질로 바꿔 부르며, 핵에서 가장 가까운 것부터 차례로 K, L, M, N 전자 껍질이라고 부른다. 핵으로부터 멀어질수록 K〈L〈M〈N 순서로 에너지 준위가 높아진다.

전자는 원자핵의 가장자리를 일정한 법칙에 따라 정해진 몇 개의 궤도를 돌고 있다. 이 궤도에는 앞에서 설명한 바와 같이, 안쪽으로부터 붙여진 번호(주 양자수라고 함) 1, 2, 3, ..., n에 따라 $2n^2$개의 전자가 안정된 상태로 들어가게 된다.

그리고 주양자 수 n의 궤도를 도는 전자의 에너지 W_n은 수소 원자의 경우 $W_n = -13.58\frac{1}{n^2}$ [eV]로 나타낸다.

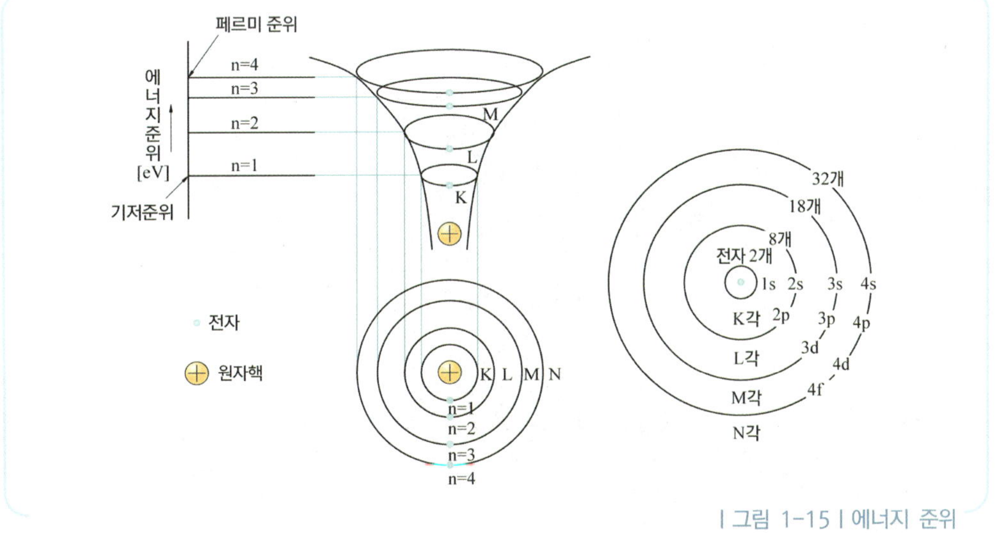

| 그림 1-15 | 에너지 준위

전자가 가지는 에너지는 원자핵으로부터 멀어지는 정도에 따라 단계적으로 커지고, 그 중간의 에너지를 가지는 전자는 존재하지 않음을 나타내고 있다. 이와 같은 에너지의 불연속의 관계를 에너지 준위(energy level)라 하고, 전자는 안쪽궤도 즉 아래의 낮은 준위에서 전자가 순서대로 차 있는데 이 상태를 기저준위라고 한다. 즉 기저준위는 원자핵에서 가장 가까운 궤도의 전자가 가지는 에너지로 나타내며, 이때 원자 전체가 가지는 에너지는 제일 낮은 상태인데, 이때의 최고 준위를 페르미 준위라고 한다. 이것은 일종의 기준개념으로 볼 수 있다. 또한 페르미 준위는 최외각궤도(가전자대)의 전자가 0[K]에 있을 때 에너지크기를 말하는데, 페르미 준위에서의 전자의 존재 확률은 0[°K] 이상에서는 50[%]이다.

페르미 준위는 고체, 반도체, 절연체에 따라 틀리며, 보통 에너지 간극의 중간에 위치하는데, 고체 내에서 가장 약하게 속박되어 있는 전자의 에너지 준위이다.

이를 처음 제안한 엔리코 페르미의 이름을 따서 명명한 것으로 절대영도에서 페르미 준위의 값을 페르미 에너지라고 하며, 고체의 종류에 따라 일정한 값을 갖는다. 페르미 준위는 고체의 온도가 올라가거나 전자가 첨가되면 변경된다. 고체 내에 속박된 전자가 가질 수 있는 여러 에너지 값을 에너지 준위라고 부른다. 양자역학의 법칙에 의하면 각각의 에너지 준위는 오직 한정된 수의 전자만을 받아들일 수 있다.

페르미 준위는 전자가 채워질 확률이 1/2이 되는 에너지 준위이다. 이보다 낮은 에너지 준위는 전자로 채워지는 경향이 있으며 이보다 높은 에너지 준위는 비워지려는 경향이 있다. 서로 다른 페르미 준위를 갖는 물질이 접촉하게 되면 페르미 준위가 높은 물질에 있는 일부의 전자가 다른 물질로 이동하게 된다. 이와 같은 전자의 이동에 의해서 낮은 페르미 준위는 올라가게 되고 높은 페르미 준위는 내려가게 되어 전자의 이동이 끝나면 두 물질의 페르미 준위가 동일하게 된다.

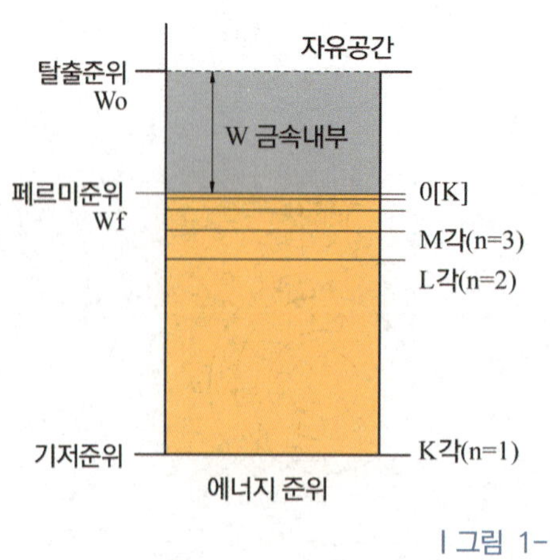

| 그림 1-16 | 일함수

금속 내부에서 자유로운 전자는 금속 표면을 탈출하기 위하여 에너지가 필요한데, 탈출준위(Wo)는 전도전자가 금속 표면을 탈출하는데 필요한 에너지 크기를 말하며, 실제로 전도전자가 금속 표면을 탈출하는 데 필요한 에너지를 일함수라고 부르며, 탈출준위의 에너지에서 페르미준위(Wf)의 에너지를 뺀 값이다.

즉 일함수(W) = Wo - Wf[eV]가 된다.

3 에너지 밴드

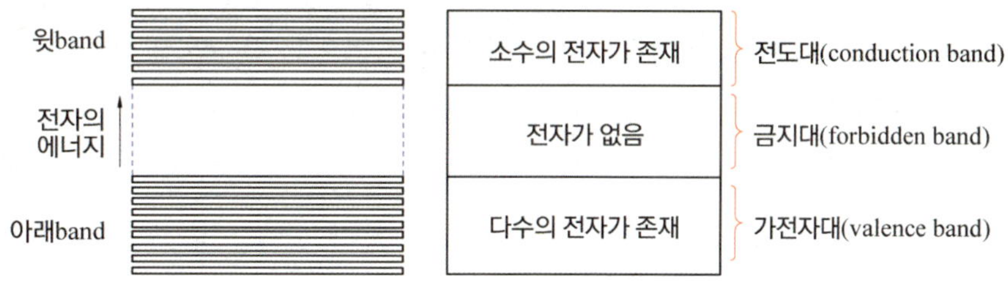

| 그림 1-17 | 에너지 밴드

가전자대와 전도대 사이에 큰 에너지 갭이 있어서 소량의 에너지로서는 전자가 이동하지 않는다. 반도체의 경우 전자포화 상태인 가전자대 전자가 열에너지를 받아 전도대로 올라가 전기 전도에 기여한다.

원자구조에서 전자가 있을 수 있는 에너지 레벨의 집합은 각 물질마다 다르다. 그러나 일반적으로 전자가 핵으로부터 멀어질수록 높은 에너지 상태가 되고, 모원자로부터 벗어난 전자는 원자구조 내의 어떤 전자보다도 높은 에너지 상태를 가진다. 오직 특정한 에너지 레벨이 고립 원자구조의 전자에 대해 존재한다는 것을 알 수 있다. 고립 원자구조에서 이산 에너지 레벨 사이에는 어떤 전자도 있을 수 없다. 그러나 물질의 원자가 결정 격자구조를 형성하기 위해 가까워짐에 따라 원자 사이의 상호 영향이 발생한다. 그 결과 한 원자의 특정 공전 궤도에 있는 전자의 에너지 레벨이 확대되게 된다. 다시 말하면 실리콘 물질의 최외각 전자는 밴드 안에서 변할 수 있는 에너지 레벨을 가진다.

전자의 전도대역에서의 최소 에너지 레벨과 전자껍질(valence shell)에서의 최대 에너지 레벨을 명확히 보여주고 있다. 가전자대(valance band)에 있는 전자가 자유 캐리어가 되기 위해서는 위의 두 에너지 레벨을 극복해야 한다.

- 전자 에너지(E_0)의 단위

  1개의 전자가 1[V]의 전위차로 가속되었을 경우에 전자가 얻는 운동 에너지(전자가 1[V]의 전위차를 올리는데 필요한 열량, 즉 전자 볼트 (1[eV])를 단위로 쓰이고 있다. 1[eV] $=1.602\times10^{-19}$[J]

4 원자번호

원자핵을 구성하는 입자는 양성자와 중성자이다. 중성자는 1932년이 되어서야 발견되었기 때문에 그 전에는 원자핵이 양성자로만 이루어진 것으로 생각했었다. 원자의 종류를 결정하는 것은 원자핵 속에 들어 있는 양성자의 수이다. 기본적으로 원소의 양성자 수와 전자의 수가 같기 때문에 전자의 수도 원자번호라 하는 경우도 있으나 전자의 수는 양이온과 음이온이 발생하면서 전자의 수가 가감되기 때문에 보통 변동이 없는 양성자 수로 표기한다.

원자번호 1은 양성자 하나로 이루어진 원자핵을 가지고 있는 수소 원자이다. 원자번호 8인 산소 원자핵은 8개의 양성자를 가지고 있고, 원자번호 6인 탄소 원자핵은 6개의 양성자를 가지고 있다. 원자번호는 원자의 기본적 성질의 하나이며, 원자의 화학적 성질을 지배하는 중요한 인자(因子)가 된다.

또한 최외각 전자의 수에 따라서 주기율표상의 족을 구분한다. 즉 전자 1개인 수소원자는 1족에 분류되고, 전자가 6개인 탄소원자는 최외각에 있는 전자가 4개이기 때문에 4족으로 분류된다.

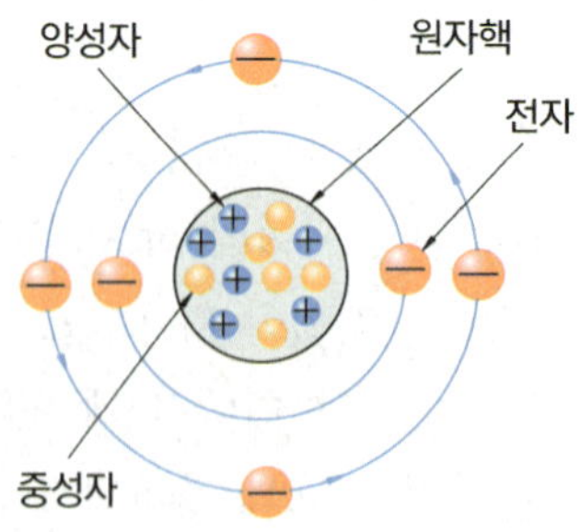

| 그림 1-18 | 탄소원자의 구조

다음은 원자번호 순으로 나열한 현대의 주기율표이다.

	1A	2A	3B	4B	5B	6B	7B	8			1B	2B	3A	4A	5A	6A	7A	0
족	1	2	3	4	5	6	7	8	9	10	11	12	13	14	15	16	17	18
주기																		
1	1 H																	2 He
2	3 Li	4 Be											5 B	6 C	7 N	8 O	9 F	10 Ne
3	11 Na	12 Mg											13 Al	14 Si	15 P	16 S	17 Cl	18 Ar
4	19 K	20 Ca	21 Sc	22 Ti	23 V	24 Cr	25 Mn	26 Fe	27 Co	28 Ni	29 Cu	30 Zn	31 Ga	32 Ge	33 As	34 Se	35 Br	36 Kr
5	37 Rb	38 Sr	39 Y	40 Zr	41 Nb	42 Mo	43 Tc	44 Ru	45 Rh	46 Pd	47 Aq	48 Cd	49 In	50 Sn	51 Sb	52 Te	53 I	54 Xe
6	55 Cs	56 Ba	* 71 Lu	72 Hf	73 Ta	74 W	75 Re	76 Os	77 Ir	78 Pt	79 Au	80 Hg	81 Tl	82 Pb	83 Bi	84 Po	85 At	86 Rn
7	87 Fr	88 Ra	* 103 Lr	104 Rf	105 Db	106 Sq	107 Bh	108 Hs	109 Mt	110 Ds	111 Rg	112 Uub	113 Uut	114 Uuq	115 Uup	116 Uuh	117 Uus	118 Uuo

*란탄족 Lanthanoids	57 La	58 Ce	59 Pr	60 Nd	61 Pm	62 Sm	63 Eu	64 Gd	65 Tb	66 Dy	67 Ho	68 Er	69 Tm	70 Yb
*악티늄족 Actinoids	89 Ac	90 Th	91 Pa	92 U	93 Np	94 Pu	95 Am	96 Cm	97 Bk	98 Cf	99 Es	100 Fm	101 Md	102 No

• A족 : 주족원소　B족 : 전이원소　O족 : 비활성기체

| 그림 1-19 | 주기율표

주기율이란 원소들을 원자번호가 증가하는 순으로 배열하면 일정한 성질이 주기적으로 반복해서 나타나는 것을 말하며, 주기율표는 주기율에 따라 원소들을 나열한 표를 말한다. 족(주기율표의 세로줄) 계열은 유사한 전자배치로 물리적, 화학적 성질이 거의 같으며, 원소의 특성은 거의 전자배치에 의존한다. 표 아래로 갈수록 전기적 성질 감소, 금속성 감소, 전기적 성질이 감소한다.

주기(주기율표의 가로줄)는 전자 껍질수가 같은 계열로 나누었으며, 원소의 성질은 가장 바깥전자 껍질의 전자배치에 의하여 거의 결정된다. 즉, 표 우측으로 갈수록 금속성이 감소하고 전기적 성질은 증가한다.

[그림 1-20]은 원자핵 주위를 돌고 있는 최외각 전자의 수로 족을 구분한 예를 나타내었다.

	제 1 족	제 2 족	제 3 족	제 4 족	제 5 족	제 6 족	제 7 족	제 0 족
제1궤도	수소							헬륨
제2궤도	리튬	베릴륨	붕소	탄소	질소	산소	플루오르	네온
제3궤도	나트륨	마그네슘	알루미늄	규소	인	황	염소	아르곤

| 그림 1-20 | 전자궤도 족(주족원소)의 분류

5 원자오비탈

원자오비탈(Orbital/원자궤도 함수)은 전자부껍질이라고도 하며, 전자 각(전자껍질)이 이룬 에너지 상태를 말하는데, 전자껍질(n)은 에너지가 다른 여러 개의 준위(오비탈)로 분리된다. 원자 내에서의 전자 위치를 확률론적으로 보여주는 것으로 오늘날 원자에는 4개의 오비탈이 존재하며, 이를 s, p, d, f로 표시한다. 그리고 각 전자 각(전자궤도)이 수용할 수 있는 최대 전자 수는 $2n^2$개로 제한된다.

① K각(n = 1) : 1개의 전자부껍질 → “s” → 1s Orbital만 존재
② L각(n = 2) : 2개의 전자부껍질 → “s, p” → 2s, 2p만 존재
③ M각(n = 3) : 3개의 전자부껍질 → “s, p, d” → 3s, 3p, 3d만 존재
④ N각(n = 4) : 4개의 전자부껍질 → “s, p, d, f” → 4s, 4p, 4d, 4f만 존재

[그림 1-21]에 나타난 파울리의 베타원리는 1924년 W.파울리에 의해 발견된 것으로, 이 원리를 바탕으로 원자의 전자껍질구조 개념이 확립되었다. 원자 내 전자의 상태는 보통 주양자수·자기양자수·스핀양자수에 의해 결정되는데, 이 원리에 따르면 전자는 모든 양자수가 같은 상태를 취할 수 없으므로 하나의 양자궤도에는 반대의 스핀을 가지는 2개의 전자만 들어가며, 그 밖의 전자에는 준위가 다른 양자궤도가 할당되어, 전체적으로 껍질구조를 결정하게 된다.

훈트의 규칙의 경우는 한 오비탈 내에서 전자가 2개 존재하게 되면 전자간 반발력에 의해 불안정해지기 때문에 에너지상태가 동일한 2개 이상의 오비탈에 전자를 채울 때는 홀전자가 최대한 많아지게 배열한다는 규칙이다.

[그림 1-21] P 외비탈 경우 전자 6개인 경우 P_x, P_{yx}, P_Z에 우선 1개씩 채워지고 이후 다시 P_x부터 2개씩 채워진다.

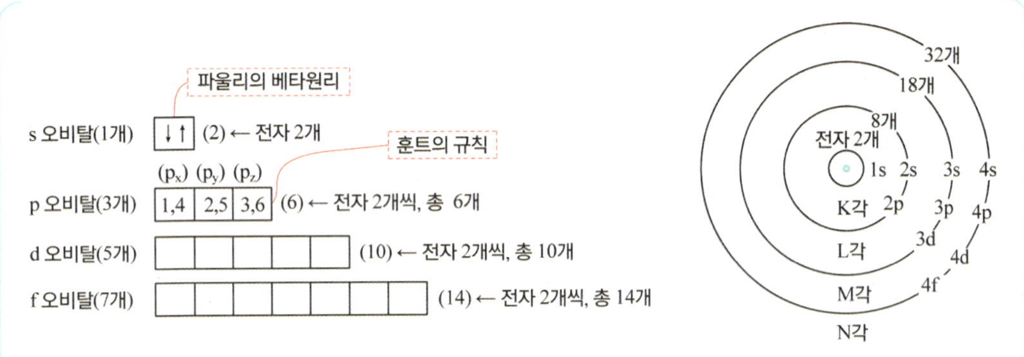

| 그림 1-21 | 원자오비탈

| 표 1-3 |

전자각	K각	L각		M각			N각			
Orbital	1s	2s	2p	3s	3p	3d	4s	4p	4d	4f
전자 수	2	2	6	2	6	10	2	6	10	14
총 전자 수 ($2n^2$개)	2	8		18			32			

Exercise 2

원자번호 13인 알루미늄(Al) 원자에 대한 전자의 배치를 적어라.

explanation

- 파울리의 배타율에 의해 각 궤도에 존재하는 전자의 수는 결정된다.
- $2n^2$(n은 궤도의 수)
- 따라서 제1궤도에 2개, 제2궤도에 8개, 제3궤도에 3개의 전자를 갖는다.
  실리콘이 최외각 전자의 수는 4이다. 왜냐하면 각 내에서 존재가능한 전자의 수는
  K(각) = 1 / 존재가능한 전자수 = $2(2\times1^2)$
  L(각) = 2 / 존재가능한 전자수 = $8(2\times2^2)$
  M(각) = 3 / 존재가능한 전자수 = $18(2\times3^2)$
  N(각) = 4 / 존재가능한 전자수 = $32(2\times4^2)$
  이기 때문에 실리콘은 3개의 쉘을 가지며 마지막 세번째 쉘(최외각)에는 가전자가 3개가 존재한다.
  때문에 실리콘은 순전하는 +3 (14개의 양자 -10개전자)로 표현한다.

6 원소

원소는 화학 작용에 의해서 더 이상 분해될 수 없는 기본 물질을 말하며, 원자는 원소의 특성을 갖고 있는 가장 작은 입자이다. 즉 원소는 한 종류의 원자로 이루어진 물질을 말한다. 각 원소는 그의 고유한 이름을 가지며, 그의 기호가 정해져 있다.

또한 원자란 그리스어로 너무 작기 때문에 더 이상 나눌 수 없다는 것을 의미하는 단어이며, 원자가 너무 작아 눈으로 볼 수 없지만 아무리 작은 탄소(C) 입자라 해도 수십억 개의 원자로 구성되어 있다고 생각하면 될 것이다.

다음은 118가지 원소들 중에 몇 가지에 원소들의 특성을 나타내었는데, 전자가는 최외각 궤도의 최대허용 전자수의 과부족을 ±전자수로 나타내고, 이 최외각 궤도에 허용 전자수가 남거나 부족하게 되면 최외각에 있는 전자들은 핵과의 인력이 느슨하여 외부의 자극이나 에너지를 얻게 되면 쉽게 이탈 할 수 있는데, 이때 이탈한 전자를 자유전자라 하며, 이 전자들의 이동이 전류의 흐름으로 나타난다.

| 표 1-4 | 원소의 분류와 원자가

분류	원소	기호	원자번호	원자가
금속도체	은	Ag	47	+1
	구리	Cu	29	+1
	금	Au	79	+1
	알루미늄	Al	13	+3
	철	Fe	26	+2
반도체	탄소	C	6	+4
	실리콘	Si	14	+4
	게르마늄	Ge	32	+4
활성기체	수소	H	1	±1
	산소	O	8	-2(+6)
불활성기체	헬륨	He	2	0
	네온	Ne	10	0

제 3 절 도체, 반도체, 절연체

1 도체, 부도체, 반도체의 개념

흔히 도체는 전기가 잘 통하는 특성, 반도체는 어떤 조건 하에서만 전기가 통하는 특성, 부도체는 전기가 잘 통하지 않는 특성으로 구분할 수 있다.

어떠한 물성이든 전자는 광자(photon)라는 에너지를 받아서 항상 운동하려는 성질을 보이기도 하고, 전자가 원자핵과 붙어서 안정을 찾으려는 성질을 갖고 있다.

최외곽 전자가 많으면 그만큼 전자의 이동이 쉬운 특징을 가지고 있는 물성이고, 많지 않으면 전자의 이동이 어려운 특징을 가지고 있는 물성이 있다.

이것은 주기율표에도 그 표시가 나와 있는데, 주기율표상 0족에 해당되는 불활성가스 같은 경우 최외곽 전자가 전자궤도의 껍질에 안정적으로 모두 위치하고 있어 전자의 수와 관계없이 전자의 이동이 쉽지 않는 물성도 있다.

따라서, 도체는 외부에서 어떠한 조건을 주지 않아도 그 특성만으로 최외곽의 전자가 많기 때문에 전자의 이동이 쉬운 물성이며, 반도체는 어떠한 조건(전압, 전류)하에 전자가 이동을 할 수 있는 반부도체로 일반적으로 전자를 이동시키는 것이 쉽지 않은 물성을 가지고 있다.

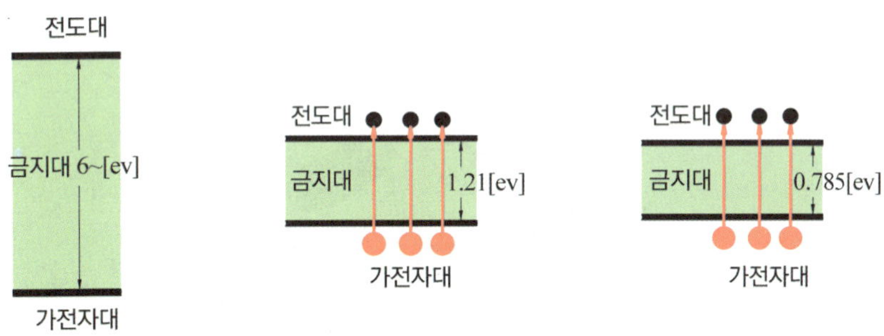

| 그림 1-22 | 절연체, 반도체, 도체에 대한 에너지밴드 대역

도체와 반도체와 부도체의 에너지 밴드 대역은 [그림 1-22]와 같다.

도체는 전자의 최외곽 전자궤도와 원자에 가까운 전자의 궤도와의 에너지 차이가 얼마 나지 않고, 부도체로 갈수록 최외곽의 전자궤도와 원자쪽의 전자궤도와의 차이가 많이 벌어지는 것을 볼 수 있다.

2 도체(conductor)의 특징

물리적 개념으로 볼 때 도체에는 어떤 원자에도 소속되지 않고 자유로운 자유전자가 많이 있어서 도체 내부에 전기장이 형성되면 그 즉시 이 전자가 전기장에 의한 힘을 받아 이동하게 된다. 이렇게 전하가 이동하는 것을 전류라고 한다. 이 전류에 의해서 도체 내부에 존재하는 전기장은 짧은 시간 동안만 형성되고 전자의 재배치에 따라 사라지게 된다. 그러나 도체의 표면에는 사정이 다르다. 표면에는 전자가 바깥으로 빠져나가지 못하므로 표면에 수직한 방향으로의 전기장은 시간이 지나도 존재할 수 있다.

도체 내부의 전하의 이동이 없이 정적인 상태에서는 도체 내부에 전기장이 존재할 수 없다. 만일 내부에 전기장이 있다면 풍부하게 있다고 생각할 수 있는 자유전자가 곧 움직여서 전기장을 소거해 버리기 때문이다. 앞에서 설명한 대로 이러한 사정은 도체의 표면에서는 달라진다. 도체의 표면에서는 수직한 방향으로의 전기장이 있을 수 있다. 만일 도체의 표면에 바깥으로 향하는 전기장이 있다면 표면에 있던 많은 수의 자유전자는 안쪽으로 향해 이동하게 된다. 그러나 이러한 움직임은 표면의 전하를 상대적으로 양의 전하를 만들게 되고 바깥으로 향하는 전기장을 오히려 더 증가시킨다. 따라서 표면에 바깥으로 향하는 전기장이 있는 채로 평형을 이루게 되는 것이다. 비슷한 상황이 표면 전기장이 수직으로 안쪽을 향하는 경우에도 생긴다.

도체는 외부에서 에너지를 부가하지 않아도 원자간 상호작용에 의해 자유로이 움직이는 자유전자가 풍부한 물질로 도체(conductor)는 금(Au), 은(Ag), 구리(Cu), 알루미늄(Al) 등이 있으며, 열전도율도 뛰어나다.

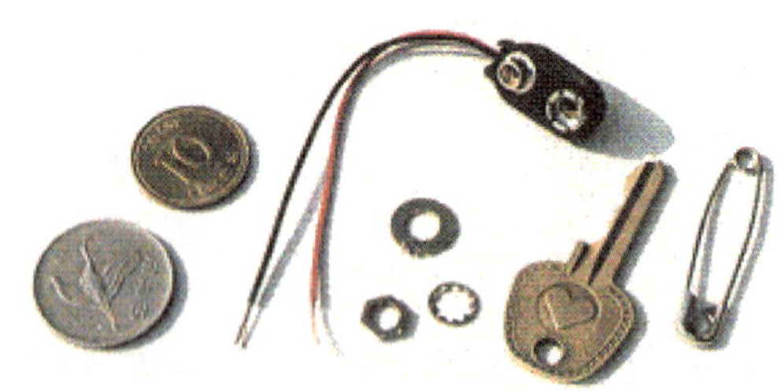

| 그림 1-23 |

일반적으로 전선은 구리선을 이용하는데 주위에 절연물질(염화비닐 등)을 입혀 사용하며, 금속이라도 전기전도도의 차이가 있는데 전기전도도가 비교적 높은 물체를 양도체라고 한다. 철(Fe)의 원자는 최외각 전자의 수가 2개로서 핵이 이 전자들을 잡아당기는 힘이 약하다. 따라서 금속원자들이 서로 접근하여 최외각 궤도가 겹치면 A금속 도체속 원자를 회전하던 전자가 이탈하여 B금속의 원자궤도로, 다시 C금속 원자의 궤도로 회전하게 된다.

이처럼 금속원자의 최외각 전자(가전자대에 속하며 이것은 가장 큰 에너지 준위를 갖는다)는 어느 한 원자의 궤도만을 계속 회전하는 것이 아니라 인접해 있는 원자의 최외각궤도로 자유스럽게 이동하면서 회전하므로 이와 같은 전자들을 자유전자라고 하며, 이 자유전자는 금속원자 주위를 고속으로 회전하여 마치 자유전자 속에 금속원자가 파묻혀 있는 모양을 띠고 있어 이러한 자유전자의 무리들을 전자구름 또는 전자가스라고 한다.
이러한 상태로 결합하는 방법을 금속결합이라고 한다. 즉 금속 양이온과 자유전자 사이의 정전기적 인력에 의해 이루어진 결합을 말하며, 자유전자로 인하여 금속은 고유한 특성을 갖는다.

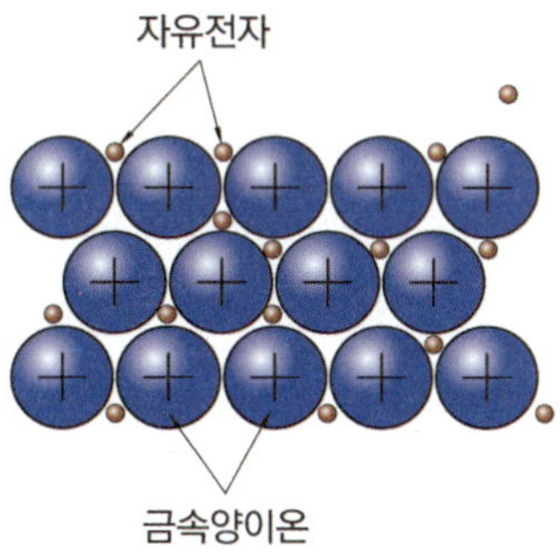

| 그림 1-24 | 금속결합

3 부도체(insulator)의 특징

도체에 대응되는 용어로 이것으로 도체를 감싸면 열이나 전기의 이동을 방해할 수 있으므로 절연체(絶緣體)라고도 한다. 흔히 부도체는 전기나 열을 전혀 통하지 않는 물체로 알기 쉽지만 실제로는 매우 적은 양의 열이나 전기를 전달한다. 즉 열이나 전기를 전혀 통하지 않는 물체는 존재하지 않는다. 도체와 부도체의 구별은 명확하지 않다. 보통의 물은 전기가 통하는 도체지만 이온을 가지고 있지 않은 순수한 물은 부도체이다. 또 고온이나 강한 전기장을 가하거나 불순물을 첨가하면 부도체도 전기를 전달할 수 있다

절연체(insulator) 또는 부도체(non conductor)는 외부에서 에너지를 가하지 않으면 자유로이 움직일 수 있는 전자가 없어서 전기가 잘 통하지 않는 물질로 유리, 플라스틱, 고무, 종이, 운모 등이 있다. 가전자들이 원자에 단단히 구속되어 있어 절연체 내의 자유전자는 아주 적다.

그밖에 순수한 물은 부도체이나 여기에 염분이나 산, 알칼리 등이 용해되어 있으면 도체가 된다.
예컨대 소금(NaCl)을 물에 녹이면 Na^+라는 (+)이온과 Cl^-라는 (-)이온으로 분해된다.

4 반도체(semi-conductor)

반도체는 특수한 종류의 물질로서 도체의 전도성과 절연체의 전도성의 중간정도 되는 전도성을 가지고 있다. 일반적으로, 반도체 물질은 다음의 두가지 종류로 구분한다.
단결정(singlecrystal)과 화합물(compound)이다. 단결정 반도체인 게르마늄과 실리콘은 반복 결정구조를 가지고 있는 반면에 화합물인 갈륨비소(GaAs), 카드뮴황(CdS), 갈륨질소(GaN), 갈륨비소인(GaAsP)은 2개 이상의 반도체 물질들이 각기 다른 구조로 구성되어 있다.

세 가지 반도체 물질 게르마늄(Ge), 실리콘(Si), 갈륨비소(GaAs)는 전자 제품을 만드는데 가장 흔하게 쓰이는 물질이다.
보통 위 세 가지 반도체 물질에 도핑을 통해 전자 또는 홀의 이동 등을 통하여 자유전자를 만들어 낸다.

반도체는 보통 최외각 전자가 4개인 단일원자들로 이루어져 있으며, 4개의 전자를 얻어서 8개의 전자를 채우지 않으면 전자상태가 불안정 상태가 되므로 인접한 다른 원자의 4개의 가전자와 공유결합하여 8개의 가전자를 이루어 안정된 상태로 있기 때문에 자유전자의 발생이 없다.

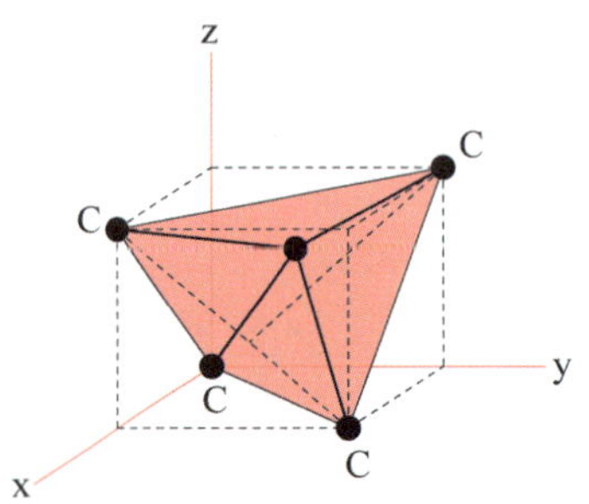

(a) 입체적으로 나타낸 탄소원자의 공유결합

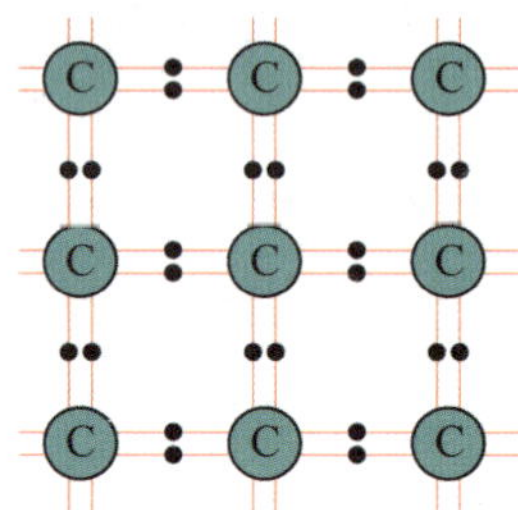

(b) 평면적으로 나타낸 탄소원자의 공유결합

| 그림 1-25 | 공유결합

따라서 평시에는 절연체와 같은 성질을 갖고 있지만 전기, 열, 빛 등을 가하거나 최외각 전자가 3가나 5가인 불순물을 강제로 첨가하여 의도적으로 잉여전자를 공급하거나 전자부족 상태를 만들면 공유결합 상태의 균형이 깨져 전자의 이동이 쉽게 되므로 도체와 같은 성질을 갖게 된다.

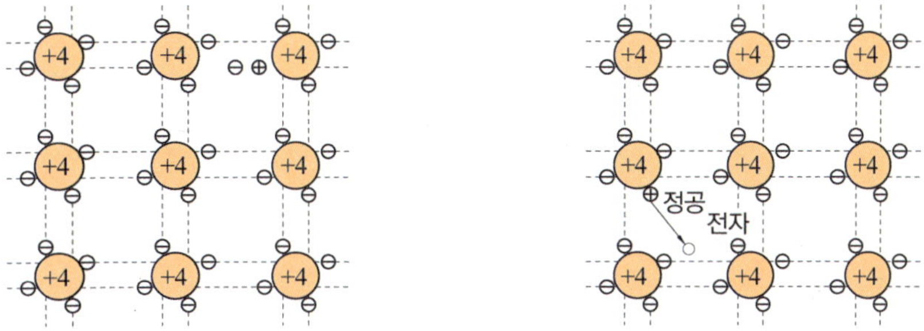

(a) 열에너지 부가시 가전자의 발생 (b) 전자와 정공의 이동

| 그림 1-26 | 전자와 정공의 이동

이와 같이 조건에 따라서 도체와 절연체, 저항과 같은 성질을 갖는 물질을 말한다. 이러한 성질을 갖는 반도체 소자를 만들어 많은 전자기기에 응용하고 있다.

그러면 반도체 전자부품의 특성을 알기 위해 우선 반도체의 특징을 살펴보기로 한다.

가. 반도체의 특징

① 반도체는 온도가 상승하면 저항이 감소한다.

② 반도체는 그 안에 약간의 불순물을 혼합하면 저항이 감소한다.

③ 반도체는 열, 빛, 전압에도 민감하게 반응한다.

④ 반도체의 물질로는 게르마늄, 규소(실리콘)이 많이 사용되고, 셀렌, 아산화구리, 베이클라이트도 반도체이나 별로 사용되지 않는다.

⑤ 다이오드, 트랜지스터, 집적회로 등에 사용한다.

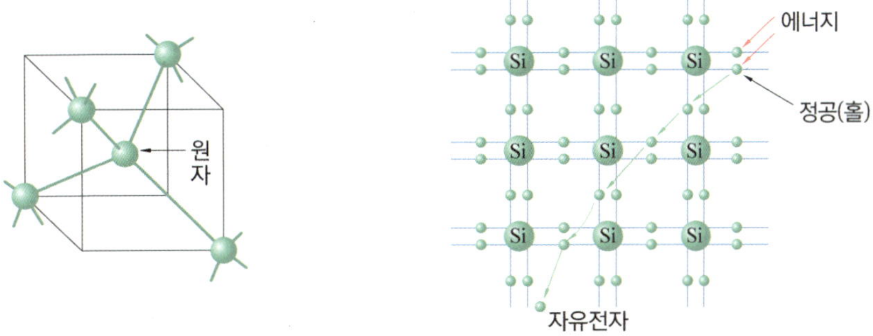

| 그림 1-27 | Si의 결합구조 및 평면구조

나. 공유결합

공유결합이란 가전자가 인접된 원자들에게 공동으로 소유한 것으로서 원자끼리 서로 강하게 결합하는 것으로, 어떤 원자들이 고체 상태로 결합할 때 결정이라고 하는 고정된 형태로 그들 자체가 배열하게 되고 결정구조내의 원자들은 공유결합에 의해 함께 묶인다. 이것은 원자내 가전자들의 상호 작용에 의해 만들어진다. 아래 [그림 1-23]은 실리콘 원자가 실리콘 결정을 이루기 위해 4개의 인접한 원자들과의 결합관계를 나타낸 것으로 원자번호 14이며, 최외각(M각) 전자 수는 4개인 실리콘 원자의 공유결합 상태를 나타낸 것이며, 공유결합의 특징은 아래와 같다.

① 인접하는 원자가 가전자를 서로 공유함으로써 국부적으로 방향성을 갖는 결합을 형성한다.
② 각각의 원자는 불활성 기체와 같은 전자배열 형태를 갖는다.
③ 결합에 의해 위치에너지가 감소되므로 결합전보다 더욱 안정된다.
④ 결합궤도가 중복될수록 결합력이 증가된다.
⑤ 투명도가 높고, 단단하고 융점이 높으며, 전기절연성이 높다.
⑥ 공유결합으로 만들어진 세라믹 등 무기재료는 열전도성, 전성, 연성 등이 거의 없고 화학적으로도 안정적이다.

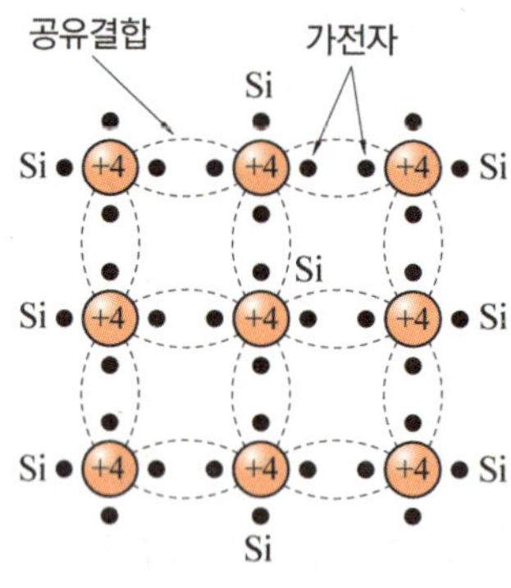

| 그림 1-28 | 실리콘원자의 공유결합

다. 반도체 종류별 특징

반도체에는 진성 반도체와 불순물 반도체가 있다. 불순물 반도체는 진성 반도체에 소량의 불순물 즉 3가 또는 5가의 원자를 혼합하여 만들어지게 되는데 이를 각각 p형 반도체와 n형 반도체라 하고 이들은 진성 반도체보다 도전성이 높다.

(1) 진성반도체

진성 반도체는 원자의 위치가 규칙적이고 균형이 잡혀 있어서 매우 안정되게 결합하고 있기 때문에 전자가 궤도를 이탈하기 어려운 상태를 말한다. 즉 불순물이 전혀 들어 있지 않은 순수한 반도체를 진성 반도체라고 한다.

이 순수 반도체에 불순물을 도핑 시키면 반도체의 전도도가 바뀌게 되며, 이를 외인성 반도체 혹은 불순물 반도체(N형, P형)라고 한다.

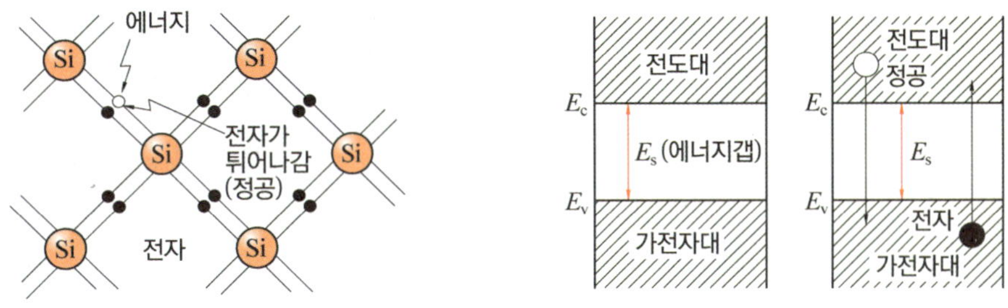

(a) 결정 구조 (b) 0[° k] (c) 상온

| 그림 1-29 | Si 결정구조

특징으로는

① 불순물(다른 물질)이 첨가되지 않은 Si, Ge으로 만든 순수 반도체이다.

② 순도 99.99999999[%] 이다.

③ 정공(hole)이란 전자가 에너지를 받아 튀어나온 빈자리를 말한다.

④ 전자와 정공이 계속 이동하므로 전류가 흐른다.

⑤ 반송자(carrier)란 전하의 운반체. 즉, 정공과 전도 전자 모두를 말한다.

⑥ 도핑(doping)이란 진성반도체에 불순물 원자를 주입하여 자유전자나 정공의 수를 증가 시키는 것이다.

(2) N형 불순물 반도체

전자는 음전하처럼 행동하기 때문에 순수 실리콘에 있는 전도대의 전자의 수를 늘이기 위해 5가 불순물 원자를 첨가하여 만든 반도체를 N형 반도체라고 한다. N형 반도체를 만들기 위한 도핑시 첨가되는 불순물에는 As(비소), Sb(안티몬), P(인), Bi(비스무트)와 같은 5가 원자를 가진 원자들이 있다.

5가 원자는 전자를 주기 때문에 도너(donor) 원자라고 부르는데, 자유전자의 수는 실리콘에 첨가하는 불순물 원자의 수에 따라 조절할 수 있다. 이러한 도핑 과정에 의해 만들어진 자유 전자는 가전자대를 충분히 채우기 때문에 가전자대에는 정공이 없고 자유전자만 남아 있다.

진성 반도체는 불안정한 상태에 있는 원자가 없으므로 전류가 흐르기 어려우나, N형 반도체는 이동하기 쉬운 불안정한 전자를 많이 갖고 있으므로 비교적 전류가 잘 흐르게 된다.

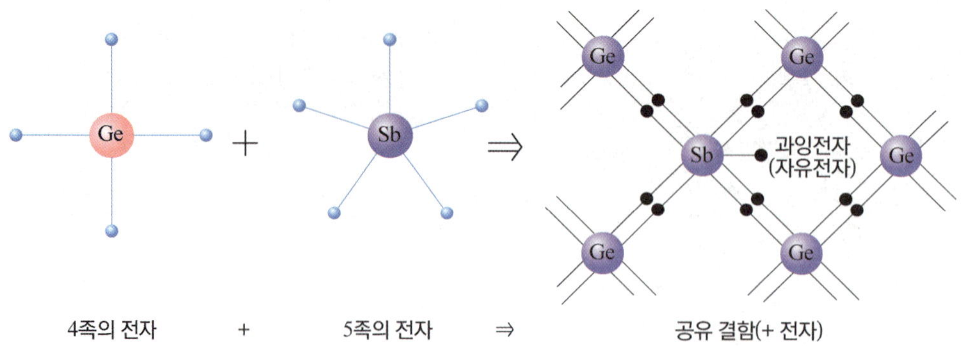

| 그림 1-30 | 불순물 반도체(N형 반도체)

특징으로는

① 반송자 대부분이 전자인 불순물 반도체이다.

② Ge, Si 같은 4가(4족)의 결정체에 5가(5족)의 Sb 등을 미량 혼합하여 만든다.

③ 전자 4개는 공유결합하고 여분의 1개는 자유전자(과잉전자)로 남게 된다.

④ 도너(donor)는 5개의 전자를 가진 불순물을 말하며, As(비소), Sb(안티몬), P(인), Bi (비스무트) 등이 있다.

(3) P형 불순물 반도체

P형 반도체는 순수 실리콘 내에 정공의 수를 늘이기 위해 In(인듐), B(붕소), Al(알루미늄), Ga(갈륨)과 같은 3가 원자들로 도핑 시킨 반도체이다. 3가 원자는 4개의 인접한 4가 원자와 공유결합을 이루고 하나의 전자가 부족하게 되어 전자를 받아들일 수 있는 전자를 받아들일 수 있는 빈자리(정공)가 발생한다. 따라서 기회만 있으면 전자를 1개식 끌어 들이려는 작용이 일어나게 된다. 여기서 전자가 부족되는 곳은 (-)전하를 가진 전자를 끌어들이려 하므로 마치 (+)전하가 있는 것과 같으나 실제는 (+)성질을 띠고 있는 빈자리라는 뜻으로 정공이라 한다.

이 정공은 3가 원자가 첨가 될 때마다 늘어나게 되고 3가 원자는 한 개의 전자를 받아들일 수 있기 때문에 억셉터(accepter) 원자라고 한다.

P형 반도체는 정공이 주위에 있는 전자를 항상 당기고 있기 때문에 정공 주위에 있는 전자가 이동하기 쉬운 불안정한 상태로 있게 되어, P형 반도체 역시 N형 반도체 경우와 같이 전류가 흐르기 쉬운 도체가 된다. 이때 전류를 발생하는 캐리어는 양전하인 정공이기 때문에 P형 반도체라고 부른다.

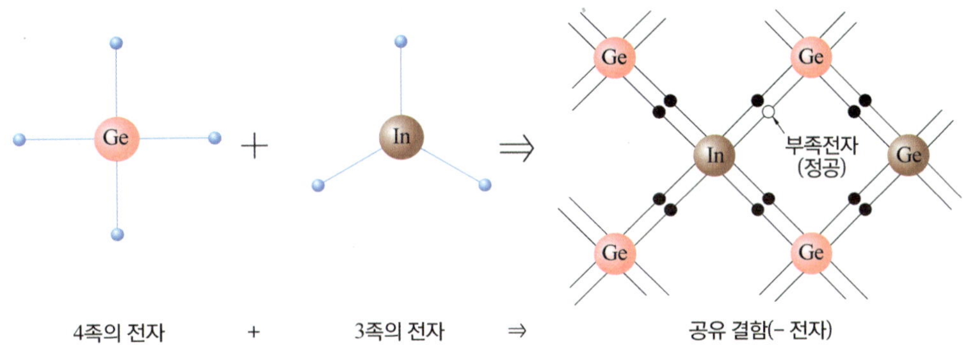

| 그림 1-31 | 불순물 반도체(P형 반도체)

정리해보면

① 반송자 대부분이 정공인 불순물 반도체를 말한다.
② Ge, Si 같은 4가의 결정체에 3가의 In 등을 미량 혼합하여 만든다.
③ 전자 3개는 공유결합하고 1개가 부족하여 정공의 형태로 남게 된다.
④ 억셉터(accepter)는 3개의 전자를 가진 불순물을 말하며, In(인듐), B(붕소), Al(알루미늄), Ga(갈륨) 등이 있다.

5 PN접합의 특성

N형 반도체 경우는 자유전자가 움직이기 쉽고, 자유전자가 주로 전하를 운반하므로 자유전자를 다수 캐리어라 부르고 정공을 소수 캐리어라고 한다. P형 반도체 경우는 지금까지의 반대로 다수 캐리어는 정공 소수캐리어는 전자가 된다. 이와 같은 캐리어 종류의 구분은 다이오드나 트랜지스터의 동작원리를 결정하는데 중요한 역할을 하게 된다. 그러면 P형과 N형 반도체를 접합하면 어떤 현상이 일어나는지 살펴보기로 한다.

가. 전압을 걸기 전의 PN접합 상태

접합면을 경계로 해서 우측의 N형은 자유전자의 밀도가 높고 좌측에는 거의 없게 되므로 당연히 좌측의 P형은 정공밀도가 높으며 우측은 전공이 거의 없는 상태가 된다.

이와 같이 전자와 정공밀도의 급격한 단절이 접합면에서 일어나고 있으므로 컵의 물에 잉크를 한방울 떨어뜨리면 컵 전체에 확산하는 것과 같이 우측에서 전자가 좌측에서 정공이 확산된다. 확산한 전자와 정공은 각기 상대층의 다수캐리어인 정공이나 전자가 재결합하여 소멸된다.

최종적으로 접합면 부근에는 확산과 재결합에 의하여 P형의 정공도 N형의 전자도 존재하지 않는 지대가 되며, 이와 같이 원래의 캐리어가 존재하지 않는 지대(층)을 공핍층, 공간 전하층이라고 한다.

공핍층의 우측은 정전하의 도너 원자, 좌측은 부전하를 갖는 억셉터 원자가 대립되어 있는 상태로 남게 되는데 이 공핍층은 공간 전하가 형성되어 캐패시턴스의 기능을 갖게 되므로 이것을 장벽용량이라고 부른다.

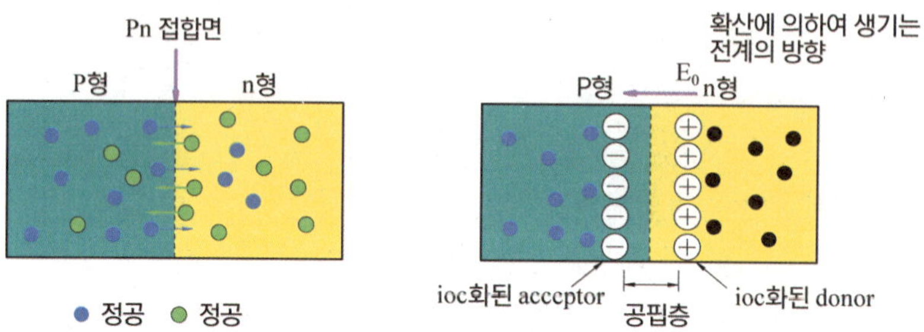

(a) 반송자의 확산현상 (b) 평형상태

Ⅰ그림 1-32Ⅰ확산현상과 평형상태

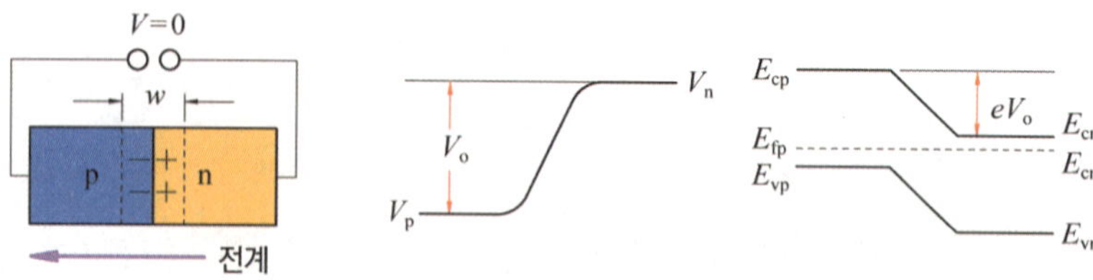

(a) 전위 영역 W에서의 공간전하 (b) 접촉전위 V_o (c) 에너지 대역의 접합부

Ⅰ그림 1-33Ⅰ PN접합에서의 평형상태

나. PN 접합에 전압을 걸었을 때 상태

전위장벽이 외부에서 가해준 전압으로 낮아져 P층에서는 정공이 N층으로 N층에서는 P형으로 전자가 다시 확산에 의해 유입된다.

외부전압을 높게하면 확산은 점점 더 활달하게 되며, 이것을 PN접합의 순방향 특성이라 하고, 흐르는 전류를 순방향 전류라고 하는데 순방향 전압을 가한 경우는 P형에 공급된 정공이 공핍층에서 억셉트 이온과 결합하여 전기적 중성이 되어 공핍층이 감소되므로 전위장벽이 낮아지고 확산 전류가 흐른다.

순방향 전류는 전자와 정공의 상대층에서 볼 때 소수캐리어 확산에 의해 성립되고 있다는 것인데 이것은 발생한 층에서는 다수캐리어 이지만, 상대층으로 들어가면 소수캐리어가 되는 것이다.

이 전류는 보통의 회로에서 전압으로 생기는 전류와는 다르다. 다만 확산원리로 흐르는 전류이므로 반도체에서 흐르는 전류는 지수 함수가 되며 옴의 법칙을 따르지 않는다.

역방향 전압을 가한 경우에는 외부전압은 대부분 공핍층에 걸리고 순방향으로 일어난 소수캐리어의 확산은 멈추게 된다. 그러나 반도체 자체에 캐리어가 열요란에 의해서 발생한 자유전자와 정공을 약간은 가지고 있으므로 P형층의 자유전자와 N형층의 정공은 역방향 전압에 의해서 끌려가는 형으로 상대측에 유입해서 역바이어스일 때의 전류가 된다.

(1) 순방향 전압 인가시의 동작 특징

P형에 공급된 정공은 공핍층에서 억셉트 이온과 결합하여 전기적 중성이 되고 공핍층 감소로 전위장벽이 낮아지고 확산 전류가 흐른다.

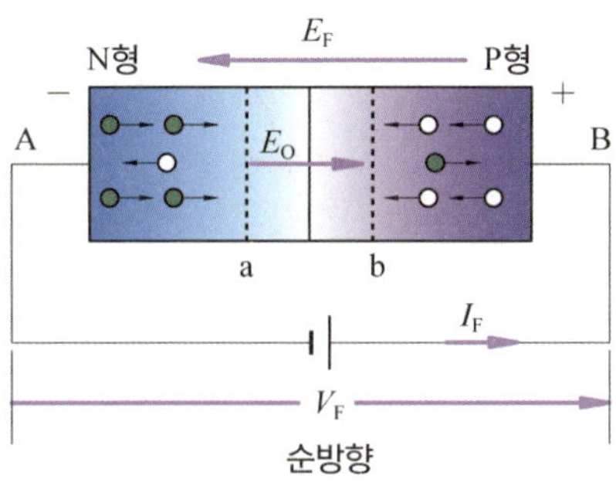

| 그림 1-34 | 순방향 바이어스

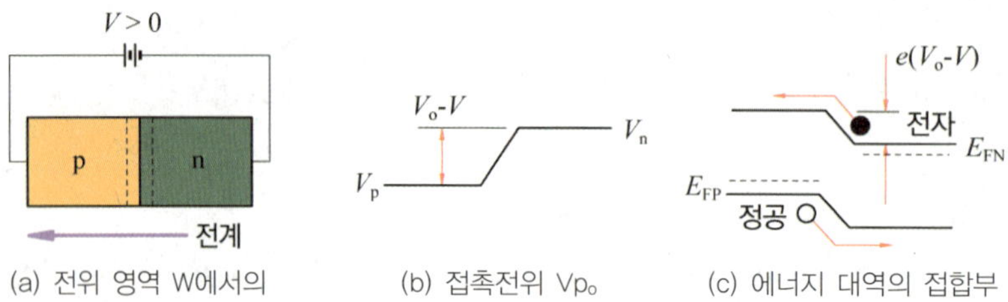

(a) 전위 영역 W에서의 공간전하 (b) 접촉전위 Vp₀ (c) 에너지 대역의 접합부

| 그림 1-35 | PN접합에서의 순바이어스 영향

(2) 역방향 전압 인가시의 동작 특징

P형에 공급된 전자는 공핍층 부근에 존재하는 P형 중성영역의 정공과 재결합하여 억셉트 이온 수가 증가되므로 P형 공핍층이 증가한다. 역전압에 의하여 내부에 형성되어 있는 전기장을 더욱 강하게 되어 전자나 정공의 이동이 어렵게 되고 전류는 거의 흐르지 않아 큰 저항을 나타낸다.

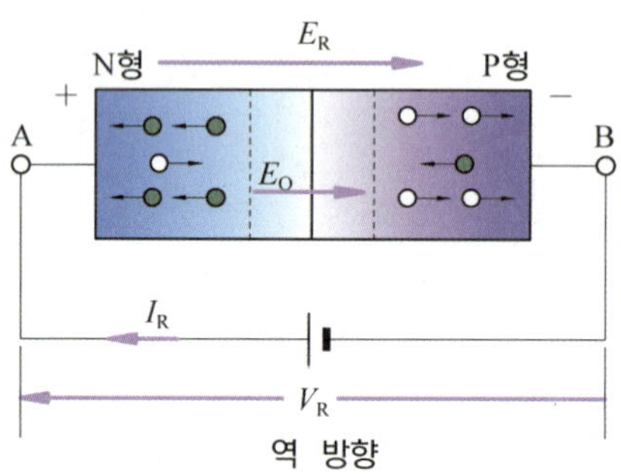

| 그림 1-36 | 역방향 바이어스

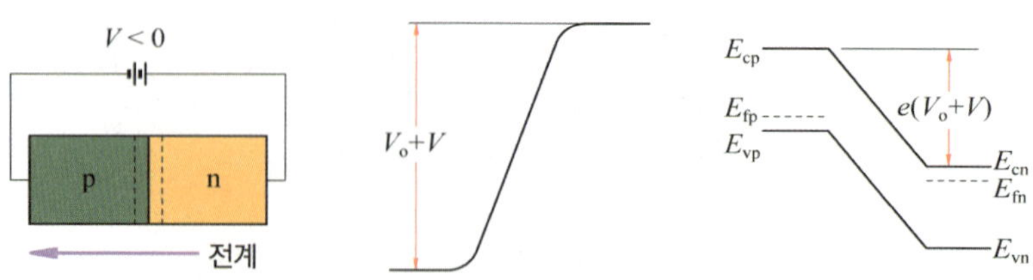

(a) 전위 영역 W에서의 공간전하 (b) 접촉전위 V₀ (c) 에너지 대역의 접합부

| 그림 1-37 | PN접합에서의 역바이어스 영향

Chapter 1 | 전기와 전자

연습문제

01 전기장의 세기에 대한 단위로 맞는 것은?

㉮ [m/V]　　㉯ [V/m^2]
㉰ [V/m]　　㉱ [m^2/V]

02 어떤 물질이 정상 상태보다 전자의 수가 많거나 적어져서 전기를 띠는 현상을 무엇이라 하는가?

㉮ 방전　　㉯ 전기량
㉰ 대전　　㉱ 하전

03 전하의 성질에 대한 설명 중 옳지 않은 것은?

㉮ 전하는 가장 안정한 상태를 유지하려는 성질이 있다.
㉯ 같은 종류의 전하끼리는 흡인하고 다른 종류의 전하끼리는 반발한다.
㉰ 낙뢰는 구름과 지면 사이에 모인 전기가 한꺼번에 방전되는 현상이다.
㉱ 대전체의 영향으로 비대전체에 전기가 유도된다.

04 원자핵의 구속력을 벗어나서 물질 내에서 자유로이 이동할 수 있는 것은?

㉮ 중성자　　㉯ 양자
㉰ 분자　　㉱ 자유전자

05 반도체 내에서 정공은 어떻게 생성되는가?

㉮ 결합전자의 이탈
㉯ 자유전자의 이동
㉰ 접합불량
㉱ 확산용량

06 P형 반도체의 설명 중 틀린 것은?

㉮ 불순물은 4가의 원소이다.
㉯ 다수 반송자는 정공이다.
㉰ 불순물을 억셉터라 한다.
㉱ 정공 및 전자의 이동으로 전도가 된다.

Answer | 01 ㉰ 02 ㉰ 03 ㉯ 04 ㉱ 05 ㉮ 06 ㉮

07 어떤 도체에 t초 동안에 Q[C]의 전기량이 이동하면 이때 흐르는 전류 [A]는?

㉮ $I = Q \cdot t$[A]　　㉯ $I = Q^2 \cdot t$[A]
㉰ $I = \frac{t}{Q}$[A]　　㉱ $I = \frac{Q}{t}$[A].

08 전하의 성질을 잘못 설명한 것은?

㉮ 같은 종류의 전하는 흡인하고 다른 종류의 전하끼리는 반발한다.
㉯ 대전체에 들어 있는 전하를 없애려면 접지시킨다.
㉰ 대전체의 영향으로 비대전체에 전기가 유도된다.
㉱ 전하는 가장 안정한 상태를 유지하려는 성질이 있다.

09 반도체의 특성이 아닌 것은?

㉮ 전기적 전도성은 금속과 절연체의 중간적 성질을 가지고 있다.
㉯ 일반적으로 온도가 상승함에 따라 저항은 감소한다.
㉰ 매우 낮은 온도에서 절연체가 된다.
㉱ 불순물이 섞이면 저항이 증가한다.

10 전류를 계속 흐르게 하려면 전압을 연속적으로 만들어 주는 어떤 힘이 필요하게 되는데, 이 힘을 무엇이라 하는가?

㉮ 자기력　　㉯ 전자력
㉰ 기전력　　㉱ 전기장

11 P형 반도체의 전기 전도의 주된 역할을 하는 반송자는?

㉮ 전자　　㉯ 가전자
㉰ 불순물　　㉱ 정공

12 다음 중 반도체 정류 소자로 사용할 수 없는 것은?

㉮ 게르마늄　　㉯ 비스무트
㉰ 실리콘　　㉱ 산화구리

13 일반적으로 절연체를 서로 마찰시키면 이들 물체는 전기를 띠게 된다. 이와 같은 현상은?

㉮ 분극　　㉯ 대전
㉰ 정전　　㉱ 코로나

Answer | 07 ㉱ 08 ㉮ 09 ㉱ 10 ㉰ 11 ㉱ 12 ㉯ 13 ㉯

14 전하 및 전기력에 대한 설명으로 틀린 것은?

㉮ 전하에는 양(+)전하와 음(−)전하가 있다.
㉯ 비유전율이 큰 물질일수록 전기력은 커진다.
㉰ 대전체의 전하를 없애려면 대전체와 대지를 도선으로 연결하면 된다.
㉱ 두 전하사이에 작용하는 전기력은 전하의 크기에 비례하고 두 전하 사이의 거리의 제곱에 반비례 한다.

15 1[eV]는 몇 [J]인가?

㉮ 1.602×10^{-19}[J] ㉯ 1×10^{-10}[J]
㉰ 1[J] ㉱ 1.16×10^{4}[J]

16 어떤 전지에서 5[A]의 전류가 10분간 흘렀다면, 이 전지에서 나온 전기량은?

㉮ 0.83[C] ㉯ 50[C]
㉰ 250[C] ㉱ 3000[C]

17 어떤 도체에 10초 동안에 100[C]의 전기량이 이동하면 이때 흐르는 전류 I[A]는?

㉮ 100[A] ㉯ 1000[A]
㉰ 10[A] ㉱ 5[A]

18 "물질 중의 자유전자가 과잉된 상태"란?

㉮ (−)대전상태 ㉯ 발열상태
㉰ 중성상태 ㉱ (+)대전상태

19 진성 반도체인 4가의 실리콘에 N형 반도체를 만들기 위하여 첨가하는 것은?

㉮ 게르마늄 ㉯ 칼륨
㉰ 인듐 ㉱ 안티몬

20 $+Q_1$[C]과 $-Q_2$[C]의 전하가 진공 중에서 r[m]의 거리에 있을 때, 이들 사이에 작용하는 정전기력 F[N]는?

㉮ $F=0.9\times10^{-9}\times\dfrac{Q_1Q_2}{r^2}$

㉯ $F=9\times10^{-9}\times\dfrac{Q_1Q_2}{r^2}$

㉰ $F=9\times10^{9}\times\dfrac{Q_1Q_2}{r^2}$

㉱ $F=90\times10^{9}\times\dfrac{Q_1Q_2}{r^2}$

Answer | 14 ㉯ 15 ㉮ 16 ㉱ 17 ㉰ 18 ㉮ 19 ㉱ 20 ㉰

21 열평형 상태에서 pn 접합 전류가 0이라면, 그 의미는?

㉮ 전위장벽이 없어졌다.
㉯ 접합을 흐르는 다수 캐리어가 없다.
㉰ 접합을 흐르는 소수 캐리어가 없다.
㉱ 접합을 흐르는 소수 캐리어와 다수 캐리어가 같다.

22 일반적으로 반도체의 저항 값과 온도와의 관계가 바른 것은?

㉮ 저항 값은 온도에 비례한다.
㉯ 저항 값은 온도에 반비례한다.
㉰ 저항 값은 온도의 제곱에 반비례한다.
㉱ 저항 값은 온도의 제곱에 비례한다.

23 전장 중에 단위 정전하를 놓을 때 여기에 작용하는 힘과 같은 것은?

㉮ 전하 ㉯ 전장의 세기
㉰ 전위 ㉱ 전속

24 2[C]의 전기량이 이동하여 10[J]의 일을 하였다면 두 점 사이의 전위차는?

㉮ 0.2[V] ㉯ 0.5[V]
㉰ 5[V] ㉱ 20[V]

25 다음 중 일함수의 단위는?

㉮ [V] ㉯ [eV]
㉰ [J] ㉱ [A]

26 에너지 준위도에서 0준위란?

㉮ 금속의 준위 ㉯ 페르미 준위
㉰ 이탈 준위 ㉱ 기저 준위

27 물질의 기저 상태와 관계가 깊은 것은?

㉮ 0°[K] ㉯ 0°[F]
㉰ 0°[C] ㉱ 100°[K]

28 원자번호 32인 Ge 원자의 전자 궤도 수와 가전자수는?

㉮ 궤도수 4, 가전자수 8
㉯ 궤도수 8, 가전자수 8
㉰ 궤도수 4, 가전자수 4
㉱ 궤도수 8, 가전자수 8

29 다음 중 전자의 전하는?

㉮ 1.6×10^{-12}[C] ㉯ 1.6×10^{-18}[C]
㉰ 1.6×10^{-19}[C] ㉱ 1.6×10^{-24}[C]

30 10[mA]의 전류가 흐르고 있을 때 매초 몇 개의 전자가 이동하고 있는가?

㉮ 6.25×10^{13}[개] ㉯ 6.25×10^{14}[개]
㉰ 6.25×10^{15}[개] ㉱ 6.25×10^{16}[개]

Answer | 21 ㉱ 22 ㉯ 23 ㉯ 24 ㉰ 25 ㉯ 26 ㉯ 27 ㉮ 28 ㉰ 29 ㉰ 30 ㉱

31 P형 반도체의 다수 캐리어는?

㉮ 전자 ㉯ 원자
㉰ 정공 ㉱ 양성자

32 공핍층에는 무엇이 존재하는가?

㉮ 전자 ㉯ 원자
㉰ 이온 ㉱ 중성자

33 다음 중 도너에 대한 설명으로 맞는 것은?

㉮ 4가 원소 ㉯ 5가 원소
㉰ 3가 원소 ㉱ 3족 원소

34 P형 반도체 밴드 구조에서 억셉트 준위의 위치는?

㉮ 전도대 밑에 있다.
㉯ 충만대 위에 있다.
㉰ 전도대에 있다.
㉱ 충만대에 있다.

35 N형 반도체 밴드 구조에서 도너 준위의 위치는?

㉮ 전도대 밑에 있다.
㉯ 충만대 위에 있다.
㉰ 전도대에 있다.
㉱ 충만대에 있다.

36 PN 접합 다이오드에 순방향 바이어스를 가했을 때, P층의 페르미 준위와 N층의 페르미 준위 설명 중 맞는 것은?

㉮ 페르미 준위는 N층이 높다.
㉯ 페르미 준위는 P층이 높다.
㉰ 페르미 준위는 P층과 N층이 평행상태가 된다.
㉱ N층이 높기 때문에 전위장벽이 높아져 도통하기 어려운 상태가 된다.

37 반도체 용어의 설명으로 옳지 않은 것은?

㉮ 캐리어(carrier)는 전류의 흐름에 기여한다.
㉯ 공핍층(depletion layer)은 캐리어가 없는 공간을 말한다.
㉰ N-type 반도체는 상온에서 전자만이 캐리어로 존재한다.
㉱ P-type 및 N-type 반도체는 도핑(doping)된 반도체를 말한다.

38 다음 연소 중 도너 원자로 사용되지 않는 것은?

㉮ In(인듐) ㉯ P(인)
㉰ As(비소) ㉱ Sb(안티몬)

39 N형 반도체를 만들기 위하여 실리콘(si)이나 게르마늄(Ge)에 도핑하는 불순물 원자로 적합한 것은?

㉮ GA(갈륨) ㉯ B(붕소)
㉰ P(인) ㉱ In(인듐)

Answer | 31 ㉰ 32 ㉰ 33 ㉯ 34 ㉯ 35 ㉮ 36 ㉮ 37 ㉰ 38 ㉮ 39 ㉰

40 1[μA]의 전류가 흐르고 있을 때 1초 동안 통과하는 전자수는 약 몇 개인가? (단, 전자 1개의 전하는 1.602×10^{-19}[C]이다.)

㉮ 6.24×10^{10} ㉯ 6.24×10^{11}
㉰ 6.24×10^{12} ㉱ 6.24×10^{13}

41 금속의 2차 전자 방출비에 대하여 가장 옳게설명한 것은?

㉮ 항상 일정하다.
㉯ 방출비 값은 항상 1보다 작다.
㉰ 금속의 종류에 따라서 달라진다.
㉱ 2차 전자는 반사되는 전자를 의미한다.

42 전자볼트는 전자 한 개가 1볼트의 전위피를 통과할 때 얻는 운동 에너지를 1[eV]로 정한 것이다. 1[eV]는 대략 몇 [J](joule)인가?

㉮ 9.109×10^{-31} ㉯ 1.759×10^{-11}
㉰ 1.602×10^{-19} ㉱ 6.547×10^{-34}

43 실리콘 단결정 반도체에서 P형 불순물로 사용될 수 있는 것은?

㉮ P(인) ㉯ As(비소)
㉰ B(붕소) ㉱ Sb(안티몬)

44 진성 반도체에 있어서 Fermi 준위의 위치는? (단, E_c는 전도대(conduction band) 중에서 가장 낮은 에너지 준위이고, E_v는 가전대(valence band) 중에서 가장 높은 에너지 준위이다.)

㉮ E_c보다 약간 높다.
㉯ E_c보다 약간 낮다.
㉰ E_v보다 약간 높다.
㉱ E_c와 E_v의 중간 정도이다.

45 충분히 높은 주파수의 빛이 금속표면에 가해졌을 때 그 금속의 표면에서 전자가 방출되는 현상을 무엇이라 하는가?

㉮ 공학 효과(Optical Effect)
㉯ 컴프턴 효과(Compton Effect)
㉰ 애벌런치 효과(Avalanche Effect)
㉱ 광전 효과(Photoelectric Effect)

46 1[eV]를 올바르게 설명한 것은?

㉮ 1개의 전자가 1[J]의 에너지를 얻는데 필요한 에너지이다.
㉯ 1개의 전자가 1[cm]의 간격을 통과할 때 필요한 전압이다.
㉰ 1개의 전자가 1[V]의 전위차를 통과할 때 필요한 운동 에너지이다.
㉱ 1개의 전자가 1[m/sec]의 속도를 얻는데 필요한 에너지이다.

Answer | 40 ㉰ 41 ㉰ 42 ㉰ 43 ㉰ 44 ㉱ 45 ㉱ 46 ㉰

47 기체 중에 방전 현상은 어느 현상에 해당하는가?

㉮ 전리 현상 ㉯ 절연 파괴
㉰ 광전 효과 ㉱ 절연

48 광전자 방출에 대한 설명으로 옳지 않은 것은?

㉮ 광전자 방출은 금속의 일함수와 관계가 있다.
㉯ 금속 표면에 빛이 입사되면 전자가 방출되는 현상을광전자 방출이라 한다.
㉰ 한계 파장보다 긴 파장의 빛을 다량으로 입사시키면 광전자 방출이 일어난다.
㉱ 광전자 방출을 위해서는 금속 표면에 입사되는 빛의 파장이 한계 파장보다 짧아야 한다.

49 반도체의 특성에 대한 설명 중 옳지 않은 것은?

㉮ 홀 효과가 크다.
㉯ 빛을 쪼이면 도전율이 증가한다.
㉰ 온도에 의한 도전율이 현저하게 변화한다.
㉱ 미량의 불순물을 첨가하면 도전율은 거의 비례하여 감소한다.

50 진성 반도체에서 온도가 상승하면 페르미 준위는?

㉮ 도너 준위에 접근한다.
㉯ 금지대 중앙에 위치한다.
㉰ 전도대 쪽으로 접근한다.
㉱ 가전자대 쪽으로 접근한다.

51 자유전자가 정공에 의해 다시 결합해서 정공을 채운다. 이러한 과정을 무엇이라 하는가?

㉮ 열적 평형
㉯ 확산(diffusion)
㉰ 수명 시간(life time)
㉱ 재결합(recombination)

52 다음 중 N형 반도체를 표시하는 식으로 옳은 것은? (단, n : 전자의 농도, p : 정공의 농도)

㉮ $n = p$ ㉯ $n > p$
㉰ $n < p$ ㉱ $np = 0$

53 열전자를 방출하고 있는 금속 표면에 전기장을 가하면 전자방출 효과가 증가하는 현상을 무엇이라 하는가?

㉮ 지벡 효과(Seebeck effect)
㉯ 톰슨 효과(Thomson effect)
㉰ 펠티어 효과(Peltier effect)
㉱ 쇼트키 효과(Schottky effect)

54 진성 반도체에서 온도가 상승하면?

㉮ 반도체의 저항이 증가한다.
㉯ 원자의 에너지가 증가한다.
㉰ 정공이 전도대에 발생된다.
㉱ 금지대가 감소한다.

Answer | 47 ㉯ 48 ㉰ 49 ㉱ 50 ㉯ 51 ㉱ 52 ㉯ 53 ㉱ 54 ㉯

55 온도가 상승하면 N형 반도체의 Fermi 준위는 어디에 위치하게 되는가?

㉮ 전도대역폭으로 접근
㉯ 가전자대역폭으로 접근
㉰ 금지대 영역 중앙으로 접근
㉱ 금지대역 중앙과 가전자대역 중간

56 금속의 2차 전자 방출비에 대하여 가장 옳게 설명한 것은?

㉮ 항상 일정하다.
㉯ 방출비 값은 항상 1보다 작다.
㉰ 금속의 종류에 따라서 달라진다.
㉱ 2차 전자는 반사되는 전자를 의미한다.

57 전기력선에 대한 설명 중 옳은 것은?

㉮ 전기력선은 양전하에서 시작하여 음전하에서 끝난다.
㉯ 전기력선은 전위가 낮은 점에서 높은 점으로 향한다.
㉰ 전기력신의 빙향은 그 점의 전세의 방향과 반대이다.
㉱ 전계가 0이 아닌 곳에서 2개의 전기력선은 항상 교차한다.

58 전자 수가 32인 원자의 가전자 수는?

㉮ 2개　　㉯ 4개
㉰ 8개　　㉱ 18개

59 정격 100[V], 50[W] 백열 전구의 필라멘트를 0.1[sec]사이에 통과하는 전자수는? (단, 전자의 전하량 $e=1.6\times10^{-19}$[C])

㉮ 3.125×10^{17}[개/초]
㉯ 6.24×10^{16}[개/초]
㉰ 62.4×10^{17}[개/초]
㉱ 3.125×10^{16}[개/초]

60 실리콘 단결정 반도체에서 N형 불순물로 사용될 수 없는 것은?

㉮ 안티몬(Sb)　　㉯ 비소(As)
㉰ 인(P)　　㉱ 알루미늄(Al)

61 다음 일반적인 반도체에 대한 설명 중 옳지 않은 것은?

㉮ 결정구조의 결함은 이동도를 감소시킨다.
㉯ 진성반도체의 도전율은 캐리어의 농도에 따라 변한다.
㉰ N형 반도체의 도너 원자는 정상온도에서 정전하를 갖는다.
㉱ 반도체에 전계를 가하면 정공의 드리프트 속도의 방향은 전계와 반대 방향이다.

Answer | 55 ㉰ 56 ㉰ 57 ㉮ 58 ㉯ 59 ㉮ 60 ㉱ 61 ㉱

62 전자가 외부의 힘(열, 빛, 전장)을 받아 핵의 구속력으로부터 벗어나 결정 내를 자유로이 이동할 수 있는 자유전자의 상태로 존재하는 에너지대는?

㉮ 충만대(filled band)
㉯ 가전자대(valence band)
㉰ 금지대(forbidden band)
㉱ 전도대(conduction band)

63 Pauli의 배타율 원리에 대한 설명 중 옳지 않은 것은?

㉮ 원자내의 전자 배열을 지배하는 원리이다.
㉯ 원자내에서 두 개의 전자가 동일한 양자 상태에 있을 수 있다.
㉰ 하나의 양자 궤도에는 spin이 다른 두 개의 전자가 존재할 수 있다.
㉱ 원자내에서 하나의 양자 상태에는 단지 1개의 전자만 존재할 수 있다.

64 Ge의 진성 캐리어 밀도는 상온에서 Si보다 높다. 그 이유에 대한 설명으로 가장 옳은 것은?

㉮ Ge의 에너지갭이 Si의 에너지갭보다 좁기 때문에
㉯ Si의 에너지갭이 Ge의 에너지갭보다 좁기 때문에
㉰ Ge의 캐리어 이동도가 Si보다 크기 때문에
㉱ Ge의 캐리어 이동도가 Si보다 작기 때문에

65 다음 중 물질에서 전자가 방출할 수 있는 조건으로 적당하지 않은 것은?

㉮ 열을 가한다. ㉯ 빛을 가한다.
㉰ 전계를 가한다. ㉱ 압축한다

66 홀(hall)의 효과와 가장 관계가 깊은 것은?

㉮ 고저항 측정기 ㉯ 전류계
㉰ 자장계 ㉱ 분압계

67 Si 단결정 반도체에서 N형 불순물로 사용될 수 있는 것은?

㉮ 인듐(In) ㉯ 비소(As)
㉰ 붕소(B) ㉱ 알루미늄(Al)

68 금속의 일 함수에 대한 설명으로 틀린 것은?

㉮ 전자방출에 필요한 에너지를 일함수라 한다.
㉯ 일 함수가 큰 물질일수록 열전자의 방출성이 우수하다.
㉰ 금속 중에는 비교적 자유로이 움직이는 다수의 자유전자가 있다.
㉱ 자유전자는 외부에서 에너지를 가하지 않으면 금속 표면에서 튀어나갈 수 없다.

Answer | 62 ㉱ 63 ㉯ 64 ㉮ 65 ㉱ 66 ㉰ 67 ㉯ 68 ㉯

69 다음 중 물질의 구성과 관계없는 요소는?

㉮ 광자 ㉯ 중성자
㉰ 양자 ㉱ 전자

70 PN 접합에 순방향 바이어스를 공급할 때의 특징이 아닌 것은?

㉮ 전장이 약해진다.
㉯ 전위장벽이 높아진다.
㉰ 공간전하 영역의 폭이 좁아진다.
㉱ 다수 캐리어에 의한 확산 전류는 증대된다.

71 다음 중 광양자가 에너지의 운동량을 갖고 있음을 나타내는 것은?

㉮ 광전 효과(Photo electric effect)
㉯ 콤프턴 효과(Compton effect)
㉰ 에디슨 효과(Edison effect)
㉱ 홀 효과(Hole effect)

72 광전자 방출 현상에 있어서 방출된 전자의 에너지에 대한 설명으로 옳은 것은?

㉮ 광의 세기에 비례한다.
㉯ 광의 속도의 비례한다.
㉰ 광의 주파수에 비례한다.
㉱ 광의 주파수에 반비례한다.

73 다음 설명 중 옳지 않은 것은?

㉮ 진성반도체에서 전자의 밀도와 정공의 밀도는 같다.
㉯ 캐리어의 재결합은 전자와 홀의 농도에 비례한다.
㉰ 불순물 반도체의 고유저항은 진성반도체의 고유저항보다 크다.
㉱ 열적 평형상태에서 전자와 정공의 열적 생성과 재결합률은 같다.

74 순수 반도체가 절대온도 0[°K]의 환경에 존재하는 경우 이 반도체의 특성을 가장 바르게 설명한 것은?

㉮ 소수의 정공과 소수의 자유전자를 가진다.
㉯ 금속 도체와 같은 행동을 한다.
㉰ 많은 수의 정공을 갖고 있다.
㉱ 절연체와 같이 행동한다.

75 전자 방출에서 전계에 의해서 일 함수가 작아져서 전자방출이 쉬워지는 현상을 무엇이라 하는가?

㉮ Piezo 효과 ㉯ Seebeck 효과
㉰ Hall 효과 ㉱ Schottky 효과

Answer | 69 ㉮ 70 ㉯ 71 ㉯ 72 ㉰ 73 ㉰ 74 ㉱ 75 ㉱

76 PN 접합의 공간 전하영역에 대한 설명으로 가장 옳은 것은?

㉮ 다수 캐리어만 존재하는 영역이다.
㉯ 소수 캐리어만 존재하는 영역이다.
㉰ 다수 캐리어와 소수 캐리어가 모두 존재하는 영역이다.
㉱ 움직일 수 없는 도너 이온과 억셉터 이온이 존재하는 영역이다.

77 반도체는 절대온도 0[°K]에서 절연체, 상온에서 절연체와 도체의 중간적 성질을 띤다. 만일 불순물의 농도가 증가하였을 때 도전율(σ)과 고유저항(ρ)은 어떻게 되는가?

㉮ 도전율(σ)은 증가하고 고유저항(ρ)은 감소한다.
㉯ 도전율(σ)은 감소하고 고유저항(ρ)은 증가한다.
㉰ 도전율(σ)과 고유저항(ρ)은 증가한다.
㉱ 도전율(σ)과 고유저항(ρ)은 감소한다.

78 1[eV]를 가장 잘 설명한 것은?

㉮ 1개의 전자가 1[J]의 에너지를 얻는데 필요한 에너지이다.
㉯ 1개의 전자가 1[m]의 간격을 통과할 때 필요한 전압이다.
㉰ 1개의 전자가 1[V]의 전위차를 통과할 때 필요한 운동 에너지이다.
㉱ 1개의 전자가 1[m/sec]의 속도를 얻는데 필요한 에너지이다.

79 고속의 전자(이온)가 금속의 표면에 충돌하면 금속 안의 자유전자가 방출되는 현상은?

㉮ 전계 방출 ㉯ 열전자 방출
㉰ 광전자 방출 ㉱ 2차 전자 방출

80 어떤 도체의 단면을 1[A]의 전류가 흐를 때 이 단면을 0.01초 동안에 통과하는 전자수는? (단, 전자의 전하량 $Q=1.6\times10^{-19}$[C]이다.)

㉮ 6.25×10^{16}[개] ㉯ 6.25×10^{18}[개]
㉰ 6.25×10^{20}[개] ㉱ 6.25×10^{22}[개]

81 일반적으로 순수(intrnsic) 반도체에서 온도의 상승으로 나타나는 현상에 대한 설명으로 옳은 것은?

㉮ 반도체의 저항이 증가한다.
㉯ 정공이 전도대로 이전한다.
㉰ 원자의 에너지가 증가한다.
㉱ 원자의 에너지가 감소한다.

82 억셉터 불순물로 사용되는 원소가 아닌 것은?

㉮ 갈륨(Ga) ㉯ 인듐(In)
㉰ 비소(As) ㉱ 붕소(B)

Answer | 76 ㉱ 77 ㉮ 78 ㉰ 79 ㉱ 80 ㉮ 81 ㉰ 82 ㉰

83 다음 중 물질에서 전자가 방출할 수 있는 조건으로 적당하지 않은 것은?

㉮ 열을 가한다. ㉯ 빛을 가한다.
㉰ 전계를 가한다. ㉱ 압축한다.

84 페르미 준위에 대한 설명으로 옳은 것은?

㉮ 불순물의 온도가 증가할수록 금지대의 중앙으로부터 멀어진다.
㉯ 불순물의 양과 온도가 증가할수록 진성 반도체의 페르미 준위에 가까워진다.
㉰ 불순물의 양이 증가하면 금지대의 중앙으로부터 멀어지고, 온도가 증가하면 그와 반대이다.
㉱ 불순물의 양이 증가하면 금지대의 중앙으로 가까워지고, 온도가 증가하면 그와 반대이다.

85 1[Coulomb]의 전하량은 전자 몇 개가 필요한가? (단, $e = 1.602 \times 10^{-19}$[C])

㉮ 6.24×10^{16} ㉯ 6.24×10^{18}
㉰ 6.24×10^{20} ㉱ 6.24×10^{22}

86 진성 반도체에 대한 설명 중 옳지 않은 것은?

㉮ 반도체의 저항 온도계수는 양(+)이다.
㉯ 운반체(carrier)의 밀도는 온도가 상승하면 증가한다.
㉰ Fermi준위는 어떤 온도에서든지 전도대와 가전자대의 중앙에 위치한다.
㉱ 단위 체적당 전도대 중의 전자의 수와 단위 체적당 가전자대 중의 정공의 수는 같다.

87 열평형 상태에서 PN접합 전류가 zero(영)라는 의미는?

㉮ 전위 장벽이 없어졌다는 것이다.
㉯ 접합을 흐르는 다수 캐리어가 없다.
㉰ 접합을 흐르는 소수 캐리어가 없다.
㉱ 접합을 흐르는 소수 캐리어와 다수 캐리어가 같다.

88 다음 반도체의 설명 중 옳지 않은 것은?

㉮ 진성반도체에 불순물 P를 주입하면 페르미 준위 E_F가 전도대쪽에 가깝게 위치한다.
㉯ 진성반도체에 불순물 Ga를 주입하면 페르미 준위 E_F가 전도대쪽에 가깝게 위치한다.
㉰ 페르미 준위가 전도대쪽에 가깝게 위치해 있으면 N형 반도체이다.
㉱ 페르미 준위가 금지대 중앙에 위치해 있으면 진성반도체이다.

Answer | 83 ㉱ 84 ㉰ 85 ㉯ 86 ㉮ 87 ㉱ 88 ㉯

89 일 함수(work function)의 설명 중 옳지 않은 것은?

㉮ 금속의 종류에 따라 값이 다르다.
㉯ 일 함수가 큰 것이 전자 방출이 쉽게 일어난다.
㉰ 표면장벽 에너지와 Fermi 준위와의 차를 일 함수라 한다.
㉱ 전자가 방출되기 위해서 최소한 이 일 함수에 해당되는 에너지를 공급받아야 한다.

90 $T = 0[°K]$에서 전자가 가질 수 있는 최대에너지 준위는?

㉮ 페르미 에너지 준위
㉯ 도너 준위
㉰ 억셉터 준위
㉱ 드리프트 준위

91 10[mm]의 지름을 가진 동선에 50[A]의 전류가 흐를 때 단위시간에 동선의 단면을 통과하는 전자의 수는 약 몇 개인가?

㉮ 7.85×10^{16} ㉯ 20.45×10^{15}
㉰ 31.25×10^{19} ㉱ 50×10^{19}

92 물이 담긴 컵 안에 잉크 방울을 떨어뜨렸을 때 잉크가 주변으로 번져나가는 것을 볼 수 있다. 이러한 현상은 입자들이 농도가 높은 곳에서 낮은 곳으로 이동하여 균일하게 분포하려는 성향에 기인하는 것인데 이런 입자의 움직임을 무엇이라 하는가?

㉮ 드리프트 ㉯ 확산
㉰ 이동성 ㉱ 이온 결합성

93 다음과 같은 현상을 무엇이라 하는가?

> 반도체 양단에 전압을 가하면 캐리어(carrier)는 전계에 의하여 움직인다.

㉮ 드리프트(Drift) 운동
㉯ 산란(Scattering)
㉰ 확산(Diffusion)
㉱ 격자간격

94 PN접합에 관한 다음의 설명 중 옳은 것은?

㉮ 공간 전하 영역은 바이어스가 커지면 넓어진다.
㉯ PN 접합에 순방향 바이오스를 가하면 공핍층 근처에 소수캐리어 밀도가 감소한다.
㉰ 불순물의 농도를 증가시키면 공간 전하 영역이 넓어진다.
㉱ PN 접합부에 전계가 발생하고 이는 확산을 가속화시킨다.

Answer | 89 ㉯ 90 ㉮ 91 ㉰ 92 ㉯ 93 ㉮ 94 ㉮

95 다음 중 에너지밴드에 속하지 않는 것은?

㉮ 전도대 ㉯ 금지대
㉰ 가전자대 ㉱ 전기대

96 금속체 내에 있는 전자가 표면장벽을 넘어서 금속 밖으로 방출되기 위하여 필요한 최소의 에너지를 가리키는 것은?

㉮ 광에너지 ㉯ 운동에너지
㉰ 페르미 준위 ㉱ 일 함수

97 진공 속의 텅스텐(W) 표면에서 전자 1개가 방출하는데 최소한 몇 Joule의 에너지를 필요로 하는가? (단, 텅스텐의 일 함수는 4.52[eV]이다.)

㉮ 4.52[J]
㉯ 18.127×10^{-18}[J]
㉰ 11.602×10^{-19}[J]
㉱ 7.24×10^{-19}[J]

98 반도체에 전계(E)를 가하면 정공의 드리프트(drift) 속도의 방향은?

㉮ 전계와 반대 방향이다.
㉯ 전계와 같은 방향이다.
㉰ 전계와 직각 방향이다.
㉱ 전계와 무관한 불규칙 운동을 한다.

99 양자(Quantum) 1개의 질량은 약 얼마인가?

㉮ 9.99×10^{-21}[kg] ㉯ 9.109×10^{-31}[kg]
㉰ 1.602×10^{-19}[kg] ㉱ 1.67×10^{-27}[kg]

100 반도체의 특성에 대한 설명 중 옳지 않은 것은?

㉮ 홀 효과가 크다.
㉯ 빛을 쪼이면 도전율이 증가한다.
㉰ 온도에 의해 도전율이 현저하게 변화한다.
㉱ 불순물을 첨가하면 도전율이 감소한다.

101 페르미(Fermi) 준위가 금지대의 중앙에 위치하여 자유전자와 정공의 농도가 같은 반도체는?

㉮ 불순물 반도체
㉯ 순수 반도체
㉰ P형 반도체
㉱ N형 반도체

102 pn접합 다이오드의 확산 용량에 관한 설명으로 옳은 것은?

㉮ 공간 전하에 의한 용량이다.
㉯ 다수캐리어의 확산작용에 의한 용량이다.
㉰ 역바이어스에 의한 소수캐리어의 확산작용에 의한 용량이다.
㉱ 순바이어스에 의하여 주입된 소수캐리아의 확산작용에 의한 용량이다.

Answer | 95 ㉱ 96 ㉱ 97 ㉱ 98 ㉯ 99 ㉱ 100 ㉱ 101 ㉯ 102 ㉱

103 열전자를 방출하기 위한 재료의 조건으로 옳지 않은 것은?

㉮ 융점이 낮아야 한다.
㉯ 일 함수가 작아야 한다.
㉰ 방출 효율이 좋아야 한다.
㉱ 진공 중에서 쉽게 증발되지 않아야 한다.

104 진성 반도체에서 온도가 상승하면?

㉮ 반도체의 저항이 증가한다.
㉯ 원자의 에너지가 증가한다.
㉰ 정공이 전도대에 발생된다.
㉱ 금지대가 감소한다.

105 전자가 외부의 힘(열, 빛, 전장)을 받아 핵의 구속력으로부터 벗어나 결정 내를 자유로이 이동할 수 있는 자유전자의 상태로 존재하는 에너지대는?

㉮ 충만대(filled band)
㉯ 금지대(forbidden band)
㉰ 가전자대(valence band)
㉱ 전도대(conduction band)

106 진성반도체에서 온도에 따른 페르미 준위와의 관계로 가장 옳은 것은?

㉮ 가전자대 쪽으로 접근한다.
㉯ 전도대 쪽으로 접근한다.
㉰ 금지대 쪽으로 접근한다.
㉱ 온도와는 무관하다.

107 가전자대의 전자가 빛의 에너지를 흡수하며 전도대로 올라감으로써 한쌍의 자유전자와 정공이 생성되는 현상은?

㉮ 광도전 현상 ㉯ 내부 광전 효과
㉰ 열생성 ㉱ 확산

108 열전자 방출에 대한 설명으로 옳지 않은 갓은?

㉮ 고온으로 가열하면 전자가 튀어나오는 현상이다.
㉯ 열전자 방사량은 금속의 절대온도에 비례한다.
㉰ 열전자 방사량은 열음극의 일함수와 관계가 있다.
㉱ 열전자 방출에 의해 schottky 효과가 발생한다.

109 순수 반도체가 절대온도 0[°k]의 환경에 존재하는 경우 이 반도체의 특성을 가장 바르게 설명한 것은?

㉮ 소수의 정공과 소수의 자유전자를 가진다.
㉯ 금속 전도체와 같은 행동을 한다.
㉰ 많은 수의 정공을 갖고 있다.
㉱ 절연체와 같이 행동한다.

Answer | 103 ㉮ 104 ㉯ 105 ㉱ 106 ㉱ 107 ㉯ 108 ㉯ 109 ㉱

110 PN 접합 시 순방향으로 바이어스 되었을 때의 설명 중 옳은 것은?

㉮ 다수 캐리어가 서로 다른 쪽에 주입된다.
㉯ P형 쪽 전자만이 N형 영역으로 들어간다.
㉰ P형 영역의 정공만이 N형 쪽으로 주입된다.
㉱ 어떤 전류도 흐르지 않는다.

111 확산 현상에 대한 설명 중 옳은 것은?

㉮ 캐리어 농도가 큰 쪽에서 작은 쪽으로 이동한다.
㉯ 온도가 높을수록 충돌 빈도가 커지므로 확산이 어렵다.
㉰ 열평형이란 전자의 드리프트와 정공의 드리프트 전류가 동시에 발생하는 경우이다.
㉱ 충돌빈도가 클수록 평균 자유 행정과 평균 속도가 작아져서 확산이 쉽다.

112 진성 반도체에서 드리프트 전류의 대부분이 자유전자에 의해 발생하는 가장 큰 이유는?

㉮ 정공은 가전자대에 있기 때문
㉯ 자유전자는 전도대에 있기 때문
㉰ 정공보다 더 많은 자유전자가 있기 때문
㉱ 자유전자의 이동도가 정공의 이동도 보다 크기 때문

113 금속에 빛을 비추면 금속표면에서 전자가 공간으로 방출되는 것은?

㉮ 전계방출　　㉯ 광전자방출
㉰ 열전자방출　　㉱ 2차 전자방출

114 페르미 준위에 대한 설명으로 옳지 않은 것은?

㉮ 전자의 존재 확률은 50[%]가 된다.
㉯ 0[K]에서 전자의 최고 에너지가 된다.
㉰ 0[K]에서 N형 반도체의 경우 전도대와 금지대 사이에 위치한다.
㉱ 진성 반도체의 경우 온도와 무관하게 금지대 중앙에 위치한다.

Answer | 110 ㉮　111 ㉮　112 ㉱　113 ㉯　114 ㉰

| Chapter |

02 직류회로

제 1 절 전류, 전압 및 저항

1 전류

가. 전류의 이해

어떤 원자든 (+)전기량과 전자핵 주위를 돌고 있는 (-)전기의 전체량을 갖으나, 구리와 같은 금속에서는 원자의 최외각 궤도를 돌고 있는 전자는 한 개의 원자핵으로부터 떨어져서 그 금속을 자유롭게 이동할 수 있는데 이와 같은 전자를 자유전자라고 하였다. 결국 금속이 전기를 잘 통하는 것은 이 자유전자가 있기 때문이며, 이 자유전자는 여러 가지 작용을 하며 물질에서 전기적인 현상을 일으키는 주된 요인인 전류를 발생시킨다. 자유전자의 흐름이 바로 전류의 주체이며, 전류의 방향은 (+)전하가 이동하는 방향으로 하고 있으므로 전류의 흐름의 방향은 자유전자가 흘러가는 방향과 반대가 된다.

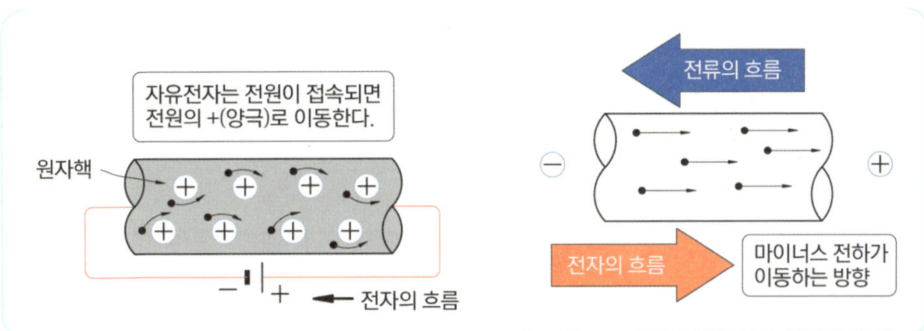

| 그림 2-1 | 전위차에 의한 전류의 발생

[그림 2-1]의 경우 구리원자의 자유전자들이 전위차에 의해서 한쪽 방향으로 이동하고 있다. 즉 전위차가 존재해야만 전류가 지속적으로 흐르고 전류는 한쪽 방향으로만 흐른다. 또한 많은 개수의 전자가 이동하면 더 큰 전류가 흐르게 되고 도선에 흐르는 전류는 어느 곳에서나 그 크기가 동일하다.

구리선에 1초 동안 흐른 전하의 양(전기량)을 전류의 세기로 표시하며 단위는[A]로 나타낸다.

즉 1[A]는 1[C]의 전기량이 1초 동안에 전선을 흐른 것이다.

$I = \frac{Q}{t}$[A] 따라서 $1[A] = \frac{1C}{1S}$($1C = 6.24 \times 10^{18}$개의 전하)가 된다.

Exercise 1

어떤 도선에 10[C]의 전하가 5초 동안 흐르면 도선에 흐르는 전류는 얼마인가?

explanation

$I = \frac{Q}{t}$[A]에서, $I = \frac{10}{5} = 2$[A]이다.

전류의 크기를 나타내는 단위는 A(암페어)이다. 1[A]는 도선의 임의의 단면적을 1초 동안 1[C](쿨롱)의 전하가 통과할 때의 크기이다. 전류의 방향은 정전하(정지한 전하, 양전하)의 이동방향을 양(+)의 방향으로 정한다. 그러나 실제로 도선 안에서는 전류의 반대방향으로 자유전자가 이동하는데, 1[A]의 전류가 흐르는 도선에는 1초에 약 6.24×10^{18}개의 자유전자가 단면적을 통과한다.

Exercise 2

어떤 도선에 초당 18.72×10^{18}개의 전자가 흐른다. 도체에 흐르는 전류를 계산하라.

explanation

1[A]는 초당 6.24×10^{18}개의 전자의 흐름이다. 따라서 $I = \frac{18.72 \times 10^{18}}{6.24 \times 10^{18}} = 3$[A]이다.

도선에 전류가 흐르면 자유전자가 도선 내의 원자 또는 전자와 충돌하여 열이 발생한다. 백열전구나 전기밥솥·전기다리미와 같은 전열기구 등에서 알 수 있다. 일반 전기기기에서 열이 발생하면 전력손실이 생기고 기기내의 절연성이 떨어지기도 한다.

또 도선에 전류가 흐르면 도선 주위에 자기장이 형성된다. 이 원리를 사용해 전자석, 전류계, 전동기처럼 전기에너지를 역학적 에너지로 바꿀 수 있다.

전해질 용액에 전류가 흐르면 화학분해가 일어난다. 예를 들어 물에 전류를 흐르게 하면 전기분해가 일어나 음극에 수소, 양극에 산소가 발생한다. 반대로 건전지·축전지 등에서는 화학분해 작용을 이용하여 전기에너지를 발생시키기도 한다.

나. 전류의 종류

전원을 분류하면 직류(DC-Direct Current)와 교류(AC-Alternating Current)로 구분할 수 있다. 직류는 시간에 관계없이 방향과 크기가 일정한 전기에너지를 공급하는 것이고, 교류는 규칙적으로 일정한 주기를 갖고 크기와 방향을 바꾸는 전원으로 보통 정현파(사인파)의 성격을 갖는다. 직류 전원은 시간에 관계없이 일정하게 전압이 공급되므로 극성이 일정하고 위상이란 것이 존재하지 않지만 교류전원은 일정한 주기로 전압의 값이 바뀌게 되므로 (+)와 (-)의 개념이 없다. 대신에 주파수라는 것을 가지게 되며, 위상이라는 것이 존재한다.

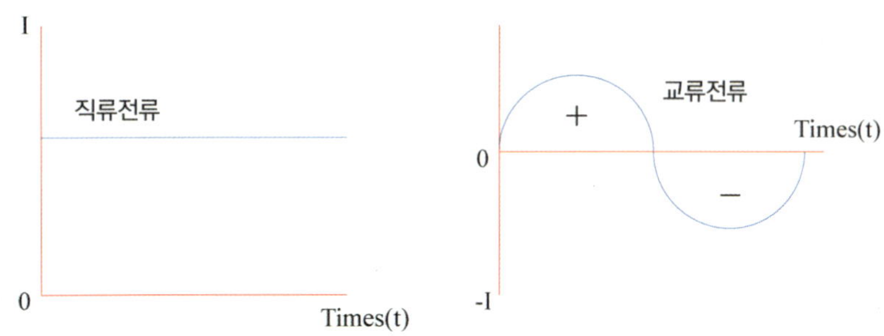

(a) 직류 (b) 교류

| 그림 2-2 | 직류전류와 교류전류

2 전압

전류가 흐르기 위해서는 반드시 전위차가 있어야 한다. 도선을 통해 흐르는 자유전자의 수는 도선 양단의 전위차의 크기에 의하여 결정되며 전위차가 클수록 더 많은 전하가 이동하게 된다. 전류가 흐르기 위해서는 전위차가 존재해야 한다는 것을 이해하기 위해 두 개의 수조에 흐르는 물의 경우를 살펴보면, [그림 2-3]에서 수조 AB간에 수위차를 펌프로 항상 일정하게 유지하면 수로의 물은 항상 일정하게 흐르게 된다. 이때 일정하게 유지된 수위차를 전기에서는 전위차(전압)에 비유될 수 있다.

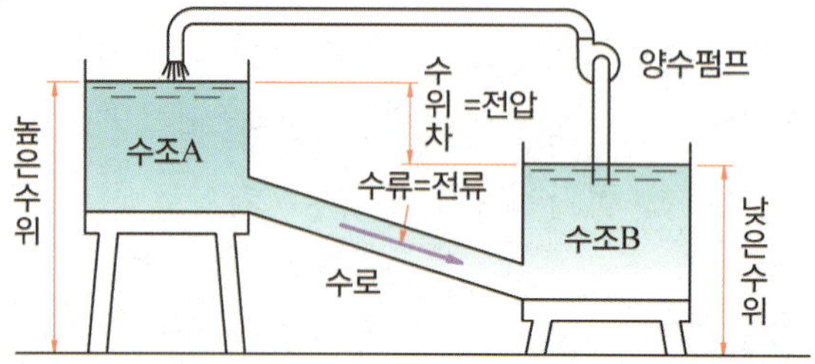

ㅣ그림 2-3ㅣ수류와 수위차

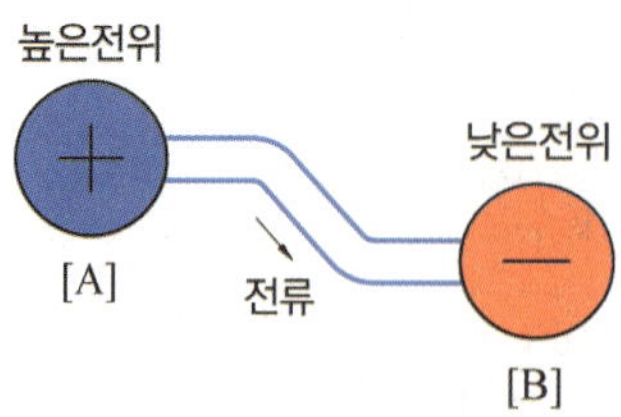

〈그림 2-3과 그림 2-4 비교〉

1. 높은 수위 = 높은 전위
2. 낮은 수위 = 낮은 전위
3. 수류 = 전류
4. 수위차 = 전위차 = 전압
5. 양수펌프 = 기전력(전위차를 만듬)

ㅣ그림 2-4ㅣ전류와 전위

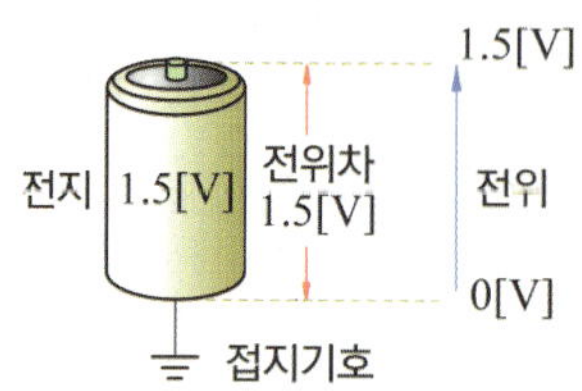

ㅣ그림 2-5ㅣ전지와 전위차

[그림 2-5]처럼 양전하를 가진 물체 A와 음전하를 가진 물체 B를 도체로 연결하면 A에서 B로 향하여 전류가 흐르게 된다. 전기도 역시 전기적인 낙차가 생기면 수류가 흐르듯 전기도 흐르게 된다.

기전력의 크기는 기전력에 의하여 만들어지는 전위차, 즉 전압으로 표시한다. 전위, 전위차, 기전력, 전압의 단위는 볼트(volt, [V])를 사용한다.

전압의 종류에는 직류전압과 교류전압으로 구분되며 차이점은 표와 같다.

| 표 2-1 | 직류전압과 교류전압의 비교

직류전압	교류전압
극성이 고정	극성이 변함
크기가 일정	크기가 시간에 따라 변화
변압기에 의한 승압강압 불가	변압기에 의한 승압 감압 가능
증폭기의 바이어스전압에 사용	증폭기의 입력, 출력 신호로 사용
전압측정 용이	증폭 용이
열작용	열작용

가. 저수지와 전기회로의 비교

물이 높은 곳에서 낮은 곳으로 흐르듯이 전하는 전기적인 위치에너지가 높은 곳에서 낮은 곳으로 이동한다. 물이 흐르는 이유가 중력 때문이라면 전류는 기전력(起電力)이라는 힘에 의해 흐른다고 하였다. 전류가 흐르는 길을 전기회로라 하며, 이는 물이 흐르는 수로(水路)에 대응된다. 그리고 전류에 의하여 에너지를 공급받는 장치를 부하(負荷)라 하고, 이것은 물에의해 돌게되는 물레방아에 대응된다.

다음 그림들은 전압과 전류의 관계를 나타나는 실례로 저수지와 전기회로를 비교하여 보았다.

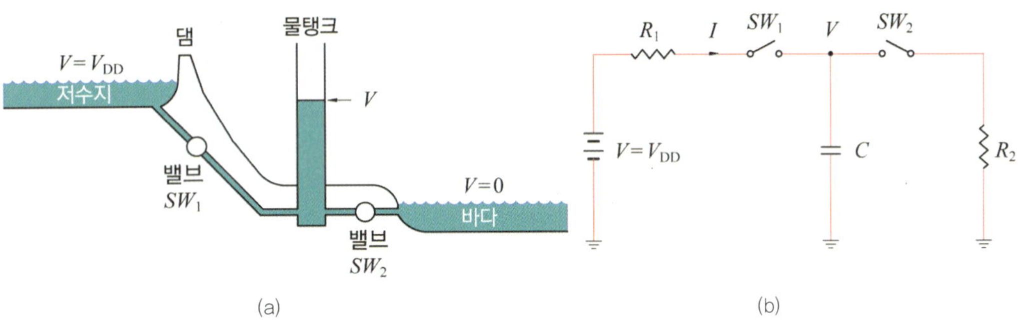

| 그림 2-6 | 저수지와 전기회로의 비교

| 표 2-2 | 저수지와 전기회로의 비교

저수지(a)	전기회로(b)
수조의 담긴 물의 양(저수지)	전기량
수위차의 높이	전압(V)
초당 흐르는 물의 양	전류(I)
파이프의 직경	저항(R_1, R_2)
수조의 크기(물탱크)	커패시터(콘덴서)(C)

나. 전원과 부하

전지와 같이 계속해서 기전력을 가지고 있어 전류를 흘리는 원동력이 되는 것을 전원(power source)이라 한다. 전원에는 전지 외에 발전기도 있다.

전지는 [그림 2-7 (a)]와 같은 기호로 표시하며 [그림 2-7 (b)]의 ←표는 기전력 E의 방향을 표시한다.

[그림 2-7]과 같이 전지에 전선을 통하여 전구를 연결하면 전류가 계속해서 흐르고 전구는 빛을 낸다. 이와 같이, 전원에서 전기를 공급받아 어떤 일을 하는 전구와 같은 것을 부하(load)라 하며 이때, 전류는 전지의 +에서 흘러 나와 부하를 지나서 전지의 -에 들어가며, 전지 속의 전자는 전류 흐름의 반대 방향으로 계속 이동한다.

이렇게 그림 (b)와 같이 전원과 부하를 연결하는 도체로 전류의 통로를 만든 것을 전기회로(electric circuit) 또는 회로라고 한다. 아래 그림에서 부하란 전구나 전열기, 전동기처럼 전원으로부터 전류를 공급 받아 빛, 열, 동력을 발생시킬 수 있는 것을 말한다.

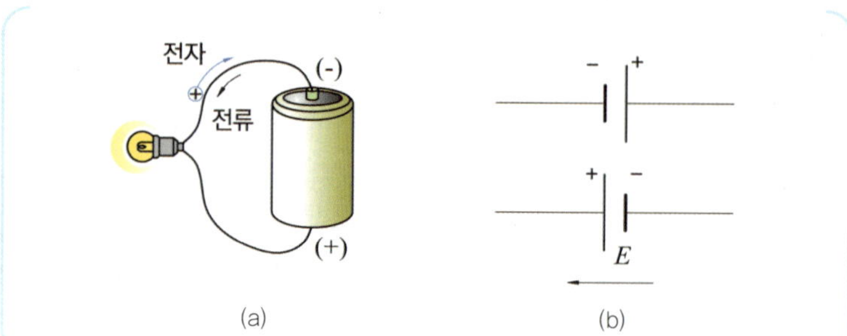

| 그림 2-7 | 배선도 및 전지의 기호

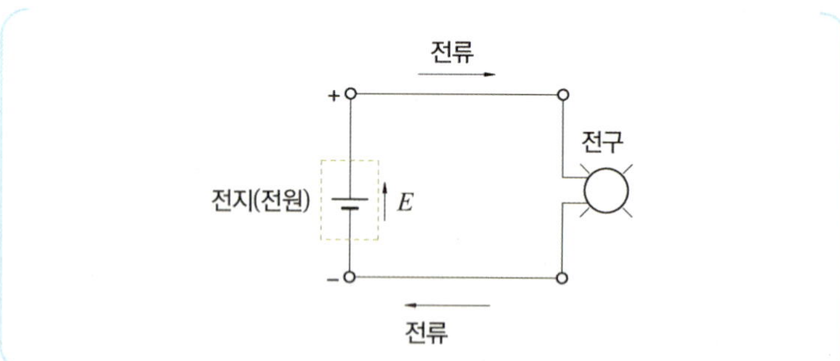

| 그림 2-8 | 회로도

3 저항

가. 저항의 개요

물이 수관을 통과할 때, 관속에 장애물이 있으면 물의 흐름이 약해진다. 이와 마찬가지로 전류도 어떤 물질 내를 흐를 때, 그 물질의 성질에 따라서 전류의 세기도 달라지는데, 이때 전류의 세기를 제한하는 작용을 전기저항이라고 한다.

저항을 사용하는 목적은 전류의 세기를 조절하는 것과 회로 내에서 원하는 전압강하를 발생시키는 것으로 회로 내의 소자 및 회로를 보호하는 기능을 한다.

회로도의 기호로는 —ᴧᴧᴧ—으로 표시하며, 저항값의 단위는 ohm([Ω] : 옴)이 사용된다.

(1) 저항(resistance)

① 전류의 흐름을 방해하는 성질을 가진 회로 소자

② 도체의 길이에 비례하고 단면적에 반비례($R = \rho\frac{l}{A}[\Omega]$)

③ 기호 : R

④ 단위 : 옴[Ω]

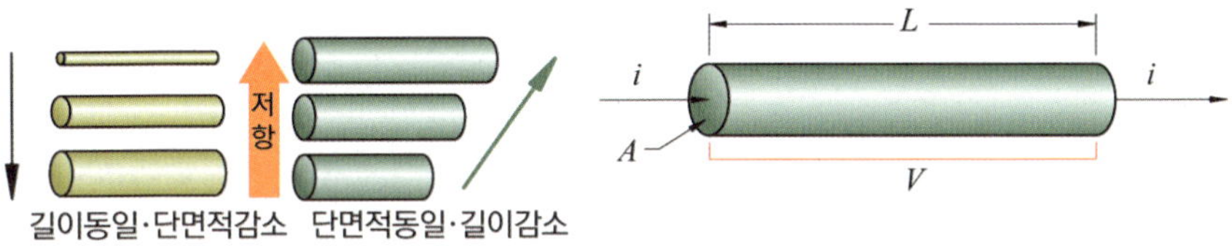

$R=\rho\frac{l}{A}[\Omega]$(고유저항 ρ의 단위는 [Ω · m]이다)

| 그림 2-9 | 저항

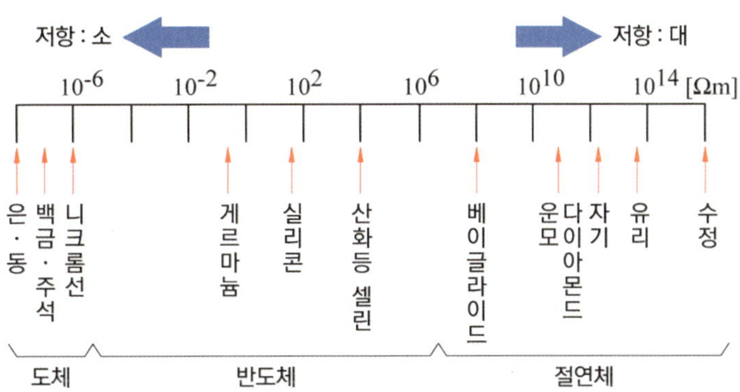

| 그림 2-10 | 여러 가지 물질의 저항

(2) 컨덕턴스(conductance)

전기저항의 역수를 의미하며, 전기를 얼마나 잘 통하느냐 하는 정도를 나타내는 계수로 물질 및 재료의 전류전도성에 척도가 된다.

① 컨덕턴스(conductance) : 저항의 역수
② 기호 : G
③ 단위 : 모(mho), 지멘스(siemens)[S]
④ G가 클수록 전류가 흐르기 쉬움

제 2 절 | 옴의 법칙

전류의 흐름을 방해하는 작용을 저항이라고 앞에서 정의하였는데 이 저항의 단위가 옴(Ohm)이다.

전압, 전류, 저항의 관계를 19세기 독일의 과학자인 옴(Ohm)이 전압과 전류를 측정하여 이론으로 정립한 것이 옴의 법칙(Ohm's Law)이다. 이것은 도선의 길이가 길어지면 흐르는 전류의 강도가 약해진다는 사실을 발견하고 이 발견을 근거로 전류가 흐르고 있는 도선의 양끝간의 전압과 흐르고 있는 전류는 서로 비례한다는 옴의 법칙을 완성하였다.

이 법칙은 전자회로 전반에 적용되는 매우 중요한 법칙으로 전류, 전압, 저항 중 2가지만 알면 나머지를 구할 수 있으며, 옴의 법칙에 따르면 저항에 흐르는 전류의 크기는 저항에 인가한 전압의 크기에 비례하고, 전기저항에 반비례한다.

식으로 나타내면 다음과 같다.

전류 $I = \dfrac{V}{R}$[A]

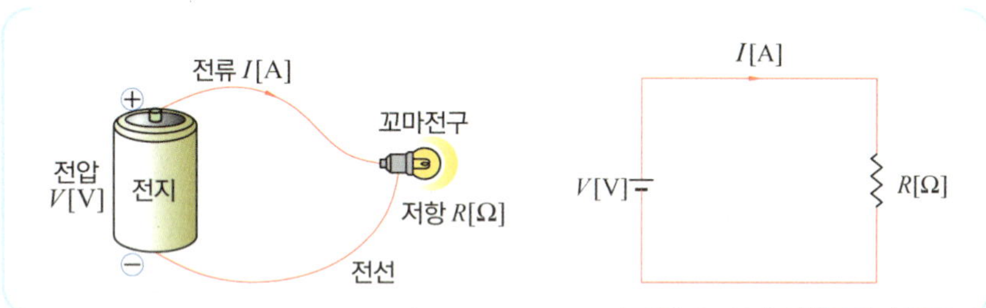

| 그림 2-11 | 실체도와 회로도

전류, 전압, 저항 중 2가지만 알면 나머지를 구할 수 있다.

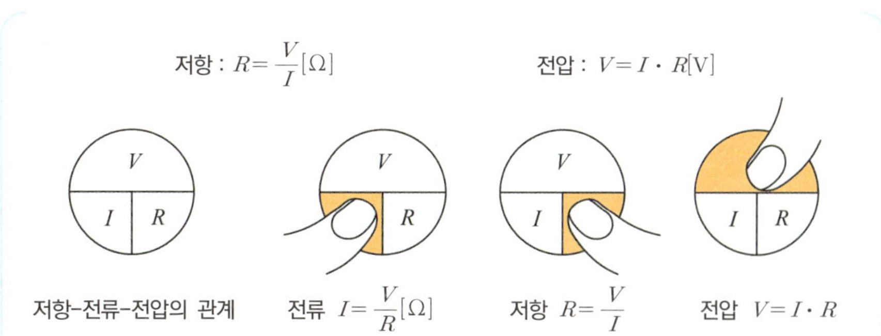

| 그림 2-12 | 옴의 법칙

Exercise 3

10[Ω]의 저항에 4[A]의 전류를 흐르게 하려면 몇 [V]의 전압이 필요한가?

explanation

$V = IR = 10 \times 4 = 40[V]$

Exercise 4

일정 전압의 직류 전원에 저항을 접속하고 전류를 흘릴 때 이 전류의 값을 20[%] 증가시키기 위한 저항 값은 대략 몇 배로 해야 하는가?

explanation

$V = IR$에서

V가 일정하므로 비례식으로 계산하면

$V = 1$로 전류 $I = 1.2$, 저항 $R = x$로 놓으면

$I = 1.2x \quad \therefore x = \dfrac{1}{1.2} ≒ 0.84$

제 3 절 키로히호프 법칙

전기의 기본 요소인 전압과 전류는 회로 내에서 일정한 법칙에 따라 분배되는데 회로를 지배하는 기본 법칙이 키로히호프의 법칙이며, 여기서는 전류 및 전압법칙에 대해서 공부해 보기로 한다.

키로히호프 제1법칙으로 불리는 전류법칙은 회로 내에서 임의의 한 점을 통하여 흘러 들어온 전류와 흘러 나가는 전류의 크기는 항상 같다는 이론으로 저항의 병렬접속시 적용되며, 제2법칙으로 불리는 전압 법칙은 임의의 폐루프에서 모든 전압의 대수적인 합은 0이라고 하는 이론으로 모든 전압원의 합과 모든 저항에 걸리는 전압강하의 값은 같다는 개념이다.

1 키르히호프의 제1법칙(전류 법칙)

회로 내의 임의의 접속점에서 들어가는 전류와 나오는 전류의 대수합은 0이다.(전하보존의 법칙)

$\therefore \ \sum I = 0$

그림에서 기호로 표시하면 $i_1 - i_2 - i_3 + i_4 - i_5 = 0$ 이다.(들어오는 방향을 +로 잡으면 나가는 방향 -이다.)

즉, $i_4 + i_1 = i_2 + i_3 + i_5$로 정리할 수 있다.

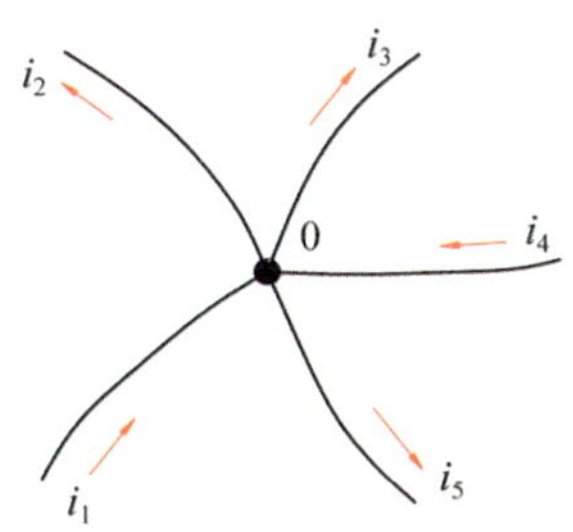

| 그림 2-13 | 키르히호프의 제1법칙

즉, 회로망 중 한 접속점을 택하여 들어가는 전류의 합은 나가는 전류의 합과 같다.

① 들어오는 전류 : $\sum I_i = I_1 + I_3$

② 나가는 전류 : $\sum I_0 = I_2 + I_4 + I_5$

$\therefore \ \sum I_i = \sum I_0$이므로 $I_1 + I_3 = I_2 + I_4 + I_5$로 정리된다.

Exercise 5

전류 I의 값과 방향을 결정하라.

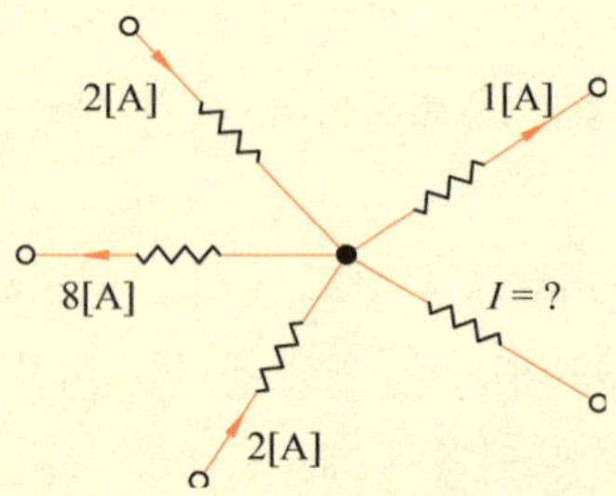

explanation

2A−8A−1A+2A+I = 0에서
4A+I = 9A
∴ I = 5A
방향은 "+"이므로 들어오는 반향이다.

2 키르히호프의 제2법칙(전압 법칙)

이 법칙은 임의의 폐회로 내의 기전력의 합은 회로 내의 각 저항에 의한 전압강하의 합과 같다.

① $\sum V = \sum IR$

② $V_1 + V_2 - V_3 = IR_1 + IR_2 + IR_3$

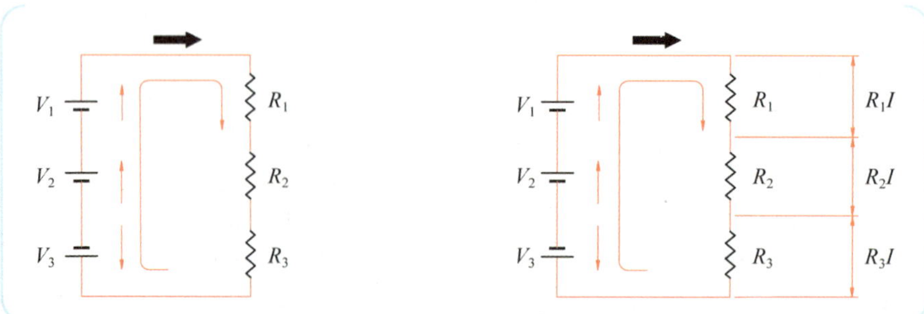

| 그림 2-14 | 키르히호프의 제2법칙

Exercise 6

미지의 전압 강하 V_0를 구하라(KVL 이용)

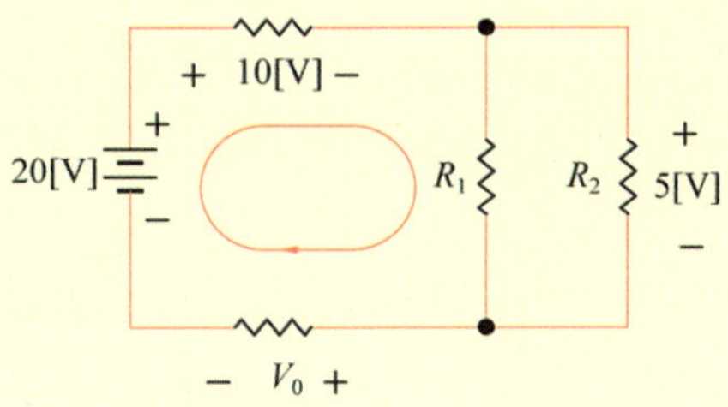

explanation

$R_1 = R_2 = 5[V]$
∴ 키로히호트 전압 법칙에 의해 $V_o = 5[V]$

Exercise 7

다음 회로에서 키로히호트 전류 법칙을 이용하여 전류 I를 구하라.

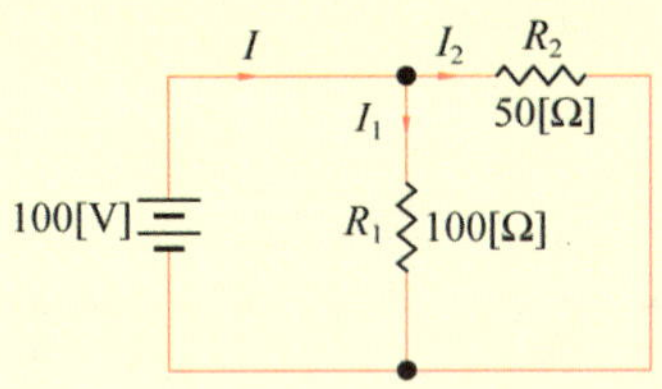

explanation

병렬연결이므로 R_1, R_2 동일하게 100[V]가 걸리므로

$$I_1 = \frac{V}{R_1} = \frac{100}{100} = 1[A]$$

$$I_2 = \frac{V}{R_2} = \frac{100}{50} = 2[A]$$

∴ $I_1 + I_2 = 3[A]$(전체전류)

제 4 절 저항의 연결법

1 저항의 직렬접속법

전류는 회로에서 오직 하나의 경로만 가지며, 전류는 첫번째 소자뿐만 아니라 두번째 소자의 저항도 받으므로 회로의 총 저항은 각 저항의 합이 된다.

회로의 전류는 회로에 걸린 전압을 총 저항으로 나눈 것과 같으며(Ohm의 법칙), 회로의 총 전압은 회로의 각 소자에서 분배되어, 각 소자에서 일어나는 전압강하의 합은 전원의 전압과 같다. 이것은 전류로 공급된 회로 전체의 에너지가 각 소자에 주어진 에너지 공급의 합과 같음을 의미한다.

각 소자의 전압강하는 저항에 비례하며, 이것은 전류가 큰 저항을 흐를 때는 많은 에너지를, 작은 저항을 흐를 때는 작은 에너지를 소비하기 때문이다.

직렬연결 회로에서 한 개의 전구가 끊어지면 회로가 차단되어 전류는 흐르지 않으며, 직렬연결 회로에서 전구를 한 개 더 직렬로 연결시키면, 회로 전체의 저항이 커져 각 전구의 밝기는 줄어든다.

위 내용을 식으로 정리해 보면

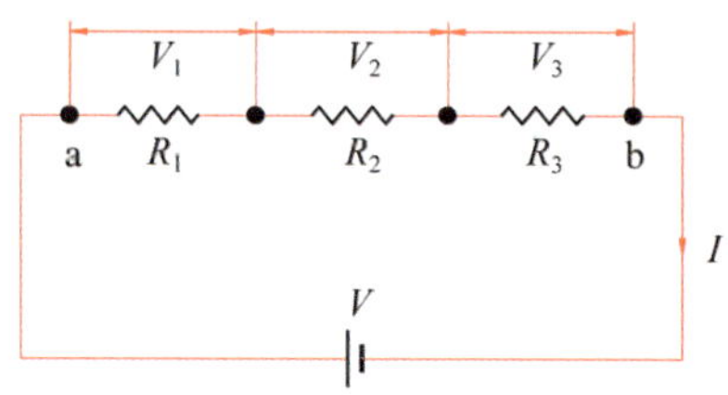

| 그림 2-15 | 저항의 직렬접속

① 각 저항에 흐르는 전류의 세기가 일정하다.(키르히호프 제1법칙)

$I = I_1 = I_2 = I_3$

② 전체 전압 : $V = V_1 + V_2 + V_3$

③ 각 저항에 걸리는 전압 : 옴의 법칙에 의하면

- R_1에 걸리는 전압 : $V_1 = I \times R_1$
- R_2에 걸리는 전압 : $V_2 = I \times R_2$
- R_3에 걸리는 전압 : $V_3 = I \times R_3$

따라서 $V_1 : V_2 = IR_1 : IR_2 = R_1 : R_2$

④ 전체 전압(V)

$V = IR$ ……………………………………………………………………… (a)

$V = V_1 + V_2 + V_3 = IR_1 + IR_2 + IR_3$ ……………………………………… (b)

(a) = (b) 이므로 $IR = I(R_1 + R_2 + R_3)$ 양변을 I로 나누면

$\therefore\ R = R_1 + R_2 + R_3$이 된다.

다시 말하면 직렬로 연결된 저항에서의 전압을 구하는 방법은 전압분배법칙이 적용된다.

즉, 직렬로 연결된 저항에서는 두 저항에 흐르는 전류는 동일하며, 전압은 각각 나누어 걸린다.

따라서 동일한 용량을 가진 저항 R_1, R_2가 직렬로 연결된 회로에 전압 10[V], 전류 10[A]가 흐른다면 전류는 R_1, R_2 모두 10[A]가 흐르고, 전압은 R_1, R_2 에 각각 5[V]가 걸리게 되는 것을 전압분배법칙이라고 한다.

Exercise 8

아래 그림과 같이 저항이 직렬로 연결된 회로의 합성저항 R_0와 저항을 통해서 흐르는 전류 I를 구하라. 그리고 각 저항에 걸리는 전압 V_1, V_2, V_3, V_4를 구하라.

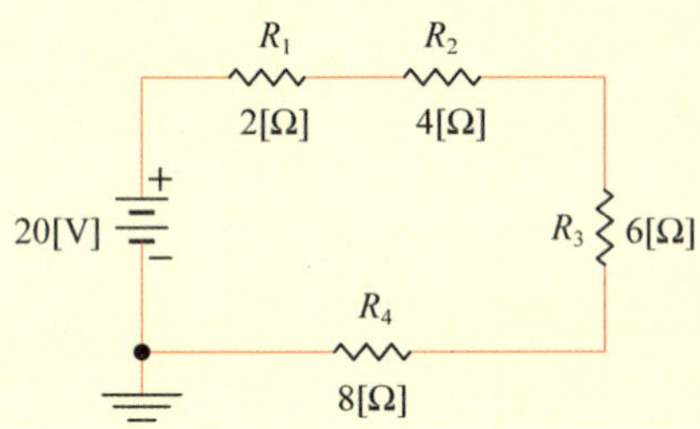

explanation

합성저항 $R_0 = R_1+R_2+R_3+R_4 = 2+4+6+8 = 20[\Omega]$

$\therefore\ I = \frac{V}{R} = \frac{20}{20} = 1[A]$

전압은 저항크기에 비례하므로

$V_1 = \frac{2}{20} \times 20 = 2[V]$ $V_2 = \frac{4}{20} \times 20 = 4[V]$

$V_3 = \frac{6}{20} \times 20 = 6[V]$ $V_4 = \frac{8}{20} \times 20 = 8[V]$

2 저항의 병렬접속법

소자는 회로 내의 같은 두 점에 연결되어 있어, 각 소자에 걸린 전압은 같은 크기이며, 회로의 총 전류는 병렬 분기점에서 나뉘어진다.

병렬회로의 전압은 같으므로 각 분기 회로로 흐르는 전류는 병렬회로의 저항에 역비례하고, 회로의 총 전류는 병렬회로의 전류의 합과 같다. 병렬회로의 수가 증가하면 회로 전체의 저항은 감소한다. 이유는 병렬회로가 증가함으로서 전류가 흐를 수 있는 경로가 증가하여 회로의 전도성을 증가시키기 때문이다. 그 결과 병렬회로 전체의 저항은 병렬로 연결된 어느 저항보다도 적은 값을 가지게 된다.

[그림 2-16]을 보면 병렬연결 회로에서 한 개의 전구가 끊어지더라도 다른 전구는 아무런 영향을 받지 않는 구조이며, 병렬연결 회로에서 전구를 한 개 더 병렬로 연결시키더라도, 다른 쪽 회로에 영향을 미치지 않으므로 각 전구의 밝기에는 아무런 영향이 없다. 이 내용을 수식으로 정리하여 보았다.

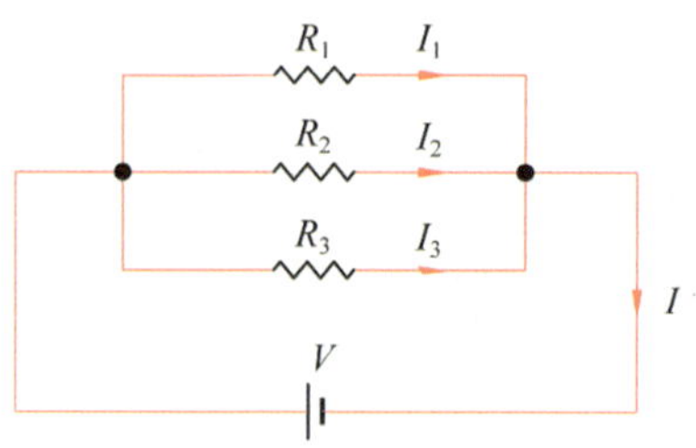

| 그림 2-16 | 저항의 병렬집속

① 각 저항에 걸리는 전압의 크기는 같다.

$V = V_1 = V_2 = V_3$

② 전체 전류는 분기점에서 분배 : $I = I_1 + I_2 + I_3$

③ 각 저항에 흐르는 전류 : $I_1 = V/R_1$, $I_2 = V/R_2$, $I_3 = V/R_3$

따라서 $I_1 : I_2 : I_3 = V/R_1 : V/R_2 : V/R_3$이고, 전압 V는 동일하므로 전류의 비는 $1/R_1 : 1/R_2 : 1/R_3$

④ 전체 저항 $I = V/R$ ………… ①

또 전체 전류 I는 R_1, R_2, R_3에 흐르는 전류의 합과 같으므로

$$I = I_1 + I_2 + I_3 = \frac{V}{R_1} + \frac{V_2}{R_2} + \frac{V_3}{R_3} = V\left(\frac{1}{R_1} + \frac{1}{R_2} + \frac{1}{R_3}\right) \quad \cdots\cdots ②$$

①=② 이므로 $V/R = V(1/R_1 + 1/R_2)$ 여기서 양변을 V로 나누면

$1/R = 1/R_1 + 1/R_2 + 1/R_3$이 된다.

다시 말하면 병렬로 연결된 저항에서는 전류분배법칙이 적용된다.

즉 병렬로 연결된 저항에서는 두 저항에 걸리는 전압은 동일하며, 전류는 각 저항에 나누어 흐르게 된다.

따라서 동일한 용량을 가진 저항 R_1과 R_2가 병렬로 연결된 회로에 전압 10[V], 전류 10[A]가 흐른다면 전압은 R_1, R_2 모두 10[V]가 걸리며, 전류는 각각 5[A]씩 흐른다는 것이 전류분배법칙이다.

Exercise 9

다음 그림에서 회로의 합성저항을 구하라.

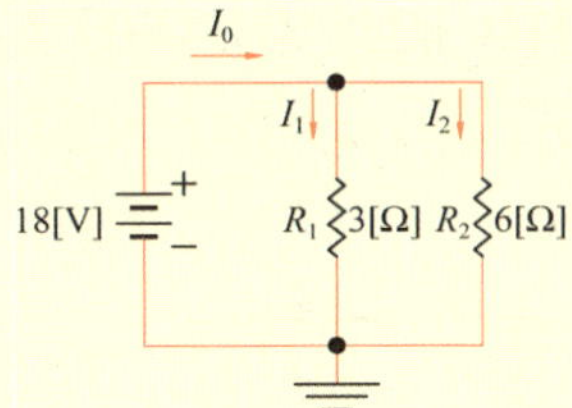

explanation

$$R_0 = \frac{1}{\frac{1}{3}+\frac{1}{6}} = \frac{1}{\frac{3}{6}} = 2[\Omega]$$

Exercise 10

다음 그림에서 보인 회로의 각 저항에 흐르는 전류와 전체 전류와 합성저항을 구하라.

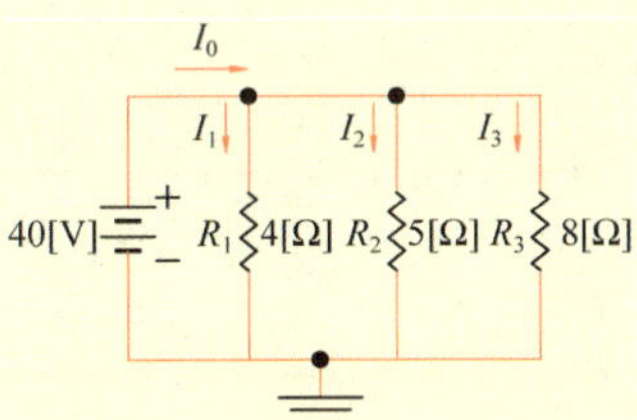

explanation

$R_1 = R_2 = R_3 = 40[V]$

각 지로마다 옴의 법칙을 적용하면

$I_1 = \frac{V}{R_1} = \frac{40}{4} = 10[A]$ $\quad I_2 = \frac{V}{R_2} = \frac{40}{5} = 8[A]$ $\quad I_3 = \frac{V}{R_3} = \frac{40}{8} = 5[A]$

∴ 전체전류 $I = I_1+I_2+I_3 = 10+8+5 = 23[A]$

∴ 합성저항 $R_0 = \frac{V}{I} = \frac{40}{23} = [\Omega]$

3 저항의 직·병렬접속법

직렬과 병렬 연결이 조합한 형태로 전체 저항은 직렬회로와 병렬 회로를 구분하여 순차적으로 구한다.

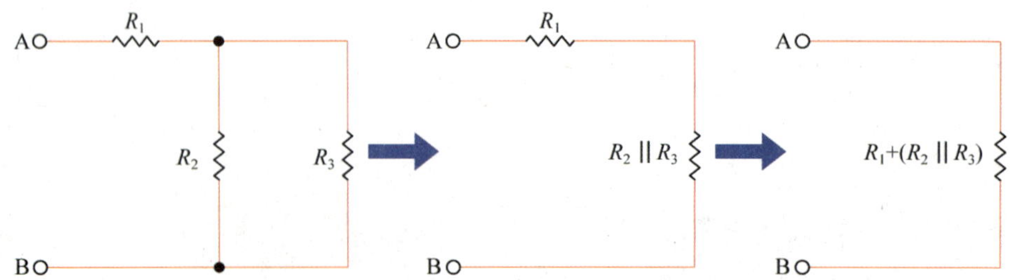

| 그림 2-18 | 저항의 직·병렬접속

Exercise 11

다음 아래 회로에서 전체의 합성저항을 구하라.

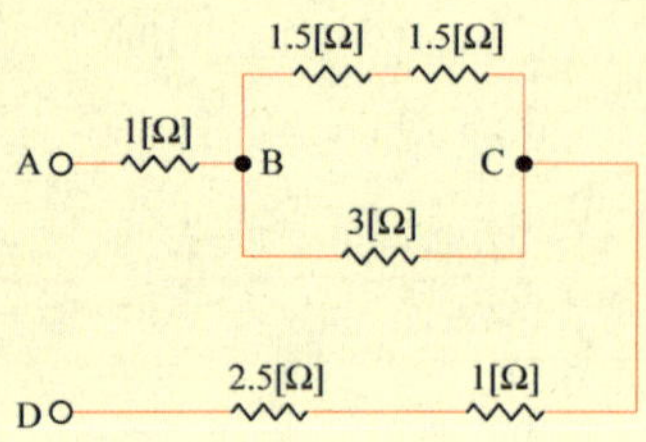

explanation

$$R_{B-C} = \frac{1}{\frac{1}{1.5+1.5}+\frac{1}{3}} = \frac{3}{2} \qquad R_{A-D} = 1+1.5+1+2.5$$

Exercise 12

다음 회로에서 합성저항과 전체의 전류 그리고 각각의 저항에 흐르는 전류를 구하여라

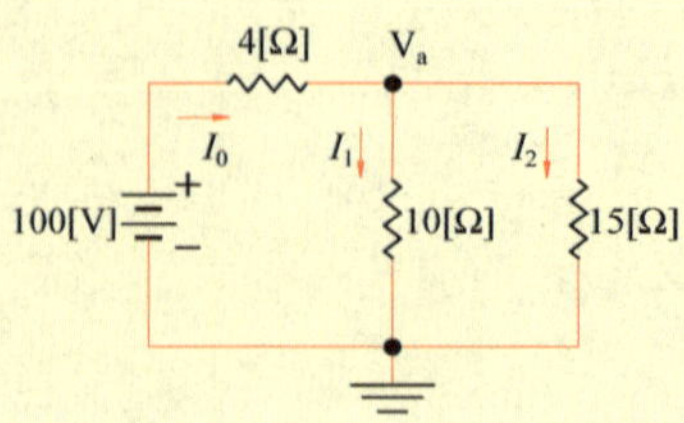

explanation

$$R_0 = 4 + \frac{1}{\frac{1}{10}+\frac{1}{15}} = 10[\Omega]$$

$$I_0 = \frac{100}{10} = 10[A] \qquad V_a = 100-40 = 60[V]$$

$$I_1 = \frac{60}{10} = 6[A] \qquad I_2 = \frac{60}{15} = 4[A]$$

• 직병렬회로를 직렬연결회로로 바꾸기 위해 병렬연결이므로 10[Ω]과 15[Ω]을 합성하면

$$\frac{1}{\frac{1}{10}+\frac{1}{15}} = 6[\Omega]$$

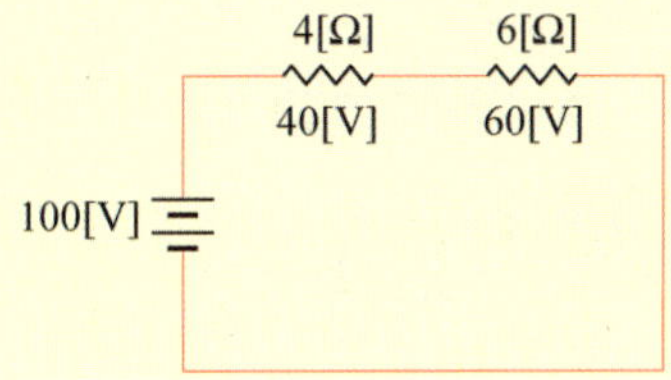

Exercise 13

다음 회로도를 보고 물음에 답하시오.

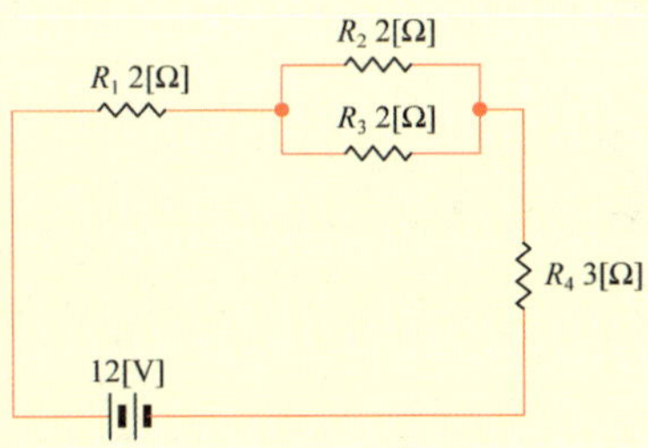

1) 위 회로도에서 전체 저항은 몇 [Ω]인가?

2) 위 회로도에서 R에 흐르는 전류의 세기는 몇 [A]인가?

3) 위 회로도에서 $R_1 : R_2 : R_3 : R_4$에 흐르는 전류의 비는?

4) 위 회로도에서 $R_1 : R_2 : R_3 : R_4$에 걸리는 전압의 비는?

explanation

1) $R = 2+(2+2/2\times2)+3 = 6[\Omega]$
2) $I = V/R = 12/6 = 2[A]$
3) 각 저항에 흐르는 전류의 세기가 일정하므로 $I = I_1 = (I_2+I_3) = I_4$이므로 $I_1 = 2[A]$, $(I_2+I_3) = 2[A]$, $I_4 = 2[A]$ 인데 여기서 I_2, I_3 병렬 연결로 저항값에 비례하여 전류는 분배 되므로 $I_2 = 1[A]$, $I_3 = 1[A]$
   즉 = $R_1 : R_2 : R_3 : R_4 = 2 : 1 : 1 : 2$
4) 직렬연결에서는 각 저항에 전압강하가 저항값에 비례하여 발생되므로 $V = I/R$에서 $V_1 = I\times R_1$, $V_2 = I\times R_2$, $V_3 = I\times R_3$, $V_4 = I\times R_4$,이므로 $R_1 : R_2 : R_3 : R_4 = 4 : 2 : 2 : 6$가 된다.($R_2$, R_3 병렬 합성 저항에 2[V]의 전압강하가 발생되므로 각 2[V] 전압이 걸림)

제 5 절 전력과 열량

전력은 단위시간 동안에 전기가 한 일의 양으로 정의하고 전력량은 일정시간 동안의 전기가 한 일의 양, 즉 전기에너지의 총량을 나타낸다.

1 전력

① 전력 : 단위시간 동안에 전기가 한 일의 양
② 기호 : P
③ 단위 : 와트[W]

1[W]는 1[sec] 동안에 변환되거나 전송되는 에너지가 1[J]일 때의 전력을 말한다. 즉 1[J/sec]로 나타낼 수 있다. 또한 마력으로 나타내면 1/746[HP]이 된다.

$$P = \frac{W}{t} = IV = I^2R = \frac{V^2}{R}\,(Watt)$$

회로내 어떤 소자에 의해 소모되거나 저장되는 전력 P는 그 소자에 걸리는 전압 V와 그 소자에 흐르는 전류 I의 곱으로 표시하며 전압과 전류에 비례한다.

가. 정격전력

12[V]의 전원전압을 사용하고 5[V]에서 동작하는 회로를 동작시키려는 경우, 보통은 3단자 레귤레이터 등을 사용하지만 간단히 저항기만으로 전압을 떨어뜨리려고 한 경우, 저항기의 저항값 이외에 정격전력도 계산해 둘 필요가 있다.

이때, 5[V]에서 동작하는 회로의 소비전류를 모르면 계산할 수 없다. 부품의 규격표에서 조사하거나, 회로를 만들어 테스터로 측정해 보는 방법 등으로 구한다.

만약 그 소비전류가 100[mA]였다고 가정할 경우
저항값은 12[V]에서 5[V]로 낮추는 것이므로, 저항기에 7[V]가 걸릴 필요가 있기 때문에 7[V]/0.1[A] = 70[Ω]가 되며 이 저항기에서의 소비전력은 70[Ω]×0.1[A]×0.1[A](또는 7[V]×0.1[A]) = 0.7[W]된다.

계산상으로 구해진 소비전력보다 여유가 있는 정격전력의 저항기를 선택한다면, 위 경우는 1[W]가 적당할 것으로 생각되며, 기본적으로는 소비전력의 2배 정도에 해당하는 정격전력의 저항기를 사용하는 편이 적당하다.

1/8[W]의 저항기에 47[kΩ] 저항의 경우, 흐르는 전류는 $W = I^2R$이므로 $I = \sqrt{\frac{W}{R}} = \frac{\sqrt{0.125[W]}}{47[k\Omega]} = \sqrt{2.66 \times 10^{-6}} = 1.63 \times 10^{-3} = 1.63[mA]$로 된다. 그러나 전류가 흐를 때는 1.63[mA]×47[kΩ]으로 되어 76.6[V]가 걸리기 때문에 전자회로의 신호회로 경우에서는 47[kΩ]의 전류가 흐르는 경우는 드물다.

나. 전력량

(1) 전력량과 기호

① 전력량이란 일정시간 동안의 전기가 한 일의 양을 말한다.

② 기호 : [W]

③ 단위 : [W · sec], [J]

- $W = Pt$[J], [W · sec]
- 실용단위로[Wh], [KWh]

④ 전력량계 : 전력량을 측정, 적산전력계라고도 하며 가정이나 공장에 반드시 설치되어 있으며 일반적으로 1개월 간의 사용 전력량에 따라 전기요금이 산출된다.

1[Wh] = 3600[J]

1[kWh] = 1000[Wh]

다. 전류의 열작용

니크롬선과 같은 저항체에 전류가 흐르면 열이 발생하는데 이를 전류의 열작용이라 한다. 그 이유는 전자들이 이동하면서 물질을 구성하는 원자들과 충돌로 인해 열이 발생한다. R[Ω]의 저항에 I[A]의 전류를 t[sec] 동안 흘릴 때, 저항 중에서 소비되는 전기량, 즉 전기 에너지는 $W = Pt = RI^2t$[J]로 표시한다.

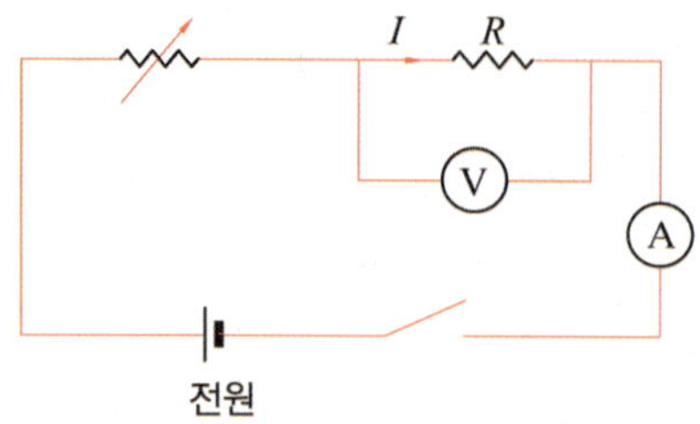

| 그림 2-19 | 전력과 열량

이 저항에서 소비되는 에너지는 전부 열에너지로 바뀐다는 것이 줄(Joule, James Prescott, 1818~1889)에 의하여 실험적으로 확인되었다. 이것을 줄의 법칙(Joule's law)이라 하고, 이때 발생되는 열을 줄열 또는 저항열이라 한다.

2 열량

가. 줄의 법칙

도체에 흐르는 전류에 의하여 단위 시간내에 발생하는 열량은 저항과 전류의 제곱에 비례한다.

$$H = I^2Rt = Pt[\mathrm{J}]$$

① 전류가 저항체에 흐를 때 저항체가 하는 일의 양

$$W = IVt = I^2Rt = \frac{V^2}{R}t[\mathrm{J}]$$

② 전류가 저항체에 흐를 때 발생하는 열의 양

$$Q = \frac{1}{J}W = \frac{1}{4.2}IVt = 0.24IVt[\mathrm{cal}]$$

나. 열량의 단위 : 칼로리[cal]

① 1[cal]는 1[g]의 물을 1도 온도를 올리는데 필요한 열량이다.

② 단위는 1[Kcal]로 표시한다. 일반적으로 [Kcal] 또는 [Kwh]로 표시한다.

③ 1[Kcal] = 4186[J], [W · sec]

④ 860[Kcal] = 1[Kwh]

⑤ I[J]를 칼로리로 환산하면 0.24[cal]이 된다.

즉, 저항체(전열기 또는 전기모터)에 전류가 흐르면 저항체에 열이 발생하면서 저항체가 일을 한다

Exercise 14

220[V]-100[W] 전기 기구란?

explanation

- 220[V]의 전원에 연결하여 사용할 때 100[W]의 전력을 소비한다.
- 220[V]의 전원에 연결하여 사용할 때 1초 100[J]의 에너지를 소비한다.
- 220[V]의 전원에 연결하여 사용할 때 $\frac{100}{220}$[A]의 전류가 흐른다.(W = I·V)
- 전기저항 값이 $\frac{220^2}{100}$[Ω]이다.(W = I·V, $I = \frac{V}{R}$ ∴ $W = \frac{V^2}{R} \rightarrow R = \frac{V^2}{W}$)
- 220[V]-100[W] 전기 기구를 110[V] 전원에 사용해도 전기저항 값은 변하지 않는다.
- 110[V] 전원에 연결하면 소비 전력은 100[W]가 아니라 25[W]가 된다.
- 220[V]-100[W] 전기 기구를 220[V]보다 더 높은 전압의 전원에 연결하면 소비 전력이 100[W]보다 증가하여 기구의 손상을 가져오게 한다.

Exercise 15

100[V]-100[W]용 전구 A와 100[V]-50[W]용 전구 B를 아래 그림과 같이 100[V] 전원에 직렬로 연결했을 때와 병렬로 연결했을 때 그 밝기가 어떻게 달라지는가?

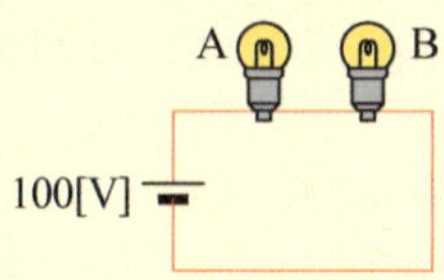

(가)

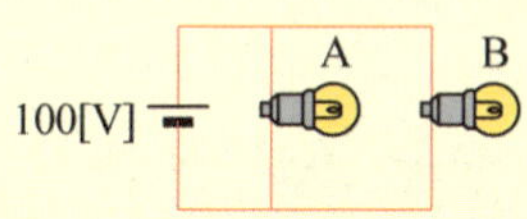

(나)

explanation

전구 A와 전구 B의 전기저항 값은 각각 100[Ω], 200[Ω]이다. 그림 (가)와 같이 두 전구를 직렬 연결하면 흘러가는 전류의 세기가 일정하므로 전기저항 값이 더 큰 전구 B가 더 밝고, 그림 (나)와 같이 병렬 연결하면 각 전구에 걸리는 전압이 일정하므로 전기저항 값이 더 작은 전구 A가 더 밝다.

제 6 절 | 전류의 열작용

1 제벡 현상

도체에 전류를 흘리면 열이 발생하며, 반대로 여기에 열을 가하면 전류가 흐른다. 이와 같은 기전력을 열기전력, 전류를 열전류라 하며, 이런 장치를 열전쌍이라고 하는데, 서로 다른 두 종류의 금속을 접촉하여 두 접점의 온도를 다르게 하면 온도차에 의해서 열 기전력이 발생하고 미소한 전류가 흐르는 현상을 제벡현상이라고 한다.

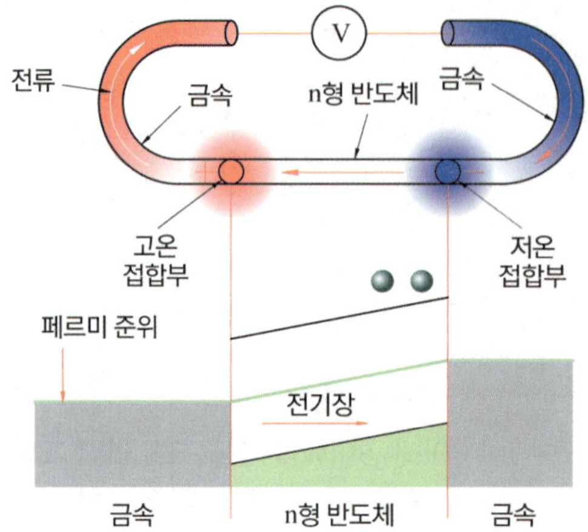

| 그림 2-20 | 제벡현상

널리 쓰이는 종류는 다음 표와 같다.

| 표 2-3 | 열전쌍의 종류 및 온도측정범위

열전쌍	온도 측정 범위[C]
구리 - 콘스탄탄	-200~400
철 - 콘스탄탄	-200~600
크로멜 - 알루멜	500~1,000
백금 - 백금로듐	700~1,400

2 펠티에 효과

제벡 효과와는 역으로 전류를 흘리면 온도차가 생기는 현상을 발견한 사람은 펠티어 이며, 이를 펠티어 효과라 명명 하였다. 제벡 효과와 반대로 두 종류의 금속의 접합부에 전류를 흘리면 전류의 방향에 따라 줄열 이외의 열의 발생 또는 흡수현상이 발생한다. 이런 현상을 펠티에 효과라 하며, 전자 냉동기는 이러한 원리를 응용하였다.

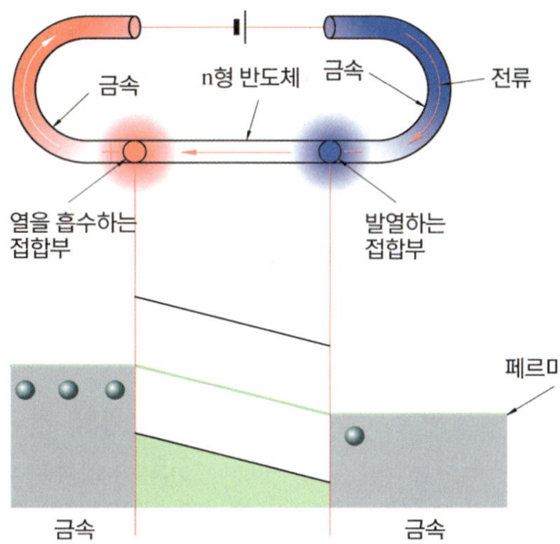

| 그림 2-21 | 펠티에 효과

Chapter 2 | 직류회로

연습문제

01 고유저항 ρ의 단위는 어느 것인가?

㉮ Ω　　㉯ Ω · m
㉰ Ω^{-1}　　㉱ AT/Wb

02 다음 설명 중 틀린 것은?

㉮ 양전하를 많이 가진 물질은 전위가 낮다.
㉯ 전위차가 높으면 높을수록 전류는 잘 흐른다.
㉰ 1초 동안에 1[C]의 전기량이 이동하면 전류는 1[A]이다.
㉱ 전류의 방향은 전자의 이동 방향과는 반대 방향으로 정한다.

03 3[Ω]의 저항 5개, 4[Ω]의 저항 5개, 5[Ω]의 저항 3개가 있다. 직렬로 접속하면 합성 저항 [Ω]은?

㉮ 35　　㉯ 45
㉰ 50　　㉱ 75

04 기전력 1.5[V], 내부저항 0.15[Ω]의 전지 10개를 직렬로 접속한 전원에 저항 4.5[Ω]의 전구를 접속하면 전구에 흐르는 전류는 몇 [A]가 되겠는가?

㉮ 0.25　　㉯ 2.5
㉰ 25　　㉱ 250

05 0.2[℧]의 컨덕턴스를 가진 저항체에 3[A]의 전류를 흘리려면 몇 [V]의 전압을 가하면 되겠는가?

㉮ 5　　㉯ 10
㉰ 15　　㉱ 20

06 1[W · sec]와 같은 것은?

㉮ 1[J]　　㉯ 1[F]
㉰ 1[Kcal]　　㉱ 860[kWh]

Answer | 01 ㉯　02 ㉮　03 ㉰　04 ㉯　05 ㉰　06 ㉮

07 500[Ω]의 저항에 1[A]의 전류가 1분 동안 흐를 때에 발생하는 열량은 몇 [cal]인가?

㉮ 3600　　㉯ 5000
㉰ 6200　　㉱ 7200

08 전류의 발열 작용과 관계가 있는 것은?

㉮ 옴의 법칙
㉯ 키르히호프의 법칙
㉰ 주울의 법칙
㉱ 플레밍의 법칙

09 200[V] 30[W]인 백열전구와 200[V] 60[W]인 백열전구를 직렬로 접속하고, 200[V]의 전압을 인가하였을 때 어느 전구가 더 어두운가? (단, 전구의 밝기는 소비전력에 비례한다.)

㉮ 30[W]전구는 60[W]만큼 어둡다.
㉯ 30[W]전구가 60[W]보다 더 어둡다.
㉰ 60[W]전구가 30[W]보다 더 어둡다.
㉱ 비교할 수 없다

10 24[V]의 전원 전압에 의하여 6[A]의 전류가 흐르는 전기회로의 컨덕턴스는 몇 [Ω]인가?

㉮ 0.25[Ω]　　㉯ 0.5[Ω]
㉰ 1[Ω]　　㉱ 2[Ω]

11 전지에서 5[A]의 전류가 10분간 흘렀다면 이 전지에서 나온 전기량은 몇 [C]인가?

㉮ 500　　㉯ 5000
㉰ 300　　㉱ 3000

12 5[Wh]는 몇 [J]인가?

㉮ 3600　　㉯ 18000
㉰ 12000　　㉱ 6000

13 100[Ω]의 부하에서 10[kW]의 전력이 소비되었다면 이때 흐르는 전류는 몇 [A]인가?

㉮ 1　　㉯ 2
㉰ 5　　㉱ 10

14 100[V], 100[W] 전구의 필라멘트 저항은 몇 [Ω]인가?

㉮ 1　　㉯ 10
㉰ 100　　㉱ 1000

Answer | 07 ㉱ 08 ㉰ 09 ㉰ 10 ㉮ 11 ㉱ 12 ㉯ 13 ㉱ 14 ㉰

15 다음 (①)과 (②)에 들어갈 내용으로 알맞은 것은?

> 배율기는 (①)의 측정범위를 넓히기 위한 목적으로 사용하는 것으로서 회로에 (②)로 접속하는 저항기를 말한다.

㉮ ① 전압계, ② 병렬
㉯ ① 전류계, ② 병렬
㉰ ① 전압계, ② 직렬
㉱ ① 전류계, ② 직렬

16 가장 일반적인 저항기로 세라믹 봉에 단소계의 저항체를 구워 붙이고, 여기에 나선형으로 홈을 파서 원하는 저항 값을 만든 저항기는?

㉮ 금속 피막 저항기
㉯ 탄소 피막 저항기
㉰ 가변 저항기
㉱ 어레이 저항기

17 1[cal]는 약 몇 [J]인가?

㉮ 0.24　　㉯ 0.4186
㉰ 2.4　　㉱ 4.186

18 저항 R_1, R_2를 병렬로 접속하면 합성 저항은?

㉮ $R_1 + R_2$　　㉯ $\frac{1}{R_1 + R_2}$
㉰ $\frac{R_1 R_2}{R_1 + R_2}$　　㉱ $\frac{R_1 + R_2}{R_1 R_2}$

19 전류가 전압에 비례하고 저항에 반비례한다. 다음 중 어느 것과 가장 관계가 있는가?

㉮ 키르히호프의 제1법칙
㉯ 키르히호프의 제2법칙
㉰ 중첩의 원리
㉱ 옴의 법칙

20 구리선의 길이를 2배, 반지름을 1/2로 할 때 저항은 몇 배가 되는가?

㉮ 2배　　㉯ 4배
㉰ 6배　　㉱ 8배

21 4[Wh]는 몇 [J]인가?

㉮ 3600　　㉯ 5200
㉰ 7200　　㉱ 14400

Answer | 15 ㉰ 16 ㉯ 17 ㉮ 18 ㉰ 19 ㉱ 20 ㉱ 21 ㉱

22 옴의 법칙을 바르게 설명한 것은?

㉮ 전류의 크기는 도체의 저항에 비례한다.
㉯ 전류의 크기는 도체의 저항에 반비례한다.
㉰ 전압은 전류에 반비례한다.
㉱ 전압은 전류의 2승에 비례한다.

23 기전력이 50[V], 내부저항 r = 5[Ω]인 전원이 있다. 이 전원에 부하를 연결하여 얻을 수 있는 최대전력은 몇 [W]인가?

㉮ 50　　㉯ 75
㉰ 100　　㉱ 125

24 전선의 체적을 일정하게 하고 길이를 2배로 늘리면 저항은 몇 배가 되는가?

㉮ 1/2　　㉯ 2
㉰ 4　　㉱ 1/4

25 3[Ω]의 저항이 5개, 7[Ω]의 저항이 3개, 114[Ω]의 저항이 1개 있다. 이들을 모두 직렬로 접속할 때의 합성 저항은 몇 [Ω]인가?

㉮ 120　　㉯ 130
㉰ 150　　㉱ 160

26 줄의 법칙에서 발열량 계산식을 옳게 나타낸 것은?

㉮ $H = 0.24I^2R$　　㉯ $H = 0.024I^2Rt$
㉰ $H = 0.024I^2R^2$　　㉱ $H = 0.24I^2Rt$

27 200[V]에서 1[kW]의 전력을 소비하는 전열기를 100[V]에서 사용하면 소비전력은 몇 [W]인가?

㉮ 150　　㉯ 250
㉰ 400　　㉱ 1000

28 키르히호프의 법칙을 맞게 설명한 것은?

㉮ 제1법칙은 전압에 관한 법칙이다.
㉯ 제1법칙은 전류에 관한 법칙이다.
㉰ 제1법칙은 회로망의 임의의 한 폐회로 중의 전압 강하의 대수합과 기전력의 대수 합은 같다.
㉱ 제2법칙은 회로망에 유입하는 전력의 합은 유출하는 전류의 합과 같다.

29 4[Ω], 6[Ω], 8[Ω] 3개의 저항을 병렬 접속할 때 합성저항은 약 몇 [Ω]인가?

㉮ 1.8　　㉯ 2.5
㉰ 3.6　　㉱ 4.5

Answer | 22 ㉯ 23 ㉱ 24 ㉰ 25 ㉰ 26 ㉱ 27 ㉯ 28 ㉯ 29 ㉮

30 "회로의 접속점에서 볼 때, 접속점에 흘러들어오는 전류의 합은 흘러 나가는 전류의 합과 같다"라고 정의되는 법칙은?

㉮ 키르히호프의 제1법칙
㉯ 키르히호프의 제2법칙
㉰ 플레밍의 오른손 법칙
㉱ 암페어의 오른 나사의 법칙

31 다음 중 전력량 1[J]과 같은 것은?

㉮ 1[cal] ㉯ 1[W · s]
㉰ 1[kg · m] ㉱ 1[N · m]

32 그림과 같은 회로 AB에서 본 합성저항은 몇 [Ω]인가?

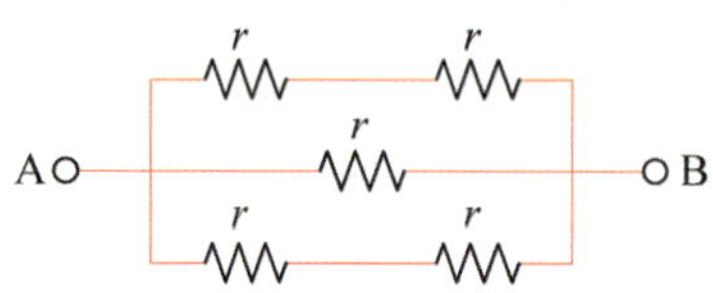

㉮ $\frac{r}{2}$ ㉯ r
㉰ $\frac{2}{3}r$ ㉱ $2r$

33 기전력 E, 내부저항 r인 전지 n개를 직렬로 연결하여 이것에 외부저항 R을 직렬 연결하였을 때 흐르는 전류 I[A]는?

㉮ $I=\frac{E}{nr+R}$[A] ㉯ $I=\frac{nE}{r+R}$[A]
㉰ $I=\frac{nE}{r+Rn}$[A] ㉱ $I=\frac{nE}{nr+R}$[A]

34 서로 다른 종류의 안티몬과 비스무트의 두 금속을 접속하여 여기에 전류를 통하면, 줄열 외에 그 접점에서 열의 발생 또는 흡수가 일어난다. 이와 같은 현상은?

㉮ 제3금속의 법칙 ㉯ 제벡 효과
㉰ 페르미 효과 ㉱ 펠티에 효과

35 5마력을 [W]단위로 환산하면?

㉮ 4300[W] ㉯ 3730[W]
㉰ 1317[W] ㉱ 17[W]

36 기전력 50[V], 내부저항 5[Ω]인 전원이 있다. 이 전원에 부하를 연결하여 얻을 수 있는 최대전력은?

㉮ 125[W] ㉯ 250[W]
㉰ 500[W] ㉱ 1000[W]

Answer | 30 ㉮ 31 ㉯ 32 ㉮ 33 ㉱ 34 ㉱ 35 ㉯ 36 ㉮

37 전력량의 단위는?

㉮ [C] ㉯ [W]
㉰ [W · s] ㉱ [Ah]

38 1[Ω · m]는?

㉮ 10^3[Ω· cm] ㉯ 10^6[Ω· cm]
㉰ 10^3[Ω· mm^2/m] ㉱ 10^6[Ω· mm^2/m]

39 종류가 다른 두 금속을 접합하여 폐회로를 만들고 두 접합점의 온도를 다르게 하면 이 폐회로에 기전력이 발생하여 전류가 흐르게 되는 현상을 지칭하는 것은?

㉮ 줄의 법칙(Joule's low)
㉯ 톰슨 효과(Tomson effect)
㉰ 펠티에 효과(Peltier effect)
㉱ 제벡 효과(Seebeck effect)

40 1.5[V]의 전위차로 3[A]의 전류가 3분 동안 흘렀을 때 한 일은?

㉮ 1.5[J] ㉯ 13.5[J]
㉰ 810[J] ㉱ 2430[J]

41 두 금속을 접속하여 여기에 전류를 통하면, 줄열 외에 그 접점에서 열의 발생 또는 흡수가 일어나는 현상은?

㉮ 펠티에 효과 ㉯ 제벡 효과
㉰ 홀 효과 ㉱ 줄 효과

42 100[V]에서 5[A]가 흐르는 전열기에 120[V]를 가하면 흐르는 전류는?

㉮ 4.1[A] ㉯ 6.0[A]
㉰ 7.2[A] ㉱ 8.4[A]

43 도체의 전기저항에 대한 설명으로 옳은 것은?

㉮ 길이와 단면적에 비례한다.
㉯ 길이와 단면적에 반비례한다.
㉰ 길이에 비례하고 단면적에 반비례한다.
㉱ 길이에 반비례하고 단면적에 비례한다.

44 다음 회로에서 a, b 간의 합성 저항은?

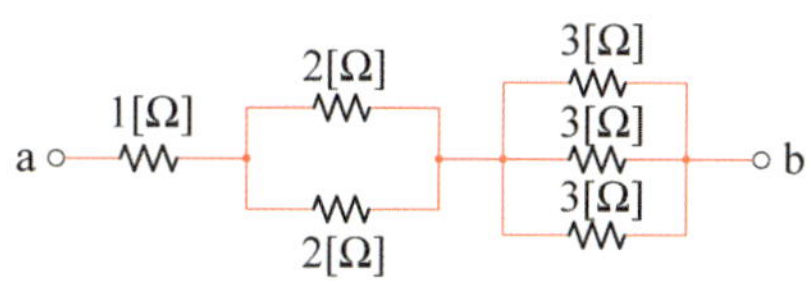

㉮ 1[Ω] ㉯ 2[Ω]
㉰ 3[Ω] ㉱ 4[Ω]

Answer | 37 ㉰ 38 ㉱ 39 ㉱ 40 ㉰ 41 ㉮ 42 ㉯ 43 ㉰ 44 ㉰

45 서로 다른 종류의 안티몬과 비스무트의 두 금속을 접속하여 여기에 전류를 통하면, 그 접점에서 열의 발생 또는 흡수가 일어난다. 줄열과 달리 전류의 방향에 따라 열의 흡수와 발생이 다르게 나타나는 이 현상은?

㉮ 펠티에 효과
㉯ 제벡 효과
㉰ 제3금속의 법칙
㉱ 열전효과

46 3분 동안에 180,000[J]의 일을 하였다면 전력은?

㉮ 1[kW] ㉯ 30[kW]
㉰ 1,000[kW] ㉱ 3,240[kW]

47 20[A]의 전류를 흘렸을 때 전력이 60[W]인 저항에 30[A]를 흘리면 전력은 몇 [W]가 되겠는가?

㉮ 80 ㉯ 90
㉰ 120 ㉱ 135

48 10[Ω] 저항 5개를 가지고 얻을 수 있는 가장 작은 합성 저항 값은?

㉮ 1[Ω] ㉯ 2[Ω]
㉰ 4[Ω] ㉱ 5[Ω]

49 접지 전극과 대지 사이의 저항은?

㉮ 고유저항 ㉯ 대지전극저항
㉰ 접지저항 ㉱ 접촉저항

50 그림과 같은 회로에서 a, b간에 E[V]의 전압을 가하여 일정하게 하고, 스위치 S를 닫았을 때의 전 전류 I[A]가 닫기 전 전류의 3배가 되었다면, 저항 R_X의 값은 약 몇 [Ω]인가?

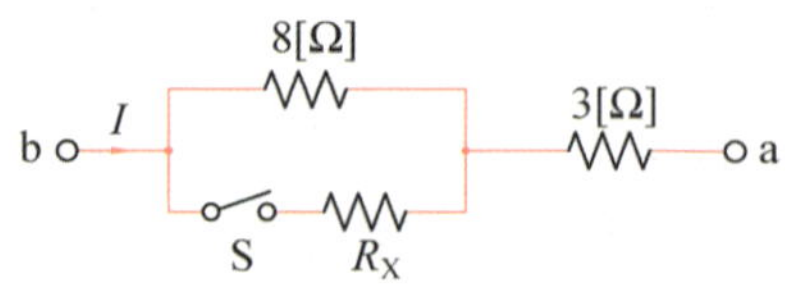

㉮ 727[Ω] ㉯ 27[Ω]
㉰ 0.73[Ω] ㉱ 0.27[Ω]

51 1[Ω], 2[Ω], 3[Ω]의 저항 3개를 이용하여 합성 저항을 2.2[Ω]으로 만들고자 할 때 접속 방법을 옳게 설명한 것은?

㉮ 저항 3개를 직렬 접속한다.
㉯ 저항 3개를 병렬 접속한다.
㉰ 2[Ω]과 3[Ω]의 저항을 병렬로 연결한 다음 1[Ω]의 저항을 직렬로 접속한다.
㉱ 1[Ω]과 2[Ω]의 저항을 병렬로 연결한 다음 3[Ω]의 저항을 직렬로 접속한다.

Answer | 45 ㉮ 46 ㉮ 47 ㉱ 48 ㉯ 49 ㉰ 50 ㉰ 51 ㉰

52 1.5[kW]의 전열기를 정격 상태에서 30분간 사용할 때의 발열량은 몇 [kcal]인가?

㉮ 648　　㉯ 1,290
㉰ 1,500　　㉱ 2,700

53 R_1, R_2, R_3의 저항 3개를 직렬 접속했을 때의 합성저항 값은?

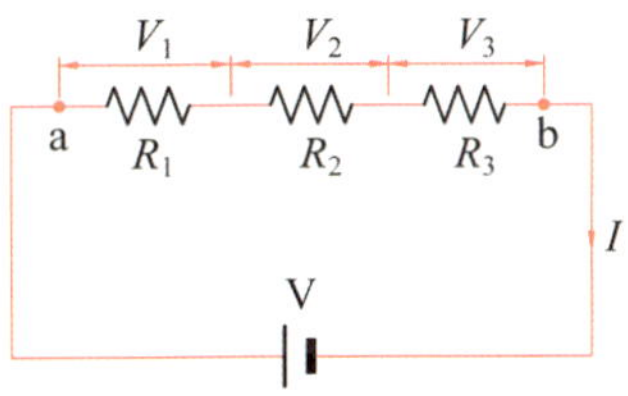

㉮ $R = R_1 + R_2 \cdot R_3$
㉯ $R = R_1 \cdot R_2 + R_3$
㉰ $R = R_1 \cdot R_2 \cdot R_3$
㉱ $R = R_1 + R_2 + R_3$

54 220[V]용 100[W] 전구와 200[W]용 전구를 직렬로 연결하여 200[V]의 전원에 연결하면?

㉮ 두 전구의 밝기가 같다.
㉯ 100[W]의 전구가 더 밝다.
㉰ 200[W]의 전구가 더 밝다.
㉱ 두 전구 모두 안 켜진다.

55 줄의 법칙에서 발열량 계산식을 옳게 나타낸 것은?

㉮ $H = I^2R$ [J]　　㉯ $H = I^2R^2t$ [J]
㉰ $H = I^2R^2$ [J]　　㉱ $H = I^2Rt$ [J]

56 직류 250[V]의 전압에 두 개의 150[V]용 전압계를 직렬로 접속하여 측정하면 각 계기의 지시 값 V_1, V_2는 각각 몇 [V]인가? (단, $V_1 = 15$[kΩ], $V_2 = 10$[kΩ] 이다.)

㉮ $V_1 = 250$, $V_2 = 150$
㉯ $V_1 = 150$, $V_2 = 100$
㉰ $V_1 = 100$, $V_2 = 150$
㉱ $V_1 = 150$, $V_2 = 250$

57 2[Ω]의 저항에 3[A]의 전류를 1분간 흘릴 때 이 저항에서 발생하는 열량은?

㉮ 약 4[cal]　　㉯ 약 86[cal]
㉰ 약 259[cal]　　㉱ 약 1080[cal]

58 5[Ω], 10[Ω], 15[Ω]의 저항을 직렬로 접속하고 전압을 가하였더니 10[Ω]의 저항 양단에 30[V]의 전압이 측정되었다. 이 회로에 공급되는 전전압은 몇 [V]인가?

㉮ 30[V]　　㉯ 60[V]
㉰ 90[V]　　㉱ 120[V]

Answer | 52 ㉮ 53 ㉱ 54 ㉯ 55 ㉱ 56 ㉯ 57 ㉰ 58 ㉰

59 그림의 회로에서 모든 저항 값은 2[Ω]이고, 전체 전류 I는 6[A]이다. I_1에 흐르는 전류는?

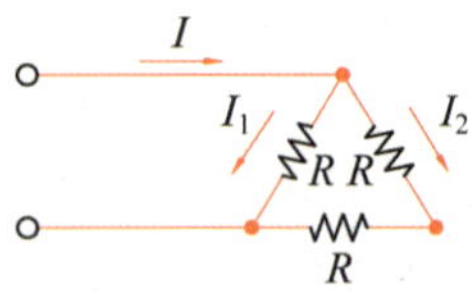

㉮ 1[A] ㉯ 2[A]
㉰ 3[A] ㉱ 4[A]

60 두 종류의 금속을 루프상으로 이어서 두 접속점을 다른 온도로 유지해줄 때 이 회로에 전류가 흐르는 효과는?

㉮ 지벡(Seebeck) 효과
㉯ 톰슨(Thomson) 효과
㉰ 펠티에(Peltier) 효과
㉱ 홀(Hall) 효과

61 저항 R_1, R_2의 병렬회로에서 R_2에 흐르는 전류가 I일 때 전 전류는?

㉮ $\frac{R_1+R_2}{R_1}I$ ㉯ $\frac{R_1+R_2}{R_2}I$
㉰ $\frac{R_1}{R_1+R_2}I$ ㉱ $\frac{R_2}{R_1+R_2}I$

62 그림과 같이 10[Ω]의 저항 R과 5[Ω]의 저항 R_2가 병렬로 접속되어 있는 회로에 V = 10[V]의 전압을 가할 때 합성저항의 크기는?

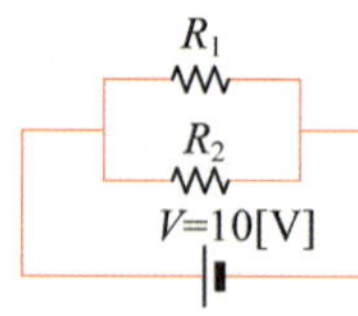

㉮ 0.3[Ω] ㉯ 3.3[Ω]
㉰ 7.5[Ω] ㉱ 15[Ω]

63 옴(ohm)의 법칙에서 전압은?

㉮ 전류에 비례한다.
㉯ 전류에 반비례한다.
㉰ 전류의 제곱에 비례한다.
㉱ 전류와 무관하다.

64 100[V]에서 250[W]의 전력을 소비하는 저항을 200[V]에 접속하면 소비전력은?

㉮ 100[W] ㉯ 250[W]
㉰ 500[W] ㉱ 1000[W]

Answer | 59 ㉱ 60 ㉮ 61 ㉰ 62 ㉯ 63 ㉮ 64 ㉱

65 그림과 같은 회로망 가지에서 I_4의 값은?

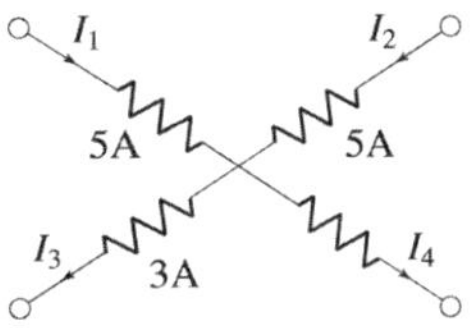

㉮ 3[A]　　㉯ 5[A]
㉰ 7[A]　　㉱ 10[A]

66 그림과 같은 대칭 T형 회로에서 출력측 2-2'를 단락시켰을 때 입력측 1-1'의 임피던스 Z_{15}[Ω]는?

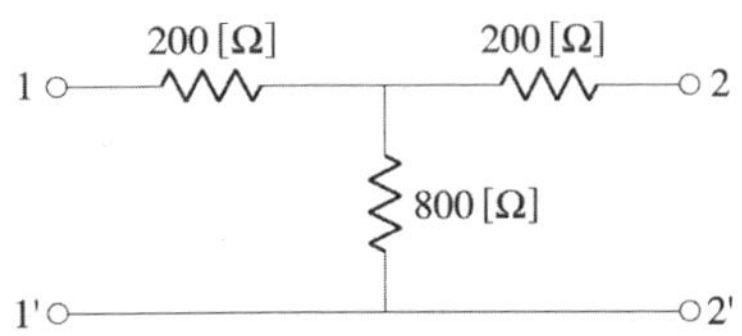

㉮ 360　　㉯ 400
㉰ 800　　㉱ 1000

67 그림과 같은 직·병렬 회로에서 10[Ω] 저항 양단에 걸리는 전압은?

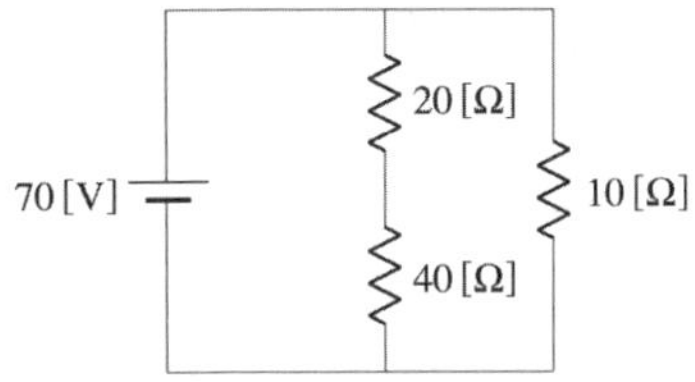

㉮ $\frac{7}{6}$[V]　　㉯ 7[V]
㉰ 10[V]　　㉱ 70[V]

68 다음 회로망의 합성 저항은?

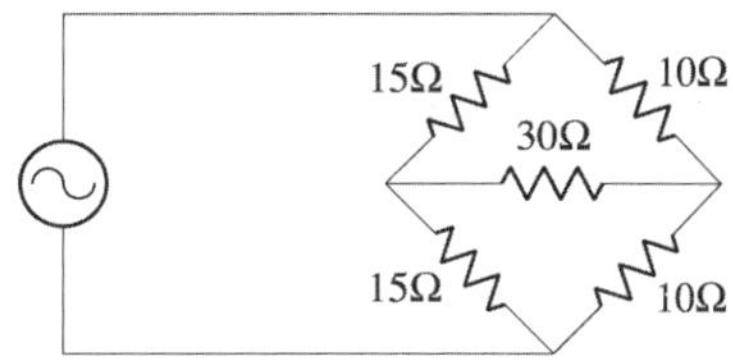

㉮ 6[Ω]　　㉯ 12[Ω]
㉰ 30[Ω]　　㉱ 50[Ω]

69 도선의 반지름이 4배로 늘어나면 그 저항은 어떻게 되는가?

㉮ 4배 늘어난다.　　㉯ 1/4로 줄어든다.
㉰ 1/16로 줄어든다.　　㉱ 2배 늘어난다.

70 공급전압이 50[V]이고, 회로에 전류가 15[A]가 흐른다고 할 때, 이 회로의 유효전략은 몇 [W]인가? (단, 전압과 전류의 위상차는 30[°]이다.)

㉮ $125\sqrt{3}$　　㉯ $245\sqrt{3}$
㉰ $375\sqrt{3}$　　㉱ $750\sqrt{3}$

71 100[V], 60[W]의 형광등이 100[V]를 가했을 때, 0.5[A]의 전류가 흐르고 그 소비전력은 40[W]이었다면, 이 형광등의 역률은?

㉮ 0.5　　㉯ 0.6
㉰ 0.7　　㉱ 0.8

Answer | 65 ㉰ 66 ㉮ 67 ㉱ 68 ㉯ 69 ㉰ 70 ㉰ 71 ㉱

72 그림과 같은 저항 회로에서 합성 저항이 R_{ab} = 12[Ω]일 때 병렬 저항 R_x의 값은 몇 [Ω]인가?

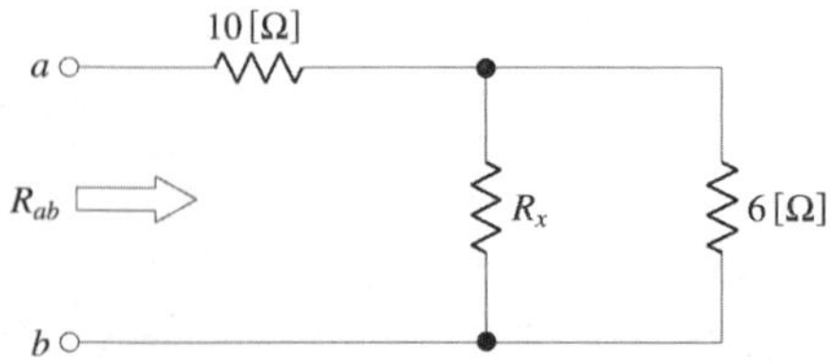

㉮ 3 ㉯ 4
㉰ 5 ㉱ 6

73 고유저항 ρ, 반지름 r, 길이 l인 전선의 저항이 R일 때, 같은 재료로 반지름은 m배, 길이는 n배로 하면 저항은 몇 배가 되는가?

㉮ $\frac{m}{n^2}$ ㉯ $\frac{m}{n}$
㉰ $\frac{n}{m}$ ㉱ $\frac{n}{m^2}$

74 저항 R에 전압 V를 인가하였을 때 발생하는 열량은 설명한 것 중 옳지 않은 것은?

㉮ 저항 R의 제곱에 반비례한다.
㉯ 인가한 전압 V의 제곱에 비례한다.
㉰ 전압을 가한 시간에 비례한다.
㉱ 저항에 흐르는 전류의 제곱에 비례한다.

75 다음 그림에서 i_1 = 16[A], i_2 = 22[A], i_3 = 18[A], i_4 = 27[A]일 때 i_5는?

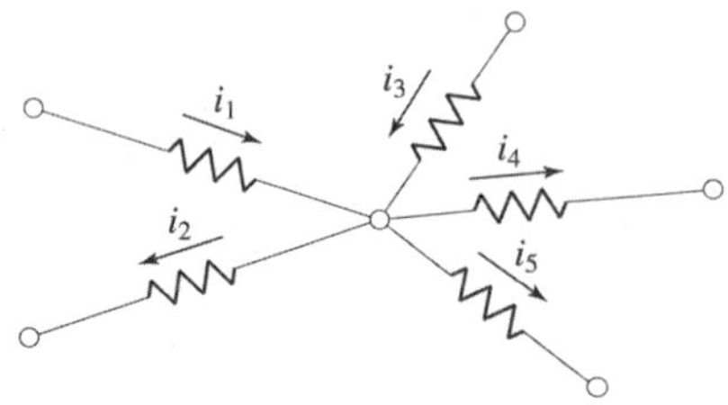

㉮ -7[A] ㉯ -15[A]
㉰ 3[A] ㉱ 7[A]

76 "회로망 중의 임의의 폐회로에 있어서 그 각지로(枝路)의 전압 강하의 총합은 그 v 폐회로 중의 기전력의 총합과 같다." 이와 관계되는 법칙은?

㉮ 플레밍의 법칙
㉯ 렌츠의 법칙
㉰ 패러데이의 법칙
㉱ 키르히호프의 법칙

77 도체나 반도체에 전류를 흘리고 이것과 직각방향으로 자계를 가하면 이 두 방향과 직각 방향으로 기전력이 생기는 현상을 무엇이라 하는가?

㉮ 핀치 효과 ㉯ 볼타 효과
㉰ 압전 효과 ㉱ 홀 효과

Answer | 72 ㉮ 73 ㉱ 74 ㉮ 75 ㉯ 76 ㉱ 77 ㉱

78 정전계와 반대방향으로 전하를 2[m] 이동시키는데 240[J]의 에너지가 소모되었다. 이 두점 사이의 전위차가 60[V]이면 전하의 전기량은 몇 [C]인가?

㉮ 1[C]　　㉯ 2[C]
㉰ 4[C]　　㉱ 8[C]

Answer | 78 ㉰

| Chapter |

03 자기의 성질과 작용

제 1 절 자기의 성질

자기라는 것은 강자성체의 원자(원소)를 포함하는 원자핵 속의 양자(+)의 주위를 회전하는 전자들이 그 근원이며, 결국 전자가 원자핵 주위를 돌다가 이탈하면 전류가 되고 또한 이것에 의해서 자기에너지가 발생한다. 이 현상은 덴마크의 물리학자 에르스테드가 발견했다. 또한 원소에는 다양한 종류가 있고 그 성질도 조금의 차이가 있기 때문에 전자의 수가 많은 금속이 반드시 다량의 자기를 발생한다고는 할 수는 없다.

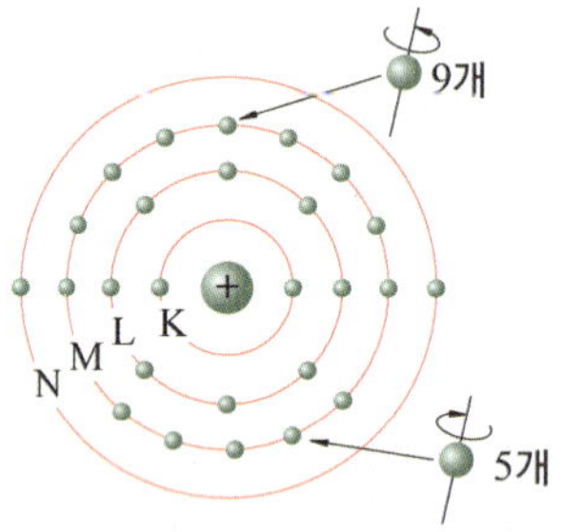

(a) 전자의 회전운동

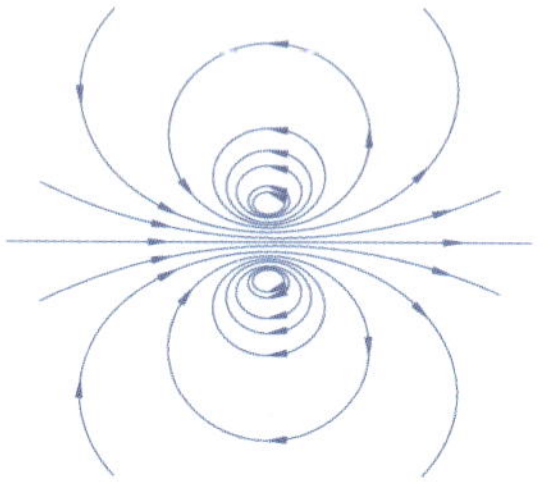
(b) 전자 자전의 방향

| 그림 3-1 | 전자의 회전운동 및 자전방향

자기는 자석이 쇳조각을 끌어당기거나 전류에 작용을 미치는 성질을 말하나 넓게는 이러한 현상 자체를 말하기도 한다. 즉 자기(magnetic)는 쇠를 끌어당기는 힘의 근원을 말하며, 자석(magnet)은 자기를 띠고 있는 물체를 말한다. 또한 자석의 양끝을 자극(magnetic pole)이라 하고, 자석은 양극성(N극, S극)이 있고 양 자극의 자기량은 같다.

1 자기의 특징

① [그림 3-1 (a)]처럼 물질이 가지는 자성은 원자 구조 중의 전자나 핵의 회전 운동이 기본이다.

② 보통 물질에서는 [그림 3-1 (b)]처럼 전자의 자전의 방향의 서로 정반대의 것이 쌍으로 되어있어 자기장은 서로 상쇄되고 있어 자성을 나타내지 않는다.

③ 철이나 니켈 등의 강자성체에서는 전자 배치의 조화가 이루어지지 않고 있으므로 자성이 나타난다.

자석 부근에 철가루를 펼쳐 놓으면 흡인력이 작용하는데 이 자력선이 작용하는 공간을 자기장(자계)이라 하는데, 자석의 S극과 N극은 자기 강도가 가장 센 곳이며 강자성의 실제 효과는 자석의 양극 사이에 존재하는 자기장에 의해서 발생되어진다.

자기장은 눈으로 볼 수 없지만 막대 자석 위에 종이나 유리를 덮고 철가루를 뿌려두면 자기장의 영향에 의하여 철가루가 이동하는 모습을 볼 수 있다. 이것은 철가루가 작은 막대 자석이 되기 때문이며, 철가루가 자기장에 의하여 정열되어 지는데 그 중에서도 많은 양의 철가루가 자석의 양극에서의 자기장 강도가 가장세기 때문에 자석의 양 끝에 모이게 된다.

자기장은 모든 방향으로 존재하지만 자석의 양끝에서 멀어질수록 자기장의 세기는 거리의 제곱에 반비례하면서 감소한다.

자석의 극을 가까이하면 같은 종류의 극 사이에는 척력이 작용하고 다른 종류의 극 사이에는 인력이 작용하는데 자석의 이와 같은 힘을 자기력이라 하며, 자기력은 쿨롱의 법칙에 의해 구할 수 있다.

2 쿨롱의 법칙

자기력에 의한 쿨롱의 법칙은 두 자극 사이에 작용하는 자기력의 크기는 거리의 제곱에 반비례하고, 자극의 세기(자기량)에 비례한다.

그림과 같이 자기량 m_1, m_2인 자극이 거리 r만큼 떨어져 있을 때 자기력의 크기 F는

$$F = k\frac{m_1 m_2}{r^2} \quad (k : \text{비례 상수})$$

여기서 자기량의 단위는 웨버[Wb]가 사용되고 비례 상수 k는 진공 중에서 아래와 같다.

$$k=\frac{1}{4\pi\mu_0}=\frac{10^7}{(4\pi)^2}\text{(진공의 투자율 } \mu_0=4\pi\times10^{-7}[\text{N/A}^2=\text{H/m}])$$

- F : 두 자극 사이에 작용하는 힘[N]
- k : 비례상수($k=1/(4\pi\mu_0)$).
- r : 두 자극 사이의 거리[m]
- m_1, m_2 : 자하[Wb]
- μ_0 : 진공의 투자율($\mu_0=4\pi\times10^{-7}$[H/m])

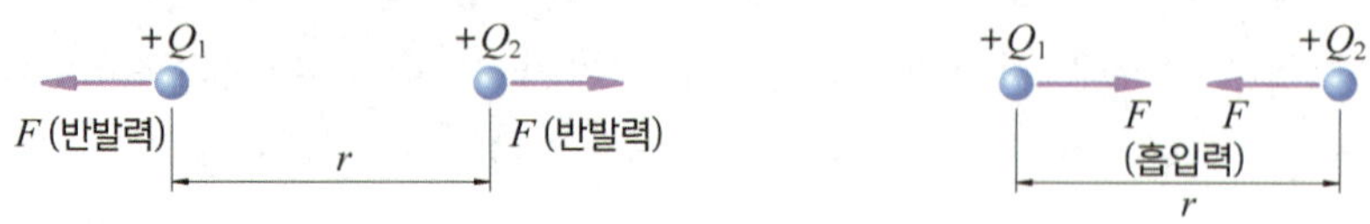

(a) 같은 부호의 전하 (b) 다른 부호의 전하

| 그림 3-2 | 전하의 인력과 척력

자석에서도 전기와 같이 서로 다른 극끼리는 잡아당기는 인력이 작용하고 같은 종류의 극끼리는 반발하는 척력이 작용하며, 두 개의 자극 사이에 작용하는 자극의 크기는 자극간 거리의 제곱에 반비례하고 각 자극세기의 곱에 비례한다. 즉 두 자극 사이의 거리를 반으로 줄이면 힘은 4배가 됨을 식에서 알 수 있다. 이런 관계를 자극에 대한 쿨롱의 법칙이라고 한다. 전기에서의 쿨롱의 법칙과 자기에서의 쿨롱의 법칙의 비교는 아래와 같다.

| 표 3-1 | 전기와 자기의 쿨롱의 법칙 비교

전기력 F	자기력 F
$F=k\cdot\frac{Q_1Q_2}{r^2}=\frac{1}{4\pi\epsilon}\cdot\frac{Q_1Q_2}{r^2}[\text{N}]$	$F=k\cdot\frac{m_1m_2}{r^2}=\frac{1}{4\pi\mu}\cdot\frac{m_1m_2}{r^2}[\text{N}]$
유전률	**투자율**
$\epsilon=\epsilon_0\epsilon_R[\text{F/m}]$	$\mu=\mu_0\mu_R[\text{H/m}]$
진공의 유전율	**진공의 투자율**
$\epsilon_0=\frac{1}{4\pi k}=\frac{1}{4\pi(9\times10^9)}[\text{F/m}]$ $F=9\times10^9\cdot\frac{Q_1Q_2}{r^2}=\frac{1}{4\pi\epsilon_0}\cdot\frac{Q_1Q_2}{r^2}[\text{N}]$ $F=\frac{9\times10^9}{\epsilon_R}\cdot\frac{Q_1Q_2}{r^2}=\frac{1}{4\pi\epsilon_0\epsilon_R}\cdot\frac{Q_1Q_2}{r^2}[\text{N}$	$\mu_0=\frac{1}{4\pi k}=\frac{1}{4\pi(6.33\times10^4)}[\text{F/m}]$ $F=6.33\times10^4\cdot\frac{m_1m_2}{r^2}=\frac{1}{4\pi\mu_0}\cdot\frac{m_1m_2}{r^2}[\text{N}$ $F=\frac{6.33\times10^4}{\mu_R}\cdot\frac{m_1m_2}{r^2}=\frac{1}{4\pi\mu_0\mu_R}\cdot\frac{m_1m}{r^2}$

Exercise 1

공기 중에 놓여 있는 2×10^{-7}[C]의 점전하부터 50[cm]의 거리에 있는 점의 전장의 세기는 몇 [V/m]인가?

explanation

$$E = \frac{1}{4\pi\epsilon}\frac{Q}{r^2} = 9 \times 10^9 \frac{Q}{r^2} = 9 \times 10^9 \times \frac{2 \times 10^{-7}}{(50 \times 10^{-2})^2} = 7.2 \times 10^3 [V/m]$$

Exercise 2

진공 중에서 1[m]의 거리를 두고 10^{-3}[wb]와 10^{-4}[wb]의 자극이 놓여있다. 그 사이에 작용하는 힘은?

explanation

$$F = 6.33 \times 10^4 \times \frac{10^{-3} \times 10^{-4}}{1^2} = 6.33 \times 10^{-3} [N]$$

Exercise 3

m = 2[wb]의 점자극으로부터 r = 4[m] 떨어진 점의 자장의 세기는 얼마인가?

explanation

$$H = 6.33 \times 10^4 \frac{m}{r^2} = 6.33 \times 10^4 \times \frac{2}{4^2} = 0.79 \times 10^4 [AT/m]$$

3 자기장과 자기력

가. 자기장 : 자기력이 미치는 공간

① 방향 : 나침반의 N극이 가리키는 방향

② 세기 : 자극에서 멀어질수록 약해진다.

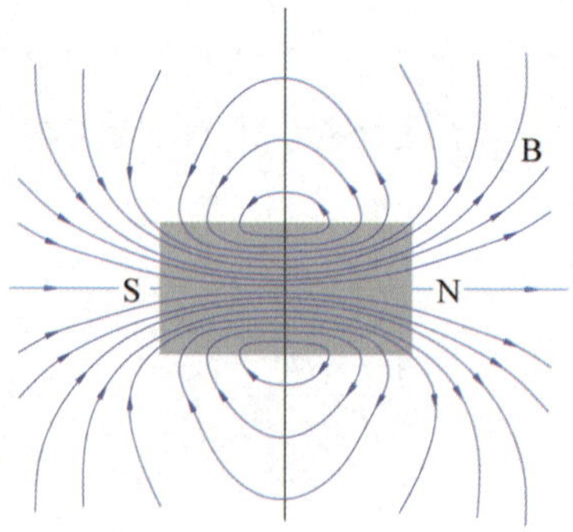

| 그림 3-3 | 자기장

나. 자기력

① 자기력 : 자석이 다른 자석이나 도체에 작용하는 힘
② 자극(N극, S극) : 자석 사이에 작용하는 힘이 가장 강한 곳
③ 척력 : 같은 자극을 가까이 할 때 서로 밀어내는 힘
④ 인력 : 다른 자극을 가까이 할 때 서로 끌어당기는 힘

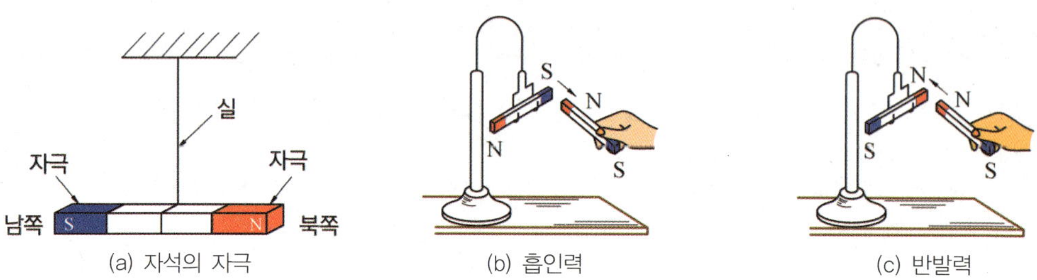

| 그림 3-4 | 자석의 자극 및 자력

[그림 3-4 (b)]와 같이 막대자석 부근에 단위 정 자하를 놓으면 정 자하는 N극에서 N과 같은 반발력과 S극에서는 S와 같은 흡인력을 받기 때문에 그 합력 F의 힘에 의해 자기력선의 방향은 자기장 내에서 N극과 S극의 위치를 지시하게 되는데, 자기력선의 화살표가 출발하는 곳이 N극이고 자기력선이 들어가는 곳이 S극이다. 이와 같이 눈에 보이지 않는 가상의 선을 자기력선이라고 하며, 이것은 자계의 성질을 알기 위해서는 매우 중요한 요소로서 자력선의 방향을 자계방향으로 하고 자력선의 밀도로 그 점의 자계 세기를 나타내게 된다.

① **자기력선** : 자기장 내에서 자침이 가리키는 방향을 따라 조금씩 이동해가면서 만들어진 곡선
② **방향** : N극에서 나와 S극으로 들어간다.
③ 자기력선이 조밀 할 수록 자기장이 세다.
④ 자력선은 도중에 끊어지지 않으며 서로 만나거나 교차되지도 않는다.

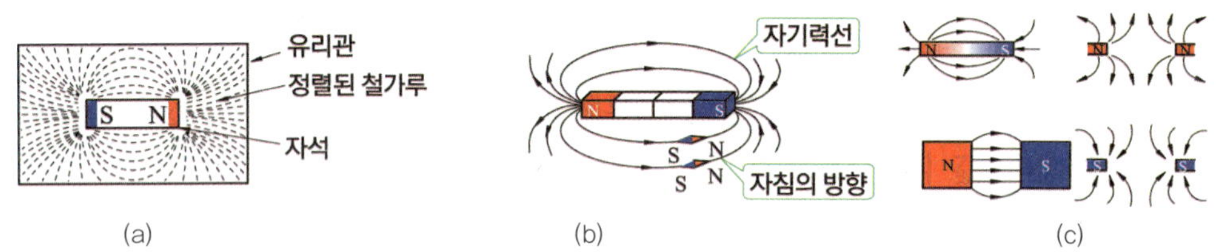

| 그림 3-5 | 자기력선 및 자기력선의 방향

[그림 3-5 (c)]의 자기력선은 자기장 내에 놓인 자침의 N극이 가르키는 방향을 이은 선으로 전기장의 모양을 나타낸다.

제 2 절 전류와 자계

1 자기장의 생성 및 자기현상

자기장은 자석에 의해 생기지만 도선에 전류가 흐르면 그 주위에 자기장이 생긴다는 사실이 덴마크의 외르스테드(H.C. Oersted)에 의해 알게 되었다.

가. 암페어(Ampere's)의 오른나사 법칙

직선 도선에 전류가 흐르면 그 주위에는 도선을 중심으로 동심원을 이루는 모양의 자기장이 생기게 되는데 자기장의 방향은 암페어의 오른나사(또는 오른손 엄지손가락 법칙)의 법칙에 따른다.

암페어의 오른 나사의 법칙은 오른손의 엄지손가락을 직선 도선에 흐르는 전류의 방향과 일치시키고 도선을 감아쥐면, 나머지 네 손가락이 감기는 방향이 자기장의 방향이 된다.

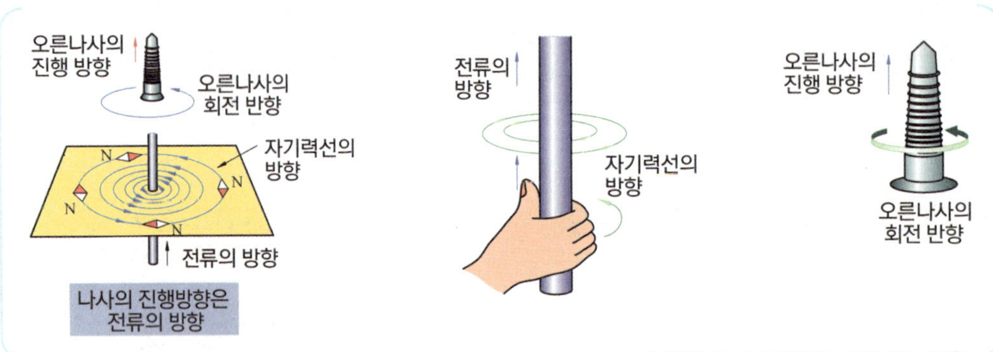

| 그림 3-6 | 암페어 오른나사 법칙

Exercise 4

전류에 의한 자장의 방향을 결정하는 것은 무슨 법칙인가?

explanation

암페어의 오른나사 법칙

나. 자기장의 방향

원형의 도선에 전류가 흐르면 그림과 같이 도선을 중심으로 한 자기장이 생긴다. 자기장의 방향은 원형 도선을 매우 짧은 도선들의 모임이라고 생각하면 각 도선에 흐르는 전류의 방향으로 직선 도선 주위의 자기장 방향을 찾는 것과 같이 구할 수 있다. 따라서 오른손 법칙에 의하여 자기장의 방향을 알 수 있다.

다. 원형 도선의 자기장

솔레노이드란 긴 원통에 원형의 도선을 여러 번 감은 것을 말하며 이는 원형 전류를 여러 개 겹쳐 놓은 것과 같은 효과를 낸다. 굵기에 비해 길이가 충분히 긴 솔레노이드에 전류를 흐르게 할 때 생기는 자기장은 막대 자석이 만드는 자기장과 같다.

원형 도선의 자기장은

① 원형으로 감은 도선에 전류가 흐르면 원형 도선 주위에 자기장이 생긴다.

② 오른나사의 법칙에 의해 자기장의 방향이 결정된다.

③ 도선에 흐르는 전류가 강할수록, 원의 반지름이 작을수록 자기장이 세다.

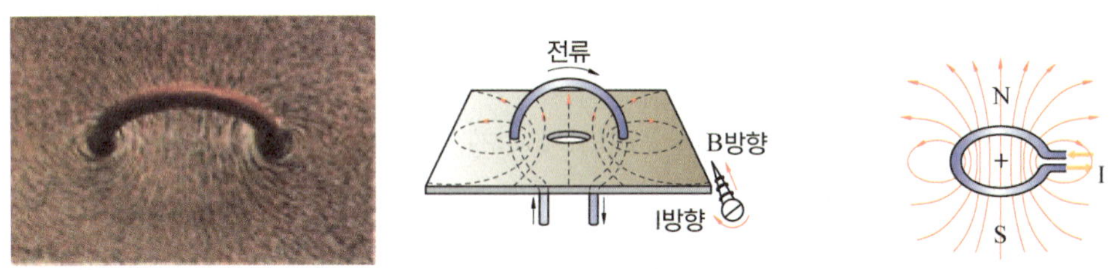

| 그림 3-7 | 원형전류에서의 자기방의 방향

[그림 3-7]은 전류가 흐르면 전류 주위에 자기장이 형성되는 모습을 보여주고 있다.

[그림 3-8 (a)]와 같이 쇳가루를 고루 뿌린 판지나 유리관의 중앙에 직선 도선을 통하여 전류를 흘리고 유리판을 가볍게 두드리면 쇳가루는 도선을 중심으로 여러 개의 동심원으로 배열되는 것을 볼 수 있다. [그림 3-8 (b)]와 같이 판 위에 자침을 놓고 전류를 흘리면 자침이 일정한 방향을 가르키는 것을 볼 수 있다. 여기서 전류의 방향을 바꾸면 자침이 가리키는 방향도 반대가 된다. 실험결과는 아래와 같다.

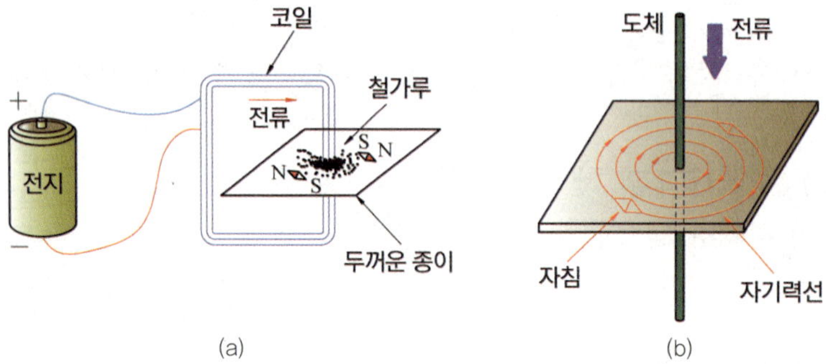

| 그림 3-8 | 직선전류에 의한 자장

① 도선을 중심으로 동심원 모양의 자기장이 생긴다.
② 전류의 방향이 바뀌면 자기장의 방향도 바뀐다.
③ 전류가 세면 자기장도 세어진다.
④ 전류가 흐르는 도선으로부터 멀어질수록 자기장은 점점 약해진다.
⑤ 오른 나사를 전류가 흐르는 방향으로 나아가도록 회전시키면 그 회전 방향이 곧 자기장의 방향이 된다.

라. 솔레노이드(solenoid)에 의한 자기장

솔레노이드란 코일을 균등하고 밀접하게 원통형으로 감은 형태를 말하는데 대부분의 자력선은 솔레노이드 속을 관통하고 솔레노이드의 전체 코일과 쇄교하는 환상의 자력선을 만든다. 솔레노이드 양단에는, N극과 S극을 발생하여 1개의 막대자석과 같은 역할을 한다. 또한 내부에 철심을 넣으면 투자율이 공기보다 매우 크기 때문에 강한 자석을 만들 수 있다.

다음은 자성체 위에 도체를 균등하고 밀접하게 감은 다음 전류를 흘렸을 때 특징을 나타내었다.

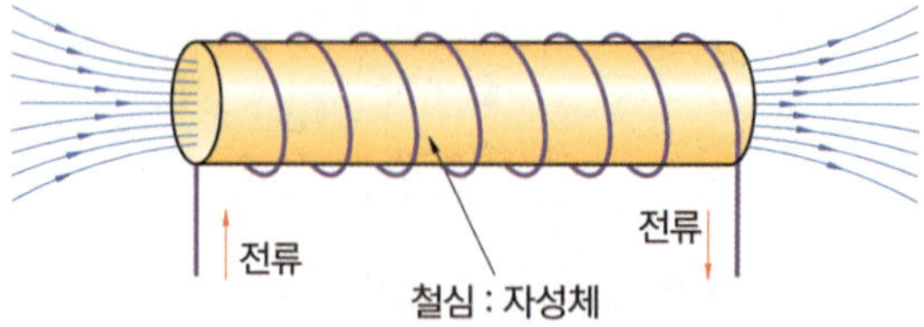

| 그림 3-9 | 솔레노이드에 의한 자기장

① 자기장 모양

굵기에 비해 길이가 충분히 긴 솔레노이드에 전류를 흐르게 할 때 생기는 자기장은 막대 자석이 만드는 자기장과 같다.

② 솔레노이드 내부

내부의 자기장은 균일하고 중심축에 평행한 방향의 자기장이 된다.

③ 솔레노이드 외부

길이와 굵기가 같은 막대 자석이 만드는 자기장과 비슷한 자기장을 만든다. 이때 자기력선이 솔레노이드로 들어가는 쪽은 자석의 S극에 해당하고 자기력선이 나오는 쪽은 자석의 N극에 해당한다.

마. 직선 전류 주위에 생기는 자기장의 세기와 방향

긴 직선 도선에 전류가 흐를 때 주위에 생기는 자기장 B는 도선에 흐르는 전류의 세기 I에 비례하고 도선으로부터의 거리 r에 반비례한다.

원형 전류 중심에서의 자기장 B는 반지름 r의 원형 도선에 전류가 흐르고 있을 때 원형 중심에서의 자기장 방향은 엄지손가락을 전류의 방향으로 하여 굽어진 각 부분을 네 손가락 감아 쥘 때 손가락이 감기는 방향이며, 자기장 B는 전류 I에 비례하고 반지름 r에 반비례하며, 솔레노이드에 생기는 자기장 B는 코일 감은 수와 전류에 비례한다.

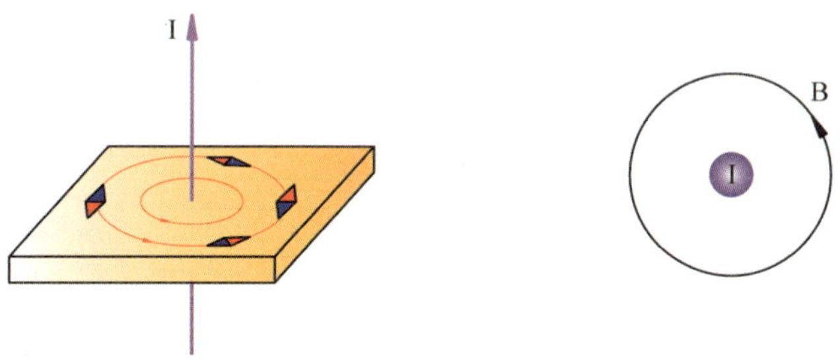

| 그림 3-10 | 직선 전류에 의해 생기는 자기장의 세기와 방향

바. 솔레노이드에 생기는 자기장의 세기

솔레노이드 내부에서 솔레노이드 굵기에 관계없이 자기장의 세기는 일정하지만 코일을 쇄교하는 자력선이 코일 속에서 합해져 강한 자기장이 발생된다.

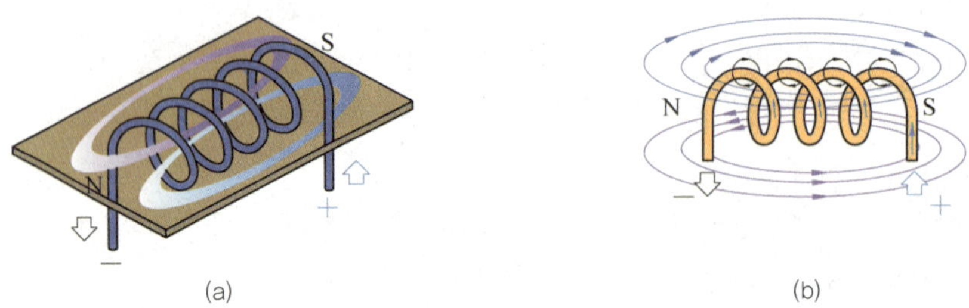

| 그림 3-11 | 솔레노이드에 생기는 자기장의 세기

원형코일에 생기는 자계의 세기는 다음과 같다.

$$H = \frac{I}{2r}[\text{AT/m}]$$

단, H : 중심에 생기는 자계의 세기[AT/m]

I : 코일에 흐르는 전류[A]

r : 코일의 반지름[m]

또한 코일의 권수가 N인 경우에는 $H = \frac{NI}{2r}[\text{AT/m}]$ 이다.

사. 전자석

전자석은 코일에 연철 막대를 넣어서 사용하는 경우가 흔히 있다. 철심은 약한 자기장의 작용으로 대단히 강한 자석이 되므로 솔레노이드에 전류를 흘리면 전류에 의한 자기장에 의해 철심은 자석이 된다. 즉 전자석이란 철심이 전류에 의해 자화되어 자석이 된 것을 말한다.

| 그림 3-12 | 솔레노이드에 생기는 자기장 및 전자석

2 자기회로

가. 자속

자기장에 수직인 단면을 지나는 자기력선의 총 수를 자기력선속 또는 자속이라 한다. 보통 기호는 ϕ로 표시하고 단위는 자기량의 단위와 같은 웨버(Wb)를 사용한다.

자속 밀도는 자기장에 수직한 단위 단면적(1[m^2])을 지나는 자속을 말하며, 단위는 [Wb/m^2]로 나타내며 [T]라고도 표기한다.

즉 1[T] = 1[Wb/m^2]이다.

자속 밀도 B에 수직한 단면적 S를 지나는 자기력선의 총 수(자속) ϕ는 자속밀도와 단면적의 곱(B×S)으로 나타낸다.

(1) 자속밀도 및 자속의 계산

자속밀도란 1[m^2] 당 통과하는 자기력선의 수를 말하며, 자속(ϕ)은 자기력선의 수를 나타내며, 단위는 [Wb]를 쓴다.

$$B = \frac{\phi}{S}[\mathrm{Wb/m^2}]$$

$$\phi = BS[\mathrm{Wb}]$$

- [Wb/m^2] = [N/Am] = [Tesla]

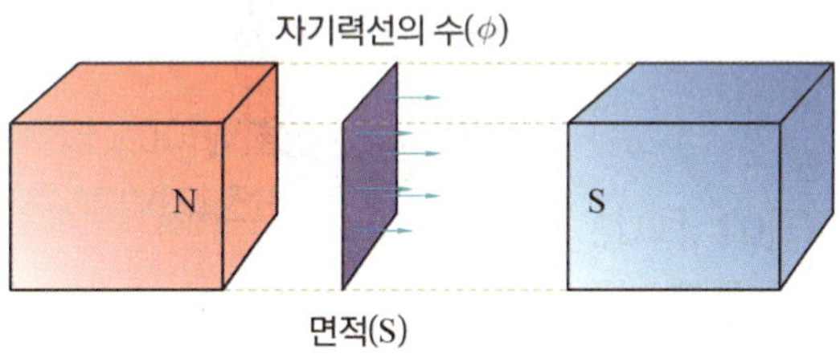

| 그림 3-13 | 자속밀도

나. 전자기력

전자기력이란 전류가 흐르는 도선이 자기장에서 받는 힘을 말하며, 전자기력의 방향은 오른손을 펴서 네 손가락을 자기장의 방향으로 향하게 하고, 엄지손가락을 전류의 방향을 가리키게 하면, 손바닥에서 수직으로 나오는 방향이 도선이 받는 힘의 방향이 된다.

전류나 자기장의 방향이 바뀌면 도선이 받는 힘의 방향이 바뀌며, 둘이 동시에 바뀌면 힘의 방향은 그대로 유지된다. 도선이 받는 힘의 크기는 전류의 세기가 셀수록 커지고 자기장의 세기가 셀수록 커진다.

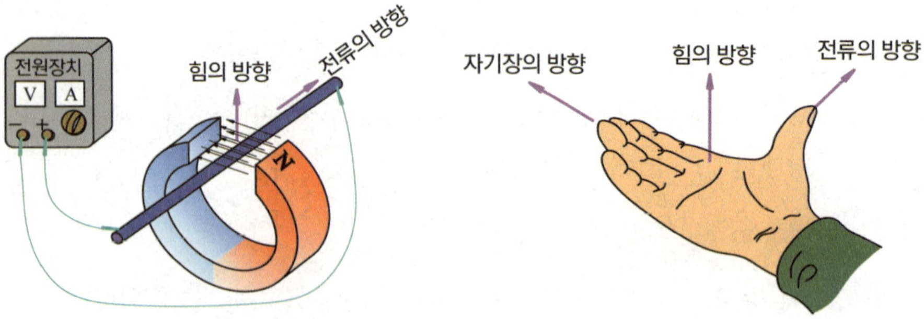

| 그림 3-14 | 전자기력의 방향

다. 자기회로

그림과 같이 철심에 N권의 코일을 감고 전류를 흘리면 코일내 자계 H가 발생하여 이 자계 H에 의해서 철심에 자속이라는 것이 생기며 자계(H)와 자속밀도(B)와의 관계는 다음과 같다.

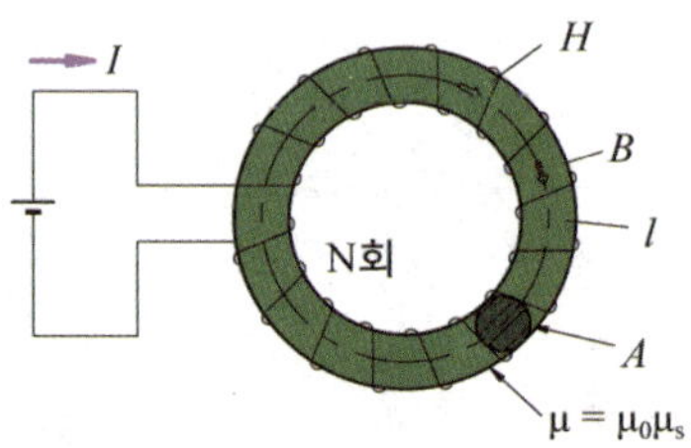

| 그림 3-15 | 철심의 자기회로

철심의 단위 면적당 자속을 자속밀도라 하고 이것을 B로 나타내면 자계 H와는 다음과 같은 관계가 있다.

$B = \mu H(\mu = \mu_0 \mu_S = \mu_S \times 4\pi \times 10^{-7} = \mu_S \times 12.57 \times 10^{-7}[\text{H/m}])$

- μ_0 = 진공의 투자율 = $4\pi \times 10^{-7}$
- μ_S = 비투자율(물질에 따른 값에 따름)

또한, "자기회로를 통하는 자속 ϕ[Wb]는 NI[AT]에 비례하고 자기저항 R[AT/Wb]에 반비례한다"라는 자기회로에서의 옴의 법칙이 아래 공식과 같이 적용된다. 여기서 자기저항이란 자기회로에서 전류의 흐름을 방해하는 것을 나타내며, 기자력은 자속을 발생시키는 원동력 $F=NI$[AT]을 말한다.

$$R=\frac{l}{\mu A}=\frac{NI}{\phi}\text{[AT/Wb]}$$

라. 자화곡선과 히스테리시스 곡선

철을 일정한 자계 속에서 자화시키면 자기의 세기(H)에 대응하여 자속밀도(B)가 증가하는데 이런 관계를 구하면 그림과 같은 곡선 b가 된다. 이 형상은 철의 종류에 따라 약간 다르지만 그림과 같이 어느 곳까지는 H가 증가하면 이에 따라 B도 증가하지만 H가 어느 한도에 도달하면 B의 증가는 급격히 완만해지고 결국에는 H를 증가해도 B는 증가되지 않는데 이 곡선을 자화곡선 또는 B-H곡선이라고 부른다.

철을 자화시키면 자화곡선이 그려지게 되는데([그림 3-16]의 b곡선) B가 포화점이 된 곳에서 H의 값을 내려가면 원래대로 "0"으로 되돌아가는 것이 아니라 c점으로 되돌아가 자화력 H가 "0"이 된 상태에도 자속밀도가 남게 되는데 이것을 잔류자기라 한다. 그리고 자화력 방향을 반전해서 점진적으로 증가해가면 자속 밀도 B는 급격히 감소하여(3번→4번) 자화력은 −H에서 자속밀도(B)는 "0"이 된다. 이런 −H(0번→4번)를 보자력이라고 한다.

히스테리시스 곡선은 B-H곡선은 갈 때와 올 때가 틀리는데 이런 현상을 히스테리시스 현상이라고 하며 0-1-2-3-4-5-6-7 곡선을 히스테리시스 곡선이라고 한다.

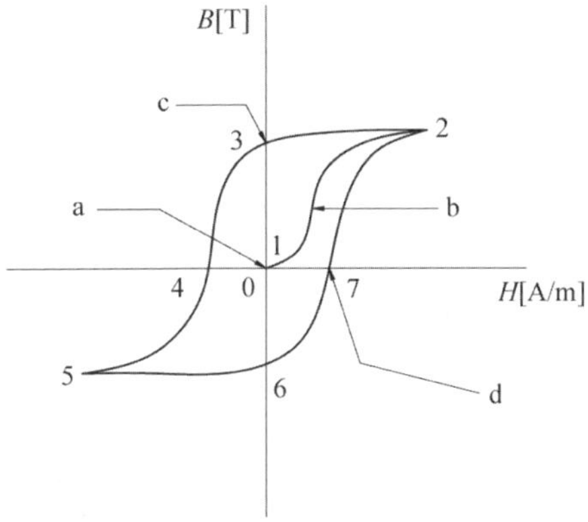

H : 자기장 혹은 자화력(Magnetic field, Magnetic field strength)
B : 자속밀도(Magnetic flux density 혹은 Magnetic induction)
a : 탈자상태(Demagnetized state)
b : 자화곡선(Magnetization curbe)
c : 잔류자속밀도(일반적으로 Residual magnetic induction
포화된 후의 자속밀도는 Rentivity)
d : 보자력(일반적으로 Coercive field strength, Coercive force
포화된 후의 보자력은 Coercivity)

| 그림 3-16 | 히스테리시스 곡선(자화곡선, B-H loop)

히스테리시스 곡선에 대해 [그림 3-16]을 기준으로 다시 살펴보면 가로 축인 H는 외부에서 자성체에 인가한 자기장의 세기이며, 세로 축인 B는 인가된 외부자기장에 대해 자성체가 자화되는 비율(ratio)과 관계가 있는 magnetic induction(자기유도)이다.

이것을 수식으로 표현하면 다음과 같이 나타낼 수 있다.

"0"인 상태에서 자기장(H, magnetic field or magnetic field strength)을 증가시킬 때 곡선을 즉 0 → 1 → 2를 자화곡선(magnetization curbe) 혹은 초기자화곡선이라 부르며, 외부 자기장 H의 증가에 의해 자성체가 되는 과정이다.

또한 0 → 1 범위를 초기 투자율을 측정하는 범위로 투자율은 인가되는 외부 자기장에 대하여 자성체가 자화되는 비율(ratio)을 나타내고 B-H loop에서는 loop의 기울기가 되며, 자화가 가역적으로 나타나는 영역이다.

2에서 외부 자기장을 줄여서 0으로 하여도 잔류자속밀도 0-3이 남게 된다.

즉, 물을 끓일 때 가스를 꺼도 용기 안의 물의 온도는 계속 유지되는 것과 같은 원리로 볼 수 있다.

인가하는 자기장의 방향을 역으로 하고, 세기를 증가시키면 보자력(Coerceive force) 4에서 자화는 zero가 되고, 계속하여 자기장의 세기를 증가시키면 loop의 자취(trace)는 4 → 5로 이동하며, 다시 자기장의 세기를 zero로 줄이면 6으로 이동한다.

인가되는 자기장의 방향을 다시 정으로 하고, 세기를 증가시키면 loop의 자취는 7 → 2를 거치면서 한 사이클의 B-H loop가 그려진다.

이 히스테리시스 루프는 자화특성을 이해하는데 있어서 대단히 중요하다. 이 현상을 주기적으로 몇 번이고 반복하면 열이 발생하여 온도가 상승하는데 이것은 전기기계에서 흔히 볼 수 있는 현상으로 이것을 히스테리 손실이라고 부른다.

따라서 전기기기의 철심에는 규소 강판을 사용하여 히스테리 손실을 최소화 하고 있다.

자화 곡선은 자기장 H[AT/m]에 대해 철심 중의 자속밀도 B[Wb/m^2]가 변화되는 상태를 B-H 곡선으로 나타낸 것이다.

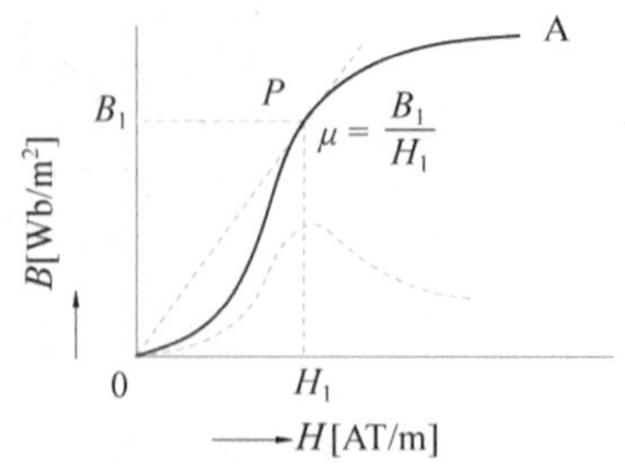

| 그림 3-17 | 자화곡선

Exercise 5

다음 문장의 (　) 안에 적합한 말을 넣어서 문장을 완성하여라.

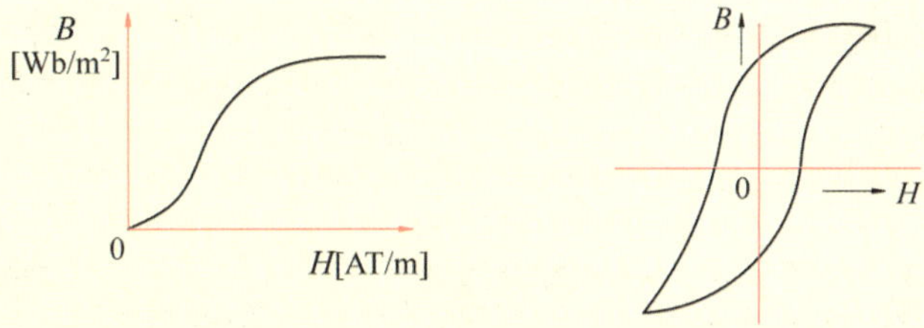

(a)　　　　(b)

1) 그림(a) 는 자성체의 자화 상태를 나타낸 것이며 (　) 이라고 한다.

2) 철을 자화시킬 때에 자화력을 증감하면 이에 따라서 자속밀도는 그림(b)와 같은 곡선을 그린다. 이러한 현상을 히스테리시스라 하고, 이 곡선을 (　) 곡선이라고 한다. 자화력을 0으로 했을 때의 자속 밀도를 (　) 라고 하며, 이것을 0으로 하기 위하여 필요한 자화력을 (　) 이라고 한다. 영구자석에는 히스테리 곡선의 면적이 (　) 것을 사용한다.

3) 철심이 히스테리 특성을 가짐으로서 생기는 손실을 (　) 손이라고 하며 이에 따라 철심 안에는 (　) 이 발생한다.

4) 히스테리시스손은 히스테리 곡선이 둘러싸는 (　) 이나 주파수에 비례한다.

explanation

1) 자화곡선
2) 히스테리시스, 잔류자기, 보자력, 큰
3) 히스테리시스, 열
4) 면적

마. 자기유도

자기 유도는 자석에 의해 다른 물질이 자화되는 현상을 말하는 것으로, 즉 쇠못이나 철편에 자석을 가까이하면 쇠못이나 철편은 자석으로 되면서 자석에 달라붙게 되는데 이때 자석에 가까운 쪽에는 자석과 반대 종류의 자극이, 먼 쪽에는 같은 종류의 자극이 생기며, 이러한 현상을 자기 유도라 한다. 이것은 정전기 유도와 유사한 현상이다. 또한 자속 가까이에서 철편이 자성을 띠는 것을 자화라고 하는데 자성체는 자화되는 물질을 말하며, 강자성체, 상자성체, 반자성체로 분류하고 있으며, 자화되지 않은 물질을 비자성체라고 한다.

① 강자성체 : 철과 같이 자기유도에 의하여 강하게 자화되어 쉽게 자석이 되는 물질로 철, 니켈, 코발트, 망간, 망간의 화합물 등이 있다.

② **상자성체** : 강자성체와 같은 방향으로 자회되는 물질로 철, 니켈, 코발트, 산소, 공기, 알루미늄, 백금, 주석, 이리듐 등이 있다.

③ **반자성체** : 강자성체와 반대 극성으로 자화되는 물질로 탄소, 인, 금, 동, 은, 세슘, 안티몬, 아연, 납, 수은 등

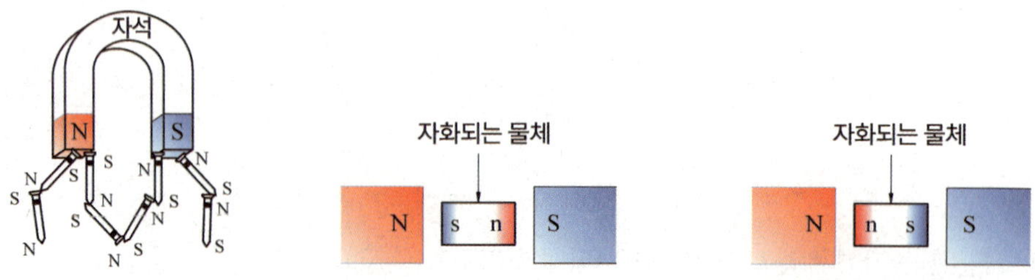

(a) 자기유도 (b) 상자성체 (c) 반자성체(역자성체)

| 그림 3-18 | 자기유도 및 자성체의 종류

물체가 자화되는 근원은 전류이다. 즉 전자의 운동이다. 원자를 구성하는 전자는 원자핵의 주위를 궤도 운동함과 동시에 자신이 자전운동(Spin)하고 있기 때문에 전자 자신은 자기 모멘트를 가지며, 궤도 운동에 의해서도 자기모멘트를 갖기 때문이다.
자성체내의 자기쌍극과 배열에 따라서 강자성체, 상자성체, 반자성체로 구분된다.

Exercise 6

지구상의 가장 큰 자석은 무엇이며, 자기를 지닌 가장 작은 것은 어떤 것인가?

explanation

지구상의 가장 큰 자석은 지구 자체로서 지하의 도전성 유체가 지구의 자전에 의해 회전하기 때문에 생긴 자력이며, 자기를 지닌 가장 작은 것으로는 전자이다. 전자표면의 (-)전하가 균일하지 않기 때문에 전자의 자전에 의해 작은 자력이 생긴다.

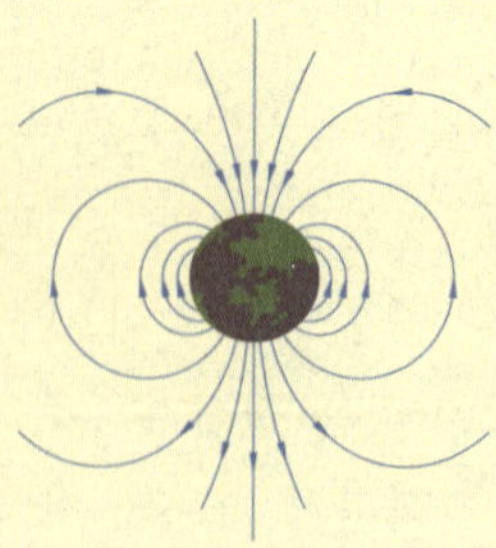

제 3 절 | 전자기 유도

자극 사이에 도선을 놓고 전류를 흘리면 도선은 힘을 받고 움직인다. 이것은 자계 속의 도선에 전류를 흘리면 자극에 의한 자력선과 전류에 의한 자력선이 합성되어 자석과 전류 간 힘이 작용하기 때문인데, 이와 같이 자계 속에서 전류가 흐르고 있는 도선이 받는 힘을 전자력이라고 한다.

전자력의 방향에 대해 플레밍은 다음과 같은 관계를 발견하였다. 왼손을 엄지, 둘째(검지), 셋째 손가락(중지)을 직각이 되도록 벌리면 엄지손가락 방향은 전자력의 방향, 둘째 손가락 방향은 자력선의 방향, 셋째 손가락 방향은 전류의 방향을 각각 나타내는데 이를 플레밍 왼손법칙이라고 한다.

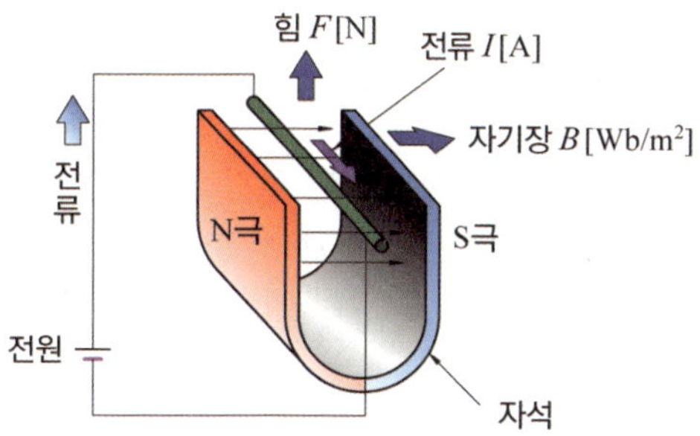

(a)

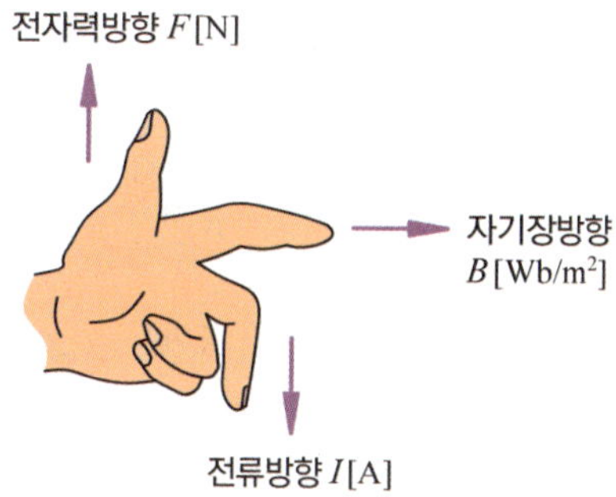

(b)

• 전자력 : 자기장 내의 도체에 전류를 흘리면 힘이 작용
• 플레밍의 왼손법칙 : 전동기의 원리

| 그림 3-19 | 전자력 및 플레밍 왼손법칙

1 전자력의 크기

전자력이란 자기장 속에서 전류가 흐르는 도선이 받는 힘을 말하며, 도선이 받는 힘의 크기는 전류에 비례($F \propto I$)한다.

① 전류가 자기장에 대해 수직으로 흐를 때 전류가 받는 힘
$F = BIl$ (단, l는 자기장 내의 도선의 길이)

② 전류가 자기장에 대해 평행하게 흐르는 경우 : $F = 0$

③ 전류가 자기장에 대해 비스듬히 흐르는 경우 : $F = BIl\sin\theta$

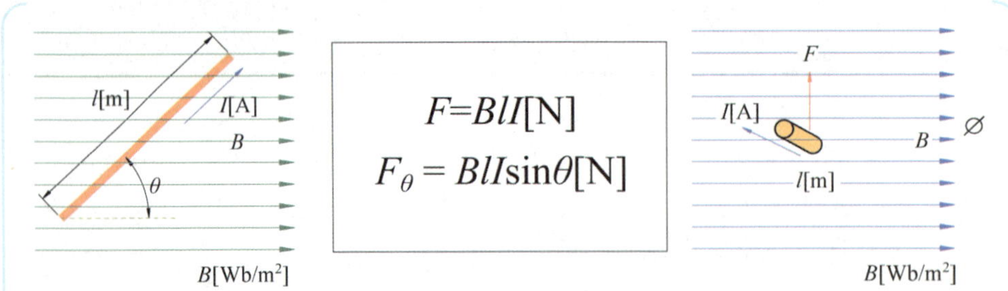

| 그림 3-20 | 도체와 자장 사이의 각과 크기

실험에 따르면 자기장의 방향에 수직으로 놓인 도선에 전류가 흐를 때 받는 전자기력 F는 자기장 B, 전류의 세기 I, 그리고 자기장 속에 놓인 도선의 길이 l에 비례한다.

① 전자기력의 크기는 자기장의 방향과 전류의 방향이 서로 수직일 때 최대이며 평행일 때는 0이며,

② 전류의 방향과 자기장이 이루는 각이 θ일 때에는 자기장에 수직한 성분의 도선의 길이가 받는 힘을 생각하면 된다.

따라서 자기장 B의 방향과 전류 I가 이루는 각이 감소함에 따라 전자기력 F의 크기도 작아지게 되고 두 방향이 일치(서로 평행)하면 전류는 자기장으로부터 힘을 받지 않는다.

따라서, 자기장의 방향에 수직으로 놓인 도선에 전류가 흐를 때 받는 전자기력 F는 자기장 B, 전류의 세기 I, 그리고 자기장 속에 놓인 도선의 길이 l에 비례한다. 여기서 힘의 단위를 [N], 자기장의 단위를 [T], 길이의 단위를 [m], 전류의 단위를 [A]로 놓고 정리하면 아래와 같은 공식이 유도된다.

$F = BIL$[N]

여기서 전자기력의 크기는 자기장의 방향과 전류의 방향이 서로 수직일 때 최대이고 평행일 때는 0이 되며, 전류의 방향과 자기장이 이루는 각이 θ일 때에는 자기장에 수직한 성분의 도선의 길이가 받는 힘을 생각하면 된다.([그림 3-21, 22] 참조)

$F = BIL\sin\theta$[N]

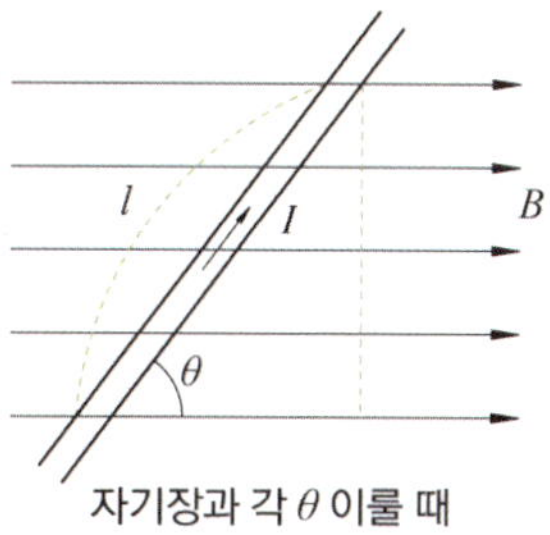

| 그림 3-21 | 도체와 자기장과 각을 이룰 때

이것은 직류모터나 가동코일형 계기에 응용되는데 그 원리를 [그림 3-21]을 중심으로 설명한다.

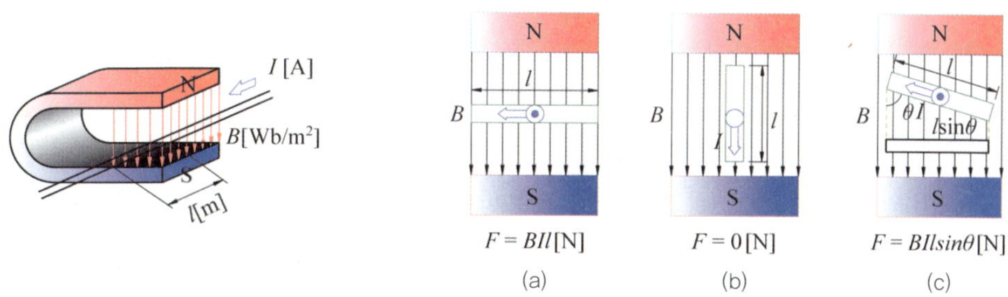

| 그림 3-22 | 도체와 자장 사이의 각과 전자력

[그림 3-23]과 같이 평등 자계 안에 구형 코일 ⑤ ① ② ③ ④를 놓고 전류 I를 흘릴 경우 자속밀도를 B [Wb/m²], 폭 l[m]일 때

- 코일변 ⑤ ①에 작용하는 전자력의 방향은 아래 방향이며, 크기(F_1)는 BIl[N]이 된다.
- 코일변 ③ ④에 작용하는 전자력의 방향은 윗방향이며, 크기(F_2)는 BIl[N]이 된다.
- F_1과 F_2의 크기는 같고 방향은 반대 방향이 된다.
- 전체 토크 T는 코일이 ⑤ ① ② ③ ④에 둘러쌓인 면적과 같다고 보면 이것을 A[m²]라 하고 $T = BlA$[Nm]가 되는데 구형 코일의 권수가 N인 경우에는 $T = BlAN$ [Nm]가 된다.

이 토크 응용으로서는 직류모터나 가동코일형 계기에 사용된다. 즉 영구자석 또는 전자석에 의하여 자계를 만들고 이 중심에 가동 코일을 두어서 직류 전류가 흐르게 된다.

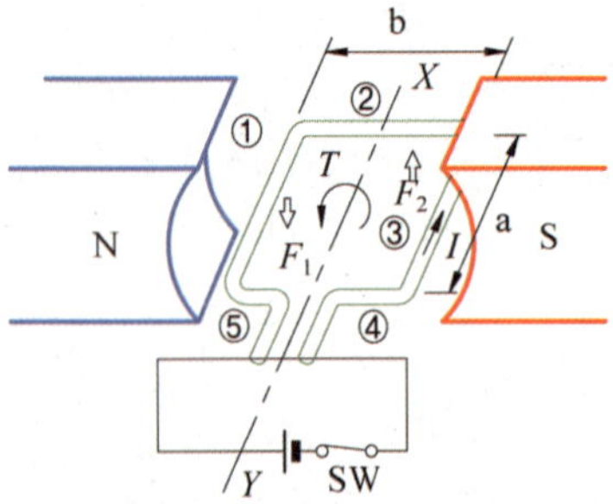

(a)

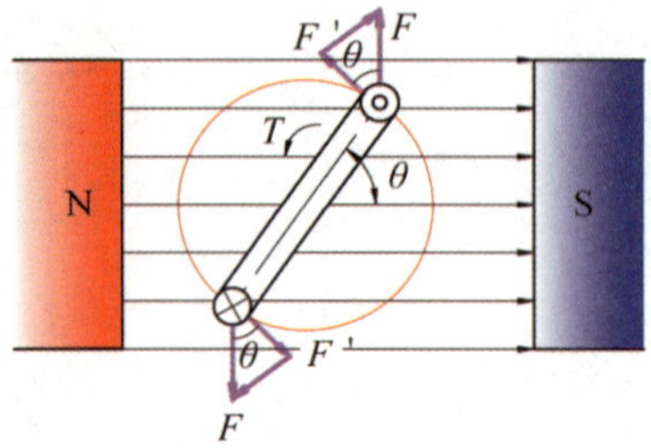

(b)

| 그림 3-23 | 사각형 도체에 작용하는 토크

2 평행한 두직선 전류 사이의 자기장과 힘

두 도선을 평행하게 하고 도선에 전류를 흐르게 하면 두 도선 상호간에는 흡인하거나 반발하는 힘이 작용한다. [그림 3-24]와 같이 평행한 도선에 같은 방향으로 전류가 있으면 전자력은 그림 (a)와 같이 상호간 흡인하는 방향으로 작용하며, 반대방향으로 전류가 흐르면 그림 (b)와 같이 반발하는 방향으로 작용한다. 그리고 직류 전류에 작용하는 힘은 다음과 같다.

① 2개의 도체에 전류가 흐르면, 한 쪽 전류에 의한 자기장 내에 다른 전류가 흐르는 도체가 있으므로, 왼손 법칙에 따른 힘이 작용한다.
 ㉠ 동일 방향의 진류가 흐를 때 : 흡입력 작용
 ㉡ 반대 방향의 전류가 흐를 때 : 반발력 작용

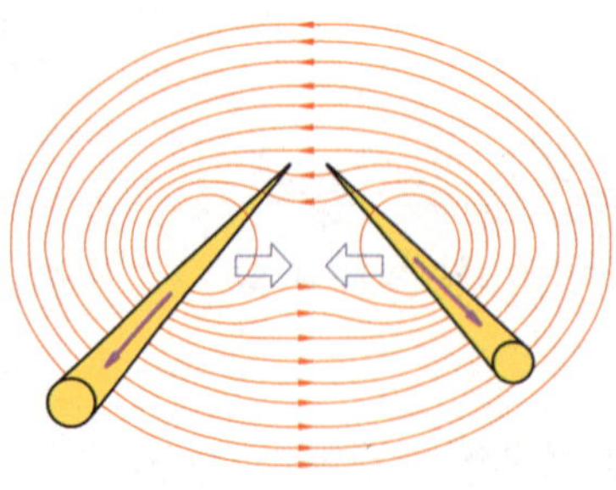
(a) 전류의 방향이 같을 때

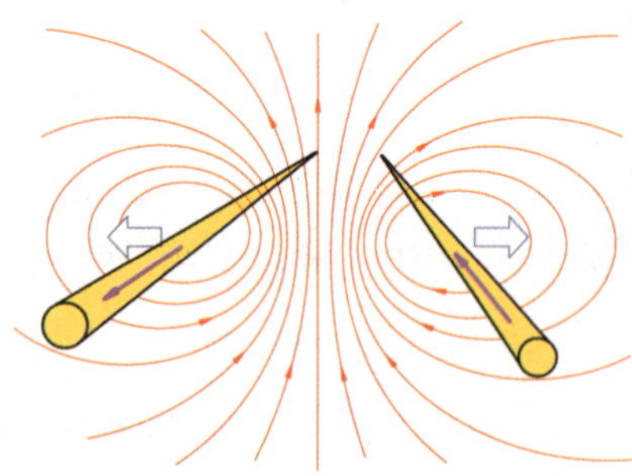
(b) 전류의 방향이 반대일 때

평행한 두 직선 전류 사이의 자기장과 힘

| 그림 3-24 | 평행도체 사이에 작용하는 힘

② 공기 중에서 두 도체가 r[m] 떨어진 상태에서 I_1[A], I_2[A]일 때 작용하는 힘(F[N])은 아래와 같다.

$$F = \frac{2I_1I_2}{r} \times 10^{-7}\text{[N/m]}$$

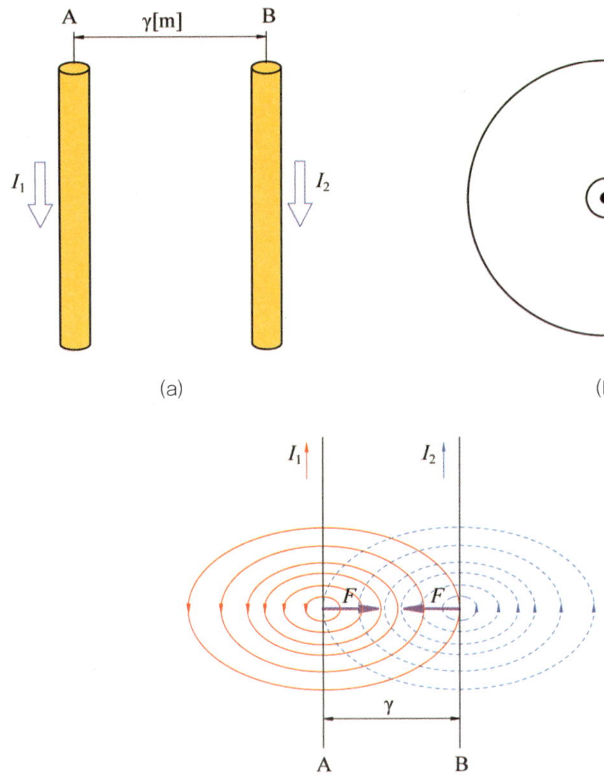

(a) (b)

직선 전류에 작용하는 힘

| 그림 3-25 | 평행한 직선 전류 사이에 작용하는 힘

Exercise 7

그림과 같이 두 개의 긴 평행 도선에 각각 5[A], 10[A]의 전류가 흐르고 있다. 두 도선 사이의 거리는 2[cm]이다.

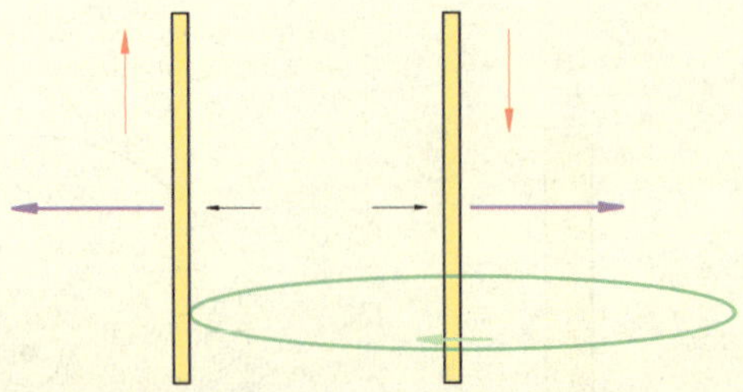

1) 한 도선이 다른 도선에 작용하는 단위 길이당 힘의 크기를 구하라.

2) 각 도선에 작용하는 힘의 방향을 구하라.

3) 10[A]의 전류가 흐르는 도선의 길이가 30[cm]라면 작용하는 총 힘은 얼마인가?

4) 이 힘에 의해 10[A]의 도선에 생성되는 자기장의 세기를 구하라($F = IlB$).

5) 10[A]의 위치에서의 5[A]의 도선에 의해 생성되는 자기장의 방향을 구하라.

explanation

1) $\frac{F}{I} = \frac{2\times10^{-7} I_1 I_2}{r}$, 단위 길이당 힘은 5×10^{-4}[N/m]이다.
2) 분홍 화살표
3) 길이가 l[cm]이면 힘은 1.5×10^{-4}[N]이 된다.
4) $F = IlB$, $B = F/I_l$ = 1.5×10^{-4}[N]/(10[A]·0.3[m]) = 5×10^{-5}[N]
5) 10[A]의 전류가 흐르는 도선 주위에 생기는 자기장은 오른손 방향으로 생기므로 책 안쪽으로 들어가는 방향이다.

Exercise 8

평행한 두 도체에 같은 방향의 전류를 흘렸을 때 두 도체 사이에 작용하는 힘은 흡인하는가 반발하는가?

explanation

흡인

3 패러데이 및 렌츠의 법칙

전류에 의해서 자장이 얻어 진다면 반대로 자장에 의해서 전류가 얻어지지 않을까 하고 생각하는 것은 당연할 것이다. 이런 생각을 갖고 끈기 있게 실험을 계속한 사람들이 있었는데 영국의 패러데이, 러시아의 렌츠, 미국의 헨리 등이 있었다. 패러데이는 전자유도 법칙(유도기전력의 크기)을 렌츠는 렌츠의 법칙(유도기전력의 방향) 만들어 냈으며, 이 법칙을 응용하여 발전기나 변압기가 발명되었다.

영국의 패러데이는 덴마크의 외르스테드가 1820년에 발견한 전류의 자기 작용에 대한 소식을 듣고 전기와 자기에 대한 연구를 시작하였다.

도선에 전류를 흘리면 그 옆에 있는 자침이 힘을 받아 움직이는 현상의 반대 현상으로, 도선 옆에서 자석을 움직이면 도선에 전류가 생길 것이라는 생각에서 자기로부터 전기를 만들어 내려는 연구에 몰두 약 10여 년에 걸친 끈질긴 연구 끝에 1831년 드디어 그 현상을 발견하였다.

그는 쇠고리에 감은 두 개의 코일로 실험을 하던 중 한 개의 코일에 흐르는 전류가 변할 때 그 옆에 있는 다른 코일에도 전류가 흐른다는 것을 발견하였다. 그 후, 패러데이는 실험을 계속하여 [그림 3-26]과 같이 여러 번 감은 원형 코일에 막대 자석을 넣었다 빼었다 하면 코일에 전류가 흐르는 전자기 유도현상을 발견하였다.

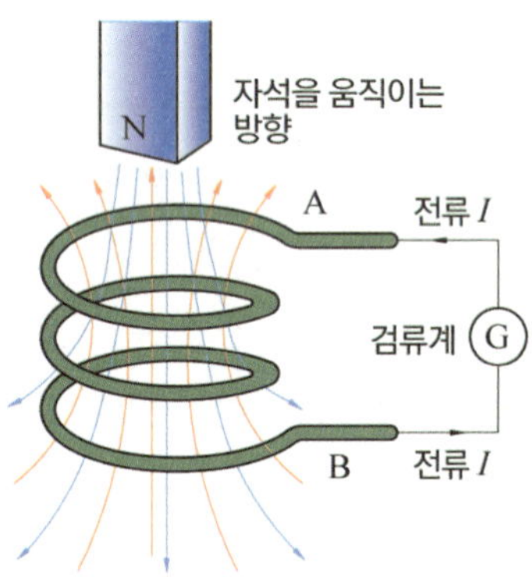

| 그림 3-26 | 렌츠의 법칙

가. 패러데이의 전자기 유도법칙(유도기전력의 크기에 관한 법칙)

유도기전력의 크기는 코일을 지나는 자속의 시간적 변화율과, 코일의 감은 수에 비례한다라는 법칙으로 코일을 많이 감을수록, 자석을 빨리 넣었다 뺄수록 유도전류는 증가한다.

$$E = \frac{\Delta\phi}{\Delta t} = N\frac{\Delta BS}{\Delta t}[V]$$

나. 렌츠의 법칙(유도전류의 방향에 관한 법칙)

렌츠는 유도기전력의 방향에 대해서 유도기전력은 유도 전류가 만드는 자장이 원래의 자장의 변화를 방해하는 방향으로 생긴다는 법칙을 알아냈다.

① 코일을 지나는 자기력선속이 변할 때 유도되는 전류는, 그 자기력선속(자속)의 변화(증가와 감소)를 방해하는 방향으로 흐른다.

② N극을 코일에 접근시키면 코일을 지나는 자기력선이 증가하는데, 자기력선의 증가를 방해하는 방향(위)으로 자기력선이 생기도록 유도전류가 흐른다.(A부분이 N극이 된다)

③ N극을 코일에서 멀리하면 코일을 지나는 자기력선 감소하는데, 자기력선의 감소를 방해하는 방향(아래)으로 자기력선이 생기도록 유도전류가 흐른다.(A부분이 S극이 된다)

④ (-)표시는 유도기전력의 방향(자속의 증감을 방해하는 방향 ⇒ 렌츠의 법칙)을 나타낸다.

$$E = -\frac{\Delta\phi}{\Delta t} = -N\frac{\Delta BS}{\Delta t}[V]$$

⑤ 코일의 감은 방향에 따라 전류의 방향이 바뀌어지므로 유의되어야 하며, 항상 오른손의 법칙을 적용하여 유도 전류의 방향을 결정한다.

Exercise 9

전자 유도 현상에 의하여 생기는 유도기전력의 크기를 정의하는 법칙은?

explanation

패러데이의 전자기 유도법칙

Exercise 10

감은 횟수 30회의 코일과 쇄교하는 자속이 0.2[sec] 동안에 0.2[Wb]에서 0.15[Wb]로 변화하였을 때의 기전력의 크기는?

explanation

$$v' = N\frac{\Delta\phi}{\Delta t} = 30 \times \frac{(0.2-0.15)}{0.2} = 7.5[V]$$

Exercise 11

그림과 같이 코일과 검류계를 연결하고 막대 자석의 S극을 코일에 가까이 가져갔더니, 검류계의 바늘이 (+)방향으로 돌아갔다. 이 실험이 의도하고자 하는 경우의 수를 5가지만 적어라.

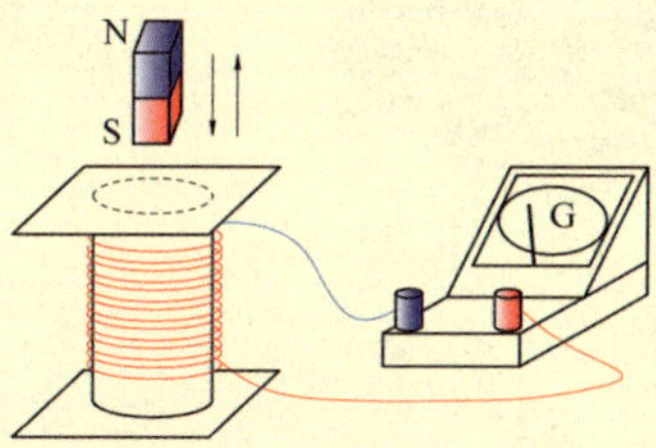

explanation

① 코일 주위에 자기장의 변화가 생기면 코일에 유도 전류가 흐른다.
② 코일에 자석이 가까이 가면 코일 주위의 자기장이 변한다.
③ 자석의 S극이 접근할 때 접근하는 쪽에 S극, 반대쪽은 N극이 되는 자기장이 생기도록 코일에 유도 전류가 흐른다.
④ 코일에서 자석이 멀어질 때에도 코일에 유도기전력이 생긴다.
⑤ 자석을 더 빨리 가까이 하면 유도기전력이 커진다.

4 유도기전력의 크기

유도기전력은 전자기유도에 의하여 유도된 기전력을 말하며, 전자기 유도란 코일과 자석의 상대적인 운동에 의해 코일 양단에 전류가 유도되는 현상, 즉 자기장의 변화에 의하여 도선에 전류가 생기는 현상을 말한다.

자기장 B속에 길이 l인 도선이 오른쪽으로 v의 속도로 운동하면 운동거리만큼 사각형 코일의 넓이가 넓어지게 되므로 코일 내부를 통과하는 자속이 증가하는데

① Δt초 동안 자속의 변화 $\Delta\phi$는
$\Delta\phi = B\times\Delta S = B\times lv\Delta t$이므로

② $E = -\dfrac{\Delta\phi}{\Delta t} = -B\dfrac{vl\Delta t}{\Delta t} = -Bvl$ 가 된다.

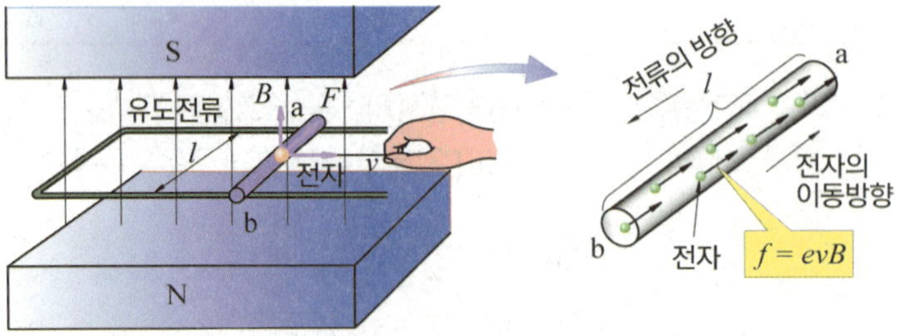

| 그림 3-27 | 유도기전력의 크기

전자기 유도에 의해 직선 도선에 유도되는 전류의 방향은 그림과 같이 오른손을 이용하여 찾을 수 있다. 즉 오른손의 엄지, 둘째, 셋째 손가락을 서로 직각이 되게 펴서 엄지 손가락을 도선의 운동 방향, 둘째 손가락을 자기장의 방향이 되게 하면 셋째 손가락이 가리키는 방향이 유도 전류의 방향을 나타내는데 이것을 플레밍의 오른손 법칙이라 한다.

발전기의 원리는 플레밍의 오른손 법칙이 적용되고 전동기는 플레밍의 왼손 법칙을 이용한다.

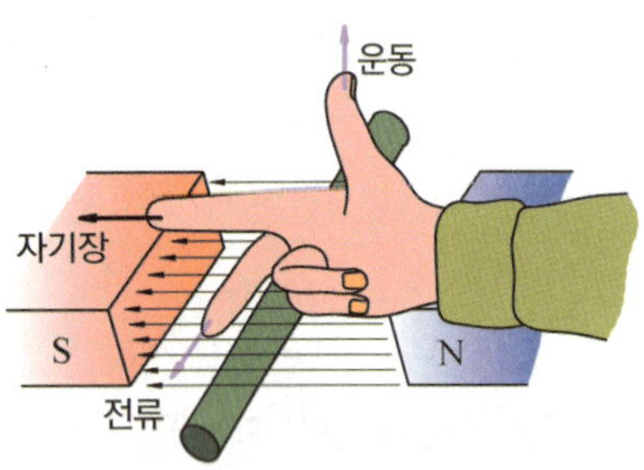

| 그림 3-28 | 플래밍 오른손 법칙

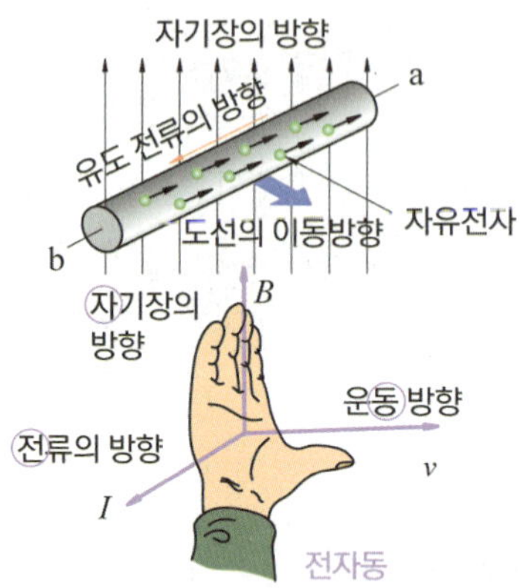

| 그림 3-29 | 유도기전력의 방향

③ 유도기전력의 방향(플레밍의 오른손 법칙)

F(힘, 도선의 운동방향 : 엄지), *B*(자기장 : 집게), *I*(전류 : 가운데) 오른쪽으로 운동하는 도선 ab안의 자유전자들은 로렌츠의 힘을 받아 a → b로 이동하게 되므로, 유도 전류는 b → a로 흐르게 된다.

④ Coil에서의 전자기유도 특징

- 자석이 정지해 있는 경우에는 코일에 전류가 흐르지 않는다.

- 자석을 가까이 가져가면 A방향으로, 멀리 가져가면 B방향으로 전류가 흐른다.
- 자석을 코일에 가져가는 속도를 빠르게 할수록 유도전류의 세기가 증가한다.
- 코일의 감긴 수가 많을수록, 센 자석일수록 유도전류의 세기가 증가한다.

| 표 3-2 | 코일과 직선도선의 비교

내 용	coil(코일)	직선도선
전자유도가 생기는 경우	코일을 지나는 자기력선의 수가 변화될 때	도선이 자기력선을 끊을 때
기전력의 크기 (패러데이 전자기 유도법칙)	코일을 지나는 자속의 시간적 변화율과 감은 수에 비례 $E=-\dfrac{\Delta\phi}{\Delta t}=-n\dfrac{\Delta BS}{\Delta t}$	도선이 자기력선을 많이 자를수록 유도기전력이 크다. $e=-Bvl$
방 향	렌츠의 법칙	플레밍의 오른손 법칙

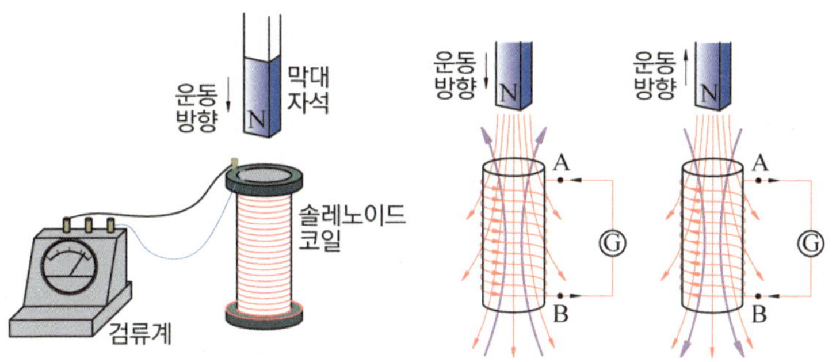

| 그림 3-30 | 코일에서의 전자기유도 특징

Exercise 12

자체 유도기전력에 관한 패러데이 법칙과 렌츠의 법칙을 나타낸 식은?

explanation

전유도기전력은 코일의 권 수×1초 동안의 자속 변화율이므로 식은 $e=-N\dfrac{\Delta\phi}{\Delta t}$ 이다.

5 자체유도 및 상호유도

스위치가 닫혀 있을 경우 불이 들어오지 않는 네온등이 스위치를 여는 순간이 불이 들어오는 현상을 볼 수 있다.

전기 회로에서 스위치를 닫으면 회로에는 전지에 의한 기전력으로 전류가 흐르게 되는데, 코일에 흐르는 전류는 점진적으로 증가하여 유도기전력은 자기력선을 감소시키는 방향으로 흐르게 되고, 전지에 의한 전류는 약간의 시간이 지난 후에 정상적인 값에 이르게 된다.

그러나 스위치를 여는 순간 코일 내부의 자기력 선수가 순간적으로 0의 값을 가지게 되어 자기력 선수의 시간적 변화율이 크므로 큰 유도기전력을 언게 된다. 그러므로 그 유노기전력으로 [그림 3-31] 네온 램프에 순간적으로 불이 들어온다.
즉, 코일 내의 자기력 선수의 시간적 변화로 인하여 유도기전력이 코일 자신에 생기는 현상을 자체유도라 한다.

[그림 3-34]는 2개의 코일이 가까이 있을 경우, 1차 코일에만 전원은 연결시켜 코일에 의한 자기장의 시간적 변화를 주면 이 변화가 인근에 있는 2차 코일을 지나는 자기력 선수를 변화시켜 유도기전력이 생기게 되는데 이와 같이 현상을 상호유도라 하며 상호유도 현상을 이용한 것이 변압기이다.
1차 코일에 특정한 값의 전압이 걸리면 2차 전압을 크게 또는 작게 변화시켜줄 수 있는데, 이 값의 변화는 1차 코일과 2차 코일에 감긴 코일의 횟수에 의하여 결정되는 것이다.

유도 코일이란 상호유도의 원리를 이용하여 수만 V의 고전압을 얻을 수 있도록 하는 장치이다.

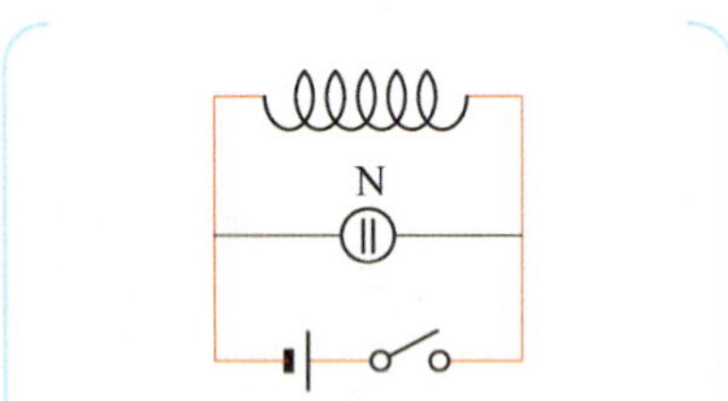

| 그림 3-31 | 자체유도

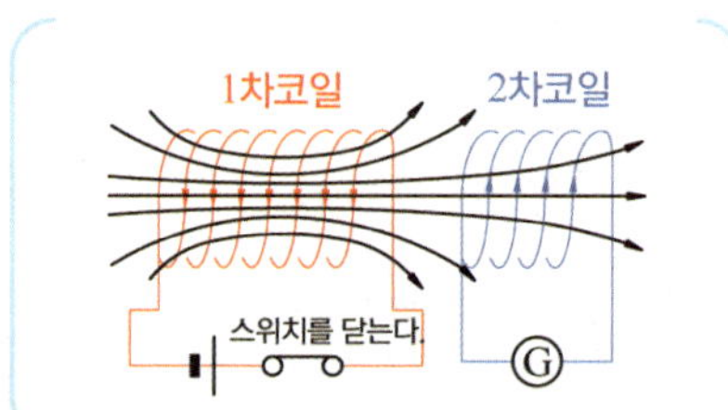

| 그림 3-32 | 상호유도 작용

[그림 3-31]의 회로에서 스위치를 닫으면 네온등에 불이 들어오지 않지만 스위치를 열면 순간적으로 네온등에 불이 들어오는 것을 볼 수 있다는 것은 결국 스위치를 여는 순간의 전압이 스위치를 닫았을 경우보다 높다는 것을 의미한다. 자체 유도 역시 렌츠의 법칙에 따라 자속의 변화를 방해하는 방향으로 유도기전력이 생긴다.

스위치를 닫는 순간에는 코일에는 전류가 흐르므로 자속의 변화가 생긴다. 그러므로, 반대 방향으로 유도기전력이 생기고, 이것에 의하여 전류는 순간적으로 최대값을 가지지 못하고, 시간에 따라 점점 증가하다가 어느 정도의 시간이 지나면 일정해진다. 전류가 일정해지면 자속의 변화가 없으므로 유도기전력은 발생되지 않는다.

스위치를 열면 전류가 0이 되어 코일의 자속은 급속하게 감소되므로, 다시 유도기전력은 이 감소를 방해하는 방향으로 발생된다. 그렇기 때문에 전류는 스위치를 여는 순간에 바로 0이 되는 것이 아니라 시간에 따라 점차적으로 감소하다가 어느 정도의 시간이 지나면 0이 되는 것이다. 또한, 스위치를 여는 순간에는 자속의 변화가 가장 크기 때문에 발생하는 유도기전력이 가장 크다.

이때 발생하는 유도기전력에 의하여 네온등에는 순간적으로 불이 들어오는 것이다. 자체 유도에 의해 코일에 유도되는 유도기전력 e은 코일에 흐르는 전류의 시간적 변화율에 비례한다.

즉, 시간 Δt 동안에 ΔI 만큼의 전류가 변화하였다면 유도기전력 e은 다음과 같다.

$$e = -L\frac{\Delta I}{\Delta t}$$

* 여기서 역시 (−)의 의미는 앞에서와 마찬가지로 유도기전력은 반대의 방향으로 발생된다는 것을 의미한다.

또, L은 비례상수로 자체 유도 계수 또는 자체 인덕턴스라고 한다.
자체 유도 계수의 값은 회로의 기하학적 특성, 코일감긴 수, 회로 주변의 물질의 종류에 의해 결정된다.

자체유도계수는 물체의 질량처럼 회로의 관성을 나타내며, 단위는 헨리[H]를 쓴다.

1[H]는 1초 동안에 전류가 1[A]의 비율로 변할 경우 1[V]의 기전력이 유도될 때 코일의 자체 유도 계수이다.

Exercise 13

어떤 코일에 전류가 0.2초 동안에 2[A] 변화하여 기전력이 4[V] 유기되었다면 이 회로의 자체 인덕턴스는 몇 [H]인가?

explanation

$e = L\frac{\Delta I}{\Delta t}$에서 $L = \frac{\Delta t}{\Delta I}e = \frac{0.2}{2} \times 4 = 0.4$[H]

Exercise 14

자체 인덕턴스 0.2[H]의 코일에 전류가 0.01초 동안에 3[A] 변화했을 때 코일이 유도되는 기전력[V]은?

explanation

$$e = L\frac{d\phi}{dt} = 0.2\times\frac{3}{0.01} = 60[V]$$

6 전자력의 특수현상

가. 홀 효과

도체(導體)에 전류를 흘리면서 전류의 방향과 수직하게 자기장을 걸면 전류와 자기장에 수직 방향으로 전기장이 발생하는 현상을 말하며, 홀 효과를 이용하면 반도체가 p형인지, n형인지를 확인할 수 있다.

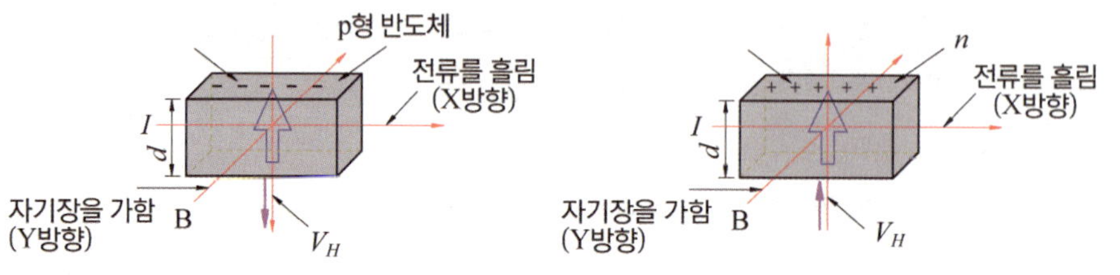

| 그림 3-33 | 홀 효과

특징으로는

① 홀 효과(Hall effect)
반도체에 전류(I)를 흘려 이것과 직각 방향으로 자속 밀도 B인 자장을 가하면 플레밍의 왼손법칙에 의해 그 양면의 직각 방향으로 기전력이 생기는 현상.

② 홀 전압 : $V_H = RIB/d$[V]
(R : 홀상수[m^3/c], d : 반도체의 나비[m], B : 자속 밀도[Wb/m^2], I : 전류[A])

③ 홀 효과를 이용하면 반도체가 p형인지, n형인지를 확인할 수 있다.

④ 홀 효과는 전하의 통로가 한 쪽으로 몰리므로 자기장의 세기에 따라 전기저항도 증가한다. → 자기저항 효과

나. 핀치 효과

유동 도체에 전류가 흐르면 전류의 방향과 수직 방향으로 원형 자장이 생겨 도체단면은 수축하여 저항이 커져서 전류의 흐름이 작아지고 전류가 작아지면 수축력은 감소하여 도체 단면은 원형 상태로 되고 전류가 증가되므로 수축력이 생기게 되는 현상을 말한다.

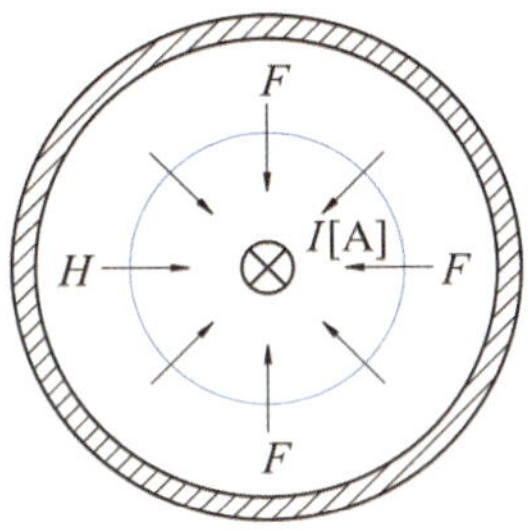

| 그림 3-34 | 핀치효과

용융된 막대 모양의 금속에 큰 전류가 흐를 때 어떤 이유에 의해 단면이 작아지는 것이 생기면 그것이 강력한 전류력에 의해 절단되는 현상으로, 임의의 전류도체가 액체인 경우는 중심을 향해 수축하여 단면은 점차 작아져서 전류가 흐르지 않게 된다. 그러면 수축력은 없어져서 본 상태로 돌아가고 다시 수축력이 작용하여 반복되는 현상으로 플라즈마 발생의 원리이고 저주파 유도로, 초고압수은 등에 이용된다.

용접에서 핀치효과 예를 들면 원기둥으로 된 도체에 전류가 흐르면 전류소자 사이에 흡인력이 작용하여 원기둥의 지름이 가늘게 줄어든다. 따라서 와이어 끝의 용융금속이 가래떡 같은 것을 뜯어낼 때와 같이 가늘어져서 그 끝에서 떨어지는 현상이다. 이 작용은 전류의 제곱에 비례하여 강해지기 때문에 전류가 클 때는 더욱 심하며, 비피복 용접봉의 경우에 많이 나타난다.

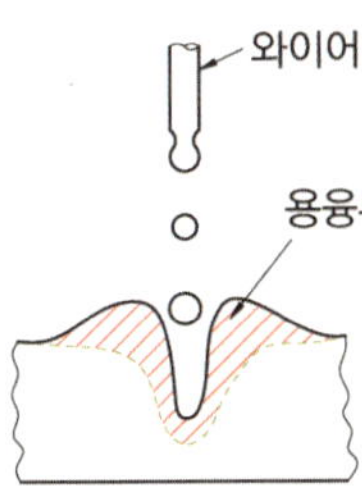

| 그림 3-35 | 용접봉의 핀치효과

이것은 전류가 흐르고 있는 플라즈마가 그 자신이 만드는 자기장과의 상호작용으로 인해 가늘게 수축하는 현상으로 열 핀치효과와 전자기 핀치효과가 있다.

열 핀치효과는 대기압 정도의 아크방전에서 주위의 기체를 냉각하면 아크 플라스마 부분은 자체의 표면적을 작게 만들어 열손실을 작게 하려는 성질로 인해 방전부가 가늘게 조여진다. 이 효과를 열(적)핀치라고 하며, 대기압 이상의 기체를 수 만[℃]의 고온으로 가열할 수 있으므로 플라스마제트 등에 공업적으로 응용되고 있다.

전자기 핀치효과는 플라즈마의 수축이 전자기적 효과에 의해 일어나는 것을 말한다. 방전플라즈마로 전류를 증대시켜가면 전류가 만드는 자기장의 세기가 세지고, 그 자기장이 전류에 미치는 힘도 동시에 커진다.
이 힘에 의해 전류는 경로방향에 수축시키는 방향으로 작용하고, 이 힘이 플라즈마의 압력보다 커지면 플라즈마 기둥은 급속히 수렴해 핀치가 일어난다.

보통 이 핀치효과는 국소적으로 일어나므로 그 부분에서 플라즈마가 몹시 잘록해져 끊어지고 마는데, 만약 플라즈마 기둥을 균일하고 안정하게 핀치시킬 수 있다면 플라즈마의 온도를 높일 수 있다.

플라즈마란 초고온에서 음전하를 가진 전자와 양전하를 띤 이온으로 분리된 기체 상태를 말한다. 이때는 전하 분리도가 상당히 높으면서도 전체적으로 음과 양의 전하 수가 같아서 중성을 띠게 된다.
일반적으로 물질의 상태는 고체·액체·기체 등 세 가지로 나눠진다. 플라즈마는 흔히 제4의 물질 상태라고도 부른다. 고체에 에너지를 가하면 액체, 기체로 되고 다시 이 기체 상태에 높은 에너지를 가하면 수 만[℃]에서 기체는 전자와 원자핵으로 분리되어 플라즈마 상태가 되기 때문이다.

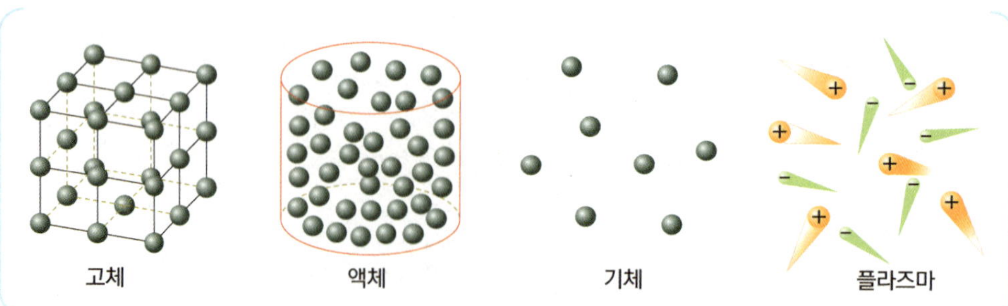

| 그림 3-36 | 고체, 액체, 기체, 플라즈마 상태 비교

Chapter 3 | 자기의 성질과 작용

연습문제

01 자기장 내에 있는 도체에 전류를 흐르게 하면 발생되는 힘 F[N]는? (단, 여기서 B는 자속밀도, ℓ은 도체의 길이, I는 전류, θ는 자기장과 도체가 이루는 각도이다.)

㉮ $F=\text{BI}\ell\sin\theta$　㉯ $F=\text{BI}\ell\cos\theta$

㉰ $F=\text{BI}\ell\tan\theta$　㉱ $F=\text{BI}\ell\tan^{-1}\theta$

02 인덕턴스 L[H]인 인덕터에 순시전류 $i=\sqrt{2}I\sin$ 흐를 경우 1주기 동안 축적되는 평균에너지(W)는 얼마인가? (단, I는 평균전류이다.)

㉮ $W=\frac{1}{2}LI^2$　㉯ $W=\frac{1}{\sqrt{2}}LI^2$

㉰ $W=\sqrt{2}LI^2$　㉱ $W=2LI^2$

03 자체 인덕턴스의 단위 [H]와 같은 단위를 나타내는 것은?

㉮ $H=\frac{Wb}{V}$　㉯ $H=\frac{\Omega}{s}$

㉰ $H=\frac{A}{Wb}$　㉱ $H=\frac{V\cdot\ s}{A}$

04 자기저항은 자기회로의 길이에 (①) 하고, 자로의 단면적과 투자율의 곱에 (②) 한다. ( ) 안에 들어갈 말은?

㉮ ① 비례, ② 반비례

㉯ ① 반비례, ② 비례

㉰ ① 비례, ② 비례

㉱ ① 반비례, ② 반비례

05 권수 N[T]인 코일에 I[A]의 전류가 흘러 자속 ϕ[Wb]가 발생할 때의 인덕턴스는 몇 [H]인가?

㉮ $\frac{N\phi}{I}$　㉯ $\frac{I\phi}{N}$

㉰ $\frac{IN}{\phi}$　㉱ $\frac{\phi}{NI}$

06 히스테리시스 곡선이 횡축과 만나는 점의 값은 무엇을 나타내는가?

㉮ 보자력　㉯ 잔류자기

㉰ 자속밀도　㉱ 자장의 세기

Answer | 01 ㉮ 02 ㉮ 03 ㉱ 04 ㉮ 05 ㉮ 06 ㉮

07 자체 인덕턴스 L_1, L_2 상호 인덕턴스 M인 두 코일의 결합계수가 1이면 어떤 관계가 있는가?

㉮ $M = L_1 \times L_2$ ㉯ $M = \sqrt{L_1 \times L_2}$
㉰ $M = L_1\sqrt{L_2}$ ㉱ $M > \sqrt{L_1 \times L_2}$

08 전자력의 방향과 관계가 있는 법칙은?

㉮ 렌츠의 법칙
㉯ 패러데이의 법칙
㉰ 플레밍의 오른손 법칙
㉱ 플레밍의 왼손 법칙

09 권선수 50인 코일에 5[A]의 전류가 흘렀을 때 10^{-3}[Wb]의 자속이 코일 전체를 쇄교하였다면 이 코일의 자체 인덕턴스는?

㉮ 10[mH] ㉯ 20[mH]
㉰ 30[mH] ㉱ 40[mH]

10 유도기전력에 관계되는 사항으로 옳은 것은?

㉮ 쇄교 자속의 1.6승에 비례한다.
㉯ 쇄교 자속의 시간의 변화에 비례한다.
㉰ 쇄교 자속에 반비례한다.
㉱ 쇄교 자속에 비례한다.

11 자장 내에 있는 도체에 전류를 흘리면 힘(전자력)이 작용하는데, 이 힘의 방향은 어떤 법칙으로 정하는가?

㉮ 플레밍의 오른손 법칙
㉯ 플레밍의 왼손 법칙
㉰ 렌츠의 법칙
㉱ 암페어의 오른나사의 법칙

12 자체 인덕턴스 40[mH]의 코일에서 0.2초 동안에 10[A]의 전류가 변화하였다. 코일에 유도되는 기전력은 몇 [V]인가?

㉮ 1 ㉯ 2
㉰ 3 ㉱ 4

13 전기장의 세기에 대한 단위로 맞는 것은?

㉮ [m/V] ㉯ [V/m^2]
㉰ [V/m] ㉱ [m^2/V]

14 다음 중 전류와 자장의 세기와의 관계는 어떤 법칙과 관계가 있는가?

㉮ 패러데이의 법칙
㉯ 플레밍의 왼손 법칙
㉰ 비오－사바르의 법칙
㉱ 암페어의 오른나사의 법칙

Answer | 07 ㉯ 08 ㉱ 09 ㉮ 10 ㉱ 11 ㉯ 12 ㉯ 13 ㉰ 14 ㉰

15 자속밀도 0.5[Wb/m^2]의 자장 안에 자장과 직각으로 20[cm]의 도체를 놓고 이것에 10[A]의 전류를 흘릴 때 도체가 50[cm] 운동한 경우의 한 일은 몇 [J]인가?

㉮ 0.5 ㉯ 1
㉰ 1.5 ㉱ 5

16 투자율 μ의 단위는?

㉮ [AT/m] ㉯ [Wb/m^2]
㉰ [AT/Wb] ㉱ [H/m]

17 전류에 의한 자기장의 방향을 결정하는 법칙은?

㉮ 암페어의 오른나사 법칙
㉯ 플레밍의 오른손 법칙
㉰ 플레밍의 왼손 법칙
㉱ 렌츠의 법칙

18 길이 10[cm]의 도선이 자속밀도 1[Wb/m^2]의 평등 자장 안에서 자속과 수직 방향으로 3[sec]동안에 12[m]이동하였다. 이때 유도되는 기전력은 몇 [V]인가?

㉮ 0.1[V] ㉯ 0.2[V]
㉰ 0.3[V] ㉱ 0.4[V]

19 무한히 긴 평행 2직선이 있다. 이들 도선에 같은 방향으로 일정한 전류가 흐를 때 상호 간에 작용하는 힘은?

㉮ 흡인력이며 r이 클수록 작아진다.
㉯ 반발력이며 r이 클수록 작아진다.
㉰ 흡인력이며 r이 클수록 커진다.
㉱ 반발력이며 r이 클수록 커진다.

20 유도기전력은 자신의 발생 원인이 되는 자속의 변화를 방해하려는 방향으로 발생한다. 이것을 유도기전력에 관한 무슨 법칙이라 하는가?

㉮ 옴의 법칙 ㉯ 렌츠의 법칙
㉰ 쿨롱의 법칙 ㉱ 암페어의 법칙

21 다음 중에서 자석의 일반적인 성질에 대한 설명으로 틀린 것은?

㉮ N극과 S극이 있다.
㉯ 자력선은 N극에서 나와 S극으로 향한다.
㉰ 자력이 강할수록 자기력선의 수가 많다.
㉱ 자석은 고온이 되면 자력이 증가한다.

22 유전체 중 유전율이 가장 큰 것은?

㉮ 공기 ㉯ 수정
㉰ 운모 ㉱ 고무

Answer | 15 ㉮ 16 ㉱ 17 ㉮ 18 ㉱ 19 ㉮ 20 ㉯ 21 ㉱ 22 ㉰

23 자기장의 세기에 대한 설명이 잘못된 것은?

㉮ 단위 자극에 작용하는 힘과 같다.
㉯ 자속 밀도에 투자율을 곱한 것과 같다.
㉰ 수직 단면의 자력선 밀도와 같다.
㉱ 단위 길이당 기자력과 같다.

24 진공의 투자율 μ_0[H/m]는?

㉮ 6.33×10^4 ㉯ 8.55×10^{-2}
㉰ $4\pi\times10^{-7}$ ㉱ 9×10^9

25 전류에 의해 만들어지는 자기장의 자기력선의 방향을 간단하게 알아내는 법칙은?

㉮ 플레밍의 왼손법칙
㉯ 플레밍의 오른손 법칙
㉰ 암페어의 오른나사법칙
㉱ 렌츠의 법칙

26 코일의 자체 인덕턴스는 어느 것에 따라 변화하는가?

㉮ 투자율 ㉯ 유전율
㉰ 도전율 ㉱ 저항율

27 플레밍의 오른손 법칙에 따르는 기전력이 발생하는 기기는?

㉮ 교류 발전기 ㉯ 교류 전동기
㉰ 교류 정류기 ㉱ 교류 용접기

28 공기 중 자장의 세기 20[AT/m]인 곳에 8×10^{-3}[Wb]의 자극을 놓으면 작용하는 힘[N]은?

㉮ 0.16 ㉯ 0.32
㉰ 0.43 ㉱ 0.56

29 전류에 의해 발생되는 자장의 크기는 전류의 크기와 전류가 흐르고 있는 도체와 고찰하려는 점까지의 거리에 의해 결정된다. 이러한 관계를 무슨 법칙이라 하는가?

㉮ 비오－사바르의 법칙
㉯ 플레밍의 왼손 법칙
㉰ 쿨롱의 법칙
㉱ 패러데이의 법칙

30 전류를 계속 흐르게 하려면 전압을 연속적으로 만들어 주는 어떤 힘이 필요하게 되는데, 이 힘을 무엇이라 하는가?

㉮ 자기력 ㉯ 전자력
㉰ 기전력 ㉱ 전기장

31 플레밍의 왼손 법칙에서 엄지손가락이 뜻하는 것은?

㉮ 자기력선속의 방향
㉯ 힘의 방향
㉰ 기전력의 방향
㉱ 전류의 방향

Answer | 23 ㉯ 24 ㉱ 25 ㉰ 26 ㉮ 27 ㉮ 28 ㉮ 29 ㉮ 30 ㉰ 31 ㉯

32 비오-사바르의 법칙은 어떤 관계를 나타낸 것인가?

㉮ 기전력과 회전력
㉯ 기자력과 자화력
㉰ 전류와 자장의 세기
㉱ 전압과 전장의 세기

33 물질에 따라 자석에 반발하는 물체를 무엇이라 하는가?

㉮ 비자성체 ㉯ 상자성체
㉰ 반자성체 ㉱ 가역자성체

34 반지름 25[cm], 권수 10의 원형코일에 10[A]의 전류를 흘릴 때 코일 중심의 자장의 세기는 몇 [AT/m]인가?

㉮ 32 ㉯ 65
㉰ 100 ㉱ 200

35 공기 중에서 반지름 10[cm]인 원형 도체에 1[A]의 전류가 흐르면 원의 중심에서 자기장의 크기는 몇 [AT/m]인가?

㉮ 5 ㉯ 10
㉰ 15 ㉱ 20

36 다음 중 자기력선에 대한 설명으로 옳지 않은 것은?

㉮ 자석의 N극에서 시작하여 S극에서 끝난다.
㉯ 자기장의 방향은 그 점을 통과하는 자기력선의 방향으로 표시한다.
㉰ 자기력선은 상호간에 교차한다.
㉱ 자기장의 크기는 그 점에 있어서의 자기력선의 밀도를 나타낸다.

37 0.25[H]와 0.23[H]의 자체 인덕턴스를 직렬로 접속할 때 합성 인덕턴스의 최대값은 약 몇 [H]인가?

㉮ 0.48[H] ㉯ 0.96[H]
㉰ 4.8[H] ㉱ 9.6

38 환상 솔레노이드 내부의 자기장의 세기에 관한 설명으로 옳은 것은?

㉮ 자장의 세기는 권수에 반비례한다.
㉯ 자장의 세기는 권수, 전류, 평균 반지름과는 관계가 없다.
㉰ 자장의 세기는 평균 반지름에 비례한다.
㉱ 자장의 세기는 전류에 비례한다.

39 권수비 30인 변압기의 1차에 6600[V]를 가할 때 2차 전압은?

㉮ 220[V] ㉯ 380[V]
㉰ 420[V] ㉱ 660[V]

Answer | 32 ㉰ 33 ㉰ 34 ㉱ 35 ㉮ 36 ㉰ 37 ㉯ 38 ㉱ 39 ㉮

40 히스테리시스 곡선의 ㉠ 가로축(횡축)과 ㉡ 세로축(종축)은 무엇을 나타내는가?

㉮ ㉠ 자속밀도 ㉡ 투자율
㉯ ㉠ 자기장의 세기 ㉡ 자속 밀도
㉰ ㉠ 자화의 세기 ㉡ 자기장의 세기
㉱ ㉠ 자기장의 세기 ㉡ 투자율

41 비투자율이 1인 환상 철심 중의 자장의 세기가 H[AT/m]이었다. 이때 비투자율이 10인 물질로 바꾸면 철심의 자속밀도 [Wb/m^2]은?

㉮ $\frac{1}{10}$로 줄어든다. ㉯ 10배 커진다.
㉰ 50배 커진다. ㉱ 100배 커진다.

42 어느 자기장에 의하여 생기는 자기장의 세기를 1/2로 하려면 자극으로부터의 거리를 몇 배로 하여야 하는가?

㉮ $\sqrt{2}$배 ㉯ $\sqrt{3}$배
㉰ 2배 ㉱ 3배

43 공기 중에서 자기장의 세기가 100[A/m]인 점에 8×10^{-2}[Wb]의 자극을 놓을 때 이 자극의 작용하는 기자력은?

㉮ 8×10^{-4}[N] ㉯ 8[N]
㉰ 125[N] ㉱ 1250[N]

44 길이 2[m]의 균일한 자로에 8000회의 도선을 감고 10[mA]의 전류를 흘릴 때 자로의 자장의 세기는?

㉮ 4[AT/m] ㉯ 16[AT/m]
㉰ 40[AT/m] ㉱ 160[AT/m]

45 도체가 운동하는 경우 유도기전력의 방향을 알고자 할 때 유용한 법칙은?

㉮ 렌츠의 법칙
㉯ 플레밍의 오른속 법칙
㉰ 플레밍의 왼손 법칙
㉱ 비오 – 사바르의 법칙

46 자기 인덕턴스에 축적되는 에너지에 대한 설명으로 가장 옳은 것은?

㉮ 자기 인덕턴스 및 전류에 비례한다.
㉯ 자기 인덕턴스 및 전류에 반비례한다.
㉰ 자기 인덕턴스에 비례하고 전류의 제곱에 비례한다.
㉱ 자기 인덕턴스에 반비례하고 전류의 제곱에 반비례한다.

47 서로 가까이 나란히 있는 두 도체에 전류가 반대 방향으로 흐를 때 각 도체 간에 작용하는 힘은?

㉮ 흡인한다.
㉯ 반발한다.
㉰ 흡인과 반발을 반복한다.
㉱ 처음에는 흡인하다가 나중에는 반발한다.

Answer | 40 ㉯ 41 ㉯ 42 ㉮ 43 ㉯ 44 ㉰ 45 ㉯ 46 ㉰ 47 ㉯

48 평균 반지름 r[m]의 환상솔레노이드에 I[A]의 전류가 흐를 때, 내부 자계가 H[AT/m]이었다. 권수 N은?

㉮ $\frac{HI}{2\pi r}$ ㉯ $\frac{2\pi r}{HI}$
㉰ $\frac{2\pi rH}{I}$ ㉱ $\frac{2\pi rH}{I}$

49 다음 중 자기저항의 단위에 해당하는 것은?

㉮ [Ω] ㉯ [Wb/AT]
㉰ [H/m] ㉱ [AT/Wb]

50 패러데이의 전자 유도 법칙에서 유도기전력의 크기는 코일을 지나는 (①)의 매초 변화량과 코일의 (②)에 비례한다.

㉮ ① 자속 ② 굵기
㉯ ① 자속 ② 권수
㉰ ① 전류 ② 권수
㉱ ① 전류 ② 굵기

51 자속의 변화에 의한 유도기전력의 방향 결정은?

㉮ 렌츠의 법칙
㉯ 패러데이의 법칙
㉰ 암페어의 법칙
㉱ 줄의 법칙

52 패러데이 법칙과 관계없는 것은?

㉮ 전극에서 석출되는 물질의 양은 통과한 전기량에 비례한다.
㉯ 전해질이나 전극이 어떤 것이라도 같은 전기량이면 항상 같은 화학당량의 물질을 석출한다.
㉰ 화학당량이란 $\frac{\text{원자량}}{\text{원자가}}$을 말한다.
㉱ 석출되는 물질의 양은 전류의 세기와 전기량의 곱으로 나타낸다.

53 반지름 5[cm], 권수 100회인 원형 코일에 15[A]의 전류가 흐르면 코일 중심의 자기장의 세기는 몇 [AT/m]인가?

㉮ 750 ㉯ 3,000
㉰ 15,000 ㉱ 22,500

54 0.2[H]인 자기인덕턴스에 5[A]의 전류가 흐를 때 축적되는 에너지[J]는?

㉮ 0.2 ㉯ 2.5
㉰ 5 ㉱ 10

Answer | 48 ㉰ 49 ㉱ 50 ㉯ 51 ㉮ 52 ㉱ 53 ㉰ 54 ㉯

55 누설자속이 발생되기 어려운 경우는 어느 것인가?

㉮ 자로에 공극이 있는 경우
㉯ 자로의 자속 밀도가 높은 경우
㉰ 철심이 자기 포화되어 있는 경우
㉱ 자기회로의 자기저항이 작은 경우

56 자극의 세기 4[Wb], 자축의 길이 10[cm]의 막대자석이 100[AT/m]의 평등자장 내에서 20[N · m]의 회전력을 받았다면, 이때 막대자석과 자장과의 이루는 각도는?

㉮ 0° ㉯ 30°
㉰ 60° ㉱ 90°

57 다음 중에서 자석의 일반적인 성질에 대한 설명으로 틀린 것은?

㉮ N극과 S극이 있다.
㉯ 자력선은 N극에서 나와 S극으로 향한다.
㉰ 자력이 강할수록 자기력선의 수가 많다.
㉱ 자석은 고온이 되면 자력이 증가한다.

58 감은 횟수 200회의 코일 P와 300회의 코일 S를 가까이 놓고, P에 1[A]의 전류를 흘릴 때 S와 쇄교하는 자속이 4×10^{-4}[Wb]이었다면 이들 코일 사이의 상호인덕턴스는?

㉮ 0.12[H] ㉯ 0.12[mH]
㉰ 0.08[H] ㉱ 0.08[mH]

59 진공 중에서 같은 크기의 두 자극을 1[m] 거리에 놓았을 때, 그 작용하는 힘은? (단, 자극의 세기는 1[Wb]이다.)

㉮ 6.33×10^4[N] ㉯ 8.33×10^4[N]
㉰ 9.33×10^4[N] ㉱ 9.09×10^4[N]

60 자체인덕턴스 2[H]의 코일에 25[J]의 에너지가 저장되어 있다면 코일에 흐르는 전류는?

㉮ 2[A] ㉯ 3[A]
㉰ 4[A] ㉱ 5[A]

61 플레밍의 오른손 법칙에서 셋째 손가락의 방향은?

㉮ 운동 방향
㉯ 자속밀도의 방향
㉰ 유도기전력의 방향
㉱ 자력선의 방향

62 진공 중에 두 자극 m_1, m_2를 r[m] 거리에 놓았을 때 작용하는 힘 F의 식으로 옳은 것은?

㉮ $F=\dfrac{1}{4\pi\mu_0}\times\dfrac{m_1m_2}{r}$

㉯ $F=\dfrac{1}{4\pi\mu_0}\times\dfrac{m_1m_2}{r^2}$

㉰ $F=4\pi\mu_0\times\dfrac{m_1m_2}{r}$

㉱ $F=4\pi\mu_0\times\dfrac{m_1m_2}{r^2}$

Answer | 55 ㉱ 56 ㉯ 57 ㉱ 58 ㉮ 59 ㉮ 60 ㉱ 61 ㉰ 62 ㉯

63 2개의 코일을 서로 근접시켰을 때 한 쪽 코일의 전류가 변화하면 다른 쪽 코일에 유도기전력이 발생하는 현상을 무엇이라고 하는가?

㉮ 상호 결합　　㉯ 자체 유도
㉰ 상호 유도　　㉱ 자체 결합

64 플레밍의 왼손 법칙에서 전류의 방향을 나타내는 손가락은?

㉮ 엄지　　㉯ 검지
㉰ 중지　　㉱ 약지

65 $L=0.05$[H]의 코일에 흐르는 전류가 0.05[sec] 동안에 2[A]가 변했다. 코일에 유도되는 기전력[V]은?

㉮ 0.5[V]　　㉯ 2[V]
㉰ 10[V]　　㉱ 25[V]

66 자기회로의 길이 ℓ[m], 단면적 A[m^2], 투자율 μ[H/m]일 때 자기저항 R[AT/Wb]을 나타낸 것은?

㉮ $R=\frac{\mu\ell}{A}$[AT/Wb]

㉯ $R=\frac{A}{\mu\ell}$[AT/Wb]

㉰ $R=\frac{\mu A}{\ell}$[AT/Wb]

㉱ $R=\frac{\ell}{\mu A}$[AT/Wb]

67 2개의 자극 사이에 작용하는 힘의 세기는 무엇에 반비례하는가?

㉮ 전류의 크기
㉯ 자극 간의 거리의 제곱
㉰ 자극의 세기
㉱ 전압의 크기

68 그림과 같이 I[A]의 전류가 흐르고 있는 도체의 미소부분 $\triangle\ell$의 전류에 의해 이 부분이 r[m] 떨어진 점 P의 자기장 $\triangle H$[A/m]는?

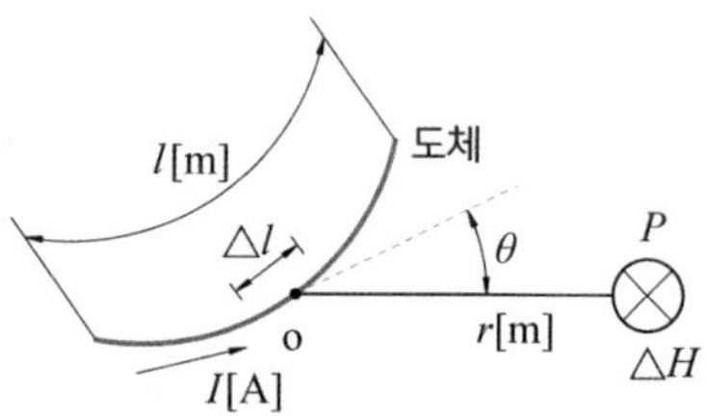

㉮ $\triangle H=\frac{I^2\triangle\ell\sin\theta}{4\pi r^2}$

㉯ $\triangle H=\frac{I\triangle\ell^2\sin\theta}{4\pi r}$

㉰ $\triangle H=\frac{I^2\triangle\ell\sin\theta}{4\pi r}$

㉱ $\triangle H=\frac{I\triangle\ell\sin\theta}{4\pi r^2}$

69 자화력(자기장의 세기)을 표시하는 식과 관계가 되는 것은?

㉮ NI　　㉯ $\mu I\ell$
㉰ $\frac{NI}{\mu}$　　㉱ $\frac{NI}{\ell}$

Answer	63 ㉰	64 ㉰	65 ㉯	66 ㉱	67 ㉯	68 ㉱	69 ㉱

70 자체 인덕턴스가 각각 L_1, L_2[H]인 두 원통 코일이 서로 직교하고 있다. 두 토일 사이의 상호 인덕턴스 [H]는?

㉮ L_1+L_2　　㉯ L_1L_2
㉰ 0　　㉱ $\sqrt{L_1L_2}$

71 다음 설명 중 틀린 것은?

㉮ 암페어의 오른나사 법칙 : 전류의 방향을 오른나사가 진행하는 방향으로 하면, 이때 발생되는 자기장의 방향은 오른나사의 회전 방향이 된다.
㉯ 렌츠의 법칙 : 유도기전력은 자신의 발생 원인이 되는 자속의 변화를 방해하려는 방향으로 발생한다.
㉰ 패러데이의 전자 유도 법칙 : 유도기전력의 크기는 코일을 지나는 자속의 매초 변화량과 코일의 권수에 비례한다.
㉱ 쿨롱의 법칙 : 두 자극 사이에 작용하는 자력의 크기는 양 자극의 세기의 곱에 비례하며, 자극 간의 거리의 제곱에 비례한다.

72 다음 중 전동기의 원리에 적용되는 법칙은?

㉮ 렌츠의 법칙
㉯ 플레밍의 오른손 법칙
㉰ 플레밍의 왼손 법칙
㉱ 옴의 법칙

73 직류 전동기의 회전 방향을 바꾸는 방법으로 옳은 것은?

㉮ 전기자 회로의 저항을 바꾼다.
㉯ 전기자 권선의 접속을 바꾼다.
㉰ 정류자의 접속을 바꾼다.
㉱ 브러시의 위치를 조정한다.

74 공기 중에서 자극의 세기가 m[Wb]인 점자극으로부터 나오는 총 자력선의 수는?

㉮ m　　㉯ $\mu_o m$
㉰ $\dfrac{m}{\mu_o}$　　㉱ $\mu_o m^2$

75 전계의 세기가 1,500[V/m]인 전장에 5[μC]의 전하를 놓으면 몇 [N]의 힘이 작용하는가?

㉮ 4.5×10^{-3}　　㉯ 5.5×10^{-3}
㉰ 6.5×10^{-3}　　㉱ 7.5×10^{-3}

76 20×10^{-6}[C]의 양전하와 8×10^{-8}[C]의 음전하를 갖는 대전체가 비유전률 2.5의 기름 속에서 5[cm] 거리에 있을 때 이 사이에 작용하는 힘은 몇 [N]인가?

㉮ 반발력 2.304　　㉯ 반발력 4.608
㉰ 흡인력 2.304　　㉱ 흡인력 4.608

Answer | 70 ㉰ 71 ㉱ 72 ㉰ 73 ㉯ 74 ㉰ 75 ㉱ 76 ㉰

77 무한정 원주형 도체에 전류가 표면에만 흐른다면 원주 내부의 자계의 세기는 몇 [AT/m]인가?

㉮ $\frac{I}{2\pi r}$　㉯ $\frac{NI}{2\pi r}$
㉰ $\frac{I}{2r}$　㉱ 0

78 철심이 든 환상 솔레노이드에서 2000 [AT]의 기자력에 의하여 철심내에 4×10^{-5} [Wb]의 자속이 통할 때 이 철심의 자기저항은 몇 [AT/Wb]인가?

㉮ 2×10^{7}　㉯ 3×10^{7}
㉰ 4×10^{7}　㉱ 5×10^{7}

79 자기인덕턴스 0.1[H]에 전류가 2[A] 흐를 때 축적되는 자기 에너지는 몇 [J]인가?

㉮ 0.1　㉯ 0.2
㉰ 0.4　㉱ 0.6

80 자기인덕턴스 L_1, L_2 상호 인덕턴스 M인 결합 회로의 결합계수가 1이면 다음 중 옳은 것은? (단, L_1, L_2는 두 개 코일의 자기인덕턴스임.)

㉮ $L_1L_2 < M^2$　㉯ $\sqrt{L_1L_2} = M$
㉰ $L_1L_2 = M$　㉱ $\sqrt{L_1L_2} > M$

81 전기력선의 성질 중 틀린 것은?

㉮ 진공 중에서 전기력선은 단위전하에서 $\frac{1}{\varepsilon_o}$개가 출입한다.
㉯ 전기력선은 도체 내부에서 연속적이다.
㉰ 전기력선 밀도는 전계의 세기와 같다.
㉱ 전기력선은 등전위면에 수직이다.

82 권수 600, 자기인덕턴스 1[mH]의 코일에 3[A]의 전류가 흐를 때 이 코일면을 지나는 자속은 몇 [Wb]인가?

㉮ 2×10^{-6}　㉯ 3×10^{-6}
㉰ 5×10^{-6}　㉱ 9×10^{-6}

83 다음 중 유도기전력의 크기는 폐회로에 쇄교하는 자속의 시간적 변화율에 비례한다는 법은?

㉮ 패러데이 법칙
㉯ 암페르의 주회적분 법칙
㉰ 쿨롱의 법칙
㉱ 플레밍의 오른손 법칙

84 솔레노이드의 자기인덕턴스는 권수 N과 어떤 관계를

㉮ N에 비례　㉯ $\sqrt{N}$ 에 비례
㉰ N^2 에 비례　㉱ $\sqrt{N}$ 에 반비례

Answer | 77 ㉱ 78 ㉱ 79 ㉯ 80 ㉯ 81 ㉱ 82 ㉰ 83 ㉮ 84 ㉰

85 전류에 의한 자계의 방향을 결정하는 법칙은?

㉮ 렌츠의 법칙
㉯ 플레밍의 오른손법칙
㉰ 플레밍의 왼손법칙
㉱ 암페어의 오른나사법칙

86 10[A]가 흐르는 1[m] 간격의 평행도선 사이의 1[m]당 작용하는 힘은 몇 [N]인가?

㉮ 1.0[N] ㉯ 10^{-5}[N]
㉰ 2×10^{-5}[N] ㉱ 2×10^{-7}[N]

87 같은 양의 점전하가 진공 중에 1[m] 간격으로 있을 때 9×10^{5}[N]의 힘이 작용하였다. 이 점전하의 전기량은 몇 [C]인가?

㉮ 9×10^{-2} ㉯ 9×10^{-4}
㉰ 1×10^{-2} ㉱ 1×10^{-4}

88 공기 중에 있는 지름 1[m]의 반원의 도선에 2[A]의 전류가 흐르고 있다면 원의 중심의 자속밀도는 몇 [Wb/m^2]인가?

㉮ $0.5\pi\times10^{-7}$[Wb/m^2]
㉯ $2\pi\times10^{-7}$[Wb/m^2]
㉰ $4\pi\times10^{-7}$[Wb/m^2]
㉱ $8\pi\times10^{-7}$[Wb/m^2]

89 전자유도에 의해서 회로에 발생하는 기전력은 자속 쇄교 수의 시간에 대한 변화율에 비례하면 기전력의 방향은 자속의 변화를 방해하는 방향임을 표시하는 법칙으로 알맞은 것은?

㉮ 암페어 법칙과 비오사바르 법칙
㉯ 패러데이 법칙과 렌츠의 법칙
㉰ 플레밍 법칙과 노이만 법칙
㉱ 가우스 법칙과 옴의 법칙

90 다음을 설명하고 있는 법칙으로 알맞은 것은?

> 전자유도에 의하여 회로에 발생되는 기전력은 자속 쇄교 수의 시간에 대한 감소비율에 비례한다.

㉮ 쿨롱의 법칙 ㉯ 가우스의 법칙
㉰ 맥스웰의 법칙 ㉱ 렌츠 법칙

91 권수 500회이고, 자기인덕턴스가 0.05[H]인 코일이 있을 때 여기에 전류 3[A]를 흘리면 자속 쇄교 수는 몇 [Wb]인가?

㉮ 0.15[Wb] ㉯ 0.25[Wb]
㉰ 15[Wb] ㉱ 25[Wb]

Answer | 85 ㉱ 86 ㉰ 87 ㉰ 88 ㉰ 89 ㉯ 90 ㉱ 91 ㉮

92 자속 20[Wb]가 2[sec] 동안 코일과 쇄교하고 있다. 자속을 제거했을 때 코일의 저항 $R[\Omega]$을 통과한 전전하가 10[C]이라면 저항 R은 몇 $[\Omega]$인가?

㉮ $1[\Omega]$　　㉯ $2[\Omega]$
㉰ $3[\Omega]$　　㉱ $4[\Omega]$

93 전기력선의 기본 성질에 관한 설명으로 옳지 않은 것은?

㉮ 전기력선의 방향은 그 점의 전계의 방향과 일치한다.
㉯ 전기력선은 전위가 높은 점에서 낮은 점으로 향한다.
㉰ 전기력선은 그 자신만으로도 폐곡선을 만든다.
㉱ 전계가 0이 아닌 곳에서는 전기력선은 도체 표면에 수직으로 만난다.

94 전하 q[C]가 진공 중의 자계 H[AT/m]에 수직방향으로 v[m/s]의 속도로 움직일 때 받는 힘은 몇 [N]인가?

㉮ $\dfrac{qH}{\mu_0 v}$　　㉯ qvH
㉰ $\dfrac{qvH}{\mu_0}$　　㉱ $\mu_0 qvH$

95 그림과 같은 수평한 연철봉 위에 절연된 동선을 감아 이것에 저항, 전류, 스위치를 접속하여 연철봉의 한끝에는 알루미늄링을 축과 일치시켜 움직일 수 있도록 가느다란 실로 매달아 정지시켰을 때 다음 설명 중 옳은 것은?

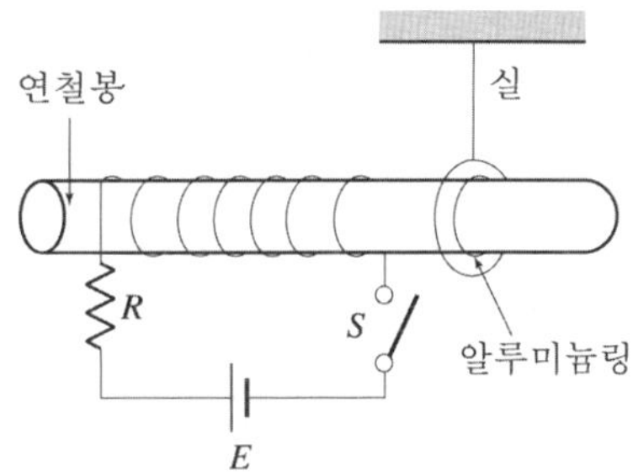

㉮ 전류를 계속하여 흘리고 있을 때 알루미늄링은 왼쪽으로 움직인다.
㉯ 스위치 S를 닫아 전류를 흘리고 있다가 스위치 S를 개방하는 순간 알루미늄링은 좌우로 이동한다.
㉰ 스위치 S를 닫는 순간 알루미늄링은 오른쪽으로 움직인다.
㉱ 전류를 흘리고 있다가 스위치 S를 개방하는 순간 알루미늄링은 오른쪽으로 움직인다.

Answer | 92 ㉯　93 ㉰　94 ㉱　95 ㉰

96 그림과 같이 rho평등자장 밑 두 평행 도선이 놓여 있을 때 두 평행 도선상을 한 도선봉이 v[m/s]의 일정한 속도로 이동한다면 부하 $R[\Omega]$에서 줄열로 소비되는 전력[W]은 어떻게 표시되는가? (단, 도선봉과 두 평행 도선은 완전도체로 저항이 없는 것으로 한다.)

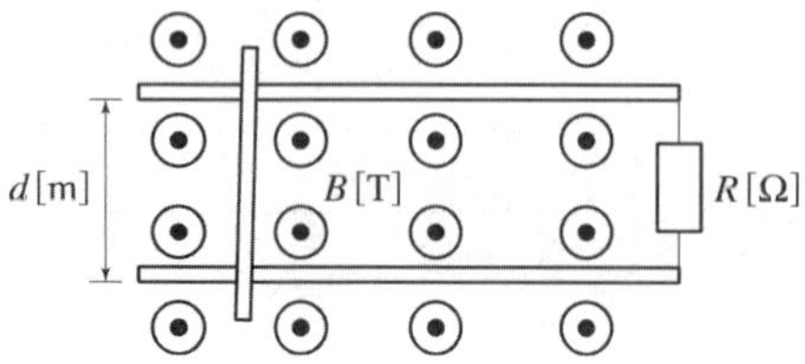

㉮ $\frac{Bd^2v^2}{R}$ ㉯ $\frac{B^2dv^2}{R}$

㉰ $\frac{B^2d^2v^2}{R}$ ㉱ $\frac{B^2d^2v^2}{2R}$

97 그림과 같이 직류전원에서 부하에 공급하는 전류는 50[A]이고 전원전압이 48[V]이다. 도선이 10[cm] 간격으로 평행하게 배선되어 있다면 1[m]당 두 도선 사이에 작용하는 힘은 몇 [N]이며, 어떻게 작용되는가?

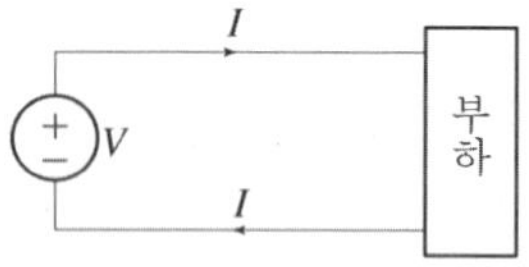

㉮ 5×10^{-3}, 흡인력

㉯ 5×10^{-3}, 반발력

㉰ 5×10^{-2}, 흡인력

㉱ 5×10^{-2}, 반발력

98 π[A]가 흐르고 있는 무한정 직선 도체로부터 수직으로 10[cm] 떨어진 점의 자계의 세기는 몇 [A/m]인가?

㉮ 0.05 ㉯ 0.5

㉰ 5 ㉱ 10

99 플레밍(Flaming)의 왼손법칙을 나타내는 F-B-I에서 F는 무엇을 나타내는가?

㉮ 전동기 회전자의 도체의 운동방향을 나타낸다.

㉯ 발전기 정류자의 도체의 운동방향을 나타낸다.

㉰ 전동기 자극의 운동방향을 나타낸다.

㉱ 발전기 전기자의 도체의 운동방향을 나타낸다.

100 그림과 같이 비투자율 μ_r = 1000, 단면적 10[cm^2], 길이 2[m]인 환상철심이 있을 때 이 철심에 코일을 2000회 감아 0.5[A]의 전류를 흘릴 때의 철심내 자속은 몇 [Wb]인가?

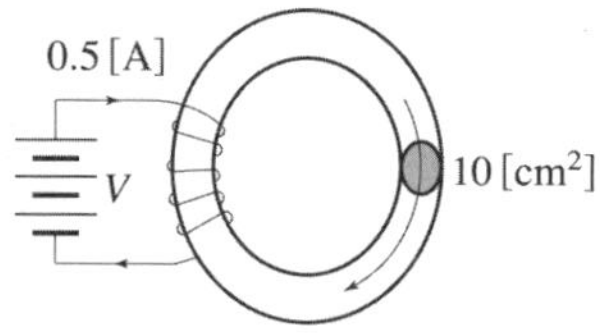

㉮ 1.26×10^{-3} ㉯ 1.26×10^{-4}

㉰ 6.28×10^{-3} ㉱ 6.28×10^{-4}

Answer | 96 ㉰ 97 ㉯ 98 ㉰ 99 ㉮ 100 ㉱

101 자기모멘트 M[Wb · m]인 막대자석이 평등자계 H[AT/m] 내에 자계의 방향과 θ의 각도로 놓여 있을 때 이것에 작용하는 회전력 T[N · m/rad]는?

㉮ $MH\cos\theta$　　㉯ $MH\sin\theta$
㉰ $MH\tan\theta$　　㉱ $MH\cot\theta$

102 비투자율 350인 환상철심 중의 평균자계의 세기가 280[A/m]일 때 자화의 세기는 약 몇 [Wb/m^2]인가?

㉮ 0.12[Wb/m^2]　　㉯ 0.15[Wb/m^2]
㉰ 0.18[Wb/m^2]　　㉱ 0.21[Wb/m^2]

103 다음 (㉠), (㉡)에 알맞은 것은?

> 전자유도에 의하여 발생되는 기전력에서 우변에 (-)의 부호를 가진 것은 암페어의 오른나사 법칙에 의한 (㉠)와(과) (㉡)의 방향을 (+)로 하고 있기 때문이다.

㉮ ㉠ 전압 ㉡ 전류
㉯ ㉠ 전압 ㉡ 자속
㉰ ㉠ 전류 ㉡ 자속
㉱ ㉠ 자속 ㉡ 인덕턴스

104 자극의 세기가 8×10^{-6}[Wb], 길이가 3[cm]인 막대자석을 120[AT/m]의 평등자계 내에 자력선과 30[°]의 각도로 놓으면 이 막대자석이 받는 회전력은 몇 [N · m]인가?

㉮ 1.44×10^{-4}[N · m]　　㉯ 1.44×10^{-5}[N · m]
㉰ 3.02×10^{-4}[N · m]　　㉱ 3.02×10^{-5}[N · m]

105 다음 중 무한 솔레노이드에 전류가 흐를 때에 대한 설명으로 가장 알맞은 것은?

㉮ 내부 자계는 위치에 상관없이 일정하다.
㉯ 내부 자계와 외부 자계는 그 값이 같다.
㉰ 외부 자계는 솔레노이드 근처에서 멀어질수록 그 값이 작아진다.
㉱ 내부 자계의 크기는 0이다.

106 반지름이 3[cm]인 원형 단면을 가지고 있는 현상 연철심에 코일을 감고 여기에 전류를 흘려서 철심 중의 자계 세기가 400[AT/m]가 되도록 여자할 때, 철심 중의 자속 밀도는 약 몇 [Wb/m^2]인가? (단, 철심의 비투자율은 400이라고 한다.)

㉮ 0.2[Wb/m^2]　　㉯ 0.8[Wb/m^2]
㉰ 1.6[Wb/m^2]　　㉱ 2.0[Wb/m^2]

Answer | 101 ㉯ 102 ㉮ 103 ㉰ 104 ㉯ 105 ㉮ 106 ㉮

107 다음 중 폐회로에 유도되는 유도기전력에 관한 설명 중 가장 알맞은 것은?

㉮ 렌츠의 법칙은 유도기전력의 크기를 결정하는 법칙이다.
㉯ 자계가 일정한 공간 내에서 폐회로가 운동하여도 유도기전력이 유도된다.
㉰ 유도기전력은 권선수의 제곱에 비례한다.
㉱ 전계가 일정한 공간 내에서 폐회로가 운동하여도 유도기전력이 유도된다.

108 다음 중 기자력(Magnetomotive Force)에 대한 설명으로 옳지 않은 것은?

㉮ 전기회로의 기전력에 대응한다.
㉯ 코일에 전류를 흘렸을 때 전류밀도와 코일의 권수의 곱의 크기와 같다.
㉰ 자기회로의 자기저항과 자속의 곱과 동일하다.
㉱ SI단위는 암페어[A]이다.

109 다음 중 반자성체에 속하는 것은?

㉮ 철　㉯ 니켈
㉰ 알루미늄　㉱ 구리

110 전기회로에서 도전율[Ω/m]에 대응하는 것은 자기회로에서 어떤 것인가?

㉮ 자속　㉯ 기자력
㉰ 투자율　㉱ 자기저항

111 환상 철심에 감은 코일에 5[A]의 전류를 흘려 2000[AT]의 기자력을 생기게 하려면 코일의 권수(회)는 얼마로 하여야 하는가?

㉮ 10000　㉯ 500
㉰ 400　㉱ 250

112 저항 10[Ω]의 코일을 지나는 자속이 $\phi = 5\sin 10t$[A]일 때, 유도기전력에 의한 전류[A]의 최대 값은?

㉮ 1[A]　㉯ 2[A]
㉰ 5[A]　㉱ 10[A]

113 전류 4π[A]가 있는 무한직선도체에 의해 자계가 4[A/m]인 점은 직선도체로부터 거리가 몇 [m]인가?

㉮ 0.5[m]　㉯ 1[m]
㉰ 3[m]　㉱ 4[m]

Answer | 107 ㉯ 108 ㉯ 109 ㉱ 110 ㉰ 111 ㉰ 112 ㉰ 113 ㉮

114 다음 중 강자성체가 아닌 것은?

㉮ 코발트　　㉯ 니켈
㉰ 철　　㉱ 구리

115 그림과 같이 무한히 긴 두 개의 직선상 도선이 1[m] 간격으로 나란히 놓여 있을 때 도선 ①에 4[A], 도선 ②에 8[A]가 흐르고 있을 때 두 선간 중앙점 P에 있어서의 자계의 세기는 몇 [A/m]인가? (단, 지면의 아래쪽에서 위쪽으로 향하는 방향을 정(+)으로 한다.)

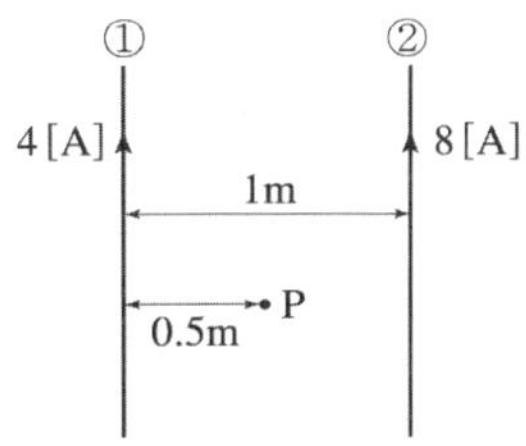

㉮ $\frac{4}{\pi}$　　㉯ $\frac{12}{\pi}$
㉰ $-\frac{4}{\pi}$　　㉱ $-\frac{5}{\pi}$

116 다음 중 기자력(Magnetomotive Force)에 대한 설명으로 옳지 않은 것은?

㉮ 전기회로의 기전력에 대응한다.
㉯ 코일에 전류를 흘렸을 때 전류밀도와 코일의 권수의 곱의 크기와 같다.
㉰ 자기회로의 자기저항과 자속의 곱과 동일하다.
㉱ SI단위는 암페어[A]이다.

117 정현파 자속의 주파수를 3배로 높이면 유기 기전력은?

㉮ 3배 증가　　㉯ 9배 증가
㉰ 3배 감소　　㉱ 9배 감소

118 렌츠의 법칙을 올바르게 설명한 것은?

㉮ 전자유도에 의하여 생기는 전류의 방향은 항상 일정하다.
㉯ 전자유도에 의하여 생기는 기전력의 방향은 자석변화를 방해하는 방향이다.
㉰ 전자유도에 의하여 생기는 기전력의 방향은 자석변화를 도와주는 방향이다.
㉱ 전자유도에 의하여 생기는 전류의 방향은 자속변화와는 관계가 없다.

119 영구자석에 관한 설명으로 옳지 않은 것은?

㉮ 한번 자화된 다음에는 자기를 영구적으로 보존하는 자석이다.
㉯ 보자력이 클수록 자계가 강한 영구자석이 된다.
㉰ 잔류 자속밀도가 클수록 자계가 강한 영구자석이 된다.
㉱ 자석재료로 폐회로를 만들면 강한 영구자석이 된다.

120 반자성체에 속하는 물질은?

㉮ Ni　　㉯ Co
㉰ Ag　　㉱ Pt

Answer | 114 ㉱　115 ㉮　116 ㉯　117 ㉮　118 ㉯　119 ㉱　120 ㉰

121 단면적 4[cm^2]의 철심에 6×10^{-4}[Wb]의 자속을 통하게 하려면 2800[AT/m]의 자계가 필요하다. 이 철심의 비투자율은?

㉮ 약 357　　㉯ 약 375
㉰ 약 407　　㉱ 약 426

122 자화율(magnetic susceptibility) x는 상자성체에서 일반적을 어떤 값을 갖는가?

㉮ $x=0$　　㉯ $x>0$
㉰ $x<0$　　㉱ $x=1$

123 전기회로와 비교할 때 자기회로의 특징이 아닌 것은?

㉮ 기자력과 자속은 변화가 비직선성이다.
㉯ 공기에 대한 누설자속이 많다.
㉰ 자기회로는 정전용량과 같은 회로 요소는 없다.
㉱ 자속의 변화에 따른 자기 저항내의 줄 손실이 생긴다.

124 전류 2π[A]가 흐르고 있는 무한직선도체로부터 1[m] 떨어진 P점의 자계의 세기는?

㉮ 1[A/m]　　㉯ 2[A/m]
㉰ 3[A/m]　　㉱ 4[A/m]

125 자성체에서 자기 감자력은?

㉮ 자화의 세기(J)에 비례한다.
㉯ 감자율(N)에 반비례한다.
㉰ 자계(H)에 반비례한다.
㉱ 투자율(μ)에 비례한다.

Answer | 121 ㉱　122 ㉯　123 ㉱　124 ㉮　125 ㉮

| Chapter |

04 교류회로

교류는 모든 산업 현장 및 가정에서 사용되는 전류로서, 교류를 사용하는 가장 큰 이유는 전압의 변동이 자유롭기 때문이다.

이 장에서는 정현파 전류와 전압에 대해 설명하고, 주파수, 주기, 위상각에 대해 알아본다. 또한 교류회로에서의 합성저항 등에 대한 계산방법을 알아본다.

1 교류의 기초

지금까지 직류 전원에 대한 회로의 반응에 대해 알아보았다. 직류는 방향과 크기에 있어서 시간에 따른 변화가 없으므로 정보를 가진 신호로 볼 수 없었으나, [그림 4-1]의 신호는 실제 신호원이나 전원의 파형이 시간에 따라 변화하는데 이를 총칭하여 교류라 한다. 따라서 교류는 크기와 방향이 시간에 따라서 주기적으로 변한다. 사인(sine)파는 정현파라고 부르는데 이것은 전압의 크기가 전압을 발생시키는 원운동에서 회전의 sine각에 비례하기 때문이다.

가. 사인파 교류

(1) 파형과 사인파 교류

① 파형

교류의 크기와 방향이 시간에 대해서 어떻게 변화하는가를 그린 것을 파형이라 하며, 사인파 교류란 사인파의 형태를 가지는 교류를 말한다.

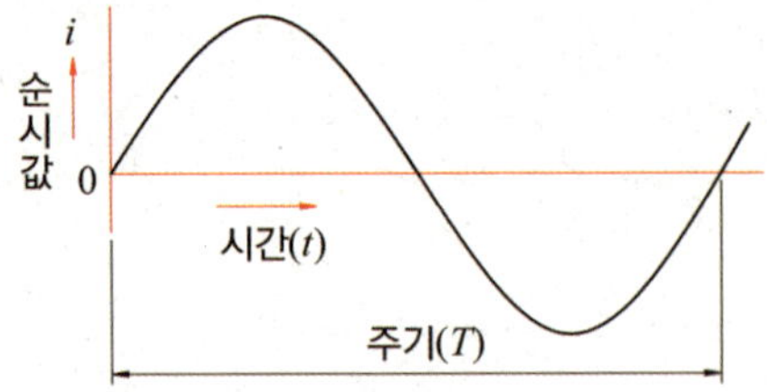

| 그림 4-1 | 사인파 교류파형

② 교류(alternating current)

시간의 변화에 따라 전압·진류의 크기와 방향이 주기적으로 변화한다.

㉠ 파형 : 전압, 전류 등이 시간의 흐름에 따라 변화하는 모양.

㉡ 사인파(정현파) 교류 : 유도 전압의 크기가 전압을 발생시키는 원운동에서 회전의 sine각에 비례.

㉢ 비사인파 교류 : 사인파 교류 이외의 교류.

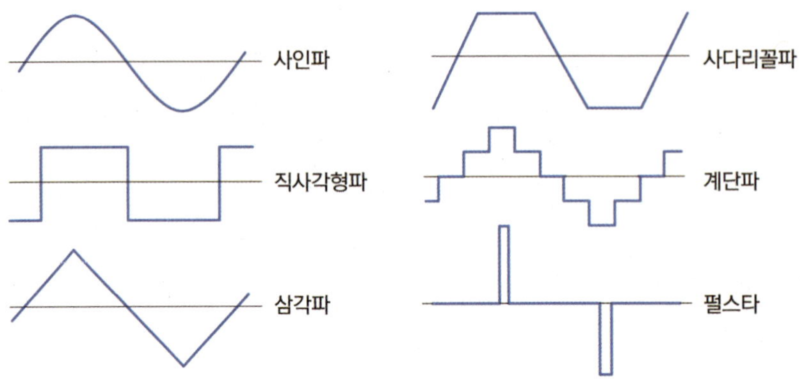

| 그림 4-2 | 여러 가지 교류파형

③ 정현파 교류의 발생

자기장 내에서 도체 운동시 플레밍 오른손 법칙에 의해 유도기전력이 발생하고, 이 기전력의 크기는 자력선을 유효하게 끊는 비율에 비례하고 방향은 1/2 회전마다 규칙적으로 바뀌므로 부하에는 정현파 교류가 발생된다. 즉 자기장 중에 코일을 넣고 회전시키면 이 코일에 전압이 발생한다.

발생전압의 크기는 $v = 2Blu\sin\theta = V_m\sin\theta$[V]($V_m$: 최대값)로 나타낸다.

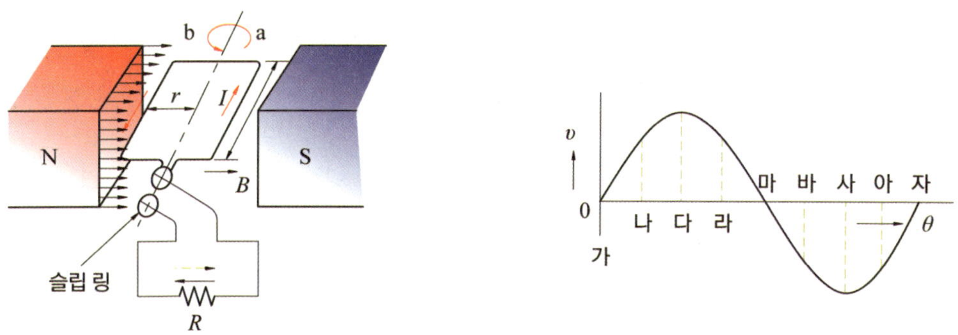

(a) 자기장 속의 코일

(b) θ에 따른 전압의 크기

| 그림 4-3 | 정현파 교류의 발생전압 크기

나. 교류발전의 원리

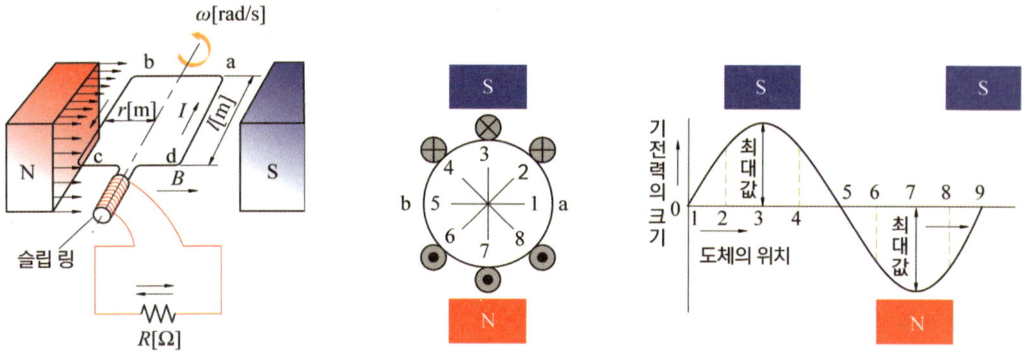

(a) 교류의 발생

(b) 기전력의 크기와 방향

(c) 교류파형(사인파)

| 그림 4-4 | 교류발전의 원리

도체 양단에 의해서 잘라진 자속이 전압을 유도시킨다. 코일이 자속을 90° 방향으로 끊을 때 가장 센 전류(최대값)가 만들어지며 반대로 0° 방향에서 끊을 때는 전류가 만들어지지 않는다.

도체 운동에 의한 유도기전력은 평등 자기장 내에서 도체가 자기장과 직각인 경우에는 각을 이루지 않지만 직각이 아닌 경우에는 도체가 자기장과 각을 이루면서 유도기전력이 만들어진다.

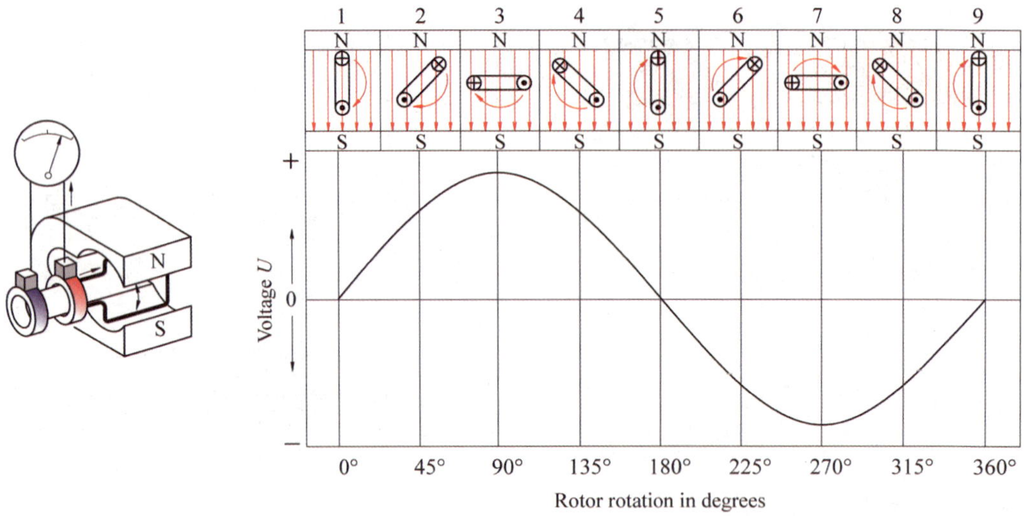

| 그림 4-5 | 정현파 교류의 발생 원리

다. 교류파형의 특성 및 특징

sine함수는 90°에서 최대값 1을 갖고 0°에서 최소값 0을 갖는다. 루프의 원 운동에 의해서 발생하는 전압 파형은 유도 전압의 크기가 루푸와 수직일 때(90° 및 270°) 최대값을 갖기 때문에 유도 전압의 크기는 sine각의 크기에 대응하는 값을 가지며, 1싸이클(주기)은 360° 의 각을 갖는데 이것은 90°의 1/3인 30°에서 최대값의 1/2에 해당하는 값을 갖는다는 점으로 정현파가 0축에 가까울수록 변화 값의 기울기가 최대값 근처에서 서서히 바뀔 때와 비교해서 급격히 변한다는 것을 의미한다. 이런 특징 때문에 변압기를 이용하여 전압의 크기를 조절할 수 있고 증폭이 용이하다.

(1) 특성

① 1싸이클은 360° 혹은 2π[rad]이다.

② 극성은 1/2 사이클(주기)마다 바뀐다.

③ 90° 와 270°에서 최대값을 갖는다.

④ 0° 와 180°에서 최소값을 갖는다.

⑤ 파형은 zero 축 근처에서 급격히 변한다.

⑥ 최대값 근처에서의 변화는 비교적 완만하다.

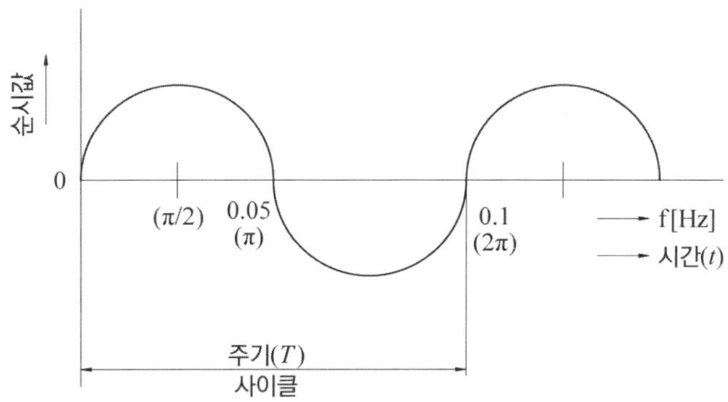

| 그림 4-6 | 정현파 교류의 특성

(2) 특징

① 변압기를 이용하여 쉽게 전압의 크기를 올릴 수도 내릴 수도 있다.

② 리액턴스의 작용에 의해 송전 가능 거리가 한정되고 전압강하도 커져서 송전손실도 커진다.

③ 정류장치를 이용하여 교류로부터 직류를 얻을 수 있다.

④ 증폭이 쉽다.

⑤ 전기화학적 작용이 적어서 도선의 부식이 쉽게 일어나지 않는다.

⑥ 전류가 자연히 0으로 되는 점이 1주기에 2회 있어서 회로의 차단이 용이하다.

2 주파수와 주기

① 도수법 : 각의 크기를 1°, 2°와 같이 나타내는 방법

② 호도법 : 각의 크기를 1[rad], 2[rad] 같이 나타내는 방법

③ 각도를 호도로 변환하는 법 : $\frac{\pi}{180}\times$각도

④ 호도를 각도로 변환하는 법 : $\frac{180}{\pi}\times$호도

[그림 4-7 (a)]에서 반지름 r인 원에서 반지름과 같은 길이의 호에 대한 중심각의 크기를 1호도(radian)라고 하고 단위는 rad 또는 생략한다.

그림에서 (원의 둘레) : (AB의 길이) = 360° : 1[rad]이므로 $2\pi r : r = 360° : 1[\text{rad}]$

$\therefore\ 360° \times r = 2\pi r$ 따라서 $180° = \pi$이다.

원의 각도는 도[°] 이외에 라디안[rad]을 사용하는데, 특히 교류 전기에서는 라디안을 많이 사용한다. 물리에서 속도(velocity)란 단위 시간당 어느 두점 사이의 직선운동을 말하며 v [m/s]로 나타내지만 전기에서는 원주 운동이기 때문에 각속도(angular velocity)란 용어를 쓰며, 단위 시간당 두 점 A와 B사이를 원을 그리면서 일정한 속도로 운동하는 것을 말한다.

가. 각속도

[그림 4-7 (b)]에서 각속도의 기호는 오메가(omega)로 기호는 ω로 나타내며, 단위로는 [rad/s]를 사용한다. [t]초 동안에 θ[rad]만큼 회전한 경우 각속도(ω)는 $\omega = \theta/t$[rad/s]가 되며, 따라서 $\theta = \omega t$[rad]가 되는데 이 관계를 사인파 교류에 적용하면 $\omega = 2\pi f$[rad]가 된다.

여기서 각속도 ω는 주파수 f와 밀접한 관계로 ω를 각 주파수(angular frequency)라고 한다.

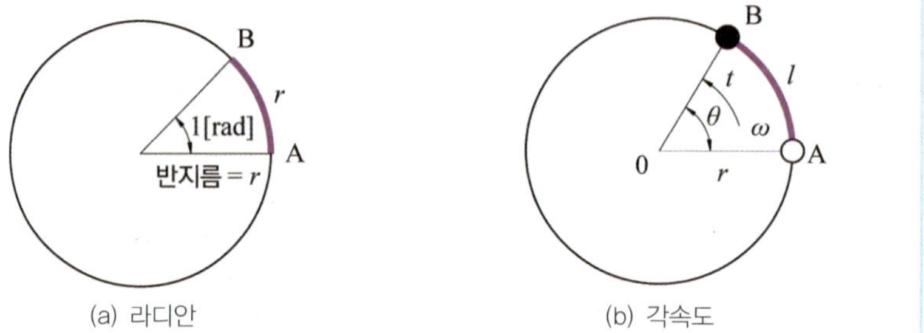

| 그림 4-7 | 라디안과 각속도

나. 주파수

사인파가 1초 동안에 60회 반복하는 것을 60[Hz]라고 하며, 이것을 주파수라고 한다. 우리나라에서의 주파수는 60[Hz]를 사용하는데, 60[Hz]란 1초에 60회 형광등 불빛이 ON, Off 한다는 것인데 형광등이 계속 켜져 있는 것처럼 보이는 것은 사람의 눈에는 잔상이라는 현상이 있기 때문이다.

하나의 산에서 다음 산까지의 시간(같은 전압으로 돌아가기까지의 시간)을 주기[T]라 하며, 단위는 초(S : second)로 나타낸다.

주기 T[s]에서 1초를 나눈 1T을 1초 간에 "파장의 산이 몇 개 포함되는가"로 나타낼 수 있다. 즉 파장이 몇 번 반복하는지의 횟수를 나타내게 되며, 이 1초의 파장의 반복 횟수를 주파수라 부른다.

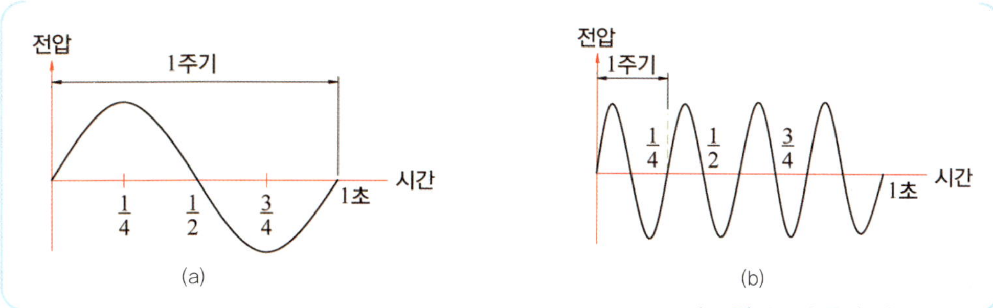

| 그림 4-8 | 주기 및 주파수

다. 주기, 각속도 및 주파수와의 관계

교류의 1회 변화를 1사이클이라 하며, 1초 동안의 60사이클을 60[Hz]라고 하였다. 주기는 1사이클 변화하는데 걸리는 시간을 말하며, T[sec]로 표시한다.

① 주기와 각속도 사이의 관계

시간 t[s] 대신 각도 θ[rad]로 나타내면, 1 사이클에 요구되는 각도는 $360° = 2\pi$[rad]

$T = 2\pi/\omega$[s]

② 주기 T[s]와 주파수 f[Hz] 사이의 관계(역수 관계)

$T = 1/f$[s]

$f = 1/T$[Hz]

③ 주파수 f[Hz]와 각속도 ω[rad]와의 관계

$f = 1/T = 1/(2\pi/\omega) = \omega/2\pi$ 이므로

$\omega = 2\pi f$[rad/s]

따라서 사인파 교류에 대한 변화의 빠르기는 주기, 주파수, 각주파수 등으로 다음과 같이 나타낼 수 있다.

$$v = V_m \sin\theta = V_m \sin\omega t = V_m \sin 2\pi f t$$
$$= V_m \sin(2\pi/T)t\,[\text{V}]$$

라. 위상과 위상각

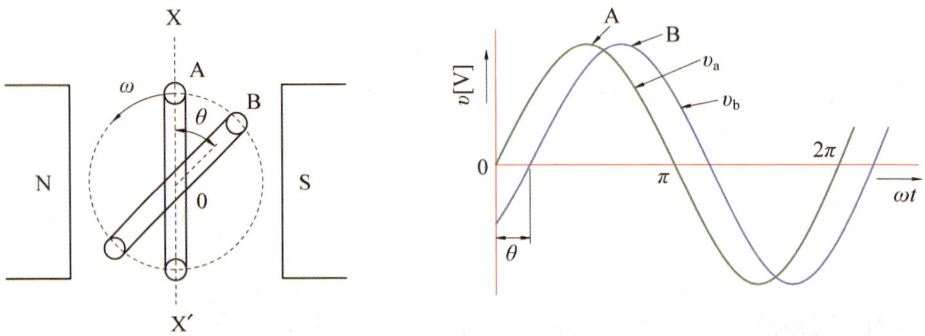

(a) 회전·개시전의 상태 (b) 전압의 파형

- 위상 : 주파수가 같은 2개 이상의 교류 파형간의 차이
- 코일 A, B가 θ의 각을 이루고 있을 때 동일한 각속도로 회전시키면 각 코일에 발생하는 전압은
  $v_a = V_m \sin\omega t$[V] $v_b = V_m \sin(\omega t - \theta)$[V]
- 위상차 : v_a의 파형으로부터 벗어난 각도 θ
- 위상이 뒤진다(lag), 앞선다(lead), 동상(동위상) 등 3가지로 구분

| 그림 4-9 | 위상과 위상각

주파수가 같은 교류 파형간의 시간적인 차이는 위상(phase)으로 나타낸다. 그림에 표시된 두 개의 정현파에서 A는 0점에서 출발한 정현파이고, B는 θ만큼 뒤져서 출발한 정현파로서 θ/360° 만큼 뒤졌다고 하며, A와 B사이의 각도를 위상각이라고 한다.

두파의 위상각을 비교하기 위해서 주파수가 같아야 하며, 만약 주파수가 다르다면 상대적인 위상이 계속 변하게 된다. 정현파의 진동은 시간단위 각도에 의하여 측정되어지는 유일한 파형이기 때문에 많이 사용하며 경우에 따라서 진폭은 달라질 수 있으나 두 전압의 전류 혹은 전압과 전류의 위상각을 비교할 수 있다.

주파수가 똑같은 3개의 교류 전압 v_1, v_2, v_3간의 위상을 나타내면 아래와 같다.

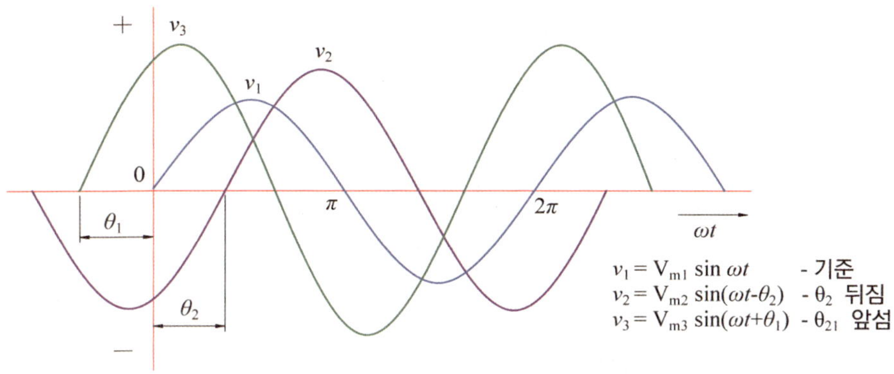

| 그림 4-10 | 위상차와 교류표시

각 전압의 출발점을 기준으로 v_1이 v_2, v_3보다 위상이 앞선다(lead)고 하거나, 반대로 v_1이 v_2, v_3보다 위상이 뒤진다(lag)고 표현하는데, 이때 v_1, v_2, v_3 사이의 시간적인 차이를 위상차(phase different)라 한다.

동일한 주파수에서 위상차가 없는 경우는 동상이라고 하며, 위상차와 교류 전압표시는 다음과 같다.

① 뒤진교류 : $v = V_m \sin(\omega t - \theta)$[V]

② 앞선교류 : $v = V_m \sin(\omega t + \theta)$[V]

마. 교류의 기본성질

교류의 기본성질은 크기, 파형, 변화의 속도, 위상이 있으며 이 4가지 요소를 포함한 식을 순시값이라고 한다. 순시값은 전압이나 전류가 어떻게 시간적인 변화를 해가는가를 나타낼 때에 사용하고 소문자(e, v, i)로 나타낸다.

① 전압인 경우 교류의 표시 : $v = V_m \sin\omega t = \sqrt{2}\, V \sin\omega t$

② 전류인 경우 교류의 표시 : $i = I_m \sin\omega t = \sqrt{2}\, I \sin\omega t$

평균값은 정현파에서 한 번의 교번이나 1/2주기 사이의 모든 순시값을 평균한 크기로 나타내며, 실효값은 정현파의 전압이나 전류의 양을 가장 일반적으로 표시하는 것으로, 120[V]의 실효값을 갖는 교류 전압이 필라멘트를 가열시킬 때 발생하는 열은 120[V]의 직류전압이 필라멘트를 가열시킬 때 발생하는 열량과 같다.

순시값의 표기는 그림 4-11과 같다.

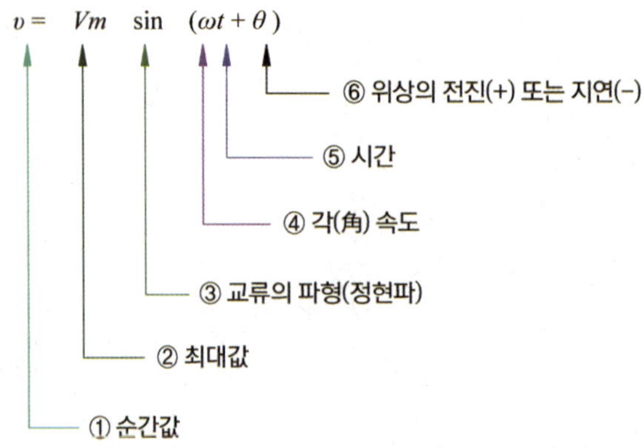

| 그림 4-11 | 정현파 교류의 표기방법

(1) 교류의 표시

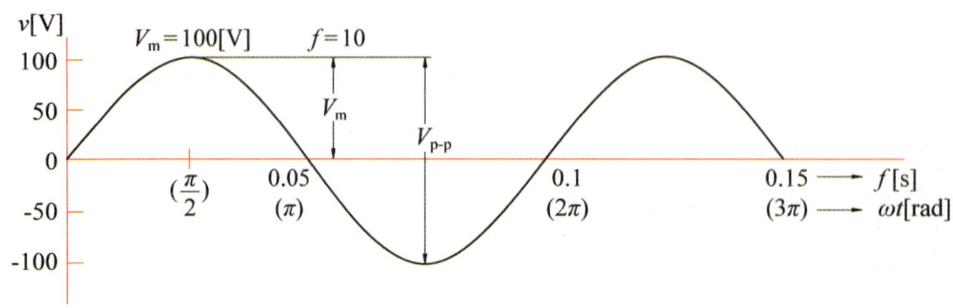

| 그림 4-12 | 교류의 표시

① 순시값과 최대값

순시값(v)은 $v = V_m \sin\omega t$ 에서 t대신 특정한 시간 t_0을 대입한 값으로 순간순간에 대한 교류의 값이며, [그림 4-12]경우는 $v = 100\sin 20\pi t(v = V_m \sin 2\pi ft)$로 나타낼 수 있다.

② 최대값(V_m)은 순시값 중 가장 큰 값을 말하며, 위 그림에서의 최대값은 100[V]이다.

③ 피크-피크값(V_{p-p})이란 양의 최대값과 음의 최대값 사이의 값으로 위 그림에서는 200[V]이다.

④ 실효값(V)은 교류의 크기를 교류와 동일한 일을 하는 직류의 크기로 바꿔 나타낸 값으로 위 그림에서의 값은 $\frac{V_m}{\sqrt{2}} = \frac{100}{1.414} = 70.7[V]$이다.

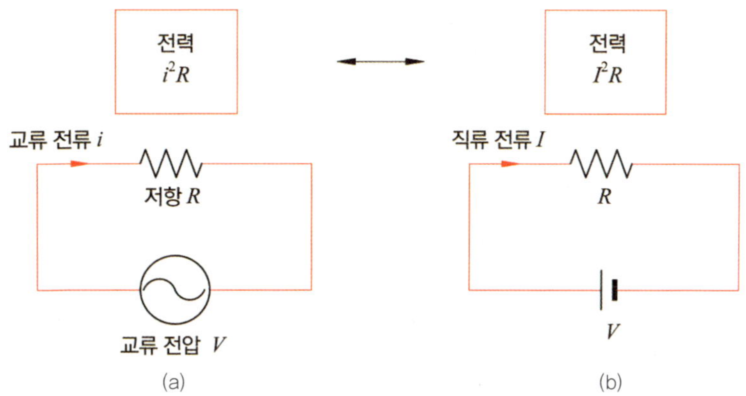

전력[W] = $IV = I \times IR = I^2R$[W]

| 그림 4-13 | 실효값의 의미

실효값은 교류의 크기를 교류가 행한 일의 양에 따라 결정한다. 즉 [그림 4-13 (a)]의 저항에 교류전류(i)를 흘렸을 때의 소비 전력과 그림 (b)처럼 직류전류(I)를 흘렸을 때 소비 전력이 같다면 이 교류전력의 크기를 I[A]로 다음과 같이 정의한다.

I^2R[W] = i^2R[W](Ri^2의 1주기평균)

$\therefore\ I = \sqrt{i^2\text{의 1주기 평균}}$ [A]

따라서 교류의 실효값이란, 교류의 순시값의 제곱의 1주기 평균의 평방근이다.

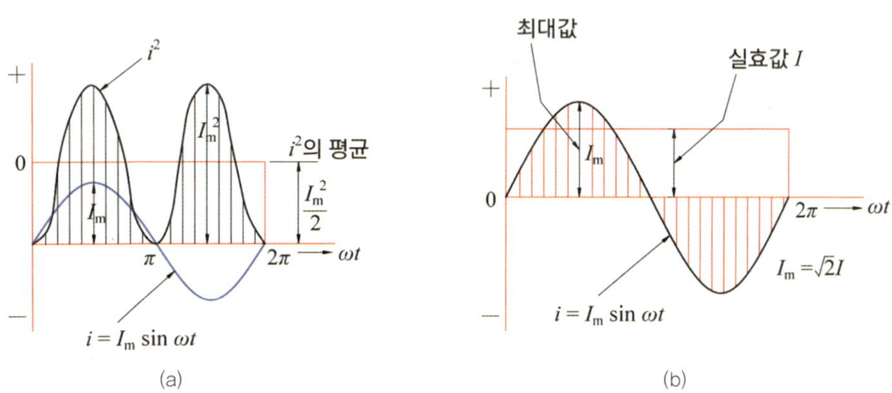

| 그림 4-14 | 실효값과 최대값의 관계

실효값과 최대값의 관계를 구하려면 [그림 4-14 (a)]와 같이 i^2에 대한 1주기의 평균값을 구하면 $\frac{I_m^2}{2}$이 되고 실효값 $I=\sqrt{\frac{I_m^2}{2}}=\frac{I_m}{\sqrt{2}}$이 된다.

즉, 순시값 $i^2=(I_m\sin\omega t)^2-I_m\sin^2\omega t=\frac{I_m^2}{2}(1-\cos 2\omega t)=\frac{I_m^2}{2}-\frac{I_m^2}{2}\cos 2\omega t$이므로 [그림 4-14 (a)]와 같이 2배의 주파수로 변화한다. 그런데 제1항의 $\frac{I_m^2}{2}\cos 2\omega t$는 1주기 평균동안 (+)파와 (-)파가 서로 상쇄되어 0이 된다.

따라서 i^2의 평균값은 $\frac{I_m^2}{2}$이 되고 실효값 $I=\sqrt{\frac{I_m^2}{2}}=\frac{I_m}{\sqrt{2}}$이 된다.

⑤ **평균값**

평균값은 교류의 순시값의 1주기 동안의 평균을 취하여 그 값을 교류의 크기로 표시한 값이다.

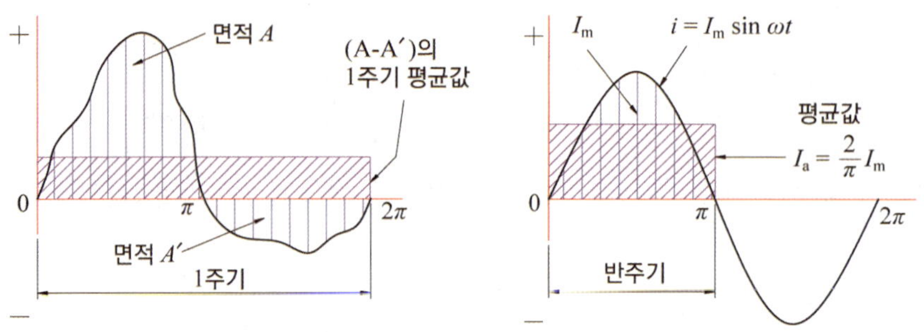

(a) +, − 방향의 크기가 대칭인 경우의 평균값

(b) 사인파 교류의 평균값 (+방향만을 평균함)

| 그림 4-15 | 평균값의 크기

실효값 대비 평균값의 비는 $\frac{V}{V_a}=\frac{\frac{V_m}{\sqrt{2}}}{V\cdot\frac{2}{\pi}}=\frac{\pi}{2\sqrt{2}}=\fallingdotseq 1.11$이며,

순시값이 $v=V_m\sin wt$[V]일 때 평균값 계산은 다음과 같다.

$$V_a=\frac{1}{\pi}\int_0^{\pi}V_m\sin\theta\,d\theta=\frac{V_m}{\pi}[-\cos\theta]_0^{\pi}=\frac{V_m}{\pi}[1-(-1)]=\frac{2V_m}{\pi}$$

따라서 평균값 $V_a=\frac{2}{\pi}V_m\fallingdotseq 0.637V_m$로 최대값의 0.637배가 된다.

(2) 100[V]의 상용 전원의 예

- 주파수, 주기, 전압의 진폭(최대값, 실효값)을 계산
- 전 세계에 사용되고 있는 상용 전원의 주파수(f)는 50[Hz] 또는 60[Hz]이다.

① 주기 T

- 50[Hz] 경우, $T = 1/f = 1/50[s]$ ∴ $T = 20[ms]$
- 60[Hz] 경우, $T = 1/60[s]$ ∴ $T = 16.7[ms]$

② 전압은, 100[V]란 실효값을 가리키므로,

- 최대값은 $V_m = 100\sqrt{2} = 1.414[V]$
- V_{p-p}(Peak to Peak)는 최대값의 2배이므로 $V_{p-p} = 2V_m = 282.8[V]$가 된다.

Exercise 1

f = 60[Hz], V_m = 100[V]일 때 각 주파수 ω[rad/s]와 발생 전압 v[V]를 구하라.

explanation

W =2πf[rad/S]= 2×π×60= 120π

V = Vm sin 2πft = Vm sin wt= 100 sin 120πt

Exercise 2

실효값 100[V]인 사인파 교류 전압의 최대값은 얼마인가?

explanation

V_m(최대값) = $\sqrt{2}\times V$(실효값)

$V_m = \sqrt{2}\times 100$ = 141.4[V]

Exercise 3

최대값이 10[A]인 사인파 교류 전류의 실효값은 몇 [A]인가?

explanation

(실효값) = 0.707I_m(최대값) = 0.707×10 = 7.07[V]

Exercise 4

1라디안은 대략 몇 도 인가?

explanation

$\pi = 180°$　　　　$1 = \frac{180°}{\pi} \fallingdotseq 57.3°$

Exercise 5

2[KΩ]의 저항에 10[mA]의 전류가 흐를 때 가한 사인파 전압의 크기(실효값)는 몇 [V]인가?

explanation

$V = IR = 2 \times 10^3 \times 10 \times 10^{-3} = 20[V]$

3 벡터의 표시

전기회로에서 다루는 교류파형은 정현파이며, 교류의 기본성질인 4가지 변수 중 주파수가 일정한 경우에는 파형과 주파수를 생략하여 진폭과 위상 2개의 변수로 충분히 표현할 수 있게 되므로 크기와 방향을 갖는 벡터로 나타내는 방법이 사용되고 있다.

따라서 교류회로의 계산은 대부분 벡터로 다루고 있는데 벡터란 크기와 방향을 갖는 양을 말하며, 하나의 화살표를 갖는 직선으로 나타낼 수 있다. 직선의 크기는 벡터의 양을, 화살표는 벡터의 방향을 낸다.

가. 벡터의 표시 방법

① 스칼라는 길이나 온도 등과 같이 크기라는 하나의 양만으로 표시되는 물리량이다.
② 벡터는 힘과 속도와 같이 크기와 방향 등으로 2개 이상의 양으로 표시되는 물리량이다.
③ 벡터를 그림으로 나타낼 때에는 화살표를 사용한다.
④ 벡터의 크기는 선분의 길이로, 방향은 기준선으로부터 각도 θ로 표시한다.
⑤ 벡터 표시는 문자 위에 점을 찌고($\dot{V}$) V 도트 또는 벡터 V 읽으며, 벡터의 크기만 표시는 절대값(V)으로 표시한다.

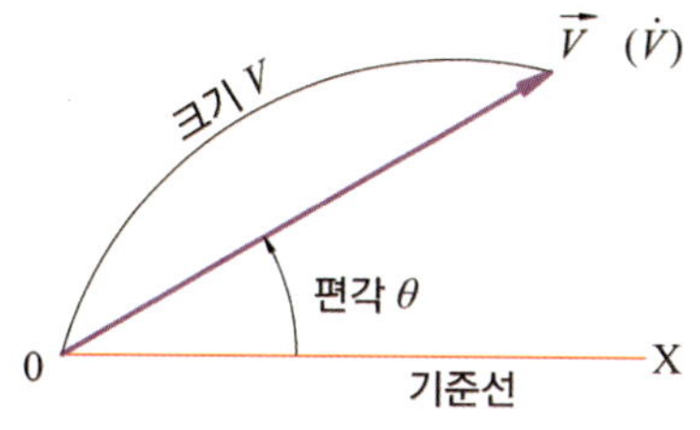

I 그림 4-16 I 벡터표시

(1) 정현파 교류의 순시값과 벡터 표시

실효값이 I, 위상각이 θ일 때 아래와 같이 나타낼 수 있다.

① **순시값 표시** : $i = \sqrt{2}\,I\sin(\omega t + \theta)$[A]

② **벡터 표시** : $\dot{I} = I\angle\theta$[A]

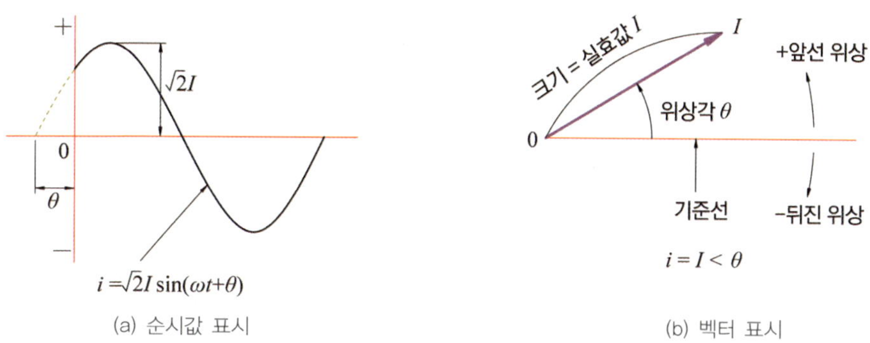

I 그림 4-17 I 정현파 교류의 벡터 표시

(2) 정현파 교류의 회전벡터와 정지벡터

$I = I_m \sin\omega t$의 사인파 교류는 회전하는 벡터 I_m으로 나타낼 수 있다. 여기서 I_m을 회전 벡터라 한다. 위상차가 있는 회전 벡터는 [그림 4-18]과 같이 나타낸다.

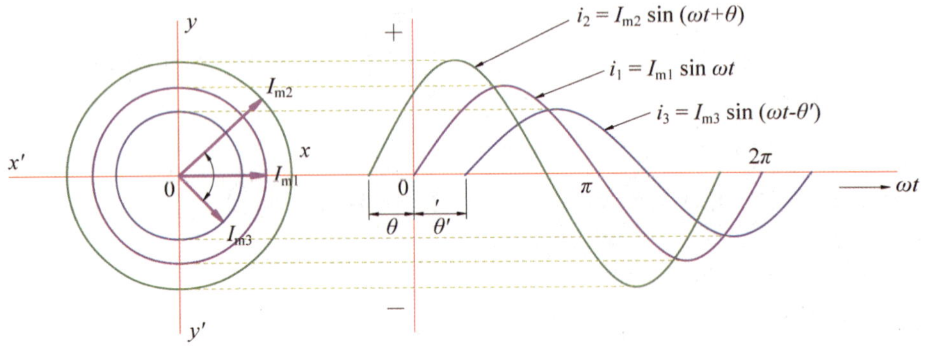

Ⅰ그림 4-18Ⅰ위상차가 있는 회전벡터

정지벡터는 회전벡터를 정지하고 있는 상태로 표현한 벡터로서, 동일한 주파수의 사인파 교류는 회전벡터 대신 정지벡터로 표현하는 것이 편리하다.

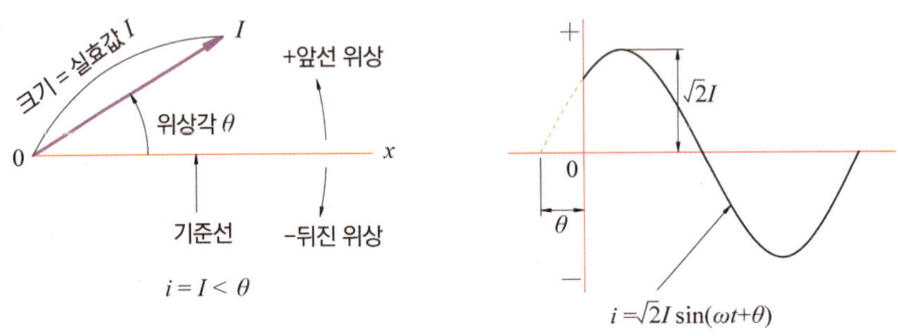

Ⅰ그림 4-19Ⅰ정지벡터의 표현

나. 사인파 교류의 합성

(1) 벡터 그림에 의한 방법

위상이 다른 두 사인파 교류의 벡터 합은 평행사변형 법칙으로 구한다.

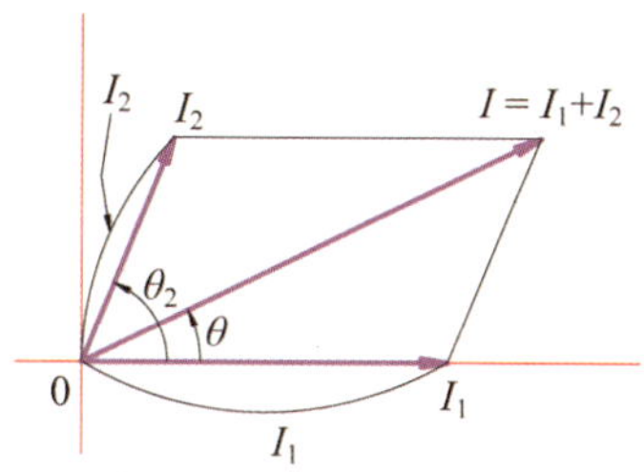

| 그림 4-20 | 평행사변형 법칙을 이용한 벡터합

벡터 그림에 의한 합의 계산은 다음과 같이 구할 수 있다.

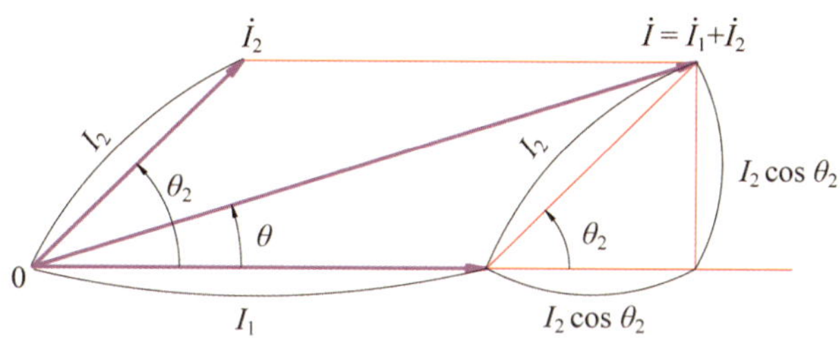

| 그림 4-21 | 벡터 그림에 의한 합의 계산

순시값 $i_1 = \sqrt{2}\, I_1 \sin\omega t$, 벡터표시 $I_1 \angle 0$

순시값 $i_2 = \sqrt{2}\, I_2 \sin(\omega t + \theta_2)$, 벡터표시 $I_1 \angle \theta_2$

벡터 합 $\dot{I} = \dot{I}_1 + \dot{I}_2 \rightarrow I \angle \theta$ 에서 아래와 같이 계산할 수 있다.

$$I = \sqrt{(I_1 + I_2 \cos\theta_2)^2 + (I_2 \sin\theta_2)^2}$$

$$\tan\theta = \frac{I_2 \sin\theta_2}{I_1 + I_2 \cos\theta_2}$$

$$\theta = \tan^{-1} \frac{I_2 \sin\theta}{I_1 + I_2 \cos\theta_2}$$

계산결과 순시값은 $i = \sqrt{2}\, I \sin(\omega t + \theta)$

다. 교류 회로의 기호법 표시

기호법이란 벡터를 복소수로 표시하는 방법을 말하는데, 복소수란 실수부와 허수부의 합으로 이루어진 수이다.

복소수는 실수부와 허수부로 이루어지며, 허수란 제곱을 하여 -1이 되는 수로서 $\sqrt{-1}$ 이며, 이를 전기에서는 j로 표현하고 이는 실수와는 90°의 위상차를 갖는다.

표시법은 아래와 같다.

① 직각 좌표형 $Z = a + jb$

② 극좌표형 $Z = |Z| \angle \theta$ (단, $|Z| = \sqrt{a^2 + b^2}$, $\theta = \tan^{-1}\dfrac{b}{a}$)

③ 지수 함수형 $Z = |Z| e^{j\theta}$

④ 삼각 함수형 $Z = |Z|(\cos\theta + j\sin\theta)$

복소수에 의한 정현파 표현은 정현파 교류를 극형식(②)으로 표시하는 것으로 다음과 같다.

$v = \sqrt{2}\,V\sin wt$ → $V = V\angle 0[°]$

$v_1 = \sqrt{2}\,V_1\sin(wt + \theta_1)$ → $V_1 = V\angle \theta_1$

$v_2 = \sqrt{2}\,V_2\sin(wt + \theta_2)$ → $V_2 = V\angle \theta_2$

(1) 복소수의 성질

① 복소수 = 실수+허수

② $(허수)^2$ = -1(음수)

③ 허수의 단위는 j 또는 i로 표시 : $\sqrt{-1}$, $j = \sqrt{-1}$, j^2 = -1, 허수 = jb(b는 실수)

④ 복소수의 표시 : $\dot{Z} = a + jb$, a : 실수값 b : 허수값

⑤ 복소수의 크기(절대값) : 절대값 = $\sqrt{(실수부)^2 + (허수부)^2}$

⑥ 공액 복소수란 실수부는 같고, 허수부의 부호만이 다른 2개의 복소수로서 서로 공액인 복소수를 곱하면 항상 실수가 된다.

$\dot{Z}_1 = a + jb$ $\dot{Z}_2 = a - jb$에서 $(a + jb)(a - jb) = a^2 + b^2$로 표시된다.

(2) 복소수 연산

① 복소수의 합차

실수부는 실수부끼리 허수부는 허수부끼리 더하고 뺀다.

$Z_1 = a + jb$, $Z_2 = c + jd$ 로 주어지는 경우 덧셈과 뺄셈을 구하는 방법은 다음과 같다.

$Z_{1 \pm Z_2} = (a \pm c) + j(b \pm d)$

② **복소수의 곱과 나눗셈**

극좌표형으로 바꾸어 곱셈의 경우는 크기는 곱하고 각도는 더하며, 나눗셈의 경우는 크기는 나누는데 각도끼리는 뺀다.

$Z_1 = a + jb$, $Z_2 = c + jd$ 일 때 극형식으로 고치면 다음과 같다.

$$|Z_1| = \sqrt{a^2+b^2},\ \theta_1 = \tan^{-1}\frac{b}{a}$$

$$|Z_1| = \sqrt{c^2+d^2},\ \theta_2 = \tan^{-1}\frac{d}{c}$$

그러므로 이를 이용하여 곱과 나눗셈을 하려면 다음과 같은 방법을 사용한다.

$$Z_1 \times Z_2 = |Z_1|\angle\theta_1 \times |Z_2|\angle\theta_2 = |Z_1||Z_2|\angle\theta_1+\theta_2$$

$$\frac{Z_1}{Z_2} = \frac{|Z_1|\angle\theta_1}{|Z_2|\angle\theta_2} = \frac{|Z_1|}{|Z_2|}\angle\theta_1-\theta_2$$

(3) 복소수에 의한 벡터 표시

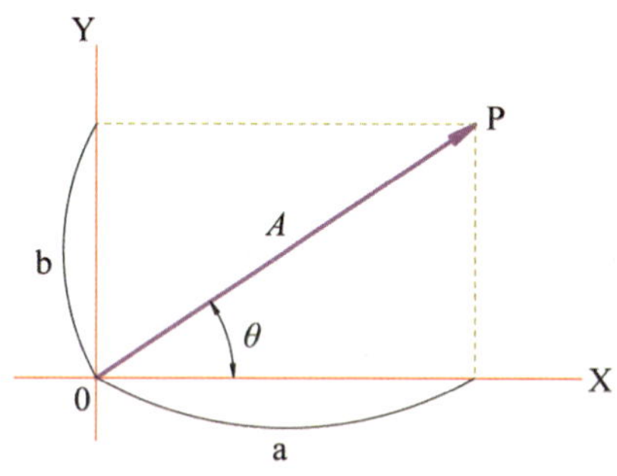

| 그림 4-22 | 복소수에 의한 벡터표시

① 벡터를 복소수로 표시하면 : $\dot{A} = a + jb$

② 벡터의 크기 : $A = \sqrt{a^2+b^2}$

③ 편각 : $\theta = \tan^{-1}\dfrac{b}{a}$

④ 절대값(크기와 편각을 알고 있으면) : $\dot{A} = Acos\theta + jA\sin\theta = A(\cos\theta + j\sin\theta)$

⑤ 벡터의 표시 : $\dot{A} = A\angle\theta$

⑥ 벡터의 표시방법 : $\dot{A} = a + jb = A(\cos\theta + j\sin\theta) = A\angle\theta$

(4) 복소수에 의한 사인파 교류의 표시

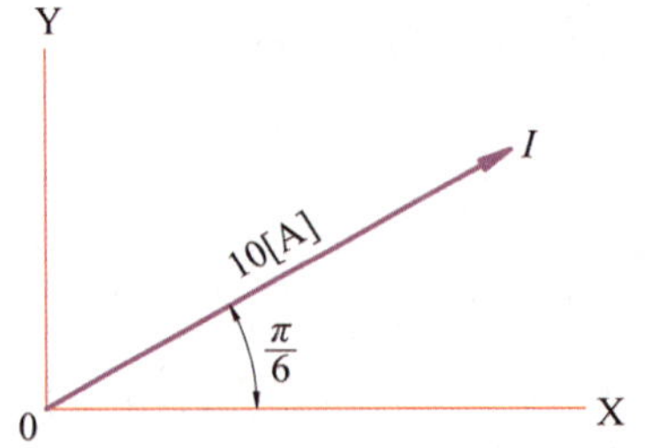

| 그림 4-23 | 복소수에 의한 사인파 교류의 표시

$$i = \sqrt{2} \cdot 10 \cdot \sin(\omega t + \frac{\pi}{6})$$

$$\dot{I} = 10(\cos\frac{\pi}{6} + j\sin\frac{\pi}{6})$$

수평성분과 수직성분은 다음과 같다.

$$10\cos\frac{\pi}{6} = 5\sqrt{3},\ 10\sin\frac{\pi}{6} = 5$$

$$\dot{I} = 5\sqrt{3} + j5$$

$$\dot{I} = 10\angle\frac{\pi}{6}$$

$$\dot{I} = 10\angle\frac{\pi}{6} = 10(\cos\frac{\pi}{6} + \sin\frac{\pi}{6}) = 5\sqrt{3} + j5$$

4 3상교류

3개의 코일을 120도씩 각도를 어긋나게 해서 배치한 다음, 자석을 시계방향으로 회전시키면 3개의 코일은 자력선의 영향을 받아서 유도기전력이 발생하는데, 이 기전력의 발생방법은 코일 c에서부터 차례로 120도씩 뒤져서 회전하면 차례대로 정현파 전압이 생기게 된다. 이것을 전압의 위상이 120도씩 어긋났다고도 하는데 이와 같은 교류를 3상교류라고 한다.

가. 3상 교류의 발생

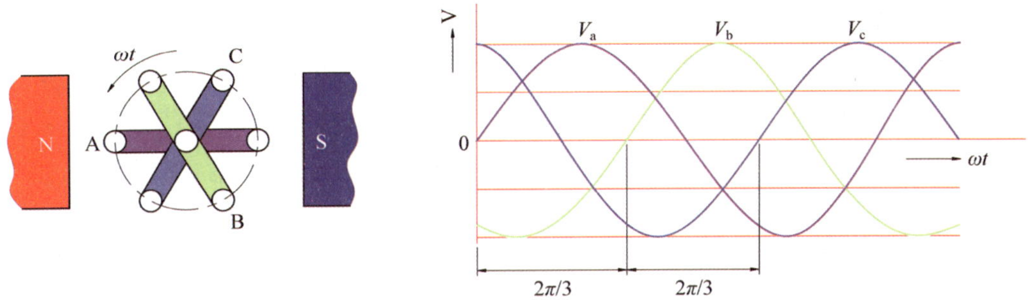

(a) 코일들의 배치 (b) 각 코일에 발생되는 전압

| 그림 4-24 | 3상 교류의 발생

① 3상 교류 : 주파수가 동일하고 위상이 2π/3[rad] 만큼씩 다른 3개의 파형

② 상(phase) : 3상 교류를 구성하는 각 단상 교류

③ 상순 : 3상 교류에서 발생하는 전압들이 최대값에 도달하는 순서

나. 3상 교류의 순시값 표시

① 3상 교류의 순시값

$$v_a = \sqrt{2}\, V\sin\omega t[\mathrm{V}]$$

$$v_b = \sqrt{2}\, V\sin(\omega t - \frac{2\pi}{3})[\mathrm{V}]$$

$$v_c = \sqrt{2}\, V\sin(\omega t - \frac{4\pi}{3})[\mathrm{V}]$$

② 대칭 3상 교류 : 크기가 같고 서로 2π/3[rad] 만큼의 위상차를 가지는 3상 교류

3상 교류에서는 부하에 전력을 공급하기 위하여 Y결선 또는 △결선이라는 방법을 사용한다. 각 상의 전압을 상전압이라 하고, 각상에 흐르는 전류를 상전류라고 하며, 부하에 전력을 공급하는 선간의 전압을 선간전압, 부하에 전력을 공급하는 선로에 흐르는 전류를 선전류라고 한다.

(1) 결선 방법

① Y 결선 : 전원과 부하를 Y형으로 접속하는 방법, 성형결선

② △결선 : 전원과 부하를 △형으로 접속하는 방법, 삼각결선

(가) Y결선과 전압

① **상전압** : 각 상에 걸리는 전압($V_p = V_a, \ V_b, \ V_c$)

② **선간 전압** : 부하에 전력을 공급하는 선들 사이의 전압($V_L = V_{ab}, \ V_{bc}, \ V_{ca}$)

③ **상전압과 선간전압의 관계** : 선간전압이 상전압보다 $\pi/6(30°)$ 앞선다.

④ **선간 전압의 크기** : $V_l = \sqrt{3}\,V_p[V]$

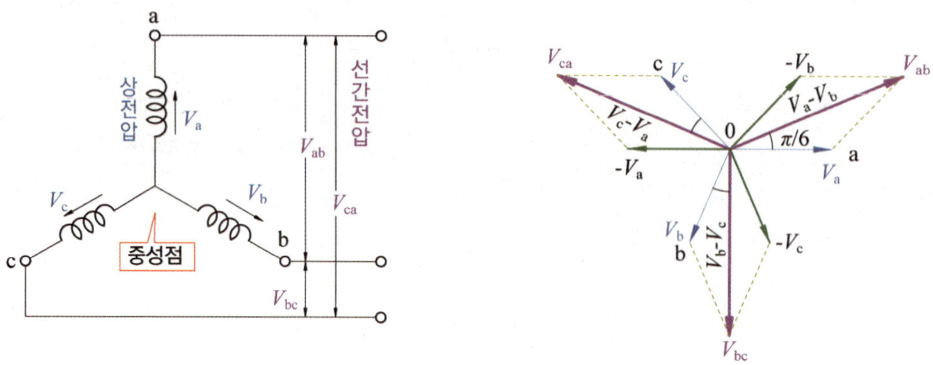

(a) 상전압과 선간전압　　(b) 벡터 그림

| 그림 4-25 | Y결선의 상전압과 선간전압의 관계

(나) △결선과 전압

① 상전압과 선간전압의 관계 : 선간전압과 상전압은 동상(phase)이다.

② 선간전압의 크기 : $V_L(V_a, \ V_b, \ V_c) = V_p(V_{ab}, \ V_{bc}, \ V_{ca})[V]$

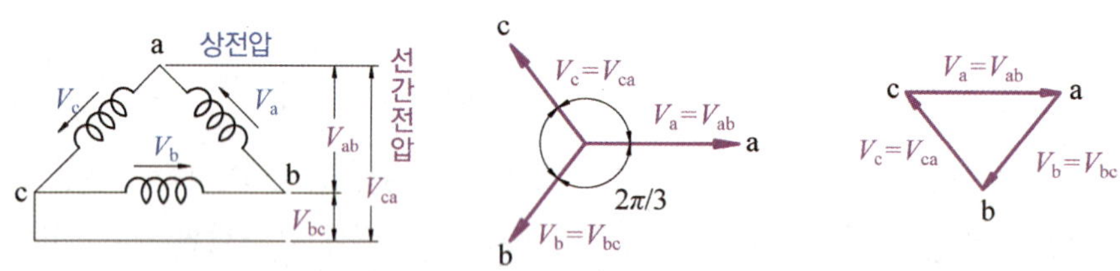

(a) 상전압과 선간전압　　(b) 벡터 그림　　(c) 벡터 그림

| 그림 4-26 | △결선의 상전압과 선간전압

5 교류회로

가. 저항만의 회로

저항(R)은 자유전자의 수와 전자가 이동하기 어려운 정도에 의하여 결정되는 자기유도나 정전유도 작용이 없는 물체고유의 저항이므로, 교류를 공급했을 때에도 직류를 공급했을 때와 마찬가지로 저항의 크기가 항상 일정하다. 전류의 크기는 옴의 법칙에 의하여 구해지고 전압, 전류 역시 실효값이다.

저항의 동작 그림(a)에서 R에 AC(교류)를 공급했을 때 옴의 법칙 $I = E/R$에 의하면 전압이 1일 때 전류도 0, 전압이 최대이면 전류도 최대가 되며 전압이 -가 되면 전류도 -가 되므로 그림(b)와 같이 전압과 전류는 항상 동위상이라는 것을 알 수 있다.

[그림 4-28 (b)]는 전압과 전류가 동위상임을 벡터로서 나타낸 것이다. 저항 R은 직류를 공급할 때나 교류를 공급할 때를 막론하고 항상 저항의 크기가 일정하여 R에 흐르는 전류와 R양단의 전압은 항상 동위상이다.

(1) 저항의 동작

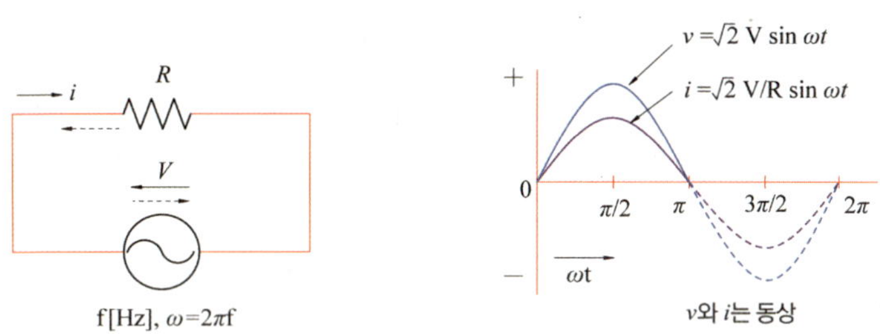

(a) R만의 회로 (b) 전압과 전류의 파형

| 그림 4-27 | 저항 R만의 회로와 파형

$$v = \sqrt{2}\,V\sin\omega t[\mathrm{V}]$$
$$v = \sqrt{2}\,I\sin\omega t[\mathrm{A}]$$

전류와 전압은 동상이다.

(2) 전압과 전류의 관계

$I = V/R$ [A]

(a) R만의 회로

(b) 전압 전류의 벡터 그림 (V와 I는 동위상)

| 그림 4-28 | 저항 R만의 회로와 벡터 그림

나. 코일만의 회로

코일에 교류를 공급했을 때 작용하는 코일의 저항은 자기유도작용이 있으므로 유도성저항(inductive reactance/유도 리액턴스)이라 하며, X_L로서 표시하고 유도성 저항의 크기는 각속도와 인덕턴스(L)의 곱으로 나타내는데 인덕턴스란 1A의 전류를 흘릴 때 코일이 갖는 자장의 세기를 말한다.

코일에 교류를 공급했을 때 전압과 전류의 위상은 코일의 특성상 코일 양단의 역기전압은 $e = \mathrm{I} \times 2\pi f \cdot L$의 식으로 알 수 있는 바와 같이 인덕턴스(L)가 일정할 때에는 전류의 변화율이 클수록 높아지고 변화가 없는 전류 즉 직류전류가 흐를 때에는 아무리 큰 전류가 흐른다고 하여도 자력선의 변화가 없기 때문에 역기전압은 발생하지 않는다.

역기전력 때문에 주파수가 높을수록 저항이 커질뿐만 아니라 전압보다 전류가 90° 위상이 늦어지게 나타난다.

(1) 코일의 동작

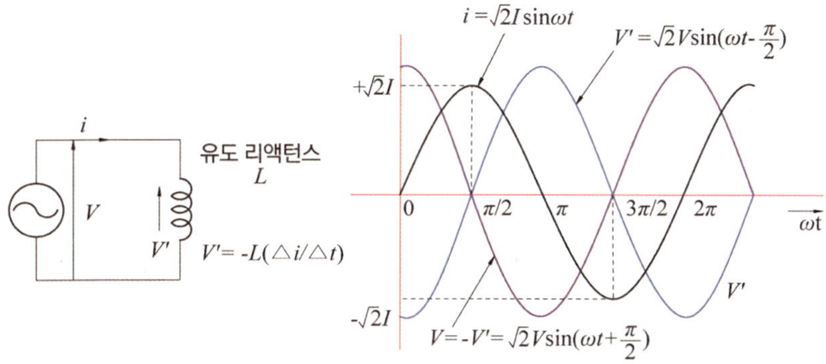

(a) L 만의 회로　　(b) 전압과 전류의 파형

| 그림 4-29 | 인덕턴스 L만의 회로와 파형

전류 $i=\sqrt{2}I\sin\omega t$[A] 흘리면

$v'=-V\dfrac{di}{dt}=-\sqrt{2}\,\omega LI\cos\omega t=-\sqrt{2}\,\omega LI\sin(\omega t+\dfrac{\pi}{2})$[V]의 유도기전력이 발생한다.

따라서 전류 i가 계속 흐르려면 유도전압 v'를 제거할 수 있는 크기가 같고 위상이 반대인 전압 v를 가해줘야 한다.

$$v=\sqrt{2}\,V\sin(\omega t+\frac{\pi}{2})=\sqrt{2}\,\omega LI\sin(\omega t+\frac{\pi}{2})[\text{V}]$$

∴ 전류가 전압보다 $\pi/2$[rad] 만큼 늦다

(2) 전압과 전류의 관계

① $V=\omega LI$[V]에서 $I=\dfrac{V}{\omega L}=\dfrac{V}{X_L}$[A]

② 유도 리액턴스 : $X_L=\omega L=2\pi fL[\Omega]$

(a) L 만의 회로　　(b) 전압과 전류의 벡터 그림 (I와 V보다 $\pi/2$ 뒤진다)

| 그림 4-30 | 인덕턴스 L만의 회로와 파형

(3) 유도성리액턴스

유도성 리액턴스(X_L)는 옴으로 표시되고 정현파 교류에서 V_L/I_L(전압/전류)의 비로 인가된 전압에 대해서 얼마나 많은 전류가 흘러갔는가를 나타내며, 이것은 주파수가 증가할수록 자체 인덕턴스 값이 증가할수록 전류 흐름은 제한되므로 리액턴스 값이 증가하게 된다.

[그림 4-32]는 전구에서 교류 전류를 감소시키는 리액턴스 효과를 설명하고 있다. 유도성 리액턴스의 저항값이 커질수록 전류의 세기는 작아지고, 전류를 아주 작은 값까지 감소시킨다면 전구는 점등되지 않는다.

(가) 유도 리액턴스의 주파수 특성

유도 리액턴스(X_L)는 자체 인덕턴스(L)와 주파수(f)에 정비례한다.

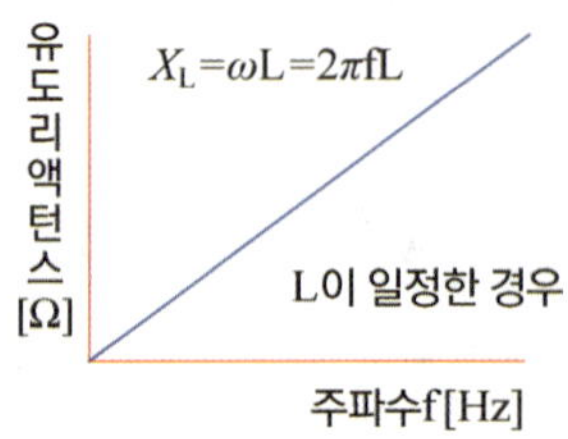

ㅣ그림 4-31ㅣ유도 리액턴스의 주파수 특성

(나) 교류전류를 방해하는 유도리액턴스(X_L)의 영향

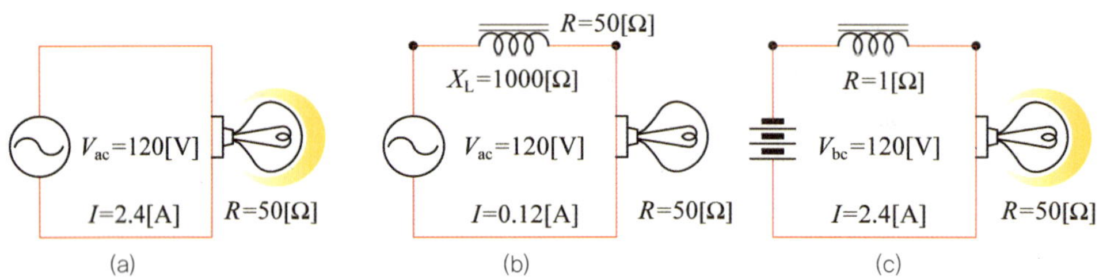

ㅣ그림 4-32ㅣ유도리액턴스의 영향

ㅣ표 4-1ㅣ

비교내용	저항만의 교류회로 (그림a)	저항과 코일 교류회로 (그림b)	저항과 코일 직류회로 (그림c)
리액턴스 성분	없다	있다	없다
코일의 역할	×	전류제한	도선의 저항 역할 정도
주파수 증가	변화없다	용량리액턴스가 커진다	×
인덕턴스(L)를 증가	×	합성저항(임피던스)이 커진다 - 전등 안켜짐	변화없다 - 전등 켜짐

위 표에서 나타낸 것처럼 교류를 방해하는 유도리액턴스(X_L)의 영향은 교류회로에서 저항만 있을 때와 저항과 코일이 함께 있을 때와 그리고 저항과 코일이 있는 직류회로에서는 각각 다른 특징을 나타낸다.

[그림 4-32 (a)]는 인덕턴스가 존재하지 않기 때문에 교류 전압원은 2.4[A]의 전류를 전구에 흘러 보내게 되므로 전구가 밝게 빛나며 전구의 필라멘트 저항이 50[Ω]이기 때문에 120[V]의 교류 전원에 의하여 2.4[A]의 전류가 발생한다.

[그림 4-32 (b)]에서 코일은 전구와 직렬로 연결되어 있는데 코일이 갖는 저항은 직류저항은 단지 1[Ω]의 크기를 갖기 때문에 무시되지만 인덕턴스의 리액턴스는 1,000[Ω]으로 유도성 리액턴스는 인가전압을 방해하고 전류를 감소시키는 자체 유도 전압을 발생시키게 된다. 전류는 120[V] 나누기 1000[Ω]으로 약 0.12[A]의 전류를 흐르게 하고 이런 크기를 갖는 전류는 전등을 켜기에는 적절치 않다.

비록 저항이 1[Ω]뿐이 되지 않지만 코일의 유도리액턴스가 1,000[Ω]이기 때문에 전구가 점등되지 않을만큼 크기까지 교류 전류를 제한시키게 되며, 이 유도성 리액턴스는 주파수 60[Hz]와 2.65[H](H)의 인덕턴스에 의해 구해진다. 즉 유도성 리액턴스(X_L) = 2×3.14 ×60×2.65 = 약 1,000[Ω]의 저항을 갖게 된다.

[그림 4-32 (c)]에서 코일은 전구와 직렬로 연결되어 있으나 인가된 전지의 전압은 일정한 직류 전류를 흐르게 한다. 전류의 변화가 없으면 코일은 전압을 유도할 수 없으므로 리액턴스도 없다. 직류 전류는 직류 전압이 전구에 바로 연결된 것과 같은 값이 되어 전구를 밝게 키게 되는데 이 경우 코일은 전류의 변화가 없어 전압을 유도하지 않으므로 단지 일정한 길이의 도선으로 코일 자체 도선의 저항일 뿐이다.

Exercise 6

50[Hz] 200[V]의 전압에 0.1[H]의 코일을 연결하면 리액턴스는 얼마인가?

explanation

유도리액턴스 $X_L = \omega L = 2\pi fL$

$= 2\times\pi\times 50\times 0.1[\Omega]$

$= 10\pi = 3.14[\Omega]$

다. 콘덴서만의 회로

(1) 콘덴서의 동작

$v = \sqrt{2}\,V\sin\omega t$[V]를 가하면 $q = Cv = \sqrt{2}\,CV\sin\omega t$[C] 전하가 축적된다. 전류 i[A]는 단위시간당 이동하는 전하로서 다음 식과 같이 된다.

$$i = \sqrt{2}\,I\sin(\omega t + \frac{\pi}{2}) = \sqrt{2}\,\omega CV\sin(\omega t + \frac{\pi}{2})[\text{A}]$$

∴ 전류가 전압보다 $\pi/2$[rad] 만큼 빠르다.

(2) 전압, 전류의 관계

① $V = \frac{1}{\omega C}I$[V]에서 $I = \omega CV = \frac{V}{X_c}$[A]

② 용량 리액턴스 : $X_C = \frac{1}{wC} = \frac{1}{2\pi fC}[\Omega]$

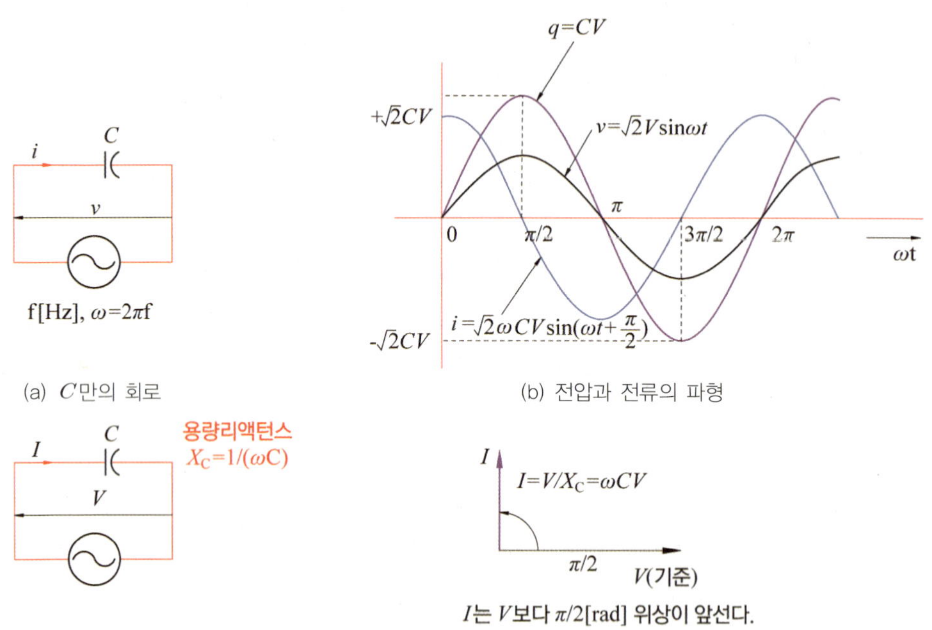

(a) C만의 회로 (b) 전압과 전류의 파형

(c)벡터에 의한 C만의 회로 (d) 전압 전류의 벡터 그림

| 그림 4-33 | 정전 용량 C만의 회로

콘덴서에는 Q[C]의 전기량이 축척되며, 전압과 전기량 Q는 정비례 관계가 있다. 즉 $Q = CV$인데 이 비례정수 C를 정전용량이라고 한다. 그림과 같이 콘덴서 양단에 $v = \sqrt{2}$ Vsin ωt[V]를 가하는 경우 전류 i는 전압 v보다 위상이 $\pi/2$[rad] 앞서 있는데, 이것은 I(전류)는 v(전압)의 시간적인 변화율에 비례하기 때문이다.

(3) 용량성 리액턴스

콘덴서에 전압을 공급할 때 콘덴서 양단의 전압이 가장 낮을 때 전류는 가장 많이 흘러서 콘덴서에 충전된다. 점차 충전량이 증가하여 양단의 전압이 점점 높아지면 전류는 점차 감소하여 적게 흐르게 된다. 전원전압과 콘덴서 양단의 전압이 같을 때는 전류가 전혀 흐르지 않는다.

그림과 같이 콘덴서에 AC를 공급하여 콘덴서에 충전될 경우 [그림 4-33 (b)]와 같이 콘덴서 양단의 전압이 0[V]일 때는 전원전압과의 차가 커서 전류가 최대로 되고 콘덴서의 전압이 최대로 되면 전원 전압과 같아지므로 전류는 0이 되어 최소로 된다.

따라서 [그림 4-33 (b)]와 같이 콘덴서 양단의 전압 e가 0에서 점점 커지려 할 때 전류는 이미 최대가 되어 있으므로 전압이 0일 때 전류는 90° 위상이 앞서 있는 결과가 된다.

이것을 벡터로서 나타내면 [그림 4-33 (d)]와 같다.

이처럼 콘덴서에 흐르는 전류는 언제나 콘덴서 양단의 전압보다 90° 빨라지게 되며, 전압의 변화가 커질수록 용량성 전류의 양도 증가하고 콘덴서가 커질수록 주어진 전압의 변화에 대한 충전전류와 방전 전류의 크기도 증가한다. 따라서 용량 리액턴스는 주파수가 증가할수록, 콘덴서의 정전 용량이 커질수록 감소하게 된다.

(가) 용량 리액턴스의 주파수 특성

용량 리액턴스(X_c)는 정전용량(C)과 주파수(f)에 반비례한다.

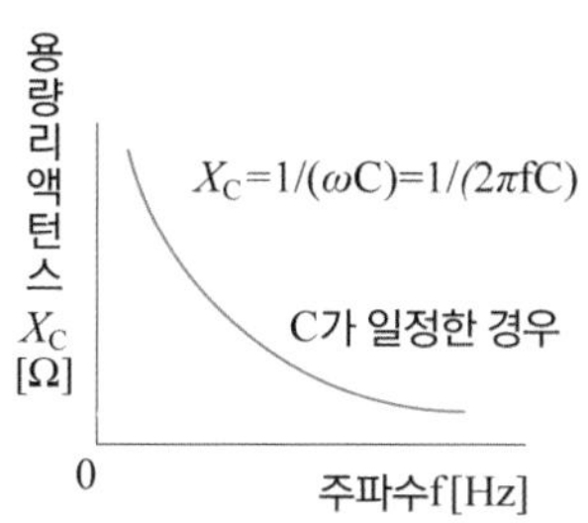

| 그림 4-34 | 용량 리액턴스의 주파수 특성

(나) 용량성 리액턴스의 특성

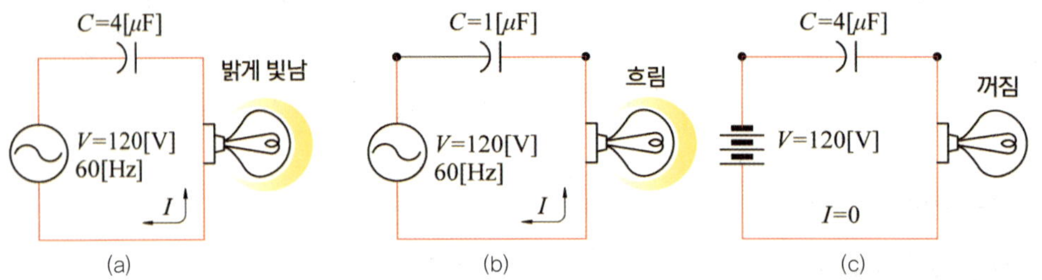

| 그림 4-35 | 용량성 리액턴스의 특징

| 표 4-2 |

비교내용	그림a	그림b	그림c
리액턴스 성분	R과 C(4[μF])	R과 C(1[μF])	없다
캐페시턴스(C)의 역할	전류통과	전류통과	전류차단
주파수 증가	X_c 감소	X_c 감소	×
캐페시턴스(C)를 증감(전구 예시)	전구 빛 밝다 (저항감소)	전구 빛 흐리다. (저항 증가)	×

위 표에서 나타낸 것처럼 교류를 방해하는 용량 리액턴스(X_C)의 영향은 교류회로에서 저항과 콘덴서가 함께 있을 때 용량 리액턴스의 크기에 따라 저항값이 변하며, 직류회로일 때는 전류가 차단된다.

용량 리액턴스는 주파수가 증가할수록 리액턴스 값은 감소하며, 혹은 정전용량을 증가시켜도 감소하는 반비례 관계에 있지만 감소 비율이 비선형인데, 이유는 캐패시턴스나 주파수가 0일 때 용량 리액턴스는 무한대로 커지기 때문이다. 반대로 캐패시턴스나 주파수가 무한대일 때는 용량 리액턴스는 0으로 감소하게 된다.

[그림 4-35 (a)와 (b)]의 회로에서 전구에 불이 들어오는 것은 콘덴서의 충전 전류와 방전전류 때문이며 절연체인 유전체를 통하여 흐르는 전류는 존재하지 않는다.

인가 전압이 증가하면 콘덴서가 충전되는데 충전전류가 도체로부터 콘덴서의 한쪽 극판으로 흐르게 되고, 인가 전압이 감소하게 되면 콘덴서는 방전하게 되며 방전 전류는 충전전류의 반대 방향으로 흐르게 된다. 먼저 콘덴서는 한쪽 극성으로 다시 충전한 뒤 방전을 반복하며, 이런 충전과 방전의 사이클이 회로에서 인가된 전압과 같은 주파수를 갖는 교류전류를 제공하게 된다. 이런 전류가 전구를 점등시킨다.

[그림 4-35(a)[에서 4[uF]의 콘덴서는 전구가 밝게 빛을 낼 수 있을 만큼 충분한 크기의 교류전류를 제공한다.

[그림 4-35 (b)]에서 1[uF]의 콘덴서는 캐패시턴스가 작기 때문에 충전 전류와 방전 전류가 작아져서 전구가 밝지 못하고 희미하게 된다. 따라서 같은 크기의 전압이 인가되어 있다 하더라도 적은 용량의 콘덴서는 많은 교류전류가 흐르는 것을 방해하기 때문에 전류의 세기가 약해지는데 즉 캐패시턴스가 작아지면 리액턴스가 증가한다는 뜻으로 해석된다.

[그림 4-35 (c)]에서는 일정한 직류 전압이 콘덴서를 120[V]까지 충전시키게 되고 인가 전압이 변하지 않기 때문에 콘덴서는 충전 상태를 유지하게 되며 충전된 콘덴서 양단의 전압이 120[V]의 전위차를 갖기 때문에 전류가 흐르지 못한다. 따라서 전구는 점등되지 않으나 전압이 인가될 때 순간의 충전 전류 때문에 전구가 깜빡일 수 있는데 이것은 콘덴서가 충전될 때까지의 짧은 시간에만 해당하며 콘덴서가 120[V]까지 충전되면 전구 양단에 걸리는 전압의 크기는 0[V]이다.

결론적으로 콘덴서는 직류 전류나 직류 전압을 통과시키지 않는다는 의미이며, 따라서 모든 인가 전압은 콘덴서 양단에서 충전되고 어떤 직렬저항 양단에도 전압강하는 발생되지 않는다.

Exercise 7

정전 용량 20[uF]의 콘덴서에 100[V], 60[Hz]의 사인파 전압을 가하는 경우 용량 리액턴스 X_c와 흐르는 전류 I[A]를 구하라.

explanation

① 용량 리액턴스(X_C) $= \frac{1}{2\pi fc} = \frac{1}{2\times\pi\times60\times20\times10^{-6}}[\Omega] = \frac{10^6}{2\times3.14\times60\times20}[\Omega]$

$= \frac{10^3}{7.536}[\Omega] \fallingdotseq 132.7[\Omega] \fallingdotseq 133[\Omega]$

② $I = \frac{V}{R} = \frac{100}{133} = 0.75[A]$

Exercise 8

저항 10[Ω]과 코일을 직렬로 접속한 회로에 교류 220[V], 60[Hz]를 가했더니 11[A]의 전류가 흘렀다. 합성 임피던스는 얼마인가?

explanation

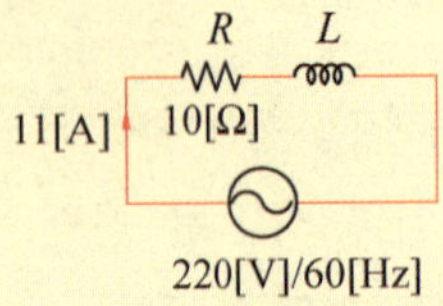

$$I=\frac{V}{|Z|}=\frac{V}{\sqrt{R^2+X_L^2}}=\frac{200}{\sqrt{10^2\times X_L^2}}=11$$

→ 양변에 $\sqrt{10^2+X_L^2}$ 를 곱하면

$$11\sqrt{10^2+X_L^2}=220$$

$$\therefore\ \sqrt{10^2+X_L^2}=\frac{220}{11}$$

$$\therefore\ Z=\sqrt{10^2+X_L^2}=20[\Omega]$$

라. RL 직렬회로

코일이 저항과 직렬연결 된다면 전류는 저항(R)과 유도리액턴스(X_L)에 의해 제한되며, 저항(R)과 유도리액턴스(X_L)는 각각의 전압강하를 발생시킨다.

(1) R-L 직렬회로의 특징

① R 양단 전압과 전압은 동상이다.

② L 양단 전입은 전류보다 $\pi/2$[rad]만큼 위상이 앞선다.

③ 전압은 [그림 4-36 (b)]의 저항과 유도 리액턴스의 합성값은 삼각형 빗변 값으로 나타낼 수 있다.

④ 전류는 옴의 법칙에 의해 계산될 수 있다.

⑤ 전원 전압과 자신의 전류 사이의 각이 회로의 위상각이며 코일과 저항의 합성값은 45°의 위상각을 갖는다.

⑥ 임피던스(impedance)란 전기적인 방해물이라는 뜻으로서 저항과 비슷한 의미를 가지고 있으며, 저항기라는 부품이 아니어도 빛, 온도, 습도, 재질, 주파수 등의 외부 조건에 따라 마치 저항기처럼 저항성분을 가지는 것을 말한다.

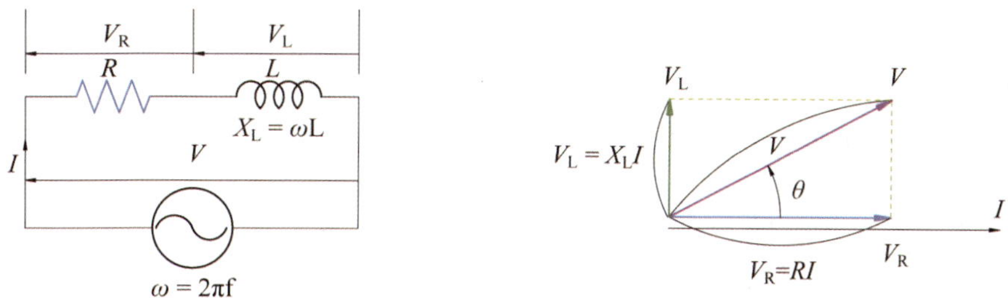

(a) RL 직렬 회로　　　(b) 전압과 전류의 벡터 그림

| 그림 4-36 | RL 직렬 회로 및 벡터그림

(2) R–L 직렬회로의 해석

① R양단 전압 : $V_R = RI$, V_R은 전류 I와 동상

② L양단 전압 : $V_L = X_L I = \omega LI$, V_L은 전류 I보다 $\pi/2$[rad]만큼 앞선 위상

③ 전압 $V = IZ$에서

$$V = \sqrt{V_R^2 + V_L^2} = I\sqrt{R^2 + X_L^2} = I\sqrt{R^2 + (\omega L)^2}\,[\mathrm{V}]$$

④ 전류 $I = V/Z$에서

$$I = \frac{V}{\sqrt{R^2 + X_L^2}}\,[\mathrm{A}]$$

⑤ 위상각 $\tan\theta = X_L / R$에서

$$\theta = \tan^{-1}\frac{X_L}{R} = \tan^{-1}\frac{\omega L}{R}\,[\mathrm{rad}]$$

⑥ 임피던스는 교류에서 전류의 흐름을 방해하는 R, L, C의 벡터적인 합이다.

$$Z = \sqrt{R^2 + (\omega L)^2}\,[\Omega]$$

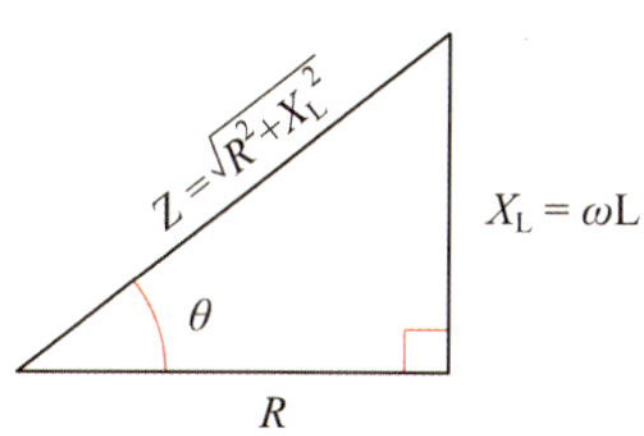

| 그림 4-37 | 임피던스 삼각형

마. RC 직렬회로

콘덴서와 저항과 직렬연결 X_C의 값이 R의 값에 비해 클수록 회로는 용량성 부하의 특성을 더 많이 나타내게 된다. 즉 용량 리액턴스 양단에 더 큰 전압 강하가 나타나게 되고 위상각은 -90°로 접근하게 되면, 전류는 저항(R)과 용량리액턴스(X_C)에 의해 제한되고 저항(R)과 용량리액턴스(X_C)는 각각의 전압강하를 발생시킨다.

(1) R-C 직렬회로의 특징

① R양단 전압과 전압은 동상이며,

② C양단 전압은 전류보다 $\pi/2$[rad]만큼 위상이 뒤진다.

③ 전압은 [그림 4-38 (b)]의 저항과 유도 리액턴스의 합성값 즉 삼각형 빗변 값으로 나타낼 수 있다.

④ 전류는 옴의 법칙에 의해 계산될 수 있다.

⑤ 전원 전압과 자신의 전류 사이의 각이 회로의 위상각이며 코일과 저항의 합성값은 -45°의 위상각을 갖는다.

⑥ 임피던스(impedance)는 저항과 용량리액턴스 합성저항 값으로 삼각형 빗변을 나타낸다.

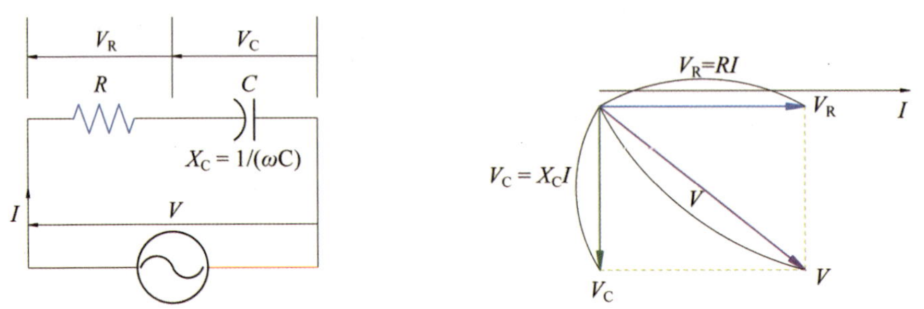

(a) RC 직렬 회로

(b) 전압 전류의 벡터 그림

| 그림 4-38 | RC 직렬 회로의 성질

(2) R-C 직렬회로의 해석

① R양단 전압 $V_R = RI$, V_R은 전류 I와 동상이다.

② C양단 전압 V_C는 전류(I) 보다 $\pi/2$[rad]만큼 위상이 뒤진다.

$$V_C = X_C I = \frac{1}{\omega C} I$$

③ 전압 $V = IZ$에서 $V = I\sqrt{R^2 + X_C^2} = I\sqrt{R^2 + (\frac{1}{\omega C})^2}$ [V]

④ 전류$I = V/Z$에서 $I = \frac{V}{\sqrt{R^2 + X_C^2}}$ [A]

⑤ 위상각 $\tan\theta = X_C/R$에서 $\theta = \tan^{-1}\frac{X_o}{R} = \tan^{-1}\frac{1}{\omega CR}$ [rad]

⑥ 임피던스 $Z = \sqrt{R^2 + (\frac{1}{\omega C})^2}$ [Ω]

바. LC 직렬회로

코일과 콘덴서는 위상이 서로 반대이다. 즉 L과 C는 역위상(180° 위상차)이므로 임피던스 합성값은 두 벡터량의 차(큰 벡터량에서 작은 벡터량을 뺀 크기)를 구하면 된다. [그림 4-39 (b)] 경우는 유도리액턴스가 용량리액턴스보다 더 클 경우 전압의 위상이 전류보다 더 앞서며, [그림 4-39 (c)]의 경우 반대 경우이면 전압의 위상이 더 늦은 경우가 된다. 다음은 회로해석 및 유도리액턴스($X_L = 2\pi$fL)와 용량리액턴스($X_C = 1/2\pi$fC)의 특징들을 비교하였다.

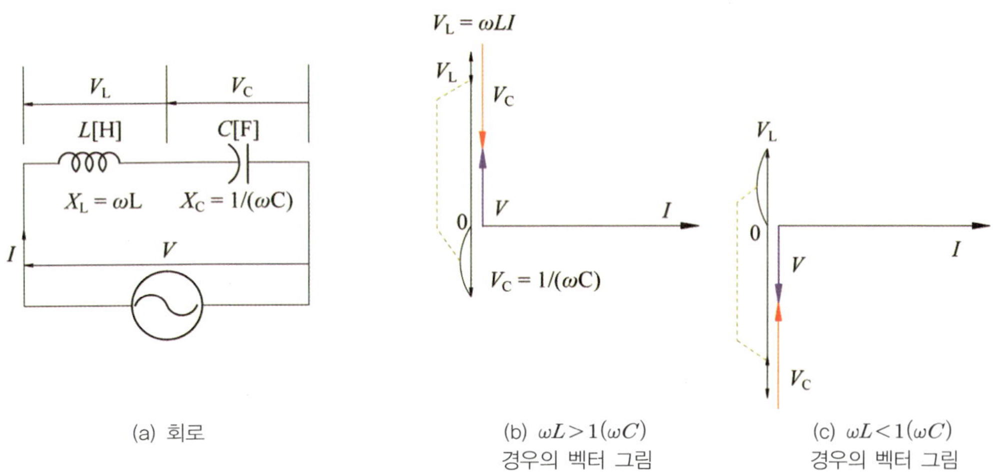

| 그림 4-39 | LC 직렬 회로와 벡터 그림

① 전압 : 위상이 180°이며 서로 방향이 반대이므로 아래와 같이 구한다.

$$V = V_L - V_C = \omega LI - \frac{I}{\omega C} = \left(\omega L - \frac{1}{\omega C}\right)I \text{ [V]}$$

② 전류는 옴의 법칙에 의하여 구한다.

$$I = \frac{V}{\left(\omega L - \frac{1}{\omega C}\right)} = \frac{V}{Z}[\text{A}]$$

③ X_L과 X_C의 비교

| 표 4-3 |

$X_L = 2\pi f L[\Omega]$	$X_C = \frac{1}{2\pi f C}[\Omega]$
L이 증가하면 X_L이 증가	C가 증가하면 X_C가 감소
주파수가 증가하면 X_L 증가	주파수가 증가하면 X_C 감소
저주파 전류가 잘 흐른다 (직류전류 통과)	고주파 전류가 잘 흐르고 저주파 전류는 차단 (교류전류 통과)
R과 L의 직렬회로에서 전류가 전압보다 $\pi/2$[rad] 만큼 빠르다	R과 C의 직렬회로에서 전류가 전압보다 $\pi/2$[rad] 만큼 늦다

사. RLC 직렬회로

RL, RC, LC 병렬회로의 합성회로로 각각의 리액턴스 성질을 고려하여 구하면 된다. 이 경우 3가지로 나타낼 수 있는데 X_L이 X_C보다 크거나 작을 경우는 L-C회로를 참고하면 되며, 다만 X_L과 X_C가 같을 때는 합성임피던스 저항(R)만 남게 되어 RLC 회로는 무유도 저항 R만 있는 결과가 되므로 RLC직렬회로 양단의 전압(V)과 그 회로의 전류(I)는 동위상이 되며, 이것은 직렬공진의 조건이 되기도 한다. 이 회로의 위상은 전류를 기준으로 다음과 같은 특징이 있다.

① $\omega L > \frac{1}{\omega C}$일 때 전류는 전압에 비해 뒤진 위상(유도성)이 된다.

② $\omega L < \frac{1}{\omega C}$일 때 전류는 전압에 비해 앞선 위상(용량성)이 된다.

③ $\omega L = \frac{1}{\omega C}$일 때 전류와 전압이 같은 위상(공진)이 된다.

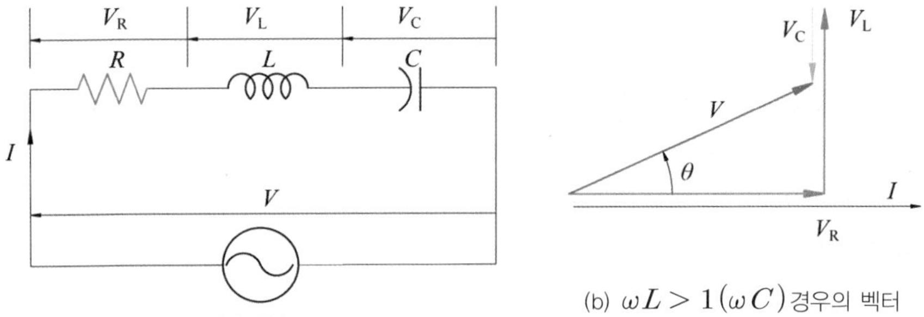

(a) 회로

(b) $\omega L > 1(\omega C)$ 경우의 벡터 그림

| 그림 4-40 | RLC 직렬 회로와 벡터 그림

(1) RLC 양단 전압의 특징

① 전체 전압은 $V = V_R + V_L + V_C$ [V]이다.

② R양단 전압은 $V_R = RI$이며, V_R은 전류 I와 동상이다.

③ L양단 전압 $V_L = X_L I = \omega L I$이며, V_L은 전류 I보다 $\pi/2$[rad]만큼 위상이 앞선다.

④ C양단 전압 V_C는 I보다 $\pi/2$[rad]만큼 위상이 뒤진다.

$$V_C = X_C I = \frac{1}{\omega C} I$$

(2) RLC 직렬회로의 해석

① RLC 직렬회로의 관계($\omega L > \frac{1}{\omega C}$의 경우)

㉠ 전압

$$V = \sqrt{V_R^2 + (V_L - V_C)^2} = I\sqrt{R^2 + (X_L - X_C)^2} \text{ [V]}$$

㉡ 전류

$$I = \frac{V}{\sqrt{R^2 + (X_L - X_C)^2}} \text{ [A]}$$

㉢ 위상차

$$\theta = \tan^{-1}\frac{X_L - X_C}{R} \text{ [rad]}$$

㉣ 임피던스

$$Z = \sqrt{R^2 + (\omega L - \frac{1}{\omega C})^2} \text{ [}\Omega\text{]}$$

아. RLC 직렬 공진회로

공진은 RCL 직렬회로의 합성임피던스로 결정된다. 주파수가 높아지거나 낮아지면 X_L과 X_C의 크기가 변하므로 합성 임피던스는 주파수의 높고 낮음에 따라서 크게 달라진다.

그런데 어떤 주파수 f에서 X_L과 X_C가 꼭 같다고 하면 $X_L \sim X_C = 0$이 되므로 합성 임피이던스는 저항(R)만 남게 되어 저항값은 최소로 되는데, 이때 RLC 회로는 f의 주파수에 직렬공진되었다고 한다.

이때는 L과 C성분이 상쇄되어 R만 있는 회로와 같이 되기 때문에, RLC 직렬회로 양단의 전압과 직렬회로에 흐르는 전류는 동위상이 된다.

RLC 회로가 공진된 주파수에 대해서는 저항이 최소로 작용하여 공진된 주파수만이 통과하기가 용이해지므로 라디오, TV에서는 여러 방송주파수 가운데에서 어떤 한 곳의 방송주파수만을 선택하고자 할 때에 이와 같은 공진회로를 이용하고 있다. 이와 같이 방송을 선택할 목적으로 사용하고 있는 LC 공진회로를 동조회로라고 한다.

여러 전파가 들어오고 있는 통로에 L과 C를 직렬로 삽입하고 L이나 C를 변화시켜 f_0의 주파수에서 L이 갖는 저항 X_L과 C가 갖는 저항 X_C를 일치 시킨다면 f_0의 주파수에 한해서만은 합성저항 $Z = X_L \sim X_C = 0[\Omega]$이 되므로 f_0의 전파는 저항력을 받지 않고 통과하여 하나의 주파수만 선택하게 된다.

그러나 다른 주파수에 대해서는X_L과 X_C가 같지 않기 때문에 상당히 큰 저항으로 작용하여 라디오로 공급되지 못한다. 따라서 전파는 하나만 선택되는 것이고, 만약 L이나 C를 변경시키면 X_L과 X_C를 같게 하는 주파수가 달라져서 다른 주파수가 통과하게 된다.

만약 LC회로에시 공진주피수를 알고 싶으면 f의 주파수에서 코일의 리액턴스 $X_L = 2\pi fL$과 콘덴서의 리액턴스$X_C = 1/2\pi fC$이 같다고 놓고 공진주파수(f_0)를 구하면 된다.

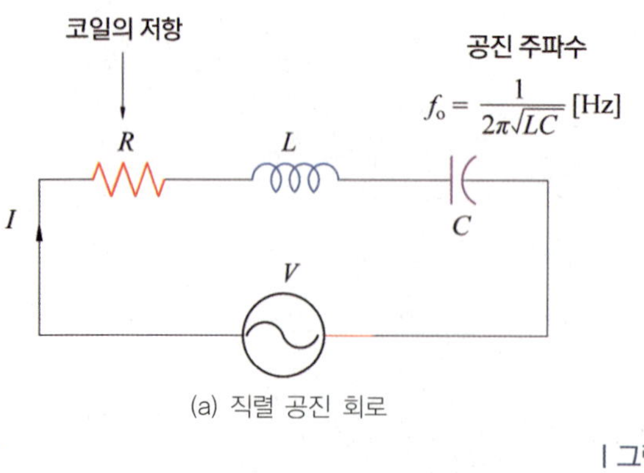

(a) 직렬 공진 회로

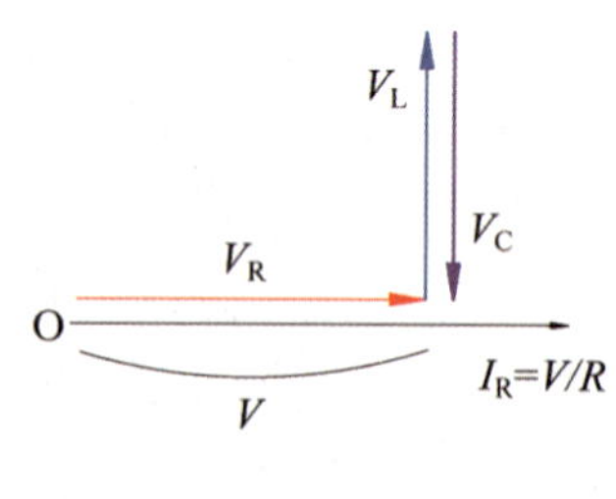

(b) 직렬 공진 벡터 그림

| 그림 4-41 | RLC 직렬 공진 회로와 벡터 그림

공진회로의 특징 및 회로해석은 다음과 같다.

① 공진 조건은 $\omega L = \dfrac{1}{\omega C}$이다.

② 공진 임피던스 $Z = R[\Omega]$

$(Z = \sqrt{R^2 + (X_L \sim X_C)^2} = \sqrt{R^2 + 0^2} = \sqrt{R^2} = R)$

③ 공진시 전류 $I_0 = V/R$ [A]로 $X_L \sim X_C = 0$ 이므로 R만 남는다.

④ 직렬공진일 때 임피던스 $Z = R$이 되어 임피던스는 최소, 전류는 최대가 된다.

⑤ 공진 주파수 : $f_0 = \dfrac{1}{2\pi\sqrt{LC}}$ [Hz]

⑥ 공진곡선은 공진회로에서 주파수에 대한 전류변화를 나타낸 곡선을 말한다.

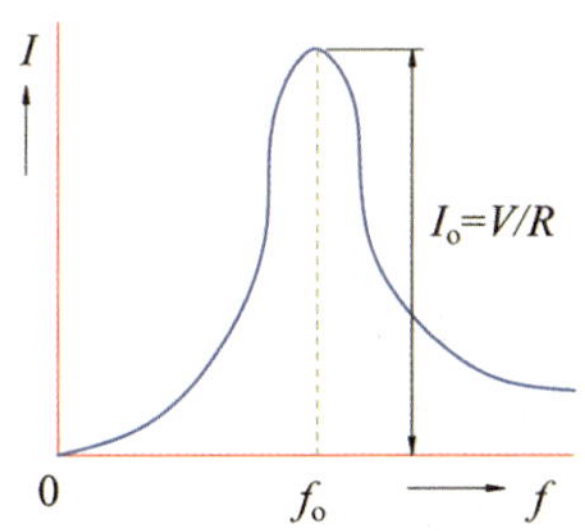

| 그림 4-42 | 직렬 공진 곡선

⑦ 선택도(quality factor)란 공진회로의 특성을 표현하는 요소로서 선택도가 높다는 것은 대역폭이 좁아 공진 주파수 근처에서만 임피던스(impedance)가 뾰족하게 높게 나타나고, 선택도가 낮다는 것은 대역폭이 넓어 공진 주파수 멀리까지 평퍼짐하게 나타난다. 직렬공진을 이용하면 L이나 C양단에 인가전압(E)의 Q배가 증폭된 QE의 전압이 나타난다.

- 공진시 $V_L = V_C = \dfrac{\omega L}{R} V = \dfrac{1}{\omega CR} V$[V]

  $\therefore \dfrac{V_C}{L} = \dfrac{V_C}{V} = \dfrac{\omega L}{R} = \dfrac{1}{\omega CR} = Q$

  여기서 Q는 선택도라고 한다.

  따라서 공진시에는 V_L, V_C는 전원전압 V의 Q배로 커진다.

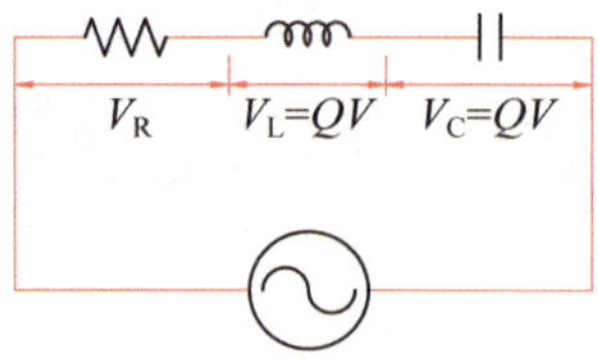

ㅣ그림 4-43ㅣ직렬공진회로

Exercise 9

그림을 보고 물음에 답하시오.

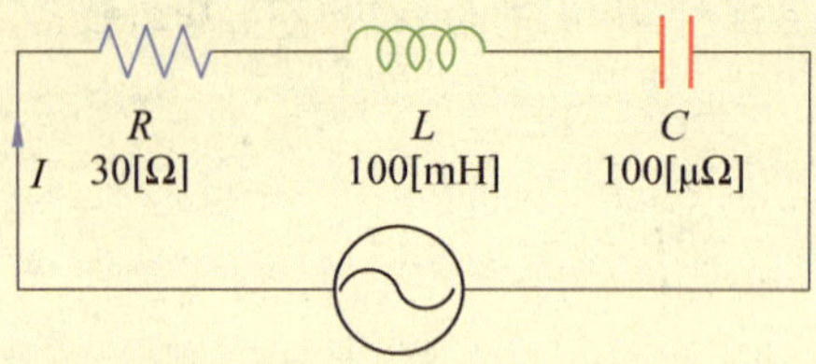

1) 실효치 전압 V와 주파수 f는 얼마인가?

2) 콘덴서의 리액턴스는 얼마인가?

3) 이 회로에서 코일과 콘덴서의 리액턴스가 같아지는 주파수는 얼마인가?

explanation

1) $V = \frac{1}{\sqrt{2}} \times 141$(최대값) $= 99.7[V]$

$f = \frac{w}{2\pi} = \frac{100\pi}{2\pi} = 50[Hz]$

2) $X_C = \frac{1}{\omega C} = \frac{1}{2\pi fc}[\Omega] = \frac{1}{100\pi \times 100 \times 10^{-6}} = \frac{100}{\pi}[\Omega] = \frac{100}{3.14}$ = 약 31.8[Ω]

3) $\omega L = \frac{1}{\omega C}$에서

$f_o = \frac{1}{2\pi\sqrt{LC}} H_Z = \frac{1}{2\times3.14\sqrt{100\times10^{-3}\times100\times10^{-6}}} H_Z$ = 약 160[Hz]

자. RC 병렬회로

병렬회로에서의 전압은 용량리액턴스(X_C)와 저항 그리고 전원의 양단에서 모두 동일하기 때문에 이들 병렬간에는 위상차가 없으나 각각의 가지(분기)에는 다른 전류가 흐른다.

저항에는 $I_R = V/R$의 전류가 흐르고, 콘덴서에는 $I_C = V/X_C$의 전류가 흐르므로 이것

을 벡터로 표시하면 그림과 같다. 이 경우에는 전압이 회로 전체에 대해 일정함으로 전원 전압을 기준 벡터로 잡으면 I_R은 V와 같은 위상을 갖고 콘덴서 전류 I_C는 V보다 90°앞선 위상을 갖게 된다.

전체 선전류 I는 서로 90°의 위상차를 갖는 I_R과 I_C의 벡터합이 되므로 ①의 식과 같이 계산 될 수 있다.

병렬 임피던스는 인가 전압을 전체 선전류로 나눈 값과 같기 때문에 $Z = \frac{V}{I}$이므로 전류 식 ①을 대입하면 식 ②으로 정리된다.

병렬회로에서의 위상차는 V와 R의 위상이 같기 때문에 결과적으로 위상각은 I_C와 I_R 간의 위상차가 됨을 알수 있다. 따라서 $\tan\theta = \frac{I_C}{I_R}$로 표기되며 정리하면 식 ③과 같다.

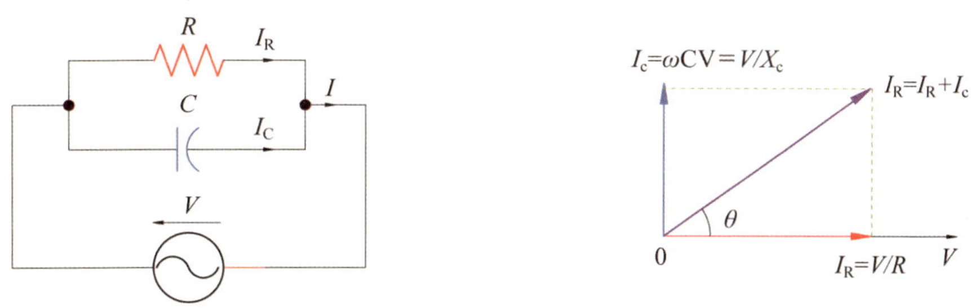

(a) 병렬 회로 (b) 벡터 그림

| 그림 4-44 | RC 병렬 회로와 벡터 그림

① 전류 $I = \sqrt{I_R^2 + I_C^2} = V\sqrt{(\frac{1}{R})^2 + (\omega C)^2}$ [A]

② 임피던스 $Z = \frac{1}{\sqrt{(\frac{1}{R})^2 + (\omega C)^2}}$ [Ω]

③ 위상차 $\theta = \tan^{-1}\omega CR$[rad]

차. RL 병렬회로

병렬회로에서의 전압은 유도성리액턴스(X_L)와 저항(R) 그리고 전원의 양단에서 모두 동일하기 때문에 이들 병렬간에는 위상차가 없으나 각각의 가지(분기)에는 다른 전류가 흐른다.

저항에는 $I_R = V/R$의 전류가 흐르고, 코일에는 $I_L = V/X_L$의 전류가 흐르므로 이것을 벡터로 표시하면 [그림 4-44 (b)]와 같다. 이 경우에는 전압이 회로 전체에 대해 일정함으로 전원 전압을 기준 벡터로 잡으면 I_R은 V와 같은 위상을 갖고 코일의 전류 I_L는 V보다 90° 뒤진 위상을 갖게 된다.

전체 선전류 I는 서로 90°의 위상차를 갖는 I_R과 I_L의 벡터합이 되므로 ①의 식과 같이 계산될 수 있다.

병렬 임피던스는 인가 전압을 전체 선전류로 나눈 값과 같기 때문에 $Z = \frac{V}{I}$이므로 전류 식 ①을 대입하면 식 ②으로 정리된다.

병렬회로에서의 위상차는 V와 R의 위상이 같기 때문에 결과적으로 위상각은 I_L와 I_R간의 위상차가 됨을 알 수 있다. 따라서 $\tan\theta = \frac{I_L}{I_R}$로 표기되며 정리하면 식 ③과 같다.

(a) 병렬 회로

(b) 벡터 그림

| 그림 4-45 | RL 병렬 회로와 벡터 그림

① 전류 $I = \sqrt{I_R^2 + I_L^2} = V\sqrt{(\frac{1}{R})^2 + (\frac{1}{\omega L})^2}$ [A]

$$(\omega C)^2 = \frac{1}{X_C}$$

② 임피던스 $Z = \frac{1}{\sqrt{(\frac{1}{R})^2 + (\frac{1}{\omega L})^2}}$ [Ω]

$$(\omega L)^2 = X_L$$

③ 위상차 $\theta = \tan^{-1}\frac{R}{\omega L}$ [rad]

카. LC 병렬회로

코일과 콘덴서는 위상이 서로 반대이다. 즉 L과 C는 역위상(180° 위상차)이므로 임피던스 합성값은 두 벡터량의 차(큰 벡터량에서 작은 벡터량을 뺀 크기)를 구하면 된다.

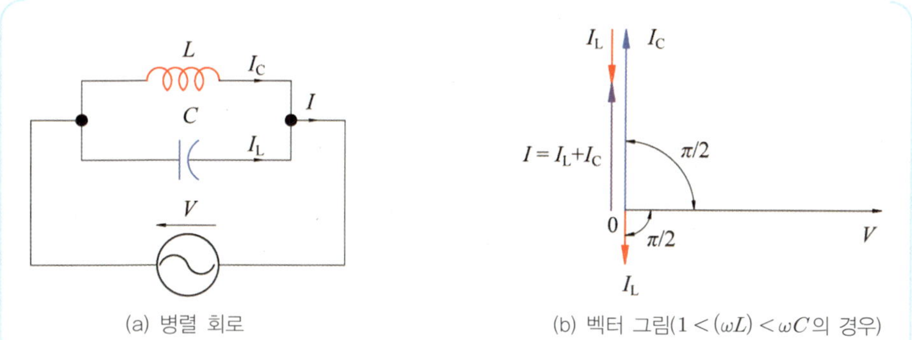

| 그림 4-46 | LC 병렬 회로와 벡터 그림

① $\frac{1}{\omega L} < \omega C$의 경우 전류 $I = \frac{V}{\frac{1}{\omega - \frac{1}{\omega L}}}$[A]

② $\frac{1}{\omega L} > \omega C$ 의 경우 전류 $I = \frac{V}{\frac{1}{\frac{1}{\omega L} - \omega C}}$[A]

타. RLC 병렬회로

R-L, R-C, L-C 병렬회로의 합성회로로 각각의 리액턴스 성질을 고려하여 구하면 된다. 이 경우 3가지로 나타낼 수 있는데 X_L이 X_C보다 크거나 작을 경우는 앞에서 공부하였다. 다만 X_L과 X_C가 같을 때는 합성임피던스 저항(R)만 남게되어 RLC병렬회로 양단의 전압(V)과 그 회로의 전류(I)는 동위상이 된다. 이것은 병렬공진의 조건이 되기도 한다.

1) 회로 위상의 특징

① $\frac{1}{\omega L} < \omega C$일 때 전류는 전압에 비해 앞선 위상(용량성)이다.

② $\frac{1}{\omega L} > \omega C$일 때 전류는 전압에 비해 뒤진 위상(유도성)이다.

③ $\frac{1}{\omega L} = \omega C$일 때 전류와 전압이 같은 위상(공진)이다.

2) 회로 해석

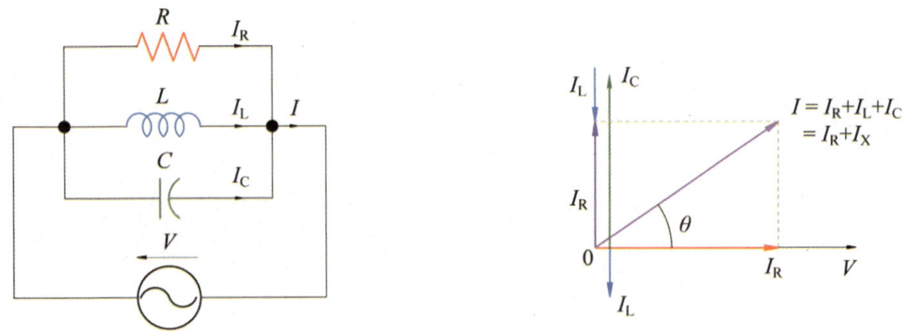

(a) 병렬 회로

(b) 벡터 그림($1 < (\omega L) < \omega C$의 경우)

| 그림 4-47 | RLC 병렬 회로와 벡터 그림

① 전류 $I = \sqrt{I_R^2 + (I_C - I_L)^2} = V\sqrt{(\frac{1}{R})^2 + (\omega C - \frac{1}{\omega L})^2}$ [A]

② 임피던스 $Z = \frac{1}{\sqrt{(\frac{1}{R})^2 + (\omega C - \frac{1}{\omega L})^2}}$ [Ω]

③ 위상차 $\theta = \tan^{-1}(\omega C - \frac{1}{\omega L})R$[rad]

Chapter 4 | 교류회로

연 습 문 제

01 어느 회로에 200[V]의 교류 전압을 가하니 $\frac{\pi}{6}$[rad]위상이 늦은 10[A]의 전류가 흘렀다. 이 회로의 전력은 몇 [W]인가?

㉮ 3456 ㉯ 2364
㉰ 1732 ㉱ 1218

02 $\dot{A}_1 = A_1 \angle \theta_1$, $\dot{A}_2 = A_2 \angle \theta_2$ 일 때 두 벡터의 곱 A를 구하는 식은?

㉮ $A_1 A_2 \angle \theta_1 \theta_2$ ㉯ $A_1 A_2 \angle \theta_1 + \theta_2$
㉰ $A_1 + A_2 \angle \theta_1 \theta_2$ ㉱ $A_1 + A_2 \angle \theta_1 + \theta_2$

03 $\dot{I} = 8 + j6$으로 표시되는 전류의 크기 I는 몇 [A]인가?

㉮ 6 ㉯ 8
㉰ 10 ㉱ 12

04 직렬공진회로에서 최대가 되는 것은?

㉮ 전류 ㉯ 임피던스
㉰ 리액턴스 ㉱ 저항

05 RL 직렬회로에서 임피던스 Z의 크기를 나타내는 식은?

㉮ $R^2 + X_L^2$ ㉯ $R^2 - X_L^2$
㉰ $\sqrt{R^2 + X_L^2}$ ㉱ $\sqrt{R^2 - X_L^2}$

06 $v = Vm\sin(wt+30°)$[V], $i = Im\sin(wt-30°)$[A]일 때, 전압을 기준으로 하면 전류의 위상차는?

㉮ 60도 뒤진다. ㉯ 60도 앞선다.
㉰ 30도 뒤진다. ㉱ 30도 앞선다.

07 어떤 회로의 부하 전류가 10[A], 역률이 0.8일 때 부하의 유효 전류는 몇 [A]인가?

㉮ 6 ㉯ 8
㉰ 10 ㉱ 12

Answer | 01 ㉰ 02 ㉯ 03 ㉰ 04 ㉮ 05 ㉰ 06 ㉮ 07 ㉯

08 파형률과 파고율이 모두 1인 파형은?

㉮ 삼각파 ㉯ 정현파
㉰ 구형파 ㉱ 반원파

09 $e = 141.4\sin(100\pi t)$[V]의 교류 전압이 있다. 이 교류의 실효값은 몇 [V]인가?

㉮ 100 ㉯ 110
㉰ 141 ㉱ 282

10 RL병렬 회로에서 합성 임피던스는 어떻게 표현되는가?

㉮ $\dfrac{R}{R^2+X_L^2}$ ㉯ $\dfrac{X_L}{\sqrt{R^2+X_L^2}}$
㉰ $\dfrac{R+X_L}{R^2+X_L^2}$ ㉱ $\dfrac{RX_L}{\sqrt{R^2+X_L^2}}$

11 Y결선에서 상전압이 220[V]이면 선간전압은 약 몇 [V]인가?

㉮ 110 ㉯ 220
㉰ 380 ㉱ 440

12 $v = 100\sqrt{2}\sin(120\pi t + \frac{\pi}{4})$[V], $i = 100\sin(120\pi t + \frac{\pi}{2})$[A]인 경우 전류는 전압보다 위상이 어떻게 되는가?

㉮ $\frac{\pi}{2}$[rad]만큼 앞선다.
㉯ $\frac{\pi}{2}$[rad]만큼 뒤진다.
㉰ $\frac{\pi}{4}$[rad]만큼 앞선다.
㉱ $\frac{\pi}{4}$[rad]만큼 뒤진다.

13 R－L－C 직렬 공진시의 주파수 f[Hz]는?

㉮ $\dfrac{1}{2\pi LC}$ ㉯ $\dfrac{1}{2\pi\sqrt{LC}}$
㉰ $2\pi fLC$ ㉱ $2\pi\sqrt{LC}$

14 대칭 3상 교류에서 기전력 및 주파수가 같을 경우 각 상간의 위상차는 얼마인가?

㉮ π ㉯ $\dfrac{\pi}{2}$
㉰ $\dfrac{2\pi}{3}$ ㉱ 2π

Answer | 08 ㉰ 09 ㉮ 10 ㉱ 11 ㉰ 12 ㉰ 13 ㉯ 14 ㉰

15 Y-Y결선 회로에서 선간전압이 200[V]일 때 상전압은 약 몇 [V]인가?

㉮ 100 ㉯ 115
㉰ 120 ㉱ 135

16 $R=3[\Omega]$, $wL=8[\Omega]$, $\frac{1}{wC}=4[\Omega]$인 RLC 직렬 회로의 임피던스는 몇 [Ω]인가?

㉮ 5 ㉯ 8.5
㉰ 12.4 ㉱ 15

17 복소수 3+j4의 절대값은 얼마인가?

㉮ 2 ㉯ 4
㉰ 5 ㉱ 7

18 일반적인 경우 교류를 사용하는 전기난로의 전압과 전류의 위상에 대한 설명으로 틀린 것은?

㉮ 전압과 전류는 동상이다.
㉯ 전압이 전류보다 90도 앞선다.
㉰ 전류가 전압보다 90도 앞선다.
㉱ 전류가 전압보다 60도 앞선다.

19 $e=100\sin(377t-\frac{\pi}{5})$[V]의 파형 주파수는 약 몇 [Hz]인가?

㉮ 50 ㉯ 60
㉰ 80 ㉱ 100

20 선간전압 210[V], 선전류 10[A]의 Y-Y 회로가 있다. 상전압과 상전류는 각각 얼마인가?

㉮ 약 121[V], 5.77[A]
㉯ 약 121[V], 10[A]
㉰ 약 210[V], 5.77[A]
㉱ 약 210[V], 10[A]

21 $i=I_m \sin wt$[A]인 교류의 실효값은?

㉮ $\frac{I_m}{\sqrt{2}}$ ㉯ $\frac{2}{\pi}I_m$
㉰ I_m ㉱ $\sqrt{2}I_m$

22 $R=6[\Omega]$, $X_c=8[\Omega]$일 때 임피던스 $\dot{Z}=6-j8[\Omega]$으로 표시되는 것은 일반적으로 어떤 회로인가?

㉮ RL 직렬회로 ㉯ RL 병렬회로
㉰ RC 직렬회로 ㉱ RC 병렬회로

Answer | 15 ㉯ 16 ㉮ 17 ㉰ 18 ㉮ 19 ㉯ 20 ㉯ 21 ㉮ 22 ㉱

23 교류 전압의 실효값이 200[V]일 때 단상 반파 정류에 의하여 발생하는 직류 전압의 평균값은 약 몇 [V]인가?

㉮ 45 ㉯ 90
㉰ 105 ㉱ 110

24 교류 100[V]의 최대값은 몇 [V]인가?

㉮ 90 ㉯ 4
㉰ 111 ㉱ 141

25 저항 4[Ω], 유도 리액턴스 8[Ω], 용량 리액턴스 5[Ω]이 직렬로 된 회로에서의 역률은 얼마인가?

㉮ 0.8 ㉯ 0.7
㉰ 0.6 ㉱ 0.5

26 세변의 저항 $R_a = R_b = R_c = 15[\Omega]$인 Y결선 회로가 있다. 이것과 등가인 △결선회로의 각 변의 저항은 몇 [Ω]인가?

㉮ 5 ㉯ 10
㉰ 25 ㉱ 45

27 인버터의 스위칭 주기가 1[msec]이면 주파수는 몇 [Hz]인가?

㉮ 20 ㉯ 60
㉰ 100 ㉱ 1000

28 L[H], C[F]를 병렬로 결선하고 전압 V[V]를 가할 때 전류가 0이 되려면 주파수 f는 몇 [Hz]이어야 하는가?

㉮ $2\pi\sqrt{LC}$ ㉯ $\frac{2\pi}{\sqrt{LC}}$
㉰ $\frac{\sqrt{LC}}{2\pi}$ ㉱ $\frac{1}{2\pi\sqrt{LC}}$

29 4[Ω], 6[Ω], 8[Ω]의 3개 저항을 병렬 접속할 때 합성 저항은 약 몇 [Ω]인가?

㉮ 1.8 ㉯ 2.5
㉰ 3.6 ㉱ 4.5

30 최대값 10[A]인 교류 전류의 평균값은 약 몇 [A]인가?

㉮ 0.2 ㉯ 0.5
㉰ 3.14 ㉱ 6.37

Answer | 23 ㉯ 24 ㉱ 25 ㉮ 26 ㉱ 27 ㉱ 28 ㉱ 29 ㉮ 30 ㉱

31 평형 3상 교류 회로에서 △ 결선할 때 선전류 I_l과 상전류 I_p와의 관계 중 옳은 것은?

㉮ $I_l = 3I_p$　　㉯ $I_l = 2I_p$
㉰ $I_l = \sqrt{3}\,I_p$　　㉱ $I_l = I_p$

32 R = 5[Ω], L = 2[H]인 직렬회로의 시상수는 몇 [sec]인가?

㉮ 0.1　　㉯ 0.2
㉰ 0.3　　㉱ 0.4

33 R = 10[KΩ], C = 5[μF]의 직렬 회로에 110[V]의 직류 전압을 인가했을 때 시상수(τ)는?

㉮ 5[ms]　　㉯ 50[ms]
㉰ 1[sec]　　㉱ 2[sec]

34 교류 회로에서 전압과 전류의 위상차를 θ[rad]라 할 때 $\cos\theta$는 회로의 무엇인가?

㉮ 전압변동률　　㉯ 파형률
㉰ 효율　　㉱ 역률

35 8[Ω]의 용량리액턴스에 어떤 교류전압을 가하면 10[A]의 전류가 흐른다. 여기에 어떤 저항을 직렬로 접속하여, 같은 전압을 가하면 8[A]로 감소되었다. 저항은 몇 [Ω]인가?

㉮ 6　　㉯ 8
㉰ 10　　㉱ 12

36 사이리스터를 이용하여 단상 전파제어 정류를 하고자 한다. 전원 전압이 100[V]에서 점호각이 60℃일 때 직류 전원 평균값은 몇 [V]인가?

㉮ 86.6　　㉯ 70.7
㉰ 67.5　　㉱ 57.7

37 각속도 w = 377[rad/sec]인 사인파 교류의 주파수는 약 몇 [Hz]인가?

㉮ 30　　㉯ 60
㉰ 90　　㉱ 120

38 주파수 100[Hz]의 주기는 몇 초인가?

㉮ 0.05　　㉯ 0.02
㉰ 0.01　　㉱ 0.1

Answer | 31 ㉰ 32 ㉱ 33 ㉯ 34 ㉱ 35 ㉮ 36 ㉰ 37 ㉯ 38 ㉰

39 10[Ω]의 저항회로에 e = 100sin(377t + $\frac{\pi}{3}$)[V]의 전압을 가했을 때 t = 0에서의 순시전류는 몇 [A]인가?

㉮ $5\sqrt{3}$　㉯ 5
㉰ $5\sqrt{2}$　㉱ 10

40 e = 141sin(120$\pi t - \frac{\pi}{3}$)[V]인 파형의 주파수는 몇 [Hz]인가?

㉮ 120　㉯ 60
㉰ 30　㉱ 15

41 저항 3[Ω], 유도리액턴스 4[Ω]의 직렬회로에 교류 100[V]를 가할 때 흐르는 전류와 위상각은 얼마인가?

㉮ 14.3[A], 37°　㉯ 14.3[A], 53°
㉰ 20[A], 37°　㉱ 20[A], 53°

42 Y－Y 결선 회로에서 선간 전압이 200[V]일 때 상전압은 약 몇 [V]인가?

㉮ 100　㉯ 115
㉰ 120　㉱ 135

43 e = 141.4sin(100πt)[V]의 교류 전압이 있다. 이 교류의 실효값은 몇 [V]인가?

㉮ 100　㉯ 110
㉰ 141　㉱ 282

44 저항 9[Ω], 용량리액턴스 12[Ω]의 직렬 회로의 임피던스는 몇 [Ω]인가?

㉮ 3　㉯ 15
㉰ 21　㉱ 32

45 $\dot{A}_1 = a_1 + jb_1$, $\dot{A}_2 = a_2 + jb_2$인 두 벡터의 차 $\dot{A}$를 구하는 식은?

㉮ $(a_1 - a_2) + j(b_1 - b_2)$
㉯ $(a_1 + a_2) - j(b_1 + b_2)$
㉰ $(a_1 - b_1) + j(a_2 - b_2)$
㉱ $(a_1 - b_1) - j(a_2 - b_2)$

46 R · L 직렬 회로에서 전압과 전류의 위상차 $\tan\theta$는?

㉮ $\frac{L}{R}$　㉯ wLR
㉰ $\frac{wL}{R}$　㉱ $\frac{R}{wL}$

Answer | 39 ㉮ 40 ㉯ 41 ㉱ 42 ㉯ 43 ㉮ 44 ㉯ 45 ㉮ 46 ㉰

47 어떤 회로에 v = 200sinwt[V]의 전압을 가했더니 전류 i = 50sin($wt+\frac{\pi}{2}$)[A]가 흘렀다. 이 회로는?

㉮ 저항회로 ㉯ 유도성회로
㉰ 용량성회로 ㉱ 임피던스회로

48 R = 10[Ω], C = 220[μF]의 병렬회로에 주파수 f = 60[Hz], V = 100[V]의 사인파 전압을 가할 때 저항 R에 흐르는 전류 [A]는?

㉮ 0.45[A] ㉯ 6[A]
㉰ 10[A] ㉱ 22[A]

49 대칭 3상 교류를 올바르게 설명한 것은?

㉮ 3상의 크기 및 주파수가 같고 상차가 60°의 간격을 가진 교류
㉯ 3상의 크기 및 주파수가 각각 다르고 상차가 60°의 간격을 가진 교류
㉰ 동시에 존재하는 3상의 크기 및 주파수가 같고 상차가 120°의 간격을 가진 교류
㉱ 동시에 존재하는 3상의 크기 및 주파수가 같고 상차가 90°의 간격을 가진 교류

50 10[Ω]의 저항 회로에 e = 100sin(377t+$\frac{\pi}{3}$)[V]의 전압을 가했을 때 t = 0에서의 순시전류는?

㉮ 5[A] ㉯ 5$\sqrt{3}$[A]
㉰ 10[A] ㉱ 10$\sqrt{3}$[A]

51 각 주파수 ω = 100π[rad/s]일 때 주파수 f[Hz]는?

㉮ 50[Hz] ㉯ 60[Hz]
㉰ 300[Hz] ㉱ 360[Hz]

52 R = 4[Ω], $\frac{1}{\omega C}$ = 36[Ω]을 직렬로 접속한 회로에 $v = 120\sqrt{2}\sin\omega t + 60\sqrt{2}\sin(3\omega t+\phi_3)+30\sqrt{2}\sin(5\omega t+\phi_5)$[V]를 인가했을 때 흐르는 전류의 실효값은 약 몇 [A]인가?

㉮ 3.3[A] ㉯ 4.8[A]
㉰ 3.6[A] ㉱ 6.8[A]

53 200[V]의 3상 3선식 회로에 R = 4[Ω], R_L = 3[Ω]의 부하 3조를 Y결선했을 때 부하전류는?

㉮ 약 11.5[A] ㉯ 약 23.1[A]
㉰ 약 28.6[A] ㉱ 약 40[A]

Answer | 47 ㉰ 48 ㉰ 49 ㉰ 50 ㉯ 51 ㉮ 52 ㉱ 53 ㉯

54 주파수 100Hz의 주기는?

㉮ 0.01[sec]　㉯ 0.6[sec]
㉰ 1.7[sec]　㉱ 6000[sec]

55 회전자가 1초에 30회전을 하면 각속도는?

㉮ 10π[rad/s]　㉯ 60π[rad/s]
㉰ 20π[rad/s]　㉱ 30π[rad/s]

56 일반적으로 교류 전압계의 지시 값은?

㉮ 최대값　㉯ 순시값
㉰ 평균값　㉱ 실효값

57 $e = 141\sin(120\pi t - \frac{\pi}{3})$인 파형의 주파수는 몇 [Hz]인가?

㉮ 10　㉯ 15
㉰ 30　㉱ 60

58 각속도 w = 300[rad/sec]인 사인파 교류의 주파수[Hz]는 얼마인가?

㉮ $\frac{70}{\pi}$　㉯ $\frac{150}{\pi}$
㉰ $\frac{180}{\pi}$　㉱ $\frac{360}{\pi}$

59 브리지 회로에서 미지의 인덕턴스 L_x를 구하면?

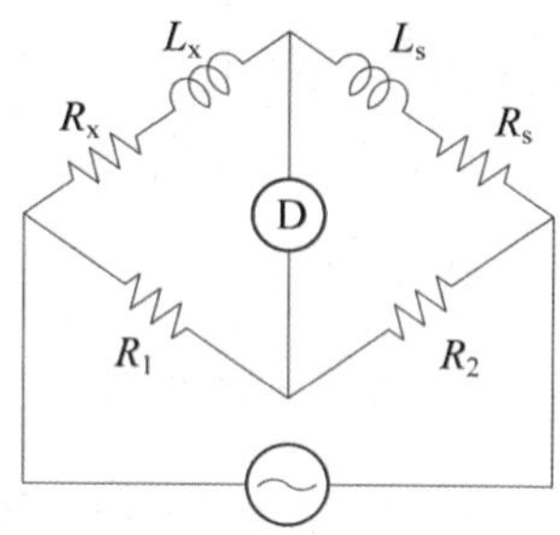

㉮ $L_x = \frac{R_2}{R_1}L_s$　㉯ $L_x = \frac{R_1}{R_2}L_s$
㉰ $L_x = \frac{R_s}{R_1}L_s$　㉱ $L_x = \frac{R_1}{R_s}L_s$

60 Z_1 = 5+j3[Ω]과 Z_2 = 7−j3[Ω]이 직렬로 연결된 회로에 V = 36[V]를 가한 경우의 전류[A]는?

㉮ 1[A]　㉯ 3[A]
㉰ 6[A]　㉱ 10[A]

61 그림의 병렬 공진회로에서 공진 임피던스 $Z_0[\Omega]$은?

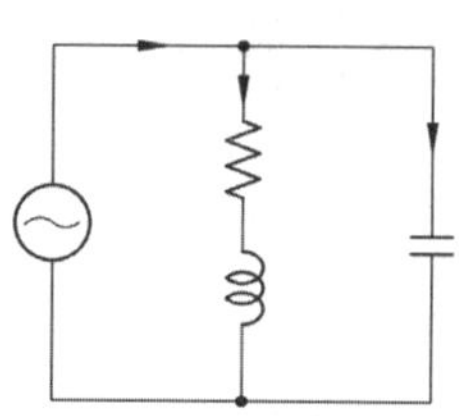

㉮ $\frac{L}{CR}$　㉯ $\frac{CL}{R}$
㉰ $\frac{R}{CL}$　㉱ $\frac{CR}{L}$

Answer | 54 ㉮ 55 ㉯ 56 ㉱ 57 ㉱ 58 ㉯ 59 ㉯ 60 ㉯ 61 ㉮

62 다음 전압과 전류의 위상차는 어떻게 되는가?

$$v = \sqrt{2}\sin(\omega t - \frac{\pi}{3})\,[V],$$
$$i = \sqrt{2}I\sin(\omega t - \frac{\pi}{6})\,[A]$$

㉮ 전류가 $\frac{\pi}{3}$만큼 앞선다.

㉯ 전압이 $\frac{\pi}{3}$만큼 앞선다.

㉰ 전압이 $\frac{\pi}{6}$만큼 앞선다.

㉱ 전류가 $\frac{\pi}{6}$만큼 앞선다.

63 정현파 교류의 최대치 I_M 과 실효치 I_e의 관계는?

㉮ $I_m = \sqrt{3}I_e$ ㉯ $I_m = \sqrt{2I_e}$

㉰ $I_m = I_e\sqrt{2}$ ㉱ $I_m = \frac{1}{\sqrt{3}}I_e$

64 최대값 V_m인 정현파 교류의 평균값은?

㉮ 0 ㉯ $V_m\sqrt{2}$

㉰ $\sqrt{2V_m}$ ㉱ $\frac{2V_m}{\pi}$

65 50[μF]의 콘덴서에 100[V], 60[Hz]의 교류 전압을 가할 때의 무효 전력은?

㉮ 40π[var] ㉯ 60π[var]

㉰ 120π[var] ㉱ 240π[var]

66 교류전압 100[V], 전류 20[A]로서 1.6[kW]의 전력을 소비하는 회로의 리액턴스는 몇 [Ω]인가?

㉮ 3 ㉯ 4

㉰ 5 ㉱ 10

67 60[Hz]의 전압을 오실로스코프로 측정할 때 주기는 약 얼마인가?

㉮ 60[sec] ㉯ 1[sec]

㉰ 16.6[msec] ㉱ 60[msec]

68 다음과 같은 회로의 용량 리액턴스 X_c[Ω]는?

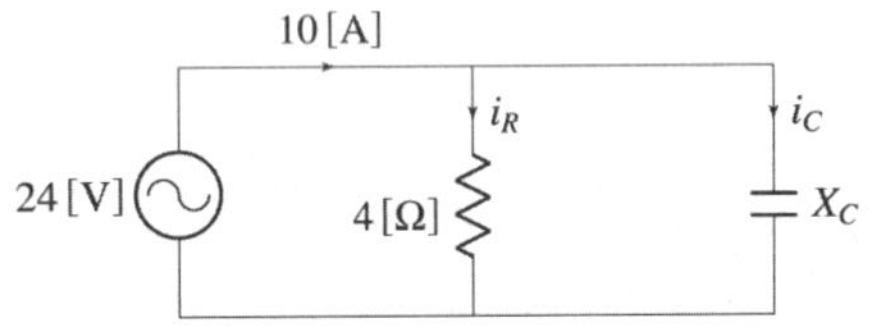

㉮ 30 ㉯ 6

㉰ 8 ㉱ 12

Answer | 62 ㉱ 63 ㉰ 64 ㉱ 65 ㉯ 66 ㉮ 67 ㉰ 68 ㉮

69 R. L. C 직렬회로에서 공진 주파수 f_0 는?

㉮ LC의 제곱근에 반비례하여 감소
㉯ C에 비례하여 증가
㉰ L에 비례하여 증가
㉱ 변화없다.

70 그림과 같은 교류 회로의 역률은 약 얼마인가?

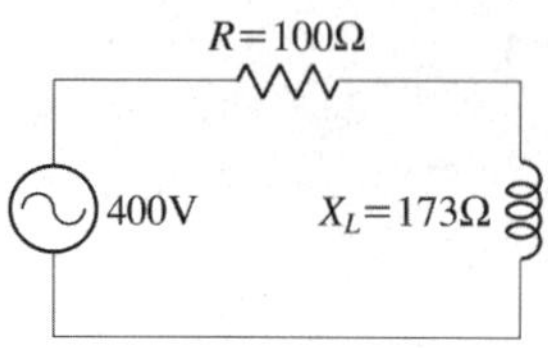

㉮ 1.0 ㉯ 0.6
㉰ 0.7 ㉱ 0.5

71 10[μF]의 인덕터와 40[pF]의 캐패시터가 동조시키는 주파수는 약 얼마인가?

㉮ 15.9[MHz] ㉯ 50[MHz]
㉰ 31.8[MHz] ㉱ 7.96[MHz]

72 R-L 직렬 회로에서 교류 전압을 가했더니 R양단에 4[V], L양단에 3[V]가 나타났다. 이때 인가 전압은?

㉮ $4\sqrt{3}$[V] ㉯ $2\sqrt{3}$[V]
㉰ 7[V] ㉱ 5[V]

73 백터 A, B의 값이 A = I+2j+3k, B = -i+2j+k일 때, A, B의 값은?

㉮ 2 ㉯ 4
㉰ 6 ㉱ 8

74 R, L, C가 직렬로 연결된 회로에서 공진 현상이 일어난 조건은? (단, ω는 각 주파수)

㉮ $\omega = \frac{C}{L}$ ㉯ $\omega = \frac{1}{\sqrt{L}}$
㉰ $\omega = \frac{1}{C}$ ㉱ $\omega = \frac{1}{\sqrt{CL}}$

75 반주기 동안 정현파 교류전압의 파형률은?

㉮ $\frac{2}{\pi}$ ㉯ $\frac{\pi}{2\sqrt{2}}$
㉰ $\frac{\pi}{2}$ ㉱ $\frac{2}{\sqrt{2}}$

Answer | 69 ㉮ 70 ㉱ 71 ㉱ 72 ㉱ 73 ㉰ 74 ㉱ 75 ㉯

76 그림과 같은 전류 파형의 주파수 f의 값은 몇 [Hz]인가?

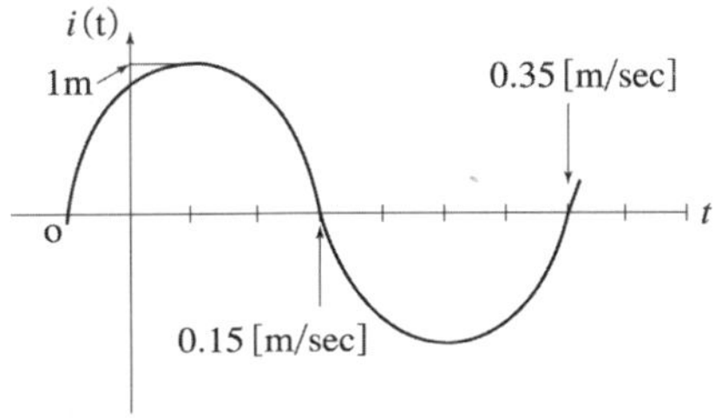

㉮ 2.5 ㉯ 25
㉰ 250 ㉱ 2500

77 증폭기의 동조회로가 250[μH]의 인덕터와 200[pF]의 커패시터로 구성되어 있을 때 동조주파수는 약 몇 [Hz]인가?

㉮ 520 ㉯ 710
㉰ 840 ㉱ 1050

78 진폭이 $400\sqrt{2}$[V]이고, 주기가 0.01초인 정현파 교류의 주파수는 몇 [Hz]인가?

㉮ 100 ㉯ 200
㉰ 400 ㉱ 200π

79 R-L 직렬 회로에서 $\dot{V} = 1\angle 45°$[V], $\dot{I} = 1\angle 0°$[A]일 때, L은 몇 [H]인가? (단, ω는 각 주파수이다.)

㉮ $\frac{1}{\omega\sqrt{2}}$ ㉯ $\frac{\omega}{\sqrt{2}}$
㉰ $\frac{\sqrt{2}}{\omega}$ ㉱ $\omega\sqrt{2}$

80 실효값 220[V]인 정현파 교류 전압을 인가했을 때 실효값 5[A] 전류가 흐른다면 피상전력은?

㉮ 1100[VA] ㉯ 550[VA]
㉰ 1200[W] ㉱ 560[W]

81 $e(t) = 100\sqrt{2}\sin(\omega t + \frac{\pi}{6})$와 $i(t) = 5\sqrt{2}\cos(\omega t + \frac{2}{3}\pi)$와의 위상차는?

㉮ 0[°] ㉯ 40[°]
㉰ 60[°] ㉱ 150[°]

82 $V_{(t)} = 100\cos(120\pi t + \frac{\pi}{3})$[V]인 교류에서 t = 0일 때 순시전압은 몇 [V]인가?

㉮ 0 ㉯ 50
㉰ $50\sqrt{3}$ ㉱ 100

Answer | 76 ㉱ 77 ㉯ 78 ㉮ 79 ㉮ 80 ㉮ 81 ㉰ 82 ㉯

83 $e = 100\sqrt{2}\sin(100\pi t - \frac{\pi}{3})$[V]인 정현파 교류 전압의 주파수는 몇 [Hz]인가?

㉮ 314　　㉯ 100
㉰ 60　　㉱ 50

84 R-L-C 직렬회로에 대하여, 임의 주파수를 인가하였을 때 회로의 특성이 공진회로의 특성으로 나타났다. 동일한 이 회로에 대하여 주파수를 증가시켰을 때, 주파수에 따른 회로의 특성으로 옳은 것은?

㉮ 유도성 회로의 특성으로 나타난다.
㉯ 용량성 회로의 특성으로 나타난다.
㉰ 저항성 회로의 특성으로 나타난다.
㉱ 공진 회로의 특성으로 나타난다.

85 R-L 직렬회로에 일정한 정현파 전압이 인가되었다. 이때, 인가된 신호원과 저항 및 인덕터에서의 전류 위상 관계를 올바르게 기술한 것은?

㉮ 저항 및 신호원과 인덕터에서의 전류 위상은 모두 동일하다.
㉯ 저항에서의 전류가 신호원 및 인덕터에서의 전류보다 빠르다.
㉰ 저항과 신호원에서의 전류가 인덕터에서의 전류보다 빠르다.
㉱ 인덕터에서의 전류가 저항 및 신호원에서의 전류보다 빠르다.

86 60+j80[V]인 전압을 어떤 회로에 인가했더니 4+j1[A]인 전류가 흘렀다. 이 회로에서 소비되는 유효전력은?

㉮ 140[W]　　㉯ 320[W]
㉰ 480[W]　　㉱ 500[W]

87 $V = 311\sin\left(377t - \frac{\pi}{2}\right)$인 파형의 주파수는 약 얼마인가?

㉮ 60[Hz]　　㉯ 120[Hz]
㉰ 311[Hz]　　㉱ 377[Hz]

88 R-L-C 직렬회로에서, 공진 주파수보다 큰 주파수 범위에서의 전류는?

㉮ 인가 전압의 위상과 동일하다.
㉯ 인가 전압보다 위상이 뒤진다.
㉰ 인가 전압보다 위상이 앞선다.
㉱ 전류가 흐르지 않는다.

89 R-C-L 직렬회로에서 $R = 5[\Omega]$, $L = 10$[mH], $C = 100[\mu F]$이라면, 공진주파수는 약 몇 [Hz]인가?

㉮ 129　　㉯ 139
㉰ 149　　㉱ 159

Answer | 83 ㉱ 84 ㉮ 85 ㉮ 86 ㉯ 87 ㉮ 88 ㉯ 89 ㉱

90 단자 회로에 인가되는 전압과 유입되는 전류의 크기만을 생각하는 겉보기 전력은?

㉮ 유효전력　　㉯ 무휴전력
㉰ 평균전력　　㉱ 피상전력

91 다음 회로의 병렬공진 주파수는?

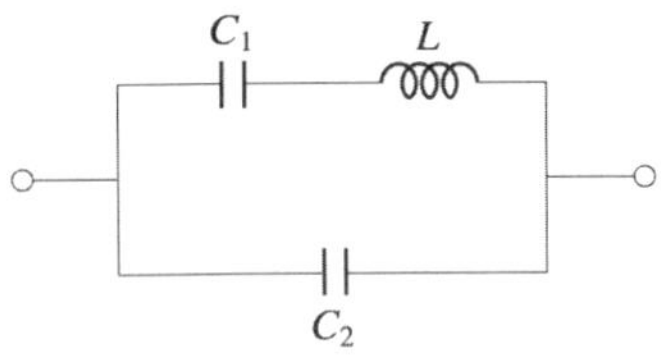

㉮ $f_p = \dfrac{1}{2\pi\sqrt{L\left(\dfrac{C_1 \cdot C_2}{C_1 + C_2}\right)}}$

㉯ $f_p = \dfrac{1}{2\pi\sqrt{L(C_1 + C_2)}}$

㉰ $f_p = \dfrac{1}{2\pi\sqrt{L \cdot C_2}}$

㉱ $f_p = \dfrac{1}{2\pi\sqrt{L \cdot C_1}}$

92 R-L-C가 직렬로 연결될 때 공진현상이 일어날 조건은? (단, ω는 주파수이다.)

㉮ $\omega = \dfrac{C}{L}$　　㉯ $\omega = \dfrac{1}{\sqrt{L}}$
㉰ $\omega = \dfrac{1}{\sqrt{LC}}$　　㉱ $\omega = \dfrac{1}{C}$

93 $v(t) = 100\sin\omega t$[V]이고, $I(t) = 2\sin\left(\omega t - \dfrac{\pi}{3}\right)$[A]에 대한 평균 전력을 구하면 몇 [W]인가?

㉮ 25[W]　　㉯ 50[W]
㉰ 75[W]　　㉱ 125[W]

94 R-L직렬회로에서 10[V]의 교류 전압을 인가하였을 때 저항에 걸리는 전압이 6[V]였다면 인덕턴스에 유기되는 전압은 몇 [V]인가?

㉮ 2　　㉯ 6
㉰ 8　　㉱ 10

95 $e_1 = 20\sqrt{2}\sin t$, $e_2 = 50\sqrt{2}\cos\left(t - \dfrac{\pi}{6}\right)$ 일 때 $e_1 + e_2$의 실효치는 약 얼마인가?

㉮ $\sqrt{2900}$　　㉯ $\sqrt{3400}$
㉰ $\sqrt{3900}$　　㉱ $\sqrt{4400}$

96 전압 50[V], 전류 10[A]로서 400[W]의 전력을 소비하는 회로의 리액턴스는 몇 [Ω]인가?

㉮ 3　　㉯ 4
㉰ 5　　㉱ 8

Answer | 90 ㉱　91 ㉮　92 ㉰　93 ㉯　94 ㉰　95 ㉰　96 ㉮

97 그림과 같은 회로에서 전압 V는 몇 [V]인가? (단, V는 단상교류 전압임)

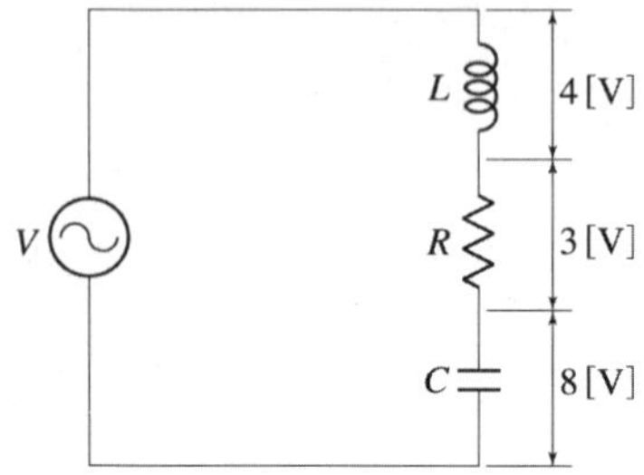

㉮ 1 ㉯ 5
㉰ 7 ㉱ 15

98 저항 1개와 커패시터 1개를 직렬 연결하여 R-C의 직렬회로를 구성하고, 일정한 정현파 전압을 인가하였다. 이때 커패시터의 양단에서의 전압위상과 저항에 흐르는 전류의 위상을 비교하였을 때의 위상차는?

㉮ 45[°] ㉯ 90[°]
㉰ 135[°] ㉱ 180[°]

99 다음 그림의 정현파 $v(t) = V\sin(\omega t+\phi)$의 주기 T를 올바르게 표시한 것은?

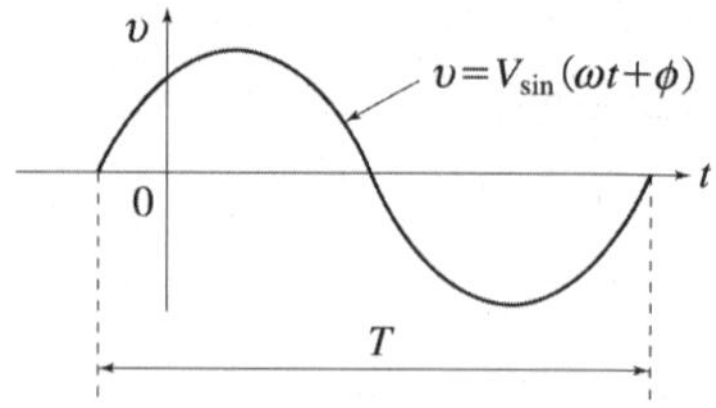

㉮ $2\pi\omega$ ㉯ $2\pi f$
㉰ $\frac{\omega}{2\pi}$ ㉱ $\frac{2\pi}{\omega}$

100 R-L-C 병렬 공진회로에 관한 설명 중 옳지 않은 것은?

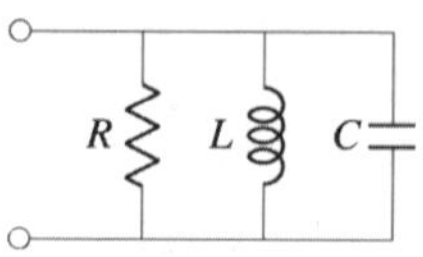

㉮ R이 작을수록 Q가 낮다.
㉯ 공진시 압력 어드미턴스는 매우 작아진다.
㉰ 공진 주파수 이하에서의 입력 전류는 전압보다 위상이 뒤진다.
㉱ 공진시 L또는 C로 흐르는 전류는 입력 전류 크기의 $\frac{1}{Q}$배가 된다.

Answer | 97 ㉯ 98 ㉯ 99 ㉱ 100 ㉱

101 R-L 직렬회로에 일정한 정현파 전압이 인가되었다. 이때, 인가된 신호원과 저항 및 인덕터에서의 전류 위상 관계를 올바르게 설명한 것은?

㉮ 저항 및 신호원과 인덕터에서의 전류 위상은 모두 동일하다.
㉯ 저항에서의 전류가 신호원 및 인덕터에서의 전류보다 빠르다.
㉰ 저항과 신호원에서의 전류가 인덕터에서의 전류보다 빠르다.
㉱ 인덕터에서의 전류가 저항 및 신호원에서의 전류보다 빠르다.

102 R-L-C 직렬회로가 유도성 회로일 때의 설명이 옳은 것은?

㉮ 전류는 전압보다 뒤진다.
㉯ 전류는 전압보다가 앞선다.
㉰ 전류와 전압은 동위상이다.
㉱ 공진이 되어 지속적으로 발진한다.

103 그림은 반파정류에서 얻은 파형이다. 이 전류의 실효치(rms)는?

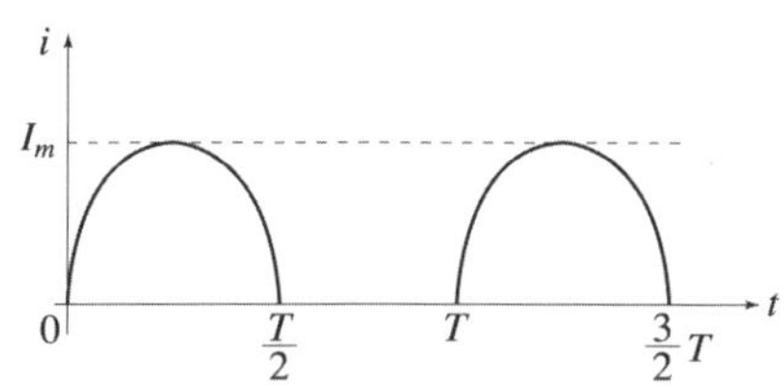

㉮ $\frac{I_m}{2}$　　㉯ $\frac{I_m}{\sqrt{2}}$
㉰ $2I_m$　　㉱ $\sqrt{2}\,I_m$

104 R-L 병렬회로에서, 일정하게 인가된 정현파 전류의 위상 θ_1과 인덕터에 흐르는 전류 위상 θ_2를 나타낸 것으로 옳은 것은?

㉮ $\theta < \theta_1 < \theta_2$　　㉯ $\theta_2 < \theta_1 < \theta$
㉰ $\theta_2 < \theta < \theta_1$　　㉱ $\theta_1 < \theta < \theta_2$

105 그림과 같은 주기성을 갖는 구형파 교류 전류의 실효치는?

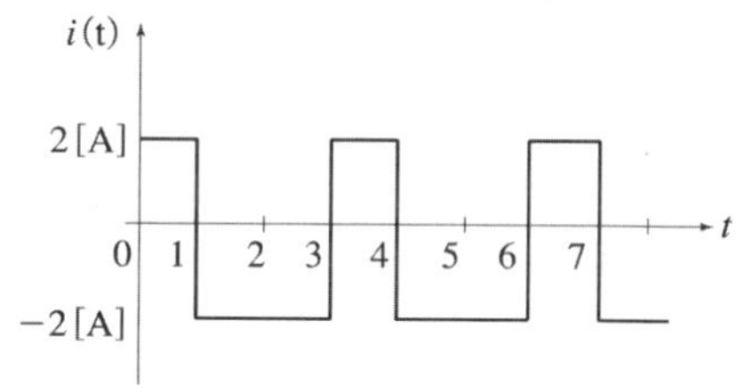

㉮ 2[A]　　㉯ 4[A]
㉰ 3[A]　　㉱ $\sqrt{2}$[A]

106 R-L-C 병렬회로가 공진 주파수보다 큰 주파수 영역에서 동작할 때, 이 회로는?

㉮ 유도성 회로가 된다.
㉯ 용량성 회로가 된다.
㉰ 저항성 회로가 된다.
㉱ 탱크 회로가 된다.

Answer | 101 ㉰ 102 ㉮ 103 ㉮ 104 ㉰ 105 ㉮ 106 ㉯

107 다음과 같은 회로에 100[V]의 전압을 인가하였다. 최대전력이 되기 위한 용량성 리액턴스 X_c값은? (단, $R=10[\Omega]$, $\omega L=5[\Omega]$이다.)

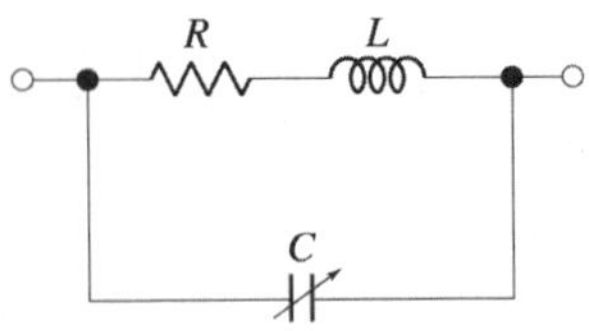

㉮ 12[Ω]　㉯ 12.5[Ω]
㉰ 15[Ω]　㉱ 25[Ω]

108 $R=80[\Omega]$, $X_L=60[\Omega]$인 R-L 병렬회로에 $V=220\angle 45°$[A]의 전압을 가했을 때 코일 L에 흐르는 전류는?

㉮ 3.67∠45°[A]　㉯ 3.67∠-45°[A]
㉰ 5.75∠90°[A]　㉱ 5.75∠-90°[A]

109 20[μF]의 콘덴서에 100[V], 50[Hz]의 교류전압을 가할 때의 무효전력은?

㉮ -10π[Var]　㉯ -20π[Var]
㉰ -30π[Var]　㉱ -40π[Var]

110 저항 R과 리액턴스 X를 직렬로 연결할 때의 역률은?

㉮ $\frac{2R}{\sqrt{R^2+X^2}}$　㉯ $\frac{R}{\sqrt{R^2+X^2}}$
㉰ $\frac{2X}{\sqrt{R^2+X^2}}$　㉱ $\frac{X}{\sqrt{R^2+X^2}}$

111 교류로 $e=100\sin(314t-\frac{\pi}{6})$[V]인 파형의 주파수는 약 몇 [Hz]인가?

㉮ 40　㉯ 50
㉰ 60　㉱ 70

112 $R=10[\Omega]$, $L=0.2$[H]인 R-L 직렬회로에 60[Hz], 120[V]의 교류 전압이 인가될 때 흐르는 전류는?

㉮ 4.7[V]　㉯ 3.2[V]
㉰ 2.8[V]　㉱ 1.6[V]

113 $R=8[\Omega]$, $X_L=8[\Omega]$, $X_c=2[\Omega]$인 R-L-C 직렬회로에 정현파 전압 $V=100$[V]를 인가할 때 흐르는 전류는?

㉮ 10[V]　㉯ 20[V]
㉰ 30[V]　㉱ 40[V]

Answer | 107 ㉱ 108 ㉯ 109 ㉯ 110 ㉯ 111 ㉯ 112 ㉱ 113 ㉮

114 순시전류 $I = 3\sqrt{2}\sin(377t - 30[°])[A]$의 평균값은?

㉮ 1.35[A] ㉯ 2.7[A]
㉰ 3.45[A] ㉱ 5.7[A]

115 R-L 직렬회로에 일정한 정현파 전압을 인가하였다. 이때 인덕터의 양단 전압을 측정하였을 경우에 나타나는 현상은?

㉮ 신호원의 전압과 위상이 동일한 형태로 나타난다.
㉯ 저항양단 전압보다 90[°]만큼 앞선 위상이 나타난다.
㉰ 인덕터 전류와 위상이 동일한 형태로 나타난다.
㉱ 신호원 전압보다 90[°]만큼 앞선 위상이 나타난다.

116 다음 정현파를 대표하는 phasor이다. 정현파를 순시치로 나타내면?

$$E = 10e^{-j\frac{\pi}{3}}$$

㉮ $10\sqrt{2}\sin[\omega t + \frac{\pi}{3}]$

㉯ $10\sin[\omega t + \frac{\pi}{3}]$

㉰ $10\sqrt{2}\sin[\omega t - \frac{\pi}{3}]$

㉱ $10\sin[\omega t - \frac{\pi}{3}]$

117 그림과 같이 반파정류 정현파의 평균값은 약 얼마인가? (단, $0 \leq \omega t \leq \pi$일 때 $S(t) = \sin\omega t$이고, $\pi < \omega t < 2\pi$일 때 $S(t) = 0$인 주기함수이다.)

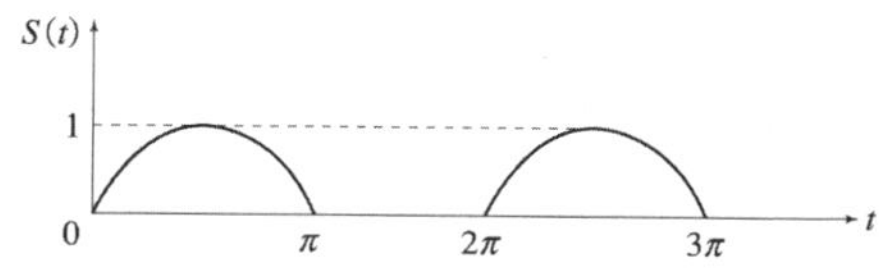

㉮ 0.23 ㉯ 0.32
㉰ 0.42 ㉱ 0.52

Answer | 114 ㉯ 115 ㉯ 116 ㉰ 117 ㉯

| Chapter |

05 전기기기

1 발전기

구조는 전동기와 똑같이 자석과 코일로 되어 있으나 원리는 전동기와 반대의 과정으로 되어있다. 먼저 화력이나 수력으로 회전력을 얻고 이 회전력으로 회전축에 달려있는 자석을 회전시켜서 자석 주위에 있는 코일이 받는 자기장의 세기가 계속적으로 변화도록 하여 코일에 전류가 유도되도록 만든 것이다.

이때 유도전류의 방향은 외부의 자기장의 변화에 반대되는 방향으로 생기며 유도전류의 세기는 자기장의 변화의 빠르기와 코일의 감은 회수에 비례한다.

이것이 패러데이의 전자기 유도 법칙이며, 유도 전류의 방향에 대한 원리를 렌츠의 법칙이라고 한다.

즉 기계적 에너지를 전기적 에너지로 변환하는 기계를 발전기라 하며, 발전기에는 직류 발전기와 교류 발전기기 있다. 플레밍의 오른손법칙에 따라 자기장과 힘의 변화를 수어 유도되는 전류를 만들어내는 것이 발전기의 원리이다.

가. 직류발전기

(1) 직류발전기 주요구조 및 분류

그림과 같이 두 개의 자석 사이에 코일을 넣고, 코일을 회전시키면 코일 속의 자기장 변화가 생기고, 이때 코일의 양끝에 유도기전력이 생겨 유도 전류가 흐르게 된다. 발전기는 이러한 원리를 이용한 것이며, 이렇게 해서 생긴 전류는 세기와 방향이 주기적으로 변화되는 가정이나 공장에서는 주로 사용하는 교류가 된다.

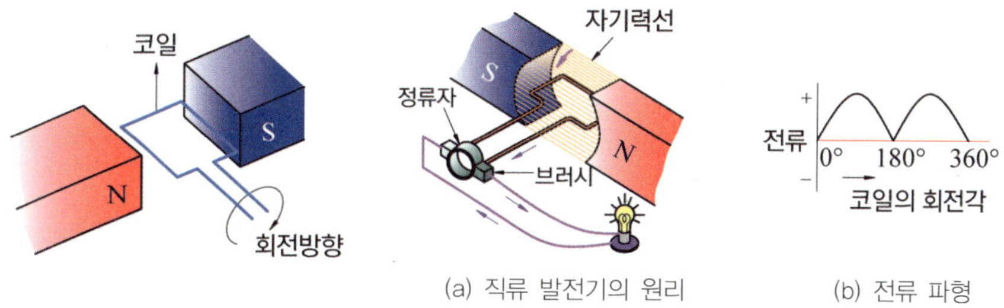

(a) 직류 발전기의 원리 (b) 전류 파형

| 그림 5-1 | 직류 발전기의 원리

직류발전기의 주요구조는 다음과 같이 구성되어 있다.

① 계자(field magnet) : 자속을 만드는 부분(자극, 계철, 계자철심, 계자권선)

② 전기자(armature) : 자속을 끊어 기전력을 발생하는 부분(전기자 철심, 전기자 권선)

③ 정류자(commutator) : 유도된 교류를 직류로 바꿔주는 부분

④ 브러시(brush) : 기전력을 외부로 인출하는 부분(탄소 브러시, 전기 흑연 브러시, 금속 브러시)

또한 직류발전기를 분류하면 다음과 같다.

① 원동기에 의한 분류 : 엔진 발전기, 터빈 발전기, 수차 발전기, 풍력 발전기

② 출력에 의한 분류 : 직류 발전기, 교류 발전기

③ 회전자에 의한 분류 : 회전 계자형, 회전 전기자형

④ 계자 형식에 의한 분류 : 돌극형, 원통형

⑤ 여자 방식에 의한 분류 : 자여자식, 타여자식, 자석식

⑥ 자여자에 의한 분류 : 직권 발전, 분권 발전, 복권 발전

⑦ 복권 방식에 의한 분류 : 차동 복권, 가동 복권

(가) 발전기의 작동원리

① 영구자석은 N에서 S로 자기장을 비교적 균일하게 만들어 주고 이 속에서 직사각형의 코일을 외부에서 강제로 회전시킨면 유도기전력이 생겨나서 전류가 흐르게 된다.

② 회전위치에 따라 극을 달리하여 전력을 인출하면 계속해서 같은 방향으로의 전류를 흘릴 수 있다.

③ 그러나 이 전류는 회전 코일의 위치에 따라 sin 함수 꼴로 변하게 되어 맥류로 이런 형태의 발전기를 직류 발전기라 한다.

④ 만약 코일에서 전력을 인출할 때 극을 달리 하지 않으면 전류가 흐르는 방향이 계속해서 바뀌게 되는데 이를 교류발전기라 한다.

(나) 관계되는 법칙

① 전자기 유도

② 패러데이의 법칙

③ 렌츠의 법칙

④ 플레밍 오른손 법칙이 있다.

(다) 직류발전기 구동원리

[그림 5-2]는 직류발전기의 구동원리로 앞에서 설명한 플레밍의 오른손 법칙에서 도체가 그림과 같이 F_1, F_2 방향으로 운동할 때, 권선 a-b 사이에서는 I_1 방향으로, 또 전선 c-d사이에서는 I_2방향으로 전압(e)이 유기되어 저항에 전류가 발생하여 기계 에너지가 전기에너지로 변한다.

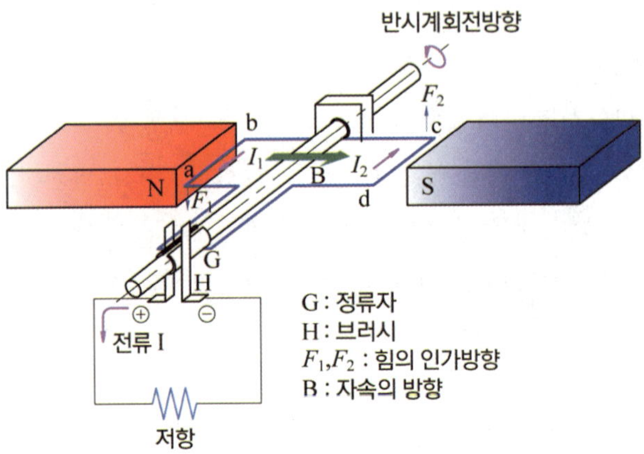

| 그림 5-2 | 직류발전기 구동원리(1)

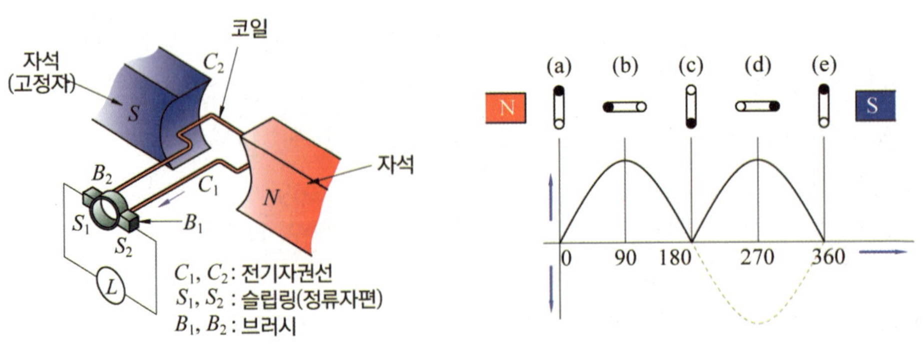

| 그림 5-3 | 직류발전기 구동원리(2)

직사각형의 코일이 자기장 내에서 회전을 할 때 발생하는 전류는 교류지만 슬립링 대신 [그림 5-3]과 같이 2조각으로 된 정류자편을 사용하면 코일이 회전하여 자리를 서로 바꾸어도 브러시는 항상 고정된 위치에서 정해진 코일과 접촉하므로 얻어지는 전류는 방향이 바뀌지 않는 직류가 된다.

발전기도 전동기와 마찬가지로 더욱 전선의 수와 극수를 많게 하여 어느 위치에서도 발전하는 구조로 되어 있다.

수력발전소는 물이 떨어지는 위치에너지에 의해서 거대한 코일이 움직이게 되고 화력발전소는 열을 이용하여 발생한 수증기의 힘으로 코일을 움직여서 전기를 생산한다.

① 도체가 자속을 끊으면 도체에는 플레밍의 오른손 법칙에 따라 기전력을 유도한다. 전자석을 만들기 위해 전류를 흘려주는 것을 여자(exciting)한다고 하는데 이 여자 방식에 따라 타여자발전기, 자여자발전기로 분류된다.
② 여자에서 계자권선과 전기자권선의 연결상태에 따라 직권, 분권, 복권으로 분류한다.
③ 직류발전기의 자속은 계자권선 뿐만 아니라 부하가 걸리고, 전기자권선에 전류가 흐르면 기자력이 발생하여 새로운 자속이 발생된다.
④ 자속은 회전방향을 향해서 앞쪽의 자속밀도는 증가하고 뒤쪽은 감소하여 주 자속은 전체적으로 회전방향으로 기울어지는 편자작용을 일으키는데 이와 같이 전기자 전류가 주 자속에 영향을 미치는 작용을 전기자 반작용이라 하며, 이 전기자 반작용 때문에 브러시의 위치를 앞쪽으로 이동시키고, 반작용의 자속을 상쇄시키는 보상권선과 보극을 설치하고 있다

(라) 전기자의 반작용

전기자 반작용은 전기자 전류가 흘러 주자극의 자기력선속 분포에 영향을 주는 것으로, 전기자 반작용의 영향은 아래와 같다.

① 주자기력선속의 분포를 찌그러뜨려 중성축을 이동시킴
발전기는 기전력이 감소하고 회전방향으로 이동하며, 전동기는 토크가 감소되고 회전방향과 반대방향으로 이동한다.
② 브러시 사이에 불꽃 발생하여 정류 불량이 된다.
③ 주 자속을 감소시켜 유도 전압을 감소시킨다.

방지책으로는
① 브러시 위치를 전기적 중성점으로 이동시킨다.
② 보극을 설치한다.
③ 보상 권선을 설치한다.

보극은 전기자가 발생하는 자속(전기자 반작용)을 없애기 위해 계자 자극간에 전기자와 코일을 직렬로 접속한 자극으로, 정류 코일에 유기되는 리액턴스 전압과 반대 방향의 정류 전압을 유기시켜 양호한 정류를 하도록하는 작용을 하고 보상 권선을 전기자 반작용을 방지하는 작용을 한다.

보상권선은 전기자 회로와 직렬로 접속하여 부하의 변화에 따른 전기자 전류에 의한 기자력 즉 전기자 반작용을 상쇄시킬 목적으로 주 자극편의 표면에 전기자 도체와 평행으로 홈을 만들어 도체를 넣어 반대 방향의 전류를 통하도록 권선을 감는다. 직류기 중 전기자 반작용의 영향을 크게 받는 것은 직권기이고 보상권선의 전류 방향은 전기자 전류와 반대 방향이다.

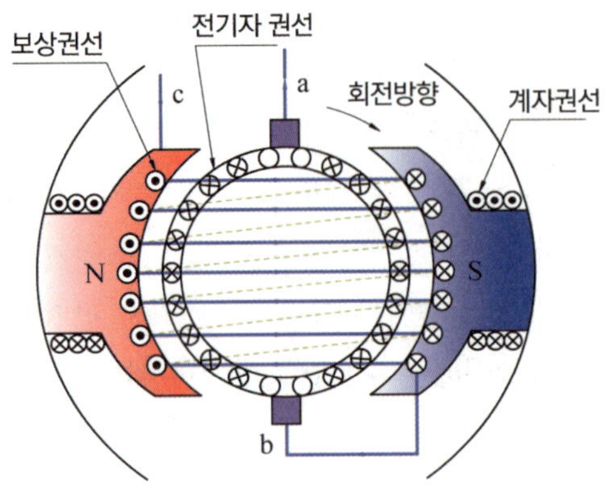

| 그림 5-4 | 보상권선

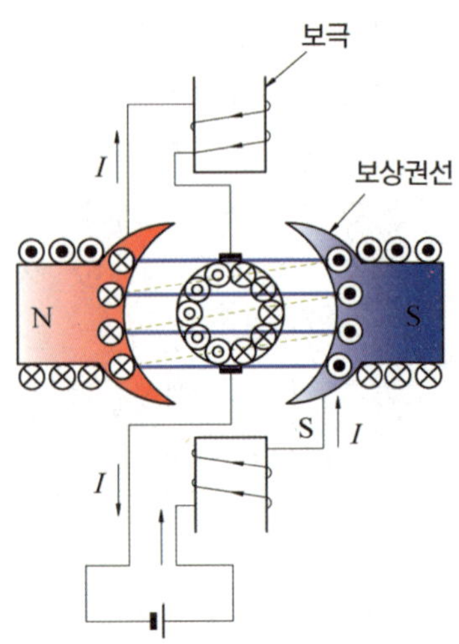

| 그림 5-5 | 보극과 보상권선

전기자 반작용에서 브러시에 불꽃을 방지하기 위해 브러시의 위치를 발전기는 회전 방향, 전동기는 회전 반대 방향으로 이동 시킨다.

(마) 역기전력 및 토크계산

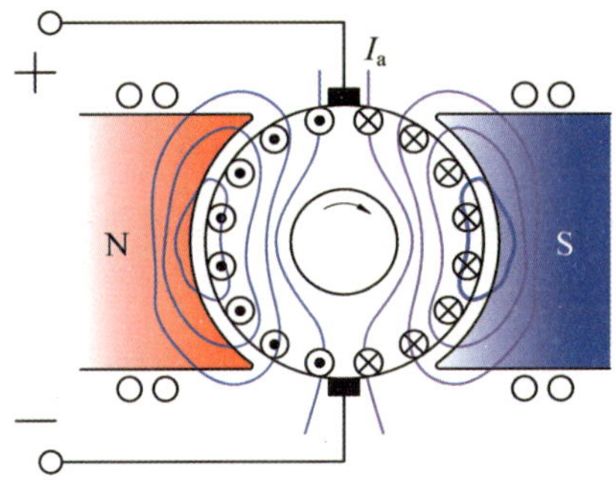

| 그림 5-6 | 역기전력 및 토크

자기장 속에 놓여진 도체에 전류(I_a)가 흐르면 플레밍의 왼손법칙에 의해 힘이 발생하여 회전한다. 이때 도체가 자기장안에서 회전하므로 발전기 역할이 동시에 작용하여 흐르는 전류를 방해하는 방향($-I_a$)으로 기전력이 생긴다.

역기전력은 아래와 같이 구한다.

① 1개 도체당 유기 기전력

$E_0 = Blv$(B : 자속밀도, l : 도체길이, v : 도체속도)

$= Bl(\pi Dn)$(D : 회전자 지름, n : 회전수) $Bl\pi D = p\phi$(전체 자속수)을 대입하면

$= p\phi n$(p : 전체 자극수, ϕ : 1자극당 자속수)

② 여기에 전체 직렬 도체 수 및 병렬회로를 감안하면

$E = (\frac{Z}{a})p\phi n$(Z : 직렬도체수, a : 병렬도체수)이고, 속도를 분당회전수(N)로 바꾸면

$$E = (\frac{Z}{a})p\phi\frac{N}{60}$$

$\therefore$ 역기전력 $E = \frac{p}{a}Z\phi \cdot \frac{N}{60} = K_1\phi N\,[V] = V - I_aR_a[V]$(발전기 법칙)

$$K_1 = \frac{PZ}{60a}$$

p : 자극수, a : 병렬회로수, Z : 도체수

ϕ : 자극당 자기력선속, N : 회전수[rmp]

R_a : 전기자 저항, I_a : 전기자 전류, V : 입력 단자 전압]

다시 정리하면 $V = E + I_aR_a[V]$가 된다.

③ 또한 전동기 회전 속도는 위 식으로부터

$$N = K\frac{E}{\phi} = K\frac{V - I_a R_a}{\phi} \qquad K = \frac{1}{K_1 = \frac{60a}{PZ}}$$

즉 전동기의 회전 속도는 역기전력에 비례하고, 1극당 자기력선속에 반비례한다.

④ 자기장내 도체에 전류가 흐르면 플레밍의 왼손법칙에 의해 힘이 발생하고 이 힘이 회전체를 돌리는 토크를 발생한다.

힘 $F = B \times i \times l[\mathrm{N}]$

토크 $T = F \times r$

$$T = K_T \phi I_a [\mathrm{N \cdot m}] \quad K_T = \frac{PZ}{2a\pi}$$

즉 토크는 전류에 비례하고 1극당 자기력선속에 비례한다.

(바) 직류 발전기의 종류

직류 발전기는 여자방식에 따라 자여자(self excited)와 타여자(separately excited)로 구분할 수 있으며, 자여자에는 분권, 직권, 복권으로 나누어지고 복권은 다시 가동복권·차동복권·평복권으로 나누어 진다.

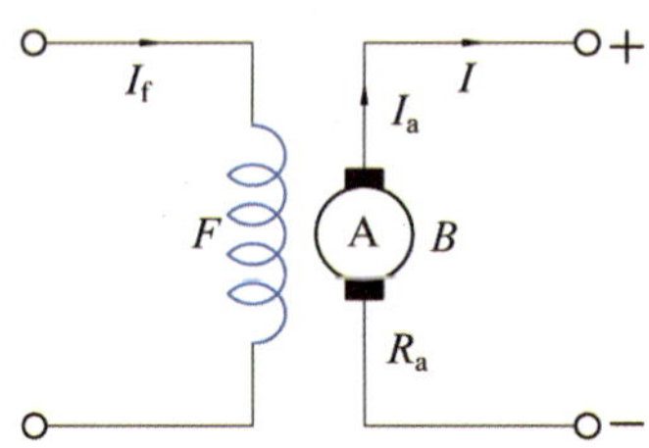

| 그림 5-7 | 직류 발전기 여자방식

① 타여자 발전기

독립된 직류 전원에 의해 계자권선을 여자시키는 발전기로, 계자 전류를 다른 직류 전원에서 얻는다. 여자전류를 변화시킴으로서 발전전압을 변화 시킬 수 있다.

㉠ 타여자 발전기의 외부 특성 곡선 : 타여자 발전기에 부하 전류 I가 흐르면 전기자 반작용에 의한 전압 강하와 전기자 전압강하 $e_a = IR_a$가 생기다.

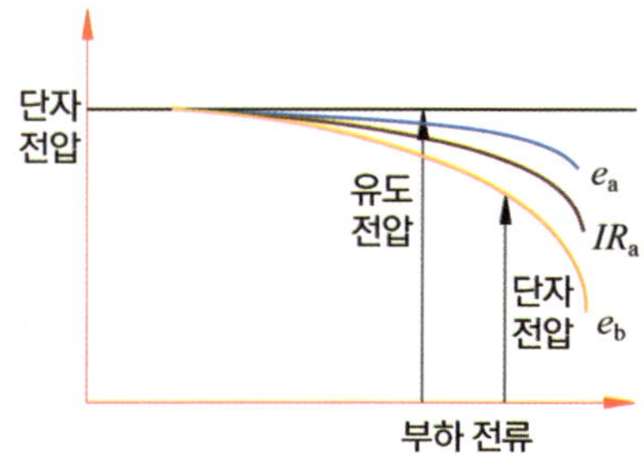

I 그림 5-8 I 외부특성 곡선

㉡ 타여자 발전기의 용도 : 전기 화학 공업용의 저전압 대전류용, 실험용 전원, 대형 교류 발전기의 주여자기, 직류 전동기의 속도 제어용 전원, 속도계용 발전기 등에 활용된다.

② 자여자 발전기

전기자에 발생한 기전력으로 계자 권선에 전류를 흘리는 것으로 직권, 분권, 복권으로 나누어진다.

- 직권 발전기는 계자 권선과 전기자가 직렬 접속
- 분권 발전기는 계자 권선과 전기자가 병렬 접속
- 복권 발전기는 직권 계자 권선과 분권 계자 권선이 있다

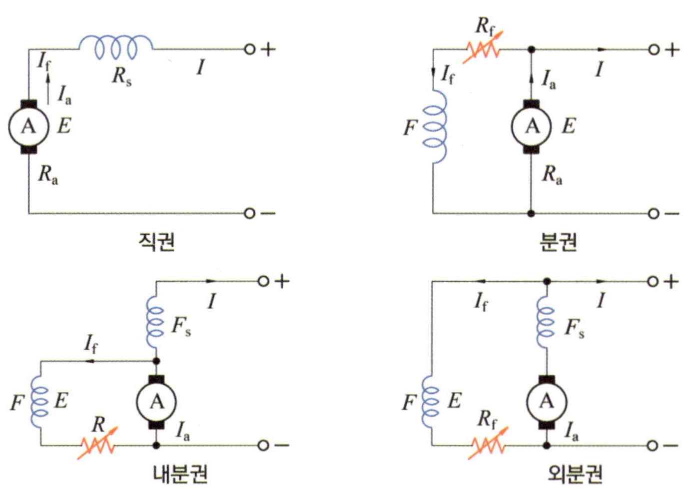

I 그림 5-9 I 자여자 발전기 종류

㉠ 특징

ⓐ 무부하 곡선이 포화곡선에 있어야 한다.

ⓑ 잔류자기가 없으면 발전 불가능하다.

ⓒ 임계 저항이 계자 저항보다 커야한다.

ⓓ 회전 방향이 잔류자기를 강화하는 방향이어야 한다.

ⓔ 회전방향이 반대가 되면 잔류자기가 소멸하여 발전하지 않는다.

㉡ 분권 발전기의 외부 특성 곡선

일반적으로 부하전류와 단자전압의 관계를 나타내는 곡선을 외부특성곡선이라 한다.

ⓐ 부하가 증가하면 단자 전압은 점차 감소하나 과부하가 되면 전압 강하가 갑자기 증가한다.

ⓑ 부하 저항을 감소시켜 전류를 늘리면 계자 전류가 줄어 단자 전압은 갑자기 떨어진다.

$I_a = I_f + I\,[\mathrm{A}]$

$V = E - I_a R_a\,[\mathrm{V}]$

$E = V + I_a R_a\,[\mathrm{V}]$

$I = \dfrac{V}{R_f}\,[\mathrm{A}]$

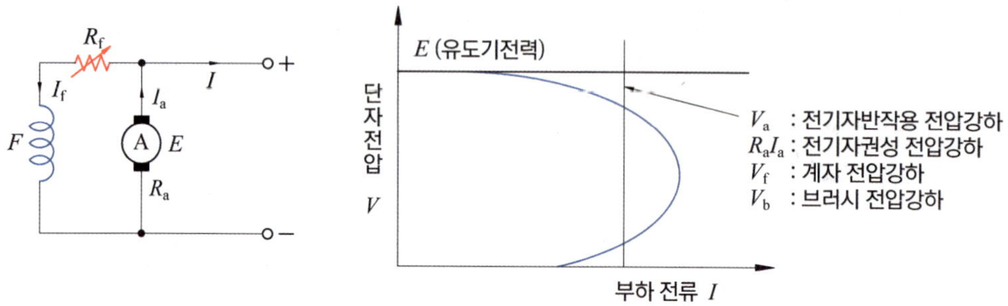

| 그림 5-10 | 외부특성 곡선

㉢ 분권 발전기의 특징 및 용도

ⓐ 전압 변동률이 작다.

ⓑ 별도의 전원 장치가 필요 없다.

ⓒ 여자기의 저항을 변화시켜 발생 전압을 변화시킬 수 있다.

ⓓ 용도는 전기 화학 공업용 전원, 축전기의 충전용, 동기기의 여자용 및 일반 직류 전원용 등에 사용된다.

㉣ 직권 발전기 : 계자 권선과 전기자 권선이 직렬로 접속되어 있는 것으로 부하 전류에 의해 여자 된다. 따라서 외부 특성은 부하전류의 증가와 함께 단자 전압은 증가한다. 무부하시 잔류 자기에 의해 아주 작은 유도기전력이 발생한다. 이 발전기는 승압기로서 드물게 사용되는 이외에 거의 사용하지 않는다.

㉤ 복권 발전기 : 직권과 분권의 합쳐진 특성을 갖고 있다.

ⓐ 복권발전기의 종류

- 가동 복권 : 두 계자의 자속이 합쳐지도록 접속한 방식
- 차동 복권 : 두 계자의 자속이 상쇄되도록 접속한 방식
- 과복권 : 직권 계자의 자속이 분권계자의 자속보다 많이 작용
- 평복권 : 직권과 분권이 비슷하여 전압변동이 분권보다 작도록 설계
- 내분권 : 분권 계자가 직권 안에 있도록 설계
- 외분권 : 분권 계자가 직권 밖에 있도록 설계

ⓑ 복권 발전기의 외부 특성 곡선은 [그림 5-10]처럼 부하전류의 증가와 함께 전압이 급격히 강하하는 수하특성을 갖고 있다. 따라서 정전류를 얻는데는 편리하고 전기용접기 등에 사용된다.

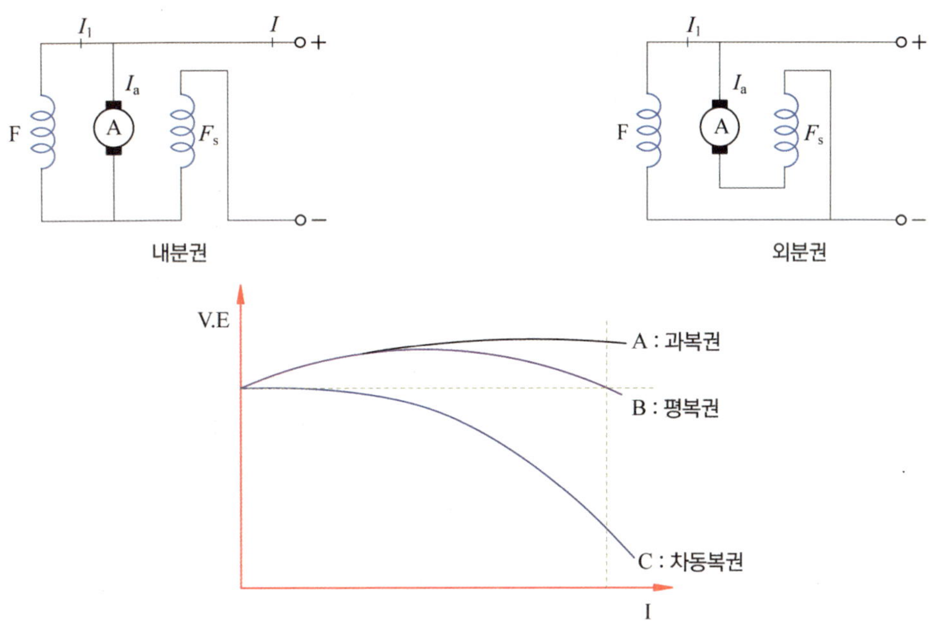

| 그림 5-10 | 외부특성곡선

ⓑ 가동 복권 발전기 : 양 계자의 기전력이 서로 더해지도록 접속된 것으로 평복권과 과복권이 있다.

- 평복권 : 무부하에서 전부하를 걸면 전압이 낮아지지만, 직권에 의해 전압이 보충되어 무부하 전압과 전부하시 전압이 거의 같다.
- 과복권 : 전부하시 전압이 무부하시 보다 전압이 높다.(승압용)

ⓑ 차동 복권 발전기 : 양 계자의 기전력이 서로 서로 상쇄 되도록 반대로 접속한 것. 즉 직권 계자의 자속이 분권에 상쇄되도록 한 구조로 특징은 다음과 같다.

- 부하 전류가 클수록 유기 기전력이 낮아진다.
- 부하 저항이 낮아도 흐르는 전류가 일정하다(정전류)
- 수하 특성(Dropping Characteristics)이 있어 아크 용접에 사용한다.

ⓒ 복권 발전기의 병렬 운전 : 복권 발전기는 기본적으로 분권 발전기와 특성이 유사하다. 그렇기 때문에 하나의 발전기에 부하가 많이 걸리면 그 발전기에서 만들어지는 전류가 증가하고 또 증가된 전류가 자속을 증가시키는 순환을 하게 된다. 반면에 나머지 발전기에는 역의 현상이 발생하므로 발생되는 전압을 일정하게 유지하기 위해서는 두 발전기 사이에 균압선이 필요하다

ⓗ 교류발전기 : 정현파 전압은 교류 발전기에 의하여 발생되며, 수력·화력·원자력 발전소 등에서 발전에 이용된다. 고정자쪽 원통형 철심 안쪽 면에 슬롯을 만들고, 이들 슬롯에 전기자코일을 넣는다. 회전자 쪽에는 직류로 여자된 자극을 설치하고 이것을 회전시키면, 각상의 코일에는 회전속도에 비례한 주파수의 교류전압이 발생한다.

교류발전기에서 자극을 회전시키는 구조로 된 것을 회전계자형이라 하는데 대부분 이 형식을 취하며, 자극이 고정자 쪽에 있고 회전자 쪽에서 교류전압이 발생되는 코일을 설치한 구조를 회전전기자형이라 한다.

이러한 형식은 소용량 발전기에 적용되며, 영구자석 대신에 계자로 전자석을 사용하거나 회전자와 계자의 역할을 치환하는 등의 다양한 변형이 가능하다.

교류발전기는 강한 직류전자석을 회전시켜 발전하며, 이 전자석은 계자코일에 직류전류를 흐르게 하여 만드는데 이것을 여자라 하며, 여자를 시키는 데에는 직류전원이 필요하기 때문에 여자기라고 하는 직류발전기를 이용한다.

여자기는 주발전기와 같은 축상에 설치되어, 여자기와 주발전기 계자권선의 접속은 일반적으로 브러시와 슬립링을 통해 행하여지며, 브러시 없는 교류발전기도 있다. 발전기와 전동기는 원리는 같으나 입력과 출력의 역할이 바뀌어져 있다.

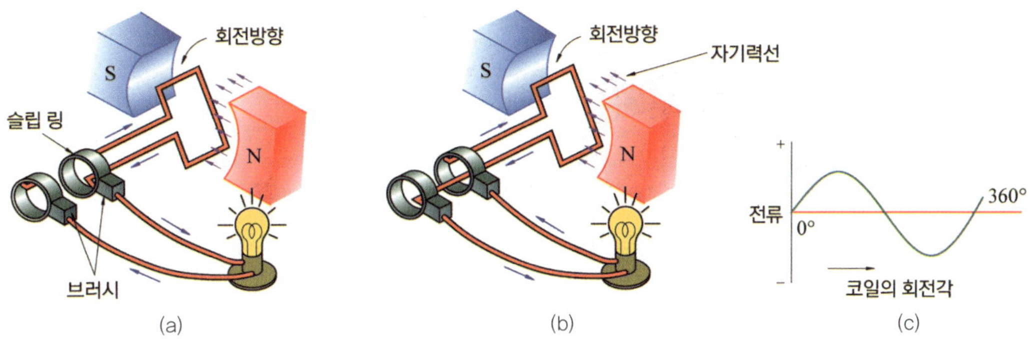

I 그림 5-11 I 교류 발전기의 원리

2 변압기

교류의 최대 이점은 트랜스란 변압기를 써서 전압을 자유로이 올리거나 낮출 수 있다는 데 있다. 이 변압기는 1882년에 프랑스의 고라와 영국의 집스라는 사람에 의해서 발명되었는데, 그 원리는 패러데이가 발견한 전자유도의 법칙을 응용한 것이다.

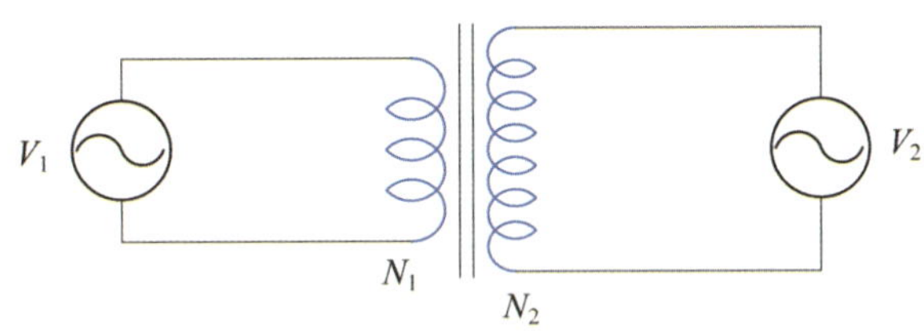

I 그림 5-12 I 변압기 원리

그림과 같이 성층 철심에 권선 N_1(1차측)과 N_2(2차측)를 감고 1차에 전류를 흘리면 1차권선에 흐르는 전류에 의해 1차측 철심에 자속이 발생하고 이 자속은 철심을 통해 2차권선을 쇄교한다.

2차권선의 내부에 있는 철심에서는 1차권선에 의한 자속의 변화를 방해하는 방향으로 자속이 발생하고 이 자속에 의해 2차권선에 기전력이 발생하여 전류가 흐르게 된다.

그러나 이때 발생한 전류는 잠시후면 없어지게 되는데, 이는 1차측 권선에 의한 자기장의 크기에 변화가 있어야만 전류가 유도 된다는 것이 설명될 수 있는 것으로, 2차측에 계속적인 전류가 발생하기 위해서는 자기장의 변화를 위해 1차측에 교류를 흘려주어야만 한다.

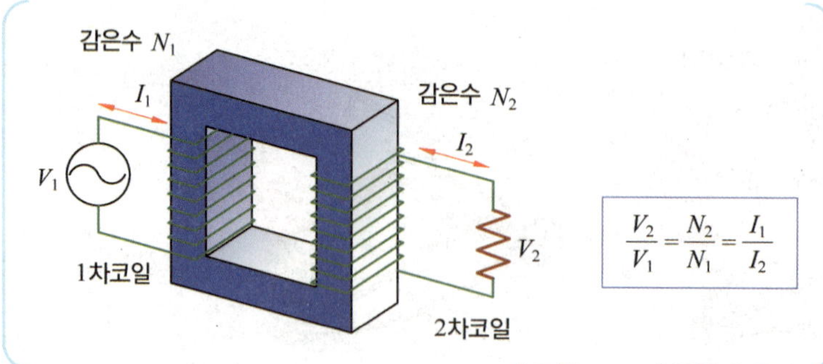

| 그림 5-13 | 변압기 특징

가. 변압기의 특징

① 2개의 코일을 서로 마주대고, 1개의 코일(1차 코일)에 교류전류를 흐르게 하면 마주하고 있는 코일(2차 코일)에 전위차가 발생하여 전류가 흐르게 되는 상호 유도(mutual induction) 현상이 발생한다

② 2차 코일에 발생하는 전위차는 1차 코일에 인가된 전압 및 코일간의 권수비에 비례한다.

즉 변압비 $= \frac{\upsilon_1}{\upsilon_2} = \frac{\eta_1}{\eta_2}$

나. 변압기 구조

변압기의 전압은 코일의 감은 수에 비례한다. 이를테면 전압을 3분의 1로 낮추고 싶으면 2차코일의 권수를 1차코일의 3분의 1로 하면 된다.

그런데 변압기의 1차측에서 2차측으로 변압되어 전력이 전달되는 사이에 손실이 발생하는데 이 손실은 주로 철심속에서 생기는 와류전류손과 권선의 저항에 의한 '주울열의 손실' 때문이다.

와류전류손이란 자력선의 변화에 의해 철심내부에 생기는 소용돌이 모양의 유도전류에 의한 것인데 이것을 방지하기 위해서는 얇은 규소강판을 절연해서 겹쳐 쌓으면 된다.

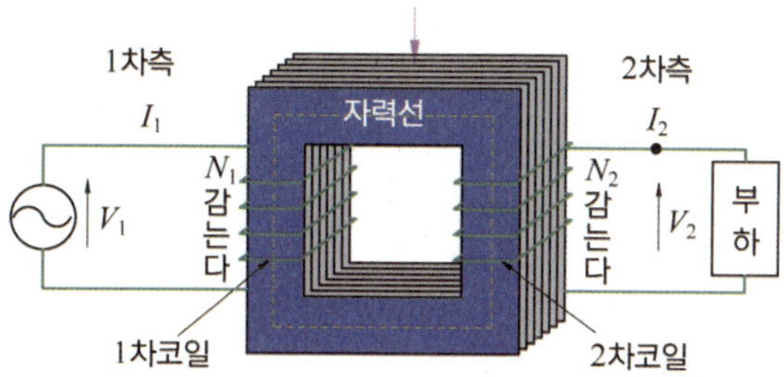

$$\frac{V_1}{V_2} = \frac{N_1}{N_2}$$

| 그림 5-14 | 변압기 구조

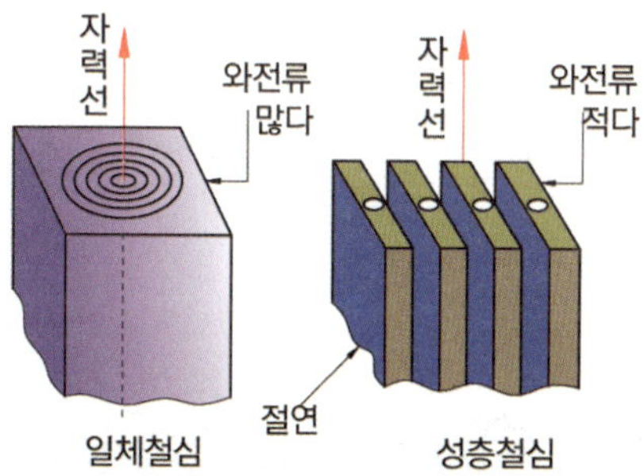

| 그림 5-15 | 철심의 와전류손

하지만 변압기는 1차측 철심과 쇄교하는 자속이 전부 2차측 철심과도 쇄교 한다고 가정하면 자속이 변화하는 비율은 양쪽이 같게 되므로 각각 철심 유기되는 기전력은 같아 전압과 전류의 크기만 변화 시킬 뿐 전체 전력의 크기는 변하지 않는다. 그러므로 각 철심의 양단 기전력은 각 권선수에 비례한다.

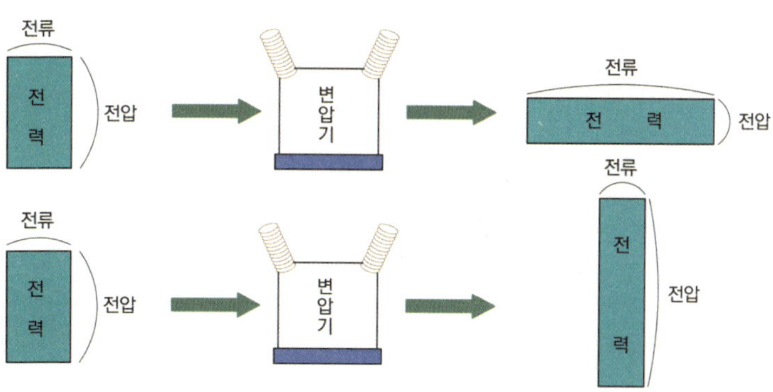

변압기는 전압과 전류의 크기만 변화시킬 뿐 전체 전력의 크기는 변하지 않는다.

| 그림 5-16 | 변압기의 작용

다. 변압기의 종류 및 분류

변압기(Transformer)는 전기기기 중에 제일 많이 또한 가장 널리 사용되고 있는 기기이며, 송전계통이나 배전계통의 일부로서 교류전압을 승압하거나 강압하여, 경제적인 송배전을 통하여 산업설비나 공장에 혹은 가정에 필요한 전압을 공급하는 용도로 사용한다. 트랜스(trans)라고도 하며 송배전선로에 접속되는 전력용 변압기와 전자회로에 사용되는 결합용 변압기까지 많은 종류가 있다.

변압기는 전원의 상수에 따라 단상과 3상 변압기로 나뉘며 철심의 구조에 따라 내철형, 외철형, 권철심형이 있으며, 특수한 변압기로는 권선 하나로 1차와 2차를 공동으로 사용하는 단권 변압기가 있다. 이는 변압비가 작은 범위내에서 승압 및 강압을 할 때에 효율이 좋아 가정용 전압 조정기로 사용되며, 전류를 안정되게 흘릴 수 있게 하기 위하여 사용하는 누설변압기 등이 있다.

각 단자마다 입력 전압과 출력 전압이 명시되어 있다. 변압기의 내부에는 코일이 촘촘하게 감겨 있다.

| 그림 5-17 | 가정용으로 많이 사용하는 소형 변압기

| 그림 5-18 | 전신주에 매달린 변압기

전신주에 사용한 변압기는 변전소에서 공급한 3,300[V]를 가정용인 220[V]로 낮추어 준다. 내부에는 코일이 감겨 있으며, 코일 사이에는 기름이 채워져 있는데, 9권선의 절연물에 습기나 먼지가 들어가서 절연내력을 저하시키기 때문에 이런 현상을 방지하고, 철심이나 권선에서 발생하는 열을 기름의 대류나 복사에 의해 방열시키기 위함이다.

① 상에 따른 분류 : 단상 및 3상변압기
② 철심 구조에 따른 분류 : 내철형, 외철형, 권철심형 변압기

라. 특수한 변압기

(1) 단권 변압기

단권 변압기는 1차 권선과 2차 권선의 일부분이 공통으로 되어 있어, 하나의 코일로 1차와 2차 코일의 기능을 수행하는 변압기이다. 단권 변압기는 구리선이나 철심의 양을 절약할 수 있을 뿐 아니라, 가격이 싸고 적은 범위의 승압과 강압 효율이 좋아, 소용량의 실험용 슬라이닥스나 가정용 소형 변압기로 많이 사용되고 있다.

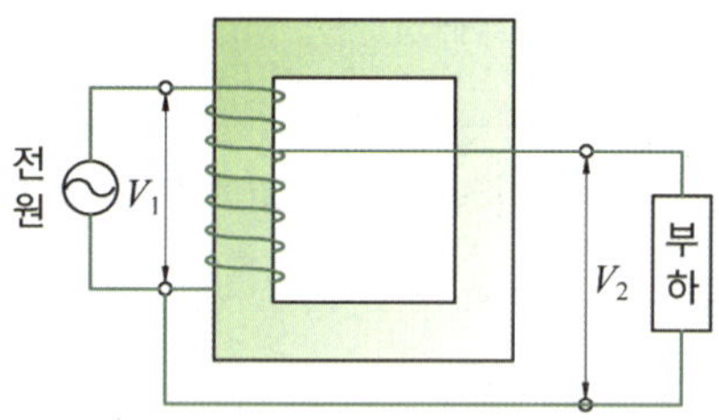

l 그림 5-19 l 단권 변압기의 원리

(2) 누설 변압기

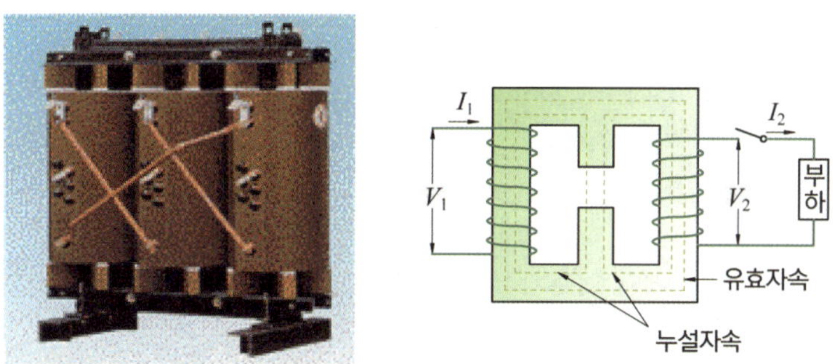

l 그림 5-20 l 누설 변압기

누설변압기는 그림과 같이 자기회로에 공극을 내어 자속이 많이 누설되도록 한 변압기이다. 이 누설 변압기는 부하가 증가하여도 전류가 일정하게 유지되는 정전류 변압기로서 아크등, 방전등, 아크용접기와 같이 기동순간에는 높은 전압을 필요로 하고, 운전 중에는 비교적 낮은 전압을 요구하는 곳에 이용된다.

마. 변압기의 용량산정

일반적으로 배전용 변압기의 용량을 산정할 때는 연결된 부하의 정상운전중 최대부하와 역률 등을 고려하고, 여기에 향후의 증설도 고려한다. 그리고, 대용량 전동기가 있는 경우에는 전동기 기동용량 및 기동시 전압강하도 고려하여 용량을 결정한다.

또한 변압기의 크기는 권수비와는 상관없고 변압기 용량에 따라 달라진다. 그 이유는 변압기도 도체로 구성되고, 용량이 클수록 전류도 커지고 도체도 굵어져야 하기 때문이다.

3 전동기

전동기는 전자력을 이용하여 전기에너지를 기계적 에너지로 바꾸어 주는 전기기계다. 전동기 구조는 코일과 자석으로 되어 있으며 코일에 전류가 흐르므로 인하여 전류에 의한 자기장이 생겨서 이것이 원래의 자기장과의 상호작용으로 생기는 힘으로 축을 회전 한다.

가전기기에는 주로 단상유도 전동기를 동력원으로 사용하는데 소형에서 초대형에 이르기까지, 가정용 선풍기, 드라이기, 믹서기, 냉장고, 에어콘 등에서 모든 공장 기계에 이르기까지 전기에 의한 동력을 얻는 모든 장치와 기계에 활용된다.

소형은 영구자석 사이에 코일이 있고 이 코일의 회전축이 되며, 중대형은 회전축에 영구자석이 달려 있어 자석이 회전하는 주위에 코일을 여러개 배치하여 연속적으로 힘을 받도록 되어 있다.

전동기는 전류에 의해서 발생하는 자기작용을 이용하여 전기적 에너지를 기계적 에너지로 변환시키는 장치로 구동 원리는 플레밍의 왼손 법칙에 따른다. 즉 자속(자속밀도 B)이 있는 공간의 도체에 전류(I)를 흐르게 하면 그 도체에 힘(F)이 발생하여 회전하게 된다.

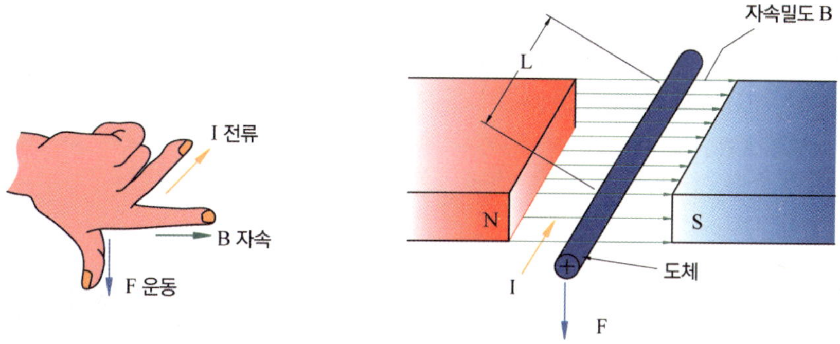

I 그림 5-21 I 전동기의 원리

특징을 요약해보면

① 전동기는 도선(코일)이 자기장에서 받는 전자기력을 이용하여 회전 운동을 얻도록 만든 장치이다.

② 원리는 전동기 내부의 코일에 전류가 흘러 전자석의 극이 만들어지면, 전자석과 영구자석 사이에 인력과 척력이 작용하여 전자석이 회전한다.

③ 전동기의 회전수는 전류의 세기, 자기장의 세기, 코일의 감은 수에 비례하여 증가한다.

④ 도체에 발생하는 힘 $F\,[\mathrm{N}]$은 $F\,[\mathrm{N}] = B\,[\mathrm{T}] \times L[\mathrm{m}] \times I\,[\mathrm{A}]$ 로 구할 수 있으며, 여기서 L은 자속이 있는 공간에서 도체의 길이를 나타낸다.

가. 직류전동기

직류 전동기의 구조와 직류 발전기의 구조는 같다. 즉 직류 발전기를 직류 전동기로 사용할 수 있다

(1) 직류전동기의 종류

직류 전동기의 종류는 자속을 발생시키는 방법(여자)에 따라 타여자 전동기와 자여자 전동기로 나눈다. 그림은 직류 전동기의 종류를 나타낸다.

- 직류 전동기
  - 타여자 전동기
  - 자여자 전동기
    - 직권
    - 분권
    - 복권
      - 가동 복권
      - 차동 복권

I 그림 5-22 I 직류전동기 종류

(2) 전동기의 구조

전동기의 구조는 영구 자석의 두 극 사이에서 전자석이 회전하도록 되어 있다. 직류 전동기는 크게 철심, 권선, 정류자 등으로 구성되며, 그림은 직류 전동기의 구조와 각 부분의 명칭을 나타낸 것이다.

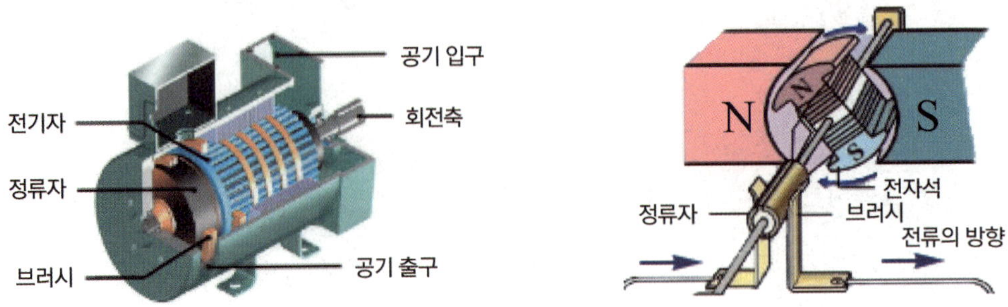

| 그림 5-23 | 직류전동기 구조

① 철심

철심(core)은 계철(프레임), 전기자 철심, 계자 철심으로 구성되어 있다. 전기자 철심과 계자 철심은 주자속이 통과하는 부분이므로 와전류손을 방지하기 위하여 규소 강판을 성층하여 만든다.

② 권선

권선에는 전기자 권선과 계자 권선이 있다. 이들 권선에서 발생한 자기력선의 상호 작용에 의해 회전력이 발생된다. 전기자 권선(회전자 권선)은 슬롯에 직접 감거나 미리 감은 권선을 끼워 넣는다. 극수, 전압의 크기, 용량 등의 조건에 따라 감는 방법과 슬롯에 들어가는 코일수가 달라진다.

③ 정류자와 브러시

정류자(commutator)와 브러시(brush)는 정류 작용을 하는 부분으로서 직류기에서는 매우 중요한 요소이다. 브러시는 정류자와 접촉하여 전류를 전기자 코일에 공급하는 부분이다. 재료는 소형에서는 천연 탄소 브러시, 일반용에서는 전기 흑연 브러시, 대전류용으로는 금속 흑연 브러시를 사용한다.

(3) 직류전동기의 회전 원리

직류전동기는 직류발전기의 원리도와 같기 때문에 한 대의 직류기를 발전기, 또는 전동기로 사용할 수 있다. 다만 직류발전기의 부하 대신에 직류전원이 들어가 있는 점이 다르다.

발전기와 직류 전동기는 구조에 있어서 완전히 동일 하지만 단지 발전기는 회전력을 부여해서 직류를 인출하는데 대해, 전동기는 직류를 부여해서 회전력을 얻는다.

회전원리는 전자석의 코일에 전류를 흘리면 전자석에는 N극과 S극이 만들어진다. 이때, 영구 자석의 N극은 전자석의 S극을, 영구 자석의 S극은 전자석의 N극을 끌어당기는 힘이 작용하여 전자석은 회전하기 시작한다.

전자석에 연결된 축이 회전하면 축에 붙어 있는 반 원통형 금속 전극이 반 바퀴 돌 때마다 양쪽 금속판과 번갈아 접촉되어, 전자석의 N극과 S극은 다시 바뀌어 영구 자석으로부터 힘을 받아 회전하게 된다.

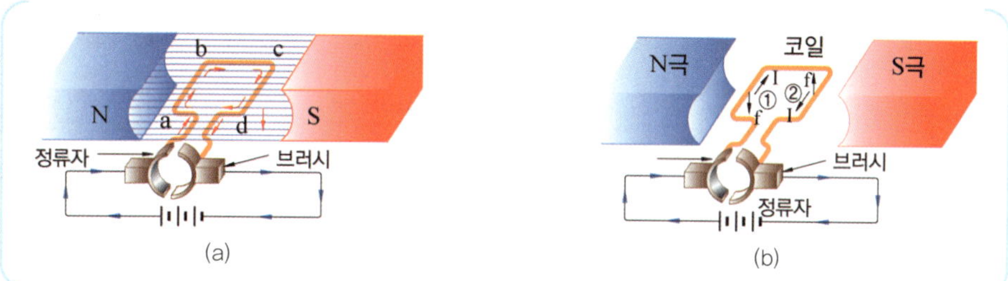

| 그림 5-24 | 직류전동기 회전원리

다음의 [그림 5-24 (b)]에서 코일변 ①, ②에는 반시계방향으로 코일을 회전시키려는 힘 f가 작용하고 있다. (플레밍의 왼손법칙) 이 힘 f에 의하여 코일이 90 회전했을 때 브러시와 정류자의 작용에 의해 코일에 흐르는 전류의 방향이 반대로 되고 이 코일에는 다시 동일한 방향의 힘 f가 계속해서 작용하여 코일은 반시계방향으로 회전을 계속하게 된다. 또한 코일이 90 회전할 때마다 코일에 흐르는 전류의 방향을 반전시키는 것을 정류라고 한다.

즉 다시 정리하면

① 직류전원으로부터 회전력을 얻는 회전기계, 전자기력를 이용하여 토크를 발생한다.
② 정류자 / 브러시 / 회전자 / 계자로 구성된다.
③ 계자는 정적인 자계를 형성한다.
④ 회전자코일에 형성된 자장이 회전력을 생성한다.

(4) 여자방식에 의한 전동기 분류

(가) 직권전동기

다음 그림과 같이 계자권선이 전기자권선과 직렬로 접속되어 있는 방식으로 부하전류에 따라 계자전류가 변하여 회전속도가 부하량에 반비례하게 되고 토오크는 전류의 제곱에 비례하게 되어 빈번한 운전과 큰 기동토오크를 필요로 하는 전차의 구동 및 하역기계 등의 부하에 적용된다.

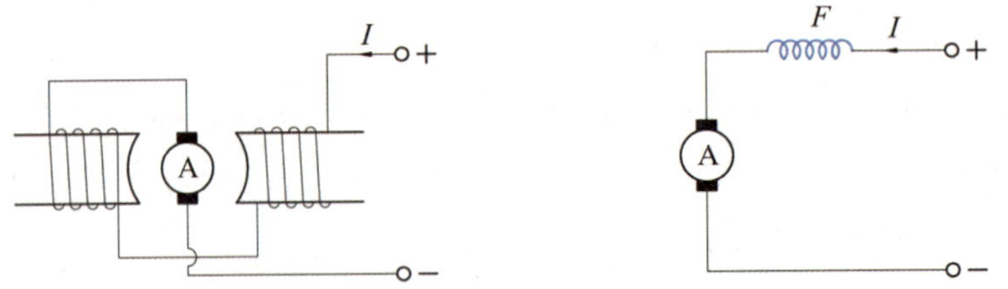

| 그림 5-25 | 직권회로

(나) 분권전동기

계자권선이 전기자권선과 동일전원에 대하여 병렬로 접속되어 있는 방식으로 부하가 변하여도 계자전류는 일정하므로 정속도특성을 갖는 전동기이다. 주로 계자전류를 변경하여 속도를 제어하며 송풍기, 펌프 등의 산업용에 이용된다.

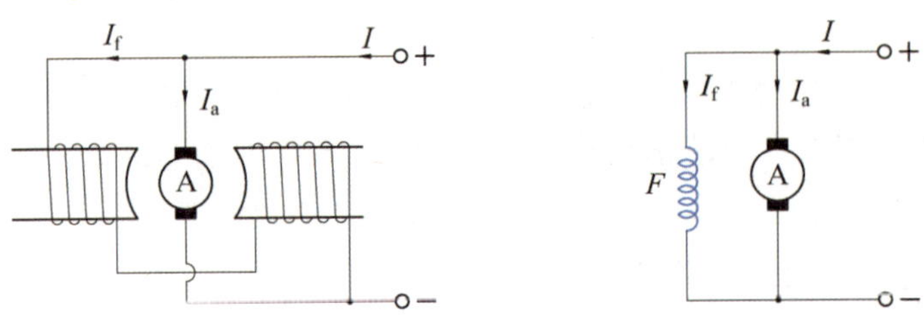

| 그림 5-26 | 분권회로

(다) 복권전동기

전기자권선과 직렬 및 병렬로 접속된 두 종류의 계자권선이 있는 방식으로 부하량에 따라 직권과 분권권선의 기자력 비율을 조절하여 직권 및 분권전동기의 중간적인 특성을 갖는 전동기이다.

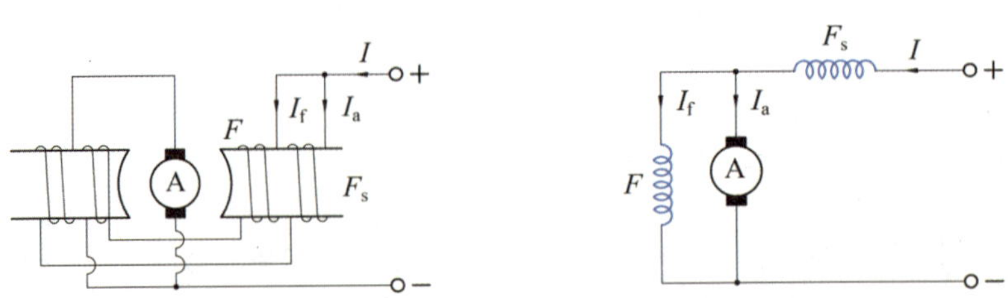

| 그림 5-27 | 복권회로

(라) 타여자분권전동기

전기자권선과 계자권선을 별개의 회로로 구성되어 있는 방식으로 부하가 변해도 분권전동기와 같이 정속도 특성으로 운전할 수 있고 또한 계자전류를 일정하게 하고 전기자전압을 변경하여 회전속도를 제어할 수 있는 전동기이다.

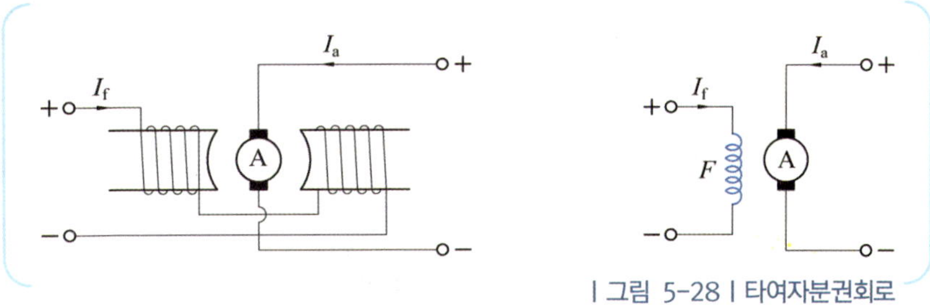

| 그림 5-28 | 타여자분권회로

(4) 직류전동기의 특성

(가) 직권 전동기의 특성

직류 직권 전동기의 계자 회로는 계자 권선과 전기자권선이 직렬로 접속되어 있어 계자전류와 전기자전류 및 부하전류가 모두 같다. 가변 속도 전동기로서 기동 토크가 크고 입력이 작으므로 전동차, 권상기, 크레인, 등과 같이 기동이 많고, 토크 변동이 심한 부하에 많이 사용된다.

① $I_f = I_a = I_L$ 이다.

② 전동기속도 N에 관한 식은

→ 인가 전압이 V일 때 $V = E + I_a R_a$로부터

유기기전력 $E = V - I_a R_a = \dfrac{Z}{a} p\,\phi \dfrac{N}{60}$에서 N에 대해 정리하면

$N = \dfrac{60a}{pZ\phi}(V - I_a R_a) = K\dfrac{V - R_a I_a}{\phi}$ [rpm](여기서 $K = \dfrac{60a}{pZ}$)이 되고,

ϕ는 I_a에 비례하므로 $N = K_1 \dfrac{V - R_a I_a}{I_a}$ [rpm]이 된다.

여기서 $R_a I_a$는 단자전압 V에 비해 극히 작으므로 이를 무시하면 위식은 $N = K\dfrac{V}{I_a} = K\dfrac{V}{I_L}$ [rpm]되어 입력전압 V가 일정하다면 속도 N은 I_L에 반비례하는 곡선이 된다.

③ 속도 특성

철심 포화구간의 토크는 제곱 비례가 아니고 정 비례하며, 속도는 분모가 일정하게 되어 수식이 다르게 된다.

$N = K\frac{V - R_a I_a}{\phi}$[rpm]에서 $\phi \propto I$ 이므로 부하 전류가 작으면 N이 커지고, 부하 전류가 커지면 N은 작아지지만 포화점 이상에서는 $R_a I_a$만큼만 작아진다.

이와 같이 직권 전동기는 무부하시 속도가 대단히 커지므로 벨트 운전을 해서는 안 된다.

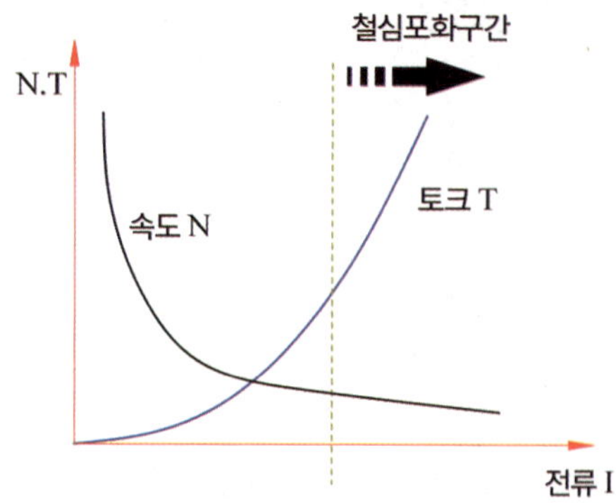

| 그림 5-29 | 직권 전동기의 전류대 속도와 토오크

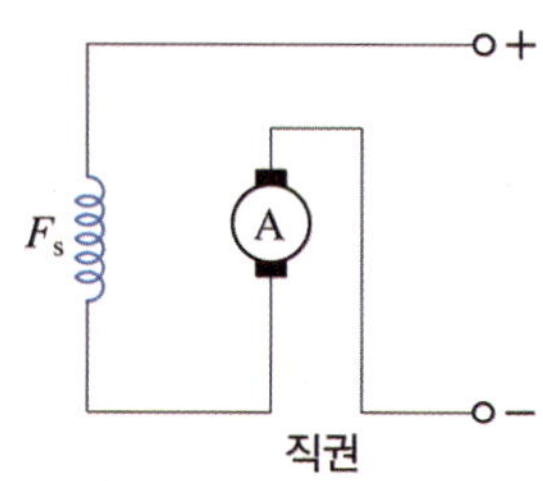

| 그림 5-30 | 직권 전동기

④ 토크 특성

$T = K_T \phi I_a = K' I_a^2 (K_{T=} \frac{pZ}{2a\pi})$에서 전류의 제곱에 비례하는 곡선이 된다. 전류가 커서 자기가 포화되면 토오크는 ϕ에 관계없이 I_a^2에 비례하는 곡선이 된다.

위의 공식은 다음과 같이 유도된다.

① 도체 1개당 힘 $F = BIl$

② 도체 1개당 토오크 $T_0 = Fr$(r : 회전반비름, D : 지름)

$$= BIl\frac{D}{2}$$

$$= (BlD)\frac{I}{2}(BlD = \frac{p\phi}{\pi})\text{을 대입}$$

$$= \frac{p\phi}{2\pi}I$$

③ 따라서 전 도체에 대한 토오크

$$T = (\frac{Z}{a})\frac{p\phi}{2\pi}I$$

(5) 분권 전동기의 부하 특성

(가) 직류 전동기의 유도기전력

① 역기전력

직류 전동기의 경우 전동기 자체도 자기력속을 끊으면서 전기자가 회전하고 있다는 것은 발전하면서 회전하는 것이다. 이때 발생하는 기전력을 역기전력이라 한다. 이 역기전력(E)은 가한 단자 전압 V와 반대방향이어서 전기자 전류 I_a의 흐름을 방해한다.

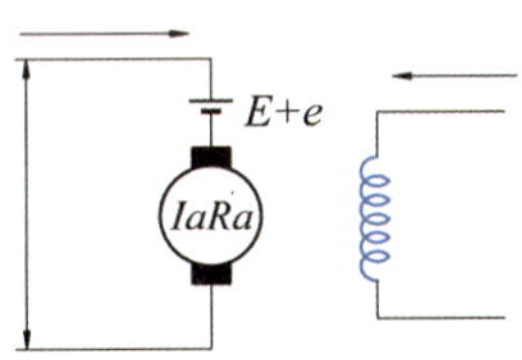

| 그림 5-31 | 역기전력

E : 역기전력, e_a : 프러시전압강하, $RaIa$: 전기자 권선전압강하

$E = \frac{p}{a}\phi Z\frac{60}{N}$ 임.

여기서 P : 자극수, a : 병렬회로수, ϕ자극당 자속수, N : 분당회전수

단자전압 $V = E + IaRa + eb\frac{p}{a}\phi Z\frac{60}{N} + IaRa + e_b$

② 전동기의 회전 속도

위식에서 전기자전압강하 및 브러시 전압강하를 무시하면 $V=E=\frac{p}{a}\Phi Z\frac{60}{N}$이 되고 이를 N에 대해 정리하면 $N=\frac{V}{\frac{p}{a}\phi Z\frac{1}{60}}$이 되어 $N\propto\frac{V}{\phi}$이다. 즉 속도 N은 단자전압 V에 비례하고 자기력선속 ϕ에 반비례한다.

여기서 P : 극수, a : 병렬회로수, ϕ : 자기력선속, Z : 도체총수, Ia : 전기자 전류, Ra : 전기자 저항, e_a : 브러시 전압 강하

③ 직류 전동기의 회전 속도를 바꾸는 방법

㉠ 단자 전압을 변화 : 전기자 전압 강하 및 브러시 전압 강하를 무시하면 $N\propto V$임

㉡ 계자 자기력속을 변화 : 포화가 안된 경우 $N\propto\frac{1}{\phi}$에서, $\phi\propto If$ 이므로 $N\propto\frac{1}{I_f}$이다.

㉢ 전기자에 직렬로 삽입한 저항값을 변화

(나) 속도 특성

분권 전동기는 단자 전압이 일정하면 계자 전류도 일정하여 계자자기도 일정하다. 부하 전류 $I=I_a+I_f\fallingdotseq I_a$이므로 속도 및 토오크 특성은 타여자와 거의 비슷하며, 단자 전압 및 계자 저항을 일정하게 유지할 때 부하 전류와 속도는 아래와 같다.

$$N=K\frac{V-R_aI_a}{\phi}$$

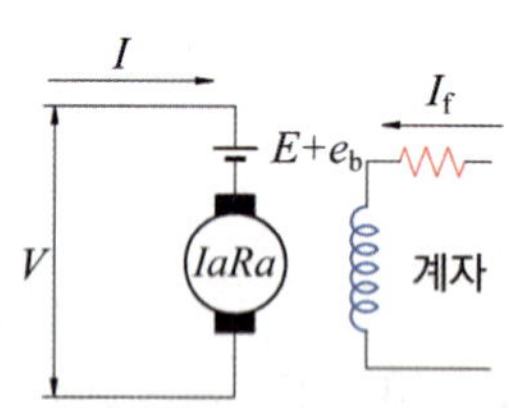

I 그림 5-32 I 타여자 전동기 회로

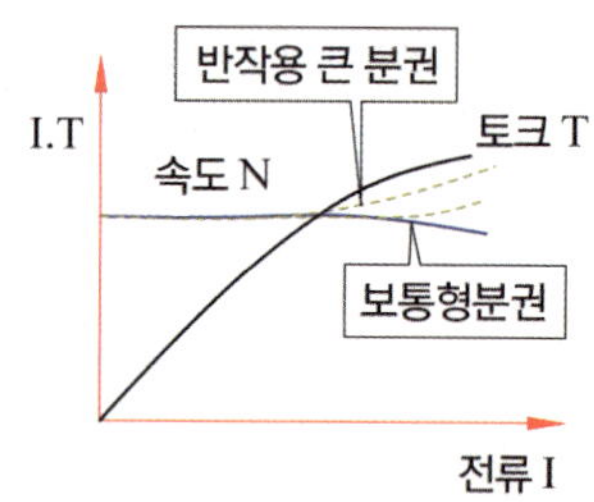

I 그림 5-33 I 분권 전동기의 속도 및 토오크

(다) 토크 특성

부하 전류 I[A]와 토크 T[N·m]사이의 관계를 토크 특성이라 한다.

자기력선속 ϕ가 일정하므로 식 $T=K_T\phi I_a=KI_a$로 전류에 비례하는 직선이 된다.

토오크는 전기자 전류 I_a에 비례하지만 부하 증가에 따라 전기자 반작용이 커져 ϕ가 감소하므로 그래프와 같이 된다.

(라) 속도 변동률

속도 변동률 $\epsilon = \frac{N_0 - N_n}{N_n} \times 100[\%]$

여기서 N_n[rpm] : 정격전압 정격부하시의 회전수, N_0 : 무부하시 회전수

(마) 직류 분권 전동기의 속도 제어

① 속도 제어

직류 전동기의 속도는 전기자 저항, 자속, 단자 전압을 변화시키면 된다.

㉠ 저항 제어 방식 : 전기자 권선의 저항을 변화시키는 방법이다. 정토크 특성을 나타내지만 속도 변동이 크고 효율이 나쁘다. 주로 직권 전동기에서 사용한다.

㉡ 계자 제어 방식 : 계자 전류의 크기를 변화시키면 자속이 변화하게 되는데 이와 같은 방법으로 속도를 제어한다. 정출력, 정속도 특성을 가지나 응답성이 나쁘다. 주로 복권이나 분권 전동기에서 사용한다.

㉢ 전압 제어 방식 : 전기자에 가해주는 전압을 변화시키는 것으로 다양한 제어 기기를 사용한다. 이 방법은 정토크, 정속도 특성을 가지며 속응성이 양호하다. 주로 타여자 전동기에서 사용한다.

속도를 구하여보면

ⓐ 역기전력 $E = K\phi N$[V](K : 비례상수, ϕ : 계자 자속, N : 회전수, E : 역기전력)

ⓑ 분권 전동기의 등가 회로에서

$V = E + I_a R_a$ [V]

ⓒ 위 두 식에서 N을 구하면

$N = \frac{V - R_a I_a}{K\phi}$[rpm] $= f(\phi,\ R_a,\ V)$이므로 속도 N을 제어하기 위해서는 ϕ, R_a, V를 조정하여 제어 한다.

② 기동

정지 상태의 전동기를 운전 상태로 하는 것을 기동(starting)이라고 한다. 직류 전동기의 전기자 권선에 흐르는 전류의 크기는 가해주는 전압, 권선의 저항 그리고 권선에 발생되는 역기전력에 의해 달라지게 된다.

일반적으로 기동전류는 1[kW]이하의 소형에서는 정격의 7~10배, 그리고 1[kW]이상에서는 2~5배 정도까지 허용하고 있다. 기동할 때 소형에서는 직접 전원을 투입하는 직입 기동법이 사용되고 있으나 1[kW]이상의 전동기는 기동 전류를 적절히 제한하는 방법을 강구하여야 한다.

전기자에 흐르는 전류 $I_a = \frac{V-E}{R_a} = \frac{V-K\phi N}{R_a}$에서 R_a는 아주 작은 값이지만 운전 중에는 역기전력에 의해 적당한 I_a값을 유지한다.

그러나 기동 순간에는 $E=0$이므로 $I_a = \frac{V}{R_a}$에 의해 아주 큰 전류가 흘러 브러시, 전기자 권선, 정류자 등을 손상시키거나 전원 전압을 강하시킨다.

그러므로 기동시 전기자에 적당한 저항을 넣어(기동 저항기) 전류를 제한하면서 기동하도록 한다.

㉠ 분권 전동기의 기동 : 전동기의 기동(starting)시 회전수가 적고 기동토크가 커야 하기 때문에 계자저항을 적게 하여 자속을 크게 하고, 기동후 저항을 증가시킨다. 기동저항기는 이러한 기동과 운전을 할 수 있도록 되어 있으며 기동시에는 최대값에서 서서히 감소시켜 단락시키고, 정지시에는 다시 최대값으로 되돌아오게 되어 있다.

㉡ 계자 제어 : 계자 제어는 자기력선속 ϕ를 변화시키는 것으로, 타여자나 분권에서와 같이 계자 전류를 변화시켜 계자 ϕ를 변화시킨다.

이 방법은 제어 전류가 작아 손실도 작고, 부하 변동에 따른 회전 속도의 변동도 작다. 직권의 경우 계자에 병렬로 저항을 넣어 계자전류를 By-pass 시키거나 중간 탭을 넣어 자속을 변화시킨다.

주자속을 너무 작게 하면 반작용의 영향이 커져 정류 작용이 안된다.

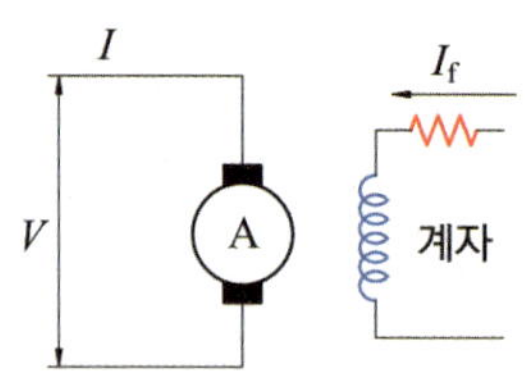

| 그림 5-34 | 타여자 또는 분권의 계자 전류 에 의한 속도제어

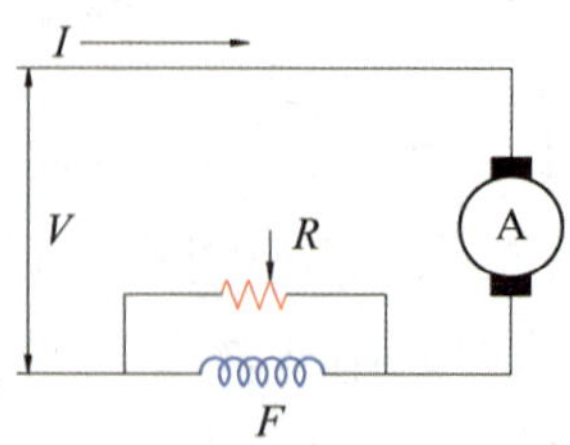

| 그림 5-35 | 계자에 저항을 병렬로 삽입

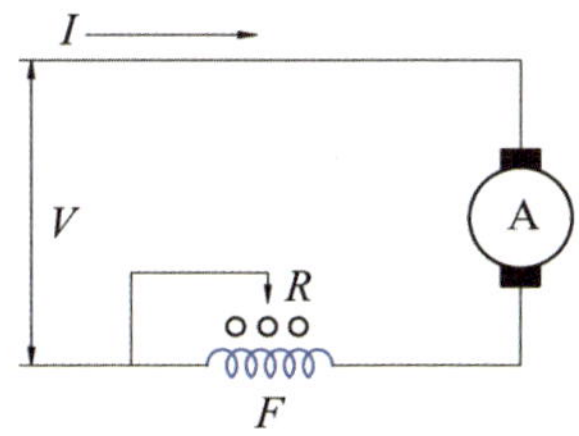

Ⅰ 그림 5-36 Ⅰ 계자에 탭 설치

㉢ 저항 제어 : 저항 제어는 전기자에 직렬로 저항을 넣어 전류를 제한하는 것으로, 방법을 간단하나 저항 손실이 많고 부하 변동에 따른 회전속도의 변동이 크다. 분권이나 타여자의 경우 잘 사용되지 않으며, 직권 전동기에서는 사용되는데 직·병렬 혼합으로 사용한다.

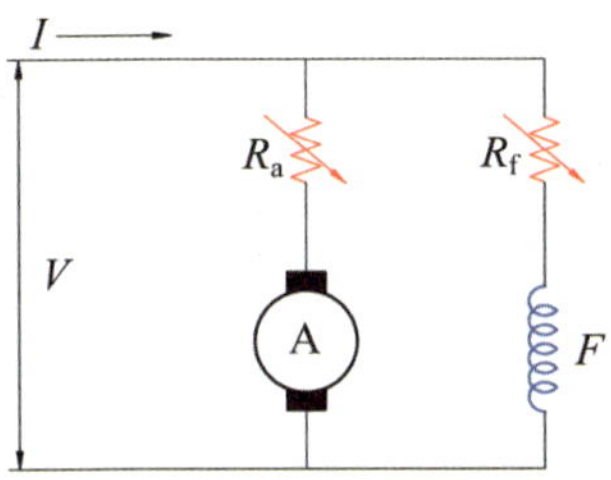

Ⅰ 그림 5-37 Ⅰ 분권 전동기

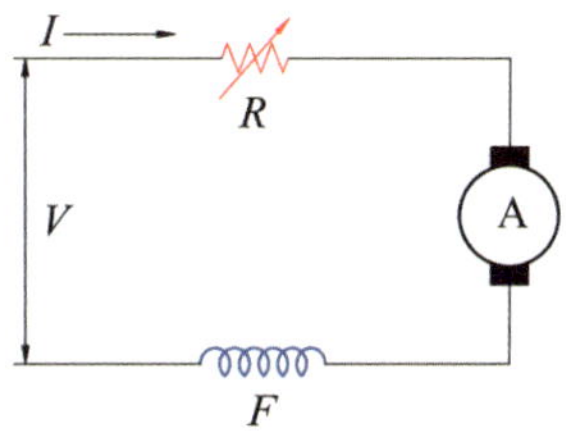

Ⅰ 그림 5-38 Ⅰ 직권 전동기

㉣ 전압 제어 : 단자전압 V를 가감하는 방법으로 광범위하게 속도가 제어 된다.

③ 제동

전동기의 회전을 급히 멈출 필요가 있는데 이와 같이 전동기의 회전을 빨리 정지시키는 것을 제동(braking)이라고 한다. 제동 방법에는 기계적인 제동과 전기적인 제동 방법이 있다.

기계적인 제동법은 전자 브레이크, 수동 브레이크, 유압 브레이크, 공기 브레이크 등의 브레이크를 이용한 마찰 제동 방법이다.

④ 용도

우리 주위에서 쉽게 볼 수 있는 직류 전동기는 전동 공구, 면도기 등의 가정용품이나 완구 등이 있다. 산업용으로 사용되는 직류 전동기는 다음 표와 같다.

| 표 5-1 | 직류전동기 용도

종류	특성	용도
분권 전동기	정속도, 정토크, 정출력	송풍기, 펌프, 공작기계, 인쇄기, 컨베이어, 권상기, 압연기, 공작기계, 초지기
직권 전동기	변속도 특성, 높은 기동 토크	권상기, 기중기, 전차용 전동기
복권 전동기	높은 기동 토크, 정속도	권상기, 절단기, 컨베이어, 분쇄기

나. 교류전동기

교류 전력을 받아 기계 동력을 발생시키는 회전기를 교류 전동기라 하며, 교류전동기는 크게 단상식과 삼상식으로 나뉜다. 회전자의 유형에 따라 유도전동기, 동기전동기, 정류자 전동기로 분류한다.

유도 전동기는 취급과 운전이 쉽고 값이 싸며 내구성이 좋기 때문에 가정이나 공장에서 가장 많이 사용하는 전동기이다. 그러므로 전동기라고 하면 일반적으로 유도 전동기를 의미하는 경우가 많다.

일정한 주파수 전원으로 운전할 경우, 유도전동기는 대체적으로 정속도를 유지하며, 동기전동기는 완전한 정속도를 갖으며, 정류자 전동기는 광범위한 영역에서 속도 조절이 가능하다.

(1) 유도전동기

교류 전력을 받아 기계 동력을 발생시키는 회전기를 교류 전동기라 한다. 교류 전동기를 세분하면 여러 가지로 나눌 수 있는데 크게 유도 전동기와 동기 전동기로 구별할 수 있다.

유도 전동기는 취급과 운전이 쉽고 값이 싸며 내구성이 좋기 때문에 가정이나 공장에서 가장 많이 사용하는 전동기이다. 그러므로 전동기라고 하면 일반적으로 유도 전동기를 의미하는 경우가 많다.

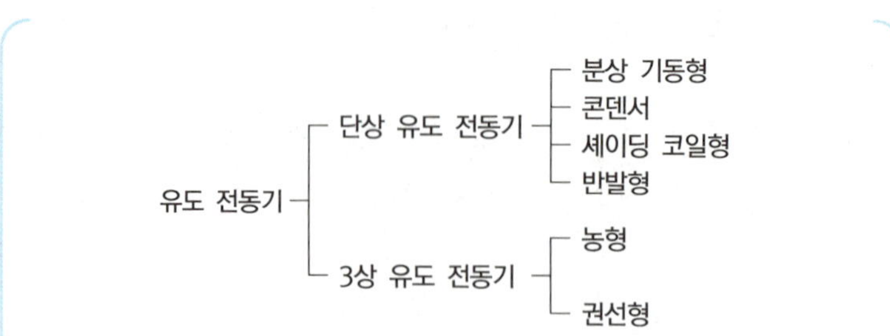

| 그림 5-39 | 유도 전동기의 분류

(가) 유도전동기의 원리

다상 유도 전동기의 기본 원리는 아라고의 원판실험에 의하여 실현되었다. 구리 또는 알루미늄으로 만든 원판을 축으로 회전할 수 있게 하고, 이 원판 주변을 자석이 움직이면 원판은 자석보다 늦은 속도로 같은 방향으로 움직인다.

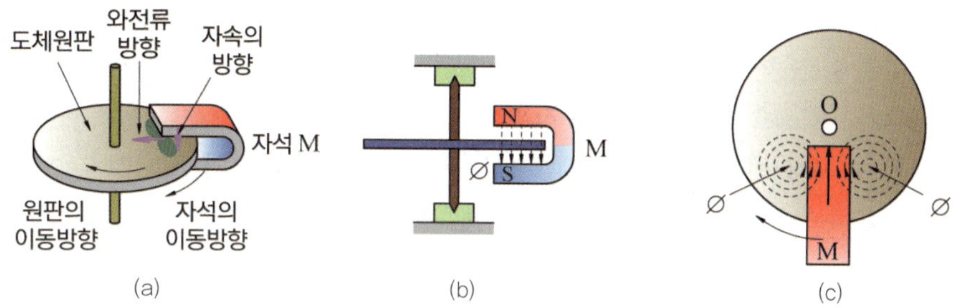

| 그림 5-40 | 유도전동기 원리

그 이유는 먼저 자기에너지가 있고 힘(자석의 운동)이 있으므로 원판에 플레밍의 오른손 법칙에 따른 전류가 발생하고, 그 방향은 원판의 중심으로 들어가는 방향이 된다.

전류는 도체의 표면으로 흐르려는 성질이 있으므로 다시 원판의 원주 쪽으로 흘러서 그림과 같이 맴돌이전류(와전류)를 형성한다. 이 맴돌이전류와 자석에 의하여 원판에 힘이 작용하게 되는데 그 방향을 [그림 5-40 (a)]처럼 플레밍의 왼손법칙을 적용하면 자석이 움직이는 방향과 같음을 알 수 있다.

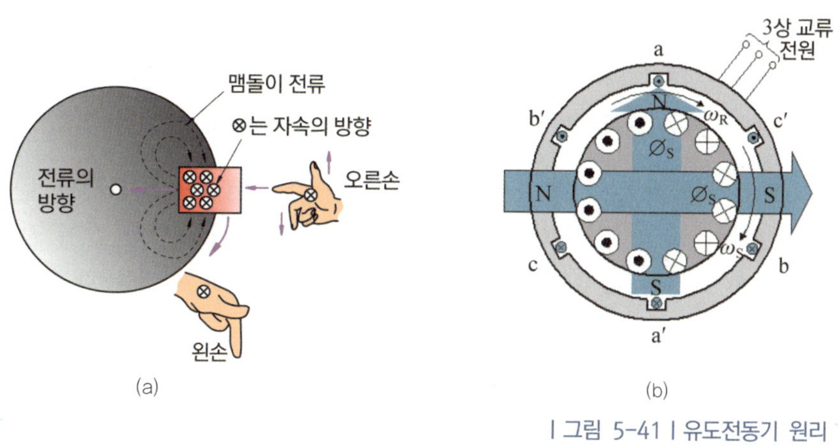

| 그림 5-41 | 유도전동기 원리

[그림 5-41 (b)]처럼 유도전동기는 자석을 움직이는 대신에 고정자권선을 하고 3상 교류를 주어 회전하는 자장을 만들어 자석을 움직인 것과 같은 효과를 이용하여 회전력을 얻어내는 구조로 되어 있다.

맴돌이전류는 도체의 내부에서 국부적으로 소용돌이 모양으로 닫힌 통로를 흐르는 전류로서, 도체 내부를 지나는 자기력선속의 변화로 인해서 생기는 전류로 와전류 또는 발견자의 이름을 따서 푸코전류(Foucault Current)라고도 한다. 아라고의 원판으로 그 존재를 간단히 알 수 있다. 도체판에 직각으로 자기장을 걸어서 이것을 증가시키면 도체판에는 자기장 방향에 대하여 좌회전하는 맴돌이전류가 생겨서 자기장의 증가를 방해하려고 한며, 자석을 도체판 위에서 이동시키면 맴돌이전류가 생겨 맴돌이전류의 자기장은 자석의 이동을 방해한다(도체판은 자석이 이동하는 방향으로 당겨진다). 이 원리는 적산전력계나 맴돌이 브레이크에 이용된다.

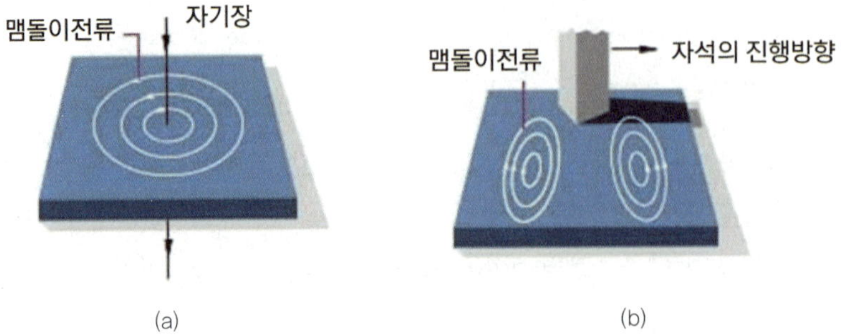

| 그림 5-42 | 맴돌이전류

자석을 회전시키면 원판을 통과하는 자속이 변화하게 된다. 그러면 플레밍의 오른손 법칙에 따른 유도기전력이 원판에 발생한다. 유도기전력에 의한 맴돌이 전류(eddy current)와 영구 자석에 의한 각각의 자력선 사이에 전자력이 발생하여 원판이 회전하게 된다.

아라고 원판 실험에서 영구 자석을 돌리면 원판이 따라 회전한다. 그러나 실제 전동기에서 자석을 돌려 회전력을 얻는 것은 무의미하다. 앞에서 정의한 바와 같이 전동기는 전기에너지를 기계적 회전 에너지로 변환하는 기기이기 때문이다. 이것을 해결하는 방법으로 전자석을 이용한다.

[그림 5-43]과 같이 고정자 철심에 권수, 선의 굵기, 크기가 같은 코일 a, b, c를 120° 간격으로 적절히 배치하고 대칭인 3상 전류를 흘리면 자석을 돌리는 것과 같은 효과를 얻을 수 있다. 이를 회전 자기장(rotating magnetic field)이라 한다.

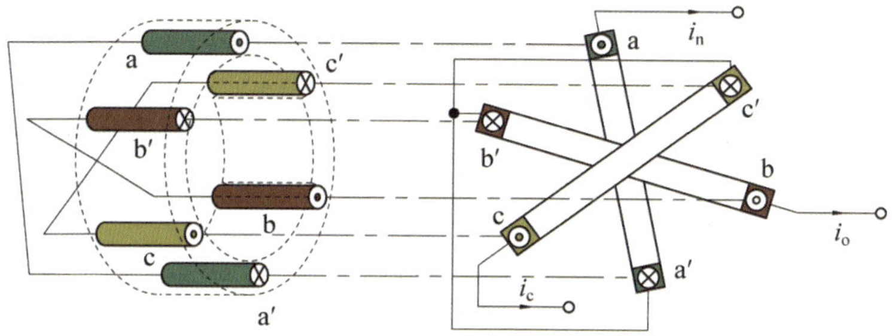

| 그림 5-43 | 고정자 권선의 배치

이때 원판은 영구 자석의 속도보다 느리게 회전한다. 만약 원판과 자석의 속도가 같게 되면 원판을 지나는 자속은 일정하게 된다. 자속이 변하지 않으면 맴돌이 전류가 발생되지 않고 원판은 더 이상 회전하지 않게 된다.

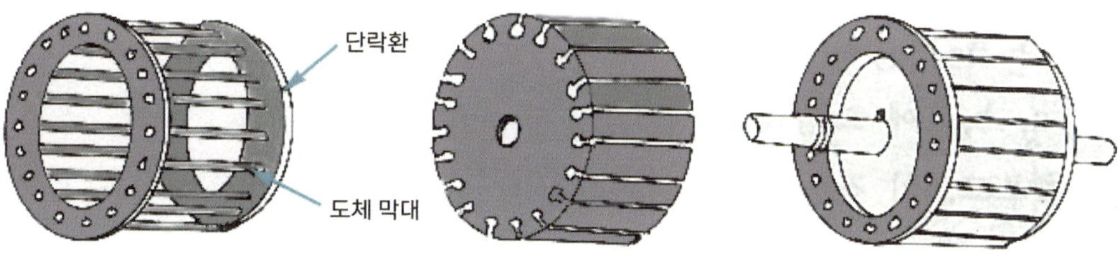

(a) 원통형 도체 (b) 성층 철심 (c) 도체와 철심의 결합

| 그림 5-44 | 농형 회전자의 구조

아라고 원판 대신에 [그림 5-44 (a)]와 같은 원통형 도체를 이용하여도 같은 결과를 얻을 수 있다. 그러나 도체만으로는 회전은 되지만 누설 자속이 많이 발생하여 효율이 떨어진다. 그러므로 [그림 5-44 (b)]과 같이 규소 강판을 성층한 철심에 원통형의 도체를 결합하여 [그림 5-44 (c)]와 같은 회전자(rotor)를 만든다. 이와 같은 구조의 회전자를 농형이라 하며 유도 전동기는 대부분 농형 회전자(squirrel type rotor)를 사용한다.

(나) 회전수와 슬립

회전자의 토크는 회전자 도체에 흐르는 전류와 자속과의 곱에 비례한다. 부하가 없는 무부하 상태에서 회전자의 속도 N[rpm]이 점차 증가하여 회전 자기장의 속도인 동기 속도(synchronous speed) N_s[rpm]에 가까워지면 도체를 관통하는 자속의 수는 줄어들게 된다. 자속이 감소하면 회전자에 유도되는 전류가 줄고 따라서 회전자 토크도 감소한다.

즉 회전자계의 극수와 교류 전원의 주파수로 정해지는 회전 자계의 속도. 전동기의 고정자에 교류 전압을 가하면 발생하는 회전 자계에 동기하여 회전자가 회전하는 동기속도는 회전 자기장은 주파수가 f[Hz]인 교류에서 1[s]에 f회전하게 되므로 회전 자기장의 1분간 회전 속도는 f×60[rpm]이 된다.

고정자 코일의 극수를 p가 되도록 감았을 때의 회전 자기장을 동기속도 N_s라 하면

$N_s = \dfrac{120 \times f}{p}$ [rpm]이 된다.

또한 부하가 연결되면 회전자 속도가 낮아져 동기 속도와의 차가 커진다. 그러면 도체를 관통하는 자속의 수도 증가하여 도체에 발생하는 전류가 커진다. 이것은 전동기의 토크를 크게 하고 속도는 다시 증가하게 된다.

그러므로 전동기가 큰 토크로 부하를 돌려주기 위해서는 회전자 속도가 동기 속도보다 낮은 회전수를 가져야 한다.

유도 전동기에서 동기 속도와 회전자 속도의 차 $N_s - N$를 동기 속도로 나눈 것을 슬립(slip)이라 한다.

(다) 속도 제어 방법

유도 전동기의 속도는 극수(pole), 입력 주파수, 슬립에 의해 영향을 받는다. 이때 슬립은 전동기에 연결된 부하에 따라 달라진다.

속도를 제어하는 방법에는 극수 변환법, 슬립을 변화시키는 1차 전압 제어, 비례 추이법 그리고 주파수를 변화시키는 주파수 제어법 등이 있다.

최근에는 고성능 스위치 소자(IGBT)와 마이크로프로세서의 진보에 따라 인버터에 의한 속도 제어 방법이 많이 사용되고 있다. 인버디에 의한 속도 세어는 제어성과 효율이 뛰어나 직류 전동기를 유도 전동기로 대체하게 하는데 크게 기여하고 있다.

(2) 3상 유도 전동기

(가) 구조

3상 유도 전동기는 3상 전원에 의해 쉽게 회전 자기장을 얻을 수 있으므로 비교적 구조가 간단하다.

① 고정자

고정자는 고정자 틀, 고정자 철심, 고정자 권선으로 이루어져 있다.

② 회전자

원형의 규소 강판 둘레에 도체가 들어갈 수 있는 홈을 파고, 중심에는 축이 들어갈 수 있는 큰 구멍을 내어 이들을 성층하여 만든다. 도체의 구조에 따라 농형 회전자와 권선형 회전자가 있다.

③ 베어링

베어링은 전동기의 고장 원인 중에서 발생 빈도가 높은 부분이다. 따라서 사용 중에 교체하는 경우가 많다. 베어링을 축에서 제거할 때는 베어링 풀러(bearing puller)를 사용한다.

(나) 기동

유도 전동기의 기동 전류는 정격 전류의 5~10배가 되는 큰 전류가 흐른다. 그러므로 용량이 큰 전동기의 경우에는 적절한 기동 장치를 사용하여 기동 전류를 제한할 필요가 있다.

일반적으로 3상 농형 유도 전동기의 기동법에는 직접 기동법(전전압 기동법), 1차 저항 기동법, 리액터 기동법, Y-△ 기동법, 기동 보상기법 등이 있다. 3상 권선형 유도 전동기는 2차 저항 기동법을 사용한다.

(3) 단상 유도 전동기

3상 유도 전동기는 공장이나 빌딩과 같이 대용량의 동력이 필요한 장소에 3상 전원을 공급받아 사용된다. 반면에 단상 유도 전동기는 가정이나 사무실과 같은 소용량 전동력이 요구되는 곳에서 사용된다.

여기에서는 단상 유도 전동기의 종류와 원리 및 특성에 대하여 알아보도록 한다. 단상 유도 전동기는 3상 유도 전동기와는 달리 회전 자기장이 만들어지지 않고 교번 자기장이 발생된다. 교번 자기장에서는 토크가 발생되지 않아 회전자를 기동시킬 수 없다.

그러나 어떤 방법을 사용하더라도 자기기동(self starting)만 되면 그 방향으로 토크가 생겨 회전을 계속하게 된다. 즉, 기동시키는 방법에 따라 단상 유도 전동기를 분류하기도 한다.

(가) 분상 기동형 유도 전동기

서로 자기적인 위치를 달리하면서 병렬로 연결되어 있는 주권선과 보조 권선이 내장된 전동기를 분상 기동형 유도 전동기(split-phase ac induction motor)라 한다. 이 전동기는 주로 펌프, 소형 공작 기계, 공업용 재봉틀, 세탁기 등 소용량으로서 여러 분야에 가장 광범위하게 사용되는 전동기이다.

원리는 주권선과 보조 권선에 의해 회전 자기장을 만들어 기동시킨다. 기동 후 속도가 점차 증가하여 동기 속도의 70~80[%]가 되면 원심력 스위치(centrifugal switch) CS가 작동하여 보조 권선 회로가 개방되고 전동기는 주권선에 의해서 동작한다.

(나) 콘덴서 유도 전동기

보조 권선에 콘덴서가 직렬로 연결되어 있는 것을 콘덴서 유도 전동기(capacitor ac induction motor)라 한다. 종류에는 기동할 때만 콘덴서를 사용하는 콘덴서 기동형 전동기(capacitor starting motor), 운전 중에도 콘덴서를 사용하는 영구 콘덴서 전동기(permanent capacitor motor), 2중 콘덴서 전동기(two-value capacitor motor) 등이 있다.

콘덴서 기동형은 농사용 펌프, 냉장고, 공업용 재봉틀 등에 사용되고, 영구 콘덴서형은 펌프, 세탁기, 선풍기 등에 사용된다.

원리는 콘덴서가 연결된 권선과 주권선 사이의 위상차로 회전 자기장이 만들어져 회전자를 기동시킨다.

콘덴서 기동형 전동기는 전해 콘덴서를 사용하며 정격 속도에 도달하면 회로에서 콘덴서를 개방시켜야 한다. 영구 콘덴서 전동기는 기동 토크가 낮으며 오일 콘덴서를 사용한다. 2중 콘덴서 전동기는 기동 토크가 매우 높다. 운전용으로는 오일 콘덴서를 사용하고 기동용으로 전해 콘덴서가 쓰인다. 회전수가 일정 속도가 되면 전해 콘덴서를 회로에서 개방시킨다.

(다) 셰이딩 코일형 유도 전동기

셰이딩 코일형 유도 전동기(shaded-pole motor)는 고정자의 주 자극 옆에 작은 돌극을 만든다. 여기에 굵은 구리선으로 수 회 정도 감아 단락시킨 구조의 전동기이다. 이 전동기는 주 자극에서 셰이딩 자극 쪽으로만 회전하며 회전 방향을 바꿀 수 없다.

셰이딩 코일형 전동기는 구조가 간단하고 기동 토크가 적으므로 소형 선풍기, 전축 등의 소용량 부하에 주로 사용된다.

(라) 반발형 유도 전동기

반발형 전동기(repulsion motor)는 회전자에 권선이 있어 권선형 단상 유도 전동기라 부르기도 한다.

반발형 전동기의 원리는 고정자 권선과 회전자 권선에서 발생하는 자기장 사이의 반발력을 이용한 것이다. 용도로는 영업용 냉장고, 콤프레셔, 펌프 등에 사용된다.

다. 직류 서보 전동기

서보 전동기(servomotor)는 제어 전동기라고도 한다. 피드백 시스템(feedback system)을 사용하여 속도 및 위치 등을 세밀하게 제어하는 전동기이다. 서보 전동기는 기동, 정지, 제동, 정회전, 역회전이 연속으로 이루어지는 제어에 적합하도록 설계, 제작된 전동기이다.

직류 서보 전동기와 교류 서보 전동기가 있다. 최근에는 교류 서보 전동기를 많이 사용한다. 공장 자동화 분야(FA)에서는 로봇, 공작 기계, 레이더 견인 시스템에 사무 자동화(OA) 분야에는 프린터, X-Y플로터, 팩시밀리, 복사기 등에 이용된다.

라. 스테핑모터

스테핑모터는 펄스 모터, 계동 모터, 디지털 모터 등으로 불리고 있으며 일반적으로 스테핑모터로 총칭되고 있다.

펄스 모터는 고정자에 다상 권선을 감고 그 내부에 돌극형 회전자를 배치하고 고정자권선을 차례로 여자 시키면 회전자가 흡인되어 회전하게 되며, 고정자권선을 순서대로 여자 시키면 회전자는 설계된 각도만큼씩 스텝(step)식으로 회전하게 된다. 따라서 모터의 회전 각도가 입력되는 펄스 신호에 정확이 일치되기 때문에 정확한 각도제어가 가능하다. 즉 스테핑모터에는 고유의 분할 각도가 존재하여 이 분할각도를 이용하면 정확한 각도제어를 제어 할 수 있다.

예를 들어 1펄스당 1도씩 이동한다고 가정하고 10도를 움직이려면 10펄스를 주면 된다. 서보모터와의 차이점은 피드백이 있느냐 없느냐의 차이 정도이다.
스테핑모터는 펄스모터, 계모터, 디지털모터 등으로 불리고 있으며 일반적으로 스테핑모터로 총칭되고 있다.

펄스를 공급하기 위하여 트랜지스터 및 다이오드 등의 반도체를 사용한 별도의 회로가 필요하다.

| 그림 5-45 | 스테핑 모터

특징으로는

① Pulse에 의해 digital적으로 제어가 가능

② 한 각도의 회전

③ 디지털펄스 1개에 1개 스텝(기본 각도1.8°)에 해당하는 회전각만큼 정확한 운동을 하고, 입력펄스의 수와 단위시간당 펄스입력속도에 정확히 비례하여 연속운동을 한다.

Chapter 5 | 전기기기

연 습 문 제

01 유도 전동기에서 슬립이 1이면 전동기의 속도 N은?

㉮ 정지한다.
㉯ 불변이다.
㉰ 동기속도와 같다.
㉱ 동기속도보다 빠르다.

02 1차 전압이 13200[V], 2차 전압 220[V]인 단상 변압기의 1차에 6000[V]의 전압을 가하면 2차 전압은 몇 [V]인가?

㉮ 100 ㉯ 200
㉰ 300 ㉱ 500

03 변압기의 1차측이란?

㉮ 고압측 ㉯ 저압측
㉰ 부하측 ㉱ 전원측

04 권수비가 100의 변압기에 있어 2차측의 전류가 10^3[A]일 때, 이것을 1차측으로 환산하면 얼마인가?

㉮ 16[A] ㉯ 10[A]
㉰ 8[A] ㉱ 6[A]

05 전기자를 고정시키고 자극 N, S를 회전시키는 동기 발전기는?

㉮ 회전 계자법 ㉯ 직렬 저항형
㉰ 회전 전기자법 ㉱ 회전 정류자형

06 직류 스테핑 모터의 특징 설명 중 가장 옳은 것은?

㉮ 교류 동기 서보모터에 비하여 효율이 나쁘고 토크 발생도 작다.
㉯ 이 전동기는 입력되는 각 전기 신호에 따라 계속하여 회전 한다.
㉰ 이 전동기는 일반적인 공작 기계에 많이 사용된다.
㉱ 이 전동기의 출력을 이용하여 특수기계의 속도, 거리, 방향 등을 정확하게 제어가 가능하다.

Answer | 01 ㉮ 02 ㉮ 03 ㉱ 04 ㉯ 05 ㉮ 06 ㉱

07 출력 15[kW], 1500[rpm]으로 회전하는 전동기의 토크는 약 몇 [kg · m]인가?

㉮ 6.54　㉯ 9.75
㉰ 47.78　㉱ 95.55

08 유도 전동기에서 슬립이 가장 큰 상태는?

㉮ 무부하 운전시　㉯ 경부하 운전시
㉰ 정격부하 운전시　㉱ 기동시

09 60[Hz]의 동기전동기가 2극일 때 동기속도는 몇 [rpm]인가?

㉮ 7200　㉯ 4800
㉰ 3600　㉱ 2400

10 직류를 교류로 변환하는 장치로서 초고속 전동기의 속도제어용 전원이나 형광등의 고주파 전등에 이용되는 것은?

㉮ 인버터　㉯ 컨버터
㉰ 변성기　㉱ 변류기

11 직류기의 주요 구성 3요소가 아닌 것은?

㉮ 전기자　㉯ 정류자
㉰ 계자　㉱ 보극

12 변압기의 원리는 어느 작용을 이용한 것인가?

㉮ 전자유도 작용　㉯ 정류작용
㉰ 발열작용　㉱ 화학작용

13 역률과 효율이 좋아서 가정용 선풍기, 전기세탁기, 냉장고 등에 주로 사용되는 것은?

㉮ 분상 기동형 전동기
㉯ 콘덴서 기동형 전동기
㉰ 반발 기동형 전동기
㉱ 세이딩 코일형 전동기

14 변압기에서 퍼센트 저항강하가 3[%], 리액턴스 강하 4[%]일 때 최대 전압변동률은?

㉮ 2.4[%]　㉯ 3.6[%]
㉰ 4.8[%]　㉱ 5[%]

15 주파수가 60[Hz]인 3상 4극의 유도 전동기가 있다. 슬립이 3[%]일 때 이 전동기의 회전수는 몇 [rpm]인가?

㉮ 1200　㉯ 1526
㉰ 1746　㉱ 1800

Answer | 07 ㉯ 08 ㉱ 09 ㉰ 10 ㉮ 11 ㉱ 12 ㉮ 13 ㉯ 14 ㉱ 15 ㉰

16 3300/220[V] 변압기의 1차에 20[A]의 전류가 흐르면 2차 전류는 몇 [A]인가?

㉮ 1/30 ㉯ 1/3
㉰ 30 ㉱ 300

17 다음 중 토크(회전력)의 단위는?

㉮ rpm ㉯ W
㉰ Nm ㉱ N

18 무부하 전압 137[V], 정격 전압 100[V]인 발전기의 전압 변동률은 몇 %인가?

㉮ 21 ㉯ 37
㉰ 54 ㉱ 63

19 변압기에 철심의 두께를 2배로 하면 와류손은 약 몇 배가 되겠는가?

㉮ 2배로 증가한다.
㉯ 1/2배로 증가한다.
㉰ 1/4배로 증가한다.
㉱ 4배로 증가한다.

20 직류 전동기의 회전 방향을 바꾸기 위해서는 어떻게 하면 되는가?

㉮ 전원의 극성을 바꾼다.
㉯ 전류의 방향이나 계자의 극성을 바꾸면 된다.
㉰ 차동복권을 가동복권으로 한다.
㉱ 발전기로 운전한다.

21 직류 발전기에서 계자 철심에 잔류자기가 없어도 발전을 할 수 있는 발전기는?

㉮ 분권 발전기 ㉯ 직권 발전기
㉰ 복권 발전기 ㉱ 타여자 발전기

22 플레밍의 오른손 법칙에 따르는 기전력이 발생하는 기기는?

㉮ 교류발전기 ㉯ 교류전동기
㉰ 교류정류기 ㉱ 교류용접기

23 1차 권수, 6000, 2차 권수 200인 변압기의 전압비는?

㉮ 30 ㉯ 60
㉰ 90 ㉱ 120

Answer | 16 ㉱ 17 ㉰ 18 ㉯ 19 ㉱ 20 ㉯ 21 ㉱ 22 ㉮ 23 ㉮

24 권수비 30의 변압기의 1차에 6600[V]를 가할 때 2차 전압은 몇 [V]인가?

㉮ 220 ㉯ 380
㉰ 420 ㉱ 660

25 교류 동기 서보 모터에 비하여 효율이 훨씬 좋고 큰 토크를 발생하여 입력되는 각 전기 신호에 따라 규정된 각도만큼씩 회전하며 회전자는 축 방향으로 자화된 영구 자석으로 보통 50개의 톱니로 만들어져 있는 것은?

㉮ 전기 동력계
㉯ 유도 전동기
㉰ 직류 스태핑 모터
㉱ 동기 전동기

26 변압기에서 전압변동률이 최대가 되는 부하의 역률은? (단, P : 퍼센트 저항 강하, q : 퍼센트 리액턴스 강하, $\cos\theta_m$: 역률)

㉮ $\cos\theta_m = \dfrac{P}{\sqrt{P+q}}$

㉯ $\cos\theta_m = \dfrac{P}{\sqrt{P^2+q^2}}$

㉰ $\cos\theta_m = \dfrac{P}{P^2+q^2}$

㉱ $\cos\theta_m = \dfrac{\sqrt{P}}{P^2+q^2}$

27 교류정류자 전동기가 아닌 것은?

㉮ 만능 전동기 ㉯ 콘덴서 전동기
㉰ 직류 스테핑 모터 ㉱ 반발 전동기

28 직류기에서 브러시의 역할은?

㉮ 기전력 유도
㉯ 자속생성
㉰ 정류작용
㉱ 전기자 권선과 외부회로 접속

29 다음 중 전기 용접기용 발전기로 가장 적당한 것은?

㉮ 직류분권형 발전기
㉯ 차동복권형 발전기
㉰ 가동복권형 발전기
㉱ 직류타여자식 발전기

30 회전수 1728[rpm]인 유도전동기의 슬립[%]은? (단, 동기속도는 1800[rpm]이다.)

㉮ 2 ㉯ 3
㉰ 4 ㉱ 5

31 출력 10[kW], 효율 90[%]인 기기의 손실은 약 몇 [kW]인가?

㉮ 0.6 ㉯ 1.1
㉰ 2 ㉱ 2.5

Answer | 24 ㉮ 25 ㉰ 26 ㉯ 27 ㉯ 28 ㉱ 29 ㉯ 30 ㉰ 31 ㉯

32 전동기의 용도로 적당하지 않은 것은?

㉮ 분쇄기　㉯ 압축기
㉰ 송풍기　㉱ 크레인

33 정격 전압 230[V], 정격 전류 28[A]에서 직류 전동기의 속도가 1680[rpm]이다. 무부 하에서의 속도가 1733[rpm]이라고 할 때 속도 변동률은 약 몇 [%]인가?

㉮ 6.1　㉯ 5.0
㉰ 4.6　㉱ 3.2

34 무부하시 유도전동기는 역률이 낮지만 부하가 증가하면 역률이 높아지는 이유는 무엇인가?

㉮ 전압이 떨어지므로
㉯ 효율이 좋아지므로
㉰ 전류가 증가하므로
㉱ 2차측 저항이 증가하므로

35 정류자와 접촉하여 전기자 권선과 외부 회로를 연결시켜 주는 것은?

㉮ 전기자　㉯ 계자
㉰ 브러시　㉱ 공극

36 정지된 유도 전동기가 있다. 1차 권선에서 1상의 직렬 권선수가 100회이고, 1극당의 평균 자속이 0.02[Wb], 주파수가 60[Hz]이라고 하면, 1차 권선의 1상에 유도되는 기 전력의 실효값은 약 몇 [V]인가?

㉮ 377[V]　㉯ 533[V]
㉰ 635[V]　㉱ 730[V]

37 발전기의 유도전압의 방향을 나타내는 법칙은?

㉮ 플래밍의 오른손 법칙
㉯ 플레밍의 왼손 법칙
㉰ 렌츠의 법칙
㉱ 암페어의 오른나사의 법칙

38 인버터(inverter)에 대한 설명으로 알맞은 것은?

㉮ 교류를 직류로 변환
㉯ 교류를 교류로 변환
㉰ 직류를 교류로 변환
㉱ 직류를 직류로 변환

39 변압기의 부하전류 및 전압이 일정하고 주파수만 낮아지면?

㉮ 철손이 증가한다.
㉯ 동손이 증가한다.
㉰ 철손이 감소한다.
㉱ 동손이 감소한다.

Answer | 32 ㉱　33 ㉱　34 ㉰　35 ㉰　36 ㉯　37 ㉮　38 ㉰　39 ㉮

40 절연물을 전극사이에 삽입하고 전압을 가하면 전류가 흐르는데 이 전류는?

㉮ 과전류 ㉯ 접촉전류
㉰ 단락전류 ㉱ 누설전류

41 주파수 60[Hz]의 회로에 접속되어 슬립 3[%], 회전수 1164[rpm]으로 회전하고 있는 유도전동기의 극수는?

㉮ 5극 ㉯ 6극
㉰ 7극 ㉱ 10극

42 금속 내부를 지나는 자속의 변화로 금속 내부에 생기는 맴돌이 전류를 작게 하려면 어떻게 하여야 하는가?

㉮ 두꺼운 철판을 사용한다.
㉯ 높은 전류를 가한다.
㉰ 얇은 철판을 성층하여 사용한다.
㉱ 철판 양면에 절연지를 부착한다.

43 다음 중 변압기에서 자속과 비례하는 것은?

㉮ 권수 ㉯ 주파수
㉰ 전압 ㉱ 전류

44 직류기의 전기자 철심을 규소 강판으로 성층하여 만드는 이유는?

㉮ 가공하기 쉽다.
㉯ 가격이 염가이다.
㉰ 철손을 줄일 수 있다.
㉱ 기계손을 줄일 수 있다.

45 유도 전동기에 대한 설명 중 옳은 것은?

㉮ 유도 발전기일 때의 슬립은 1보다 크다.
㉯ 유도 전동기의 회전자 회로의 주파수는 슬립에 반비례한다.
㉰ 전동기 슬립은 2차 동손을 2차 입력으로 나눈 것과 같다.
㉱ 슬립이 크면 클수록 2차 효율은 커진다.

46 변압기의 철심에는 철손을 적게 하기 위하여 철이 몇 [%]인 강판을 사용하는가?

㉮ 약 50~55[%] ㉯ 약 60~70[%]
㉰ 약 76~86[%] ㉱ 약 96~97[%]

47 다음 중 전동기의 원리에 적용되는 법칙은?

㉮ 렌츠의 법칙
㉯ 플레밍의 오른손 법칙
㉰ 플레밍의 왼손 법칙
㉱ 옴의 법칙

Answer | 40 ㉱ 41 ㉯ 42 ㉰ 43 ㉰ 44 ㉰ 45 ㉰ 46 ㉱ 47 ㉰

48 정격전압 250[V], 정격출력 50[kW]의 외분권 복권발전기가 있다. 분권계자저항이 25[Ω]일 때, 전기자 전류는?

㉮ 100[A] ㉯ 210[A]
㉰ 2,000[A] ㉱ 2,010[A]

49 직류 복권 발전기를 병렬 운전할 때 반드시 필요한 것은?

㉮ 과부하 계전기
㉯ 균압선
㉰ 용향이 같을 것
㉱ 외부 특성곡선이 일치할 것

50 전기자 반작용이란 전기자 전류에 의해 발생한 기자력이 주 자속에 영향을 주는 영향을 주는 현상으로 다음 중 전기자 반작용의 영향이 아닌 것은?

㉮ 전기적 중성 축 이동에 의한 정류의 악화
㉯ 기전력의 불균일에 의한 정류자편간 전압의 상승
㉰ 주 자석 감소에 의한 기전력 감소
㉱ 자기 포화 현상에 의한 자속의 평균치 증가

51 직류 직권 전동기의 공급전압의 극성을 반대로 하면 회전방향은 어떻게 되는가?

㉮ 변하지 않는다. ㉯ 반대로 된다.
㉰ 회전하지 않는다. ㉱ 발전기로 된다.

52 직류 발전기에서 브러시와 접촉하여 전기자권선에 유도되는 교류기전력을 정류해서 직류로 만드는 부분은?

㉮ 계자 ㉯ 정류자
㉰ 슬립링 ㉱ 전기자

53 권선형 유도전동기의 회전자에 저항을 삽입하였을 경우 틀린 사항은?

㉮ 기동전류가 감소된다.
㉯ 기동전압은 증가한다.
㉰ 역률이 개선된다.
㉱ 기동 토크는 증가한다.

54 직류 전동기의 속도 제어 방법 중 속도 제어가 원활하고 정 토크 제어가 되며 운전 효율이 좋은 것은?

㉮ 계자제어 ㉯ 병렬 저항제어
㉰ 직렬 저항제어 ㉱ 전압제어

55 부하 전압과 전부하 전압이 같은 값을 가지는 특성의 발전기는?

㉮ 직권 발전기 ㉯ 차동복권 발전기
㉰ 평복권 발전기 ㉱ 과복권 발전기

Answer | 48 ㉯ 49 ㉯ 50 ㉱ 51 ㉮ 52 ㉯ 53 ㉯ 54 ㉱ 55 ㉰

56 직류 분권 전동기에서 운전 등 계자 권선의 저항을 증가하면 회전 속도는 어떻게 되는가?

㉮ 감소한다.
㉯ 증가한다.
㉰ 일정하다.
㉱ 증가하다가 계자저항이 무한대가 되면 감소한다.

57 10극의 직류 파권 발전기의 전기자 도체 수 400, 매극의 자속수 0.02[Wb], 회전수 600[rpm]일 때 기전력은 몇 [V]인가?

㉮ 200　　㉯ 220
㉰ 380　　㉱ 400

58 6극 전기자 도체 수 400, 매극 자속 수 0.01[Wb], 회전수 600[rpm]인 파권 직류기의 유기 기전력은 몇 [V]인가?

㉮ 120　　㉯ 140
㉰ 160　　㉱ 180

59 직류분권 전동기의 기동방법 중 가장 적당한 것은?

㉮ 기동저항기를 전기자 병렬 접속한다.
㉯ 기동 토크를 작게 한다.
㉰ 계자 저항기의 저항값을 크게 한다.
㉱ 계자 저항기의 저항값을 0으로 한다.

60 3상 유도전동기의 회전원리를 설명한 것 중 틀린 것은?

㉮ 회전자의 회전속도가 증가할수록 도체를 관통하는 자속수가 감소한다.
㉯ 회전자의 회전속도가 증가할수록 슬립은 증가한다.
㉰ 부하를 회전시키기 위해서는 회전자의 속도는 동기속도 이하로 운전되어야 한다.
㉱ 3상 교류 전압을 고정자에 공급하면 고정자 내부에서 회전 자기장이 발생된다.

61 동기 발전기 2대를 병렬 운전하고자 할 때 필요로 하는 조건이 아닌 것은?

㉮ 발생 전압의 주파수가 서로 같아야 한다.
㉯ 각 발전기에서 유도되는 기전력의 크기가 같아야 한다.
㉰ 발전기에서 유도된 기전력의 위상이 일치해야 한다.
㉱ 발전기의 용량이 같아야 한다.

62 철심에 권선을 감고 전류를 흘려서 공극(air gap)에 필요한 자속을 만드는 것은?

㉮ 정류자　　㉯ 계자
㉰ 회전자　　㉱ 전기자

Answer | 56 ㉯ 57 ㉱ 58 ㉮ 59 ㉱ 60 ㉯ 61 ㉱ 62 ㉯

63 직류 발전기의 부하 포화 곡선은 다음 어느 것의 관계인가?

㉮ 부하 전류와 여자 전류
㉯ 단자전압과 부하전류
㉰ 단자 전압과 계자 전류
㉱ 부하 전류와 유기기전력

64 직류 발전기가 있다. 자극 수는 6, 전기자 총 도체수 400, 매극 당 자속 0.01[Wb], 회전수는 600[rpm]일 때, 전기자에 유기되는 기전력은 몇 [V]인가? (단, 전기자 권선은 파권이다.)

㉮ 40[V] ㉯ 120[V]
㉰ 160[V] ㉱ 180[V]

65 이상 변압기의 권선비가 $N_1 : N_2 = 1 : 2$일 때 a, b 단자에서 본 임피던스는?

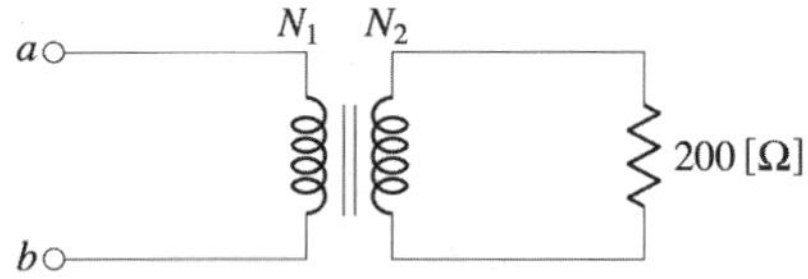

㉮ 50[Ω] ㉯ 100[Ω]
㉰ 200[Ω] ㉱ 400[Ω]

66 다음 그림과 같은 이상 변압기의 권선비는?

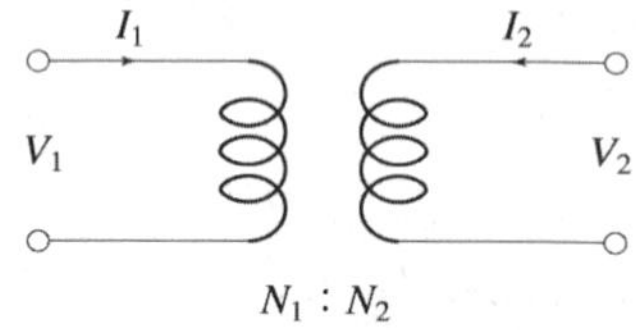

㉮ $\frac{V_1}{V_2} = \frac{N_2}{N_1}$ ㉯ $\frac{V_1}{V_2} = \frac{N_1}{N_2}$
㉰ $\frac{I_1}{I_2} = \frac{N_1}{N_2}$ ㉱ $\frac{I_1}{I_2} = \frac{N_2}{N_1}$

67 이상 변압기(Ideal Transformer)에 대한 설명으로 옳지 않은 것은?

㉮ 각 코일의 인덕턴스가 무한대일 것
㉯ 두 코일의 결합 계수가 1일 것
㉰ 종단 임피던스가 무한대일 것
㉱ 코일에 관계되는 손실이 없을 것

Answer | 63 ㉰ 64 ㉯ 65 ㉮ 66 ㉯ 67 ㉰

Part 2 전기전자소자와 회로

E L E C T R I C A L E L E C T R O N I C S

2

Chapter 01 저항

1 전압측정 회로

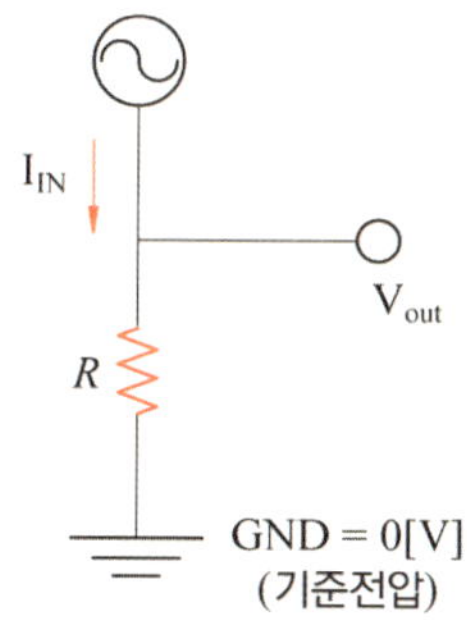

| 그림 1-1 | 전류값 측정을 위한 저항

저항이 있어야 전압이 걸린다. 저항 양단에 전위차가 생기는 원리를 이용해 전류값을 구할 수 있다.

만약 전압계를 이용해서 전류값을 알고 싶을 때는 전류값을 알고 싶은 곳에 저항을 연결하고, 저항의 양단에 걸리는 전압을 측정해보면 앞에서 말한 옴의 법칙을 통해서 전류값을 계산할 수 있다.

실제로 전류 출력을 주는 센서의 신호처리 등의 경우 이 전류신호를 전압신호로 바꾸어서 처리하는 경우가 많다.

2 전압분배 회로

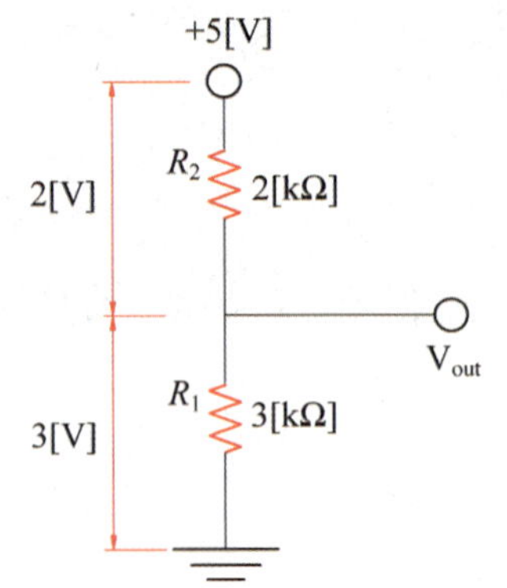

| 그림 1-2 | 전압 분배를 위한 저항

직렬로 연결한 저항 두 개에 걸리는 전압(전압강하)은 저항값의 크기에 따라 배분된다. 키로히호프 법칙을 적용하면 간단한 산수계산을 통해서 배분되는 전압을 계산할 수 있다. 전원회로 등에서 제대로 전압이 출력(또는 입력)되고 있는지 확인하기 위한 전압 검출회로 등에서 많이 활용한다.

3 전류제한 회로

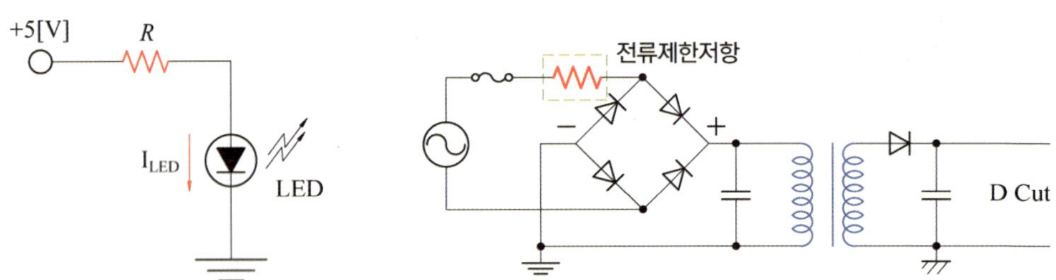

| 그림 1-3 | 전류제한저항

LED의 밝기는 흘러가는 전류의 양에 따라 달라지므로, 원하는 만큼의 밝기를 낼 수 있도록 저항값으로 결정한다. 또한 과전류가 흘러서 LED가 타버리는 것을 막아주기도 한다. 저항값을 조정할 수 있는 가변저항을 이용하면, LED의 밝기를 눈으로 보면서 조절할 수도 있다.

4 풀업, 풀다운 회로

| 그림 1-4 | 풀업, 풀다운 저항

디지털 회로에서는 풀업저항/풀다운 저항을 많이 볼 수 있다.
디지털 회로에서는 high(보통 +5[V]를 쓴다)와 low(보통 GND 전압을 쓴다.) 두 경우만 사용하므로, 중간값을 가질 위험이 있는 회로에서는 분명하게 5[V] 아니면 0[V] 값을 가질 수 있도록 역할을 한다.

5 미분회로

콘덴서를 지난 후 저항 양단에 걸리는 전압신호를 출력하는 회로를 미분회로라고 한다.

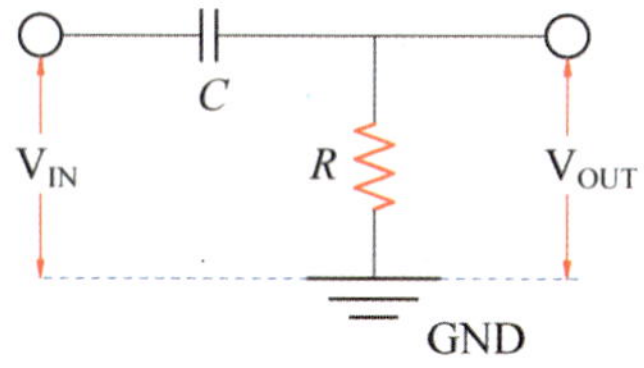

| 그림 1-5 | 미분회로 저항

하이패스 필터(high-pass filter) 회로로 주파수가 높은 신호만 통과시키며 필터를 말한다. 즉 변화가 빠른 신호를 통과시키고 그렇지 않은 낮은 주파주의 신호를 차단하여 높은 주파수 신호만 걸러낸다는 뜻이다.

회로의 동작 기능을 살펴보면,

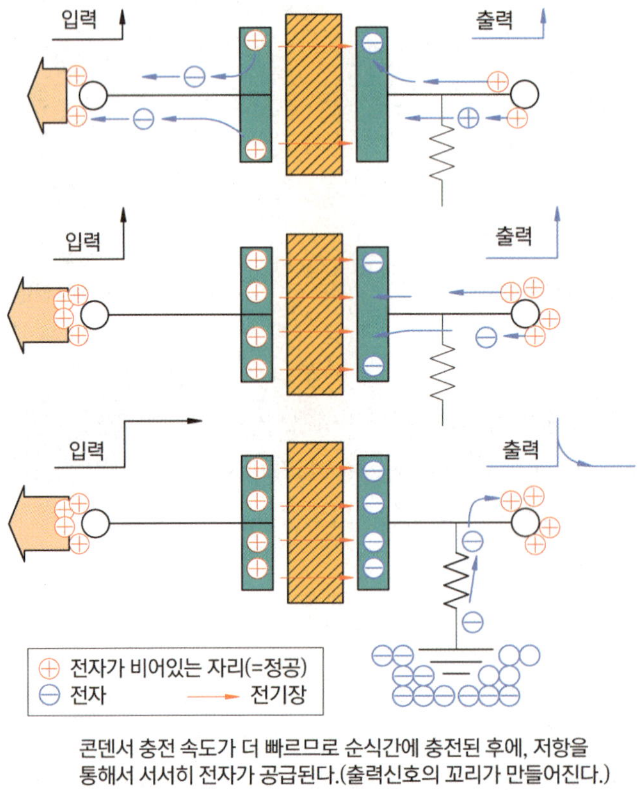

| 그림 1-6 | 회로 동작 기능

콘덴서 왼쪽 단(입력측)에 급격한 전압 상승이 있으면 콘덴서는 즉시 출력단의 전압을 상승시킨다. 입력측의 전압상승이란 전자를 흡인하는 힘이 갑자기 증가한다는 것으로, 콘덴서의 한쪽 전극은 입력측에 전자를 순식간에 내어주고 강한 (+) 상태가 된다.

(+) 상태의 전극은 콘덴서 반대편 전극쪽으로 (-)전기를 가진 전자를 또한 강하게 끌어당기게 되는데, 이때문에 출력측이 콘덴서의 오른쪽 전극에 전자를 빼앗기고 (+) 상태가 되는 것이다. 이런식으로 교류 (+) 신호가 콘덴서를 넘어 출력측에 도달하게 된다. 물론 이때 콘덴서는 한쪽은 전자가 부족한 (+) 상태이고, 반대쪽에는 (+)가 당기는 힘만큼 새로 당겨온 전자로 인하여 (-) 상태가 된다. 이러한 상태를 충전이라고 한다.

출력측은 콘덴서에 전자를 보내주고 (+) 상태로 있다고 했다. 그런데 이 출력 측에는 저항이 접지 연결되어 있어서 전자들이 비록 느리지만 조금씩 들어오고 있는 상태가 되며, 따라서 어느 정도 시간이 지나면 출력측에 다시 비어있는 만큼의 전자가 채워져서 다시 기준전위 상태(0[V])로 되돌아온다. 바로 이렇게 전자가 조금씩 들어오면서 전자가 채워지는 과정이 바로 전압이 서서히 낮아지는 과정이 되고 출력신호의 꼬리를 만들어 낸다.

6 적분회로

저항을 먼저 지나고 콘덴서에 걸리는 전압신호를 출력하는 회로를 말한다.

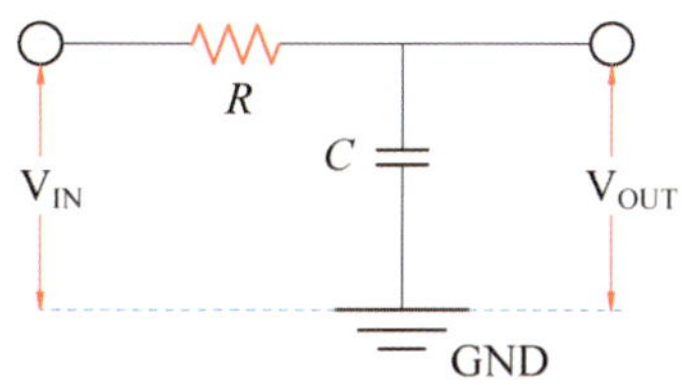

| 그림 1-7 | 적분회로 저항

로우패스 필터(low-pass filter)로 주파수가 낮은 신호를 통과시키고 주파수가 높은 신호를 차단하는 회로이다. 즉 변화가 느린 신호를 통과시키고 그렇지 않은 높은 주파주의 신호를 차단하여 낮은 주파수 신호만 걸러낸다는 뜻이다.

회로의 동작 기능을 살펴보면, 일단 (+)입력신호가 들어오면 즉 입력측에서 전자를 당기는 힘이 증가하면, 저항을 통해서 전자가 흐르면서 콘덴서의 한쪽 전극쪽에서 전자를 빼앗기게 된다. 전자를 채우거나 빼앗길 수 있는 능력은 콘덴서의 용량값에 따른 것이므로 콘덴서 용량이 큰 것일 수록 더 많은 전자를 제공해줄 수 있다.

이때, 콘덴서의 양단에 걸리는 전압이 출력전압이 된다. 만약 전자를 내주는 속도가 일정하다면 콘덴서 양단에 걸리는 전압이 바뀌는 속도는 콘덴서 용량값에 따라 달라지게 된다.

예를 들어, 1[V] 전압을 걸면 전자를 5개 충·방전 할 수 있는 콘덴서가 있다고 하면, 여기에 1[V] 전압신호가 걸리려면 콘덴서 내부의 한쪽 전극은 전자 5개를 내주고 다른 쪽 전극은 전자 5개를 더 가지고 있게 된다.

만약 0[V] 상태에서 외부에서 1초에 전자를 하나씩 당기는 경우, 콘덴서 양단에 1[V]가 걸릴 때 까지는 5초가 걸릴 것이다. 만일 외부신호가 1초에 전자를 5개씩 당기는 경우에는 1초만에 양단에 1[V]가 걸리게 된다.

따라서 입력신호가 일정한 경우 저항값이 크면 충전되는 속도가 느려질 것이고, 콘덴서값이 커도 역시 완전히 충전되는 데까지 시간이 걸리게 된다.

다음 그림을 보면 RC 값에 따라 충전과 방전되는 속도가 달라짐을 알 수 있다. 즉, 전압이 올라가고 또는 내려가는 기울기가 달라짐을 알 수 있다.

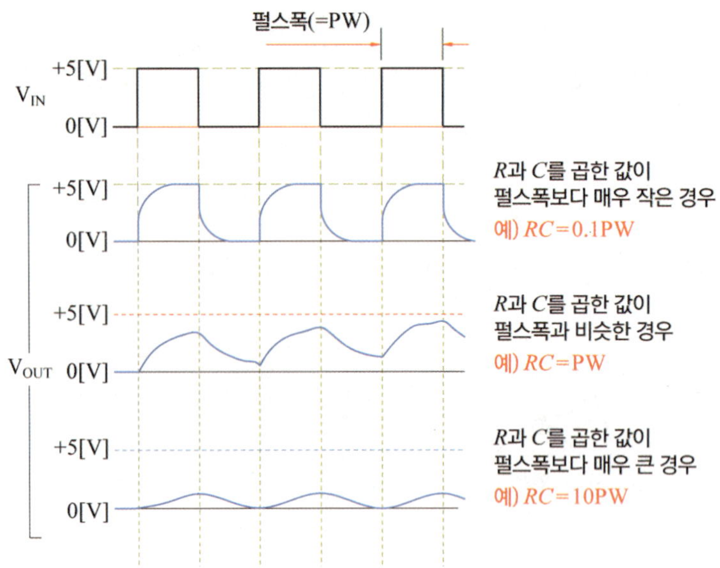

| 그림 1-8 | 적분회로 출력파형

RC값이 펄스폭보다 매우 큰 경우(출력파형들 중에서 맨 아래 그림 참조)의 출력파형을 보면, 입력신호가 (+) 상태(high)가 지속되는 동안 증가형태를 보이다가, 다시 0[V] 상태가 되면 줄어드는 모습이 나타난다. 일정한 (+)전압 상태가 지속되는 동안 천천히 증가하는 모양은 마치 수학식의 적분결과를 보는 것과 같기 때문에 적분회로라고 부른다.

적분회로는 미분회로와는 반대로, 입력신호의 변화가 빠른 부분(교류성질이 큰 부분)에 대하여 콘덴서의 충전시간 때문에 출력쪽에는 그 변화가 금방 드러나지 않는다. 하지만, 변화가 느린부분(직류성질이 큰 부분)에 대해서는 콘덴서가 충전되고도 신호가 지속되기 때문에 출력신호에 그 모양이 그대로 나타나게 된다. 이러한 특성 때문에 로우패스 필터(low-pass filter)라고 한다.

Chapter 1 | 저항

연습문제

01 그림과 같은 회로의 출력 전압은?

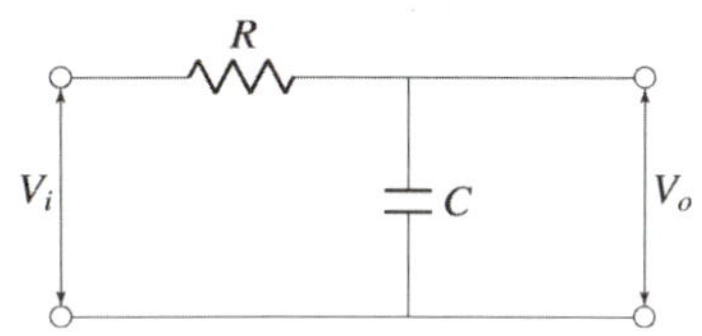

㉮ $RC\frac{dV_i}{dt}$　　㉯ $\frac{1}{RC}\frac{dV_i}{dt}$

㉰ $\frac{1}{RC}\int V_i dt$　　㉱ $RC\int V_i dt$

02 R-C 직렬 회로에 직류 전압을 가할 때 시정수[sec]를 표시하는 것은?

㉮ $\frac{C}{R}$　　㉯ CR

㉰ $\frac{1}{CR}$　　㉱ $\frac{R}{C}$

03 R-C 직렬 회로에서 시정수 T[sec]은?

㉮ RC　　㉯ $\frac{1}{RC}$

㉰ $\sqrt{RC}$　　㉱ $\frac{1}{\sqrt{RC}}$

04 그림과 같은 회로의 입력단자 AB에 그림과 같은 전압을 입력시켰을 때 출력단자 CD에서 볼 수 있는 출력파형은?

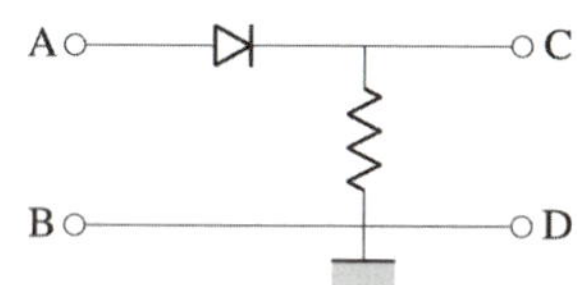

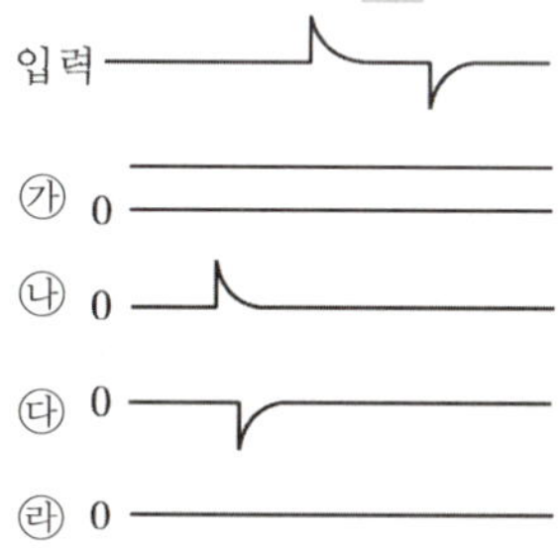

05 다음 RC 저역통과 여파기 회로의 차단 주파수는 약 몇 [Hz]인가?

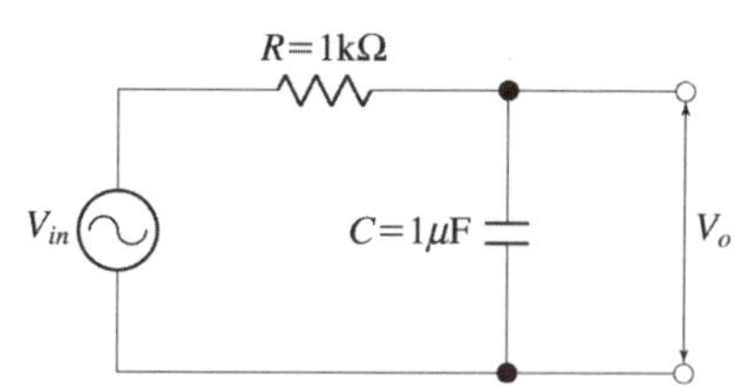

㉮ 16　　㉯ 100

㉰ 159　　㉱ 223

Answer | 01 ㉰ 02 ㉯ 03 ㉮ 04 ㉯ 05 ㉰

06 그림과 같은 여파기 회로의 주파수 특성은?

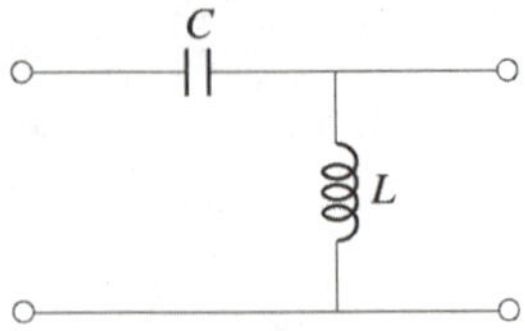

㉮ 고역통과특성 ㉯ 저역통과특성
㉰ 대역통과특성 ㉱ 대역저지특성

07 RC 결합 저주파 증폭기에서 앞 단에 흐르는 전류 성분 중 다음 단으로 넘어가는 것은?

㉮ 직류분
㉯ 교류분
㉰ 직류분 + 교류분
㉱ 직류분 - 교류분

08 그림과 같은 정 K 형 필터가 있다고 할 때, 이 필터는?

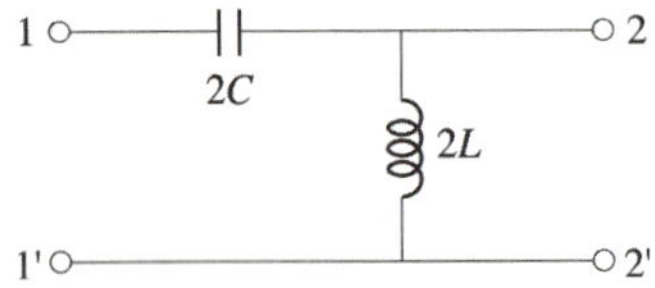

㉮ 중역 필터 ㉯ 대역 필터
㉰ 저역 필터 ㉱ 고역 필터

09 R-C 결합 증폭기에서 구형파 입력 전압에 대해 그림과 같은 출력이 나온다면 이 증폭기의 주파수 특성에 대한 설명으로 가장 적절한 것은?

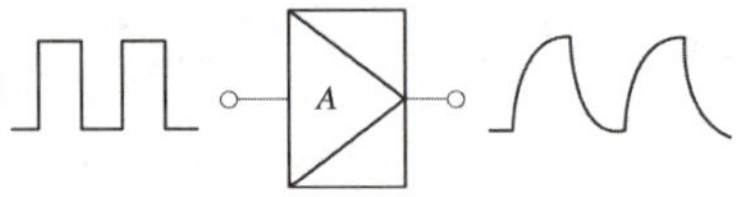

㉮ 저역특성이 좋지 않다.
㉯ 중역특성이 좋지 않다.
㉰ 대역폭이 너무 넓다.
㉱ 고역특성이 좋지 않다.

Answer | 06 ㉮ 07 ㉯ 08 ㉱ 09 ㉱

| Chapter |

02 코일(Inductor)

1 코일의 개요

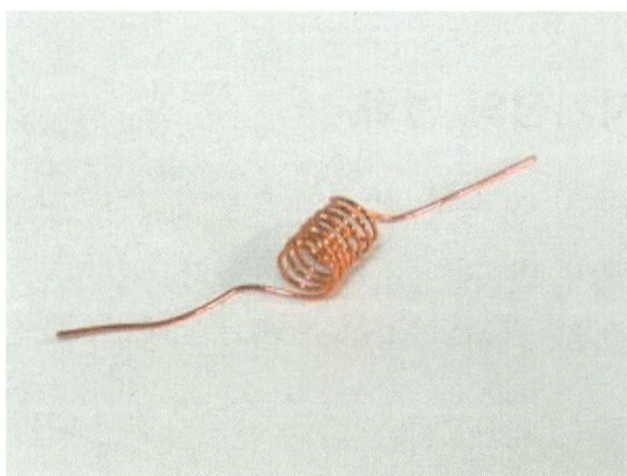

| 그림 2-1 | 코일의 외형

코일이란 동선과 같은 선재(線材)를 나선 모양으로 감은 것으로 회로기호는 으로 표시한다.

또, 코일의 성질 정도를 나타내는 단위로 헨리(Henry : H)가 사용되며, 선재를 감으면 감을수록 코일의 성질이 강해지며 헨리의 값도 커진다.

코일은 내부에 아무것도 넣지 않은 공심으로 하는 것보다 철심에 감거나 코어라 부르는 철분말을 응고시킨 것에 감는 편이 보다 큰 헨리값이 얻어진다. 통상 전기회로에서 사용하는 코일은 마이크로 헨리(μH)부터 헨리(H)까지 폭넓게 사용된다.

코일을 인덕터(Inductor) 또는 인덕턴스(Inductance)라고 하는 경우가 있는데 인덕턴스라고 하는 것은 코일 성분의 정도를 나타내는 것이며, 부품 그 자체를 나타내는 말이 아니다. 콘덴서의 경우는 커패시턴스(Capacitance), 저항의 경우는 레지스턴스(Resistance)라는 것이 각각 성질의 정도를 나타내는 것이다.

코일에 교류전류가 흐른 경우, 코일에 발생하는 자속이 변화한다. 그 코일에 다른 코일을 가까이 했을 경우, 상호유도작용(Mutual Induction)에 의해, 접근시킨 코일에 교류전압이 발생한다. 이 상호유도작용의 정도를 상호인덕턴스(단위는 헨리[H])로 표시한다.

코일이 하나만 있는 경우에도 자신이 발생하는 자속의 변화가 자신에게 영향을 준다. 이것을 자기유도작용이라고 하며, 그 정도를 자기인덕턴스(Self Inductance)로 나타낸다.

헨리의 정의는 어떤 코일에 매초 1[A]의 비율(1[A/s])로 전류가 변화할 때, 다른 쪽의 코일에 1[V]의 기전력을 유도하는 두 코일간의 상호 인덕턴스를 1헨리[H]로 한다.
자기 인덕턴스의 경우는 전류의 변화율이 1[A/s]일 때 1[V]의 기전력을 발생하는 경우의 자기 인덕턴스를 1[H]로 한다.

2 교류전류에 의한 유도

가. 전류변화에 다른 자기장의 변화

도체 양단에 의해서 잘라진 자속이 전압을 유도시킨다. 뒷장의 그림에서는 교류 전류의 정현파와 관계되는 자기장의 변화를 표시하고 있다.

교류 전류는 진폭이 변화하여 전력 방향이 역으로 되어도 자기장의 변화는 전류와 마찬가지로 변화를 갖는다.

A점에서 전류가 0이면 자속도 존재하지 않으며, B점에서 전류는 +방향으로 발생된 자기장의 지력선으로 반시계 방향으로 자기장이 생기며, C점에서 최대 자기장이 형성된다.

D점에서의 자기력선은 C점보다 적어지고, E점에서의 자속은 존재하지 않고 자기장은 도선속으로 합쳐져서 없어진 것으로 보면 된다. 이후 나머지 반주기에서 자기장이 확장되고 다시 합병되어 지는데 자속이 F점과 G점에서 확장될 때 자기력선은 시계 방향으로 발생되어 지고 전류에 방향은 반대로 되며 G점에서부터 H점, I점까지는 자기력선이 도선속으로 합쳐지는 구간이다. 이것은 자기장의 확장과 소멸 결과로 자기장이 이동한 것과 같다.

이런 이동자 속의 절단은 도체 양단에서 발생되고 그것이 전류를 제공하게 되므로 도선 자체에서 유도 전압이 발생된다.

유도 현상은 전류의 변화에 의해서만 발생되며, 전류를 빨리 변화시킬수록 자속의 변화가 빨라지므로 유도 전압의 세기가 커진다. 따라서 유도 전압을 측정할 때 인덕턴스의 크기가 중요한 영향을 미치게 되므로 회로에서 저항 외에 중요한 소자로 활용되고 있다.

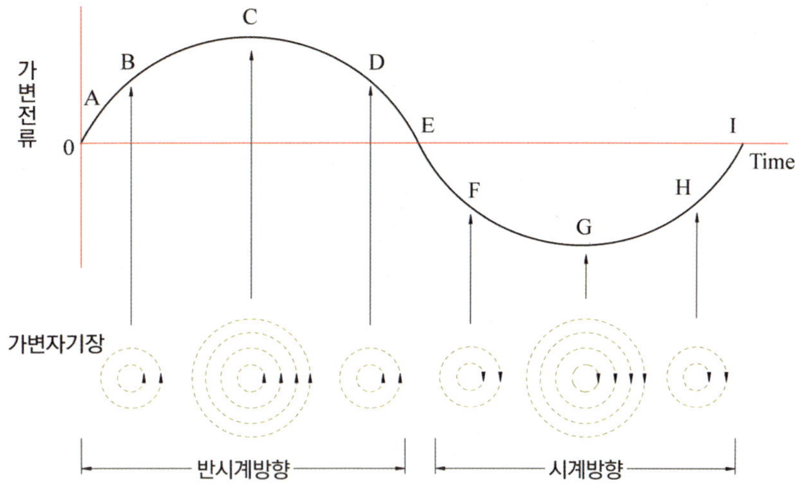

| 그림 2-2 | 전류변화에 따른 자기장의 변화

나. 교류 및 직류의 유도전압 발생

교류회로에서는 전류가 지속적으로 변하므로 유도 전압을 발생시킨다. 고주파 전류와 같은 크기의 유도 전압을 저주파에서 발생시키기 위해서는 인덕턴스가 큰 것을 사용해야 한다. 전류가 어떤 파형을 갖는다 하더라도 진폭은 변하게 된다.

직류에서는 전류의 방향을 조정할 필요없이 회로 스위치를 ON, OFF를 시키면(과도응답, 즉 갑작스런 변화를 주면) 인덕턴스의 변화를 줄 수 있다.

직류는 방향과 크기에 있어서 시간에 따른 변화가 없으므로 정보를 실은 신호로 볼 수 없었으나, 위의 그림의 신호는 실제 신호원이나 전원의 파형이 시간에 따라 변화하는데 이를 총칭하여 교류라고 하였다.

교류는 크기와 방향이 시간에 따라서 주기적으로 변하고, 사인파는 정현파라고 부르는데 이것은 전압의 크기가 전압을 발생시키는 원운동 회전이 sine각에 비례하기 때문이다.

3 인덕턴스(inductance)

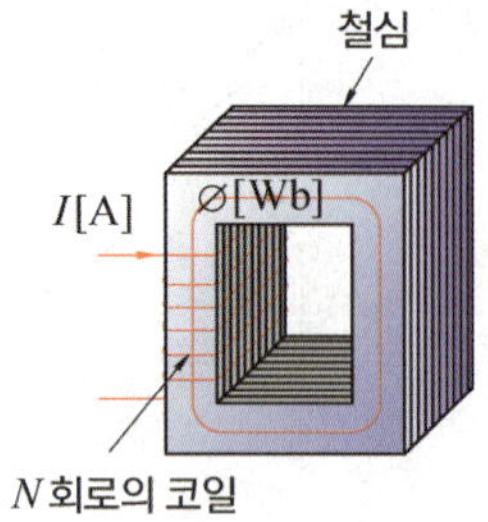

| 그림 2-3 | 인덕턴스

코일 자체에 흐르는 전류의 변화에 의해 그 코일을 관통하는 자속이 변화하고, 코일 자체에게 자속의 변화를 방해하는 기전력이 유도되는데, 이 현상을 자기 유도 작용이라 한다. 전류가 변할 때 자체에서 유도전압을 발생시키는 도체의 능력을 자기인덕턴스 혹은 인덕턴스라고 부르며, 기호는 L을 사용하고 핸리(H)를 사용한다.

자기 유도 작용은 코일의 권수, 철심의 유무 등에 따라 다르고, 코일의 인덕턴스는 감긴 코일의 횟수가 절대적이다.

$L = N\phi / I\,[\mathrm{H}]$

(ϕ : 관통자속 수[Wb], $N\phi$: 자속쇄교 수[Wb−T])

가. 자체 인덕턴스(Self-Inductance) 및 자체유도

코일에 전류가 흘러 자속이 변하면 전자유도에 의해 자속을 방해하려는 방향으로 유도기전력이 발생하는 데 이를 자체유도라 하며, 코일의 자체유도능력의 정도를 나타내는 것을 자체인덕턴스라 한다.

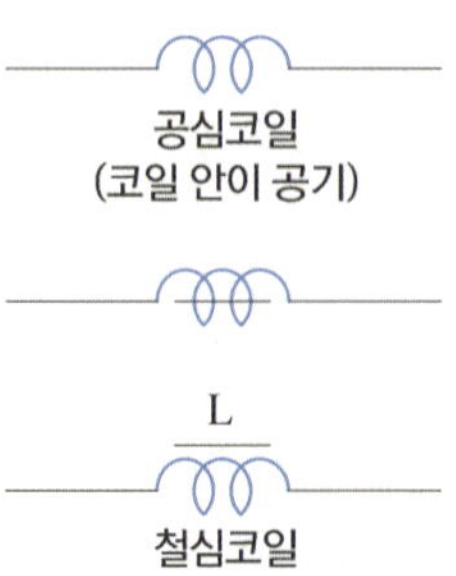

$$e = -L\frac{\triangle I}{\triangle t} = -N\frac{\triangle \varnothing}{\triangle t}$$

$$N\triangle\varnothing = L\triangle I$$

$$N\varnothing = LI$$

$$L = \frac{N\varnothing}{I}[\mathrm{H}]$$

| 그림 2-4 |

아래 그림은 코일의 물리적 특성을 결정하는 요소들을 표시하였다. 코일이 긴 경우는 적어도 직경의 4배가 되며 인덕턴스는 위와 같이 구해진다.

물리적인 구조에 의해서 인덕턴스는 코일의 감긴 형태에 따라 달라지는데 다음 사항에 주의해야 한다.

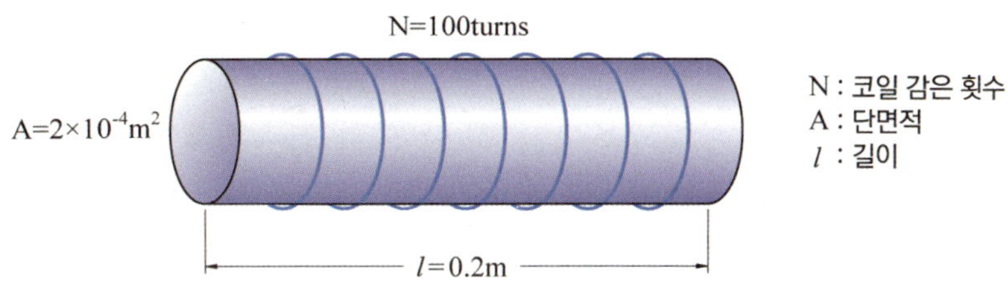

| 그림 2-5 | 코일의 물리적 특성

$$L = U_r \times \frac{N^2 \times A}{l} \times 1.26 \times 10^{-6}[H]$$

$l = m$, $A = m^2$, 공기나 진공의 절대투자율 = 1.26×10^{-6}(공기 = 1)

인덕턴스 L = 공심코일이므로 12.6[μH],

$$L = 1 \times \frac{10^4 \times 2 \times 10^{-4}}{0.2} \times 1.26 \times 10^{-6} = 12.6[\mu N]$$

전류 변화율이 1[A/s]일 때 12.6[μN]의 유도 전압을 발생시킬 수 있는 자기인덕턴스

① 감긴 횟수 N이 증가하면 L도 증가(L은 N^2에 비례- 감긴 횟수가 2배로 되면 인덕턴스는 4배가 된다)

② 감긴면적 A가 증가하면 L은 감소

③ L은 코어의 투장에 따라서 증가

- 공심코어의 $U_r = 1$
- 자기코어의 $U_r = U_r$계수에 계수에 의해서 증가

④ L은 같이 감긴 횟수에 의해 길이가 길어질수록 감소

나. 상호 인덕턴스

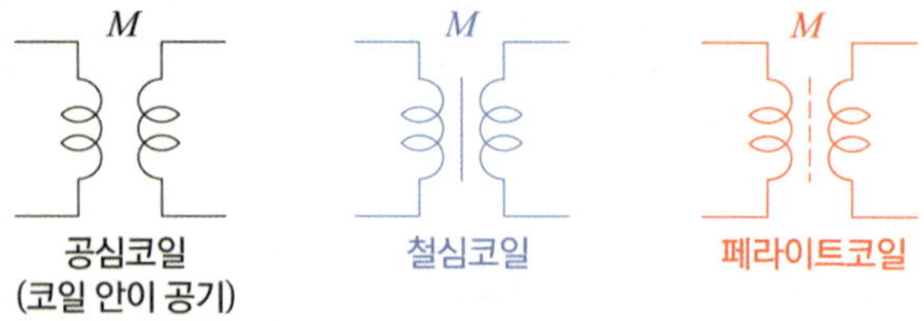

| 그림 2-6 | 상호 인덕턴스

두 개의 코일을 가까이 놓고 한쪽 코일(1차코일)에 전류를 가해 자속이 발생하며 다른 쪽의 코일(2차코일)에서 1차코일의 자속의 변화를 방해하려는 방향으로 기전력이 발생한다.

한쪽 코일의 전류가 변화할 때, 다른 쪽에서 유도기전력이 발생하는 것을 상호유도라 하며, 상호인덕턴스는 아래와 같이 구해진다.

$$e_2 = -M\frac{\Delta I_1}{\Delta t} = -N_2\frac{\Delta \phi_2}{\Delta t}[\mathrm{V}]$$

$$N_2 \Delta \phi_2 = M \Delta I_1$$

$$N_2 \phi_2 = M I_1$$

$$m = \frac{N_2 \phi_2}{I_1}[\mathrm{H}]$$

4 유도성 리액턴스

가. 교류 전류를 방해하는 유도성 리액턴스의 영향

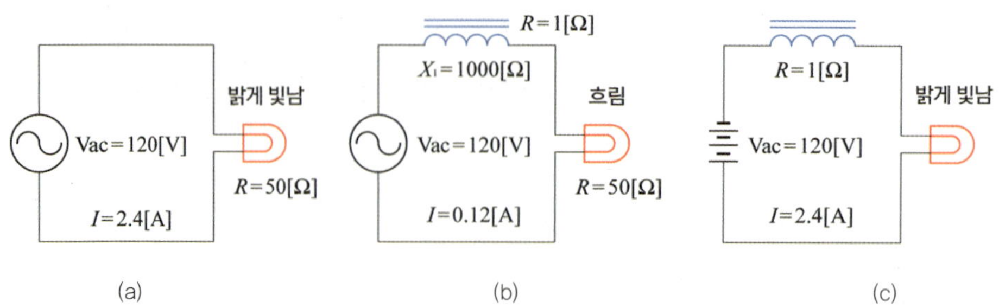

| 그림 2-7 | 유도성 리액턴스 영향 회로

자세한 사항은 교류회로의 자료를 활용하고 위 실험결과 다음과 같이 요약할 수 있다

① 리액턴스 성분이 없는 교류회로 : 전구 밝게 빛남

② 리액턴스 성분을 갖는 코일에 교류는 제한된다. : 전구 점등되지 않음

③ 직류가 흐를 경우 리액턴스는 갖지 않는다. : 전구 밝게 빛남

실험요약

1. 인덕턴스는 교류회로에서 현저한 용량성 리액턴스(X_L)를 가지며 전류의 크기를 제한한다. 교류의 주파수가 높아지면 인덕턴스는 더 커지고 유도성 리액턴스의 크기도 커진다.
2. 직류 전류에서는 유도성 리액턴스는 없다. 이 경우 코일의 저항은 도선의 저항이다.

나. 유도성 리액턴스의 특성

(1) 유도성 리액턴스(X_L)값 및 특성

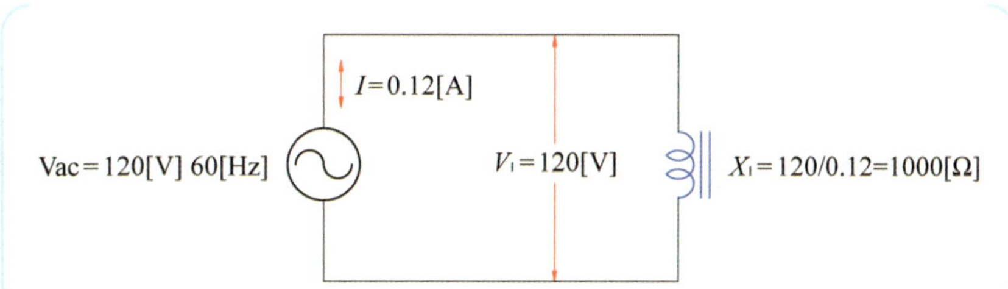

| 그림 2-8 | 유도성 리액턴스(X_L)값 및 특성

인덕턴스가 교류전류의 크기를 제한하는 유도성 리액턴스(X_L)를 가지는 이유는 자체유도 전압이 인가된 전압을 저지하기 위해서 만들어지기 때문이다.

[그림 2-8]에서 두 전압 V_a과 V_L은 같고, 전류 I는 자체유도 전압 V_L이 V_a와 같게 하는 전류이다. 이 예에서는 I가 0.12[A]이며, 인덕턴스에서의 60[Hz] 전류의 값이 120[V]의 V_L을 발생시킨다.

리액턴스는 V와 I의 비로서 1000[Ω]의 값이 산출되어지고, 이 용량성 리액턴스 값은 인덕턴스에 걸리는 정현파 전압에 의해서 얼마나 많은 전류가 흐르는가를 나타낸다. 실제 V_L의 옴 값은 어떠한 값도 취할 수 있다.

유도성 리액턴스 값은 다음과 같은 요소들을 주의해야 하며, 그래프에 나와 있듯이 유도성 리액턴스(V_L)는 주파수와 인덕턴스에 비례한다.

위 그림에서 전압과 전류의 비로 표시되는 유도성 리액턴스는

전압(V_a) = 120[V], 전류(I) = 0.12[A]일 때

유도성 리액턴스(X_L) = 120/0.12 = 1000[Ω]로 구할 수 있고, 또 다른 계산으로 주파수 (f)와 리액턴스(L) 값을 알면 공식

$X_L = 2\pi f L$로 계산되어질 수 있다.

1. 상수 2π는 2×3.14 = 6.28(정현파를 유도하는 원운동)
2. 주파수 f는 시간소요로 고주파는 전류의 변화율이 빠르다는 것을 의미
3. 인덕턴스 L은 코일의 물리적인 인자로 주어진 전류 변화율에 의하여 얼마만큼 전압을 유도할 수 있는가를 표시
4. 유도성 리액턴스(X_L)는 옴으로 표시하며 정현파 교류회로에서 V_L/I_L의 비로서 인가된 전압에 대해 얼마나 많은 전류가 흘러갈 수 있는가를 표시

만약 60[Hz]의 주파수에서 2.65[H]에 대한 리액턴스를 계산하면 6.28×60×2.56 = 1000 [Ω]을 구할 수 있다.

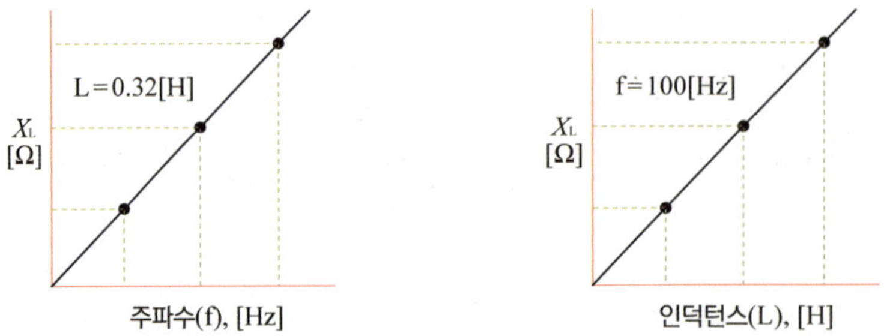

| 그림 2-9 | 주파수, 인덕턴스와 리액턴스의 관계(비례)

[그림 2-9]에서 나타난 것처럼 유도성 리액턴스(X_L)는 주파수와 인덕턴스에 비례한다.

5 코일의 성질

선재를 나선 모양으로 감으면 원래의 선재가 지닌 특성과는 전혀 다른 여러 가지 특성이 나온다.

여러 특성 가운데서 4개의 주요특성에 대해 간단히 설명하고자 한다.

가. 전류의 변화를 안정시키려고 하는 성질이 있다.

전류가 흐르려고 하면 코일은 전류를 흘리지 않으려고 하며, 전류가 감소하면 계속 흘릴려고 하는 성질이다. 이것을 "렌츠의 법칙"이라 부르는데, 전자유도작용에 의해 회로에 발생하는 유도전류는 항상 유도작용을 일으키는 자속의 변화를 방해하는 방향으로 흐른다.

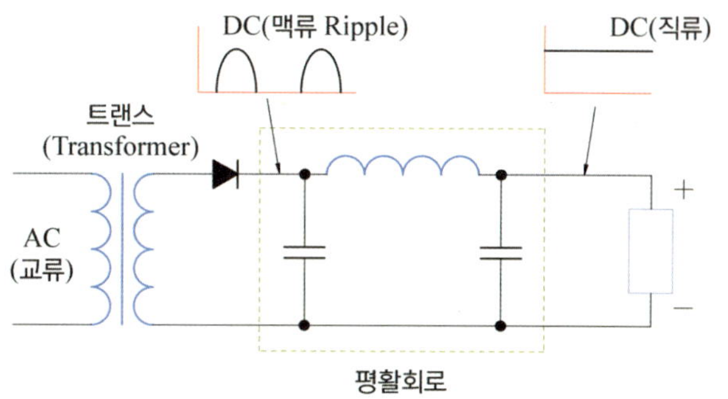

| 그림 2-10 | 필터회로

이 성질을 이용하여 교류로부터 직류로 변환하는 전원의 평활회로에 사용된다. 교류를 정류기에 의해 직류로 변환한 경우, 그대로는 맥류(리플 : Ripple)라고 하여 교류성분이 많은 직류이며 완전한 직류가 아니다. 플러스의 직류로 정류한 경우, 마이너스 전압성분은 없어지지만, 0[V]에서 플러스 전압의 크기까지 남게 된다. 평활회로는 콘덴서와 코일을 조합한 회로를 사용하면 코일이 전류의 변화를 저지하려는 작용을 하고, 콘덴서가 입력전압이 0[V]로 되어도 축적한 전기를 그때 토출하기 때문에 안정한 직류를 얻을 수 있다. 간단한 평활회로에서는 코일 대신에 저항기를 사용하여, 콘덴서의 평활 기능만 이용하는 경우도 있다.

나. 상호유도작용이 있다.

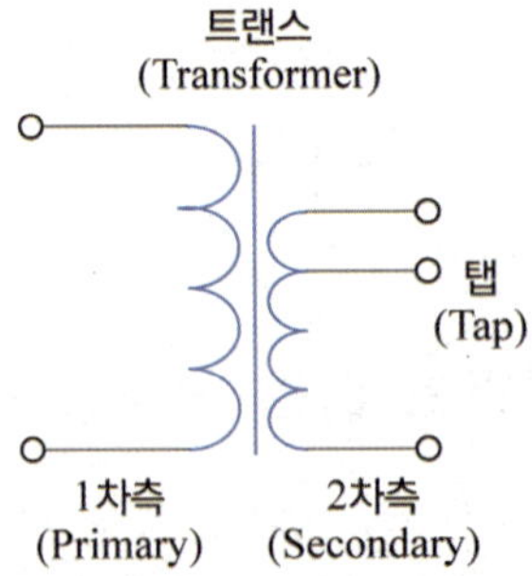

| 그림 2-11 | 트랜스 기호

이것은 앞에서도 언급했지만, 두 코일을 가까이 하면 한쪽 코일의 전력을 다른 쪽 코일에 전달한다.

이 성질을 이용한 것이 트랜스이다. 전력을 공급하는 쪽의 코일(입력)을 1차측, 전력을 꺼내는 쪽(출력)을 2차측이라고 한다. 1차측 권수와 2차측 권수의 비율에 따라 2차측의 전압이 변화한다.

전원트랜스 등은 2차측에서 권선의 도중에 선을 내어(tap이라고 한다) 복수의 전압을 얻을 수 있도록 한 것이 많다.

다. 전자석의 성질이 있다.

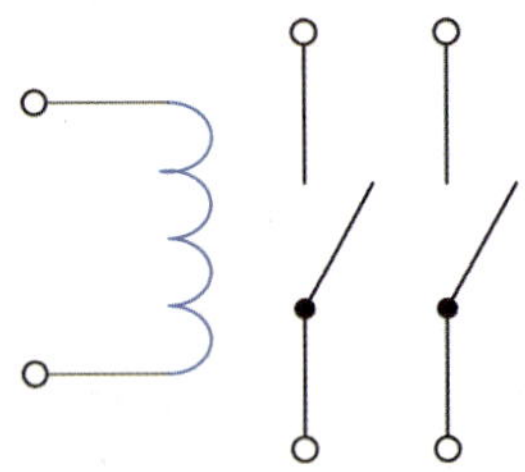

| 그림 2-12 | 전자석의 성질

전류가 흐르면 자석화 되어 철이나 니켈을 흡착하는 성질로 이 성질을 이용한 것으로는 계전기(릴레이)가 있다. 전류가 흐를 때에 철판을 끌어당겨 철판에 부착된 스위치를 닫도록 하는 것이다. 그리고 차임벨도 전자석의 성질을 이용한 것이다.

라. 공진하는 성질이 있다.

코일과 콘덴서를 조합하면 어떤 주파수의 교류전류가 흐르지 않거나, 쉽게 흐르기도 한다. 라디오의 방송국을 선택하는 튜너는 이 성질을 이용하여 특정한 주파수만을 선택하고 있는 것이다.

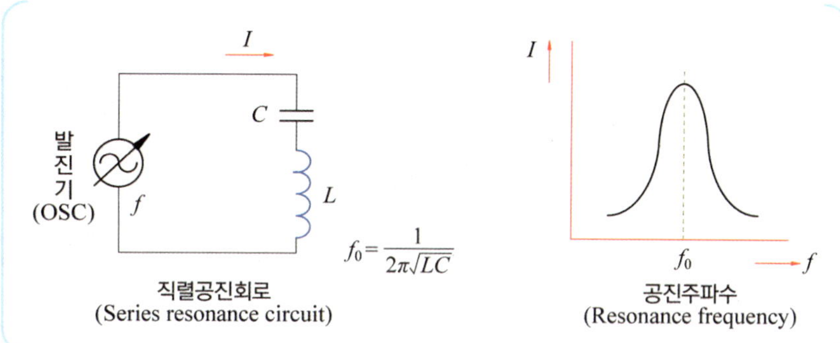

| 그림 2-13 | 직렬 공진 회로

6 코일의 종류 및 특징

분류	명칭	특징	
코일 (인덕터)	초크코일	단순한 고주파 필터용 코일로서 인덕턴스를 얻기 위한 코일 부품으로, 고주파를 저지할 목적으로 사용하며, 콘덴서와 조합시켜서 평활 회로나 필터를 구성한다. 용도 : 고주파 필터	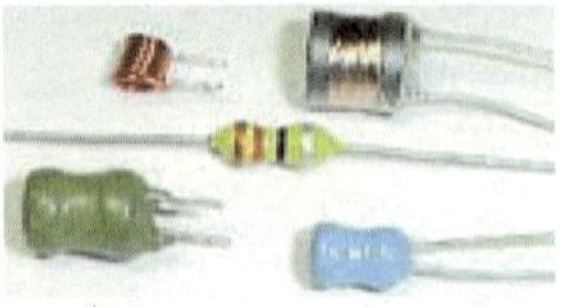
	고주파 동조코일 IFT	코일과 콘덴서를 병렬 접속하고 어느 특정 주파수에 동조하여 신호를 추출하기 위해 사용한다. 고주파 회로의 전달시 효율을 좋게할 목적으로 쓰여지는 코일이다. 용도 : TV나 라디오의 동조 회로등	
	바 안테나	동조용이지만 내부에 코어를 삽입하고 특히 길게 하여 안테나와 동등의 특성을 갖게 한 것으로 휴대용 라디오의 안테나로 사용되고 있다.	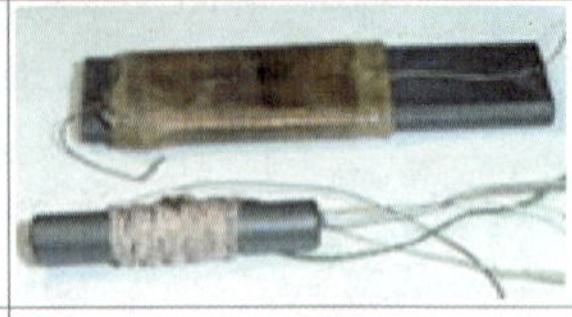
	전원용 초크	전원 주파수 대역에서 충분한 인덕턴스를 갖고 있는 코일로 코어에 동선을 감아서 만듦. 저주파에 대해서도 특히 큰 저항을 나타내도록 하여 전원 노이즈 방지용의 필터나 평활 회로의 필터에 사용한다.	
트랜스 (변성기)	전원 트랜스	여러 가지 코일을 동일한 철심에 감은 것으로 전압의 변환 기능을 갖는다. 이것을 이용하여 전압을 높이거나 낮추는데 사용한다. 주파수가 낮고 전류 용량이 큰 대형 코일로 출력 전압과 전류 용량에 따라 많은 종류가 있다.	
	저주파 트랜스	크게 나누어 입력트랜스, 단간 트랜스, 출력트랜스 3종류가 있으며, 구조는 거의 전원 트랜스와 같으나 취급하는 전력이 적어 약간 소형이다. 중요한 것은 임피던스 정합으로 1차측은 가급적 신호원의 임피던스에 가깝게 하고 2차측은 다음 단의 입력 임피던스에 가까이 하도록 한다.	
	스위칭 전원용 트랜스	전원용 트랜스와 동일이지만 주파수가 높기 때문에 소형으로 효율이 좋은 코어를 사용하고 있다.	
	오디오용 트랜스	트랜지스터 회로등으로 임피던스가 크게 다른 경우 전달 로스를 적게 하기 위해 임피던스 변환용으로 쓰여지는 트랜스로 최근에는 회로의 발전으로 많이 쓰여지지 않게 되었다.	

연 습 문 제

01 자기 인덕턴스 10[mH]의 코일에 50[Hz], 314[V]의 교류전압을 가했을 때 몇 [A]의 전류가 흐르는가? (단, 코일의 저항은 없는 것으로 하며, $\pi = 3.14$로 계산한다.)

㉮ 10 ㉯ 31.4
㉰ 62.8 ㉱ 100

02 자체 인덕턴스 4[H]의 코일에 18[J]의 에너지가 저장되어 있다. 이때 코일에 흐르는 전류는 몇 [A]인가?

㉮ 1 ㉯ 2
㉰ 3 ㉱ 6

03 자체 인덕턴스가 40[mH]와 90[mH]인 두 개의 코일이 있다. 두 코일 사이에 누설자속이 없다고 하면 상호 인덕턴스는?

㉮ 50mH ㉯ 60mH
㉰ 65mH ㉱ 130mH

04 상호 유도 회로에서 결합계수 k는? (단, M은 상호 인덕턴스, L_1, L_2는 자기 인덕턴스이다.)

㉮ $k = M\sqrt{L_1 L_2}$ ㉯ $k = \sqrt{M \cdot L_1 L_2}$
㉰ $k = \dfrac{M}{\sqrt{L_1 L_2}}$ ㉱ $k = \sqrt{\dfrac{L_1 L_2}{M}}$

05 자체 인덕턴스가 각각 L_1, L_2[H]인 두 원통 코일이 서로 직교하고 있다. 두 코일 사이의 상호 인덕턴스 [H]는?

㉮ $L_1 + L_2$ ㉯ $L_1 L_2$
㉰ 0 ㉱ $\sqrt{L_1 L_2}$

06 다음 중 코일의 성질과 다른 것은?

㉮ 전류변화를 더 변화시키려는 성질이 있다.
㉯ 상호유도작용이 있다.
㉰ 전자석의 성질이 있다.
㉱ 공진하는 성질이 있다.

Answer | 01 ㉱ 02 ㉰ 03 ㉯ 04 ㉰ 05 ㉰ 06 ㉮

07 권수 500의 코일에 3[A]의 전류를 흘릴 때 이 코일면을 지나는 자속이 3×10^{-6}[Wb]라면, 이 코일의 자기인덕턴스는 몇 [mH]인가?

㉮ 1.8×10^{-5} ㉯ 0.5
㉰ 4.5 ㉱ 5

08 자기인덕턴스 L_1, L_2가 각각 4[mH], 9[mH]인 두 코일이 이상결합(理想結合)되었다면 상호 인덕턴스 M은 몇 [mH]가 되는가?

㉮ 6 ㉯ 6.5
㉰ 9 ㉱ 36

09 100[mH]인 코일에 100[V], 60[Hz]의 교류전압을 인가했을 때 코일의 유도성 리액턴스의 값은?

㉮ 37.68[H] ㉯ 37.68[Ω]
㉰ 68.25[H] ㉱ 68.25[Ω]

10 인덕턴스 L_1, L_2가 각각 2[mH], 4[mH]인 두 코일간의 상호 인덕턴스 M가 4[mH]라고 하면 결합계수 K는 약 얼마인가?

㉮ 1.41 ㉯ 1.54
㉰ 1.66 ㉱ 2.47

11 두 코일이 있다. 한 코일의 전류가 매초 120[A]의 비율로 변화할 때 다른 코일에는 30[V]의 기전력이 발생하였다. 이때 두 코일의 상호 인덕턴스 [H]는?

㉮ 0.25 ㉯ 4
㉰ 1.5 ㉱ -4

12 자기인덕턴스가 20[mH]인 코일에 0.2[s] 동안 전류가 100[A]로 변할 때 코일에 유기되는 기전력은 얼마인가?

㉮ 10 ㉯ 20
㉰ 30 ㉱ 40

13 인덕턴스가 각각 5[H], 3[H]인 두 코일을 같은 방향으로 하여 직렬로 연결하고 인덕턴스를 측정하였더니 15[H]이었다. 두 코일 간의 상호 인덕턴스는 몇 [H]가 되는가?

㉮ 1[H] ㉯ 3[H]
㉰ 3.5[H] ㉱ 7[H]

Answer | 07 ㉯ 08 ㉮ 09 ㉮ 10 ㉮ 11 ㉮ 12 ㉮ 13 ㉰

Chapter 03

콘덴서

콘덴서란 전기를 축적하는 기능을 가지고 있다. 그러나 일반적으로는 전기를 축적하는 기능 이외에 직류전류를 차단하고 교류전류를 통과시키려는 목적에도 사용된다.

정전용량은 전하를 저장하는 능력을 나타내고 있는 것으로 풀장을 예로 든다면 풀장의 용적에 상당하는 것으로, 즉 콘덴서는 정전기의 저수지라고 볼 수 있다.

콘덴서를 알기 위해서는 정전기와 정전유도 현상을 이해하는 것이 중요하다.
정전기는 대전에 의하여 얻어진 전하가 절연체 위에서 더 이상 이동하지 않고 정지하고 있는 것을 말하며, 정전 유도는 대전체 A에 대전되지 않은 도체 B를 가까이 하면 A에 가까운 쪽에는 다른 종류의 전하가, 먼 쪽에는 같은 종류의 전하가 나타나는 현상을 말한다.

1 정전기와 정전기력

정전기는 대전에 의하여 얻어진 전하가 절연체 위에서 더 이상 이동하지 않고 정지하고 있는 것을 말하며, 대전은 어떤 물질이 양(+)전기나 음(-)전기를 띠는 현상을 말한다고 하였다. 또한 정전기력 두 전하 사이에 작용하는 힘을 말하며, 전기력 또는 정전력이라고도 한다.

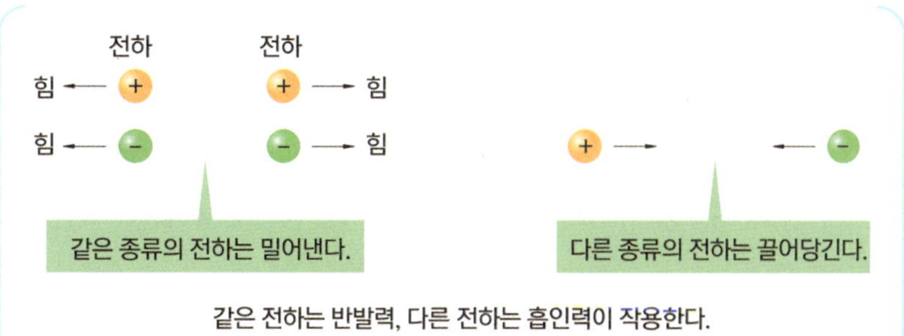

| 그림 3-1 | 정전력의 성질

2 정전 유도

정전 유도란 대전체 A에 대전되지 않은 도체 B를 가까이 하면 A에 가까운 쪽에는 다른 종류의 전하가, 먼 쪽에는 같은 종류의 전하가 나타나는 현상을 말하며, B를 멀리 하면 A는 중화하여 원래의 대전하고 있지 않는 상태로 되돌아간다.

- 충전 : 전기적으로 중성인 대전체가 전하를 가지게 되는 것
- 접지 : 대지에 도체를 연결시키는 것
- 방전 : 대전체가 가지고 있던 전하를 잃어버리는 것

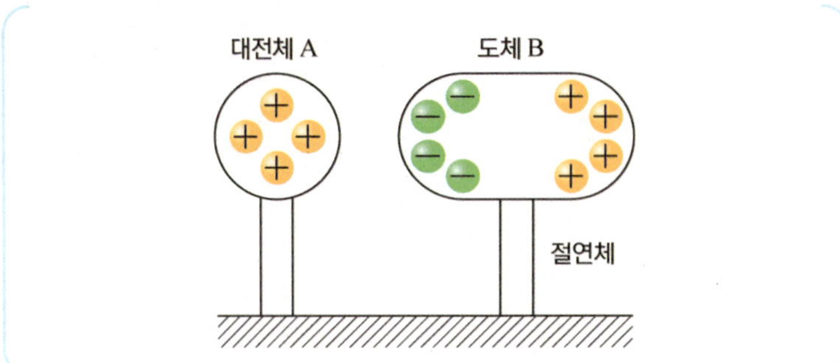

| 그림 3-2 | 도체의 정전 유도

3 캐패시턴스(Capacitance) 및 캐패시터(Capacitors)

캐패시턴스는 전극이 전하를 축적하는 능력의 정도를 나타내는 상수로서 전극의 형상 및 전극 사이를 채운 유전체의 종류에 따라 결정되는 값을 말하며, 캐패시터는 2개의 도체 사이에 유전체를 끼워 넣어 캐패시턴스 작용을 하도록 만들어진 장치로 즉 콘덴서라고도 한다.

캐패시터는 충전 전압과 같은 전위차를 발생시키는데 필요한 만큼의 전하를 축척하는 능력을 갖고 있다. 전기를 저장해두고 쓸 수는 없을까란 생각은 마찰전기가 발견된 무렵부터 바라던 것 이였다.

전기를 저장하는 장치를 콘덴서(축전기)라고 한다. 라이덴 병도 콘덴서의 일종인데, 18세기에 네덜란드의 라이덴시에서 발명된 것이며, 콘덴서는 간단한 전기부품의 하나로 절연된 두 장의 금속판을 접근시켜 마주보게 한 구조로 되어 있다. 두 장의 금속판 사이는 공기일 수도 있지만, 유리, 종이, 밀랍, 도자기 등의 절연체가 끼워져 있는 것도 있다.

콘덴서의 특성을 알아보기 위해서 10[μF] 정도의 전해콘덴서에 아날로그 미터식 테스터를 저항 측정 모드로 맞추고 접속하면 순간 전류가 흘러 테스터의 바늘이 움직이는 것을 알 수 있다. 그러나 바로 0으로 되고 만다. 테스터의 접속 방법(콘덴서의 리드에 접속하는 테스터의 측정봉)을 반대로 하면 역시 순간 전류가 흐른다는 것을 알 수 있다.

그러므로 직류전압이 콘덴서에 가해진 경우, 순간적으로 전류가 흐르지만 후에는 흐르지 않기 때문에 직류를 통과시키지 않으려는(DC Cut) 용도에도 사용된다. 그러나 교류의 경우에는 앞서 언급한 테스터의 측정봉을 항상 교대로 바꾸어 접속하는 것과 같고, 그때마다 전류가 흐르게 됨으로서 교류전류는 콘덴서에 항상 흐르게 된다.

콘덴서에 전하를 머물게 하는 것을 충전이라 하고 저장한 전하를 도선 등을 통해서 잃는 것을 방전이라고 한다.

콘덴서에 저장되는 전하 Q(쿨롱)는 극판의 전위차 V(V)에 비례한다. 즉 $Q = CV$가 되는데 비례상수 C는 콘덴서의 모양과 크기에 따른 일정한 값으로 콘덴서의 정전용량이라고 한다. 정전용량의 단위는 패럿(기호는 F)이 쓰이며, 이것은 1볼트의 전위차를 주었을 때 1쿨롱의 전기량을 저장할 수 있는 콘덴서의 용량을 1패럿이라고 정하였다. 1[F]는 매우 큰 전기용량으로 보통 사용하는 편리한 세분단위는 1[F]의 1/1,000,000인 마이크로 패럿[μF]과 1[μF]의 1/1,000,000인 피코 패럿(pF)이다.

가. 캐패시턴스(Capacitance/정전용량)

전극이 전하를 축적하는 능력의 정도를 나타내는 상수로서 전극의 형상 및 전극 사이를 채운 유전체의 종류에 따라 결정되는 값, 즉 전하를 축적할 수 있는 크기를 나타내는 상수를 정전용량(Capacitance, [C])이라 하고, 단위는 패럿(Farad, [F])을 사용한다.

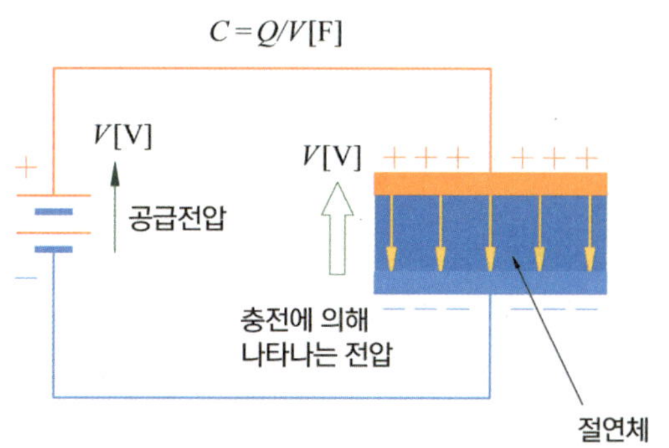

| 그림 3-3 | 정전용량

- 1[F] : 두 도체 사이에 1[V]의 전압을 가하여 1[C]의 전하가 축적된 경우의 정전용량
- 단위 : 패럿(Farad, [F])
  $1[\mu F] = 10^{-6}[F]$, $1[nF] = 10^{-9}[F]$, $1[pF] = 10^{-12}[F]$

나. 캐패시터(Capacitors)

2개의 도체 사이에 유전체를 끼워 넣어 캐패시턴스 작용을 하도록 만들어진 장치로 콘덴서라고도 한다.

$C = \varepsilon A / l[F]$

여기서, C : 커패시턴스[F], ε : 유전율[F/m], l : 극판간의 간격[m], A : 극판의 면적[m^2]

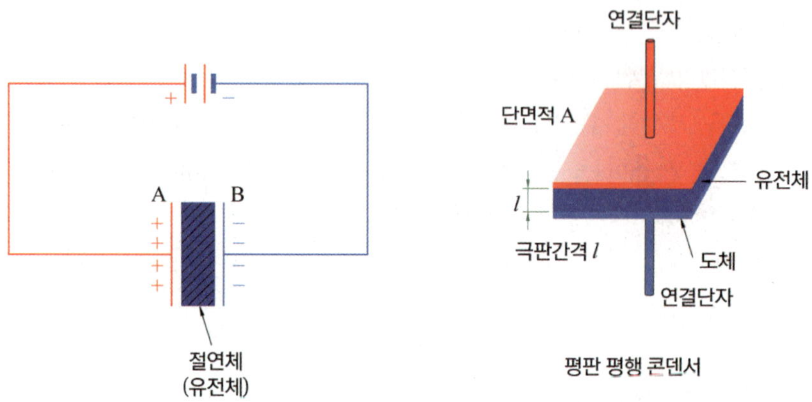

| 그림 3-4 | 캐패시터의 기본 원리와 구조

다. 큰 정전용량의 콘덴서를 얻는 방법

- 극판의 면적을 넓게 함
- 극판 간의 간격을 좁게 함
- 비유전율이 큰 절연체를 사용함

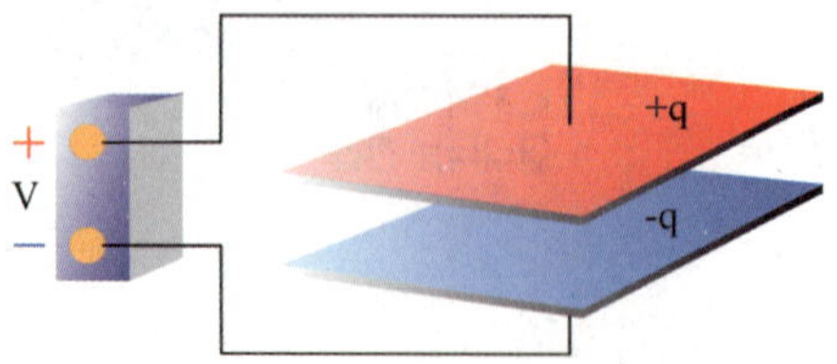

| 그림 3-5 | 평판 평행 콘덴서

Exercise 1

판의 면적 및 유전체는 일정하다고 할 때, 평행판 콘덴서에서 판 사이의 거리가 2배로 되면 콘덴서의 정전 용량 몇배가 되는가?

explanation

$C = \varepsilon A/l$[F]에서 1/2배이다.

라. 유전율 (Permittivity) 및 비유전율(Relative Permittivity)

유전율(Permittivity : ε)이란 유전체(Dielectric Material), 즉 부도체의 전기적인 특성을 나타내는 중요한 특성값이다. 유전율은 DC전류에 대한 전기적 특성을 나타내는 것이 아니라 AC 전류, 특히 교류 전자기파의 특성과 직접적인 관련이 있다.

아래 그림을 통해 보면, 유전체(부도체)에서의 유전율의 의미를 개념적으로 이해할 수 있다. 평소에 너저분한 방향으로 각자 흩어져있던 +, - 성분(양이온, 음이온 등)은 외부에서 걸린 전자계의 교류 변화에 맞추어 정렬된다. 이렇듯 외부의 전자계의 변화에 대해 물질 내부의 +, - 성분이 얼마나 민감하게 잘 반응(정렬)되느냐의 정도를 유전율이라고 표현할 수 있다.

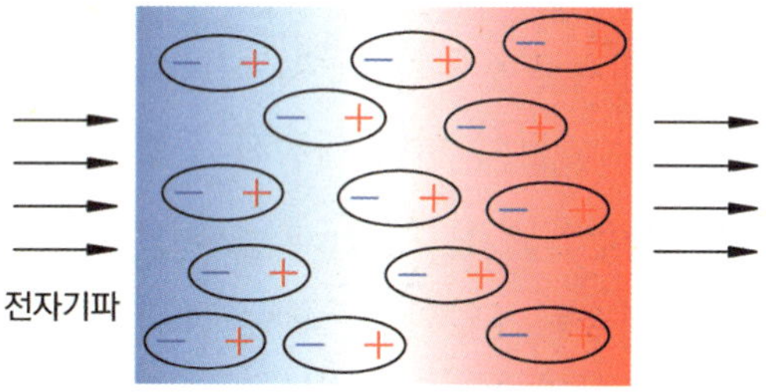

| 그림 3-6 | 유전율의 의미

유전율은 복소수로 정의되며, 아래와 같은 수식으로 나타낸다.

$$\varepsilon = \varepsilon' - j\varepsilon'' = \varepsilon_0 \varepsilon_r = \varepsilon_0 (\varepsilon'_r - j\varepsilon''_r)$$

$\varepsilon_0 = 8.854 \times 10^{-12}$[F/m]

ε_r = Relative Permittivity(비유전율)

가우스 단위계(單位系)에서는 진공의 유전율 ϵ_0는 1이지만 MKS 단위계에서는 $\epsilon_0 = 8.8537 \times 10^{-12}$[F/m]의 크기를 갖는다. 일반적으로 유전율은 전계 E의 주파수 등에 따라 변화하고, 강(强)유전체에서는 전계의 크기에도 의존되며, 히스테리시스 현상을 나타낸다.

유전율의 실수부는 전자파의 파장과 propagation(파동의 진행, 전파)과 관련된 항목이며, 허수부는 손실과 관련된 항목이다. 실제로는 유전율 전체 값을 사용하기 보다는 언제나 일정한 ε_0를 제외한 값, 즉 비유전율 ε_r만을 특성값으로 사용한다. 여기서 허수부 j 앞의 -값은 특별한 수학적 의미는 없으며, 공학계에서는 -j를 허수구분자로, 물리학계에서는 +i를 허수구분자로 사용하는 것에 기인한다. 물론 실제 복소계산시에는 수식적으로 계산되지만, 공학계에서는 기본적으로 -j를 사용할 뿐이라는 점만 납득하면 된다. 예를 들어 유전율이 10 - j 0.04 라면, 유전율의 허수부는 -0.04가 아니라 그냥 0.04이다.

① (비)유전율값의 의미

비유전율은 축전기의 극판 사이에 유전체로서 어떤 물질을 넣을 때의 정전 용량과 아무것도 넣지 않은 경우의 정전 용량의 비로서, 일반적으로 유전체의 유전율은 항상 1보다 크다. 대기의 유전율은 예를 들면 1.000335라고 하는 것과 같이 1보다 약간 큰 값이지만, 그 값은 대기 중에 포함된 수증기의 함유량에 따라 크게 좌우되며 전파의 전파에 영향을 준다.

② 유전율값의 의미

유전율이 높다는 의미는 기본적으로 전기에너지가 잘 전달된다는 의미로 볼 수 있다. DC개념에서 보면 미세한 입자전류로서 에너지가 좀더 잘 흐른다는 의미로, AC개념에서 보면 진자파의 파장이 더 짧아져서 진행을 방해하는 것처럼 보인다.

예를 들어 유전율이 낮은 흙에서는 전기가 잘 흐르지 않고 전자파는 잘 투과하지만, 수분에 젖어 유전율이 상승된 토양의 경우에는 점차 전기가 흐르기 시작하며 전자파는 잘 투과되지 않는다. (수분의 에너지 손실을 포함한 경우)

유전율값이 설계에 영향을 미치는 가장 중요한 요인라면 역시 파장 문제이다. 유전율이 높아지면 그 유전체 내에서 진행하는 전자기파의 파장이 유전율의 제곱근값으로 나누어지는, 즉 관내 파장(Guided Wavelength) 값을 가지기 때문에 회로의 구조 크기 자체에 결정적인 영향을 미치게 된다.

일반적으로 회로의 크기를 줄이는 가장 간단한 방법 중 하나가 기판이나 공진기로 사용되는 유전체를 보다 고유전율의 재질로 교체하는 방법이다. 그 외에도 굳이 크기를 줄인다는 측면 말고도 유전율이 다른 재질을 혼용하여 각 재질에 맞는 파장성분을 활용하거나, 유전율 조작에 의한 다중파장 생성을 통해 특성을 만들어내는 경우도 있다. 유전율값은 내부 전자기파의 파장과 직접적인 관련을 가지게 된다는 점에서 설계단계에서 신중하게 고려되어야 한다.

물질의 유전율(permittivity, 誘電率)은 전기장이 얼마나 그 매질에 영향을 미치는지, 그 매질에 의해 얼마나 영향을 받는지를 나타내는 물리적 단위로서, 매질이 저장할 수 있는 전하량으로 볼 수도 있다. 같은 양의 물질이라도 유전율이 더 높으면 더 많은 전하를 저장할 수 있다.

유전율이 높은 매질은 전기장을 감소시킨다. 그래서 높은 유전율을 가진 물질을 축전기에 넣는 유전체로 사용하면, 축전기의 전기용량이 커지게 된다.

4 콘덴서의 개요

콘덴서(Capacitor)는 유전체를 전극 사이에 넣고 롤로 감은 것으로, 유전체의 재질과 절연물질에 따라, 필름 콘덴서, 전해 콘덴서, 오일 콘덴서, 탄탈 콘덴서 등으로 나뉘어진다. 일반적으로 필름 콘덴서는 저주파, 고주파 특성이 뛰어나나 크기가 크고 가격이 비싼 편이다. 전해 콘덴서는 고용량을 저가로 만들 수 있어, 전원부 평활용으로 많이 사용되고 마이카와 세라믹, 폴리스치롤은 특히 고주파 특성이 좋아 고주파 필터에 많이 사용된다. 콘덴서를 축전기라고도 하는데, 전기를 유전체 사이의 전극에 충전하거나 방전하는 기능을 한다.

콘덴서는 직류 보다는 교류를 잘 통과시키고, 충전시킨 전기를 항상 일정하게 방전하는 특성이 있어, 직류를 차단하고 교류를 통과시키는 커플링(Coupling) 콘덴서, 맥류를 완전한 직류로 만들어주는 평활 콘덴서에 많이 사용된다.

| 표 3-1 |

역할	전기를 축적하는 기능. 직류(DC, $f=0$) 전류를 차단하고 교류(AC, $f>0$) 전류를 통과
기호	─┤├─
단위	패러드(farad : F) 일반적으로 콘덴서에 축적되는 전하용량은 매우 작기 때문에, $\mu F(10^{-6})$나 $pF(10^{-12})$의 단위가 사용
용도	직류를 통과시키지 않으려는 용도로 많이 사용
구조	2장의 전극판을 대향시킨 구조로 되어 있다. 여기에 직류전압을 걸면, 각 전극에 전하(電荷)라고 하는 전기가 축적되며, 축적하고 있는 도중에는 전류가 흐른다. 축적된 상태에서는 전류는 흐르지 않게 된다.

5 콘덴서의 용량을 읽는 법

콘덴서의 용량 표시에 3자리의 숫자가 사용되는 경우가 있다. 부품 메이커에 따라 용량을 3자리의 숫자로 표시하든가, 그대로 표시하기도 한다.

콘덴서에는 용량과 내압이 쓰여져 있다. 용량은 세자리의 숫자로 구성, 앞의 두 숫자는 유효숫자를, 뒤의 숫자는 10의 배수(승수)를 뜻한다. 이때의 단위는[pF]이다.

예를 들면, 103이면 $10\times10^3 = 10,000[pF] = 0.01[\mu F]$로 된다.
224는 $22\times10^4 = 220,000[pF] = 0.22[\mu F]$이다.

100[pF] 이하의 콘덴서는 용량을 그대로 표시한다. 즉, 47은 47[pF]를 의미한다.

세자리의 숫자 다음에는 알파벳 문자가 있는데 콘덴서의 오차등급을 말한다. 10[pF] 이상의 콘덴서에서는 오차는[%]로, 10[pF] 이하에서는 [pF]으로 표시한다. 아래의 표는 콘덴서의 허용오차에 대한 기호와 각각이 나타내는 오차를 나타낸다.

| 표 3-2 | 콘데서의 허용오차

	B	C	D	F	G	J	K	M	N	V	X	Z
허용오차[%]	0.1	0.25	0.5	1	2	5	10	20	30	+20 -10	+40 -20	+80 -20
허용오차[pF]	0.1	0.25	0.5	1	2							

콘덴서에 내압은 16[V], 63[V], 450[V] 등 읽기 쉽게 씌어져 있으나 숫자와 알파벳의 조합으로 내압을 표기한 것도 있다(아래 표 참조).

예 내압표시가 $1E$일 경우는 콘덴서의 내압이 25[V]이며, $2I$는 630[V]이다.

또한 전해콘덴서에는 온도등급이 있는데 많이 사용되는 것은 85[℃]와 105[℃]이다.

| 표 3-3 | 콘덴서의 내압

	A	B	C	D	E	F	G	H	I	J
0	1	1.25	1.6	2.0	2.5	3.15	4.0	5.0	6.3	8.0
1	10	12.5	16	20	25	31.5	40	50	63	80
2	100	125	160	200	250	315	400	500	630	800
3	1,000	1,250	1,600	2,000	2,500	3,150	4,000	5,000	6,300	8,000

내압은 콘덴서 양단에 걸리는 전압보다 높은 것을 사용해야 한다. 내압이 작으면 콘덴서가 파괴될 수 있으므로, 전해콘덴서는 내압과 극성에 주의해야 한다. 전해콘덴서는 다리가

긴 쪽이 +이고, 단자부근에 극성이 적혀 있다. 극성을 반대로 연결하면 전해콘덴서는 폭발할 수도 있다. 알미늄 케이스로 싸여져 있는데 머리부분을 보면 +자로 금이 가 있으며, 이것은 폭발시 이곳이 찢어지면서 증기로 변한 전해액이 분출되도록 한 것이다.

6 콘덴서 연결방법과 용량 계산법

가. 병렬연결

콘덴서의 용량이 부족하여 큰 용량의 콘덴서로 만들거나, 바이패스하여 튜닝, 임피던스, 응답속도를 향상시키기 위해 사용한다. 그러나 너무 많은 병렬연결은 회로의 왜율을 증가시키거나 열화를 가져오므로, 전원부의 평활용이 아닌 커플링 부에는 3개 이상을 병렬 바이패스 하는 것은 좋지 않다.

계산식은 $C = C_1 + C_2 + C_3$, $V = V_1 (V_1 < V_2 < V_3$ 일 때)

즉 병렬연결 시 총용량(C)은 콘덴서 용량을 전부 합한 값이며, 허용전압(V)은 콘덴서 중 내압이 가장 낮은 콘덴서의 내압이다.

[그림 3-7] 경우 계산을 하면 $C = 0.22[\mu F] + 0.47[\mu F] = 0.69[\mu FV]$, $200[V] < 300[V] = 200[V]$ 가 되며, 따라서 콘덴서 2개를 병렬 연결했을 때, 0.69[μF]-200[V]의 콘덴서가 된다.

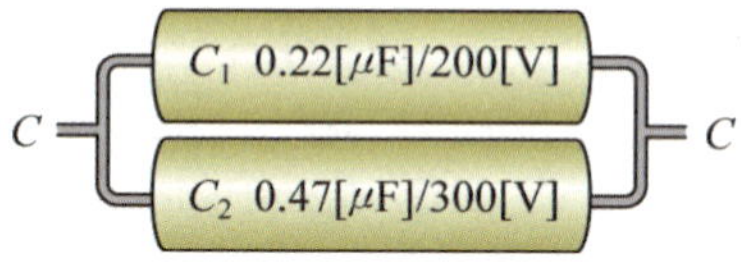

| 그림 3-7 | 콘덴서 병렬 연결

수식으로 다시 정리하면,

콘덴서의 병렬연결은 판의 면적을 더한 것과 같으므로 총 콘덴서는 각각의 콘덴서의 합과 같다. 즉 공식은 저항의 직렬연결의 개념과 같다.

$$Q = Q_1 + Q_2 + Q_3 = C_1 V + C_2 V + C_3 V$$
$$= (C_1 + C_2 + C_3) V [C]$$
$$\therefore C = Q/V = C_1 + C_2 + C_3 [F]$$

Exercise 2

용량이 0.1, 0.2, 0.3[μF]인 3개의 콘덴서가 병렬로 접속되어 있을 때에 이것에 100V의 전압을 가한 경우

1) 합성정전 용량은?

2) 얼마의 전기량이 충전되는가?

explanation

1) $C = (C_1 + C_2 + C_3) = 0.6[\mu F]$
2) $Q = CV$ [C] = 0.6×10-6×100= 60×10-6 = 60[μC]

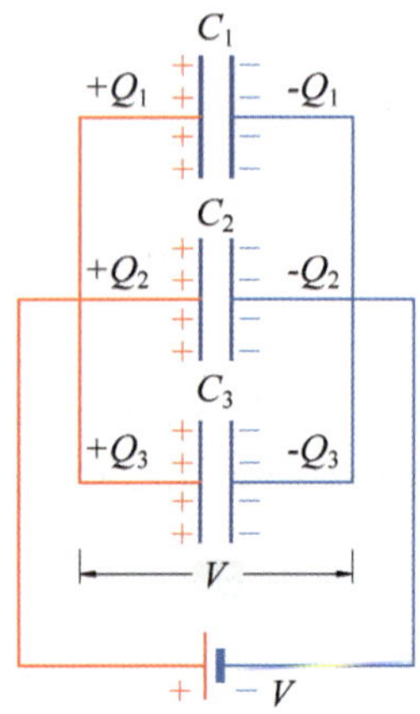

| 그림 3-8 | 콘덴서 병렬 접속

나. 직렬연결

주로 콘덴서의 허용전압이 낮아서 높은 내압의 콘덴서를 구할 수 없을 때, 콘덴서의 허용전압을 높이기 위해 사용된다. 그러나 이때 콘덴서의 용량은 반감된다.

계산식은 $1/C = 1/C_1 + 1/C_2 + 1/C_3$, $V = V_1 + V_2 + V_3$

즉 직렬 연결 시 총 용량(C)은 반감되며, 허용 전압(V)은 콘덴서 내압을 전부 합한 값이 된다.

계산을 하면 $1/C = 1/2+1/2 = 2/2 = 1[\mu F]$ $V = 200[V]+300[V] = 500[V]$

따라서 콘덴서 2개를 직렬연결 했을 때, 1[μF]-500[V]의 콘덴서가 된다.

| 그림 3-9 | 콘덴서 직렬연결

수식으로 다시 정리하면,

콘덴서를 직렬로 연결하는 것은 유전체의 두께를 더하는 것과 같으므로 직렬 연결된 콘덴서는 각각의 콘덴서보다 적어지며 따라서 저항의 병렬연결과 같은 공식이 된다.

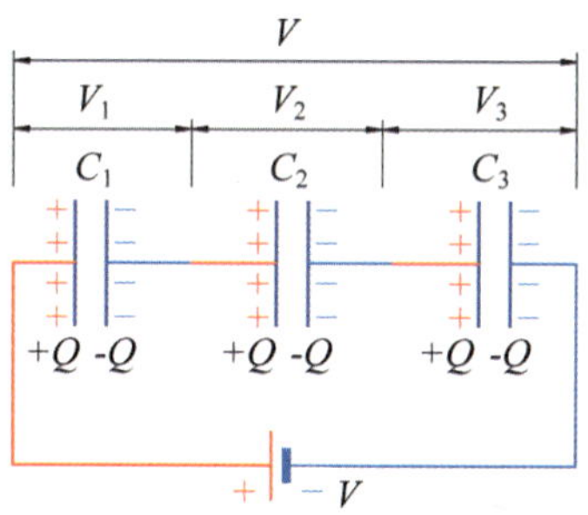

$$C = \frac{1}{\frac{1}{C_1} + \frac{1}{C_2} = \frac{1}{C_3}} [\mathrm{F}]$$

$$Q_1 = C_1 V[\mathrm{C}],\ Q_2 = C_2 V[\mathrm{C}],\ Q_3 = C_3 V[\mathrm{C}]$$

| 그림 3-10 | 콘덴서의 직렬접속

Exercise 3

용량이 0.1, 0.2, 0.3[μF]인 3개의 콘덴서가 직렬로 접속되어 있을 때에 이것에 110[V]의 전압을 가했다.

1) 합성정전 용량은?

2) 각 콘덴서에 가해지는 전압은 다음과 같이 된다.
- 0.1[μF]은 60[V]
- 0.2[μF]은 30[V]
- 0.3[μF]은 20[V]

explanation

1) $C = \frac{1}{\frac{1}{C_1}+\frac{1}{C_2}+\frac{1}{C_3}}[\mathrm{F}] = \frac{1}{\frac{1}{0.1}+\frac{1}{0.2}+\frac{1}{0.3}} = 0.0545[\mu\mathrm{F}]$

2) 각 콘덴서에는 $\frac{1}{0.1} : \frac{1}{0.2} : \frac{1}{0.3}$ = 6 : 3 : 2의 비로 전체 전압을 분담한다.

Exercise 4

2[μF]의 콘덴서 2개를 직렬로 연결한 후 여기에 다시 2[μF] 의 콘덴서 1개를 병렬로 연결했을 때 합성용량은 얼마인가?

explanation

1) 직렬연결 $C = \dfrac{1}{\dfrac{1}{2}+\dfrac{1}{2}} = 1$

2) 병렬연결 $C = 1+2 = 3[\mu F]$

7 용량성 회로에서의 전류 실험

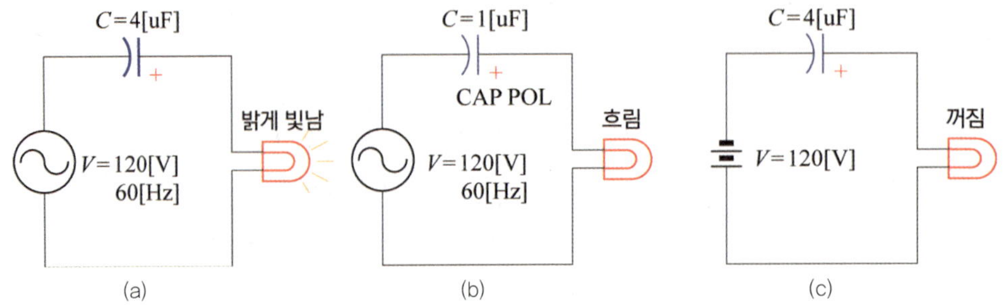

| 그림 3-11 | 용량성 회로에서 전류 실험

자세한 내용은 교류회로를 참조하기 바라며, 실험결과는 다음과 같다.

실험결과

1. 교류 전류는 교류 전압이 인가된 용량성 회로에서 흐르게 된다.
2. 캐패시턴스가 작을수록 적은 전류가 흐르며 리액턴스 X_C는 증가한다. 이때 X_C 옴 단위를 사용하며 전류의 흐름을 방해한다.
3. 인가된 전압의 주파수가 낮을수록 적은 전류가 흐르고 X_C는 증가한다. 정적인 직류 전압원은 주파수가 0이므로 콘덴서의 X_C는 ∞의 크기를 갖기 때문에 전류가 흐르지 않게 되어 콘덴서는 직류회로에서 개방회로 효과를 갖는다.

가장 많이 사용되는 콘덴서의 용도는 교류 전압을 통과시키고 직류전압은 어떠한 경우라도 차단하는데 있으며, 실제로 X_C는 저주파회로보다 고주파회로에서 크기가 작아진다는 사실을 이용한다.

가. 용량성 리액턴스(X_C)의 특성

콘덴서의 유전체를 통해서는 어떤 전류도 흐를 수 없지만 인가되는 가변 전압에 의해서 콘덴서가 충전과 방전을 하면 전류가 흐르게 된다. 즉 [그림 3-12]에 표시한 회로처럼 전류계를 삽입한다면 교류 전류계는 충전전류와 방전전류의 크기를 지시하게 되는데 여기서 I_c는 0.12[A]의 크기를 가지며 이런 전류는 전압원과 연결도선, 콘덴서의 양극판에서 모두 같은 크기를 갖지만 콘덴서 양극판 사이에 존재하는 절연체를 통하여 흐르는 전류는 존재하지 않는다.

정현파 전압에 의해서 흐르게 되는 전류의 세기는 용량성 리액턴스(X_C)에 따라서 달라지게 된다.

X_C의 크기는 $\frac{1}{2\pi f C}$로 나타내며, 옴[Ω] 단위를 사용하며 주파수 f는 헤르츠(Hz), C는 패러드(Farad) 단위를 사용하지만 그들의 효과는 주파수에 따라서 반대 특성을 갖는다. [그림 3-13]은 주파수와 캐패시턴스가 용량성 리액턴스와 반비례 관계가 있음을 보여준다.

그래프에서 주파수가(f) 0.1M[Hz]에서 1M[Hz]까지 오른쪽으로 증가하면 159[pF]의 캐패시턴스를 갖는 콘덴서의 X_C는 10,000[Ω]에서부터 1,000[Ω]까지 감소하게 된다. X_C는 주파수 및 캐패시턴스와 반비례관계가 있지만 비선형인데 이유는 주파수가 0일때 X_C는 ∞로 커지기 때문이며, 반대로 캐패시턴스나 주파수가 ∞에 가까우면 X_C는 0으로 감소하게 된다.

용량성 리액턴스는 주파수 및 캐패시턴스와 반비례하기 때문에 주파수가 높아지고 정전용량이 커질수록 감소하게 되는데 이것은 충전 전류와 방전 전류가 커짐을 의미한다.

(1) 용량성 리액턴스(X_C)

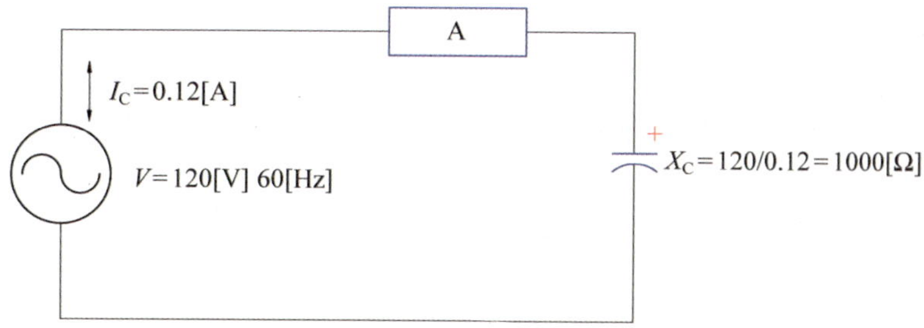

| 그림 3-12 | A : 전류계(교류 전류계는 충전과 방전 지시)

[그림 3-12]에서 용량성 리액턴스(X_C)는 정현파 전류의 방해요소 $\frac{V_C}{I_C}$의 비로 1,000 [Ω]의 크기를 가진다. 즉 정현파 교류 전압에 의해 발생되는 전류가 얼마나 많은 양이 흐를 수 있는가는 이 값에 따라 달라진다.

(2) 용량성 리액턴스 X_C 값 및 특성

캐패시턴스가 증가할수록 X_C는 감소한다.

① $X_C = \frac{1}{2\pi f C}$(f : 주파수[Hz], C : 캐패시턴스[F], X_C : 용량성 리액턴스[Ω])

- X_C는 캐패시턴스에 반비례
- X_C는 주파수에 반비례

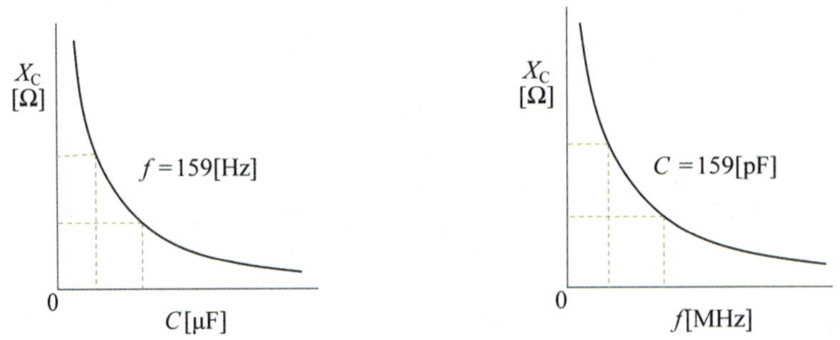

| 그림 3-13 | X_C와 C, f 관계(반비례)

[그림 3-13]에서처럼 용량성 리액턴스는 주파수 및 정전용량에 반비례한다.

Exercise 5

주파수 100[kHz]에 대하여 16[Ω]의 용량 리액턴스로 작용하는 콘덴서의 정전용량은 몇 [μF]인가?

explanation

$X_c = \frac{1}{2\pi f C}$[Ω]

$C = \frac{1}{2\pi f X_c} = \frac{1}{2\times 3.14\times 10\times 10^3\times 16} = \frac{1}{10^6} = 10^{-6}\text{F} = 1[\mu\text{F}]$

8 콘덴서의 종류 및 특성

가. 알루미늄 전해콘덴서(전해콘덴서, 케미콘)

단순히, 전해콘덴서 또는 케미콘(chemical condenser)이라고도 부른다. 이 콘덴서는 유전체로 얇은 산화막을 사용하고, 전극으로는 알루미늄을 사용하고 있다. 유전체를 매우 얇게 할 수 있으므로 콘덴서의 체적에 비해 큰 용량을 얻을 수 있다.

특징은 극성(플러스 전극과 마이너스 전극이 정해져 있다)이 있다는 점으로 일반적으로 콘덴서 자체에 마이너스 측 리드를 표시하는 마크가 붙어 있다. 또, 가할 수 있는 전압, 용량(전기를 축적할 수 있는 양)도 표시되어 있다.

극성을 잘못 접속하거나, 전압이 너무 높으면 콘덴서가 파열된다.

이 콘덴서는 1[μF]부터 수천[μF], 수만[μF]라는 식으로 비교적 큰 용량이 얻어지며, 주로 전원의 평활회로, 저주파 성분을 어스 등에 패스시켜 회로 동작에 악영향을 주지 않도록 하는 저주파 바이패스 등에 사용된다.

단, 코일 성분이 많아 고주파에는 적합하지 않다. 즉 주파수 특성이 나쁘다.

아래 [그림 3-14]의 사진은 용량, 전압이 다른 전해콘덴서의 예이다.

단, 크기에 대해서는 정해져 있는 것이 아니며, 메이커에 따라서도 다르다.

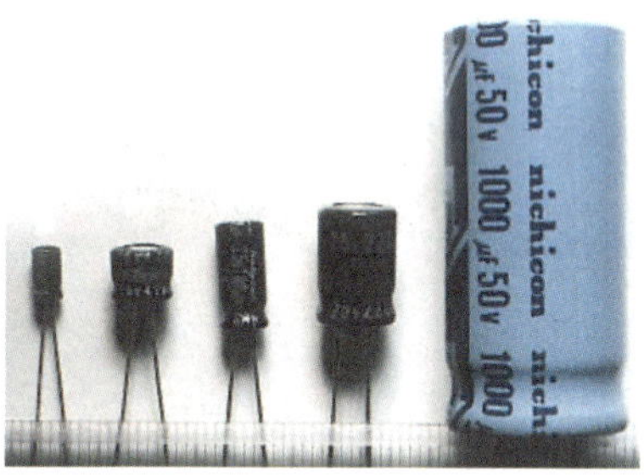

| 그림 3-14 | 여러 가지의 전해콘덴서 실물

| 그림 3-15 | 전해콘덴서의 전극

전해콘덴서에는 [그림 3-15] 사진과 같이, 마이너스측 전극을 표시하는 마크가 있다. 실장할 때는 틀리지 않도록 주의해야 한다.

나. 탄탈 전해콘덴서(탄탈 콘덴서)

단순히, 탄탈 콘덴서(tantalum condenser)라고도 부르며, 전극에 탄탈륨이라는 재료를 사용하고 있는 전해콘덴서이다. 알루미늄 전해콘덴서와 마찬가지로, 비교적 큰 용량을 얻을 수 있다.

그리고 온도 특성(온도의 변화에 따라 용량이 변하며, 용량이 변화하지 않을수록 특성이 좋다고 말함), 주파수 특성 모두 전해콘덴서 보다 우수하다.

알루미늄 전해콘덴서는 크라프트(kraft)지 등에 전해액이 스며들게 한 것을 금속 알루미늄으로 삽입하여 감아 붙인 구조로 되어 있지만, 탄탈 전해콘덴서의 경우는 탄탈-파우더(tantalum powder)를 소결하여 굳혔을 때에 나오는 빈틈을 이용하는 구조로 되어 있어, 알루미늄 전해콘덴서와 비교했을 경우 두루마리 구조가 아니므로 특성이 우수하다.

이 콘덴서도 극성이 있으며, 콘덴서 자체에 +의 기호로 전극을 표시하고 있다. 가격은 전해콘덴서 보다 비싸기 때문에 온도에 의한 용량변화가 미세한 회로, 어느 정도 주파수가 높은 회로 등에 사용한다. 또한, 알루미늄 전해콘덴서에서 발생하는 스파크(spike) 형상의 전류가 나오지 않으므로 신호 파형을 중요시하는 아날로그 신호계에는 탄탈 콘덴서를 사용하는 것이 좋다. 스파이크와 같은 불요 파형이 문제가 되지 않는 경우에는 전해콘덴서로도 충분하다.

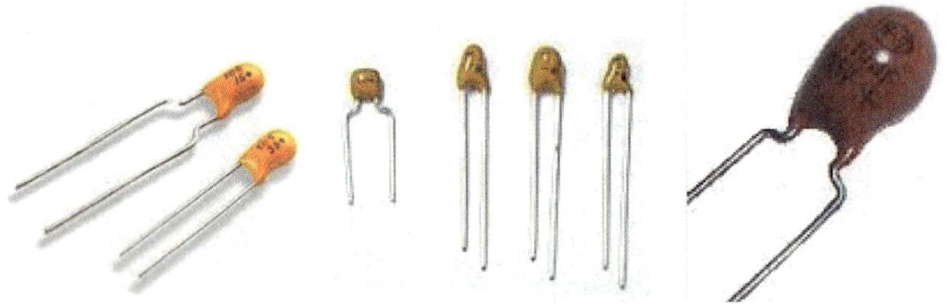

| 그림 3-16 | 탄탈 콘덴서의 실물

[그림 3-16] 사진은 탄탈 전해콘덴서의 외관을 나타낸 것으로 둥근 모양으로 되어 있다.

오른쪽의 탄탈 콘덴서도 전해 콘덴서와 마찬가지로 플러스와 마이너스 극성을 가지고 있다. 전극(리드선)의 +측을 나타내는 기호가 콘덴서 자체에 표시되어 있다.

다. 세라믹 콘덴서

세라믹 콘덴서는 전극간의 유전체로 티탄산-바륨(Titanium-Barium)과 같은 유전율이 큰 재료가 사용되고 있다.

이 콘덴서는 인덕턴스(코일의 성질)가 적어 고주파 특성이 양호하다는 특징을 가지고 있어, 고주파 성분 또는 잡음을 어스로 통과시키기 위한 고주파의 바이패스에 흔히 사용된다.

모양은 원반형으로 되어 있으며, 용량은 비교적 작다.

Ⅰ그림 3-17Ⅰ세라믹 콘덴서 실물

[그림 3-17] 좌측에 있는 모델은 용량이 100[pF]의 콘덴서로, 원반의 직경이 3[mm] 정도이다.

우측에 있는 콘덴서는 103이라고 인쇄되어 있는데, 이것은 10×10^3[pF]이므로 0.01[μF]가 된다. 원반의 직경은 약 6[mm] 정도이다.

전해콘덴서나 탄탈 콘덴서와 같이 전극의 극성은 없으며, 사진보다 더 큰 외형의 세라믹 콘덴서도 있다.

세라믹은 강유전체의 물질로 아날로그 신호계 회로에 사용하면 신호에 일그러짐이 나오므로 이와 같은 회로에는 사용할 수 없다.

라. 적층 세라믹 콘덴서

적층 세라믹 콘덴서는 전극간의 유전체로 고유전율계 세라믹을 다층 구조로 사용하고 있으며, 온도 특성, 주파수 특성이 양호하고, 소형이라는 큰 특징이 있다.

디지털 회로에서 취급하는 구형파(펄스파) 신호는 비교적 높은 주파수 성분이 함유되어 있다. 이 콘덴서는 주파수 특성이 양호하고, 소형이라는 점 때문에 바이패스용으로 흔히 사용된다.

온도 특성도 양호하므로 미세한 온도변화가 요구되는 회로에도 사용된다.

| 그림 3-18 | 적층 세라믹 콘덴서 실물

[그림 3-18] 좌측에 있는 콘덴서의 용량이 104로 표시되어 있으므로 10×10^4[pF] = 0.1[μF]의 용량이며, 폭 4[mm], 높이 3[mm], 두께 2[mm]의 콘덴서이다.

[그림 3-18]의 우측에 있는 것은 용량이 103(10×10^3[pF] = 0.01[μF])의 콘덴서로, 둥근 부분의 직경이 2[mm], 높이가 4[mm]였다. 고밀도 실장을 하는 데에는 우측에 있는 형상의 콘덴서가 좋은 경우도 있다. 전극의 극성은 없다.

마. 스티롤 콘덴서

전극간의 유전체로 폴리스티렌(polystyrene) 필름이 사용되고 있다.
이 콘덴서는 필름을 감은 구조이므로 인덕턴스(코일) 성분이 크다. 따라서 고주파에는 사용할 수 없으며, 수백[kHz] 이하의 필터 회로나 타이밍 회로 등에 흔히 사용된다.

| 그림 3-19 | 스티롤 콘덴서 실물

사진에 나타낸 스티롤 콘덴서는 전극에 동박을 사용하고 있어, 적색을 띠고 있지만, 전극으로 알루미늄박을 사용하는 것도 있어로 은색을 띠고 있는 것도 있다.
동박을 사용한 쪽이 약간 비싸고, 주파수 특성이 좋으며, 엄격한 용도가 아니면 적색이든 은색이든 별로 문제는 없다.
전극의 극성은 없다.

바. 슈퍼 커패시터

| 그림 3-20 | 슈퍼 콘덴서 실물

용량은 0.47F(470,000[μF])로 초대용량 콘덴서이다. 이와 같은 대용량의 콘덴서를 전원 회로 등에 사용할 때에는 각별한 주의가 필요하다. 그 이유는 콘덴서에 전기가 축적되어 있지 않을 때에는 전류가 계속 유입하므로 정류기 등이 과전류로 인해 파괴되는 경우가 있기 때문이다. 통상적인 전원회로의 평활 콘덴서는 1,000[μF] 정도이므로, 콘덴서는 순간적으로 충전되지만, 이러한 콘덴서를 사용하면 충전이 완료되기까지 회로가 쇼트되어 있는 것과 같다. 보호회로를 설치하지 않으면 위험하다. 용량이 크기 때문에 배터리 정도의 장시간은 아니지만 단시간의 백업 등에 사용할 수 있다. 초대용량인데 비해 비교적 형태가 작으며, 직경이 21[mm], 높이 11[mm]이다. 전극에 극성이 있으므로 주의할 필요가 있다.

사. 폴리에스테르 필름 콘덴서(마일러 콘덴서)

| 그림 3-21 | 마일러 콘덴서 실물

마일러(Mylar) 콘덴서라고도 하며, 얇은 폴리에스테르(polyester) 필름을 양측에서 금속으로 삽입하여, 원통형으로 감은 것이다. 저 가격으로 사용하기 쉽지만, 높은 정밀도는 기대할 수 없다. 오차는 대략 ±5[%]에서 ±10[%] 정도이다.

아. 마이카 콘덴서

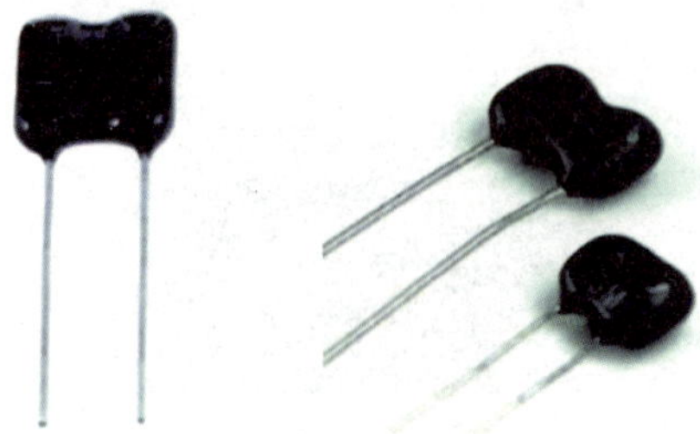

| 그림 3-22 | 마이카 콘덴서 실물

유전체로 운모(mica)를 사용한 콘덴서이다. 운모는 온도계수가 작고 안정성이 우수하며, 주파수 특성도 양호하기 때문에, 고주파에서의 공진회로나 필터회로 등에 사용된다. 또한, 절연내압도 우수하므로 고압회로에도 사용된다. 이전에는 진공관식 무선송신기 등에는 흔히 사용되었다. 결점으로는 용량이 비교적 작으며, 값도 비싸다.

[그림 3-22]은 diped mica condenser이라 부르는 것으로 내압이 500[V]이다.

전극의 극성은 없다.

자. 메털라이즈드 폴리에스테르 필름 콘덴서(시멘스 MKT 적층 콘덴서)

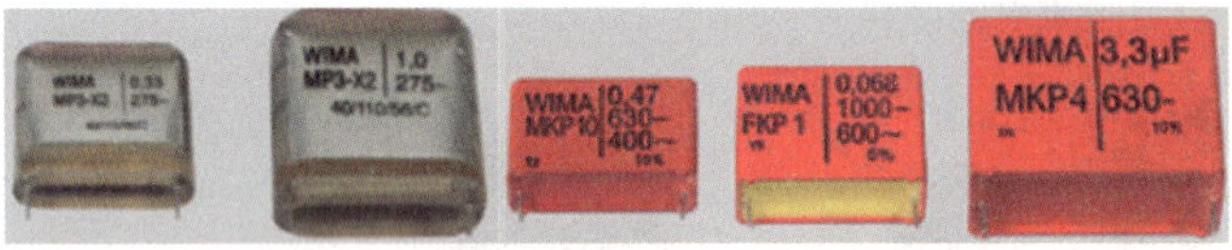

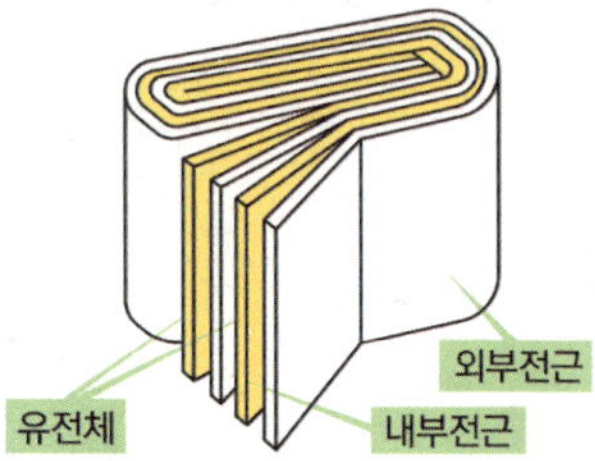

| 그림 3-23 | 메털라이즈드 폴리에스테르 필름 콘덴서 실물

시멘스 MKT 적층 콘덴서라고도 하며, 전극으로 증착 금속피막을 사용한 폴리에스테르 필름 콘덴서로, 전극이 얇기 때문에 소형화가 가능하다.

이 콘덴서는 리드가 떨어지기 쉽기 때문에 취급에 주의가 필요하며, 한번 떨어져 버리면 사용할 수 있는 방법이 없으므로 버릴 수밖에 없다. 전극의 극성은 없다.

차. 가변용량 콘덴서

용량을 변화시킬 수 있는 콘덴서이며, 주로 주파수 조정 등에 사용한다.
사진에 나타낸 것은 트리머(trimmer)라 부르는 가변용량 콘덴서이며, 유전체로 세라믹(자기)을 사용하고 있다.

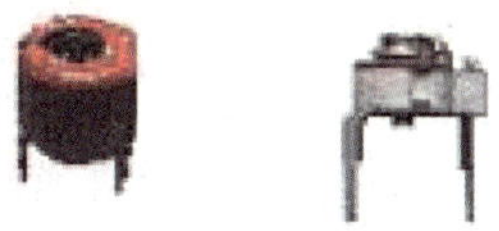

| 그림 3-24 | 가변용량 콘덴서 실물

그 외에도 폴리에스테르 필름 등을 유전체로 사용한 것도 있으며, 프린트 기판에 실장할 수 있도록 만들어져 있다.

부착할 때의 주의 사항으로, 전극 극성은 없지만 용량을 조절하는 나사 부분이 어느 한 쪽의 리드선에 연결되어 있기 때문에 리드선의 한 쪽이 어스에 접속되는 경우에는 조절 나사가 연결되어 있는 리드선을 어스측으로 한다. 그렇게 하지 않으면 조절할 때의 드라이버의 용량이 영향을 주므로 잘 조절되지 않는다.

또한, 이러한 조절을 할 때에는 나사를 돌리기 위한 절연체 드라이버로, 아크릴과 같은 절연물로 되어 있는 전용의 조절용 드라이버가 있으므로 그것을 사용하는 편이 무난하다.

조절 나사가 어느 쪽 리드선에 연결되어 있는지는 살펴보면 알 수 있지만, 테스터 등으로 확인할 수 있다.

[그림 3-25] 사진에 나타낸 것은 배리콘이라 부르는 가변용량 콘덴서로 라디오의 튜너 등에 사용된다.

[그림 3-25] 좌측의 배리콘은 공기를 유전체로 하고 있으며, 3개의 독립된 콘덴서를 조합하고 있다(3련 배리콘이라고 부른다).

조정축을 돌리면 3개의 콘덴서의 용량이 동시에 변화한다.
이러한 배리콘은 여러 종류가 있으므로, 목적에 적합한 것을 선택한다.
사진에 나타낸 것은 소형 배리콘이다.

| 그림 3-25 | 배리콘 실물

[그림 3-25] 우측에 것은 폴리에스테르 필름을 유전체로 한 것으로, 2개의 독립된 콘덴서를 조합하고 있는 것으로 2련 폴리배리콘이라고 한다. 이것은 각 콘덴서에 다시 소형의 트리머가 내장되어 있어 15[pF] 정도의 미세조정을 할 수 있다.

9 회로적용 예

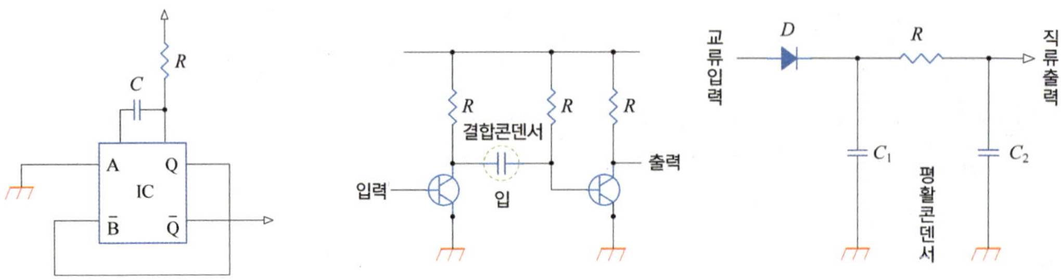

(a) 발진회로 (b) 증폭회로 (c) 평활회로

| 그림 3-26 | 회로 적용 사례

가. 발진회로

저항 R을 통하여 콘덴서 C에 충전되거나 반대로 콘덴서로부터 저항을 통해 방전되는 시간으로 발진주파수 정한다.

나. 증폭회로의 결합 콘덴서

콘덴서는 직류를 통과시키지 않으므로 앞뒤의 직류 바이어스가 섞이는 것을 방지하고 충방전 작용에 의해 필요한 교류 신호만 앞에서 뒤의 회로로 전달한다.

다. 평활회로

교류를 직류로 바꾸는 정류회로이며 보다 완전한 직류를 만들기 위해 다이오드를 통과한 굴곡있는 직류 전류를 2개의 콘덴서와 저항에 의해 평활 작업을 하여 거의 평탄한 직류 전류를 얻는다.

라. 콘덴서 활용의 여러 가지 예시 회로

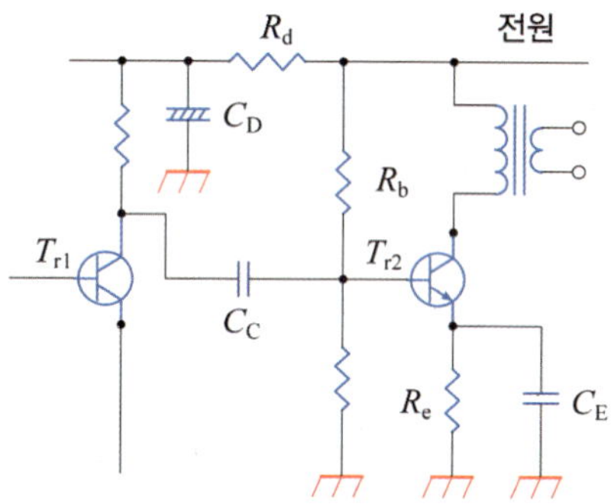

| 그림 3-27 | 콘덴서 활용 예시 회로

- C_C용도 : 결합콘덴서[커플링(coupling)콘덴서]
- C_D용도 : 저항 R_d와 함께 전원을 통해서 Tr_2 회로가 Tr_1회로에 되돌아 오는 것 방지
- C_E용도 : 바이패스 콘덴서

* 직류는 항상 저항(R_e)를 통과하지만 교류분은 C_E를 통과해서 R_e에 발생하는 전압이 변동되지 않도록 한다.

Chapter 3 | 콘덴서

연습문제

01 콘덴서 중 극성을 가지고 있는 콘덴서로서 교류 회로에 사용 가능하지 않는 것은 어느 것인가?

㉮ 전해 콘덴서 ㉯ 세라믹 콘덴서
㉰ 마이카 콘덴서 ㉱ 마일러 콘덴서

02 1[μF], 3[μF], 6[μF]의 콘덴서 3개를 병열로 연결할 때 합성 정전용량은 몇 [μF] 인가?

㉮ 10 ㉯ 8
㉰ 6 ㉱ 4

03 6[πF], 4[μF]의 두 콘덴서를 직렬 접속할 때 합성 정전용량은 몇 [μF]인가?

㉮ 7.2 ㉯ 2.4
㉰ 10 ㉱ 24

04 10[μ]의 콘덴서에 45[J]의 에너지를 축적하기 위하여 필요한 충전 전압은 몇 [V] 인가?

㉮ 3×10^2 ㉯ 3×10^3
㉰ 3×10^4 ㉱ 3×10^5

05 3[F]와 6[F]의 콘덴서를 병렬로 접속했을 때의 합성정전용량은 몇 [F]인가?

㉮ 2 ㉯ 4
㉰ 6 ㉱ 9

06 1[μF]의 콘덴서에 100[V]의 전압을 가할 때 충전 전하량은 몇 [C]인가?

㉮ 1×10^{-4} ㉯ 1×10^{-5}
㉰ 1×10^{-8} ㉱ 1×10^{-10}

Answer | 01 ㉮ 02 ㉮ 03 ㉯ 04 ㉯ 05 ㉱ 06 ㉮

07 콘덴서의 정전용량이 커질수록 용량리액턴스의 값은 어떻게 되는가?

㉮ 무한대로 접근한다.
㉯ 커진다.
㉰ 작아진다.
㉱ 변화하지 않는다.

08 10^{-2}[F]의 콘덴서에 100[V]의 전압을 가할 때 충전되는 전하는 몇 [C]인가?

㉮ 0.1 ㉯ 1
㉰ 1.5 ㉱ 2

09 $R = 10[\Omega]$, $C = 318[\mu F]$의 병렬회로에 주파수 $f = 60$[Hz], 크기 $V = 200$[V]의 사인파 전압을 가할 때 콘덴서에 흐르는 전류 I_c 값은 약 몇 [A]인가?

㉮ 24 ㉯ 31
㉰ 41 ㉱ 55

10 2[C]의 전기량이 두 점 사이를 이동하여 48[J]의 일을 하였다면 이 두 점 사이의 전위차는 몇 [V]인가?

㉮ 12 ㉯ 24
㉰ 48 ㉱ 64

11 두 콘덴서 C_1, C_2를 직렬 접속하고 양단에 V[V]의 전압을 가할 때 C_1에 걸리는 전압은 몇 [V]인가?

㉮ $\frac{C_1}{C_1 + C_2}V[V]$ ㉯ $\frac{C_2}{C_1 + C_2}V[V]$
㉰ $\frac{C_1 + C_2}{C_1}V[V]$ ㉱ $\frac{C_1 + C_2}{C_2}V[V]$

12 200[μF]의 콘덴서를 충전하는데 9[J]의 일이 필요하였다. 충전 전압은 몇 [V]인가?

㉮ 200 ㉯ 300
㉰ 450 ㉱ 900

13 어떤 도체에 10[V]의 전위를 주었을 때 1[C]의 전하가 축적되었다면 이 도체의 정전 용량은 몇 [C]인가?

㉮ 0.1[μF] ㉯ 0.1[F]
㉰ 0.1[pF] ㉱ 10[F]

14 전기 분해하여 금속의 표면에 산화피막을 만들어 이것을 유전체로 이용한 것은?

㉮ 마일러 콘덴서 ㉯ 마이카 콘덴서
㉰ 전해 콘덴서 ㉱ 세라믹 콘덴서

Answer | 07 ㉰ 08 ㉯ 09 ㉮ 10 ㉯ 11 ㉯ 12 ㉯ 13 ㉯ 14 ㉰

15 두 콘덴서 C_1, C_2가 병렬로 접속되어 있을 때의 합성 정전용량은?

㉮ $C_1 + C_2$　　㉯ $\frac{1}{C_1} + \frac{1}{C_2}$

㉰ $\frac{C_1 C_2}{C_1 + C_2}$　　㉱ $\frac{C_1 + C_2}{C_1 C_2}$

16 2[μF]과 3[μF]의 직렬 회로에서 3[μF]의 양단에 60[V]의 전압이 가해졌다면 이 회로의 전 전기량은 몇 [μC]인가?

㉮ 60　　㉯ 180

㉰ 240　　㉱ 360

17 비유전율이 큰 산화티탄 등을 유전체로 사용한 것으로 극성이 없으며 가격에 비해 성능이 우수하여 널리 사용되고 있는 콘덴서의 종류는?

㉮ 마일러 콘덴서　　㉯ 마이카 콘덴서

㉰ 전해 콘덴서　　㉱ 세라믹 콘덴서

18 평행판 전극에 일정 전압을 가하면서 극판의 간격을 2배로 하면 내부 전기장의 세기는 어떻게 되는가?

㉮ 4배로 커진다.

㉯ 1/2배로 작아진다.

㉰ 2배로 커진다.

㉱ 1/4배로 작아진다.

19 다음 중 콘덴서 접속법에 대한 설명으로 알맞은 것은?

㉮ 직렬로 접속하면 용량이 커진다.

㉯ 병렬로 접속하면 용량이 적어진다.

㉰ 콘덴서는 직렬 접속만 가능하다.

㉱ 직렬로 접속하면 용량이 적어진다.

20 다음 중 콘덴서가 가지는 특성 및 기능으로 옳지 않은 것은?

㉮ 전기를 저장하는 특성이 있다.

㉯ 상호 유도 작용의 특성이 있다.

㉰ 직류 전류를 차단하고 교류 전류를 통과 시키려는 목적으로 사용된다.

㉱ 공진 회로를 이루어 어느 특정한 주파수만을 취급하거나 통과시키는 곳 등에 사용된다.

21 어느 회로 소자에 일정한 크기의 전압으로 주파수를 증가시키면서 흐르는 전류를 관찰하였다. 주파수를 2배로 하였더니 전류의 크기가 2배로 되었다. 이 회로 소자는?

㉮ 저항　　㉯ 코일

㉰ 콘덴서　　㉱ 다이오드

22 정전 용량(electrostatic capacity)의 단위를 나타낸 것으로 틀린 것은?

㉮ 1[pF] = 10^{-12}[F]　　㉯ 1[nF] = 10^{-7}[F]

㉰ 1[μF] = 10^{-6}[F]　　㉱ 1[mF] = 10^{-3}[F]

Answer | 15 ㉮ 16 ㉯ 17 ㉱ 18 ㉯ 19 ㉱ 20 ㉯ 21 ㉰ 22 ㉯

23 어떤 콘덴서에 1,000[V]의 전압을 가하였더니 5×10^{-3}[C]의 전하가 축적되었다. 이 콘덴서의 용량은?

㉮ 2.5[μF] ㉯ 5[μF]
㉰ 250[μF] ㉱ 5,000[μF]

24 다음 설명 중에서 틀린 것은?

㉮ 코일은 직렬로 연결할수록 인덕턴스가 커진다.
㉯ 콘덴서는 직렬로 연결할수록 용량이 커진다.
㉰ 저항은 병렬로 연결할수록 저항치가 작아진다.
㉱ 리액턴스는 주파수의 함수이다.

25 용량을 변화시킬 수 있는 콘덴서는?

㉮ 바리콘 ㉯ 마일러 콘덴서
㉰ 전해 콘덴서 ㉱ 세라믹 콘덴서

26 C_1, C_2를 직렬로 접속한 회로에 C_3를 병렬로 접속하였다. 이 회로의 합성 정전용량[F]은?

㉮ $C_3 + \dfrac{1}{\dfrac{1}{C_1} + \dfrac{1}{C_2}}$ ㉯ $C_1 + \dfrac{1}{\dfrac{1}{C_2} + \dfrac{1}{C_3}}$
㉰ $\dfrac{C_1 + C_2}{C_3}$ ㉱ $C_1 + C_2 + \dfrac{1}{C_3}$

27 그림과 같이 $C = 2[\mu F]$의 콘덴서가 연결되어 있다. A점과 B점 사이의 합성 정전용량은 얼마인가?

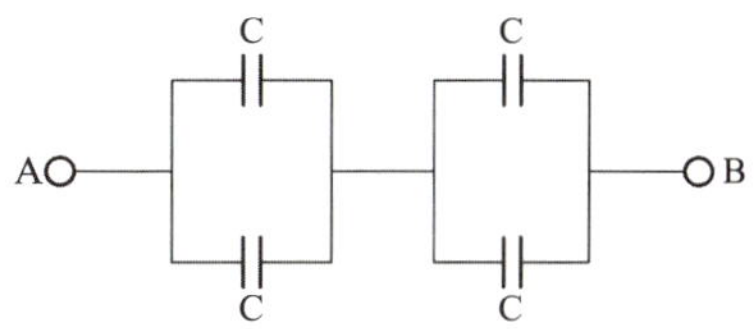

㉮ 1[μF] ㉯ 2[μF]
㉰ 3[μF] ㉱ 4[μF]

28 1[kV]로 충전된 콘덴서의 정전에너지가 1[J]일 때 이 콘덴서의 정전용량[μF]은?

㉮ 1[μF] ㉯ 2[μF]
㉰ 3[μF] ㉱ 4[μF]

29 평행판 전극의 단위 면적당 정전용량이 $C = 200$[pF]일 때 두 극판 사이에 전위차 2000[V]를 가하면 이 전극판 사이의 전계의 세기는 약 몇 [V/m]인가?

㉮ 22.6×10^3 ㉯ 45.2×10^3
㉰ 22.6×10^5 ㉱ 45.2×10^5

Answer | 23 ㉯ 24 ㉯ 25 ㉮ 26 ㉮ 27 ㉯ 28 ㉯ 29 ㉯

30 유전률 ε_s, 투자율 μ인 매질내에서 전자파의 전파속도는?

㉮ $\sqrt{\varepsilon\mu}$ ㉯ $\sqrt{\dfrac{\mu}{\varepsilon}}$

㉰ $\sqrt{\dfrac{\varepsilon}{\mu}}$ ㉱ $\dfrac{1}{\sqrt{\varepsilon\mu}}$

31 비유전률 ε_s에 대한 설명으로 옳은 것은?

㉮ 진공의 비유전률은 0이고, 공기의 비유전률은 1이다.

㉯ ε_s는 항상 1보다 작은 값이다.

㉰ ε_s는 절연물의 종류에 따라 다르다.

㉱ ε_s의 단위는 [C/m]이다.

32 10[μF]의 콘덴서에 100[V], 60[Hz]의 교류 전압을 인가할 때의 전류는 약 몇 [A]인가?

㉮ 0.3768[A] ㉯ 0.7536[A]

㉰ 1.1304[A] ㉱ 1.5072[A]

33 평행판 콘덴서에서 전극판 사이의 거리를 $\dfrac{1}{2}$로 줄이면 콘덴서의 용량은 처음 값에 대하여 어떻게 되는가?

㉮ $\dfrac{1}{2}$로 감소한다. ㉯ $\dfrac{1}{4}$로 감소한다.

㉰ 2배로 증가한다. ㉱ 4배로 증가한다.

34 공기 콘덴서의 극판 사이에 비유전율 ε_s의 유전체를 채운 경우, 동일 전위차에 대한 극판간의 전하량은?

㉮ $\dfrac{1}{\varepsilon_s}$로 감소 ㉯ ε_s배로 증가

㉰ 불변 ㉱ $\pi\varepsilon_s$배로 증가

35 다음 유전체 중 비유전율이 가장 적은 것은?

㉮ 고무 ㉯ 유리

㉰ 운모 ㉱ 물

36 면적 A[m^2], 간격 d[m]인 평행판 콘덴서의 전극판에 비유전률 ε_r인 유전체를 가득히 채웠을 때 전극판간에 V[V]를 가하면 전극판을 떼어내는 데 필요한 힘은 몇 [N]인가?

㉮ $\dfrac{\varepsilon_0\varepsilon_r V^2 A}{2d^2}$ ㉯ $\dfrac{\varepsilon_0\varepsilon_r V^2 A}{d^2}$

㉰ $\dfrac{\varepsilon_0\varepsilon_r V^2 A}{2\pi d^2}$ ㉱ $\dfrac{\varepsilon_0\varepsilon_r V^2 A}{2d}$

37 어떤 회로에서 콘덴서의 캐패시턴스가 2.12[μF]일 때, 주파수가 100[Hz], 전압 200[V]를 인가했다면, 이때 콘덴서의 용량성 리액턴스 X_c[Ω]의 값은 약 얼마인가?

㉮ 320 ㉯ 750

㉰ 830 ㉱ 910

Answer | 30 ㉱ 31 ㉰ 32 ㉮ 33 ㉰ 34 ㉯ 35 ㉮ 36 ㉮ 37 ㉯

38 정전용량이 1[μF]인 공기콘덴서가 있다. 이 콘덴서 판간의 $\frac{1}{2}$인 두께를 갖고 비유전율 ε_r = 2인 유전체를 그 콘덴서의 한 전극면에 접촉하여 넣었을 때 전체의 정전용량은 몇 [μF]이 되는가?

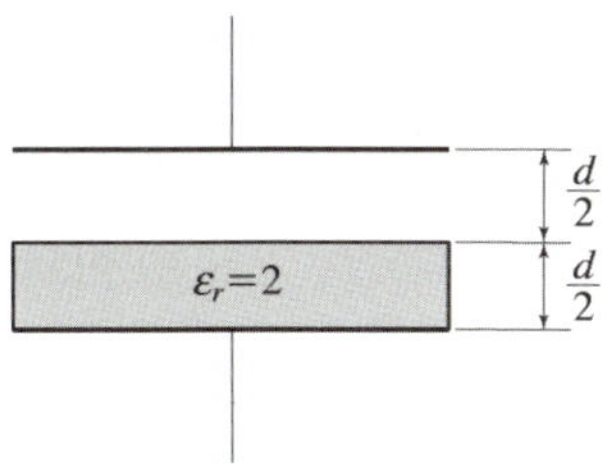

㉮ 2　　㉯ $\frac{1}{2}$

㉰ $\frac{4}{3}$　　㉱ $\frac{5}{3}$

39 그림에서 축전기를 ± Q로 대전한 후 스위치 k를 닫고 도선에 전류 i를 흘리는 순간의 축전기 두 판 사이의 변위전류는?

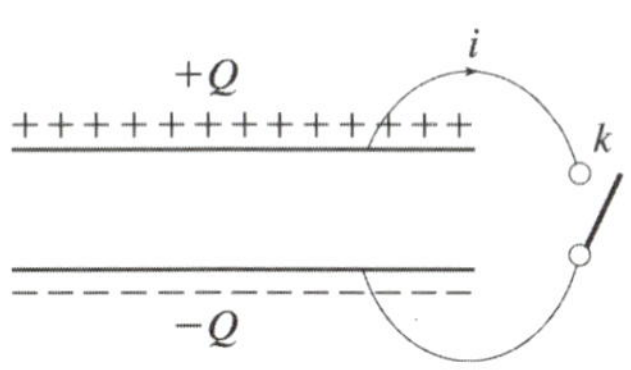

㉮ +Q판에서 -Q판으로 흐른다.
㉯ -Q판에서 +Q판으로 흐른다.
㉰ 왼쪽에서 오른쪽으로 흐른다.
㉱ 오른쪽에서 왼쪽으로 흐른다.

40 간격 3[cm], 면적 30[cm^2]의 평판콘덴서에 220[V]의 전압을 가하면 양판간에 작용하는 힘은 약 몇 [N]인가? (단, 유전율 ε_0 = 8.85510^{-12}[F/m]이다.)

㉮ 6.3×10^{-6}[N]　　㉯ 2.14×10^{-8}[N]

㉰ 8×10^{-5}[N]　　㉱ 5.75×10^{-4}[N]

41 그림과 같이 면적 S[m^2]인 평행판 콘덴서의 극판간에 판과 평행으로 두께 d_1[m], d_2[m], 유전율 ε_1[F/m], ε_2[F/m]의 유전체를 삽입하면 정전용량[F]은?

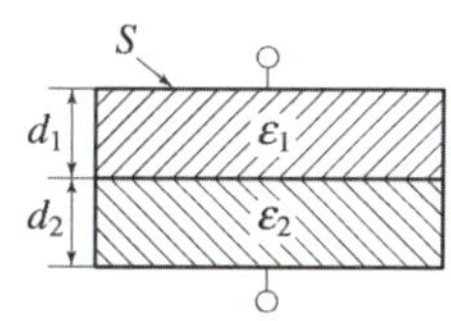

㉮ $\dfrac{S}{\frac{d_1}{\varepsilon_1}+\frac{d_2}{\varepsilon_2}}$　　㉯ $\dfrac{S}{\frac{\varepsilon_1}{d_1}+\frac{\varepsilon_2}{d_2}}$

㉰ $\dfrac{S}{d_{1\varepsilon_1}+d_2\varepsilon_2}$　　㉱ $\dfrac{S}{\frac{d_1}{\varepsilon_2}+\frac{d_2}{\varepsilon_2}}$

Answer | 38 ㉰ 39 ㉯ 40 ㉯ 41 ㉮

42 평행판 콘덴서가 있다. 전극은 반지름이 30[cm]인 원판이고 전극간격은 0.1[cm]이며 유전체의 비유전율은 4.0이라 한다. 이 콘덴서의 정전용량은 약 몇 [μF]인가?

㉮ 0.01[μF]　㉯ 0.02[μF]
㉰ 0.03[μF]　㉱ 0.04[μF]

43 콘덴서의 내압(耐壓) 및 정전용량이 각각 1000[V]·2[μF], 700[V]·3[μF], 600[V]·4[μF], 300[V]·8[μF]이다. 이 콘덴서를 직렬로 연결할 때 양단에 인가되는 전압을 상승시키면 제일 먼저 절연이 파괴되는 콘덴서는?

㉮ 1000[V]·2[μF]　㉯ 700[V]·3[μF]
㉰ 600[V]·4[μF]　㉱ 300[V]·8[μF]

44 다음 그림에서 V_{ab}를 구하면 몇 [V]인가?

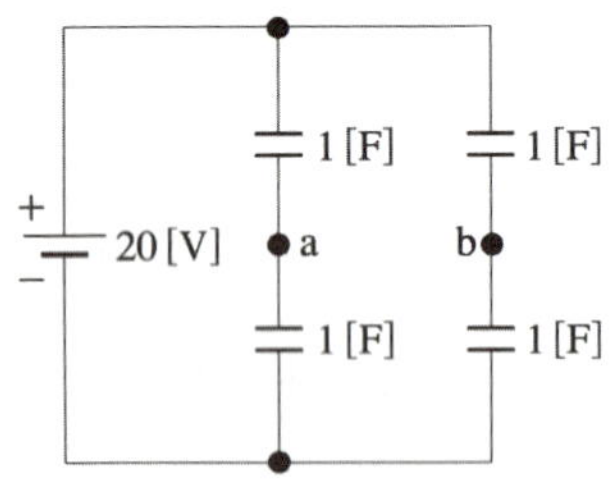

㉮ 2.5[V]　㉯ -2.5[V]
㉰ 5[V]　㉱ -5[V]

45 다음과 같은 회로의 용량성 리액턴스 X_c [Ω]인가?

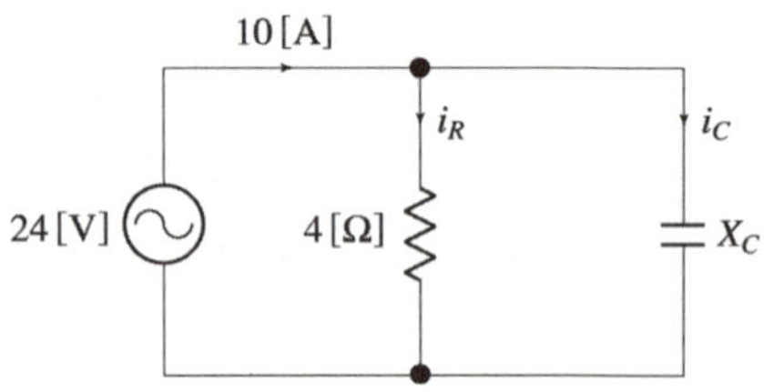

㉮ 1[Ω]　㉯ 2[Ω]
㉰ 3[Ω]　㉱ 4[Ω]

Answer | 42 ㉮ 43 ㉮ 44 ㉰ 45 ㉰

| Chapter |

04 다이오드

1 PN접합의 특성

N형 반도체 경우는 자유전자가 움직이기 쉽고, 자유전자가 주로 전하를 운반하므로 자유전자를 다수 캐리어라 부르고 정공을 소수 캐리어라고 부른다. P형 반도체 경우는 지금까지의 반대로 다수 캐리어는 정공 소수캐리어는 전자가 된다. 이와 같은 캐리어 종류의 구분은 다이오드나 트랜지스터의 동작원리를 결정하는데 중요한 역할을 하게 된다. 그러면 P형과 N형 반도체를 접합하면 어떤 현상이 일어나는지 살펴보기로 한다.

가. 전압을 걸기 전의 PN접합 상태

접합면을 경계로 해서 우측의 N형은 자유전자의 밀도가 높고 좌측에는 거의 없게 되므로 당연히 좌측의 P형은 정공밀도가 높으며 우측은 전공이 거의 없는 상태가 된다.

이와 같이 전자와 정공밀도의 급격한 단절이 접합면에서 일어나고 있으므로 컵의 물에 잉크를 한방울 떨어 뜨리면 컵 전체에 확산하는 것과 같이 우측에서 전자가 좌측에서 정공이 확산된다. 확산한 전자와 정공은 각기 상대층의 다수캐리어인 정공이나 전자가 재결합하여 소멸된다.

최종적으로 접합면 부근에는 확산과 재결합에 의하여 P형의 정공도 N형의 전자도 존재하지 않는 지대가 되며 이와 같이 원래의 캐리어가 존재하지 않는 지대(층)을 공핍층 또는 공간전하층이라고 한다.

공핍층의 우측은 정전하의 도너 원자, 좌측은 부전하를 갖는 억셉터 원자가 대립되어 있는 상태로 남게 되는데 이 공핍층은 공간 전하가 형성되어 캐패시턴스의 기능을 갖게 되므로 이것을 장벽 용량이라고 부른다.

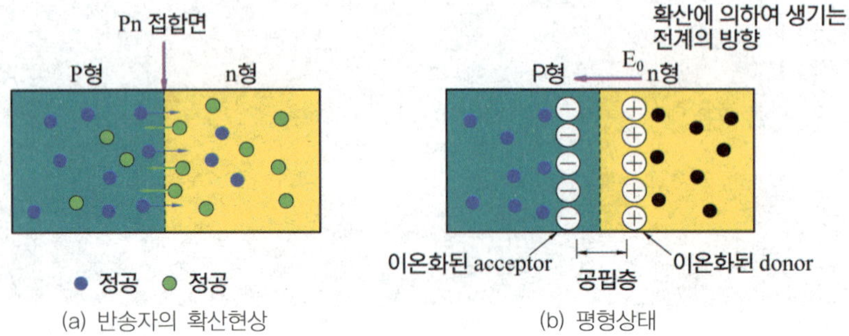

| 그림 4-1 | 확산현상과 평형상태

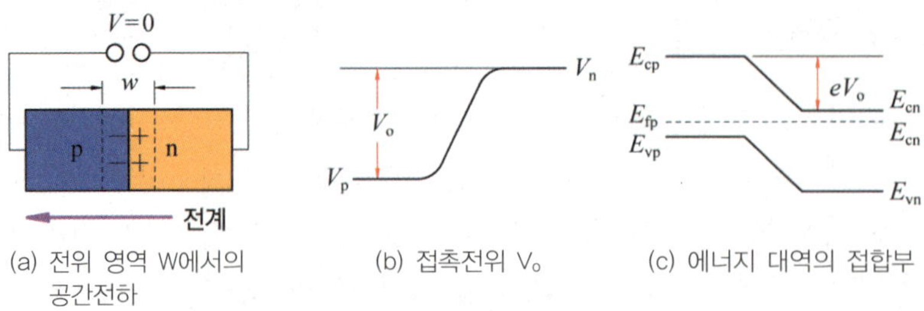

| 그림 4-2 | PN접합에서의 평형상태

나. PN 접합에 전압을 걸었을 때 상태

전위장벽이 외부에서 가해준 전압으로 낮아져 P층에서는 정공이 N층으로 N층에서는 P형으로 전자가 다시 확산에 의해 유입된다.

외부전압을 높게하면 확산은 점점 더 활발하게 되며 이것을 PN접합의 순방향 특성, 흐르는 전류를 순방향 전류라고 하는데 순방향 전압을 가한 경우는 P형에 공급된 정공이 공핍층에서 억셉트 이온과 결합하여 전기적 중성이 되고 공핍층 감소되며, 공핍층 감소로 전위장벽이 낮아지고 확산 전류가 흐른다.

(1) 순방향 전압 인가시의 동작

순방향 전류는 전자와 정공의 상대층에서 볼때 소수캐리어 확산에 의해 성립되고 있다는 것인데 이것은 발생한 층에서는 다수캐리어이지만 상대층으로 들어가면 소수캐리어가 된다.

이 전류는 보통의 회로에서 전압으로 생기는 전류와는 다르며 다만 확산원리로 흐르는 전류이므로 반도체에서 흐르는 전류는 지수 함수가 되며, 옴의 법칙을 따르지 않는다.

[그림 4-3]에서 P형에 공급된 정공은 공핍층에서 억셉트이온과 결합하여 전기적 중성이 되고 공핍층은 감소한다. 따라서 공핍층 감소로 전위장벽이 낮아지고 확산 전류가 흐른다.

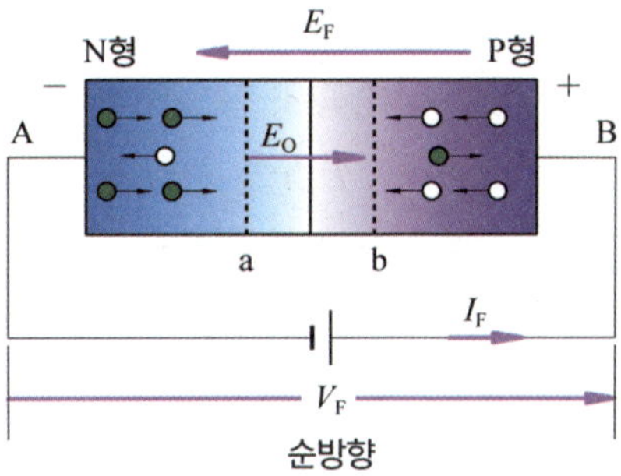

Ⅰ그림 4-3Ⅰ순방향 바이어스

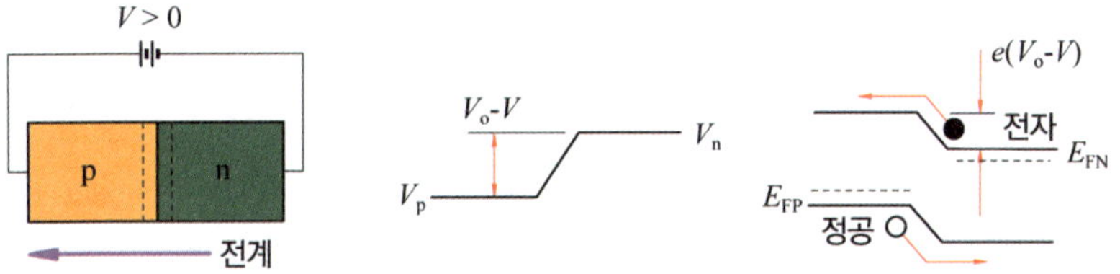

(a) 전위 영역 W에서의 공간전하 (b) 접촉전위 V_o (c) 에너지 대역의 접합부

Ⅰ그림 4-4Ⅰ PN접합에서의 순바이어스 영향

(2) 역방향 전압 인가시의 동작

역방향 전압을 가한 경우에는 외부전압은 대부분 공핍층에 걸리고 순방향으로 일어난 소수캐리어의 확산은 멈추게 된다. 그러나 반도체 자체에 캐리어가 열요란에 의해서 발생한 자유전자와 정공을 약간은 가지고 있으므로 P형층의 자유전자와 N형층의 정공은 역방향 전압에 의해서 끌려가는 형으로 상대측에 유입해서 역바이어스일 때의 전류가 된다.

[그림 4-5]에서 P형에 공급된 전자는 공핍층 부근에 존재하는 P형 중성영역의 정공과 재결합하여 억셉트 이온 수가 증가되므로 P형 공핍층이 증가하고, 역 전압에 의하여 내부에 형성되어 있는 전기장을 더욱 강하게 되어 전자나 정공의 이동이 어려워진다. 따라서 전류는 거의 흐르지 않고 큰 저항을 나타낸다.

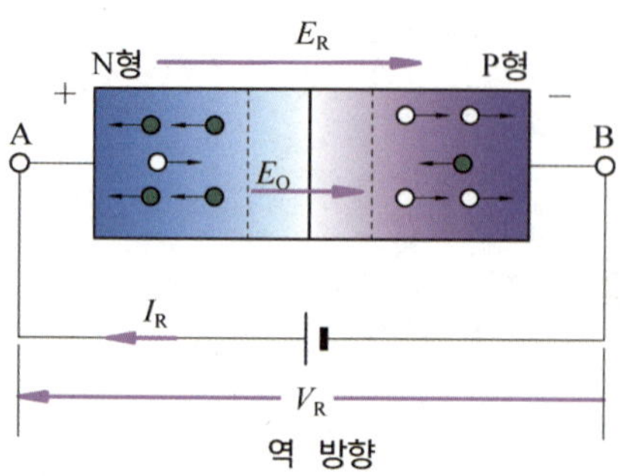

I 그림 4-5 I 역방향 바이어스

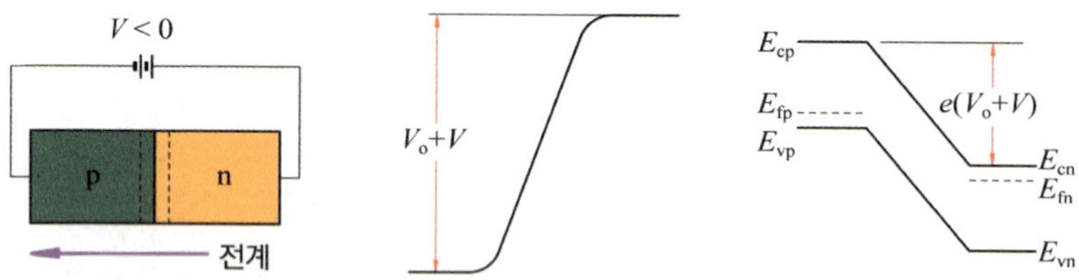

(a) 전위 영역 W에서의 공간전하 (b) 접촉전위 V_o (c) 에너지 대역의 접합부

I 그림 4-6 I PN접합에서의 역바이어스 영향

2 다이오드의 개요

다이오드란 전류를 한쪽 방향으로만 흘리는 반도체 부품이다. 트랜지스터도 반도체이지만, 다이오드는 특히 이와 같은 한쪽 방향으로만 전류가 흐르도록 하는 것을 목적으로 하고 있다.

반도체의 재료는 실리콘(규소)이 많지만, 그 외에 게르마늄, 셀렌 등이 있다.
다이오드의 용도는 전원장치에서 교류전류를 직류전류로 바꾸는 정류기로서의 용도, 라디오의 고주파에서 신호를 꺼내는 검파용, 전류의 ON/OFF를 제어하는 스위칭 용도 등, 매우 광범위하게 사용되고 있다.

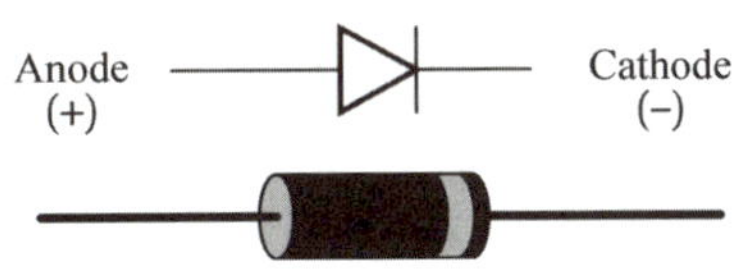

| 그림 4-7 | 회로기호 표기방법

회로기호는  가 사용된다.

기호의 의미는 (A)  (K)로 애노드측에서 캐소드측으로 전류가 흐른다는 것을 나타내고 있다.

다이오드 중에는 단지 순방향으로 전류가 흐르는 성질을 이용하는 것 이외에, 다음과 같은 용도의 것들도 흔히 사용된다.

① 정전압 다이오드(제너 다이오드) : 회로 기호는  로 표시하며 역방향으로 전압을 가했을 경우에 어떤 전압에서 안정되는 성질을 이용하여, 일정한 전압을 얻기 위해 사용한다.

② 발광 다이오드(LED) : 회로 기호는  로 표시하며 전류를 순방향으로 흘렸을 때에 발광하는 다이오드이다.

③ 가변용량 다이오드(배리캡 또는 버랙터 : varactor) : 회로 기호는  로 표시하며 전압을 역방향으로 가했을 경우에 다이오드가 가지고 있는 콘덴서 용량(접합용량)이 변화하는 것을 이용하여 전압의 변화에 따라 발진주파수를 변화시키는 등의 용도에 사용한다. 역방향의 전압을 높이면 접합용량은 작아진다.

3 다이오드 특성

실리콘과 게르마늄을 비교하면 실리콘은 비교적 이상적 스위치에 가까와 커브가 가파르나 게르마늄은 완만한 특성을 갖는다. 오프셋 전압, 즉 전류가 급격히 흐르기 시작하는 임계 전압은 실리콘이 0.6~0.7[V], 게르마늄은 0.3~0.4[V] 정도가 되므로 게르마늄은 소신호를 검파(검출)하는데 유리할 것이다. 그래프를 보면 순방향이라도 오프셋 전압 이상이어야 전류가 흐름을 알 수 있다.

역방향 전류-전압 특성을 살펴보면, 역방향 바이어스 구역에서 다이오드를 통과하는 전류는 매우 적다. 하지만 PIV(역방향 한계 전압, peak-inverse-voltage)를 넘어서는 전압을 공급하면, 어떤 전압에서 급격히 역전류가 증가하는데 이 전압을 다이오드의 항복전압 이라고 한다. 즉 다이오드는 전자사태 항복(avalanche breakdown)을 일으켜 역방향으로 커다란 전류가 흘러 소자가 파손된다. 따라서 항복전압은 역방향의 최대 정격으로 정하고 있다.

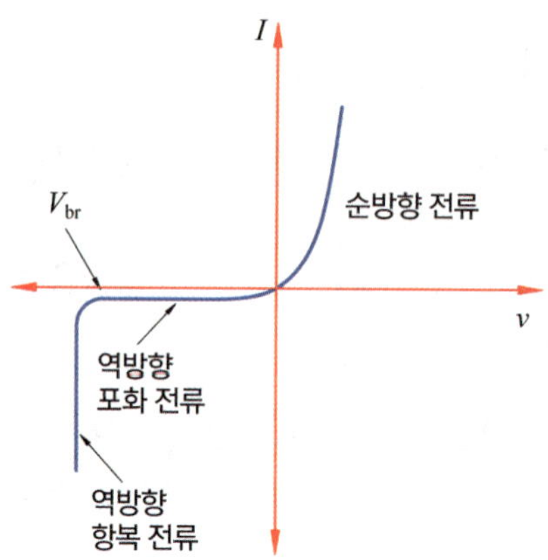

| 그림 4-8 | 다이오드 특성곡선

[그림 4-8]의 그래프는 다이오드의 특성을 나타낸 것이다. 순방향으로 전압을 가했을 경우, 약간의 전압에서도 순방향의 전류는 쉽게 흐른다는 것을 나타내고 있다. 순방향 전류는 지수곡선으로 전압을 조금만 올리면 전류가 급격히 증가한다. 그리고 그 증가는 거의 직선적이다. 역방향은 수 [μA] 정도이므로 순방향에 비교하면 전류는 거의 흐르지 않는다.

순방향으로 흘릴 수 있는 전류는 다이오드에 따라 규정되어 있다. 그리고 통상적으로 사용하는 경우 다이오드 자체의 저항성분에 의해 강하하는 전압은 0.6～1[V](V_F) 정도이다. (실리콘 다이오드의 경우, 대략 0.6[V] 정도이다.)

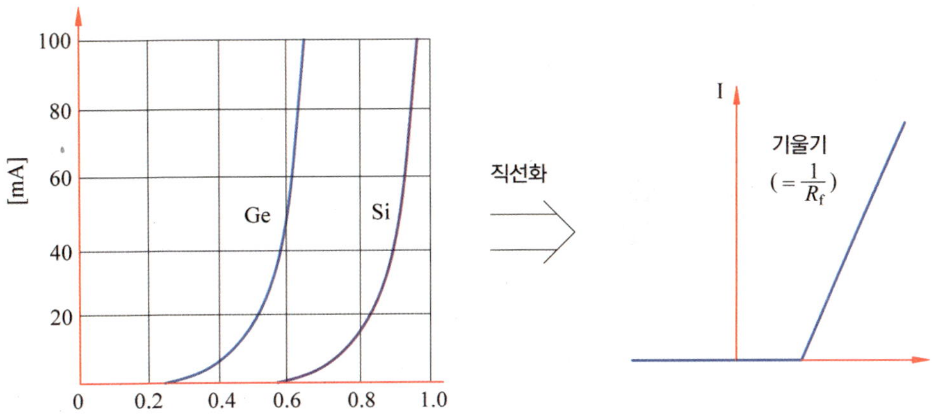

(a) 순방향 특성 (b) 직선화한 다이오드 특성

| 그림 4-9 | 다이오드 순방향 특성 곡선

역방향 전압을 점점 크게할 때 급격히 전류가 흐를 때의 전압을 항복전압(break down voltage)이라 하며, 다이오드 구조 및 기능이 완전상실 될 때의 전압을 절연파괴전압이라 한다. 임계전압(threshold voltage)은 Ge이 0.3[V], Si가 0.7[V]이며, LED의 경우에는 종류와 전류의 양에 따라 달라지지만 보통 약 1.4[V] 정도이다.

여러 개의 다이오드를 직렬로 접속하여 사용하는 회로에서는 이 전압강하도 고려할 필요가 있다. 정류용으로 사용하는 경우, 순방향의 전류 허용값은 중요한 체크 포인트이다.

역방향으로 전압을 가했을 경우, 역방향 전류는 흐르기 어렵다는 것을 나타내고 있다. 역방향으로 가할 수 있는 전압은 다이오드의 종류에 따라 여러 가지가 있으므로 용도에 따라 선택한다. 그리고 역방향 전류는 매우 작아 수 [μA]에서 수 [mA]이며, 다이오드의 종류에 따라 다르다. 정류용으로 사용하는 경우, 역방향의 전압 허용값은 중요한 체크 포인트이다.

4 다이오드 종류 및 특징

가. 정류용, 스위칭용, 전압 안정용 다이오드

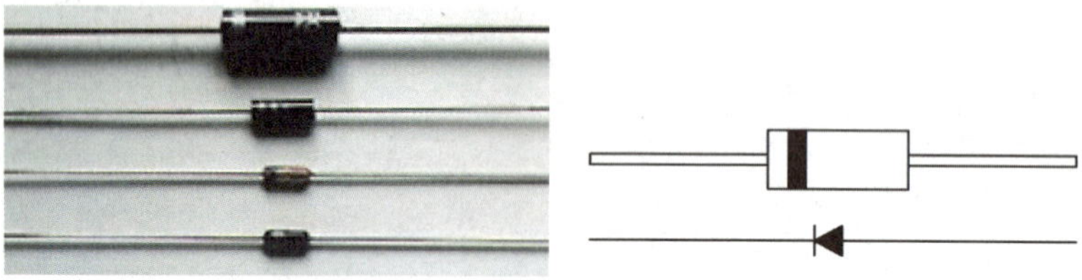

| 그림 4-10 | 다이오드 실물과 심볼

다이오드에는 어느 한쪽의 리드선에 띠 모양의 마크가 붙어 있다. 이 표시가 캐소드측을 나타내고 있으며, 사진의 경우, 우측에서 좌측으로는 전류가 흐르고, 좌측에서 우측으로는 전류가 흐르지 않는다는 표식으로 사용된다. 사진에서 맨 위에 있는 것과 두 번째의 것은 전류의 정류용이다.

세 번째의 것은 스위칭용 다이오드이다. 위 모델의 최대전류는 120[mA]이지만, ON/OFF의 전환을 고속으로 할 수 있기 때문에 스위칭용으로 사용되며, 디지털 회로에서 흔히 사용한다. 역방향 전압의 최대값은 30[V]로 되어 있다.

맨 아래에 있는 것은 제너다이오드로 6[V] 제너다이오드이다.

나. 제너다이오드

제너다이오드는 pn 접합형 규소 다이오드에 적정한 역바이어스를 걸어서 사용하는 구조의 다이오드로서, 역방향에서 동작하고 사용될 수 있도록 특별하게 제조된 다이오드이다. 순방향에서는 순방향 바이어스 전위 장벽이 약 0.7[V] 정도이므로 정류 다이오드와 같은 동작을 한다. 그러나 제너 다이오드는 제너전압이라 불리우는 어떤 특정한 역방향 전압에서 항복이 일어나도록 제조 되었으므로 역방향 항복 특성이 정류 다이오드와 틀리다. 다르게 표현하면 제너다이오드는 전자가 애노드 쪽으로 흘러 들어가도록 거꾸로 연결되어 있다.

예를 들어 15[V] 제너 다이오드는 양단간 역방향으로 15[V]가 되었을 때 동작하게 되며, 15[V] 이하에서는 전류가 흐르질 않는다. 제너가 항복 전압에 도달하게 되면, 인가된 전압을 증가시켜도 제너 양단간의 전압 강하의 증가는 얻을 수 없고 전류량만 증가하게 된다. 흐르는 전류량에 상관없이 일정한 전압 강하를 유지하도록 하는 특성을 이용하여 제너 다이오드는 전압 조정기(regulator)의 역할을 수행할 수 있다. 즉, 제너와 병렬로 연결된 어떤 부품도 제너 양단간의 전압에 의하여 조정된다. [그림 4-11]은 제너의 특성 곡선과 회로 심볼을 보여주고 있다.

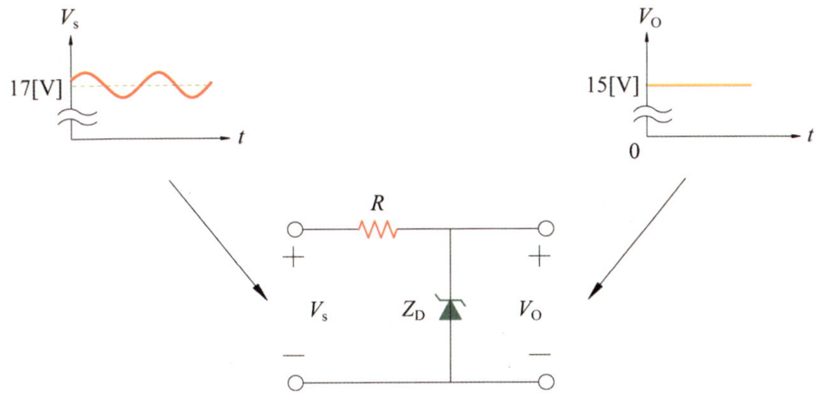

| 그림 4-11 | 제너다이오드 역할

제너 다이오드는 정류 다이오드보다 더 강하게 도핑되어 있으므로 극한 온도에서 더 민감한 반응을 보이게 된다. 사실 5[V] 이하의 항복 전압을 갖는 제너는 부(-)의 온도 변화 계수를 가지고 있다. 다시 말하면 온도가 증가함에 따라 항복 전압이 감소하게 된다. 그렇지만 5[V] 이상의 제너는 정(+)의 온도 변화 계수를 가지고 있고 온도가 증가함에 따라 실제로 조금씩 항복 전압이 증가하게 된다.

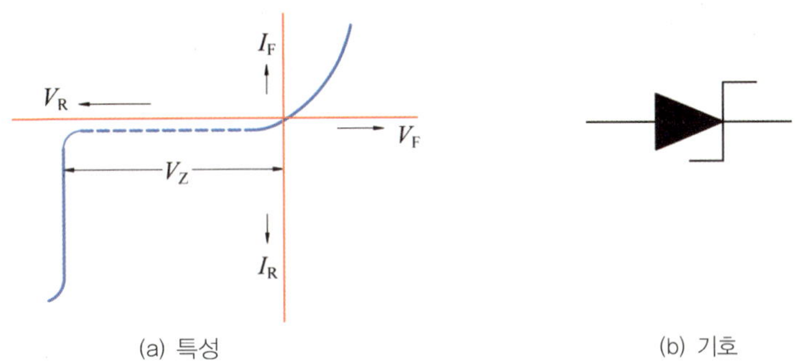

| 그림 4-12 | 제너다이오드 특성 및 기호

동작특징은 PN접합의 항복(Breakdown)영역에서 동작특성이 나타나도록 제작된 다이오드로 전압이 낮은 경우에는 역방향 전류는 거의 흐르지 않고 어떤 전압 V_Z에서 갑자기 흐르는데, 이 현상은 터널효과와 전자사태에 의한 것이다. 이 현상은 PN 접합부가 줄열 등으로 파괴되지 않는 범위(한계)내에서 사용하면 원래대로 계속해서 다이오드로 사용할 수 있다. 따라서 용도로는 정전압회로에 주로 사용된다.

다. 터널다이오드

순방향 전압이 낮을 때 공간 전하 영역의 폭은 매우 좁아지고, n형 영역 중의 전자는 이 장벽의 반대쪽 P형 영역에 나타난다.

이는 흡수 전자가 장벽을 뚫고 지나는 듯한 작용 즉, 터널 효과(Tunnel effect)를 갖는다. 전류-전압 특성은 어느 순방향 전압범위 내에서 터널 효과에 의한 전류가 흐르므로 부성 저항 특성을 갖는다. 기호로는  로 나타내며, 구조는 불순물 농도를 $10^{25} \sim 10^{26}$ [개/m^2] 정도로 하여 PN접합을 한 다이오드로서 초고주파의 발진 회로나 고속 스위칭 회로 등에 사용된다.

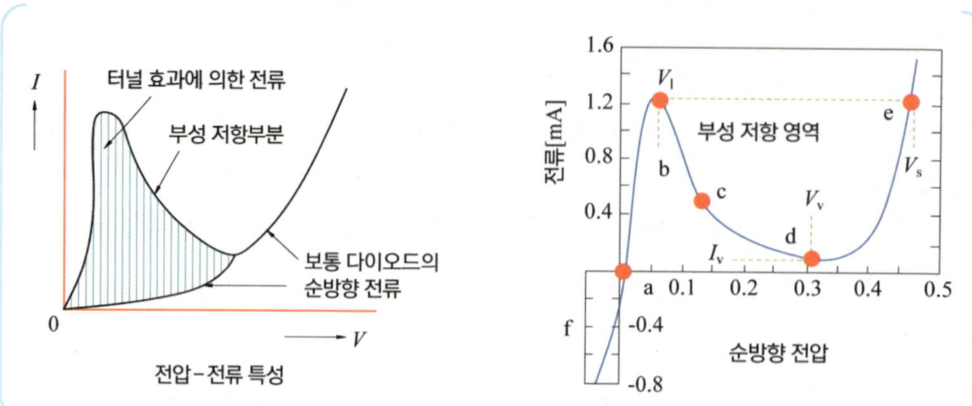

| 그림 4-13 | 터널다이오드의 특성 곡선 및 부성저항 특성

라. 쇼트키 다이오드

쇼트키 전위장벽에 의한 정류작용을 이용한 정류소자이다. 즉 n형 반도체에 p형 대신 금속을 사용하여 p형의 특성을 발휘하도록 만들어진 다이오드로 쇼트키 전위장벽이란 금속과 반도체를 접촉시켰을 때 발생하는 전위장벽을 말한다.

금속 접촉으로 액티브 영역이 작아 낮은 접합 캐피시턴스가 되어 장벽용량이 축소됨에 따라 전하의 충전을 작게 만들기 때문에(낮은 문턱전압), 쇼트키 다이오드의 특성은 순방향전류시 낮은 전압에서 동작하는데 순방향전압 인가시 0.2~0.3[V]로서 실리콘 다이오드 0.6~0.7[V]에 비해 동작전압이 낮다.

따라서 전류는 이 장벽 때문에 한 방향으로만 흐르기 쉽게 되어 정류성이 나타나며, 용도로는 매우 좁은 쇼트키 장벽내에서 전류제어 작용이 행하여지기 때문에 고속동작에 적합하여 마이크로파 수신혼합기, 고속논리형 다이오드용 등에 사용된다.

또한 순방향과 역방향 바이어스 전환시는 고속 복구시간을 갖는데 이것은 적은 전하량이 충전되기 때문이다. 즉 p-n 접합보다 빠른 전환이 가능하기 때문에 신호 처리용, 전력제어용 및 고속 스위칭 응용회로 사용에 적합하며, 스위칭 전원장치 등에 코일과 결합하여 입력쪽에서 전류가 단절되면 코일의 전류를 유지하도록 하는 요소로 사용할 수 있다.
단점으로는 문턱전압이 낮아 누설전류가 크며, 최대 역전압이 100[V] 이하로 낮다.

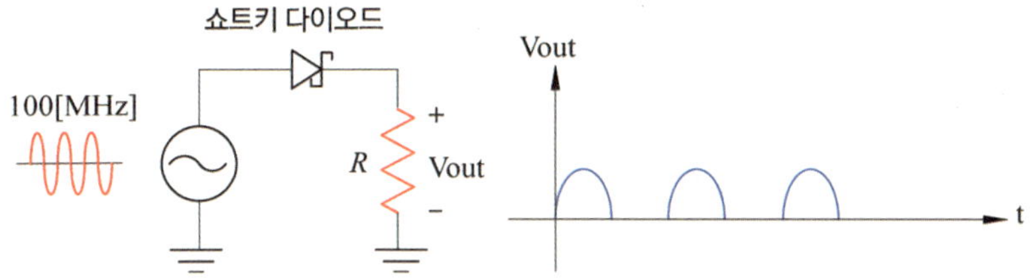

| 그림 4-14 | 쇼트키 다이오드 동작

| 그림 4-15 | 다양한 쇼트키 다이오드 실물

마. 가변 용량 다이오드(variable capacitance diode)

가변용량 다이오드를 공진회로에 접속하면 발진기의 주파수를 전기적으로 바꿀 수 있으므로, 전자동조에 응용된다. 이 밖에 마이크로파용의 파라메트릭 증폭기, 주파수 체배기, 주파수 변환장치 등 주요 요소로서도 많이 쓰인다.

반도체 다이오드에 역전압을 가하면 전극 사이에는 전류가 거의 흐르지 않는 정전용량이 되고, 다시 그 값이 가한 역전압에 의해 변화하는 성질을 이용한 것으로, 구조는 PN 접합부의 공핍층에 반송자가 없게 하여 이 부분을 유전체(절연물)로 작용하도록 만든 것이다.
PN 접합은 미소 정전용량의 콘덴서를 형성하고 있는데, 이 정전용량을 장벽용량이라 하며, 정전용량 값의 전압 의존성은 접합 부근의 불순물농도 분포에 따라 결정된다.

동작 특징은 장벽용량을 가지는 다이오드에 역바이어스를 걸면 그 전압의 크기에 따라 공핍층의 두께가 변해 정전용량이 변화하는 특징이 있으며, 가변용량 다이오드에는 FM Radio, TV 등의 튜너에 사용되는 바리캡(varicap) 및 마이크로파 대에 사용되는 버랙터(varactor)다이오드 등이 있다.

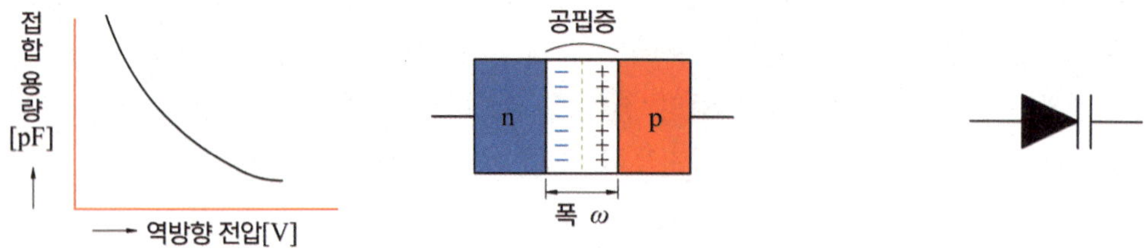

(a) 특성 (b) 폭은 역방향크기에 따라 변함 (c) 기호

| 그림 4-16 | 가변용량 다이오드 동작 및 기호

바. 배리스터

배리어블 레지스터(variable resistor)의 약칭으로 전압 변화에 의해 저항이 크게 변화하도록 만든 소자로서 전압-전류 특성이 비직선적이다.

가해지는 전압의 극성에 관계없이 전압의 크기만에 의해 저항이 정해지는 대칭형 배리스터와 가해지는 전압의 극성에 의해서 달라지는 비대칭형 배리스터가 있다.

비대칭형 배리스터는 셀레늄·게루마늄·실리콘 등의 반도체다이오드에 유용하며, SiC 분말을 주성분으로 금속 산화물 등을 혼합해서 구워 만든 것으로, 즉 탄화규소나 비대칭형을 2개 조합해서 사용하는 대칭 배리스터가 대표적이다.

전기접점의 불꽃을 소거하거나 반도체정류기, 트랜지스터 등의 서지전압으로 부터의 보호, 낙뢰전압 등의 이상전압 흡수, 전화기의 과전압에 의한 음성의 일그러짐 방지 및 각종 제어회로에 응용된다.

특징으로 전압변화에 의해 저항이 크게 변화하도록 만든 소자로, 전압-전류 특성이 비직선적이다.

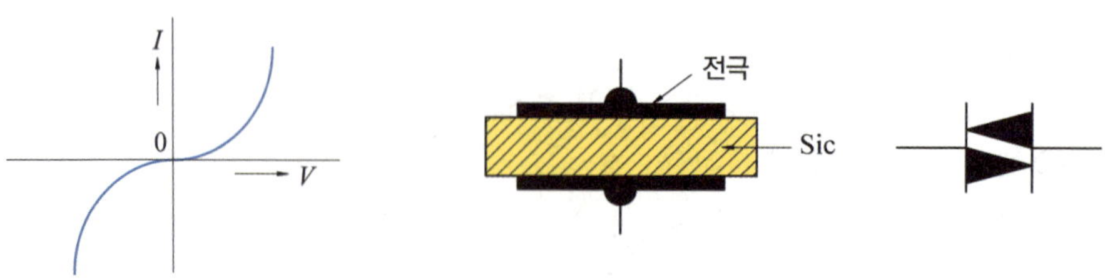

(a) 특성 (b) SiC 배리스터 (c) 기호

| 그림 4-17 | 대칭 배리스터 특성곡선 및 기호

사. 브리지 다이오드

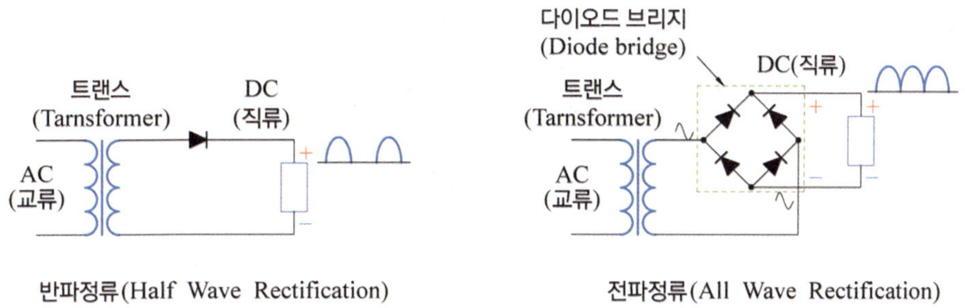

| 그림 4-18 | 반파, 브리지 다이오드의 정류회로 사용 예

교류전압을 직류전압으로 바꾸기 위해 정류용 다이오드를 사용한다.
하나의 다이오드에서는 반파정류(플러스와 마이너스가 교대로 변화하는 전압의 플러스측 또는 마이너스측 중에서 어느 한쪽만 사용한다)밖에 사용할 수 없지만, 다이오드를 4개 조합하면 전파정류를 할 수 있다. 4개를 조합한 것이 브리지 다이오드(bridge diode)이다.

| 그림 4-19 | 브리지 다이오드 실물

| 그림 4-20 | 대전력용 브리지 다이오드

[그림 4-19]는 브리지 다이오드의 예이며, [그림 4-20]은 대전력용 브리지 다이오드이다. 전류용량은 15[A]까지 흘릴 수 있다. 또, 역전압 내압도 400[V]이다.

중심에 나사를 통과시키는 구멍이 뚫어져 있으며, 이 정도의 전류용량이라면 방열을 하기 위해 금속판에 나사로 고정할 필요가 있다.

아. 발광 다이오드(LED : Light Emited Diode)

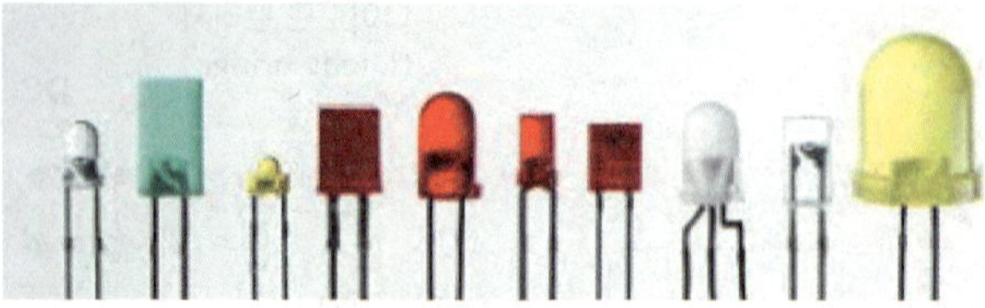

| 그림 4-21 | 발광다이오드(LED) 실물

LED는 P-N 접합을 가지고 있기 때문에 정류 다이오드와 비슷하다. 그것은 두 선을 가진 작은 빛 전구(빨강, 노랑, 녹색)와 같으며, 이것의 회로 심볼은 정류 다이오드와 같지만 다이오드에서 발산하는 빛을 표시하기 위해서 2개의 화살표를 가지고 있다.

LED는 인과 같은 특별한 재료로 만들어졌기 때문에 정상적인 바이어스 상태에서 빛을 발산하는 점에 차이가 있다. 사실 재료에 따라서 LED는 서로 다른 색의 빛을 발산하게 된다. 자유 전자가 접합 양단에서 에너지 준위를 바꿀 때 열보다는 빛을 방사하게 된다.

또한 LED는 정류 다이오드보다 훨씬 빠르게 스위치를 절환시킬 수 있다. 전자계산기의 LED나 디스크 드라이브가 동작 중이라는 것을 나타내는 컴퓨터의 LED 빛 등이 사용 예로 들 수 있다.

발광 다이오드는 여러 종류가 있으므로 용도에 맞추어 선택할 수 있다. 주로 적색, 녹색이 많지만, 청색을 발광하는 LED도 있다.

[그림 4-21] 사진에서 맨 우측에 있는 LED는 하나의 LED에 적색과 녹색의 것이 함께 들어 있는 것으로 리드(다리)가 3개 나와 있는데, 중앙에 있는 리드가 공통단자이고, 한쪽이 적색용, 다른 한쪽이 녹색용이다. 제각기 점등시킬 수도 있고, 양쪽을 동시에 켜면 오렌지색으로 된다.

발광 다이오드의 극성의 확인 방법은 신품의 경우에는 리드선이 긴 쪽이 애노드, 짧은 쪽이 캐소드이다.

극성이 모르는 경우에는 1.5[V]의 전지를 접속하여 확인하거나, 테스터를 저항측정 모드로 해서 확인할 수 있다.

테스터로 확인하는 경우에는 저저항 측정 레인지에서 적색과 흑색의 테스터 봉을 LED가 발광하도록 다이오드의 리드에 각각 접속한다. 발광하지 않을 경우에는 테스터 봉을 반대로 접속한다. 발광하고 있는 다이오드에 접속하고 있는 흑색의 테스터 봉쪽이 애노드이다. 테스터에 있어서 저항측정 모드의 경우, 흑색 쪽에 플러스 전압이 나오고 있다.

발광 다이오드의 특이한 사용법으로 정전압을 얻기 위해 사용하는 경우도 있다.
발광 다이오드의 순방향의 전압강하(V_F)는 거의 2[V]로 거의 일정하게 유지하고 있다.

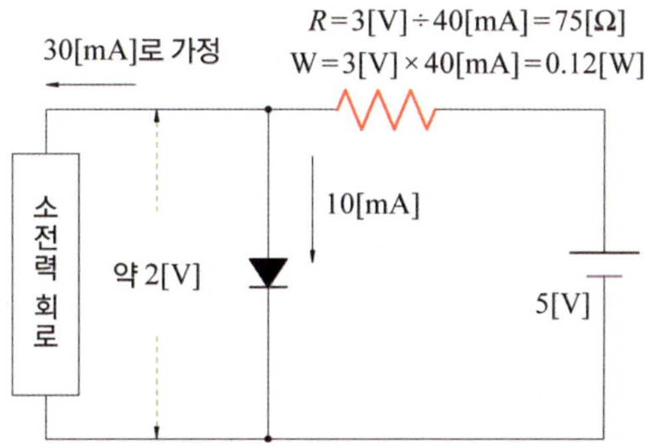

| 그림 4-22 | 발광다이오드의 정전압 사용법

5 다이오드 명칭

다이오드의 명칭에 관하여는 EIAJ 등록에 의해서 부여하는 EIAJ 형명이 있고, JEDEC에서 사용하는 명칭, 유럽에서 사용하는 명칭이 있다. 또한 메이커에 따라 독특한 명칭을 사용하기도 한다.

- EIAJ 명칭 : 1S 로 시작한다. 처음에는 1S 다음에 등록번호만 주어 사용하였으나, 등록 부품의 수가 너무 많아짐에 따라, 다음과 같이 분류하여 품명을 할당하고 있다.
- 1SE xxx : 터널다이오드
- 1SG xxx : 건 다이오드
- 1SS xxx : 일반다이오드, 검파용, 스위칭용, 펄스발생용, 스냅 오프 다이오드
- 1SV xxx : 가변용량다이오드, PIN 다이오드, 스냅 오프 다이오드
- 1SR xxx : 정류용 다이오드
- 1SZ xxx : 정전압 다이오드
- JEDEC 명칭 : 1[N]으로 시작하면, 미국의 JEDEC에서 부여한 명칭이다.
- 유럽형 명칭 : 0Axx, BOXxxx 등으로 사용된다.
- 메이커별 명칭 : 독작적인 명칭을 부여한다.

6 정류회로

가. 반파정류회로

반파 정류기는 AC 신호를 DC 신호로 바꾸는 가장 간단한 유형의 회로이다. 하나의 다이오드를 AC 전력 공급원에 직렬로 연결하도록 배치하여, 순방향 바이어스가 되는 기간 동안에만 다이오드에 정현파의 반쪽 부분을 통과시킨다. [그림 4-23]은 입력 신호와 출력 신호 파형과 함께 반파정류 회로의 회로도를 보여주고 있다. 정(+)의 반쪽 주기 동안에는 다이오드가 순방향으로 바이어스가 걸려있고 부(-)의 반쪽 주기 동안에는 역방향이 된다. 결과 출력 파형(점선)은 정류된 DC 파형인데 맥동하는(pulsating) DC라고도 한다. 반파 정류회로에서는 평활 캐패시터를 연결하더라도 부하 양단간의 출력 전압은 일반적으로 변압기 2차권선 첨두치의 평균값(0.318) 또는 대략 변압기 2차권선 첨두치의 1/3의 값을 갖게 된다.

① 정의 : 교류로부터 직류를 얻어내는 회로

② 반파 정류 회로 : 다이오드 등의 정류 소자를 사용하여 교류의 + 또는 - 의 반 사이클만 전류를 흘려서 부하에 직류를 흘리도록 한 회로

③ 반파 정류회로의 이론상 최대효율 : 40.6[%]

④ 최대 출력 조건 : $R_d = R_L$

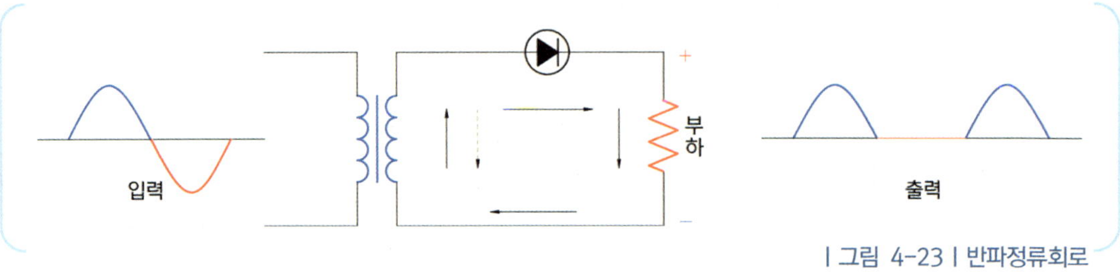

| 그림 4-23 | 반파정류회로

나. 전파정류회로

전파 정류기는 전체 AC 주기를 이용한다. 다이오드들의 일관된 배치에 의해 양쪽의 반파(정과 부) 신호는 맥동하는 DC로 변환 정류되며, 각 다이오드는 자신이 순방향 바이어스로 되어있는 기간 동안만 동작한다. 2개나 4개의 다이오드들을 이용하여 전파 정류기를 만들고 있으며, [그림 4-24] 회로상의 부하에는 텔레비젼, 컴퓨터, 초고주파 전자오븐 등에 사용하기 위한 전력 공급원을 포함한 DC 전압이 요구되는 모든 회로에 사용될 수 있다.

① 전파 정류 회로 : 다이오드를 사용하여 교류의 +, - 어느 반 사이클에 대해서도 정류를 하고, 부하에 직류 전류를 흘리도록 한 회로로서 중간 탭이 있는 트랜스 필요하다.
② 이론상 최대 효율 : 81.2[%]

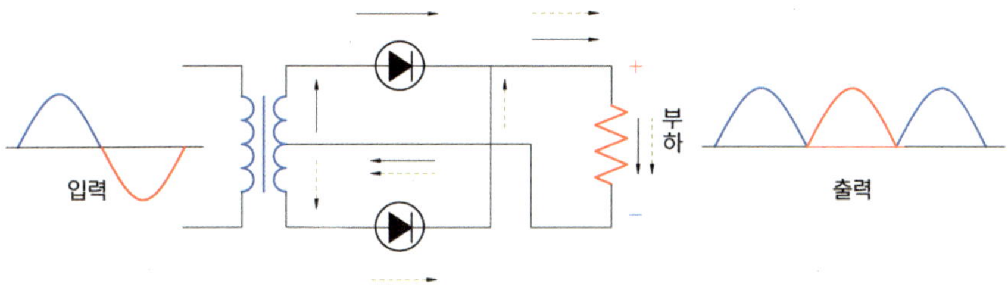

| 그림 4-24 | 전파정류회로

다. 브리지 정류 회로

최근의 모든 브리지 정류 회로에서는 칩과 같이 패키지화된 소자로 만들어지기도 하지만 개별적인 필터링 캐패시터나 평활 캐패시터가 아직도 쓰이고 있다. AC 입력은 서로 반대 방향으로 연결된 두 개의 다이오드 사이에 연결되어 있고 출력은 항상 같은 방향으로 연결된 다이오드로부터 얻어지고 있다. 저항을 통하여 전류흐름 경로를 추적할 수 있으며, 저항 극성은 전류흐름에 의해 결정되어지는 것을 확인할 수 있다. 브리지 회로로 흘러들어가는 전류 방향에 관계없이, 부하에 흐르는 전류는 한쪽 방향으로만 흐르게 된다.

따라서 부하 저항에는 DC 전류만 흐르게 되고, 전체 총 전압은 전압강하 변압기의 2차 전압의 첨두치 값과 거의 유사한데 이것은 다이오드들에서는 0.7[V]만 강하가 생기고 나머지 변압기 2차 출력은 그대로 통과시키기 때문이다. 예를 들어 2차 전압이 첨두치 12[V]의 강하 전압일 때, 약 10.6[V]가 정류기로 통과된다.

브리지 정류회로는 전파정류 회로의 일종으로, 다이오드 4개를 브리지 모양으로 접속하여 정류하는 회로로서 중간 탭이 있는 트랜스를 사용하지 않아도 된다.

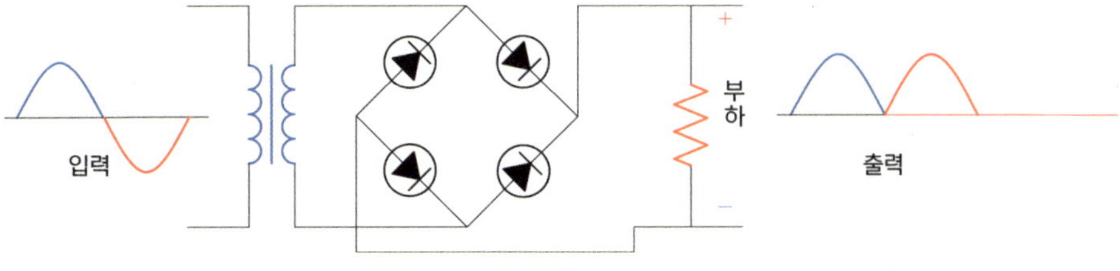

| 그림 4-25 | 브리지 정류 회로

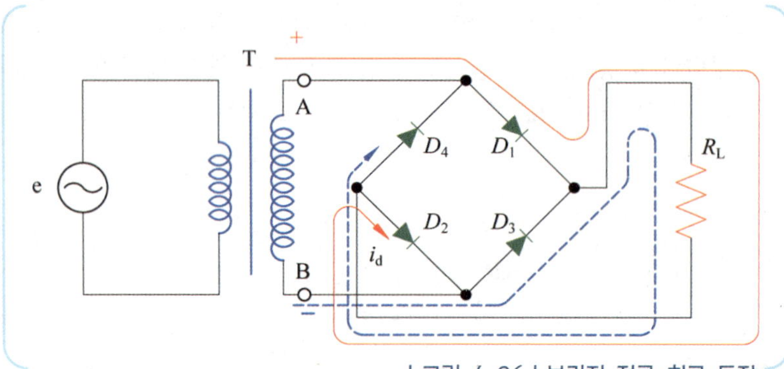

| 그림 4-26 | 브리지 정류 회로 동작

- 전류흐름 순서
  ① A - D_1 - R_L - D_2 - B
  ② B - D_3 - R_L - D_4 - A

라. 평활회로

부하전류를 평탄하게 하기 위하여 출력에 평활(smoothing) 캐패시터를 달아 준다. 캐패시턴스의 값이 크면 클수록 리플이 적어지게 되는데 C용량이 너무 크면 충전시 큰 전류가 흘러 다이오드가 파손될 수 있다. 정(+)의 반쪽 주기 동안에 캐패시터에는 전하가 저장되며 부(-)의 반쪽 주기 동안에는 방전된다. DC 전압 레벨은 부하 저항 값과 캐패시터 값에 따라 변하게 되는데 맥동율은 부하저항 R_L 또는 콘덴서 C가 증가할수록 감소된다.

콘덴서 대신에 초크코일을 달아줄 수도 있는데 원리는 초크코일에 흐르는 전류가 급격히 변할 때 전류의 반대방향에서 생성되는 역전류의 힘에 의해 부하전류가 평탄하게 된다.

맥동율은 인덕턴스에 반비례하며, 부하저항 R_L이 클수록 맥동율은 작아진다.

① 맥류 = 직류성분 + 교류성분(기본파 및 고조파).

② 평활회로, 필터(filter) : 직류성분만 선택.

③ C 용량이 너무 크면 충전시 큰 전류가 흘러 다이오드 파손 우려.

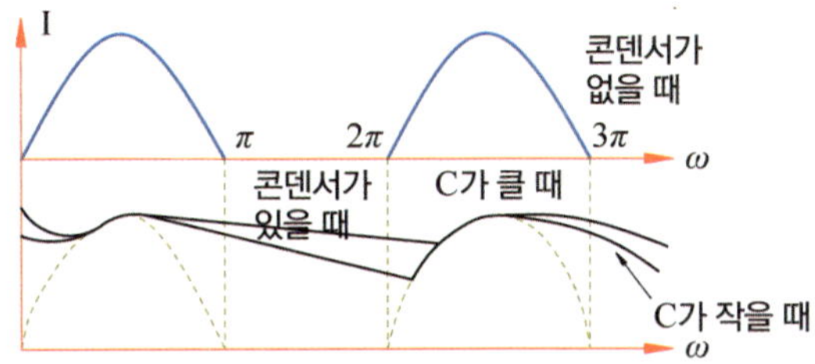

| 그림 4-27 | 용량성(콘덴서) 평활회로

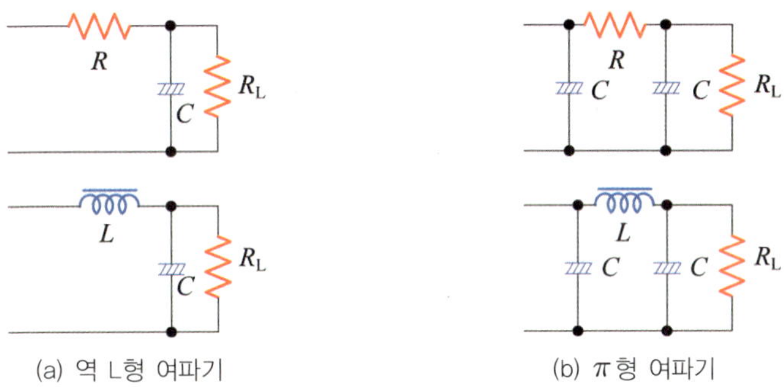

| 그림 4-28 | 여러 가지 필터회로

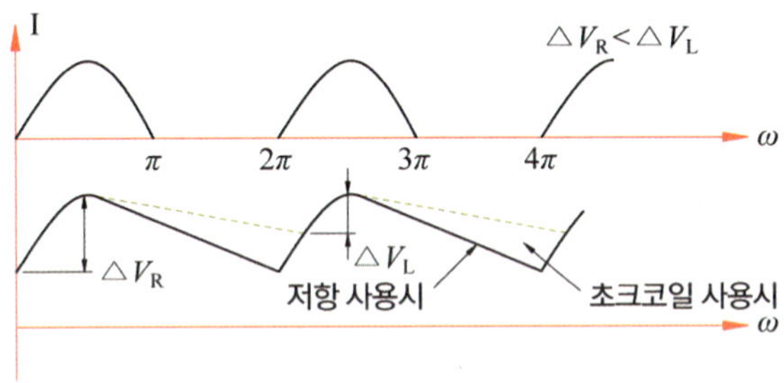

| 그림 4-29 | 유도성(코일) 평활회로

| 표 4-1 | 초크 여파기와 콘덴서 여파기 비교

초크여파기	콘덴서여파기
전압변동이 적다	전압변동이 크다
기동시 전류가 흐르지 않는다	기동시 대전류가 흐른다
맥동율이 높다	맥동율이 낮다
낮은 직류출력전압	높은 직류출력전압
대용량 정류기	소용량 정류기

마. 정전압 회로 예

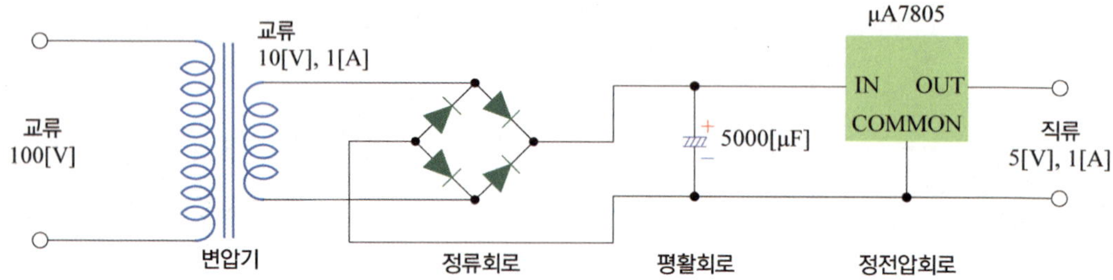

| 그림 4-30 | 일반적인 직류전원회로

그림은 교류 상용전원에서 직류전원을 얻는 것을 나타낸 것이다.

먼저, 교류 100[V]가 변압기에 의해서 저전압으로 변환되며, 이어서 브리지 정류회로를 통함으로서 직류전압으로 변환된다. 그리고 평활회로에 의해서 맥동분이 정류되어 정전압 회로에 의해서 안정된 일정한 전압이 된다.

7 클리퍼 및 클램퍼 회로

가. 클리퍼 회로

클리퍼 회로는 교류 입력 신호 파형의 일부분을 잘라내어 출력하는 회로로 다이오드의 특성을 이용하여 사인파를 잘라 구형파를 만들거나, 회로의 동작범위를 넘어서는 과도한 입력 신호의 진폭을잘라 낼 때 주로 사용한다. 진폭을 자르는 방법은 아래와 같다.

(1) 피크 클리퍼(Peak Clipper) – 윗부분 파형을 Cut

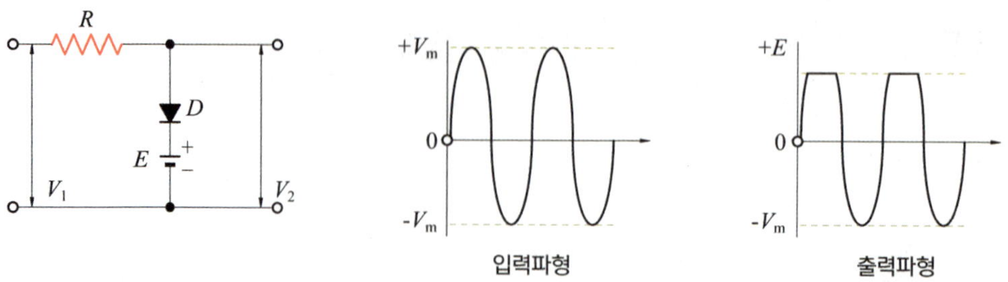

| 그림 4-31 | 정의반주기 클리핑

(2) 베이스 클리퍼(Base Clipper) – 아랫부분 파형을 Cut

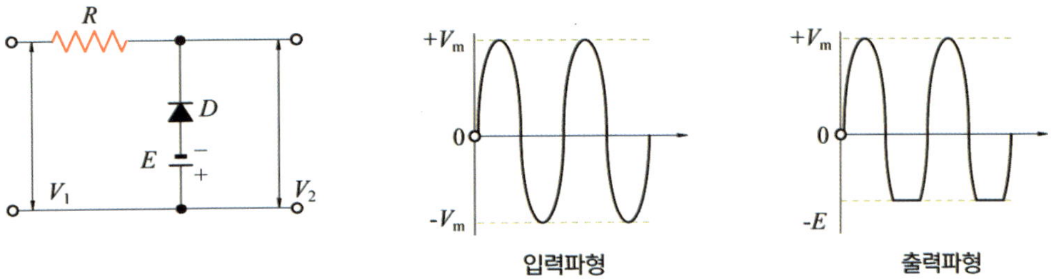

| 그림 4-32 | 부의반주기 클리핑

(3) 리미터회로(Limiter Circuit) – 위와 아래 파형을 Cut

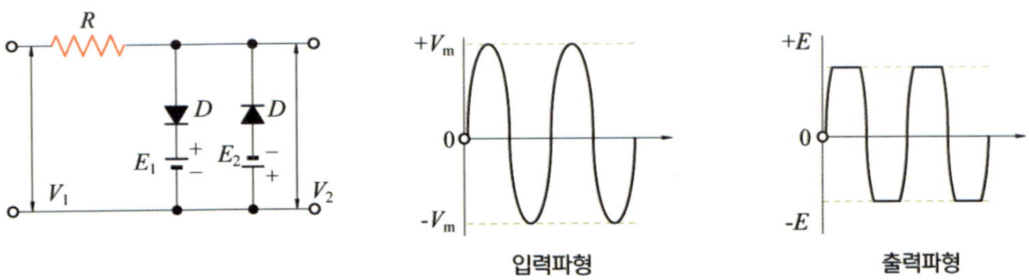

| 그림 4-33 | 리미터회로

나. 클램퍼(Clamper) 회로

클램퍼 회로는 교류신호 전압의 상하 첨두부분을 잘라내거나 어떤 신호 전압 값으로 제한하는데 사용하지만 클램퍼 회로는 입력 신호파형의 한 부위를 어느 일정한 레벨로 고정시키는 회로로, 클램퍼의 목적은 교류신호에 직류분을 부가하는데 있다.

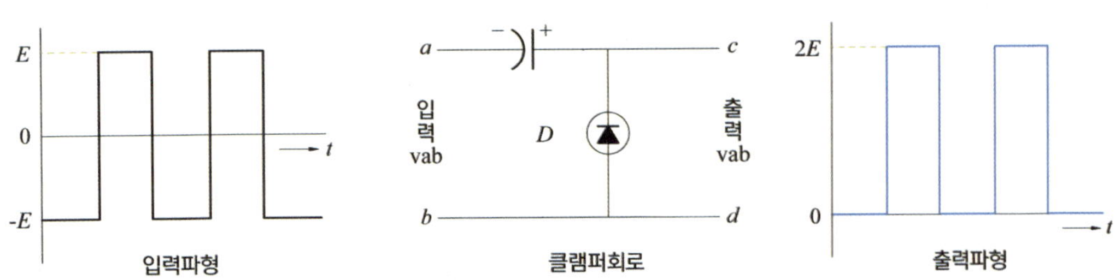

| 그림 4-34 |

반복파형의 한 부위를 어느 일정한 레벨로 고정시키는 회로이다. 스위칭 할 때의 전압 변화 등을 어느 범위로 제한하기 위해 인가한다. 다이오드를 이용하여 출력의 고 레벨을 $V_E(V_{CC} > V_E)$로 고정하며, 트랜지스터가 오프(off)할 때의 고속화와 출력 레벨 변동을 경감할 수 있다. 클램퍼라고도 한다.

아래의 그림은 양(+)의 클램핑 회로 동작이다.

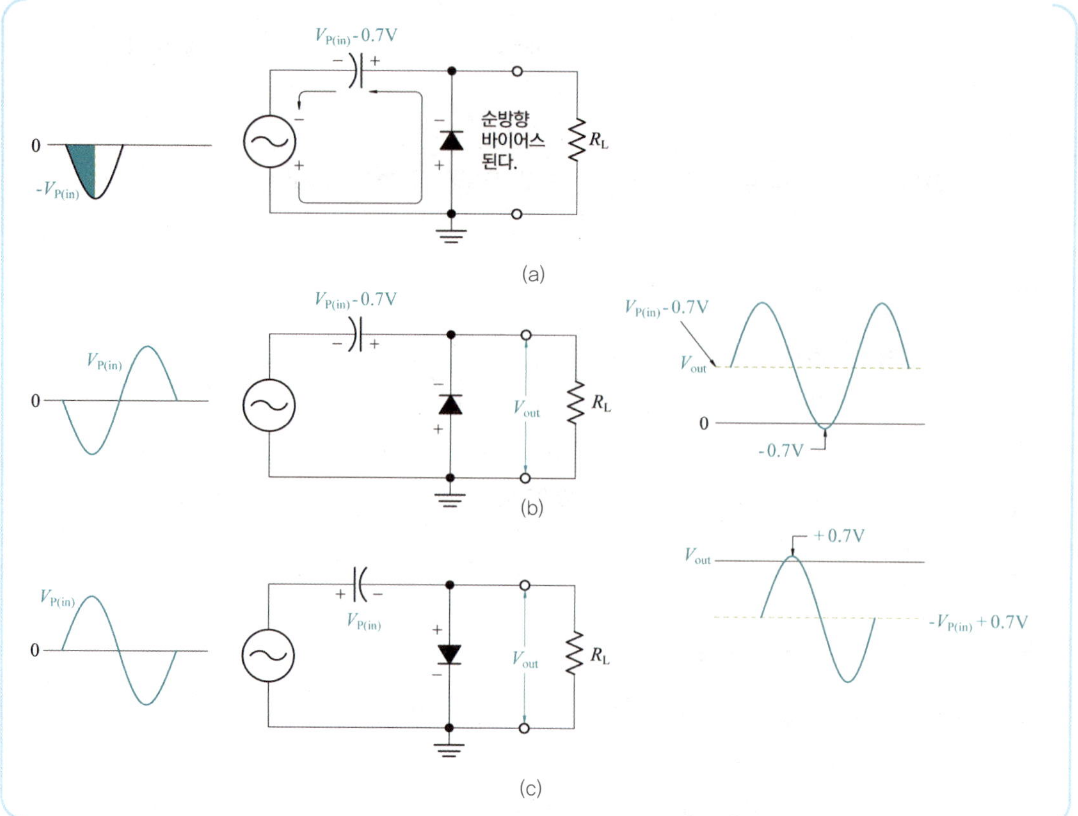

| 그림 4-35 | 클램퍼 회로의 동작원리

위 그림 (a)에서 보인 것처럼, 입력이 처음 음(-)의 반주기 동안에는 다이오드가 순방향 바이어스가 되어 캐패시터는 입력의 피크 값에 가까운 $V_{p(in)}$-0.7V까지 충전하게 되고 음(-)의 피크 값 이후에는 다이오드가 역방향으로 바이어스 된다. 이것은 캐패시터의 충전에 의해 다이오드의 음극이 거의 $V_{p(in)}$-0.7V를 유지하고 있기 때문이다. 캐패시터는 높은 부하저항 R_L을 통해서만 방전할 수 있기 때문에 음(-)이 반주기의 피크 값에서 다음 주기의 피크 값까지 캐패시터는 거의 방전하지 않게 되며, 반전되는 양은 R_L값에 의해 좌우된다. 캐패시터가 입력 파형의 주기 동안 방전하면 클램핑 작용이 영향을 받는다. R_C 시정수가

입력 신호주기의 100배이면, 클램핑 작용은 우수하다. R_C 시정수가 입력 주기의 10배쯤 되면 접지 레벨에서 충전전류에 의한 왜곡의 양이 아주 적게 된다. 클램핑 동작의 순수한 영향은 캐패시터가 입력의 피크 값에서 다이오드 전압강하를 뺀 값과 거의 같은 전압을 유지하는 것이다. 캐패시터의 충전된 전압은 입력 신호와 직렬로 연결된 전지와 같은 작용을 하기 때문에, 위 그림 (b)와 같이 입력전압이 중첩의 원리에 의해 캐패시터의 전압에 더해진다. 만약, 다이오드의 방향이 바뀌면, 다음 그림(c)에서 보는 것처럼, 출력전압은 음(-)이 직류전압이 입력전압에 더해져서 나타나게 된다.

8 전압체배기

전압체배기는 클램핑 작용을 이용하여 변압기의 정격전압을 증대시키지 않고서도 정류전압 첨두치의 2배, 3배, 4배, … n배의 직류전압을 얻을 수 있는 회로이다.

(1) 2배 전압회로

입력전압의 첨두치 값의 2배로 전압을 증대시킬 수 있는 회로는 일반적으로 사용되는 반파 배전압회로 및 전파 배전압 정류회로가 있다.

(가) 반파 배전압 정류회로

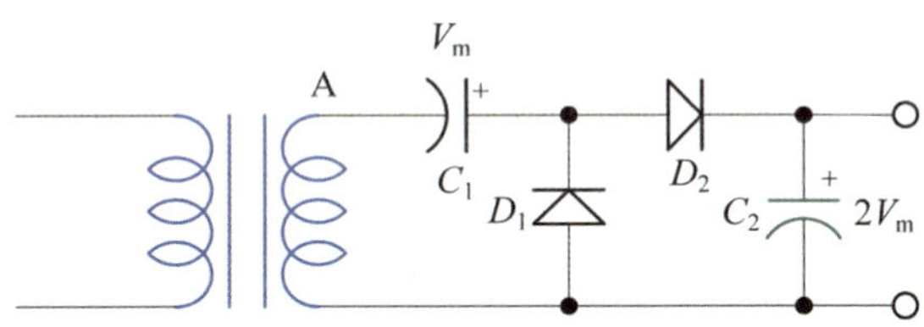

| 그림 4-36 | 반파 배전압 정류회로

① A점이 (-)일 때 : D_1을 통해서 C_1이 충전된다. C_1은 변압기 출력의 최대값까지 충전된다.

② A점이 (+)일 때 : D_2를 통해서 C_2가 충전된다. C_1의 전압과 변압기의 전압이 직렬로 연결된 꼴이 되어 C_2에는 변압기 최대값의 2배 전압이 충전된다.

(나) 전파 배전압 정류회로

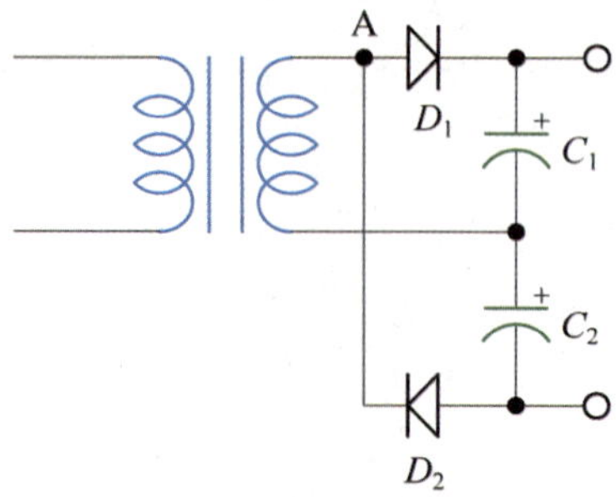

Ⅰ그림 4-37 Ⅰ전파 배전압 정류회로

① A점이 (+)일 때 : D_1을 통해서 C_1이 충전된다. C_1은 변압기 출력의 최대값까지 충전된다.

② A점이 (−)일 때 : D_2를 통해서 C_2가 충전된다. C_2는 변압기 출력의 최대값까지 충전된다.

③ C_1과 C_2는 직렬로 연결되어 있으므로 출력단에는 변압기 최대출력전압의 2배 전압이 충전된다.

(2) 3배 전압 정류회로

반파 배전압 회로에 또다른 다이오드와 콘덴서를 첨가함으로서 3배 전압 정류회로를 만들 수 있다.

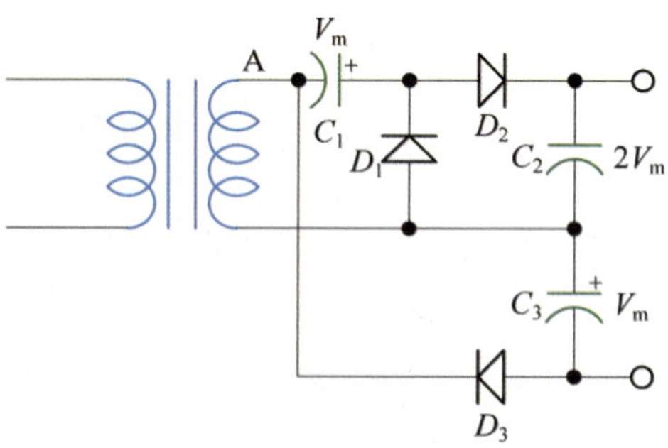

Ⅰ그림 4-38 Ⅰ3배 전압 정류회로

① A점이 (−)일 때 : D_1을 통해서 C_1이 충전되고, D_3를 통해서 C_3가 충전된다.

② A점이 (+)일 때 : C_1의 전압과 변압기의 전압이 직렬로 되어 C_2 에 가해진다.

C_2의 전압은 교류 최대값의 2배 전압으로 충전된다.

③ C_2와 C_3는 직렬로 연결되어 있으므로 출력에는 교류 최대값의 3배 전압이 출력된다.

(3) 4배 전압 정류회로

3배 전압 회로에 또 하나의 다이오드와 콘덴서를 첨가하면 2차전압 첨두치를 4배 출력시킬 수 있다.

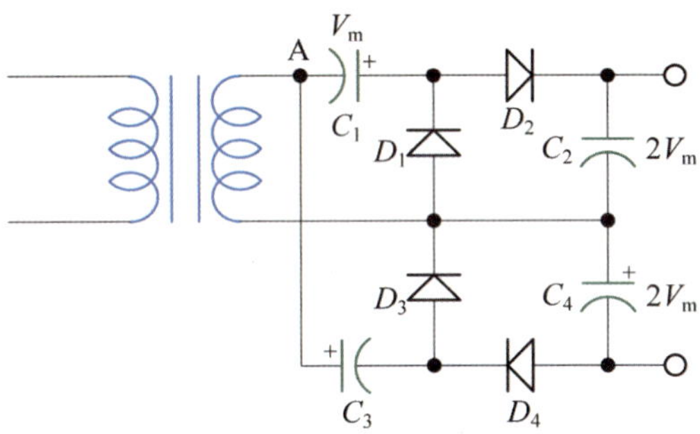

| 그림 4-39 | 4배전압 정류회로

① A점이 (+)일 때 : C_1과 C_2가 직렬연결된 꼴이 되므로 $C_1 \rightarrow D_2 \rightarrow C_2$로 전류가 흘러서 C_1과 C_2에는 교류 최대값의 절반 크기의 전압이 충전된다. 또한 D_3를 통해서 C_3 가 교류전압의 최대값만큼 충전된다.

② A점이 (−)일 때 : D_1을 통해서 C_1이 충전된다. 또한 C_3의 전압과 변압기의 전압이 직렬로 연결된 형상이 되어서 C_4에 교류 최대값의 2배 전압이 충전된다.

③ A점이 (+)일 때 : C_1의 전압과 변압기의 전압이 직렬로 연결된 꼴이 되어서 C_2에는 변압기 최대값의 2배 전압이 충전된다. 또한 D_3를 통해서 C_3가 충전된다.

• ②, ③ 반복
결국 출력단에는 C_2와 C_4가 직렬연결된 형상이 되어 교류전압 최대값의 4배 전압이 출력된다.

(4) n배 전압 정류회로

코크로프트-월턴 배전압 정류회로(cockcroft-walton voltage multiplier)는 n배 전압 정류회로라고도 한다.

이 회로는 영국의 물리학자인 코크로프트(Sir John Douglas Cockcroft, 1897~1967)가

아일랜드의 물리학자인 월턴(Ernest Thomas Sinton Walton, 1903~1995)과 공동으로 입자 가속기를 만들어서 인공 입자선에 의한 핵분열에 이용한 회로이다.

이 공로로 코크로프트와 월턴은 1951년 공동으로 노벨 물리학상을 수상하였다.

이 회로는 n개의 콘덴서와 다이오드로 전압을 높이는 방식이라서 n배 전압 정류회로로 불리기도 한다.

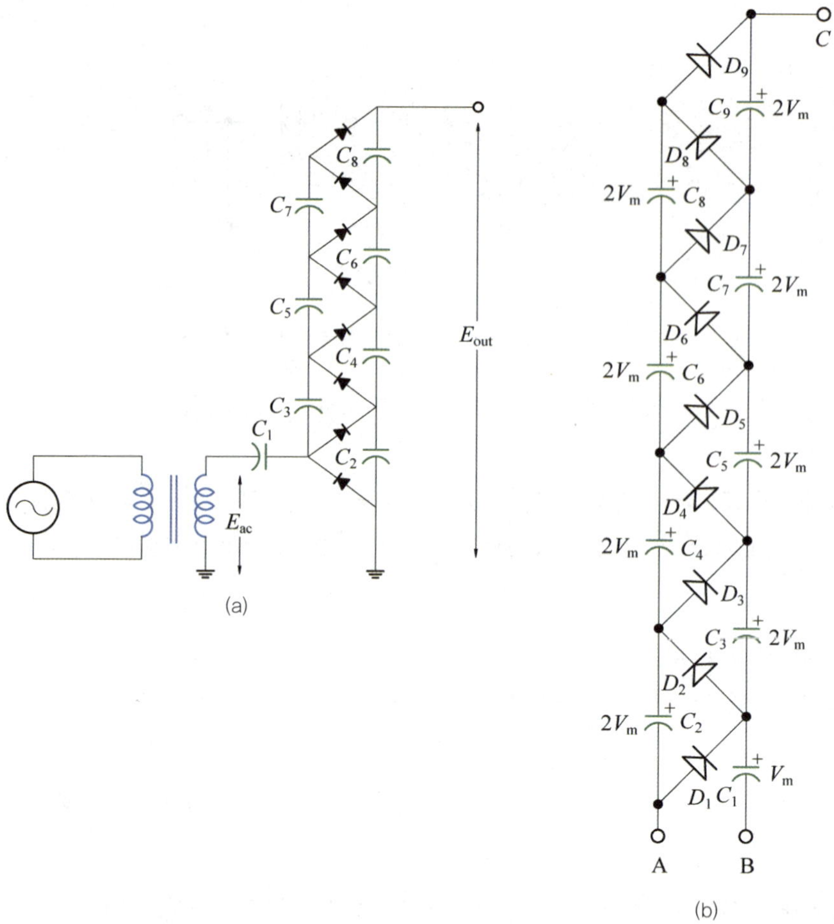

| 그림 4-40 | 코크로프트-월턴(Cockcroft-Walton) 배전압 정류회로

① A점이 (+)일 때 : D_1을 통해서 C_1이 교류전압의 최대값만큼 충전된다.

② A점이 (-)일 때 : C_1과 전원전압이 직렬연결된 꼴이 되어 D_2를 통해서 C_2가 교류전압 최대값의 2배 전압으로 충전된다.

③ A점이 (+)일 때 : D_1을 통해서 C_1이 충전되고, C_2와 전원전압이 직렬연결된 꼴이 되어 C_3에 가해진다. 하지만 C_1의 전압이 있기 때문에 C_3도 교류전압 최대값의 2배 전압으로 충전된다.

각각의 반주기마다 콘덴서를 번갈아 충전하면서 전압을 높여가는 회로로, 높은 전압을 얻을 수는 있지만 단수가 늘어날수록 출력전류는 급격하게 낮아지는 단점이 있다.

부하가 없는 경우 n개의 콘덴서와 다이오드를 조합해서 n배의 전압을 만들어 낼 수 있는 회로이다.

[그림 4-39(b)]의 회로는 9개의 콘덴서와 다이오드를 이용하여 B-C 간의 전압이 입력전압의 약 9배를 내게 된다.

Chapter 4 | 다이오드

연습문제

01 다음 중 반도체로 만든 PN 접합은 주로 무슨 작용을 하는가?

㉮ 증폭작용 ㉯ 발진작용
㉰ 정류작용 ㉱ 변조작용

02 제어 정류기의 용도는?

㉮ 교류 – 교류 변환 ㉯ 직류 – 교류 변환
㉰ 교류 – 직류 변환 ㉱ 직류 – 직류 변환

03 주로 정전압 다이오드로 사용 되는 것은?

㉮ 터널 다이오드
㉯ 제너 다이오드
㉰ 쇼트키베리어 다이오드
㉱ 바렉터 다이오드

04 다이오드를 사용한 정류회로에서 다이오드를 여러 개 직렬로 연결하여 사용하는 경우의 설명으로 가장 옳은 것은?

㉮ 다이오드를 과전류로부터 보호할 수 있다.
㉯ 다이오드를 과전압으로부터 보호할 수 있다.
㉰ 부하출력의 맥동률을 감소시킬 수 있다.
㉱ 낮은 전압 전류에 적합하다.

05 P-N 접합 정류기는 무슨 작용을 하는가?

㉮ 증폭 작용 ㉯ 제어 작용
㉰ 정류 작용 ㉱ 스위치 작용

06 다음 회로도에 대한 설명으로 옳지 않은 것은?

㉮ 다이오드의 양극의 전압이 음극에 비하여 높을 때를 순방향 도통 상태라 한다.
㉯ 다이오드의 양극의 전압이 음극에 비하여 낮을 때를 역방향 저지 상태라 한다.
㉰ 실제의 다이오드는 순방향 도통 시 양단자 간의 전압 강하가 발생하지 않는다.
㉱ 역방향 저지 상태에서는 역방향으로(음극에서 양극으로) 약간의 전류가 흐르는데 이를 누설전류라고 한다.

Answer | 01 ㉰ 02 ㉰ 03 ㉯ 04 ㉰ 05 ㉯ 06 ㉰

07 그림과 같은 회로에서 사인파 교류 입력 12[V](실효값)를 가했을 때 저항 R 양단에 나타나는 전압[V]은?

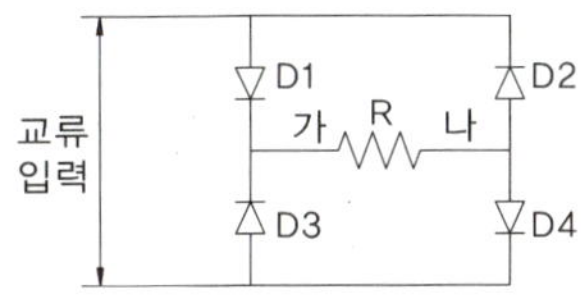

㉮ 5.4[V]　　㉯ 6[V]
㉰ 10.8[V]　　㉱ 12[V]

08 PN 접합의 순방향 저항은 (㉠), 역방향 저항은 매우 (㉡), 따라서 (㉢)작용을 한다. ( )안에 알맞은 말로 옳은 것은?

㉮ ㉠ 크고, ㉡ 크다. ㉢ 정류
㉯ ㉠ 작고, ㉡ 크다. ㉢ 정류
㉰ ㉠ 작고, ㉡ 작다. ㉢ 검파
㉱ ㉠ 작고, ㉡ 크다. ㉢ 검파

09 반파 정류 회로에서 변압기 2차 전압의 실효치를 $E[V]$라 하면 직류 전류 평균치는? (단, 정류기의 전압강화는 무시한다.)

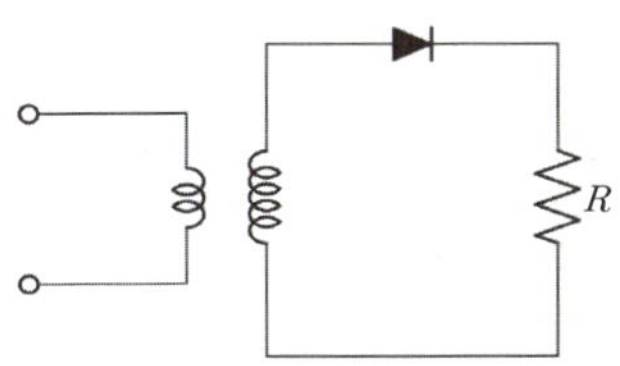

㉮ $\dfrac{E}{R}$　　㉯ $\dfrac{1}{2}\cdot\dfrac{E}{R}$
㉰ $\dfrac{2\sqrt{2}}{\pi}\cdot\dfrac{E}{R}$　　㉱ $\dfrac{\sqrt{2}}{\pi}\cdot\dfrac{E}{R}$

10 다음 식 중 정류회로의 맥동률을 표시하는 식은? (단, I_{dc} : 직류 출력전류, I_{rms}는 출력전류의 실치이다.)

㉮ $r=\sqrt{\left(\dfrac{I_{rms}}{I_{dc}}\right)^2-1}$　㉯ $r=\sqrt{I_{rms}I_{dc}-1}$

㉰ $r=\sqrt{I_{dc}I_{rms}-1}$　㉱ $r=\sqrt{\dfrac{I_{dc}}{I_{rms}}}$

11 다음 회로는 어떤 목적에 이용될 수 있는가?

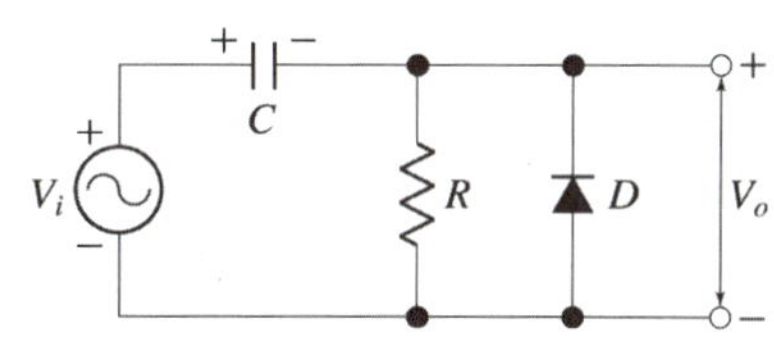

㉮ 클램핑(Clamping)
㉯ 클리핑(Clipping)
㉰ 정류기(Rectifier)
㉱ 변조(Modulation)

12 다음 회로는 무슨 정류회로인가?

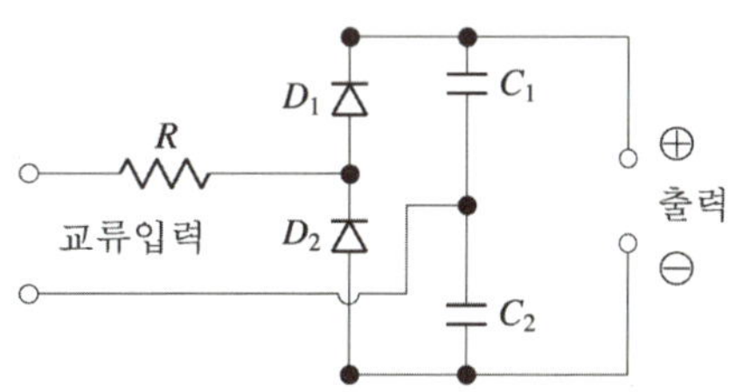

㉮ 양파 정류회로
㉯ 반파 배압정류회로
㉰ 전파 배압정류회로
㉱ 브리지 정류회로

Answer | 07 ㉰ 08 ㉯ 09 ㉱ 10 ㉮ 11 ㉮ 12 ㉰

13 다음 회로의 출력 전압(V_o)는? (단, 입력 전압을 V_i, 입력 전압의 최대치를 V_{im}이라 한다.)

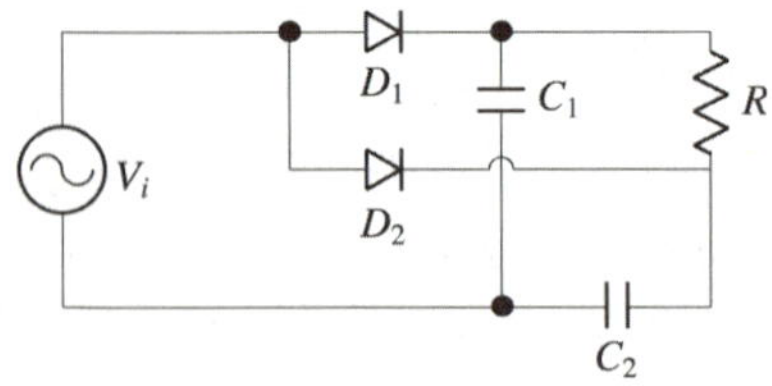

㉮ $V_0 = V_i$　　㉯ $V_o = 2V_i$
㉰ $V_o = V_{im}$　　㉱ $V_o = 2V_{im}$

14 그림과 같은 브리지형 정류회로에서 입력을 $V_i = V_m \sin\omega t$로 하면 각 다이오드에 거리는 최대 역전압(PIV)은?

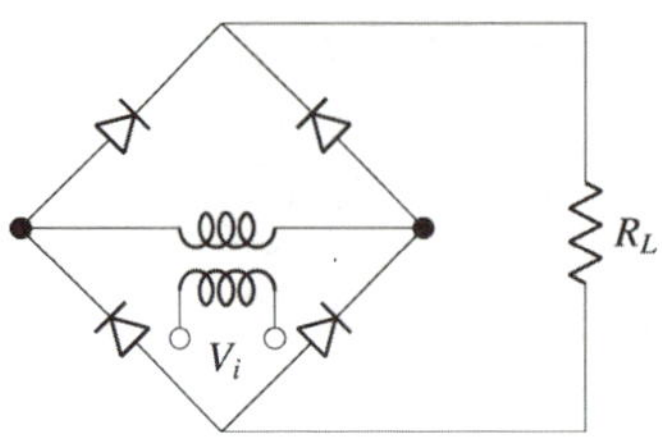

㉮ V_m　　㉯ $\frac{1}{\sqrt{2}}V_m$
㉰ $2V_m$　　㉱ $\frac{1}{2}V_m$

15 그림과 같이 1[kΩ] 저항과 다이오드의 직렬 회로에서 전압 V_D의 크기는 대략 얼마인가?

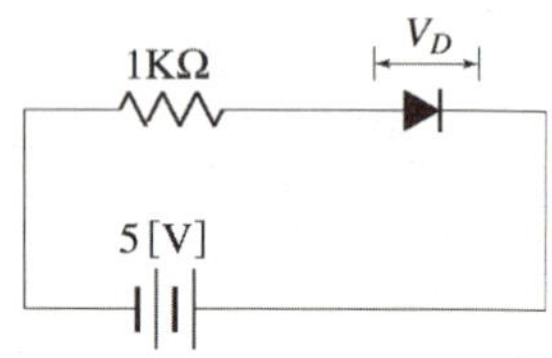

㉮ 0[V]　　㉯ 0.1[V]
㉰ 0.6[V]　　㉱ 5[V]

16 다이오드(Diode)를 사용한 정류회로에서 여러 다이오드를 병렬로 연결하여 사용하는 이유는?

㉮ 다이오드를 과전류로부터 보호할 수 있다.
㉯ 다이오드를 과전압으로부터 보호할 수 있다.
㉰ 부하 출력의 맥동율을 감소시킬 수 있다.
㉱ AC 전원으로부터 많은 전력을 공급받을 수 있다.

17 무부하시 전압이 220[V]이고, 정격부하시 전압이 200[V]일 때 전압 변동률은?

㉮ 5[%]　　㉯ 10[%]
㉰ 15[%]　　㉱ 20[%]

Answer | 13 ㉱ 14 ㉮ 15 ㉰ 16 ㉮ 17 ㉯

18 다음 중 정류회로의 효율을 올바르게 나타낸 것은?

㉮ $\dfrac{\text{직류출력전압(평균치)}}{\text{교류입력전압(실효치)}}\times 100[\%]$

㉯ $\dfrac{\text{직류출력전압(실효치)}}{\text{교류입력전압(평균치)}}\times 100[\%]$

㉰ $\dfrac{\text{직류출력전력(평균치)}}{\text{직류출력전압(최대치)}}\times 100[\%]$

㉱ $\dfrac{\text{직류출력전력(평균치)}}{\text{교류입력전류(실효치)}}\times 100[\%]$

19 멀티미터를 사용하여 다이오드를 시험했을 때 순방향 또는 역방향 바이어스에서 모두 매우 높은 저항으로 나타났다면 다이오드는 어떻게 된 것인가?

㉮ 개방
㉯ 단락
㉰ 정상
㉱ 낮은 저항으로 단락

20 전원 정류회로의 리플 함유율을 적게 하는 방법으로 옳지 않은 것은?

㉮ 입력측 평활용 콘덴서 정전 용량을 크게 한다.
㉯ 평활용 초크 코일의 인덕턴스를 크게 한다.
㉰ 출력측 평활용 콘덴서의 정전 용량을 작게 한다.
㉱ 교류 입력전원의 주파수를 높게 한다.

21 다음과 같은 정류기는 어느 점에 교류 입력을 연결하여야 하는가?

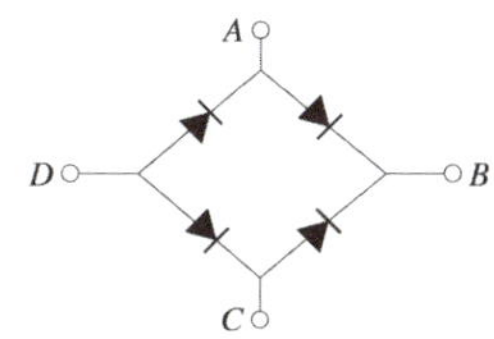

㉮ B - C점　㉯ A - D점
㉰ A - C점　㉱ B - D점

22 그림과 같은 리미터 회로의 출력 파형은? (단, 다이오드의 전압 강하는 0.7[V]이다.)

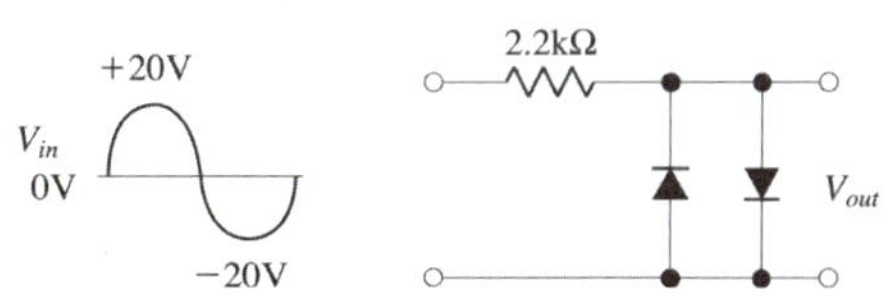

㉮ 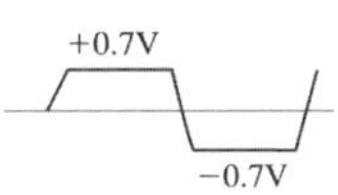

㉯ 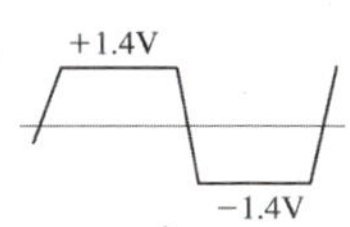

㉰ 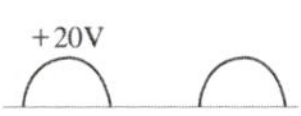

㉱ 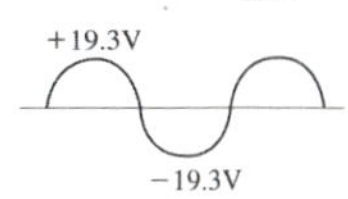

23 다이오드를 사용한 정류회로에서 여러 다이오드를 병렬로 연결하여 사용하는 이유로 가장 타당한 것은?

㉮ 효율을 높일 수 있다.
㉯ 다이오드를 과전압으로부터 보호할 수 있다.
㉰ 부하 출력의 맥동률을 감소시킬 수 있다.
㉱ 다이오드를 과전류로부터 보호할 수 있다.

Answer | 18 ㉰　19 ㉮　20 ㉰　21 ㉰　22 ㉮　23 ㉱

24 다음과 같은 단상 전파 정류 회로의 맥동률은 약 얼마인가?

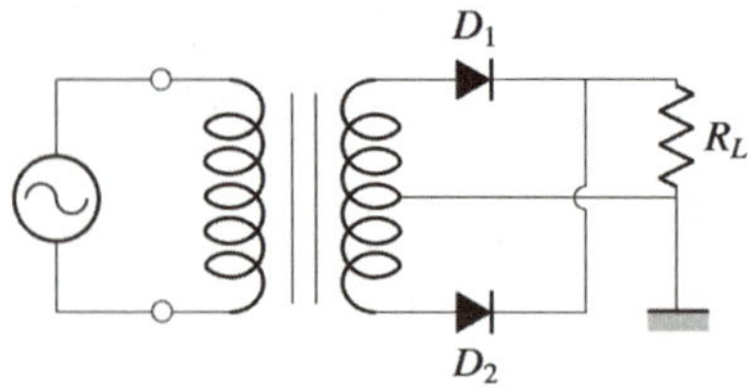

㉮ 1.21 ㉯ 1
㉰ 0.52 ㉱ 0.48

25 초크입력형과 비교한 콘덴서 입력형 회로의 특징에 대한 설명으로 적합하지 않은 것은?

㉮ 첨두역전압은 상당히 높다.
㉯ 전압변동률은 좋지 않다.
㉰ 큰 부하전류에 사용이 곤란하다.
㉱ 맥동률은 부하저항이 적을수록 좋다.

26 정전압 전원장치에서 무부하 때 직류 출력 전압이 150[V], 전 부하 때의 출력전압이 125[V]이었다. 전압 변동률은?

㉮ 13[%] ㉯ 15[%]
㉰ 20[%] ㉱ 25[%]

27 다음 회로에서 제너 다이오드에 흐르는 전류는 몇 [A]인가? (단, 제너 다이오드의 제너항복전압(V_z)은 10[V]이다.)

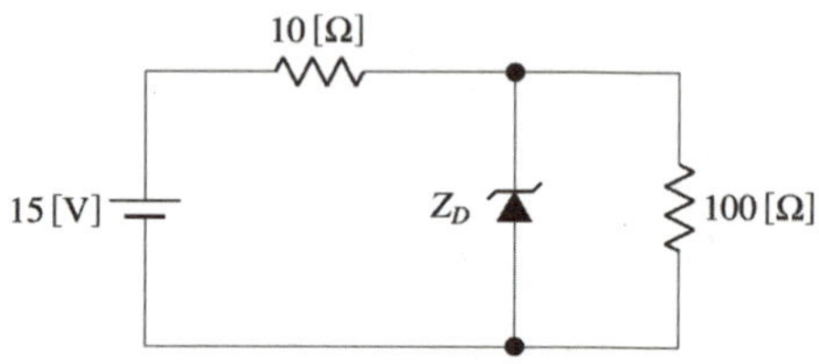

㉮ 0.3[A] ㉯ 0.4[A]
㉰ 0.5[A] ㉱ 0.6[A]

28 정류기에 사용되는 평활회로 중 직류출력전압은 낮지만 전압변동률이 좋은 평활회로는?

㉮ 콘덴서 입력형 필터
㉯ 초크 입력형 필터
㉰ 저항 입력형 필터
㉱ 다이오드 입력형 필터

29 반도체에서 용량의 변화에 의해 동작되는 소자로 가변용량 다이오드라고도 하는 것은?

㉮ 쇼트키(schottky) 다이오드
㉯ 바렉터(varactor) 다이오드
㉰ 터널(tunnel) 다이오드
㉱ 제너(zener) 다이오드

Answer | 24 ㉱ 25 ㉱ 26 ㉰ 27 ㉯ 28 ㉯ 29 ㉯

30 그림과 같은 회로의 동작에 대한 설명으로 옳은 것은?

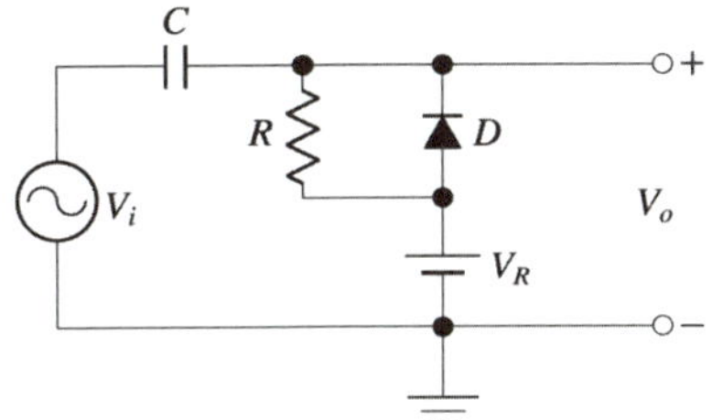

㉮ 정방향 peak를 기준레벨 V_R로 클램프한다.
㉯ 부방향 peak를 기준레벨 V_R로 클램프한다.
㉰ 출력은 $2V_i$이다.
㉱ 출력은 V_i이다.

31 터널 다이오드(tunnel diode)의 특징 중 옳지 않은 것은?

㉮ 부성 저항 특성이다.
㉯ 역바이어스 상태에서는 도체이다.
㉰ 작은 정바이어스 상태에서 저항은 대단히 크다.
㉱ 고속 스위칭 회로와 마이크로 웨이브 발진기에 응용된다.

32 다음 중 더블 베이스 다이오드(doule a base diode)라고도 하는 것은?

㉮ 역 다이오드
㉯ 쇼트키 다이오드
㉰ 바렉터 다이오드
㉱ 유니정션 트랜지스터(UJT)

33 그림에 표시한 여파기는 다음 중 어디에 속하는가?

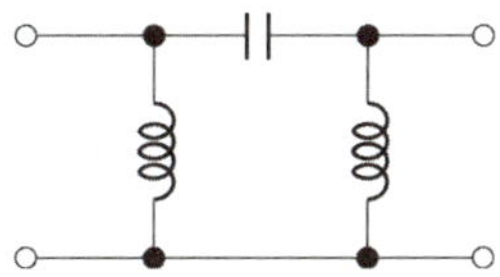

㉮ 고역통과 여파기 ㉯ 대역통과 여파기
㉰ 대역소거 여파기 ㉱ 저역통과 여파기

34 공간 전하 용량을 변화시켜 콘덴서 역할을 하도록 설계된 다이오드는?

㉮ 제너 다이오드 ㉯ 터널 다이오드
㉰ 바렉터 다이오드 ㉱ Gunn 다이오드

35 다음 회로의 출력 파형(V_o)으로 가장 적합한 것은?

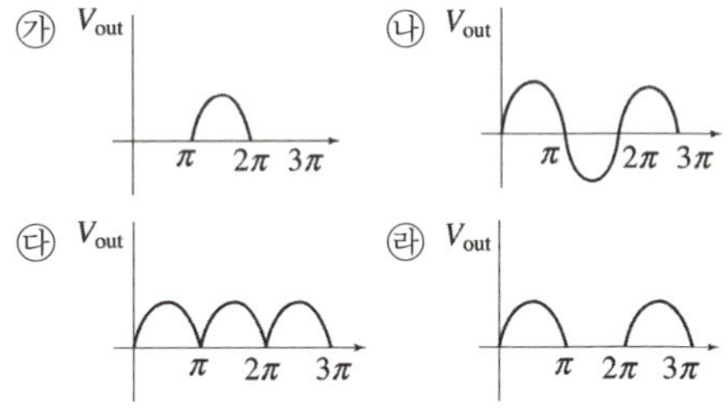

Answer | 30 ㉮ 31 ㉰ 32 ㉱ 33 ㉮ 34 ㉰ 35 ㉰

36 다음 그림의 회로가 논리회로라면 입력 A, B와 출력 C 사이의 논리식은? (단, 정의 논리이다.)

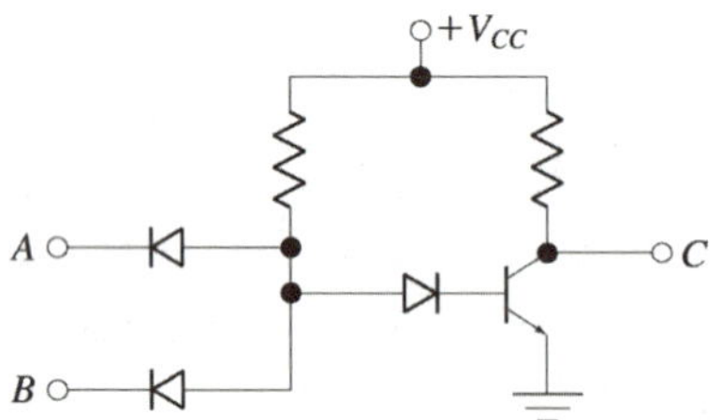

㉮ $C = A + B$ ㉯ $C = A \cdot B$
㉰ $\overline{C} = A + B$ ㉱ $\overline{C} = A \cdot B$

37 다음 그림(b)와 같은 회로에서 신호전압 V_i가 그림(a)와 같이 변화할 때 출력전압 V_o로 가장 적합한 것은? (단, 다이오드 커트인 전압은 무시한다.)

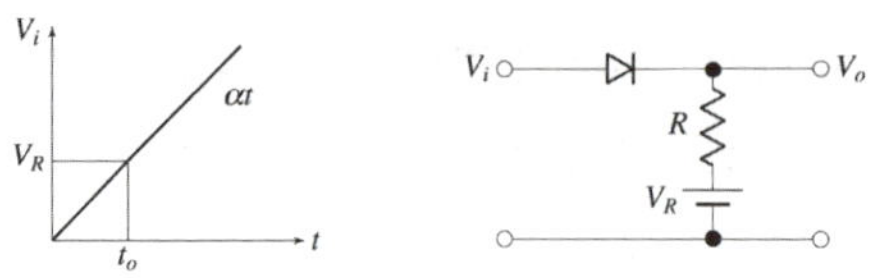

(a) (b)

㉮

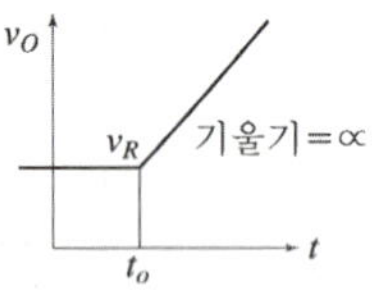

㉯

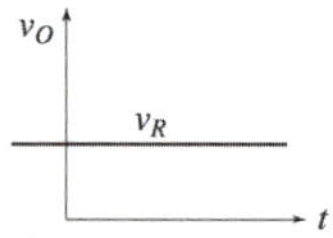

㉰

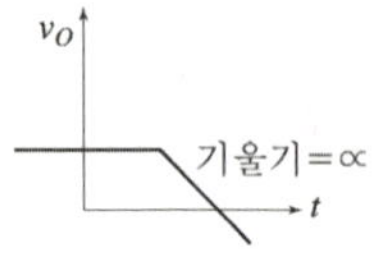

㉱

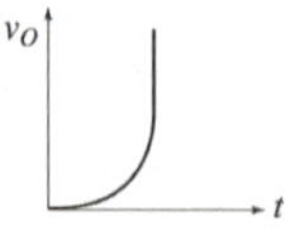

38 다음 중 부성 저항 특성을 나타내는 다이오드는?

㉮ 터널 다이오드 ㉯ 바랙터
㉰ 제너 다이오드 ㉱ 정류용 다이오드

39 커패시터로 필터를 구성한 전파 정류기에서 부하 저항이 감소하면 리플(ripple) 전압은?

㉮ 감소한다.
㉯ 증가한다.
㉰ 관계없다.
㉱ 주파수가 변화한다.

40 아래 회로에서 제너다이오드가 정상적으로 동작하기 위한 R_L의 최소값은 몇 [kΩ]인가? (단, 제너다이오드의 항복전압은 6[V]이며, 1[mA] 이상의 전류가 흘러야 정상 동작한다.)

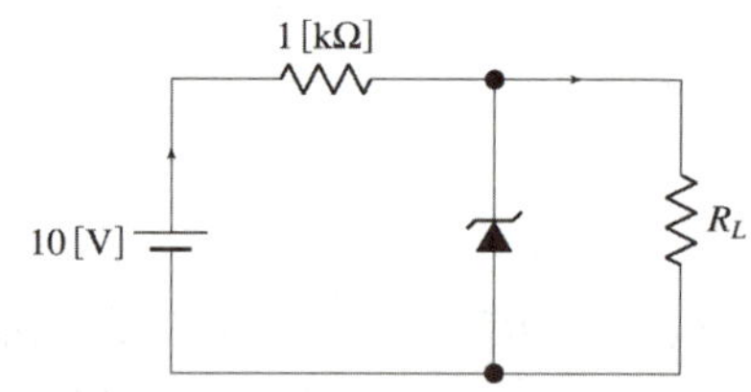

㉮ 1 ㉯ 2
㉰ 3 ㉱ 4

Answer | 36 ㉱ 37 ㉮ 38 ㉮ 39 ㉯ 40 ㉯

41 다음 중 터널다이오드(Tunnel Diode)의 $I-V$ 특성을 나타낸 것은?

㉮ 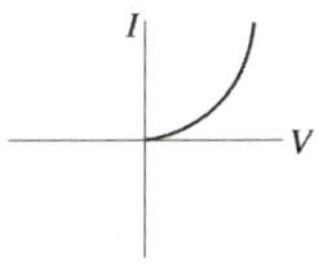

㉯ 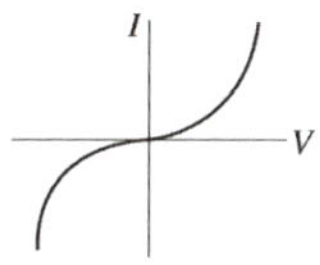

㉰ 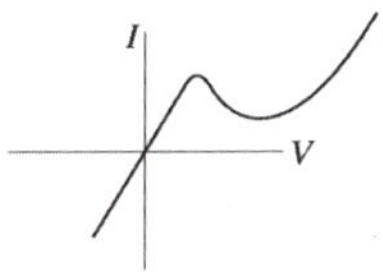

㉱ 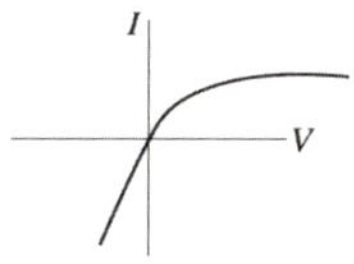

42 다음 회로의 동작에 대한 설명으로 가장 적합한 것은? (단, 입력신호는 진폭이 V_m인 정현파이고, 다이오드는 이상적인 것이며, RC 시정수는 신호파의 주기에 비해 매우 크다.)

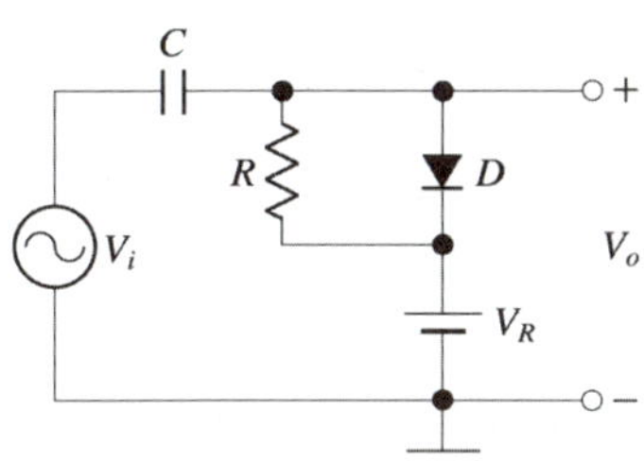

㉮ 출력은 V_i이다.
㉯ 출력은 $2V_i$이다.
㉰ 출력전압은 $V_R - V_m$인 정현파이다.
㉱ 부방향 peak를 기준레벨 V_R로 클램프 한다.

43 다음 회로에서 리플 함유율을 작게 하는 방법으로 적합하지 않은 것은?

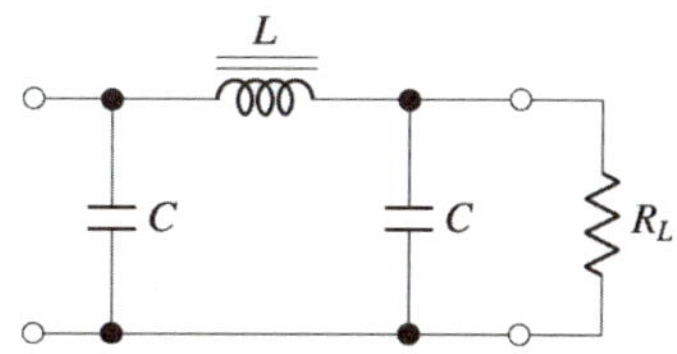

㉮ L을 크게 한다.
㉯ C을 크게 한다.
㉰ R_L을 적게 한다
㉱ 교류입력 전원의 주파수를 높게 한다.

44 PN 접합의 역전압 의존성을 이용한 소자는?

㉮ Tunnel 다이오드
㉯ Zener 다이오드
㉰ Varistor
㉱ Varactor 다이오드

45 반도체에서 용량의 변화에 의해 동작되는 소거로 가변용량 다이오드라고도 하는 것은?

㉮ 쇼트키(schottky) 다이오드
㉯ 바렉터(varactor) 다이오드
㉰ 터널(tunnel) 다이오드
㉱ 제너(zener) 다이오드

Answer | 41 ㉰ 42 ㉰ 43 ㉰ 44 ㉱ 45 ㉯

46 터널 다이오드가 부성 저항 영역을 갖는 이유는?

㉮ PN 접합의 용량변화 때문에
㉯ PN의 높은 불순물 농도 때문에
㉰ PN 접합의 줄 열 때문에
㉱ PN 양단의 온도에 따른 팽창 때문에

47 터널 다이어드(Tunnel Diode)에서 터널링(Tunnelling)은 언제 발생하는가?

㉮ 역방향에서만 발생
㉯ 정전압이 높을 때만 발생
㉰ 바이어스가 영(zero)일 때 발생
㉱ 아주 낮은 전압에서는 정방향에서 발생

48 다음 회로에서 제너 다이오드에 흐르는 전류는? (단, 제너 다이오드의 제너 전압은 10[V]이다.)

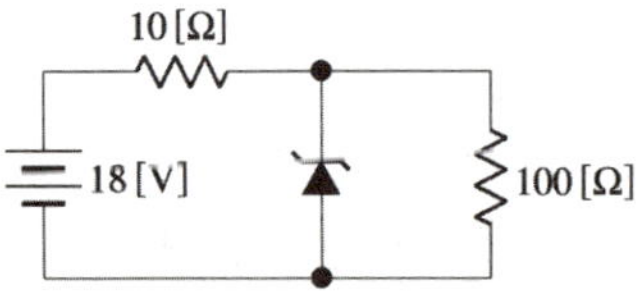

㉮ 0.6[A] ㉯ 0.7[A]
㉰ 0.8[A] ㉱ 1.2[A]

49 다음과 같은 다이오드 회로에서 정현파 교류입력 V_i가 인가되면 출력는? (단, 교류 입력의 진폭은 $V_m > V_r$임)

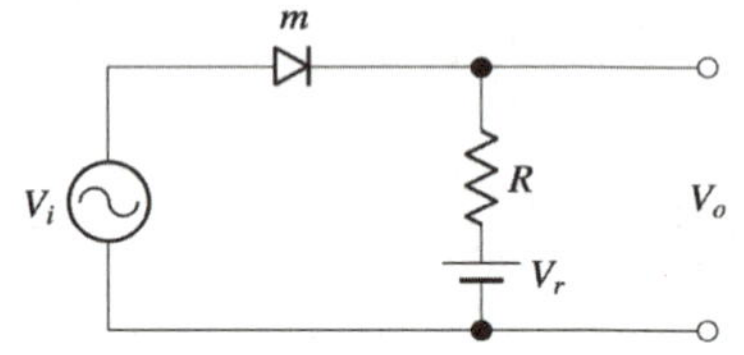

㉮ $V_o \geqq V_r$
㉯ $V_o \leqq V_r$
㉰ $V_o \geqq -V_r$
㉱ $-V_r \leqq V_o \leqq V_r$

50 다음 중 정전압용으로 사용되는 다이오드는?

㉮ 리드 다이오드 ㉯ 제너 다이오드
㉰ 터널 다이오드 ㉱ 온도형 다이오드

51 PN 접합 다이오드에 순바이어스를 인가할 때 공핍층 근처의 소수캐리어 밀도는 어떻게 변화하는가?

㉮ P영역과 N영역에서 모두 감소한다.
㉯ P영역과 N영역에서 모두 증가한다.
㉰ P영역에서 증가하고, N영역에서 감소한다.
㉱ P영역에서 감소하고, N영역에서 증가한다.

Answer | 46 ㉯ 47 ㉱ 48 ㉯ 49 ㉮ 50 ㉯ 51 ㉯

52 **다음 회로에서 제너 다이오드에 흐르는 전류[A]는?** (단, 제너 다이오드의 제너 전압은 15[V]이다.)

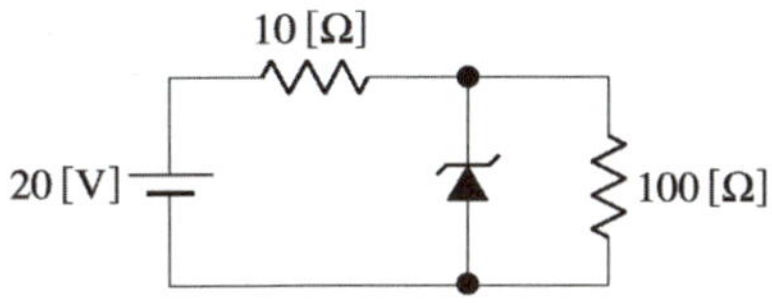

㉮ 0.15[A]　　㉯ 0.25[A]
㉰ 0.35[A]　　㉱ 0.9[A]

53 **커패시터 입력형 필터를 구성한 전파 정류기에서 부하저항이 감소하면 리플(ripple) 전압은?**

㉮ 감소한다.
㉯ 증가한다.
㉰ 변동이 없다.
㉱ 주파수가 변화한다.

54 **다음 리미터 회로에서 부하 R_L 양단에 나타나는 전압의 첨두값은?**

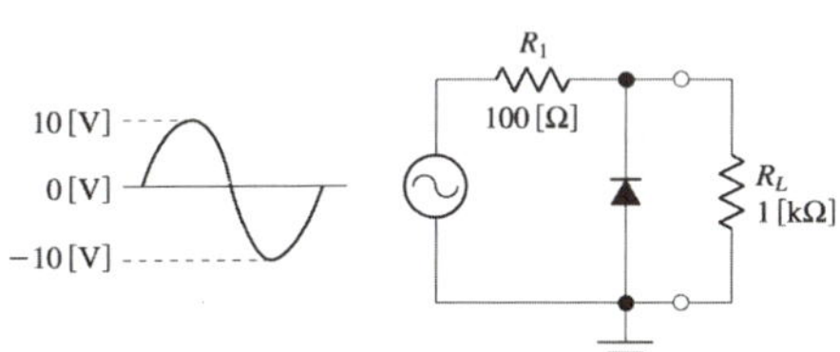

㉮ 3.9[V]　　㉯ 7.2[V]
㉰ 9.1[V]　　㉱ 10.0[V]

55 **터널 다이오드의 부성저항특성을 이용한 것은?**

㉮ 증폭작용　　㉯ 변조작용
㉰ 발진작용　　㉱ 검파작용

56 **교류전압에 직류 레벨을 더하는 회로는?**

㉮ 클리퍼　　㉯ 클램퍼
㉰ 리미터　　㉱ 필터

57 **발광 다이오드(light emitting diode, LED)의 램프에 대한 설명 중 옳지 않은 것은?**

㉮ 고신뢰도이다.
㉯ 점등시 과전류가 흐른다.
㉰ 단색광이며, 발광스펙트럼이 좁다.
㉱ 발광 다이오드는 정격치의 직류순방향 전류를 흘리면 발광한다.

58 **다음 회로에서 제너 다이오드에서 흐르는 전류는?** (단, 제너 다이오드의 제너 전압은 10[V]이다.)

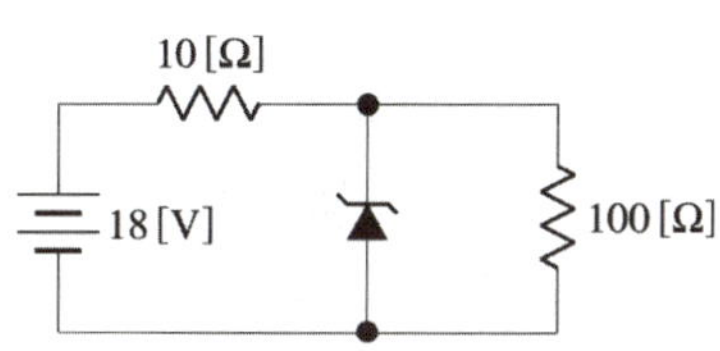

㉮ 0.6[A]　　㉯ 0.7[A]
㉰ 0.8[A]　　㉱ 1.2[A]

Answer | 52 ㉰ 53 ㉯ 54 ㉰ 55 ㉰ 56 ㉯ 57 ㉯ 58 ㉯

| Chapter |

05 트랜지스터(Transistor)

바이폴라트랜지스터(bipolar transistor)는 1947년 미국 벨연구소의 브래튼(J. Brattain)과 바딘(W. H. Bardeen)에 의해 게르마늄 단결정의 정유특성 연구 중에 힌트를 얻어 발명한 것인데 이 점접촉형 트랜지스터(point contact transistor)는 1949년 쇼크리(W. Shockley)에 의한 합금접합형 트랜지스터가 제안되어 양산 가능한 구조의 트랜지스터로 개발되었다.

1 트랜지스터의 개요

트랜지스터(transistor)란 신호의 전송(transfer)+저항(resistor)의 복합 용어를 사용되었으며, 물리적 구조에 의한 종류로는 바이폴라 트랜지스터(bipolar transistor)와 전계효과 트랜지스터(Feield Effect Transistor)가 있다.

| 표 5-1 | 3단자 반도체 디바이스(장치) 분류

바이폴라 트랜지스터	Transfor - Resister의 준말로 일반적인 트랜지스터를 말하며, 자유전자와 전공으로 된 2개의 양극성 전하가 캐리어로 작용하므로 바이폴라라고 하는데 보통 TR이라고 한다.
전계효과트랜지스터(FET)	모노폴로 트랜지스터라고도 하며 모노폴로란 캐리어 만으로 동작한다는 뜻이다.

전계효과 트랜지스터(FET)는 전류를 전달하는 캐리어가 전자 또는 정공의 한 쪽뿐인 것에 대해 바이폴라 트랜지스터(BJT)는 그 기본동작에 전자, 정공의 양쪽 캐리어가 기여하고 있기 때문에 쌍극성을 의미하는 바이폴라는 이름이 붙여지게 되었다.

여기서 트랜지스터라고 하면 보통 바이폴라 트랜지스터를 지칭하며, FET는 다음 장에서 다루기로 하고 이 장에서는 바이폴라 트랜지스터를 중심으로 설명하기로 한다.

구조적 차이로 본 트랜지스터 종류는 [그림 5-1]과 같다.

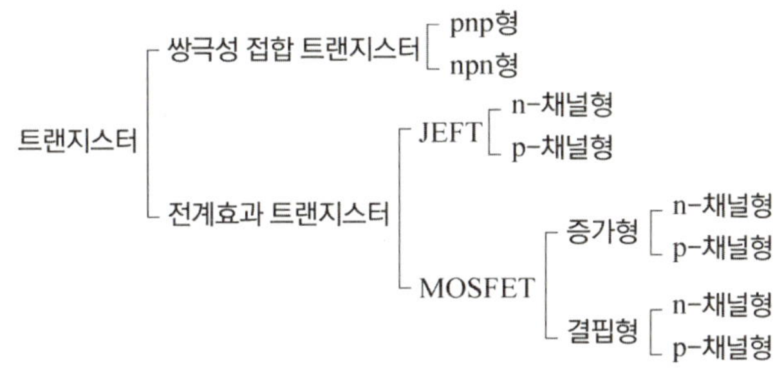

| 그림 5-1 | 트랜지스터의 종류

바이폴라 트랜지스터는 고주파용 트랜지스터, 대전력용 트랜지스터, 그리고 NPN트랜지스터와 PNP트랜지스터를 조합한 PNPN구조의 사이리스터 등으로 아날로그 회로, 디지털 회로, 대전력 스위칭회로 등에 사용되고 있으며, 바이폴라 IC/LSI는 컴퓨터나 통신용의 초고속 디지털 IC로서 또 저잡음 특성 등을 이용한 오디오나 TV, VCR용의 리니어 IC로서 전자산업의 매우 중요한 부품으로 취급되고 있다.

트랜지스터는 기본적으로는 전류를 증폭할 수 있는 부품이다.

아날로그 회로에서는 매우 많은 종류의 트랜지스터가 사용되지만, 디지털 회로에서는 그다지 많은 종류는 사용하지 않는다.

디지털 회로에서는 ON 아니면 OFF의 2개의 신호를 취급하기 때문에 트랜지스터의 증폭 특성에 대한 차이는 별로 문제가 되지 않는다. 회로 기능은 대부분이 IC로 처리하는 경우가 많다.

디지털 회로에서 트랜지스터를 사용하는 경우는 릴레이라고 하는 전자석 스위치를 동작시킬 때(릴레이는 구동전류를 많이 필요로 하기 때문에 IC만으로는 감당하기 어려운 경우가 있다)나, 발광 다이오드를 제어하는 경우 등이다.

2 트랜지스터의 구조

트랜지스터(transistor)는 3개 이상의 전극을 가지는 반도체 소자로서 서로 다른 반도체의 접합 형태에 따라 PNP형과 NPN형으로 구분된다. 트랜지스터 가장 큰 특징은 미세 신호의 증폭과 스위칭 작용을 할 수 있다는 것이다. 바이폴라 Tr이란 바이폴라 트랜지스터(bipolar transistor)를 말하며, 일명 접합형 트랜지스터라고도 부르는데 전자와 정공(hole)의 두 가지 캐리어가 전류에 관여하여 그 쌍방의 이동에 의존해 동작하는 트랜지스터를 말한다.

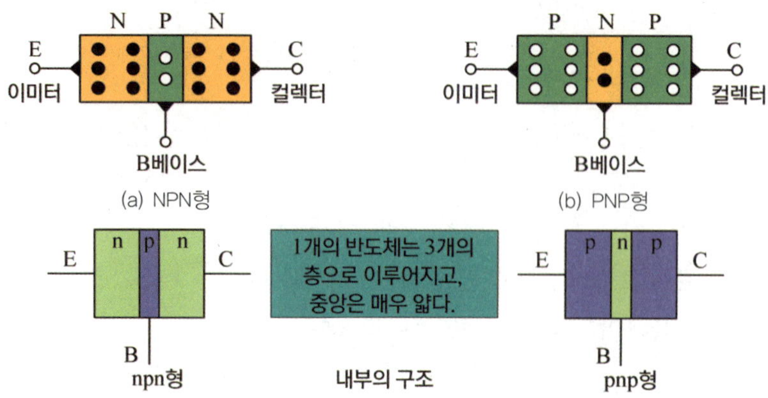

| 그림 5-2 | 트랜지스터의 물리적 구조

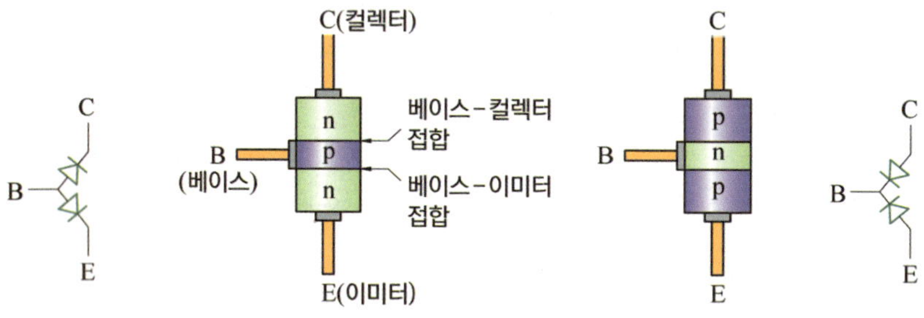

| 그림 5-3 | 다이오드 개념으로 본 트랜지스터 구조

특징을 살펴보면

① 3층으로 된 반도체 소자이다.[그림 5-2]

② 3개의 리드선이 있으며 이미터(Emitter), 컬렉터(Collector), 베이스(Base)로 구분된다.

㉠ 이미터(emitter : E) : 전류의 반송자로 주입하는 전류

㉡ 베이스(base : B) : 주입된 반송자를 제어하는 전류 공급

㉢ 컬렉터(collectoer : C) : 전류의 반송자를 모으는 부분의 전극

③ PNP형과 NPN형 2가지가 형태 있다.[그림 5-3]

④ 장점

㉠ 수명이 길고 내부전력 손실이 적다.

㉡ 소형이고 경량이다.

㉢ 기계적으로 강하다.

㉣ 예열하지 않고 작동한다.

㉤ 내부 전압강하가 매우 적다.

⑤ 단점

㉠ 온도 특성이 나쁘다(적정온도 이상 파괴)

㉡ 과대 전류, 전압에 파손되기 쉽다.

3 트랜지스터 기호, 명칭 및 장치분류

가. 회로기호 표시

트랜지스터는 반도체의 조합에 따라 크게 PNP 타입과 NPN 타입이 있다. PNP 타입과 NPN 타입은 전류의 방향이 다르다. 마이너스 전압측을 접지로, 플러스 전압측을 전원으로 하는 회로의 경우, NPN타입 쪽이 사용하기 쉽다.

회로 기호는 NPN 타입은 , PNP 타입은 으로 화살표 방향을 반대로 표시한다.

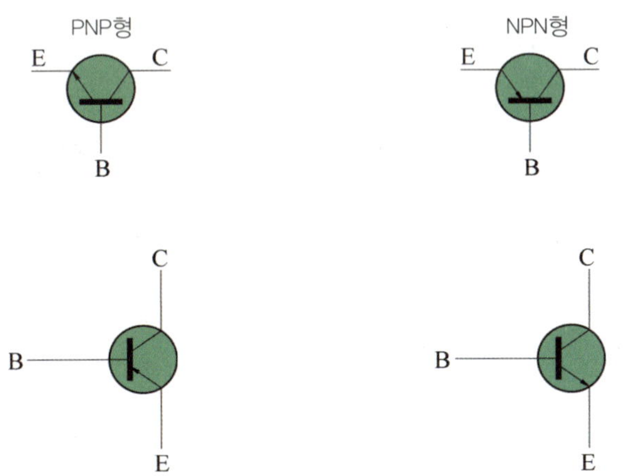

(a) npn 구도와 기호 (b) pnp 구도와 기호

| 그림 5-4 | 회로기호 표시

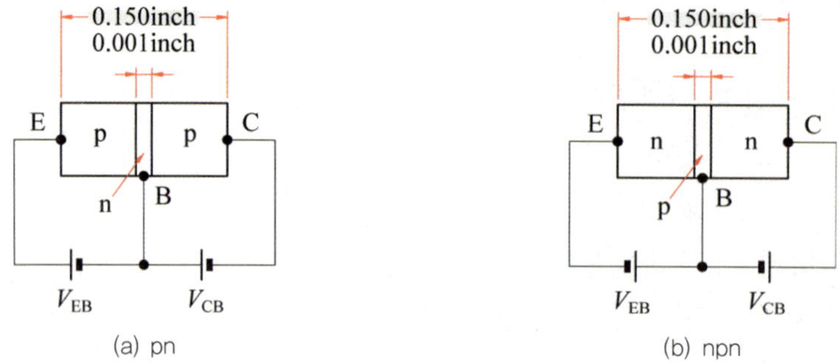

| 그림 5-5 | 반도체 두께 및 접지

마이너스 전압측을 접지로, 플러스 전압측을 전원으로 하는 회로의 경우, NPN 타입 쪽이 사용하기 쉽다.

나. 트랜지스터의 명칭(형명)

- 2SA××× : PNP 타입의 고주파
- 2SB××× : PNP 타입의 저주파용
- 2SC××× : NPN 타입의 고주파용
- 2SD××× : NPN 타입의 저주파용

다. 반도체소자의 형명

트랜지스터에는 NPN형과 PNP형이 있다. 이들 트랜지스터를 세밀히 분류하면 2SB528, 2SC1213, 2SD189 등 번호가 주어져 있으며 모두 공통으로 2S가 붙어 있으나 다른 나라 메이커에는 붙어 있지 않다. 그러므로 A, B, C, D는 PNP형과 NPN형의 구별 및 용도를 나타내며 A나 B 다음에 오는 숫자는 등록순으로 부여한 번호이고 특성이나 종별과는 관계가 없다. 숫자 뒤에 A12H나 B25G 등 알파벳을 붙인 것은 개량품이며 메이커의 입장에서 결정하는 용도나 등급을 타나내고 있다. 또 반도체 소자의 형식명은 [그림 5-6]과 같이 정해져 있다.

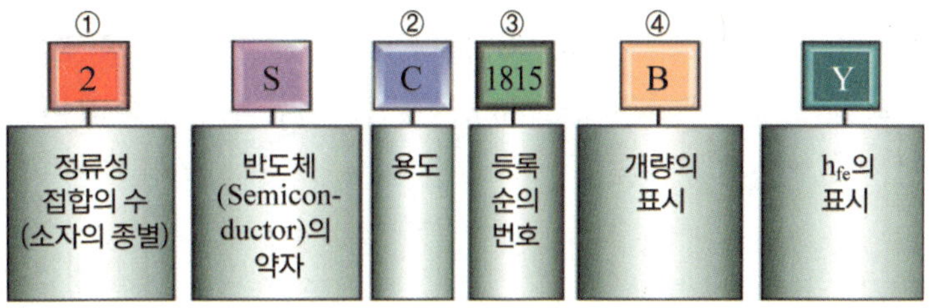

| 그림 5-6 | 반도체 소자 형명 구분

| 표 5-2 |

2	0 - 포토다이오드, 1 - 다이오드 2 - 3극 트랜지스터 3 - 4극 트랜지스터
S	반도체(semiconductor)를 나타낸다.
C	A - PNP 고주파 트랜지스터 B - PNP 저주파 트랜지스터 C - NPN 고주파 트랜지스터 D - NPN 저주파 트랜지스터 F - P 게이트 3극 역저지 사이리스터(SCR) G - N 게이트 3극 역저지 사이리스터(SCR) H - 유닛 접합 트랜지스터(UJT) J - P 채널 전기장 효과 트랜지스터(FET) K - N 채널 전기장 효과 트랜지스터(FET) M - 3극 양 방향성 사이리스터 P - 발광 소자
1815	등록 번호로서 11부터 시작되는 2행 이상의 숫자
B	원형을 변경한 순서대로 A, B, C, … 의 순으로 쓰여진다.
Y	증폭율의 범위(0 : 70~140, Y : 120~240, GR : 200~400, BL : 350~700)

※ 2SC는 트랜지스터의 일원(가족)임을 나타내는 성에 해당되며, 1815는 사람의 이름에 해당된다.

4 트랜지스터 외관 및 리드선(리드선 배치 예)

가. 트랜지스터의 외관

| 그림 5-7 | 트랜지스터 외관(C1815, D880)

트랜지스터의 외관은 여러 가지가 있지만, 여기서는 가장 일반적인 두 종류만 설명한다. 사진에서 좌측의 트랜지스터는 2SC1815이라는 것으로, 디지털 회로에서 흔히 사용한다. 사진에서 우측의 트랜지스터는 2SD880으로, 큰 전류를 취급하려는 경우에 사용한다. 전기적 특성은 표에 나타내었다.

| 표 5-3 | 트랜지스터 전기적 특성

항목	2SC1815	2SD880
V_{CEO}[V]	50	60
I_C[mA]	150	3[A]
P_C[mW]	400	30[W]
h_{FE}	70~700	60~300
f_T[MHz]	80	3

- V_{CEO} : 베이스(B)를 오픈했을 때에 컬렉터(C)와 이미터(E)에 걸리는 최대전압. (단순히 V_{CE}로 표시하는 경우도 있다)
- I_C : 최대 컬렉터(C) 전류.
- P_C : 주위온도(Ta) = 25[℃]에서 연속해서 소비시킬 수 있는 최대 컬렉터(C) 손실(방열기 없음)
- h_{FE} : 이미터(E) 접지에서의 직류에 대한 전류증폭률($I_C \div I_B$).
- f_T : 고주파 특성. 이미터 접지의 전류 증폭률이 1(0[dB])이 되는 주파수. 주파수를 높여가면 증폭 능력이 저하 하는데, 베이스 전류(I_B)와 컬렉터 전류(I_C)가 같아지는 주파수(직류증폭을 할 수 없게 되는 주파수)
  f_T = 고주파 h_{fe} ×측정 주파수

| 그림 5-8 | 트랜지스터의 여러 가지 형태

나. 트랜지스터의 리드

| 그림 5-9 | 2SC1815 및 SD880 외형

트랜지스터의 종류에 따라 리드의 내용이 다르기 때문에 매뉴얼 등을 참조하여 확인한다. 2SC1815의 경우 품명이 인쇄되어 있는 평평한 면을 바라보았을 때, 오른쪽 리드가 베이스, 중앙의 리드가 컬렉터, 왼쪽의 리드가 이미터이다.

2SD880의 경우 품명이 인쇄되어 있는 면을 바라보았을 때, 오른쪽 리드가 이미터, 중앙의 리드가 컬렉터, 왼쪽의 리드가 베이스이며, 2SC1815와는 반대이다.

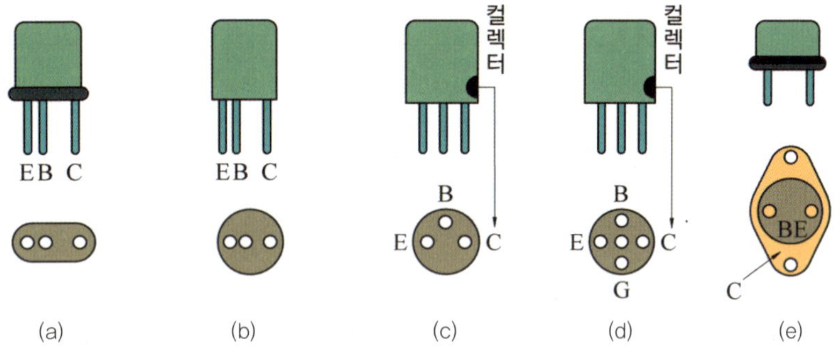

* G : 내부차폐

| 그림 5-10 | 내부차폐 트랜지스터 형태에 따른 리드선 배치 예

5 트랜지스터 동작 원리(NPN)

트랜지스터가 적절히 동작하기 위해서는 NPN과 PNP 트랜지스터에 적당한 바이어스가 인가되어야 한다. 바이어스는 트랜지스터 기본회로에서는 2개의 전원을 사용하여 회로를 동작시키고 있으나, 실제로는 한 개의 직류 전원에 저항을 몇 개 조합시켜서 트랜지스터의 각 전극에 바이어스 전압을 공급하는 회로를 사용한다.

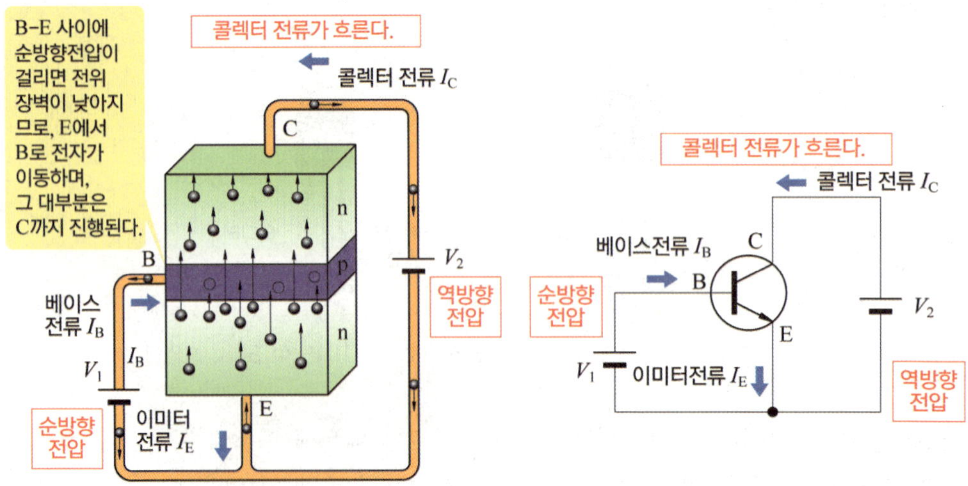

(a) 캐리어(전자흐름)의 실체도 (b) 전류흐름의 회로도

| 그림 5-11 | 트랜지스터 바이어스

가. 트랜지스터의 전류 흐름

전자의 이동 및 전기의 흐름을 살펴보면

① 이미터 전자가 베이스 영역으로 확산한다.

② 베이스 폭은 매우 얇고 홀 밀도가 작기 때문에 대부분 전자 베이스를 통과하여 콜렉터 영역으로 들어간다.

③ 콜렉터에 충만된 전자는 콜렉터 전극을 통하여 V_{cc}의 (+)극으로 진행한다. 이것은 콜렉터 전극에서 트랜지스터로 전류 I_c가 흘러 들어갔음을 의미한다.

④ 베이스에 들어간 전자의 일부는 베이스 안에서 정공(홀)과 결합하여 소멸되며, 결합하여 부족된 정공은 순방향 외부전원의 정공이 공급되기 때문에 보충받으면서 약간의 전류가 베이스 전극을 통해 흐른다.

⑤ 베이스로 전자를 보낸 후 부족한 전자는 외부전원(순방향 전원)에서 이미터 전극을 통하여 전자가 공급된다.

따라서 이미터(E) 전류(I_E)는 대부분은 콜렉터 전류(I_C)이고 그 일부만이 베이스 전류(I_B)이므로 이것을 베이스 접지의 전류 증폭율이라고 하며, $I_C / I_E = \alpha$로 정의한다. (α = 0.98~0.988 정도의 값)

① **이미터 전류** I_E : B-E 간에 가해진 순전압 V_{BE} 때문에 이미터에서 속으로 들어간 전자의 양에 상당하는 전류

② 베이스 전류 I_B : 베이스 속으로 들어간 전자 중에서 C-B 접합면까지 도달하지 않은 전자의 양에 상당하는 전류

③ 컬렉터 전류 I_C : 베이스 속으로 들어간 전자 중에서 C-B 접합면까지 도달하고 이어서 컬렉터 속으로 끌려 들어간 전자의 양에 상당하는 전류를 말한다.

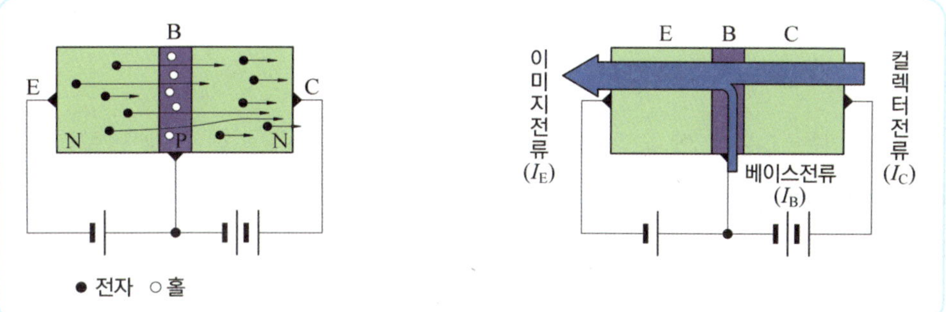

| 그림 5-12 | 트랜지스터의 전류흐름

나. 트랜지스터에 전압을 가하는 방법

[그림 5-13]처럼 NPN형의 경우 B와 E간의 PN접합면(V_{BE})연결은 순방향 전압을 가하고, C와 B간의 PN접합면(V_{CB}) 전원연결은 역방향 전압을 가해야 트랜지스터가 증폭작용을 할 수 있는 능동상태가 된다. 표는 전원연결 상태에 따른 동작상태를 나타내었다. 또한 키로히호프 법칙에 의해 $V_{CB} = V_{CE} - V_{BE}$로 나타낼 수 있다.

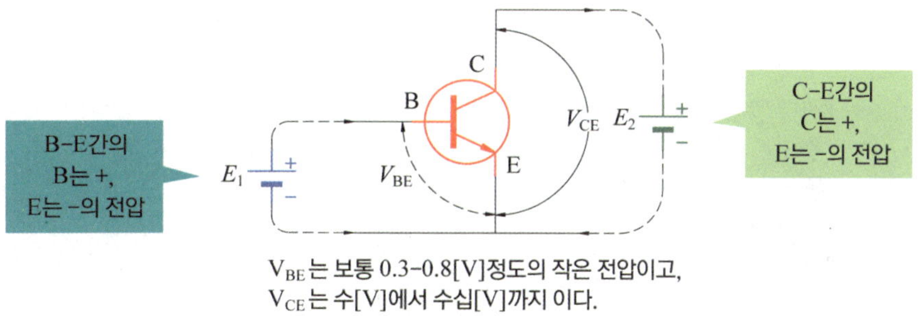

| 그림 5-13 | 트랜지스터 전압 인가 방법

| 표 5-4 | 트랜지스터 전압연결에 다른 동작상태

E-B	C-B	상 태	응 용
순방향	역방향	능동 상태	증폭 작용
역방향	역방향	차단 상태	스위칭 작용
순방향	순방향	포화 상태	

다. 전류의 흐름

트랜지스터는 I_C는 I_B에 의해 크게 변화하며, I_B는 V_{BE}에 의해 크게 변화한다. 하지만 Ic는 V_{CE}에 의해 크게 변화하지 않으며, 다음과 같은 전류법칙이 적용된다.

$$I_E = I_B + I_C$$

6 트랜지스터 스위칭 작용

가. 스위칭 동작

트랜지스터를 사용하여 스위치와 동일한 동작을 시킬 수 있다. 입력 전압을 낮게 하여 트랜지스터를 차단 상태로 하였을 때와 입력전압을 높게 하여 트랜지스터를 포화 상태로 하였을 때의 2가지 상태만 착안하면 결국 스위치 ON, OFF 상태를 실현하고 있는 것이 된다. [그림 5-14]에 경우처럼 트랜지스터 스위칭 동작은 다른 경우의 스위칭 동작에 비해 영구적이고 제어 속도가 빠른 장점이 있다.

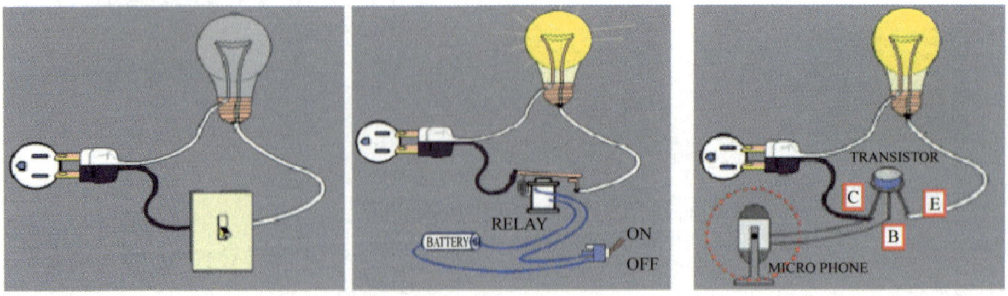

스위치를 인간이 On, Off 한다. 매우 느리다.

기계적 접점 : 릴레이는 스위치보다 스위칭 속도가 빠르지만 접점이 망가지기 쉽다.

전력용 반도체 소자를 이용하여 무접점제어

| 그림 5-14 | 스위칭 방법의 종류

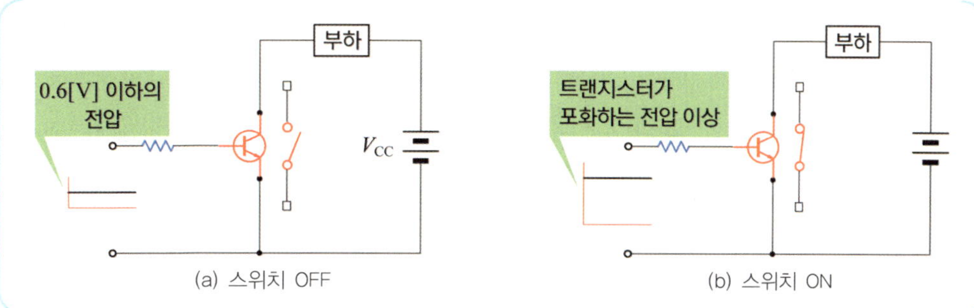

| 그림 5-15 | 트랜지스터의 스위칭 작용

트랜지스터 스위칭 작용은

① 입력전압이 0.6[V] 이하인 경우에는 콜렉터 전류(I_C)가 0이므로 트랜지스터가 동작하지 않아 스위치가 OFF 된 상태가 된다.

② 입력전압이 크고, 트랜지스터가 포화하여 가는 상태에서는 콜렉터 전류(I_C)가 옴의 법칙에 따라(V_{CC}/R) 전류가 임계점 이상 흐를 때 트랜지스터가 동작되어 스위치가 ON 상태가 된다.

트랜지스터의 가장 간단한 이용 방법은 스위치로 이용하는 것으로 부하선상의 포화 또는 차단영역에서 동작한다는 것을 의미한다. 트랜지스터가 포화되었을 때 트랜지스터의 컬렉터와 이미터 사이에는 닫혀진 스위치와 같고, 트랜지스터가 차단되었을 때의 트랜지스터는 개방된 스위치와 같다. 이와 같이 트랜지스터는 ON, OFF의 2가지 상태, 즉 스위칭 작용을 할 수 있다.

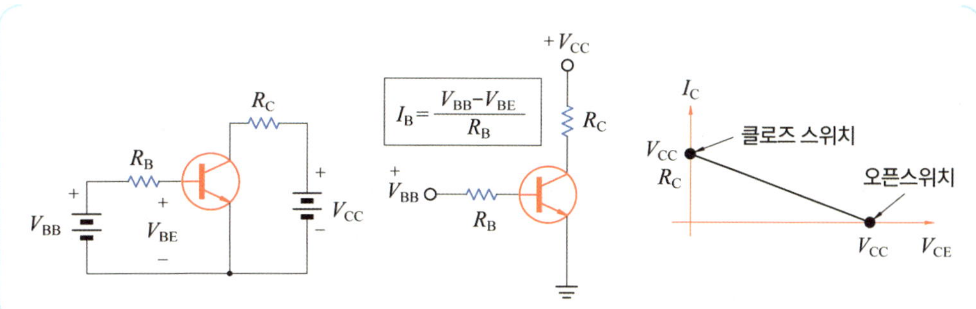

| 그림 5-16 | 트랜지스터 스위칭 효과

[그림 5-16]에서 베이스전류가 I_B보다 크거나 같으면, 트랜지스터는 부하선의 상한에 존재하며, 이 경우에 트랜지스터는 닫힌 스위치(ON)로, 반면에 베이스전류가 0이면 트랜지스터는 부하선의 하한에 존재하며 개방된 스위치(OFF)와 같이 동작한다.

나. 스위칭 작용의 기본원리

트랜지스터를 포화영역과 차단 영역에 교대로 동작하도록 바이어스를 걸어주면 스위치로 사용할 수 있게 된다. 그러나 트랜지스터의 주된 응용은 활성영역에서 동작하면서 교류신호를 증폭하는 것이 대부분의 목적이다.

(1) 개방 스위치(Open Switch)

그림에서처럼 V_{BB}를 0으로 만들면 $I_B = 0$ 이므로 트랜지스터는 차단 상태에 있게 되어 컬렉터 전류는 거의 흐르지 않기 때문에 트랜지스터는 개방된 스위치로서 동작하게 된다. 이때 컬렉터 단자 전압 V_C는 저항 R_C에 전류가 흐르지 않기 때문에 외부 인가 전압 V_{CC}와 같은 전압을 갖는다.

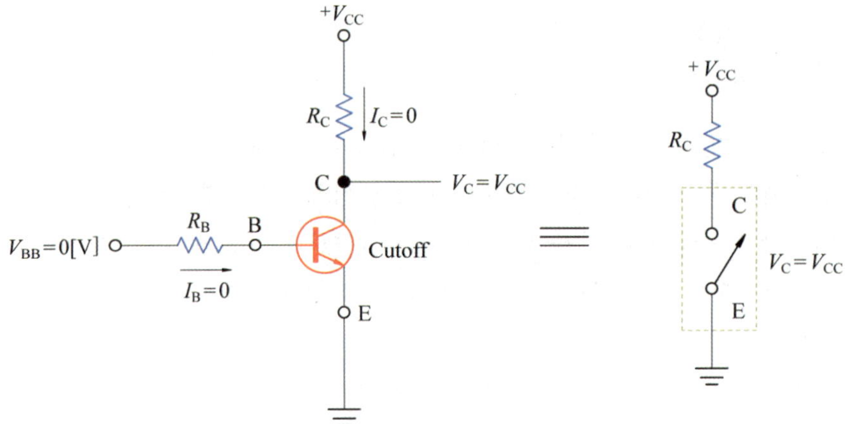

| 그림 5-17 | 개방 스위치(Open Switch) 회로

(2) 단락 스위치(Closed Switch)

[그림 5-17]에서처럼 충분히 큰 베이스 전류 I_B가 흐르도록 V_{BB}를 인가하게 되면 트랜지스터는 포화 상태에 있게 된다. 따라서 컬렉터 루프에는 컬렉터 포화 전류 I_C(sat)가 흐르기 때문에 트랜지스터는 단락 스위치로 동작된다. 이때 컬렉터 단자전압 V_C는 충분히 큰 전류가 R_C에 흐르기 때문에 접지전압과 거의 같은 값을 가지게 된다.

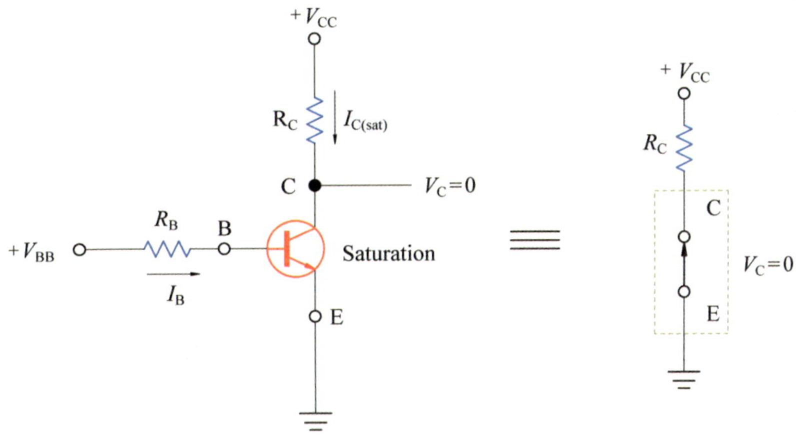

| 그림 5-18 | 단락 스위치(Closed Switch) 회로

(3) 트랜지스터 스위치 응용 회로

V_{in}에 [그림 5-19]과 같은 구형파를 인가하게 되면 LED를 간단히 ON, OFF 할 수 있는 응용 회로가 만들어진다. 동작 원리는 앞에서 설명된 것처럼 V_{in}에 0[V] 전압이 아닌 전압이 인가되면 트랜지스터는 포화되어 단락 스위치로 동작하며 LED를 ON시킨다. V_{in}에 0[V] 전압이 가해지면 트랜지스터는 차단되어 개방 스위치로 동작하여 LED를 OFF시키게 된다.

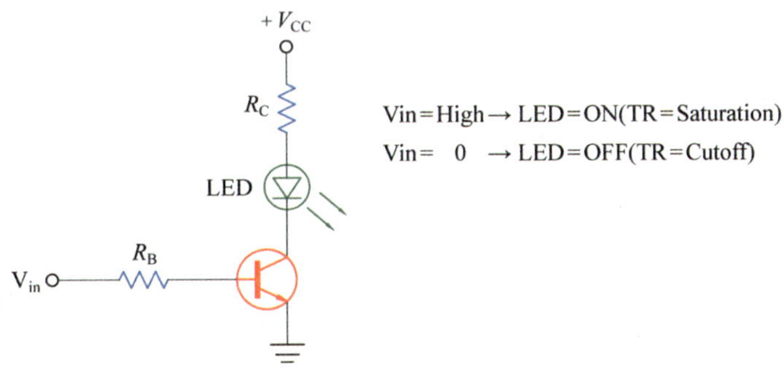

| 그림 5-19 | 트랜지스터 스위치 응용 회로

7 바이어스

바이어스란 트랜지스터에 의한 음성전류 등의 교류성분을 증폭할 때 신호전류와 직류전류를 중첩시키면 완전한 증폭이 될 수 있는데, 이때 이 직류성분을 바이어스라 한다.

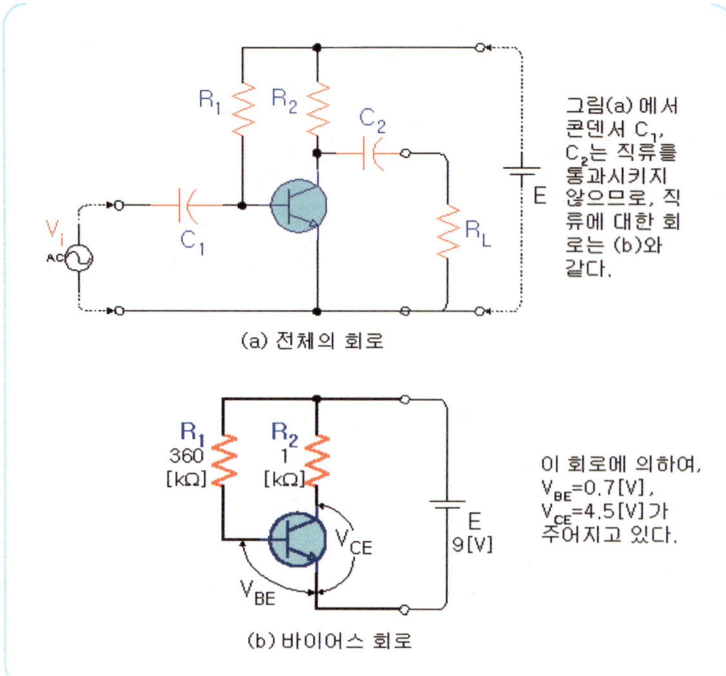

| 그림 5-20 | 바이어스 회로

바이어스가 변동하면 정확한 증폭이 안되고, 회로 동작이 불안정하며 열폭주를 일으켜 트랜지스터가 파괴될 경우도 있다.

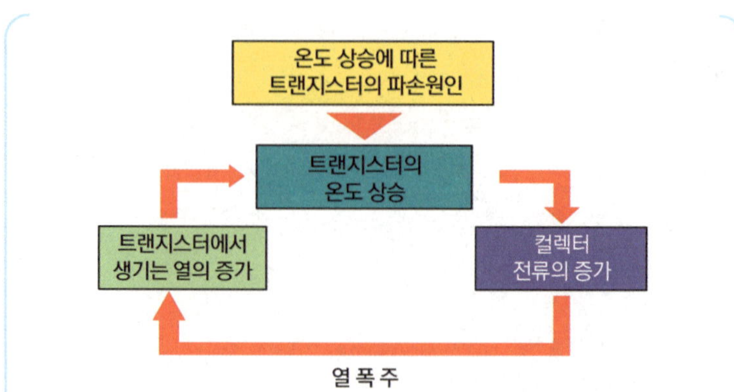

| 그림 5-21 | 트랜지스터 열폭주 현상

가. 바이어스회로의 필요성

컬렉터전류(I_C)를 흐르게 하기 위해서는 베이스전류(I_B)가 필요하다. 그런데 [그림 5-22]에 있어서 베이스에 (+)전압이 가해졌을 때는 I_B가 흐르지만 (-)의 전압이 가해졌을 때에는 전류가 흐르지 못한다.

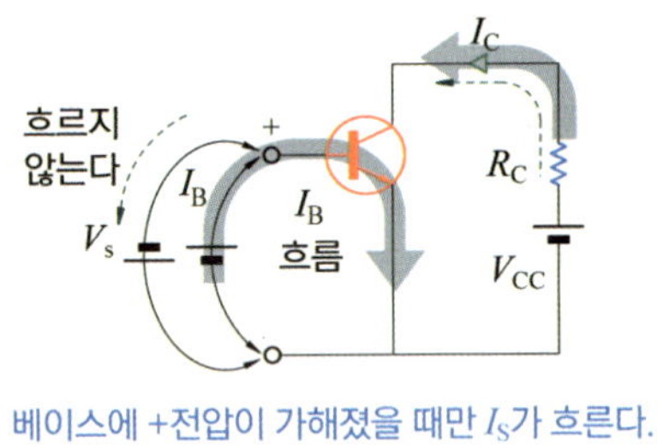

| 그림 5-22 | I_B를 흐르게 하기위한 조건

사인파 신호전압만 인가했을 때는 베이스전류는 (+) 반파일 때만 흐르고 (-)반파일 때는 흐르지 못하기 때문에 h_{fe}배의 증폭은 되지만 i_C의 파형은 반파로 된다.

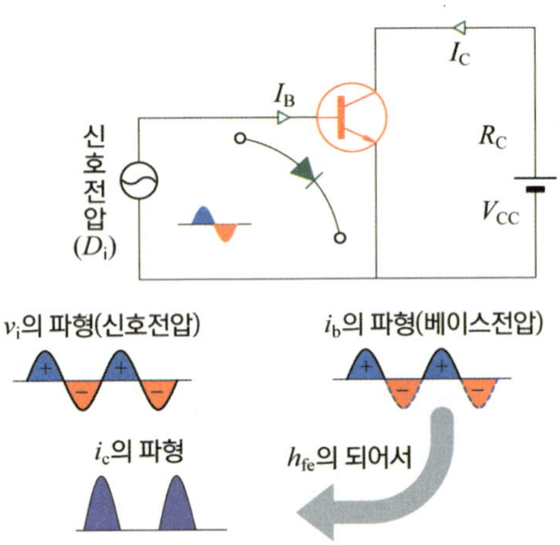

| 그림 5-23 | 켈렉터 측에 대한 반파의 파형

출력(켈렉터측)에서 사인파 출력을 얻기 위해서는 신호전압(사인파 전압)이 변화하는 기간 중, 어느 순간에 있어서도 베이스에 (+)전압이 걸려 있어야 한다. 이와 같이 되려면 [그림 5-23]과 같이 신호전압과 직렬로 직류전원을 접속하여 항상 베이스가 양(+)이 되도록 합성 전압을 질 고려하여야 한다. 사인파형 신호전압의 변화기간을 모두 베이스전류(i_b)가 흐를 수 있도록 하면 컬렉터측의 출력 파형도 사인파형이 된다.

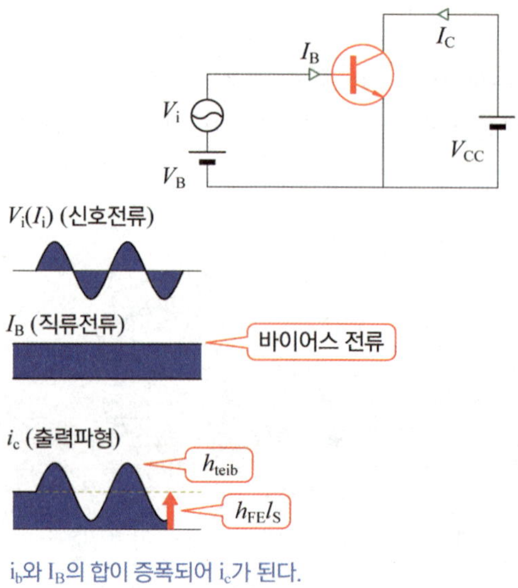

| 그림 5-24 | 신호전류와 직류전류에 대한 출력파형

[그림 5-24]에서 트랜지스터는 출력파형에서 직류분과 교류분이 겹쳐져서 동작되고 있음을 보여준다. 이와 같이 직류 전압을 가하여 일정 전류를 흐르게 함으로서 입력신호의 기준점이 되게하는 것을 바이어스라고 한다.

바이어스는 트랜지스터를 동작시키는데 있어 중요한 것으로 적당한 바이어스를 걸어 주지 않으면 출력 파형이 [그림 5-25]처럼 일그러진다. 일정 전류를 흘려 기준점을 정한 것을 바이어스 전류라 하며, 전압를 걸어서 기준점을 정한 것을 바이어스 전압을 가한다고 한다.

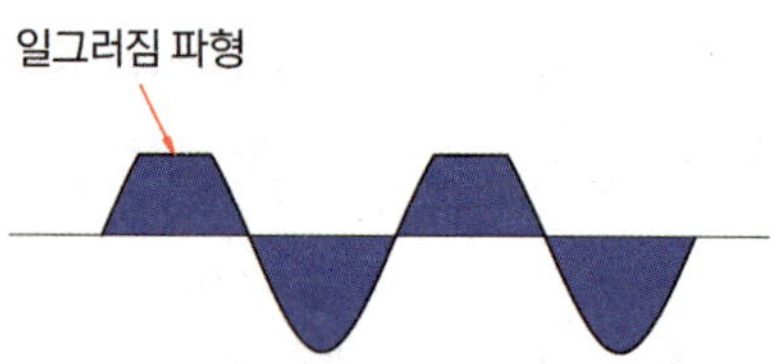

| 그림 5-25 | 부적정한 바이어스에 의한 일그러짐 파형

바이어스를 걸기 위하여 직류 전원을 신호전압에 직렬로 접속하는 방법은 바이어스 전압이 지나치게 걸릴 위험도 생기고, 신호원 저항이 영향을 받는 등 회로 구성상 불편한 점이 있다.

따라서 실제로는 [그림 5-26]처럼 직류전원 V_S에 직렬로 저항 R_B를 접속하여 I_B를 알맞은 값이 되도록 조정할 수 있게 한다. 콘덴서는 직류는 차단하는 특성이 있기 때문에 직류 전류가 신호원 쪽으로 흐르지 못하게 하는 역할을 한다.

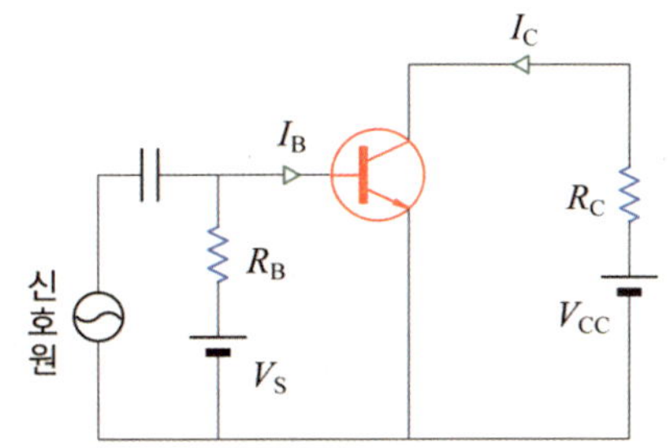

전원이 V_B와 V_{CC}의 2가지이므로 2전원방식이라 한다.

| 그림 5-26 | 저항 R_B를 사용하여 바이어스를 거는 방법

나. 고정바이어스(베이스 바이어스)

고정 바이어스는 고정된 전원전압 V_{EB}를 바이어스 저항 R_C로서 낮추어(전압강하 시켜) 적당한 베이스 전류를 흐르도록 해주는 방식으로, 트랜지스터에 공급하는 전압 전류가 낮거나 증폭율이 작은 트랜지스터를 이용할 때, 충실도가 문제되지 않을 때 이용하는 바이어스이다.

특징으로서는 회로가 간단하고 R_B값의 선택 폭이 여유가 있고 회로 손실은 적으나 트랜지스터가 선형 동작을 하기 위한 이와 같은 베이스 바이어스 방법은 동작점이 불안정하고 충실도가 나쁘기 때문에 가장 좋지 못한 바이어스 방법이다.

그러나 트랜지스터가 차단과 포화의 두가지 상태에만 관여하여 스위칭 역할을 하는 스위칭 디지털 회로에서는 간단한 이 베이스 바이어스 방식을 사용한다.

회로를 살펴보면

V_{BB}대신에 R_b저항으로 V_{CC}를 강압시켜 바이어스 전압 V_{BE}를 얻고 I_B전류를 공급하는 회로로 키로히호프 법칙에 의해 $V_{CC} = V_{BB} + V_{BE} = I_{BRb} + V_{BE}$로 정리할 수 있으며, 다음 공식을 유도할 수 있다.

$$I_s = \frac{V_{CC} - V_{BE}}{R_b} \fallingdotseq \frac{V_{CC}}{R_b}$$

$$V_{CC} = V_C + V_{CE} = R_C I_C + V_{CE}$$

$$R_C = \frac{V_{CC} - V_{CE}}{I_C}$$

$$V_{CC} = V_b + V_{BE} = R_B I_B + V_{BE}$$

$$R_B = \frac{V_{CC} - V_{BE}}{I_B}$$

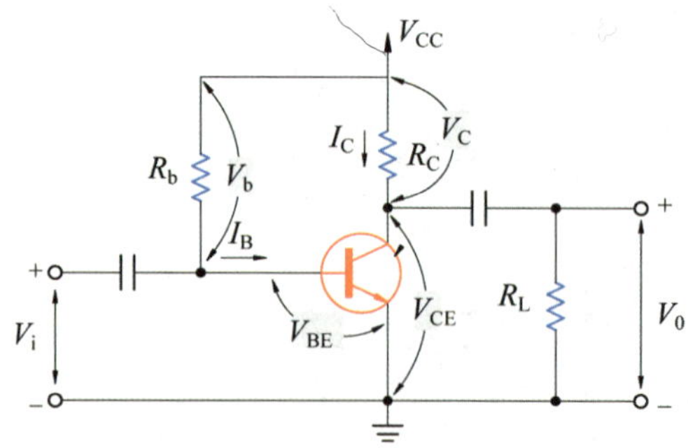

| 그림 5-27 | 고정바이어스 회로

바이어스의 특징으로는

① 회로가 간단하다.

② 온도 안정도가 나쁘다.
온도가 상승하면 켈렉터 차단전류(I_{CBO})가 증가하므로 I_C가 증가하며, I_C가 증가하면 동작점이 변동하여 출력파형이 일그러지고, 열폭주 현상으로 TR이 파괴된다.

③ I_C의 변동이 크다. 따라서 안정성이 떨어지기 때문에 트랜지스터에 공급하는 전압전류가 낮거나 증폭율이 작은 트랜지스터를 이용할 때, 충실도가 높지 않을 때, 차단과 포화만 사용하는 스위칭회로 외 가급적 사용하지 않는다.

Exercise 1

고정바이어스 회로에서 전원전압 9[V], 컬렉터 전류 1[mA], 베이스전류 20[uA]일 때, 베이스 저항과 컬렉터 저항을 구하여라. (단, $V_{CE} = E_{CC}/2$로 하고 V_{BE} = 0.6[V]로 한다)

explanation

$V_{CC} = V_C + V_{CE} = R_C I_C + V_{CE}$

켈럭터저항(R_C) = $\dfrac{V_{CC} - V_{CE}}{I_C} = \dfrac{9-4.5}{1\times10^{-3}} = 4.5\times10^{3}[\Omega] = 4.5[k\Omega]$

$V_{CC} = V_{RB} + V_{BE} = R_B I_B + V_{BE}$

베이스저항(R_B) = $\dfrac{V_{CC} - V_{BE}}{I_B} = \dfrac{9-0.6}{1\times10^{-6}} = 8.4\times10^{6}[\Omega] = 8.4[M\Omega]$

다. 컬렉터 바이어스(자기바이어스, 자체바이어스)

고정 바이어스 회로의 결점을 보완한 것으로, 바이어스 저항이 베이스와 컬렉터 사이에 들어있어 컬렉터 전압을 베이스 저항으로 적당히 낮추어 적당한 전압과 전류를 베이스에 공급하는 바이어스 회로이다.

[그림 5-27] 회로를 살펴보면 컬렉터 전압을 R_b로 적당히 낮추어 적당한 전압과 전류를 베이스에 공급하는 방식으로, R_b저항의 한쪽 끝을 컬렉터저항(R_C) 아래에 접속하였다.

키로히호프 법칙을 적용하면 $V_{CC} = (I_C + I_B)R_C + I_B R_b + V_{BE} = I_B(R_b + R_C) + I_C R_C + V_{BE}$로 정리될 수 있다.

어떤 원인에 의해 컬렉터 전류(I_C)가 증가하면 컬렉터저항(R_C)에 영향을 미쳐 전압강하가 증가하게 되고 때문에 컬렉터와 이미터 간의 전압(V_{CE})이 감소하면서 베이스와 이미터 간의 전압(V_{BE})도 감소하게 된다. V_{BE} 감소하면 베이스 전류(I_B)도 따라 감소함므로 I_C 전류 증가가 억제되고 바이어스가 안정되는 결과를 가져오는 회로이다.

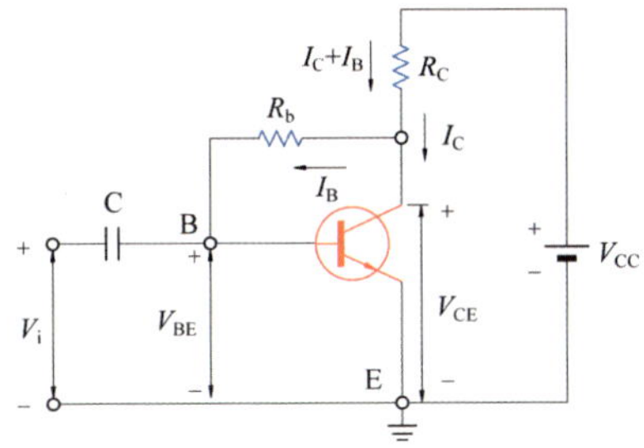

| 그림 5-28 | 자기 바이어스 회로

$V_{CC} = (I_C + I_B)R_C + I_B R_b + V_{BE} = I_B(R_b + R_C) + I_C R_C + V_{BE}$에서 베이스 저항, 콜렉터 저항 등을 구할 수 있다.

$$V_{CC} = R_C I_C + R_B I_B + V_{BE}$$

$$R_B = \frac{V_{CC} - R_C I_C - V_{BE}}{I_B}$$

$$V_{BE} \fallingdotseq 0$$

$$R_B = \frac{V_{CC} - R_C I_C}{I_B}$$

바이어스 특징은

① 회로가 간단하다.

② R_b의 값에 여유가 있다. 때문에 고정바이어스보다 더 오차에 있어도 여유가 있다.

③ 입력임피던스가 낮다.
④ 고정 바이어스보다 안정되어 있다.
⑤ 신호의 찌그러짐이 적은 편이다.
⑥ 출력이 적은 편이다.

Exercise 2

자체 바이어스 회로에서 직류전압 9[V], 베이스전류 10[μA], 전류증폭계수(β) = 100, 컬렉터 저항 8[kΩ]일때 베이스 저항을 구하여라.

explanation

$$V_{CC} = R_C I_C + R_B I_B + V_{BE}$$

$$R_B = \frac{V_{CC} - R_C I_C - V_{BE}}{I_B}$$

$$\left(\beta = \frac{I_C}{I_b} = 100\right)$$

$$\therefore\ I_C = 10 \times 10^{-4}$$

$$V_{BE} \fallingdotseq 0$$

$$R_B = \frac{V_{CC} - R_C I_C}{I_B} = \frac{9 - 8 \times 10^3 \times 10 \times 10^{-4}}{10 \times 10^{-6}} = \frac{1}{10 \times 10^{-6}} = 1 \times 10^5 = 100[\mathrm{K\Omega}]$$

라. 전류궤환 바이어스(전압분배 바이어스)

이미터 전류에 의해 부궤환이 걸리는 회로이므로 전류 궤환형 바이어스 회로라고 한다.

전류궤환 바이어스 회로는 회로소자를 많이 사용하고 이미터 저항(R_E)의 전류 부궤환 작용(저항 양단에 +, - 전압 걸림)에 의하여 안정된 회로로 되어 있다. 그리고 온도 변화나 트랜지스터의 불균일에 대해서도 컬렉터 전류(I_C)의 변동이 적기 때문에 바이어스 회로로 잘 이용되고 있다.

[그림 5-29]은 전류궤환 바이어스 회로를 사용한 증폭회로의 일례이다.

콘덴서 C_1을 통해서 베이스에 가해진 교류 신호는 역위상이 되어서 컬렉터 회로에 증폭되어 나타나는데 이때에 이미터 바이패스 콘덴서 C_E를 삽입한다. 이 콘덴서가 없으면 교류 신호 전류의 흐름이 이미터 저항(R_E)에 의해서 방해되기 때문에 회로의 증폭도가 저하된다.

동작특성은 베이스저항(R_B)과 R_A에 의한 V_A와 이미터저항(R_E)에 의한 이미터전압(V_E)으로 바이어스전압 V_{BE}는 $V_{BE} = V_A - V_E$가 된다.

따라서 회로를 살펴보면 어떤 원인에 의해 I_C의 증가하면 V_E가 증가하고 V_{BE}는 감소한다. 따라서 I_B가 감소하고 I_C 역시 감소하여 회로가 안정된다.($I_E = I_B + I_C$)

온도변화에 따라 전류의 변화를 입력 측에 궤환시켜 항상 I_C를 일정하게 유지하는 회로이다.

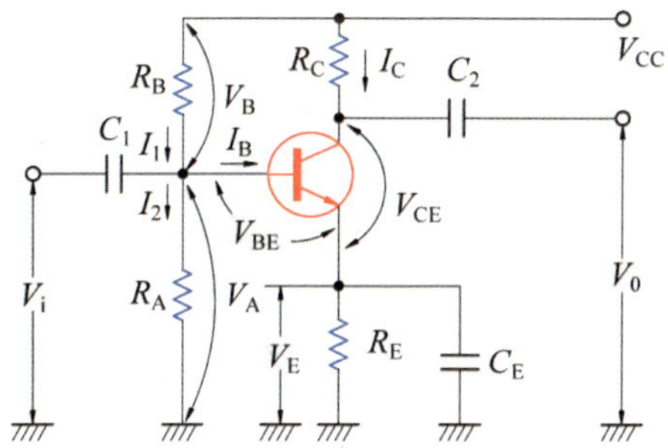

| 그림 5-29 | 전류궤환 바이어스 회로

특징으로는

① 회로가 복잡하고 R_B값이 예민하다.

② 전류 I_A는 신호 전압과 관계없이 외부회로에 흐르고 있기 때문에 직류전류(R_B)와 브리더저항 R_A를 통과하는 전류의 손실이 많다.

③ 온도 안정도가 좋다

④ I_C의 변동이 적다.

⑤ R_E양단전압이 생기며 입력신호 전류와는 역위상이 발생되어 부궤환이 생기기 때문에 입력신호를 억제하여 이득이 저하되는 특징이 있다.

- 각 저항값은 다음과 같이 구할 수 있다.

$V_{RE} = 0.1\,V_{CC}$ (1할가정)

$R_E I_E = 0.1\,V_{CC}$

① $R_E = \dfrac{0.1\,V_{CC}}{I_E} \fallingdotseq \dfrac{0.1\,V_{CC}}{I_C}[\Omega]$

보통 R_A는 R_E의 10-50배로 선택

② $R_A = (10-50)R_E$

V_{CC}에 반항하는 전압강하는 $R_B(I_A+I_B)$, V_{BE}와 V_{RE}와 관계

$V_{CC} = R_B(I_A+I_B) + V_{BE} + V_{RE}$

③ $R_B = \dfrac{V_{CC} - V_{BE} - V_{RE}}{I_A + I_B}$

$V_{CC} = R_C I_C + V_{CE} + V_{RE}$

④ $R_C = \dfrac{V_{CC} - V_{CE} - V_{RE}}{I_C} = \dfrac{V_{CC} - V_{CE} - V_{RE}}{I_C}$

⑤ $R_C = \dfrac{0.9\,V_{CC} - V_{CE}}{I_C}[\Omega]$

Exercise 3

전류 되먹임 바이어스 회로에서 전압 = 9[V], 컬렉터 전류 = 1[mA], 베이스전압 = 0.6[V], 컬렉터와 이미터간 전압 = $V_{CC}/2$, $I_A = 10I_B$, h_{FE} = 50일 때, 다음 저항값을 구하라.

1) R_E

2) R_A

3) R_B

4) R_C값을 구하여라.

explanation

1) $R_E = \dfrac{0.1V_{CC}}{I_E} \fallingdotseq \dfrac{0.1V_{CC}}{I_C}[\Omega]$

2) $R_A = (10-50)R_E[\Omega]$

3) $R_B = \dfrac{0.9V_{CC}-V_{BE}}{I_A+I_B}[\Omega]$

4) $R_C = \dfrac{0.9V_{CC}-V_{CE}}{I_C}[\Omega]$

$h_{FE} = \dfrac{Ic}{Ib} = 50$

∴ 베이스 전류(Ib) = $\dfrac{I_c}{50} = \dfrac{1\times10^{-3}}{50}$ = 0.00002[A] = 20[μA]

마. 실제 사용되고 있는 전류궤환 바이어스회로 분석

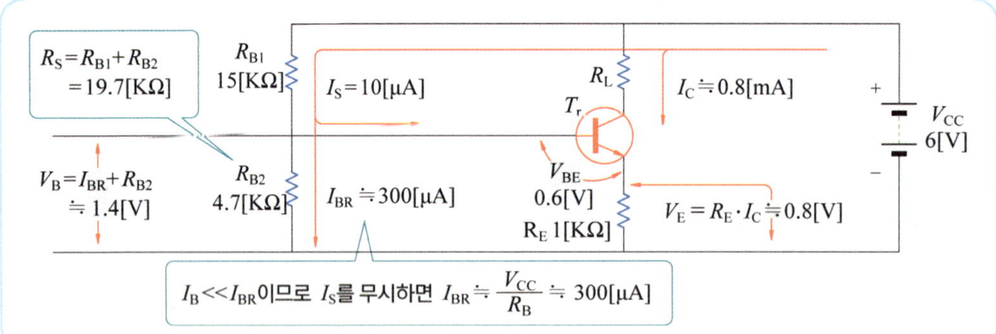

| 그림 5-30 |

- R_{B1} = 바이어스 양을 결정 : 컬렉터 전류가 0.8~1[mA]가 되도록 설계
- V_B = 회로에서 우선 결정해야 할 요소(I_{BR}이 I_B의 30배나 되므로 I_B무시)
- V_{BB} = 트랜지스터의 고유한 값으로 실리콘 트랜지스터의 거의 0.6~0.7[V] 정도임.
- V_E = V_B와 V_{BE}가 결정되면 자동으로 결정되는 값으로 0.8[V]가 됨. V_E가 0.8[V]가 되려면 R_E가 1[kΩ]으로 I_C는 0.8[mA]가 되고 이것으로 하나의 전류궤환 바이어스회로 완성

8 트랜지스터 정특성 곡선

정특성이란 트랜지스터에 부하를 접속하지 않고 직접 직류, 전압을 가했을 때의 각 전극의 전압, 전류 사이의 관계를 말하며, 이것을 도형으로 나타낸 정특성 곡선이 널리 쓰인다. 트랜지스터에서는 컬렉터-이미터간 전압(V_{CE}), 베이스-이미터간 전압(V_{BE}), 컬렉터 전류 I_C, 베이스 전류 I_B 상호의 관계에 따라 $I_B - I_C$특성, $V_{CE} - I_C$특성, $V_{BE} - I_B$특성 등이 널리 쓰인다. [그림 5-30] 회로는 이미터접지의 정특성을 측정하는 회로이며, 측정결과 3가지 특성곡선을 [그림 5-31]에 나타내었다.

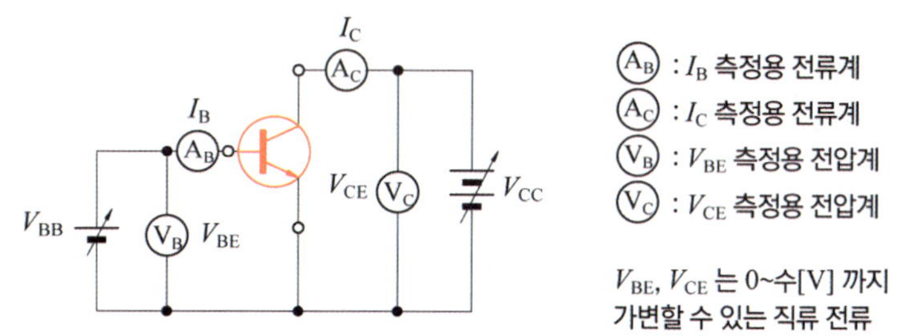

| 그림 5-31 | 이미터 접지의 정특성곡선 측정회로

가. 이미터 접지의 정특성 곡선의 측정결과

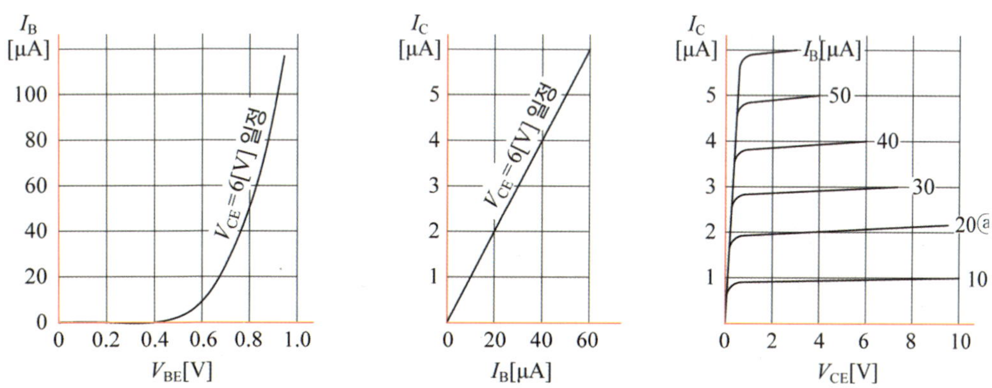

(a) $V_{BE} - I_B$ 특성 (b) $I_B - I_C$ 특성 (c) $V_{CE} - I_C$

| 그림 5-32 | 정특성 곡선

(a) $V_{BE} - I_B$ 특성 또는 입력특성이며 베이스와 이미터 사이에 순방향 바이어스 전압을 가했을 때의 V_{BE}와 I_B의 관계를 나타냄(지수함수 곡선)

(b) 트랜지스터의 전류 증폭율 h_{FE}(또는 β)를 나타내고 있는 $I_B - I_C$ 특성

(c) 베이스전류에 대한 각각의 값에서 $V_{CE} - I_C$ 특성이며, 출력특성이라고도 함.

① 컬렉터와 이미터 사이 전압 6[V] 유지하고 베이스전류(I_B)를 변화시키면서 컬렉터 전류(I_C) 관찰하면

㉠ 컬렉터 전류는 베이스 전류에 비례하여 일정하게 변화한다.

㉡ 전류 증폭율(β 또는 h_{FE})은 = $\triangle I_C / \triangle I_B$ (V_{CB}는 일정)

β는 일반적으로 50~1,000배 정도임.

② $I_B = 20[\mu A]$로 일정하게 유지하면서 V_C를 변화시켜보면

㉠ 그림(c)의 그래프 ⓐ와 같이 된다. 즉 V_C의 변화에 따라서 I_C는 거의 변하지 않는다.

㉡ $I_B = 40[\mu A]$, $I_B = 60[\mu A]$ 등 변화를 시켜도 같은 결과가 나온다.

따라서 이 트랜지스터의 전류 증폭율은 다음과 같이 구할 수 있다.

$h_{FE} = \triangle I_C / \triangle I_B = 2[mA]/20[\mu A] = 100$

9 트랜지스터 증폭기

가 .증폭기의 개념

증폭이란 가한 입력보다 출력측이 크게 되는 동작을 증폭이라 한다. 이 회로를 증폭회로라 한다. 증폭회로에서 증폭하려는 입력을 일반적으로 신호라고 하며, 신호에는 음성신호 Morse부호 및 영상신호가 있다.

증폭을 하려면 에너지 보급이 필요하며 증폭회로에서도 에너지 보급을 위한 직류전원이 접속되며 증폭회로와 그 전원을 합하여 증폭기라고 한다. 일반적으로 증폭회로는 트랜지스터 등을 요소로 하여 저항, 코일, 콘덴서 등으로 구성되며, 그 형태는 증폭하는 신호와 주파수 등에 따라 다르다. 용어를 정리해보면

① 증폭(amplification) : 입력신호가 증폭기에 의해서 확대되는 현상

② 일그러짐(distortion) : 확대되는 과정에서 출력신호의 파형이 입력신호의 파형과 같지 않음

③ 증폭도 : 입력 전압이 얼마나 크게 되었는가를 나타내는 값으로써 출력/입력(V_o / V_i)

④ 증폭기(amplifier) : 증폭을 하는 장치

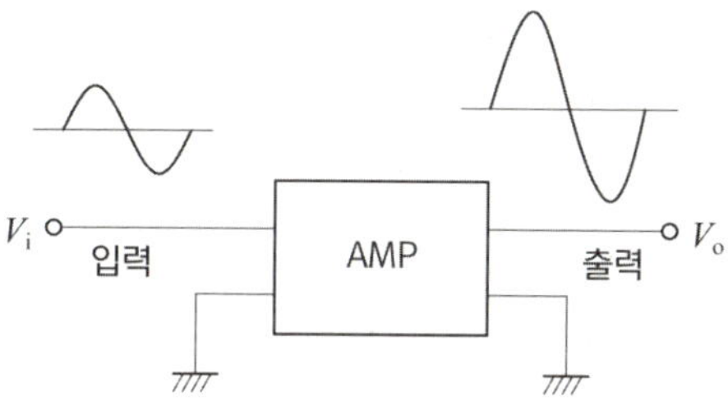

| 그림 5-33 | 증폭의 개념도

트랜지스터 증폭을 하기 위한 주요사항은 아래와 같다.

① 미리 V_{BE}, I_B, V_{CE}, I_C등의 직류 전압, 전류를 트랜지스터에 공급해둘 것

② 입력 전압 V_i(소문자 v_i은 입력 전압 V_i의 순시값을 나타낸다)를 직류 V_{BE}에 중첩하여 가할 것

③ 출력 전압 V_o(소문자의 v_o는 출력 전압 V_o의 순시값을 나타낸다)는 V_{CE}에 포함된 교류분만 꺼낼 것

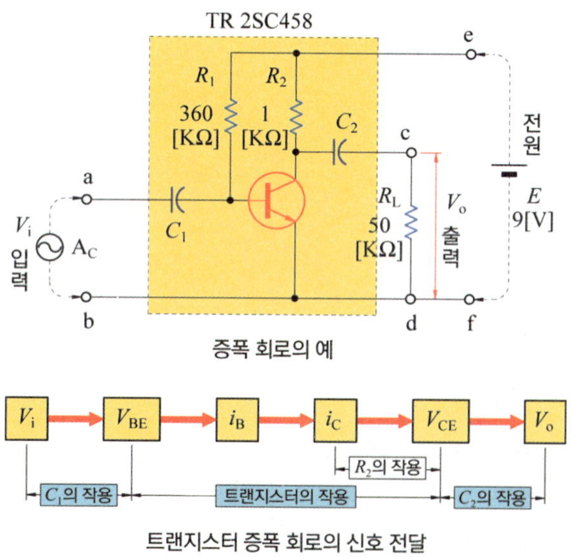

| 그림 5-34 | 증폭회로의 예

나. 부하선과 동작점

동작점은 트랜지스터나 등 특성 곡선상의 동작 원점을 말하며, 트랜지스터의 입/출력 신호와 전류/전압 사이의 상관관계는 특성곡선도를 이용하면 쉽게 파악할 수 있다. 트랜지스터의 저항은 베이스전류의 크기와 특성곡선 상의 동작점에 따라 결정된다.

부하선은 트랜지스터의 정특성을 나타내는 그래프에 기입된 부하에 대한 동특성을 나타내는 선을 말하며, 가로축상의 $V_C = V_{CC}$의 점과 세로축상의 $I_C = V_{CC}/R$의 점을 직선으로 잇는다. 입력 신호 V_b에 대하여 베이스 전류 I_B가 변화할 때의 동작점은 모두 이 선상에 있다. 부하 R이 걸려 있으면 경사가 변화하고, V_{CC}가 바뀌면 평행 이동한다.

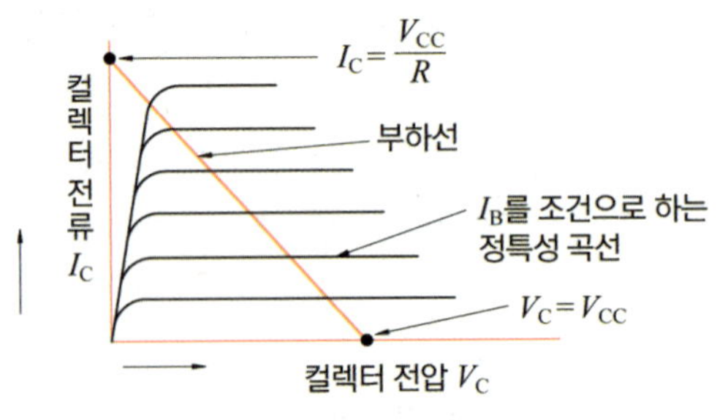

| 그림 5-35 | 부하선

가장 간단한 공통 이미터 증폭기 회로의 예로, 먼저 입력 교류신호 v_s가 0인 경우

① 회로의 모든 전류와 전압이 상수 값을 갖게 되는데, 이때의 (I_b, I_c, V_{ce}) 값의 set를 동작점

② 동작점은 Kirchhoff의 법칙을 적용하여 얻은 식과 트랜지스터의 출력 특성곡선으로부터 구한다.

③ 입력 쪽에 전압법칙(KVL)을 적용하면 $V_{bb} - I_b R_b - V_{be} = 0$에서 베이스전류 값을 구할 수 있다. 즉 $I_b = (V_{bb} - V_{be})/R_b$이다.

④ V_{be}는 트랜지스터의 입력 특성곡선으로부터 얻을 수 있는데, Ge 트랜지스터의 경우 0.2[V], Si 트랜지스터의 경우 0.6[V] 정도의 상수 값을 갖는다.

$$I_c = -\frac{V_{CE}}{R_c} + \frac{V_{CC}}{R_c} \quad (I_c\text{는 } V_{ce}\text{가 0일 때 최대})$$

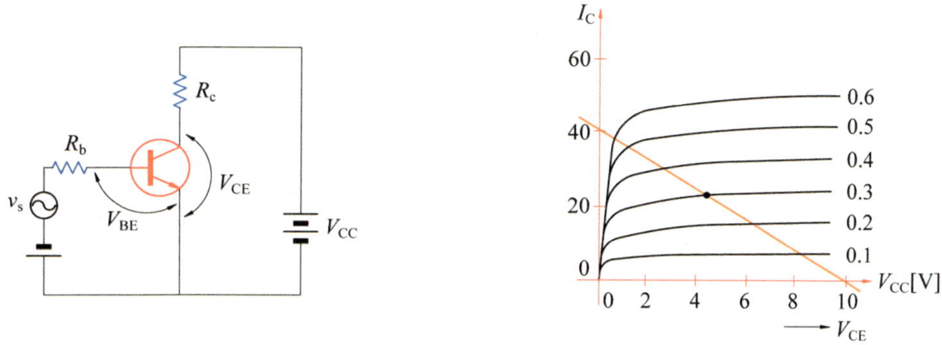

| 그림 5-36 | 하선과 동작점 예

출력 쪽 loop로부터는 $V_{cc} - I_c R_c - V_{ce} = 0$에서 $I_c = -\frac{V_{CE}}{R_C} + \frac{V_{CC}}{R_c}$를 구할 수 있으며, 이 직선을 부하선이라고 한다.

동작점을 구하려면 먼저 트랜지스터의 여러 출력 특성곡선 중에서 식 I_b에 해당하는 곡선을 선택한다.

$V_{bb} = 3.6$[V], $V_{be} = 0.6$[V], $R_b = 10$[kΩ]이라면 그림처럼 $I_b = 0.3$[mA]인 경우가 된다. $(I_b = (V_{bb} - V_{be})/R_b)$

다음에 선택된 특성곡선과 부하선과의 교점을 구하면, 그 교점이 곧 동작점이 된다.

[그림 5-36]에서는 $V_{cc} = 10$[V], $R_c = 250$[Ω]인 경우의 부하선을 그렸다.

동작점의 좌표를 읽으면, 교류 입력이 0인 상태의 직류 I_c와 V_{ce}의 값을 알 수 있게 되는데, $I_c = 23$[mA], $V_{CE} = 4.4$[V] 정도가 된다.

(1) 교류전압 v_s가 직류전압 V_{be}에 더해지는 경우(정상 파형)

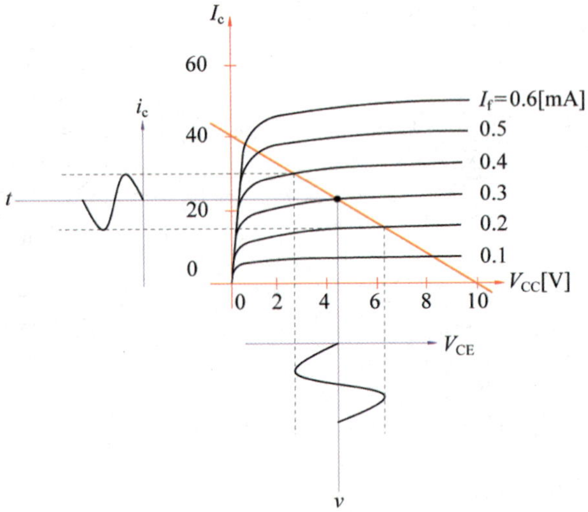

| 그림 5-37 | 증폭작용의 정상파형

v_s의 진폭이 1[V]이고 $R_b = 10[\mathrm{k}\Omega]$이면, I_b는 동작점에서 진폭 0.1[mA]로 흔들리게 된다. 부하선은 v_s와 관계가 없으므로, 결국 특성곡선과 부하선과의 교점이 부하선을 따라 움직이게 된다.

그 결과, 출력 전류 I_c와 출력전압 V_{CE}도 교류 성분을 갖게 된다. 이때 교류 성분만을 각각 i_b, i_c, V_{CE}라 하면, 그림에서는 $i_{b,p-p} = 0.2$[mA], $i_{c,p-p} = 15$[mA], $v_{ce,p-p} = 3.6$[V] 정도가 된다.

이때 출력전류와 입력전류의 비인 전류 증폭계수를 계산하면

$\beta = \dfrac{i_{c,p-p}}{i_{b,p-p}} = \dfrac{15}{0.2} = 75$의 큰 값을 얻게 된다.

(2) 교류전압 v_s가 직류전압 V_{be}에 더해지는 경우(찌그러진 파형)

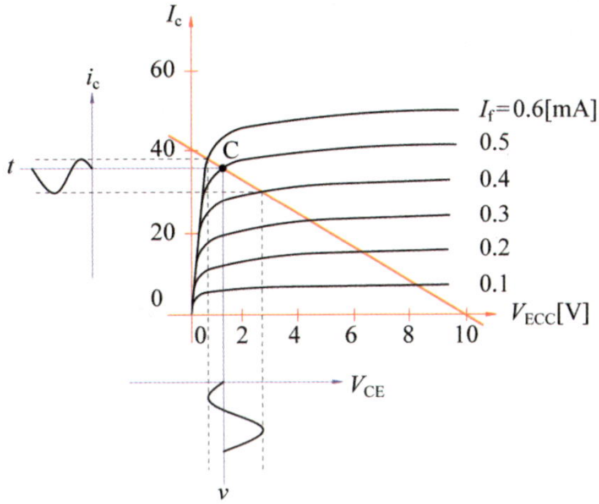

| 그림 5-38 | 증폭작용의 찌그러진 출력파형

같은 트랜지스터를 사용하더라도 바이어스 전압이 달라져 동작점이 이동하면 증폭효과도 달라짐을 유의하여야 한다.

예를 들어, 위 그림 C점에 동작점이 설정이 되었다고 하면, 베이스 전류가 0.5[mA]에서 0.4[mA]로 줄어들 때는 위의 경우와 마찬가지로 증폭이 되지만, 0.6[mA]로 늘어날 때는 증폭이 덜 됨을 알 수 있다.

이 경우에는 출력 파형이 입력 파형을 닮지 않고 찌그러지게 된다.

Exercise 4

트랜지터 바이어스 회로이다. R_c = 350, R_b = 47[K], V_{cc} = 20[V], V_{bb} = 10[V] 전류증폭 계수 B_{dc} = 200일 때, Q점을 결정하여라. 그리고 선형 동작을 하기 위한 베이스 전류의 값과 Q점에서 I_b전류의 최대값을 구하여라.

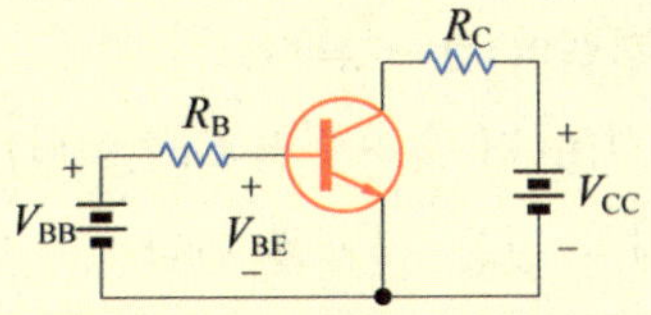

explanation

1) I_b 2) I_c 3) V_{ce} 4) I_c(sat) 5) I_b(peak)를 순서대로 구한다.

Q점은 I_c V_{ce}에 의해 정해짐

① $I_b = V_{bb} - V_{be}/R_b$ = 10−0.7/47000 = 198[uA]에서
② I_c = 200×198[uA] = 39.6[mA]
③ $V_{ce} = V_{cc} - I_cR_c$ = 20−13.07 = 6.93[V]
Q점은 I_c = 39.6[mA]와 V_{ce} = 6.93[V]가 만나는 점이다.
Q점에서 I_b전류의 최대치를 구하면
④ I_c(set) = V_{CC}/Rc = 20/350 = 57.1[mA]
⑤ I_c(set) − I_{cq} = 57.1−39.6 = 17.5[mA]
⑥ I_b(peak) = 17.5/200 = 87.5[uA]

$I_c = 0$ 이므로 컬렉터 전류가 얼마나 변하는지 그리고 트랜지스터의 선형동작을 유지 할 수 있는지를 결정하기 위하여 I_c(set)을 알 필요가 있다.

다. 트랜지스터 증폭원리

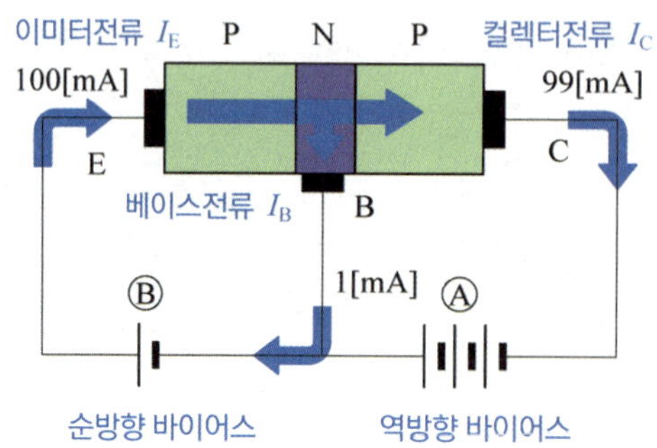

| 그림 5-39 | 트랜지스터의 증폭원리

[그림 5-39]의 이미터접지 회로를 기준으로 트랜지스터 증폭원리를 설명하고자 한다. 먼저 B의 전지는 연결하지 않고 A전지만 연결해 본다. 그러면 이것은 역방향 전압이므로 전류가 흐르지 않는다. 여기서 B의 전지를 연결하면 E(이미터)와 B(베이스)간에 순방향 전압이므로 전류가 흐르지만 원래는 B(베이스)로 흘러야 할 전류가 B(베이스)가 얇기 때문에 지나쳐 버리고 전류가 C(컬렉터)로 흐른다.

결론은 B(베이스)전류 I_B를 1[mA] 흘려주면 C(컬렉터)전류 I_C가 99[mA] 흘러 99배 증폭이 된다. 베이스는 수도꼭지와 같은 역할을 한다.

| 그림 5-40 | 베이스의 역할

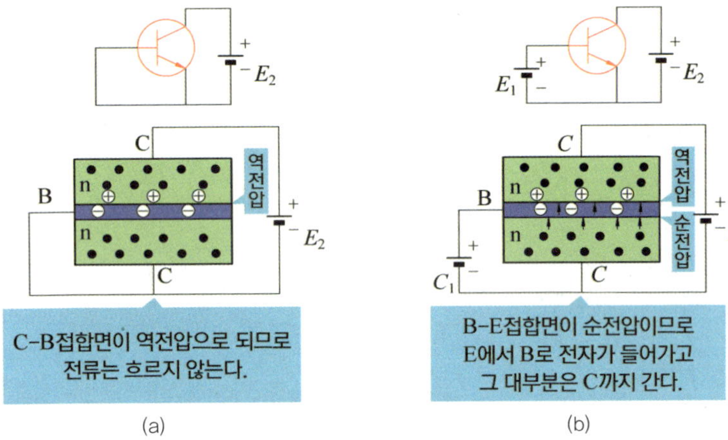

| 그림 5-41 | 트랜지스터의 전자 이동

이미터에서 유입된 전자 가운데 컬렉터에 도달하는 전자의 비율을 α라 하면 α는 보통 0.99정도로 1에 가까운 값을 갖게 된다. 또한 베이스와 컬렉터 사이의 전류 증폭률을 β라 하면, $\beta = \alpha/(1-\alpha)$로 나타낼 수 있다. 만약 α를 0.99로 하면 β는 약 100이 되어 베이스 전류가 100배로 증폭되어 컬렉터에 흐르게 된다.

또 α를 0.999로 하면 β는 약 1,000이 되어 1,000배로 증폭된 컬렉터 전류가 흐르게 된다. 이것이 트랜지스터의 증폭작용이라고 한다.

트랜지스터 전류 및 α와 β에 대해 정리해보면

① 증폭원리 : 작은 I_B가 큰 I_E와 I_C를 흐르게 하는 것이 증폭작용이다.

㉠ I_B 인가시 정상상태(steady state)에서 보다 전공이 더 증가하는데, 이때 평형을 이루려는 작용에 의해 I_E, I_C가 흐르게 되며, 이것이 증폭현상으로 이루어진다.

㉡ I_B에 의한 전공을 없애기 위해 순방향 E측 전자가 B로 들어가 B의 과잉전공과 재결합 과정에서, B층이 얇아 E측에서 들어온 전자 대부분이 B층을 지나 C층으로 들어가 재결합 하여 i_C를 만든다. (E에서 주입된 전자는 소수가 B층 전공과 결합하여 I_B로 된다.)

② 트랜지스터의 전류(KCL)

$-I_B - I_C + I_E = 0 \rightarrow I_E = I_B + I_C$

③ 트랜지스터의 α와 β

㉠ α(alpha) : Collector 전류와 Emitter 전류비를 말하며 I_E의 95 ~ 99[%]가 I_C로 된다.

$$\alpha = \frac{I_C}{I_E} \fallingdotseq 1 \rightarrow I_E \fallingdotseq I_C \ (\because \alpha = 1)$$

㉡ β(beta) : Collector 전류와 Base 전류비를 말하며, β를 알면 base 전류(i_B)에 대한 Collector 전류(i_C)제어 관계를 알 수 있다. β값(대개 50 ~ 300)은 Q점에 의해 결정되며, Tr의 형태, 응용, 온도 등에 따라 영향을 받는다.

$$\beta\ (h_{fe}) = \frac{I_C}{I_B}$$

㉢ α, β 사이의 관계

$$\beta = \frac{I_C}{I_B} = \frac{I_C}{I_E - I_C} = \frac{I_C / I_E}{1 - I_C / I_E} = \frac{\alpha}{1-\alpha}$$

$$\alpha = \frac{I_C}{I_E} = \frac{I_C}{I_C + I_B} = \frac{I_C / I_B}{I_C / I_B + 1} = \frac{\beta}{\beta + 1}$$

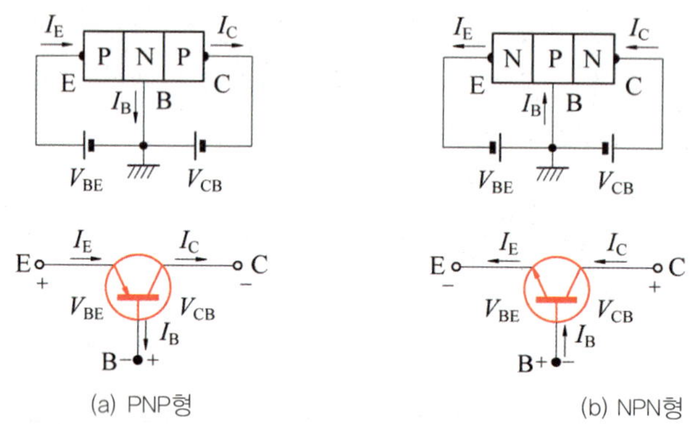

| 그림 5-42 | 트랜지스터의 전자 이동

10 트랜지스터 접지방식

가. 베이스 접지

베이스접지 증폭회로의 입력임피던스가 매우 낮아서 수 10[Ω]이지만 출력 임피던스는 매우 커서 수 100[kΩ]이 된다. 전류 이득은 베이스접지 증폭율(α)는 1에 가깝지만 1보다는 적으며, 전류이득과 입출력 임피던스의 곱으로 정의되어지는 전압이득은 거의 1이지만 입출력 임피던스의 비가 크기 때문에 큰 전압이득이 얻어진다. 전력 이득은 이미터 접지증폭회로보다 적은 수 백배 정도이며, 이 접지 방식은 찌그러짐이 적고 수파수 특성도 이미터 접지 방식에 비해 매우 양호하다.

① 이미터에 입력을 가하고 컬렉터에서 출력을 얻는 회로 [그림 5-43]
② 전류증폭도 1미만, 전압 이득이 크다.
③ 입력임피던스 수백[Ω], 출력임피던스 수백[KΩ]으로 임피던스 정합용으로 활용.
④ 고주파 특성이 양호

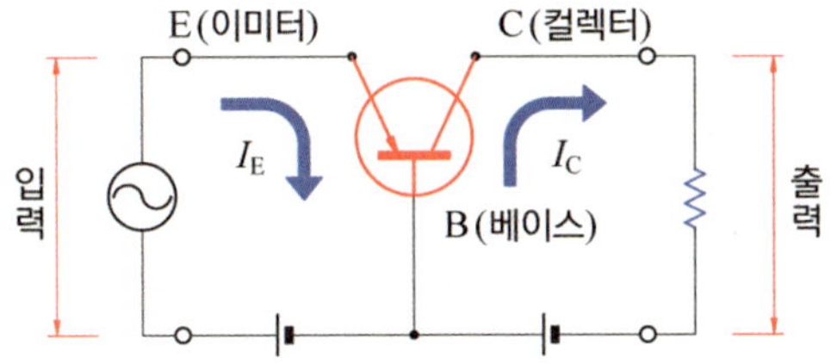

| 그림 5-43 | 베이스접지 회로

베이스접지 전류증폭률은 E와 B 사이의 전압 V_{BE}를 약간 변화시키고 I_E를 $\triangle I_E$ 만큼 변화시키면 컬렉터 전류 I_C도 $\triangle I_C$ 만큼 변화되며, 이 경우 I_E와 I_C의 비는 아래와 같다.

$$\alpha = \frac{\text{출력 전류}}{\text{입력 전류}} = \frac{\triangle I_C}{\triangle I_E} = 0.95 \sim 0.999$$

V_{CB} = 일정

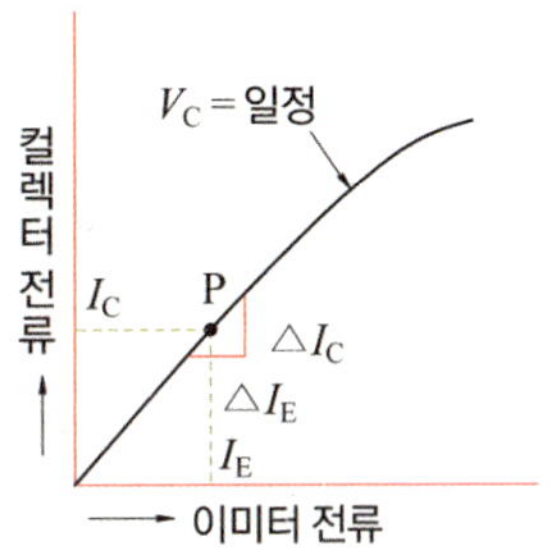

| 그림 5-44 | IE와 I_C의 비

나. 콜렉터접지 증폭회로

콜렉터접지 증폭회로의 전류이득은 아미터접지 증폭회로와 마찬가지로 크지만 전압이득이 1보다 적다. 그것은 입력신호 전압 e_1중 증폭작용에 관계되는 것은 이미터와 베이스간에 가해지는 전압뿐인데 컬렉터접지 증폭회로 전압관계는 [그림 5-45]에 나타낸 것과 같이 베이스 전류를 흘리기 위해서는 항상 $(e_1 - e_2) > 0$, 즉 $e_1 > e_2$ 이어야 하기 때문이다. 따라서 전압이득은 1에 가깝지만 1보다는 적기 때문에 전압이득이 그다지 크지 않고 약 수십배 정도 된다. 컬렉터접지 증폭회로에서는 e_1이라는 입력 신호를 가해도 실제로 입력으로 작용하는 것은 $(e_1 - e_2)$이다.

이것은 출력신호 전압이 역위상으로 100[%] 입력측으로 궤환한 것이 된다. 부궤환이 걸려 있으므로 콜렉터접지 증폭회로의 주파수 특성 및 찌그러짐률은 양호하다.

이 증폭회로는 입력 임피던스가 수 100[kΩ] 정도로 매우 높고 출력 임피던스가 수 10[Ω]정도로 매우 낮은 것이 특징이며, 임피던스 변환 회로로 사용 되는 경우가 많으며 입출력 신호의 위상은 동위상이다.

특징으로는

① 컬렉터 접지 후 이미터에서 출력을 얻는다.[그림 5-45]

② 입력임피던스가 크고, 출력임피던스가 낮다.

③ 낮은 입력 임피던스를 갖는 회로와 결합이 적합하다.

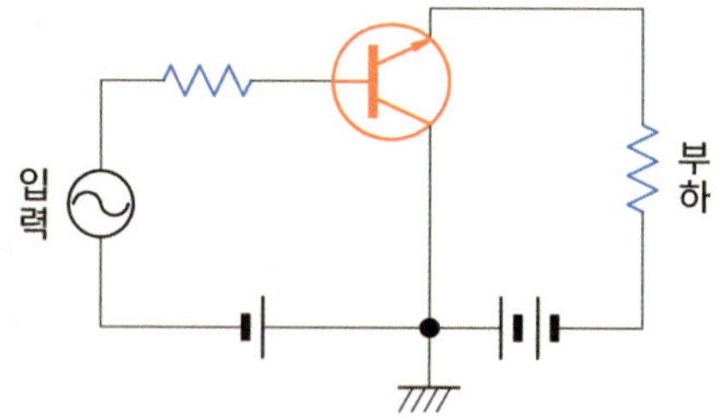

| 그림 5-45 | 컬렉터접지 회로

다. 이미터접지 증폭회로

이미터 폴로어(emitter follower) 증폭회로라고도 부르는 이미터 접지 증폭회로는 트랜지 증폭회로 중 가장 기본이 되는 접지방식이다. 또한 트랜지스터 증폭회로는 전력 증폭회로이다. 폴로우라는 말은 출력전압이 입력전압에 거의 똑같이 따른다는 의미이다. 전력은 전압과 전류의 곱이므로 트랜지스터 증폭회로의 이득으로서는 전류이득, 전압이득, 전력이득 3가지 경우를 생각할 수 있다. 전류 이득은 베이스에 가해지는 신호 전류에 대한 콜렉터 전류의 비이며, 이것이 곧 β(베타 = h_{fe})가 된다. 이 값은 트랜지스터에 따라 다르지만 20 정도에서 큰 것은 500이나 된다. 전류증폭율(β)과 전류이득(β)과의 관계는 아래 식과 같다.

전압 이득은 입력전압에 대한 출력전압의 비이며, 전력이득은 전압이득과 전류이득의 곱인데 이미터접지 증폭회로에서는 그 이득이 모두 크기 때문에 3가지 접지 증폭 회로 중 가장 큰 전력이 얻어 진다. 다만 이미터접지 증폭회로는 이득이 큰 반면 일률적으로 증폭할 수 있는 주파수 대역폭이 좁아진다는 단점이 있다. 특징은 아래와 같다.

① 베이스에 입력을 가하고 컬렉터에서 출력을 얻는 회로이다.[그림 5-46]
② 전류증폭률이 매우 크다.
③ 전압이득과 출력이득이 다른 방식에 비해 크다.
④ 입력과 출력은 역위상으로 180°의 위상차를 갖는다.

• 전류증폭률 α와 β의 관계

$$\alpha = \frac{\beta}{1+\beta} \qquad \beta = \frac{\alpha}{1-\alpha}$$

$$\beta = \frac{\triangle I_C}{\triangle I_a}$$

V_{cm} = 일정

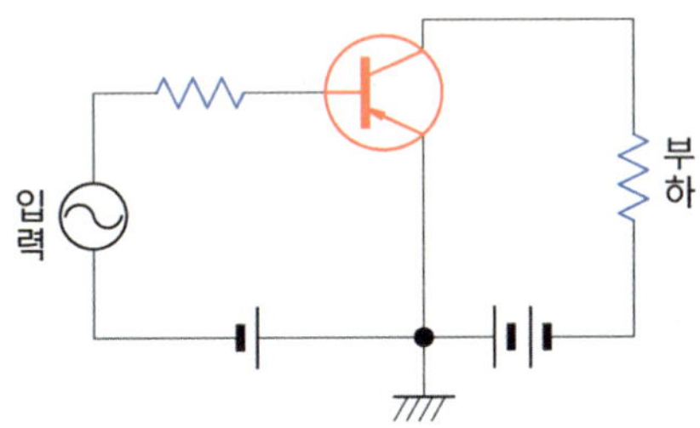

| 그림 5-46 | 이미터접지 회로

라. 증폭기 접지방법에 따른 특성 비교

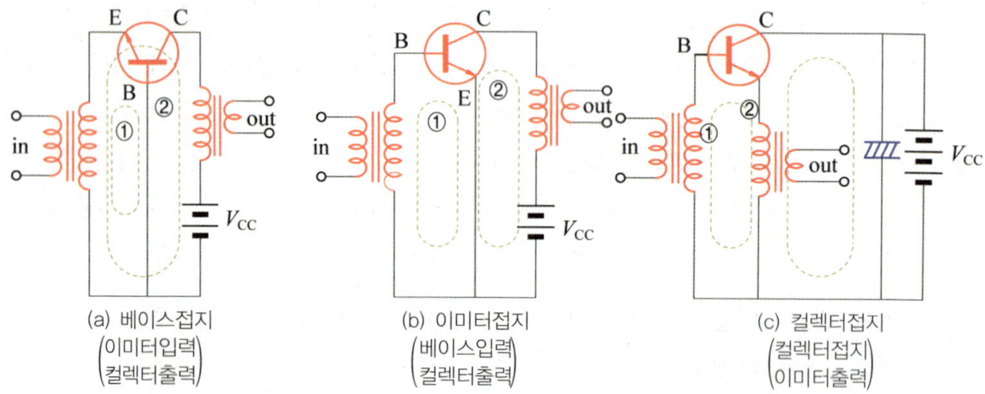

| 그림 5-47 | 증폭기 접지방법에 따른 특징

| 표 5-5 |

고유특성	이미터 접지회로(b)	컬렉터 접지회로(c)	베이스 접지회로(a)
입력측 임피던스	중간, 0.2~5[Ω]	크다, 20~500[Ω]	작다, 20~50[Ω]
출력측 임피던스	중간, 1~100[kΩ]	작다, 0.1~1[kΩ]	크다, 100~500[kΩ]
전류 증폭	10~200	10~200	약 1
전압 증폭	10^2~10^4	약 1	10^2~10^4
출력 증폭	10^3~10^4	10^2~10^3	100~200
위상차	180°	없다	없다
용도	전압증폭용	전압증폭용	임피던스 변환용

11 전계효과트랜지스터(FET)

전계효과 트랜지스터(FET)는 진공관과 비슷한 원리로 입력전압으로 출력전류를 제어하는 특성을 갖고 있다. 전기력으로 전하를 갖는 전자 또는 정공이 이동하는 원리는 TV의 브라운관 중에서의 전자의 이동과 흡사하다.

종류로는 접합형과 모스형이 있으며 접합형 FET는 입력게이트가 반도체의 접합으로 구성되고 있는 FET로 트랜지스터와 비교하여 훨씬 적은 입력전류로 동작한다.

MOS형 FET는 입력게이트가 산화실리콘 박막으로 절연되어 있는 FET로 상당히 높은 입력 임피던스를 갖고있는 것이 특징이다.

MOSFET(금속산화물접합FET) 와 JFET(접합전계효과트랜지스터)가 다른 점은 게이트가 채널로 부터 절연되어 있다. 따라서 게이트 전압이 정(+)이든 부(-)이든 게이트 전류는 거의 흐르지 않으며, MOSFET를 흔히 insulated-Gate Field-Effect Transistor의 약자로 IGFET(절연게이트 FET)라고도 부른다.

게이트 G1, G2는 보통의 경우 단락접속 사용하며, 진공관의 플레이트 캐소드간 전류를 흘리는 것은 비슷하나 한 가지 특징적인 것은 양방향성이기 때문에 어느 방향이라도 전류를 흐르게 할 수 있는 편리한 성질이 있다.

바이폴라형의 동작전류는 베이스에 주입된 소수캐리어의 확산에 의해 이동하지만, FET의 동작전류는 소스, 드레인 사이의 전계에 의한 전기력으로 다수 캐리어가 움직인다.

바이폴라(쌍극성트랜지스터)와 FET트랜지스터의 차이점은 다음과 같다.

① 단지 다스케리어의 흐름에만 관여한다(쌍극성이 아닌 단극성 소자)
  • FET는 전계(전기력) 작용으로 전자·정공(다수캐리어)이 움직인다.

② FET가 제조하기 더 간편하고 집적된 형태에서 더 작은 공간을 점유(BJT의 20~30[%]) 하기 때문에 집적화하기 용이하다.
  • BJT에 비해 소형이며, 제조공정이 간단

③ 전압제어 정전류소자이다.

④ 입력저항이 높고(수 M[Ω] 이상) 출력저항은 조금 낮으며 저전압에서 동작한다.

⑤ 열영향이 적고 노이즈에 강하다.

⑥ 아날로그 및 RF 집적회로에 사용한다.

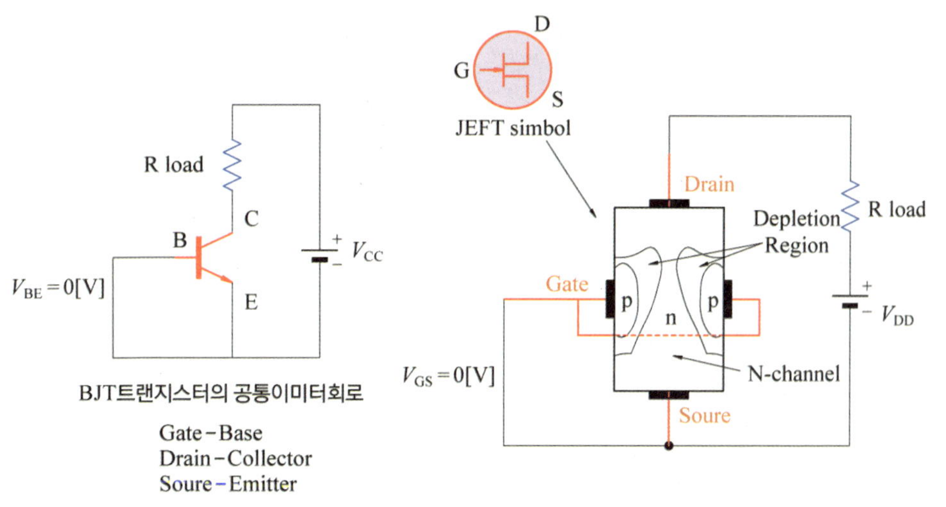

| 그림 5-48 | BJT와 FET의 비교

가. FET의 종류 및 구조

FET는 접합형과 절연 게이트형(MOS형)이 있고, 다시 각각 n채널형과 p채널형으로 나누며, 3단자로 된 전극명은 드레인(D : drain), 소스(S : source) 및 게이트(G : gate)로 구분된다.

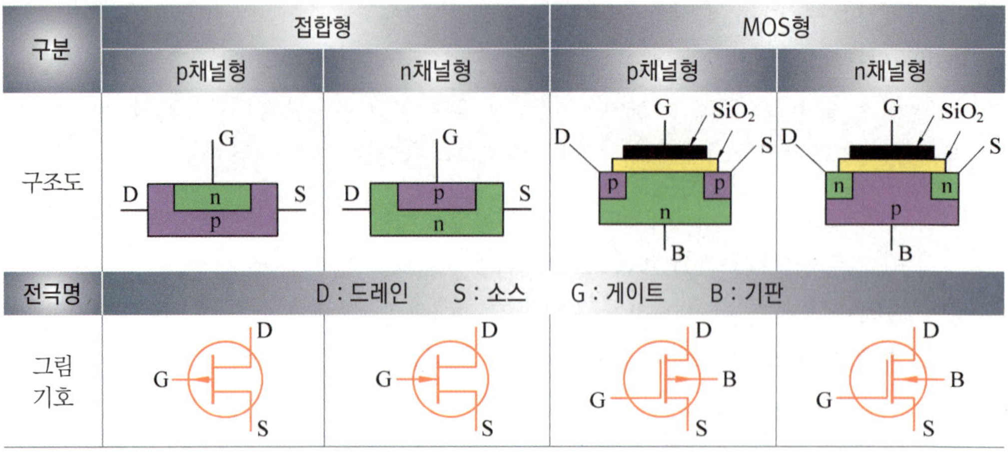

| 그림 5-49 | FET 종류 및 구조

나. FET의 특징

① 외부로부터의 복사의 영향을 덜 받는다.
② 전류는 다수캐리어에 의해서 운반된다.
③ 입력 임피던스가 매우 높다.
④ 잡음이 적다.
⑤ 열적으로 안정하다.

다. 접합형 FET

접합형 FET(JFET)는 N채널과 P채널형 두 종류가 있다. N채널의 경우 채널을 구성하는 N형 반도체 양측에는 소스와 드레인이라 부르는 전극이 있으며, 소스는 원천, 드레인은 유출구라는 의미가 있다.

N 채널의 [그림 5-50 (a)] 경우 드레인 D에 소스 S보다 높은 전압을 걸면 다수 캐리어 전자는 채널 내에서 생긴 전계의 전기력으로 소스에서 드레인쪽을 향해서 흐르는데 이것

을 드레인 전류라고 한다. 또 하나의 층을 게이트라고 하며 채널의 방향에 접한 P형 반도체로 채널과 사이에 PN접합으로 구성되어 있다. 그리고 이 PN 접합에 역방향의 전압을 걸면 공핍층이 PN 접합의 양측에 생겨 드레인 전류는 공핍층으로 좁게 된 채널을 통과해 소스에서 드레인으로 흐른다.

게이트 G에 가한 역방향 전압을 바꾸면 공핍층의 두께가 변화하여 채널의 폭이 변하므로 소스에서 나온 다수캐리어인 전자가 드레인으로 이동하는 양을 변화시킬 수 있다.

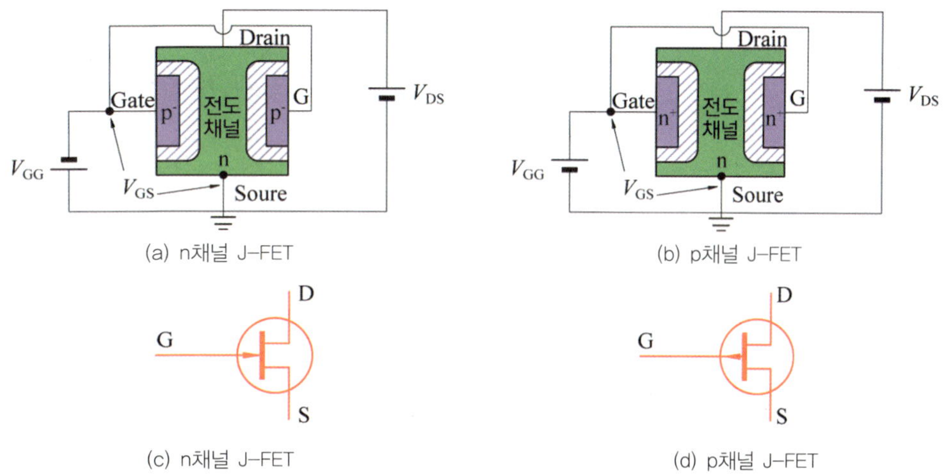

| 그림 5-50 | J-FET종류 및 기호

(1) JFET 구조

FET(Field Effect Transistor)는 필드 효과를 이용한 트랜지스터이다.

- 쌍극성 Tr과의 비교(리드선)
  ① Gate - Base
  ② Drain - Collector
  ③ Source - Emitter

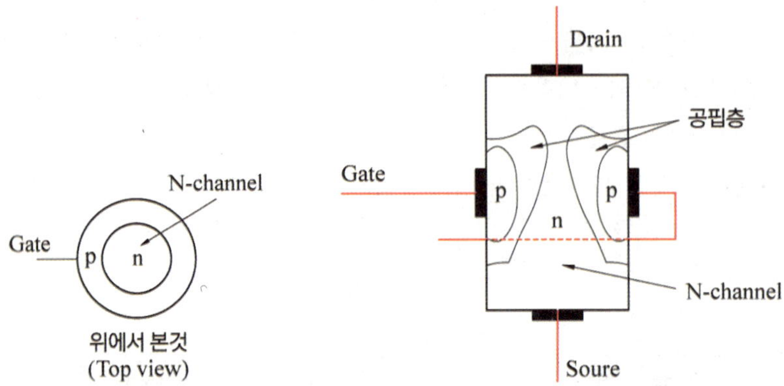

| 그림 5-51 | J-FET구조

(2) JFET 동작원리

G-S간에 역방향 바이어스가 인가되고 그 크기가 커서 양쪽의 공핍층이 굉장히 두꺼워져서 거의 붙어버리면 G-S간 역방향 바이어스 전압이 점점 0[V]와 가까워질수록 공핍층은 점점 줄어들고 n형 반도체는 D-S간 캐리어 이동통로인 n-channel이 형성되고 그 통로가 점점 넓어지게 된다.

JFET는 Gate에 들어가거나 나오는 전류의 양이 거의 0에 가깝다.

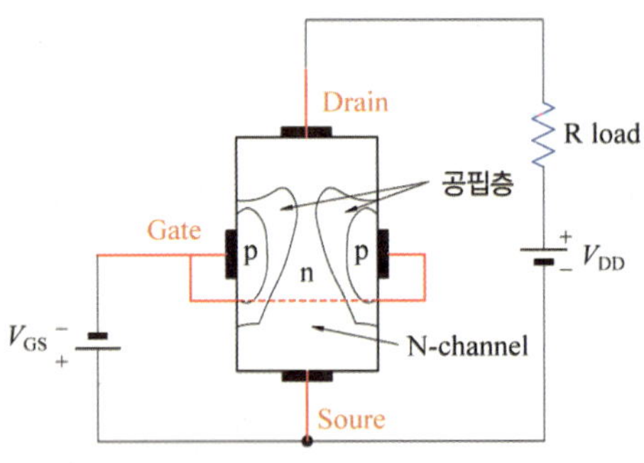

| 그림 5-52 | JFE동작원리

(3) JFET(N형 채널) 특성

역방향이고 게이트에 입력저항이 매우 높아 입력전류는 거의 흐르지 않는다. 드레인 전류가 게이트에 의해 제어되는 원리는 수도의 호수를 손으로 눌러서 수량을 조절하는 것과 같다.

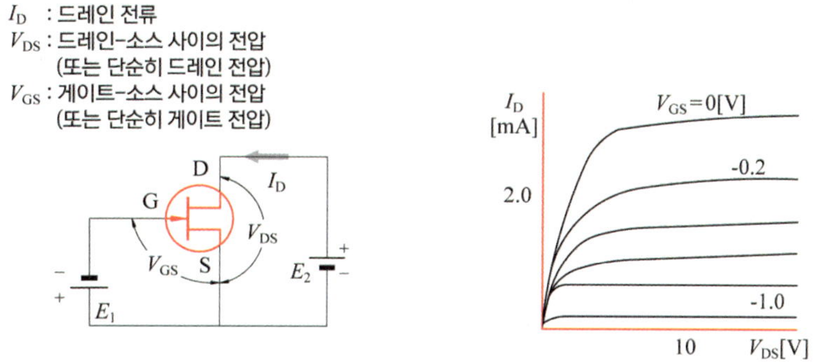

(a) 접합형 FET에 가하는 전압 (b) 전압-전류의 관계

| 그림 5-53 | JFET(N형 채널) 특성

[그림 5-53]은 전압을 가하는 방법과 전압, 전류의 관계를 나타낸 것으로, V_{DS}가 작을 때는 I_D는 V_{DS}에 비례하나, V_{DS}가 어느 값 이상 커지면 I_D는 V_{DS}에 별 영향을 받지 않고 포화되어 V_{GS}에 의해 크게 변화한다.

[그림 5-54]는 FET내부의 전자 움직임을 나타낸 것으로, JFET에 흐르는 전압 및 전류의 특징을 나타내었다. 게이트는 한쪽만 표시하여 설명하였으며, 여기서 공핍층은 pn접합면에는 역전압이 가해져 있는 상태로 접합면 인접부위에 자유전자가 없는 영역을 말한다. 또한 채널은 n형 반도체 내에서 공핍층을 제외한 영역은 V_{DS}에 의해 자유전자가 이동하는 영역을 나타낸다.

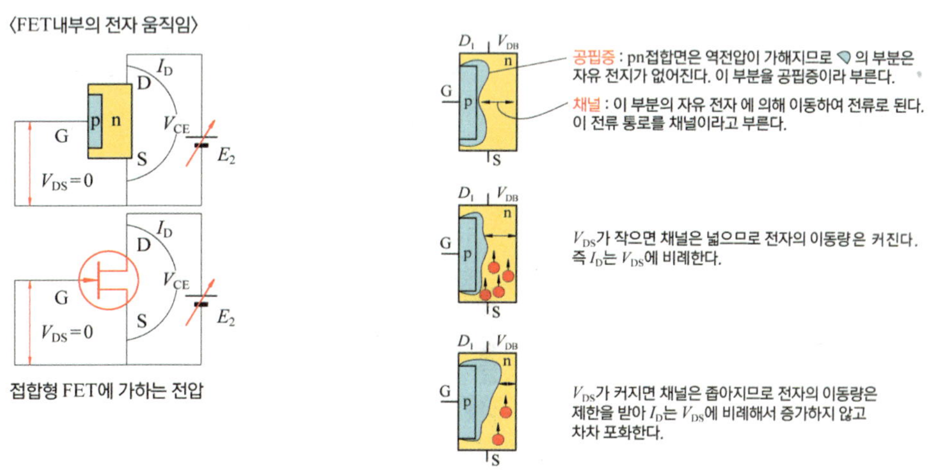

| 그림 5-54 | JFET에 흐르는 전압 및 전류의 특징

라. MOSFET(Metal-Oxide Semiconductor FET) 구조와 기호

[그림 5-55]의 (c) 경우 P형 반도체의 기판에 N형 반도체를 만들고 N형 반도체의 표면에 알루미늄으로 된 게이트를 부착시킨 것인데 N형 반도체와 게이트 사이에는 실리콘 산화물의 엷은 막(100[Å] 정도 두께)을 형성시켜서 절연도를 매우 높인 구조이다. 그리고 N형 반도체 양단에서 나온 두 개의 리드 중 한쪽은 드레인이고 다른 한쪽은 소스이다.

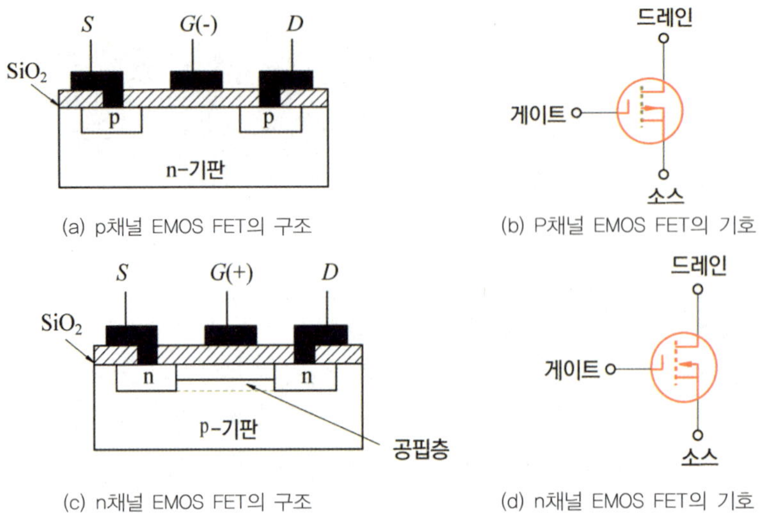

| 그림 5-55 | 증가형(enhancement) MOSFET n채널과 p채널의 구조와 기호

G-S사이가 0[V]일 때 D-S사이의 전압이 인가되면 드레인에 인가된 양전위(+)에 의해 n채널의 전자가 채널을 통해 소스로부터 드레인으로 전자가 이동한다. 그러나 접합FET와 마찬가지로 역방향 바이어스가 인가되면 OFF 된다.

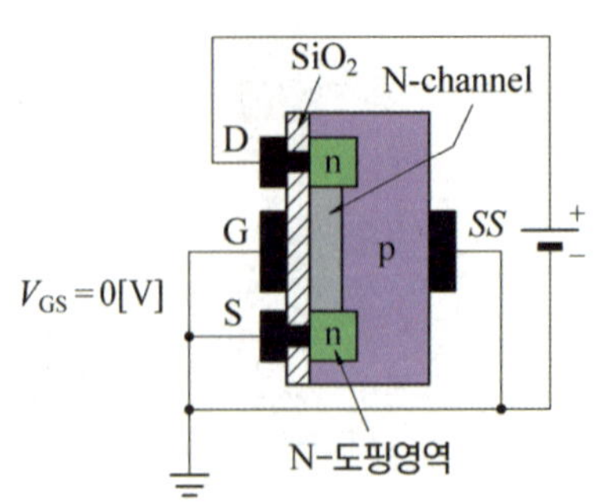

| 그림 5-56 | MOSFET의 구조

마. MOSFET전압 및 전류의 특징

접합형의 경우와 같이 V_{DS}가 어떤 값 이상으로 커지면 V_{GS}전압만으로 드레인 전류 I_D가 제어된다.

접합형 경우는 G, S를 역방향으로 동작해야 하나 MOS는 어느 방향이든 관계없다. 게이트는 채널과 절연되어 있어 양(+), 또는 음(-)의 게이트 전압을 가할 수 있다. 음의 게이트 전압이 가해지면 공핍증으로 동작하고 양의 전압이 가해지면 증가형으로 동작한다.

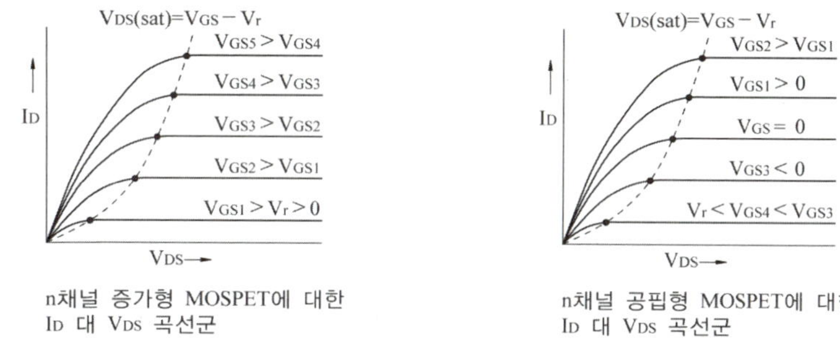

(c) n채널 증가형 MOSFET에 대한 I_D 대 V_{DS} 곡선군

(b) n채널 공핍형 MOSFET에 대한 I_D 대 V_{DS} 곡선군

| 그림 5-57 | MOSFET전압 및 전류의 특징

[그림 5-57]의 절연 게이트형(MOS형) 전압 및 전류 특징을 보면 전압을 가하는 법과 흐르는 전류는 접합형의 경우와 같이 V_{DS}가 어떤 값 이상으로 커지면 V_{GS}전압만으로 드레인전류 I_D가 제어된다.

또한 V_{GS}를 변화시킴으로써 V_{DS}에 영향을 받지 않고 채널을 변화시켜 I_D를 제어할 수 있다.

바. 감소형과 증가형

절연 게이트형(MOS형)FET는 게이트 전압 V_{GS}가 가해짐에 따라 미리 형성된 채널을 좁혀서 드레인 전류 I_D를 감소시키는 특성을 가지고 있으므로 감소형이라 하며, V_{GS}를 가하지 않았을 때는 채널이 형성되지 않고, V_{GS}를 가함으로써 채널이 형성되게 하여, V_{GS}를 크게 함에 따라 채널이 넓어져 I_D가 증가하도록 만든 것을 증가형이라 한다.

Chapter 5 | 트랜지스터

연 습 문 제

01 가장 높은 전력 이득을 주는 증폭단 사이의 결합 방식은?

㉮ RC 결합
㉯ 변성기 결합
㉰ LC 결합
㉱ 이득은 언제나 같다.

02 그림과 같은 회로에서 R_e의 중요한 역할은?

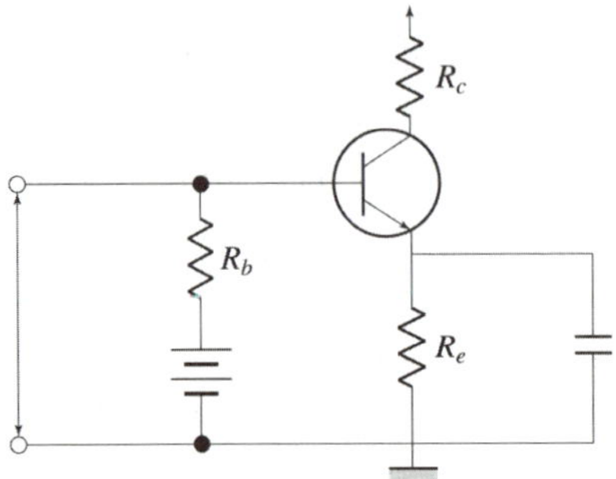

㉮ 주파수 대역 증대
㉯ 동작점의 안정화
㉰ 출력의 증대
㉱ Bias 전압 감소

03 트랜지스터 규격집을 보니 이미터 접지형(Common Emitter)의 경우 순방향 전류 이득이 199였다. 이 트랜지스터의 베이스 접지형 순방향 전류 이득은?

㉮ 0.99397 ㉯ 0.99500
㉰ 1.00503 ㉱ 1.00505

04 저역차단 주파수에서 트랜지스터 증폭기의 상관 이득(relative gain)을 [dB]로 표시하면?

㉮ -3[dB] ㉯ 3[dB]
㉰ 10[dB] ㉱ -10[dB]

05 소스 플로어(Source follower) 증폭기는 부궤한 증폭기의 일종이다. 전압증폭도 A_V는 약 얼마인가?

㉮ 0
㉯ 0.5
㉰ 1
㉱ 부하저항에 비례한다.

Answer | 01 ㉯ 02 ㉯ 03 ㉯ 04 ㉮ 05 ㉰

06 트랜지스터의 전류증폭률인 α와 β 사이의 관계로서 옳은 것은? (단, α : 베이스 접지 전류 증폭률, β : 이미터 접지 전류 증폭률)

㉮ $\beta=\frac{\alpha}{1-\alpha}$　　㉯ $\beta=\frac{\alpha}{1+\alpha}$

㉰ $\beta=\frac{1-\alpha}{\alpha}$　　㉱ $\beta=\frac{1+\alpha}{\alpha}$

07 그림의 달링톤(Darlington) 접속 회로에서의 전류증폭률은? (단, Q_1, Q_2의 잔류 증폭률은 각각 A_1, A_2이다.)

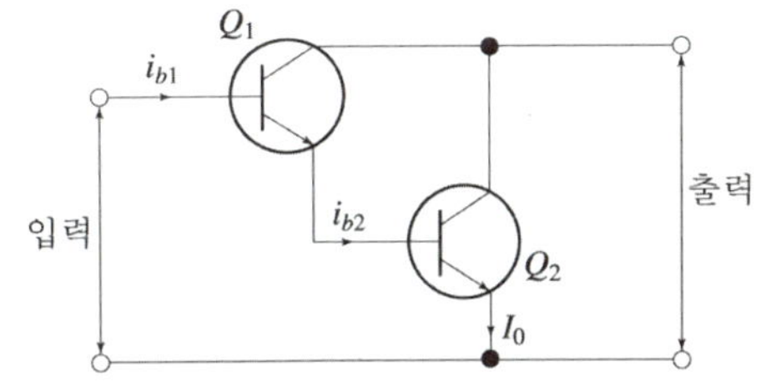

㉮ $Ai=A_1+A_2$　　㉯ $Ai=A_1\cdot A_2$

㉰ $Ai=\sqrt{A_1\cdot A_2}$　　㉱ $Ai=(A_1\cdot A_2)^2$

08 이미터 접지 증폭회로에서 I_B를 200[μA]에서 300[μA]로 변화시켰더니 I_C는 2.5[mA]에서 5[mA]로 변했다면 이 증폭기의 전류증폭률은 얼마인가?

㉮ 10　　㉯ 25

㉰ 35　　㉱ 50

09 접합형 트랜지스터의 구조를 옳게 설명한 것은?

㉮ 베이스 폭은 좁게 하고, 불순물을 적게 넣는다.

㉯ 베이스, 이미터 및 컬렉터의 폭을 비슷하게 한다.

㉰ 베이스 폭은 비교적 넓게하고, 불순물을 적게 넣는다.

㉱ 베이스, 이미터 및 컬렉터에 비슷한 정도의 불순물을 첨가하다.

10 그림과 같은 궤환 증폭기의 특성에 관한 설명 중 옳지 않은 것은?

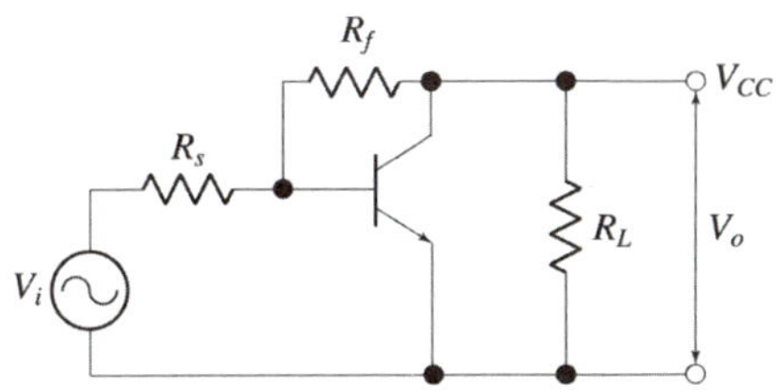

㉮ 궤환으로 입력 임피던스가 감소한다.

㉯ 궤환으로 출력 임피던스가 감소한다.

㉰ 궤환으로 전류이득이 감소한다.

㉱ R_f가 작을수록 출력 전압을 커진다.

11 일반 트랜지스터에 비하여 FET의 장점이 아닌 것은?

㉮ 잡음이 적다.

㉯ 입력 전항이 크다.

㉰ 온도 변화에 안정하다.

㉱ 이득 - 대역폭의 곱(gain-bandwidth product)이 크다.

Answer | 06 ㉮ 07 ㉯ 08 ㉯ 09 ㉮ 10 ㉱ 11 ㉱

12 트랜지스터 회로의 바이어스를 거는 방법은?

㉮ 베이스-이미터 사이는 역방향, 컬렉터-베이스 사이도 역방향
㉯ 베이스-이미터 사이는 역방향, 컬렉터-베이스 사이도 순방향
㉰ 베이스-이미터 사이는 순방향, 컬렉터-베이스 사이도 순방향
㉱ 베이스-이미터 사이는 순방향, 컬렉터-베이스 사이도 역방향

13 다음 설명 중 옳은 것은?

㉮ FET는 대칭형 쌍방향 스위치로 사용이 가능하다.
㉯ FET는 BJT에 비해서 동작 속도가 빠르기 때문에 집적회로(IC)에서 주로 사용한다.
㉰ FET는 BJT에 비해서 동작 속도가 빠르기 때문에 집적회로(IC)
㉱ FET는 입력 임피던스가 매우 작기 때문에 초허 회로로 사용한다.

14 이미터 전류를 1[mA] 변화시켰더니 컬렉터 전류가 0.95[mA]가 변화하였다면, β는 얼마인가?

㉮ 0.95　　㉯ 10
㉰ 19　　㉱ 95

15 전압 증폭도가 500배이면 데시벨 이득은 약 몇 [dB]인가?

㉮ 40　　㉯ 50
㉰ 54　　㉱ 65

16 다음 Bias 회로 중 안정계수 S가 가장 큰 Bias 회로는?

㉮ 고정 Bias 회로
㉯ 전압 궤환 Bais 회로
㉰ 전류 궤환 Bais 회로
㉱ 트랜지스터를 사용한 비선형 Bais형

17 베이스 접지의 트랜지스터 증폭회로에서 입력신호전압과 출력신호전압 간의 위상 관계를 옳게 나타낸 것은?

㉮ 위상차가 없다.
㉯ 90[°]의 위상차가 있다.
㉰ 180[°]의 위상차가 있다.
㉱ 270[°]의 위상차가 있다.

18 전력증폭도 10배를 데시벨[dB]로 표시하면?

㉮ 0[dB]　　㉯ 10[dB]
㉰ 20[dB]　　㉱ 30[dB]

Answer | 12 ㉱ 13 ㉮ 14 ㉰ 15 ㉰ 16 ㉮ 17 ㉮ 18 ㉯

19 다음 중 이미터 접지 증폭회로의 동작을 옳게 설명한 것은?

㉮ 입력과 출력의 위상이 같다.
㉯ 출력저항이 낮다.
㉰ 전류 증폭도는 1 이하이다.
㉱ 전압 증폭도를 크게 얻을 수 있다.

20 트랜지스터를 증폭기로 사용할 때의 동작 영역으로 옳은 것은?

㉮ 차단 영역
㉯ 포화 영역
㉰ 차단 영역 및 포화 영역
㉱ 활성 영역

21 이미터 접지 증폭기에서 $\beta = 100$, $I_{CO} = 0.1$[mA], $I_B = 0.2$[mA]일 때 I_C는 약 [mA]인가?

㉮ 12.2　　㉯ 20
㉰ 30.1　　㉱ 45.6

22 온도변화에 따른 증폭회로 동작점(Q점)의 변동원인과 가장 거리가 먼 것은?

㉮ β의 온도변화　　㉯ I_{CO}의 온도변화
㉰ V_{BE}의 온도변화　　㉱ V_{CE}의 온도변화

23 다음 그림과 같은 증폭기에 관한 설명으로 틀린 것은?

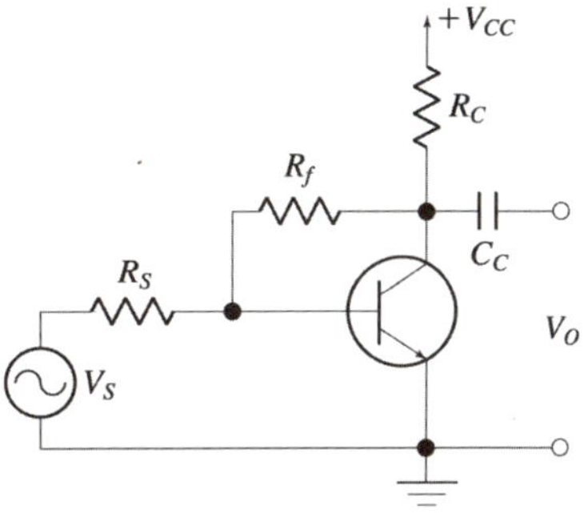

㉮ 부궤환을 걸어줌으로써 출력 임피던스는 감소한다.
㉯ 부궤환을 걸어줌으로써 입력 임피던스는 감소한다.
㉰ 부궤환 때에 비해 안정도가 좋아진다.
㉱ 부궤환을 걸어줌으로써 일그러짐을 감소한다.

24 트랜지스터의 기능 중 on, off 스위치 회로로 사용하는 영역은?

㉮ 선형영역　　㉯ 포화영역
㉰ 활성영역　　㉱ 정상영역

25 이미터 공통 증폭회로에서 I_B가 10[μA]일 때, I_C 가 500[μA]이다. 이것을 베이스 공통으로 했을 때 전류증폭률 α는 약 얼마인가?

㉮ 0.96　　㉯ 0.98
㉰ 1　　㉱ 50

Answer | 19 ㉱ 20 ㉱ 21 ㉰ 22 ㉱ 23 ㉯ 24 ㉯ 25 ㉯

26 다음 접합형 FET 회로에서 드레인 전류 I_D = 4[mA]일 때 드레인과 소스 전압 V_{DS}는 몇 [V]인가?

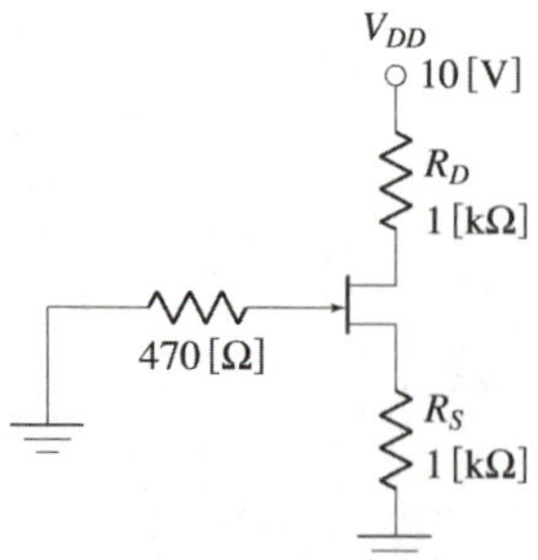

㉮ 1[V] ㉯ 2[V]
㉰ 3[V] ㉱ 4[V]

27 다음 중 트랜지스터 증폭기 설계 시 동작점(Q점)결정에 가장 영향이 적은 것은?

㉮ 왜곡 ㉯ 최대정격
㉰ 주파수 특성 ㉱ 입력신호의 크기

28 이미터 접지 트랜지스터 증폭회로에서 입력신호와 출력신호간의 위상차는 얼마인가?

㉮ 0[°] ㉯ 90[°]
㉰ 180[°] ㉱ 360[°]

29 다음 증폭기 회로에서 이미터 저항 R_E를 사용하는 이유로 가장 적합한 것은?

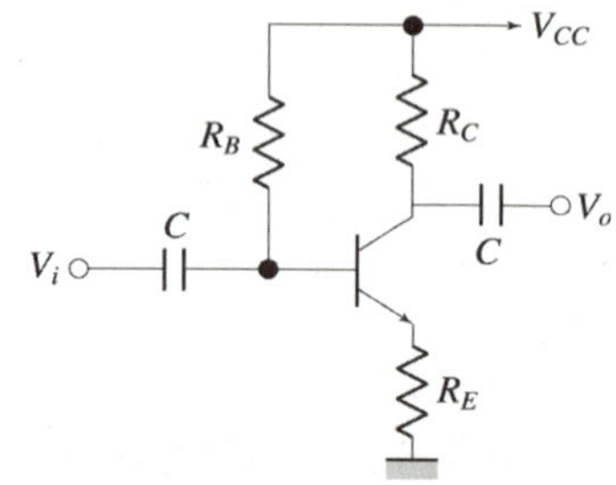

㉮ 회로의 안정화
㉯ 전압 증폭도의 증가
㉰ 주파수 대역폭의 감소
㉱ 전류 증폭도의 증가

30 그림과 같은 트랜지스터 소신호 증폭기에서 입력 임피던스 R_{in}은 다음 중 어느 값에 가장 가까운가? (단, $R_c = 5[\text{k}\Omega]$, $R_e = 2[\text{k}\Omega]$, $R_s = 3[\text{k}\Omega]$, $h_{ie} = 1[\text{k}\Omega]$, $h_{fe} = 50$이다.)

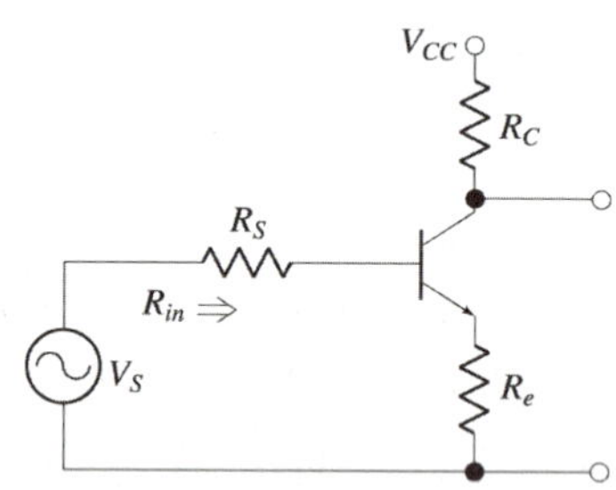

㉮ 50[kΩ] ㉯ 100[kΩ]
㉰ 200[kΩ] ㉱ 300[kΩ]

Answer | 26 ㉯ 27 ㉰ 28 ㉰ 29 ㉮ 30 ㉮

31 다음 증폭회로에서 콘덴서 C_2를 제거했을 때 발생하는 현상으로 옳은 것은?

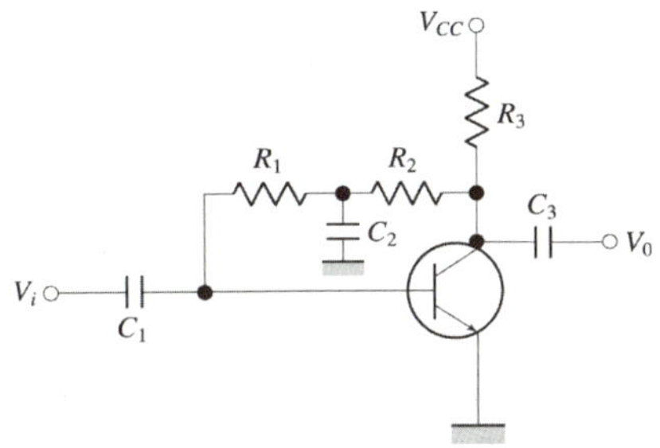

㉮ 출력의 일부가 베이스로 부궤환되어 이득이 감소한다.
㉯ 입력의 일부가 컬렉터로 흘러 들어가서 이득이 증가한다.
㉰ 이득에는 변동이 없다.
㉱ 발진소자의 제거로 발진이 중단된다.

32 트랜지스터의 컬렉터 누설전류가 주위 온도변화로 1.6[μA]에서 160[μA]로 증가되었을 때 컬렉터의 전류변화가 1[mA]라 하면 안정도 계수 $S(I_{CO})$는 약 얼마인가?

㉮ 1 ㉯ 2.3
㉰ 6.3 ㉱ 12.5

33 정상 동작 상태로 바이어스 된 NPN 트랜지스터에 컬렉터 접합을 통과하는 주된 전류는?

㉮ 확산 전류
㉯ 정공 전류
㉰ 드리프트 전류
㉱ 베이스 전류와 같다.

34 컬렉터(collector) 접합부의 온도 상승으로 인하여 트랜지스터가 파괴되는 현상은?

㉮ 얼리(early) 현상
㉯ 항복(break down) 현상
㉰ 열폭주(thermal runaway) 현상
㉱ 펀치 스로우(punch through) 현상

35 트랜지스터 증폭기에서 동작점(Q)의 변동 원인에 영향이 가장 적은 것은?

㉮ 동작 주파수의 변화
㉯ β값의 변화
㉰ I_{OC}값의 변화
㉱ V_{BE}(베이스와 이미터 간의 바이어스 전압)의 변화

36 이미터 접지 증폭기에서 I_{CO} = 0.1[mA]이고 I_B = 0.2[mA]일 때 컬렉터 전류는 약 [mA]인가? (단, 이 트랜지스터의 β = 50이다.)

㉮ 10 ㉯ 12.5
㉰ 15.1 ㉱ 24.3

Answer | 31 ㉯ 32 ㉰ 33 ㉰ 34 ㉰ 35 ㉮ 36 ㉰

37 다음 그림(b)는 회로(a)에 대한 직류 및 교류 부하선을 나타낸 것이다. 회로(a)의 부하저항 R_L의 값은 약 몇 [kΩ]인가? (단, C_2는 교류적으로 단락이다.)

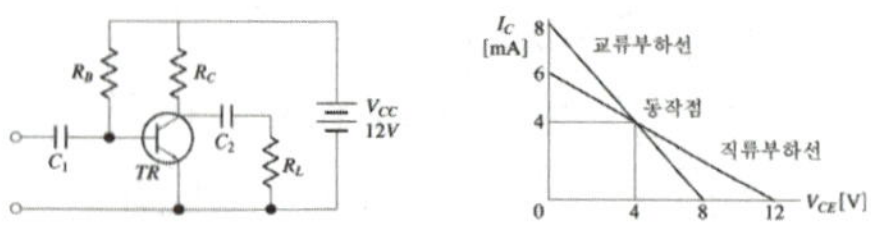

(a) (b)

㉮ 1 ㉯ 2
㉰ 3 ㉱ 4

38 어떤 트랜지스터 증폭회로의 전류증폭도 $A_i = 50$, 전압증포도는 $A_V = 200$이라고 할 때 이 회로의 전력증폭도는 A_P는 몇 [dB]인가?

㉮ 10 ㉯ 20
㉰ 30 ㉱ 40

39 공통 이미터 증폭기 회로에서 이미터 저항의 바이패스콘덴서를 제거하면 어떤 현상이 일어나는가?

㉮ 잡음이 증가한다.
㉯ 전압이득이 감소한다.
㉰ 전류이득이 증가한다.
㉱ 회로가 불안정하게 된다.

40 베이스 접지전류 증폭율이 0.98일 때 이미터 접지 전류증폭율은 얼마인가?

㉮ 20 ㉯ 39
㉰ 40 ㉱ 49

41 컬렉터 접합부의 온도 상승으로 트랜지스터가 파괴되는 현상은?

㉮ Saturation 현상
㉯ Break down 현상
㉰ Thermal runaway 현상
㉱ Pinch off 현상

42 n채널 전계 효과 트랜지스터(Field Effect Transistor)에 흐르는 전류는 주로 어느 현상에 의한 것인가?

㉮ 전자의 확산 현상
㉯ 정공의 확산 현상
㉰ 정공의 드리프트 현상
㉱ 전자의 드리프트 현상

Answer | 37 ㉯ 38 ㉱ 39 ㉯ 40 ㉱ 41 ㉱ 42 ㉱

43 **다음 트랜지스터 소신호 증폭기의 입력(R_i) 및 출력(R_0) 임피던스는 어느 값에 가장 가까운가?** (단, $h_{ie}=1[\mathrm{k}\Omega]$, $h_{fe}=100$이다.)

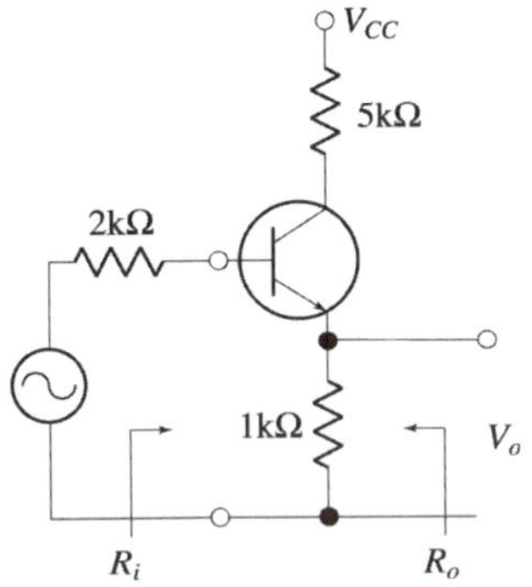

㉮ $R_i=4[\Omega]$, $R_0=10[\mathrm{k}\Omega]$
㉯ $R_i=30[\Omega]$, $R_0=102[\mathrm{k}\Omega]$
㉰ $R_i=102[\Omega]$, $R_0=30[\mathrm{k}\Omega]$
㉱ $R_i=1[\Omega]$, $R_0=4[\mathrm{k}\Omega]$

44 **트랜지스터의 베이스 폭 변조에 대한 설명으로 옳지 않은 것은?**

㉮ 컬렉터 전압 V_{CB}가 증가함에 따라 베이스 중성 영역의 폭이 줄어든다.
㉯ 베이스폭의 감소는 베이스 영역의 소수 캐리어 농도의 기울기를 증대시킨다.
㉰ 컬렉터 역바이어스의 증가에 따라 이미터 전류와 컬렉터 전류가 감소한다.
㉱ 베이스 폭이 감소하면 전류증폭율 α가 증대한다.

45 **컬렉터 접지형 증폭기의 특징이 아닌 것은?**

㉮ 전류증폭도는 수십에서 수백 정도이다.
㉯ 전압증폭도는 약 1이다.
㉰ 입·출력 전압의 위상은 동위상이다.
㉱ 입력임피던스는 낮고 출력임피던스는 높다.

46 **MOS-FET의 전류-전압특성 곡선이 다른 그림과 같은 기울기를 갖는 이유는?**

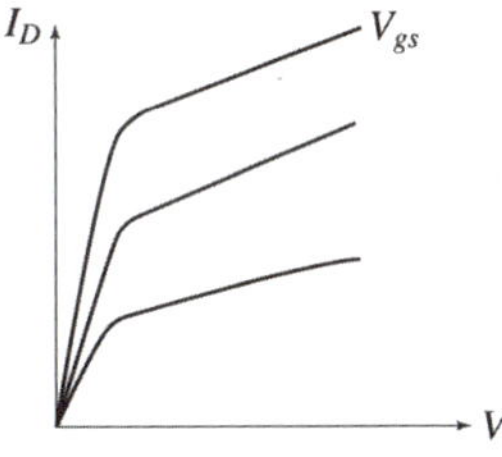

㉮ 트랜지스터가 선형영역에서 동작하기 때문이다.
㉯ 트랜지스터가 항복영역에서 동작하기 때문이다.
㉰ 채널길이 변조효과 때문이다.
㉱ 채널폭 변조효과 때문이다.

47 **MOS-FET에 대한 설명으로 옳지 않은 것은?**

㉮ 입력 임피던스가 크다.
㉯ 저잡음 특성을 쉽게 얻을 수 있다.
㉰ 제작이 간편하고, IC화 하기에 적합하다.
㉱ 사용주파수 범위가 쌍극성 트랜지스터보다 높다.

Answer | 43 ㉰ 44 ㉰ 45 ㉱ 46 ㉰ 47 ㉱

48 그림 (a)회로의 동작이 그림(b)와 같다. 이때 구간 A와 관련이 깊은 것은?

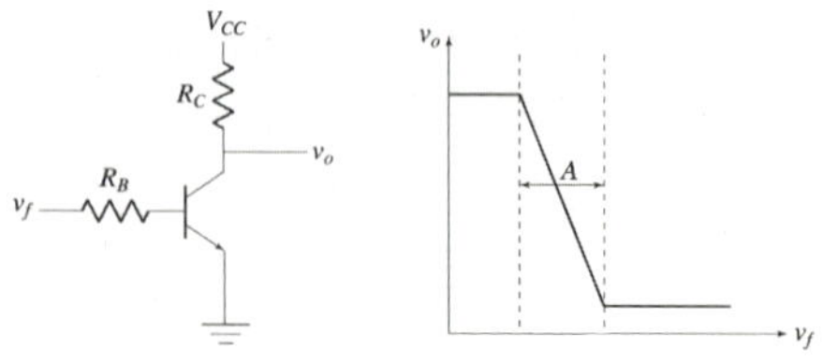

(a) (b)

㉮ 활성영역 ㉯ 포화영역
㉰ 차단영역 ㉱ (포화+차단)영역

49 다음 회로에서 저항 R_e의 역할로 가장 적합한 것은? (단, C_e의 용량은 무한대이다.)

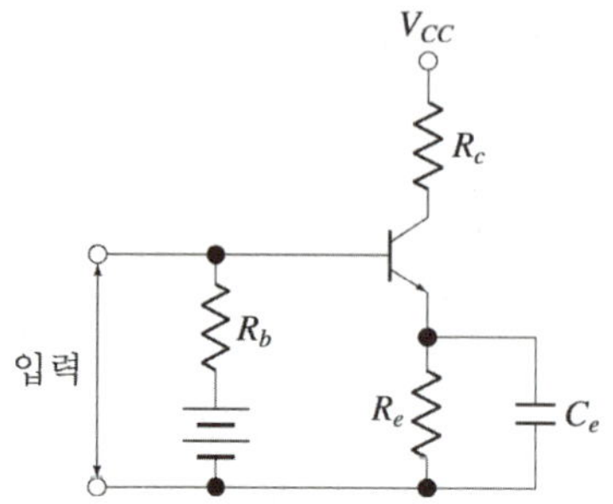

㉮ 출력증대
㉯ 주파수 대역증대
㉰ 바이어스 전압감소
㉱ 동작점의 안정화

50 P채널 전계 효과 트랜지스터(FET)에 흐르는 전류는 주로 어느 현상에 의한 것인가?

㉮ 전자의 확산 현상
㉯ 정공의 확산 현상
㉰ 전자의 드리프트 현상
㉱ 정공의 드리프트 현상

51 다음 중 트랜스 결합 증폭회로에 대한 설명으로 적합하지 않은 것은?

㉮ 주파수 특성이 매우 평탄하다.
㉯ 전압손실이 거의 없어 전원 효율이 좋다.
㉰ 트랜스의 성능을 좋게 하기 위해서는 크기가 대형이고 값이 비싸다.
㉱ 트랜스 결합 증폭회로는 임피던스 정합이 용이하여 주로 잔력증폭용으로 사용된다.

52 마치 3극관이 음극에서 양극에 향하는 전자류를 격자에 의하여 제어하듯이 N형(또는 P형) 반도체 내의 전자(정공)의 흐름을 제어하는 것은?

㉮ TRIAC(트라이액)
㉯ FET(Field Effect Transistor)
㉰ SCR(Silicon Controlled Rectifier)
㉱ UJT(Uni Junction Transistor)

Answer | 48 ㉮ 49 ㉱ 50 ㉱ 51 ㉮ 52 ㉯

53 트랜지스터 증폭기에서 부하 저항이 클수록 전류 이득은?

㉮ 변함없다.
㉯ 감소한다.
㉰ 증가한다.
㉱ 베이스 접지에서만 증가하고, 이미터 접지나 컬렉터 접지에서는 감소한다.

54 접합형 트랜지스터의 구조를 올바르게 설명한 것은?

㉮ 이미터, 베이스, 컬렉터의 폭은 거의 비슷한 정도로 한다.
㉯ 불순물 농도는 이미터를 가장 크게, 컬렉터를 가장 적게 한다.
㉰ 베이스 폭은 비교적 좁게 하고, 불순물은 적게 넣는다.
㉱ 베이스 폭은 비교적 좁게 하고, 불순물은 많이 넣는다.

55 이미터 접지 증폭기에서 I_{CO}가 100[μA]이고, I_B가 1[mA]일 때 컬렉터 전류는 약 몇 [mA]인가? (단, 트랜지스터의 α는 0.99이다.)

㉮ 109[mA] ㉯ 120[mA]
㉰ 137[mA] ㉱ 154[mA]

56 다음 회로에서 R_e의 주 역할로 가장 적합한 것은? (단, C의 값은 매우 크다.)

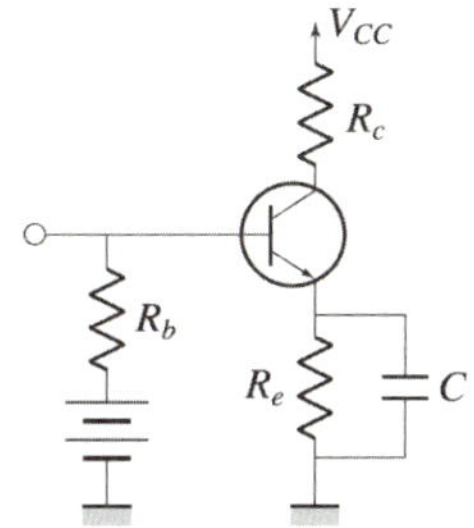

㉮ 출력증대
㉯ 동작점의 안정화
㉰ 바이어스 전압감소
㉱ 주파수 대역폭 증대

57 n채널 전계 효과 트랜지스터(Field Effect Transistor)에 흐르는 전류 주로 어느 현상에 의한 것은?

㉮ 전자의 확산 현상
㉯ 정공의 확산 현상
㉰ 정공의 드리프트 현상
㉱ 전자의 드리프트 현상

58 다음 중 접합형 트랜지스터가 개폐기로 쓰이는 영역은?

㉮ 포화영역과 활성영역
㉯ 활성영역과 차단영역
㉰ 포화영역과 차단영역
㉱ 활성영역과 역활성영역

Answer | 53 ㉯ 54 ㉰ 55 ㉮ 56 ㉯ 57 ㉱ 58 ㉰

59 다음과 같은 특성곡선을 갖는 트랜지스터에서 A급으로 작동할 때 근사적인 β값은 얼마인가?

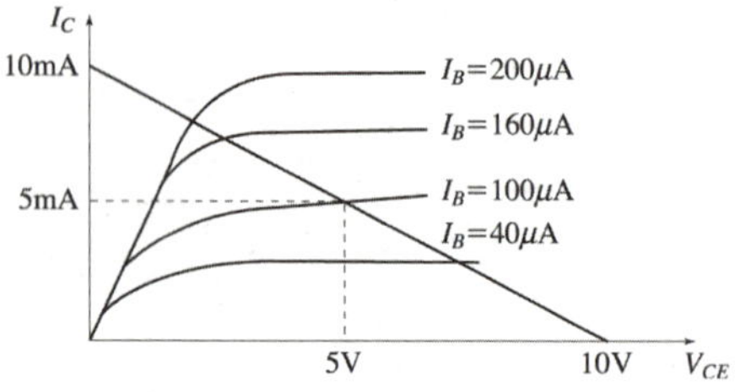

㉮ 10 ㉯ 25
㉰ 50 ㉱ 100

60 다음 회로에서 V_{CE}는 약 몇 [V]인가? (단, β는 150이다.)

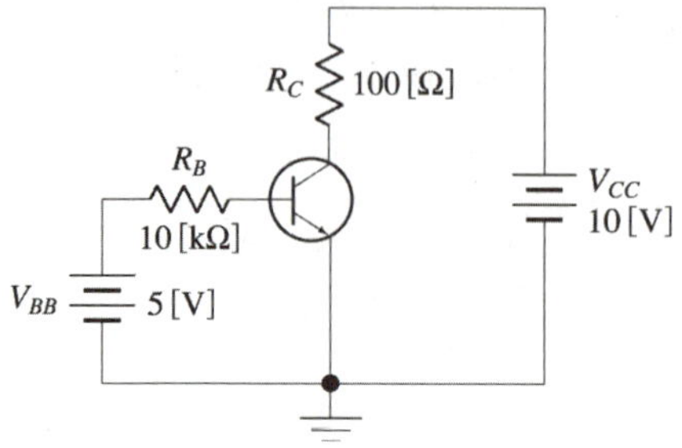

㉮ 2.2[V] ㉯ 3.6[V]
㉰ 5.6[V] ㉱ 6.5[V]

61 I_{DSS} = 26[mA], V_P = 15[V]인 p 채널 J-FET가 자기 바이어스 되는데 필요한 R_s값은 약 몇 [Ω]인가? (단, V_{GS}는 5[V]이다.)

㉮ 320[Ω] ㉯ 450[Ω]
㉰ 630[Ω] ㉱ 870[Ω]

62 트랜지스터가 차단 영역에 있을 때 접합면에 걸리는 전압은?

㉮ EB 접합 : 정바이어스
CB 접합 : 정바이어스
㉯ EB 접합 : 정바이어스
CB 접합 : 역바이어스
㉰ EB 접합 : 역바이어스
CB 접합 : 역바이어스
㉱ EB 접합 : 역바이어스
CB 접합 : 정바이어스

63 다음 중 FET를 단극성 소자라고 하는 이유는?

㉮ 게이트가 대칭인 구조이기 때문이다.
㉯ 전자만으로써 전류가 운반되기 때문이다.
㉰ 소스와 드레인 단자가 같은 성질이기 때문이다.
㉱ 다수 캐리어만으로써 전류가 운반되기 때문이다.

64 선형적인 증폭을 위한 트랜지스터의 동작점은?

㉮ 포화영역 부근에 세워져야 한다.
㉯ 차단영역 부근에 세워져야 한다.
㉰ 활성영역 부근에 세워지기만 하면 된다.
㉱ 차단영역과 포화영역 중간 지점에 세워져야 한다.

Answer | 59 ㉰ 60 ㉯ 61 ㉯ 62 ㉰ 63 ㉱ 64 ㉱

65 이미터 접지 증폭기에서 I_{CO} = 0.01[mA]이고, I_B = 0.2[mA]일 때 컬렉터 전류는 약 몇 [mA]인가? (단, 이 트랜지스터의 β = 50이다.)

㉮ 10.5[mA] ㉯ 12.5[mA]
㉰ 15.1[mA] ㉱ 24.3[mA]

66 R-L 직렬회로에서 50[V]의 교류 전압을 인가하였을 때 저항에 걸리는 전압이 30[V]였다면 인덕터(코일) 양단에 걸리는 전압은?

㉮ 8[V] ㉯ 20[V]
㉰ 40[V] ㉱ 50[V]

67 일반 BJT와 비교한 MOS-FET의 장점으로 틀린 것은?

㉮ 구조가 간단하다.
㉯ 입력 저항이 크다.
㉰ 고속 스위칭 동작에 적합하다.
㉱ 높은 집적도의 집적회로에 적합하다.

68 FET가 보통의 접합 트랜지스터에 대해 갖는 장점이 아닌 것은?

㉮ 입력 임피던스가 크다.
㉯ 진공관이나 트랜지스터에 비하여 잡음이 적다.
㉰ 이득 X대역폭이 커서 고주파에서도 사용하기 쉽다.
㉱ 오프셋 전압이 없으므로 좋은 초퍼로서 사용할 수 있다.

69 MOS-FET의 채널은 어느 단자 사이에 형성되는가?

㉮ 입력과 출력 사이
㉯ 게이트와 소스 사이
㉰ 드레인과 소스 사이
㉱ 게이트와 드레인 사이

70 트랜지스터를 베이스 접지에서 이미터 접지로 했더니 I_{CEO}가 50배가 되었다. 트랜지스터의 β는?

㉮ 49 ㉯ 50
㉰ 59 ㉱ 120

71 궤환에 관한 설명으로 틀린 것은?

㉮ 궤환된 신호와 본래의 입력과의 위상관계에 있어서 역위상 경우를 부궤환이라 한다.
㉯ 궤환전압이 출력전류에 비례할 때를 전류궤환이라 한다.
㉰ 궤환전압이 출력전압에 비례하는 경우를 직렬이라 한다.
㉱ 직렬궤환과 병렬궤환이 함께 사용된 것을 복합궤환이라 한다.

Answer | 65 ㉮ 66 ㉰ 67 ㉰ 68 ㉰ 69 ㉰ 70 ㉮ 71 ㉱

72 다음 회로는 어떤 궤환 증폭회로인가?

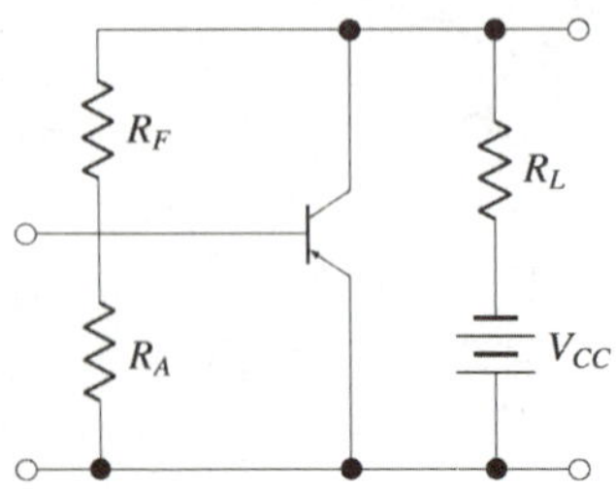

㉮ 전류궤환 증폭회로
㉯ 전압궤환 증폭회로
㉰ 정전류궤환 증폭회로
㉱ 정전압궤환 증폭회로

73 FET가 초퍼(Chopper)로 적합한 가장 큰 이유는?

㉮ 전력 소모가 적기 때문에
㉯ 대량 생산에 적합하기 때문에
㉰ 입력 임피던스가 매우 높기 때문에
㉱ 오프셋 전압이 매우 작기 때문에

74 n채널 전계 효과 트랜지스터에 흐르는 전류는 주로 어느 현상에 의한 것은?

㉮ 전자의 확산 현상
㉯ 정공의 확산 현상
㉰ 정공의 드리프트 현상
㉱ 전자의 드리프트 현상

75 J-FET에서 I_{DSS} = 12[mA], V_P = −4[V]이고, V_{GS} = −2[V]일 때 드레인 전류 I_D는 몇 [mA]인가?

㉮ 1.5[mA] ㉯ 2.7[mA]
㉰ 3[mA] ㉱ 5[mA]

76 접합 트랜지스터에서 주입된 과잉 소수 캐리어는 베이스 영역을 어떤 방법에 의해서 흐르는가?

㉮ 확산에 의해서
㉯ 드리프트에 의해서
㉰ 컬렉터 접합에 가한 바이어스 전압에 의해서
㉱ 이미터 접합에 가한 바이어스 전압에 의해서

77 이미터 접지 증폭기에서 I_{CO} = 0.01[mA]이고, I_B = 0.2[mA]일 때 컬렉터 전류는 약 몇 [mA]인가? (단, 이 트랜지스터의 β = 50이다.)

㉮ 10.5[mA] ㉯ 12.5[mA]
㉰ 15.1[mA] ㉱ 24.3[mA]

78 FET와 BJT의 전기적 특성을 비교했을 때 적합하지 않은 것은?

㉮ FET는 BJT보다 잡음이 적다.
㉯ FET는 BJT보다 입력저항이 작다.
㉰ FET는 BJT보다 이득대역폭적이 작다.
㉱ FET는 BJT보다 온도변화에 따른 안정성이 높다.

Answer | 72 ㉯ 73 ㉱ 74 ㉯ 75 ㉰ 76 ㉮ 77 ㉮ 78 ㉯

79 n채널 J-FET와 그 특성이 비슷한 진공관은?

㉮ 2극관 ㉯ 3극관
㉰ 4극관 ㉱ 5극관

80 펀치스루(punch through) 현상에 대한 설명으로 가장 옳지 않은 것은?

㉮ 이미터, 베이스, 컬렉터의 단락 상태이다.
㉯ 펀치스루 전압은 베이스 영역 폭의 제곱에 비례한다.
㉰ 컬렉터 역 바이어스의 증가에 의해 발생하는 현상이다.
㉱ 펀치스루 전압은 베이스 내의 불순물 농도에 반비례한다.

81 트랜지스터의 전류증폭률인 α와 β 사이의 관계로서 옳은 것은? (단, α : 베이스 접지 전류 증폭률, β : 이미터 접지 전류 증폭률이다.)

㉮ $\beta=\dfrac{\alpha}{1-\alpha}$ ㉯ $\beta=\dfrac{\alpha}{1+\alpha}$
㉰ $\beta=\dfrac{1-\alpha}{\alpha}$ ㉱ $\beta=\dfrac{1+\alpha}{\alpha}$

82 다음 중 전계효과 트랜지스터(FET)에 관한 설명으로 틀린 것은?

㉮ BJT보다 이득대역폭 적(G·B)이 적다.
㉯ BJT보다 높은 입력저항을 갖는다.
㉰ 전류제어형 소자이다.
㉱ BJT보다 온도변화에 따른 안정성이 높다.

83 어떤 증폭회로의 입력전압이 1[W], 출력전력이 10[W]일 때 전력이득은 약 몇 [dB]인가?

㉮ 0 ㉯ 10
㉰ 20 ㉱ 40

84 어떤 트랜지스터가 V_{CE} = 6[V]로 동작된다. 이 트랜지스터의 최대정격전력이 250[mW]이라면 트랜지스터가 견딜 수 있는 최대 컬렉터 전류는 약 몇 [mA]인가?

㉮ 20[mA] ㉯ 42[mA]
㉰ 51[mA] ㉱ 64[mA]

Answer | 79 ㉱ 80 ㉱ 81 ㉮ 82 ㉰ 83 ㉯ 84 ㉯

85 다음 R-C 결합 소신호 증폭기에서 저주파수대역과 고주파수대역에서 전압이득이 감소하는 이유로 옳지 않은 것은? (단, 중간주파수대역에서 C_1, C_2, C_3의 리액턴스를 무시할 수 있다.

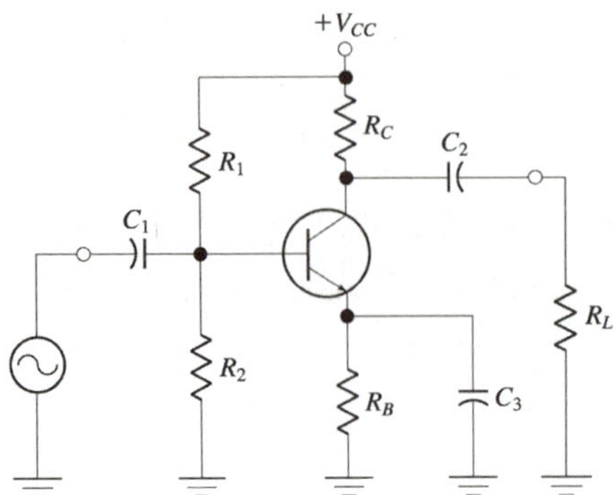

㉮ 고주파수 및 저주파수에서 C_3에 의한 바이패스 효과가 크기 때문에 이득이 감소한다.
㉯ 트랜지스터의 접합용량은 고주파대역에서 이득감소의 원인이 된다.
㉰ C_1, C_2는 저주파에서 그 양단의 전압강하로 인해서 전압이득을 감소시킨다.
㉱ C_3는 저주파에서 부궤환을 일으켜서 이득을 감소시킨다.

86 RC 결합 증폭 회로에서 증폭 대역폭을 4배로 하려면 증폭이득은 약 몇 [dB]로 감소시켜야 하는가?

㉮ 0.5　　㉯ 4
㉰ 6　　㉱ 12

87 트랜지스터에서 컬렉터의 역방향 바이어스를 계속 증대시키면 컬렉터 접합의 공핍층이 이미터 접합의 공핍층과 닿게 되면 베이스 중성영역이 없어지는 현상을 무엇이라 하나?

㉮ Early　　㉯ Tunnel
㉰ Drift　　㉱ Punch-Through

88 컬렉터(collector) 접합부의 온도 상승으로 인하여 트랜지스터가 파괴되는 현상은?

㉮ 얼리(early) 현상
㉯ 항복(break down) 현상
㉰ 열폭주(thermal runaway) 현상
㉱ 펀치 스로우(punch through) 현상

Answer | 85 ㉮　86 ㉱　87 ㉱　88 ㉰

| Chapter |

06 기타 반도체 소자

1 사이리스터(SCR,TRIAC)

사이리스터는 전력변환용 파워소자의 근대화에 중심적 존재로서 현재에도 산업분야에서 폭넓게 사용되고 있으며, 특히 쌍방향소자인 트라이악은 교류소자로서 일반 소형제품에, 그리고 대용량 사이리스터는 산업용 인버터 및 전차용 인버터에 사용되고 있다.

사이리스터란 p-n-p-n접합의 4층 구조 반도체 소자의 총칭으로서, 역저지 사이리스터, 역도통 사이리스터, 트라이액이 있다. 그러나 일반적으로는 SCR(Silicon-Controlled Rectifier Thyristor)이라고 불리는 역저지 3단자 사이리스터를 가리키며, 실리콘 제어 정류소자를 말한다.

사이리스터는 3개 이상의 P-N접합을 1개의 반도체 기판 내에 형성함으로서 전류가 흐르지 않는 오프(off) 상태와 전류가 흐를 수 있는 온(on) 상태의 2개의 안정된 상태가 있고, 또한 오프(off) 상태에서 온(on) 상태로 또는 온(on) 상태에서 오프(off) 상태로 이행이 가능한 반도체 소자이며, 사이리스터는 일반적으로 전력용 트랜지스터에 비해 고내압에서 우수한 특성을 나타낸다.

사이리스터 중에는 아래와 같이 SCR이나 다이액, 트라이액이라고 부르고 있는 것이 있으나, 일반적으로 사용되는 SCR이나 다이액, 트라이액이라는 명칭은 상품명이다.

① SCR : 3극 단방향 사이리스터
② 다이액 : 2극 쌍방향 사이리스터
③ 트라이액 : 3극 쌍방향 사이리스터

가. 사이리스터의 장점

① 고전압 대전류의 제어가 용이하다.

② 제어이득이 높고, 게이트 신호가 소멸하여도 온(on) 상태를 유지할 수 있다.
③ 수명은 반영구적으로 신뢰성이 높다. 또 서지전압 전류에도 강하다.
④ 소형, 경량으로 기기나 장치에의 설치가 용이하다.

이러한 장점을 갖고 있는 사이리스터는 가전제품, OA기기, 산업용 기기 등의 전력제어 분야에서 널리 사용되고 있으며, 수십 A 이하의 중, 소 전력 사이리스터 등 여러 종류가 있다.

2 SCR

실리콘 제어정류기(silicon controlled rectifier : SCR)라고 부르기도 하며, 실리콘 제어정류기의 한 종류로 보기도 한다. 양극(anode)·음극(cathode)·게이트(gate)의 3단자로 구성되어 있고 게이트에 신호가 인가되면 지속적인 게이트 전류의 공급 없이도 주 회로에 역전류가 인가되거나 전류가 유지전류(holding currrent) 이하로 떨어질 때까지 통전상태를 유지한다.

p-n-p-n 4층 구조를 가지며, 6,000[V] 이상의 전압을 견딜 수 있으며, 3,000[A] 이상의 전류를 제어할 수 있다.

응용 범위는 고전압직류(HVDC) 송전과 같은 고전력에서 전동기 제어, 초음파 등 고주파 응용에 이르기까지 다양하다.

- 장점

① 소전력(낮은전압×소전류)로 대전력(고전압×대전류)을 제어할 수 있다.
② 자기유지형 소자이다.
③ 게이트를 트리거해서 한 번 Turn ON 시키면 게이트 신호가 없어져도 애노드 전류가 홀드전류 이하로 떨어지기 전까지는 계속 유지된다.
④ 교류제어(위상제어, ON/OFF제어)가 용이하다.
⑤ 펄스성 대전류를 흘릴 수 있다.
3[A]짜리 SCR의 경우 펄스폭 20[us], 200[pps]에서 150[A]의 펄스전류를 흘릴 수 있다.
⑥ 릴레이에 비해 응답속도가 빠르다.

- 단점

① 트랜지스터에 비해 스위칭 속도가 낮다.(수십 [kHz] 이상 사용이 어렵다)
② GTO(Gate Turn Off형 SCR)를 제외하고는 게이트 신호에 의해 OFF할 수 없다.
③ ON 상태의 손실이 트랜지스터에 비해 크다.

가. 구조 및 동작

① **구조** : pnpn의 4층 구조로서 3개의 pn접합과 애노드(anode), 캐소드(cathode), 게이트(gate) 등의 3개의 전극으로 구성된다.

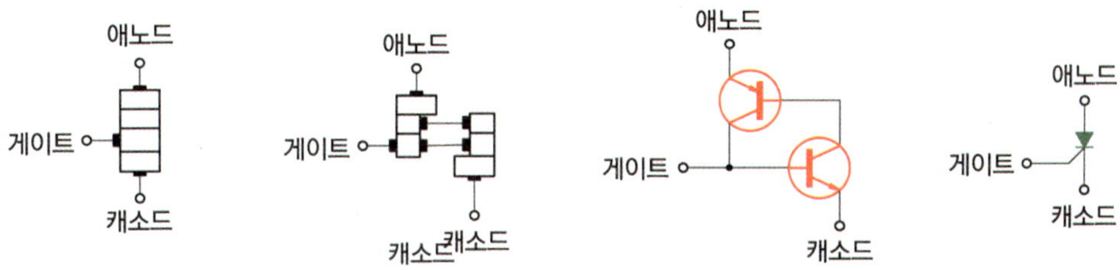

(a) 구조 (b) 등가구조 (c) 등가회로 (d) 기호

| 그림 6-1 | 사이리스타 구조 및 기호

② **동작** : 애노드 A에 양(+)전위, 캐소드 K에 음전위를 주면 중앙의 pn 접합부는 역바이어스 되므로 [그림 6-1 (a)]와 같이 공핍층이 생겨 전류가 흐르지 않으므로 차단(OFF)상태로 된다. 전원 E_A의 극성을 변화시켜도 다른 2개의 pn 접합부에 공핍층이 생겨 역시 차단 상태가 된다. [그림 6-1 (a)]에서 캐소드 전극에 가까운 게이트에 작은 게이트 전류 I_G를 흘려 주면 반송자인 정공이 넓게 퍼져 게이트-캐소드 사이의 공핍층 두께가 [그림 6-1 (b)]와 같이 얇아진다. I_G를 증가시키거나 캐소드-애노드간 전압 V_{AK}를 증가시키면 [그림 6-1 (c)]와 같이 공핍층은 소멸되어 통전 상태로 되어 전류 I가 흐른다.

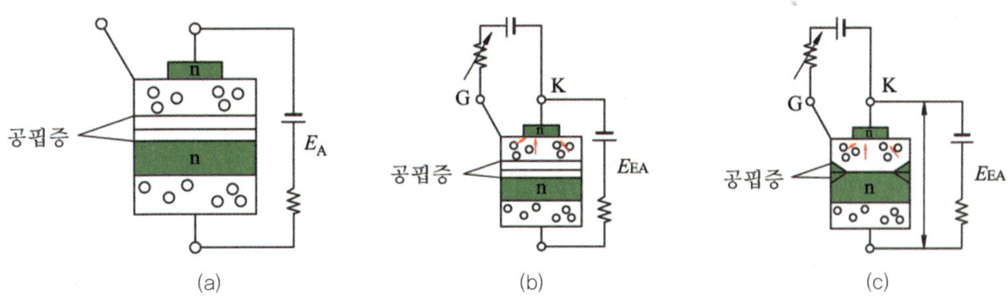

(a) (b) (c)

| 그림 6-2 | SCR의 동작상태

[그림 6-2]에서 A, K, G는 각각 애노드(anode), 캐소드(cathode), 게이트(gate)를 나타내고, 전류는 항상 애노드에서 캐소드로 흐르는 단방향 소자이다.
SCR의 동작을 해석하기 위하여 아래 그림(b)와 같이 중간의 두 층을 반으로 쪼개어 pnp TR과 npn TR가 접속된 것으로 생각하면 이해하기 쉽다.

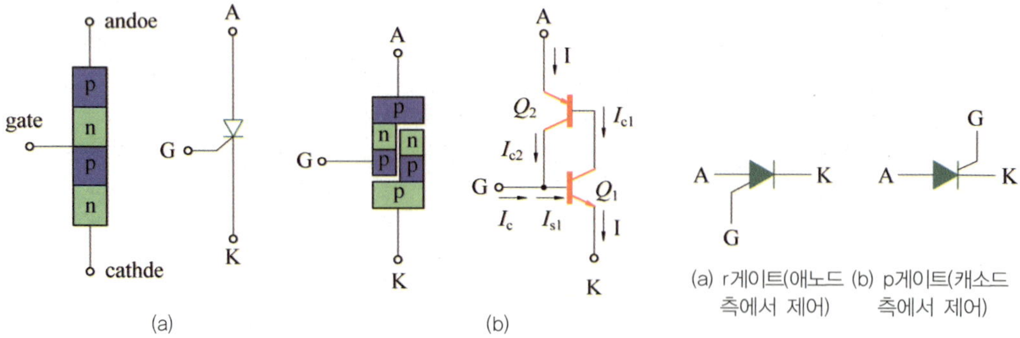

(a) (b)

Ⅰ그림 6-3Ⅰ SCR의 구조

나. SCR의 전압·전류특성

[그림 6-4]의 (a)회로에 전류, 전압계를 설치하여 측정한 결과를 (b)에 나타내었다. 여기서 A-K간 역방향 전압을 가한 경우, A-K간 순방향 전압을 가하고 게이트에 전류를 흘리지 않는 경우, A-K간 순방향 전압을 가하고 게이트에 전류를 흘리는 경우, 브레이크 오버가 일어나고 있는 경우 등을 측성해볼 수 있다.

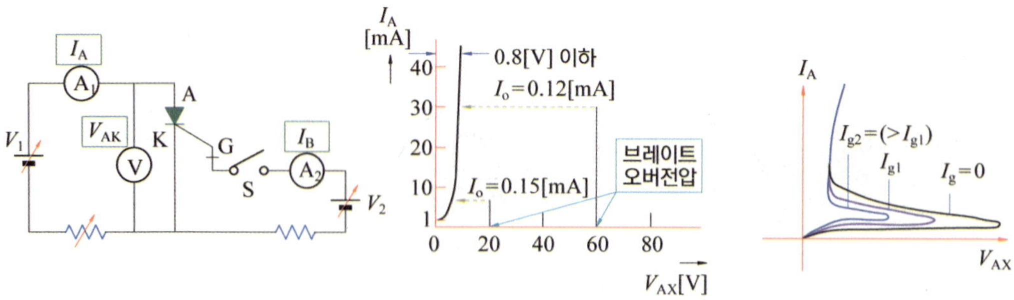

(a) 동작원리 (b) 전압·전류특성

Ⅰ그림 6-4Ⅰ SCR의 전압·전류특성

3 트라이액

트라이액은 쌍방향 소자로서 T_1, T_2 사이에 순방향 또는 역방향 어느 한쪽 방향으로 전압을 가해줄 때 게이트에 어느 값 이상의 전류가 흘러들어 가거나 나가면 T_1, T_2 사이가 도통된다.

트라이액은 교류용의 파워 스위치로서 주로 사용되며, 교류회로의 위상제어나 ON, OFF 스위치로 가전제품의 전력제어 등에 많이 사용된다.

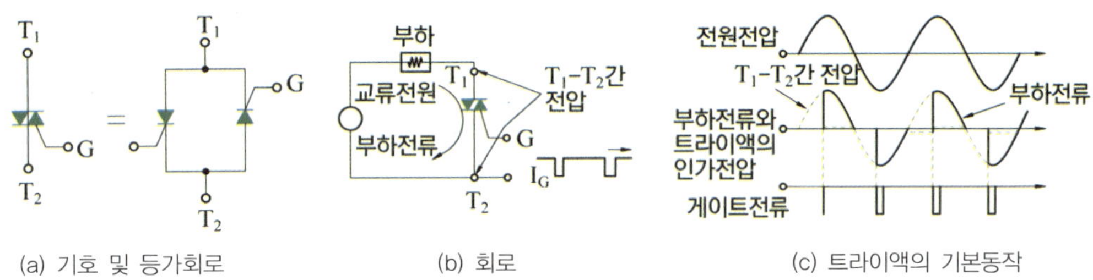

Ⅰ그림 6-5Ⅰ트라이액 기호 및 회로

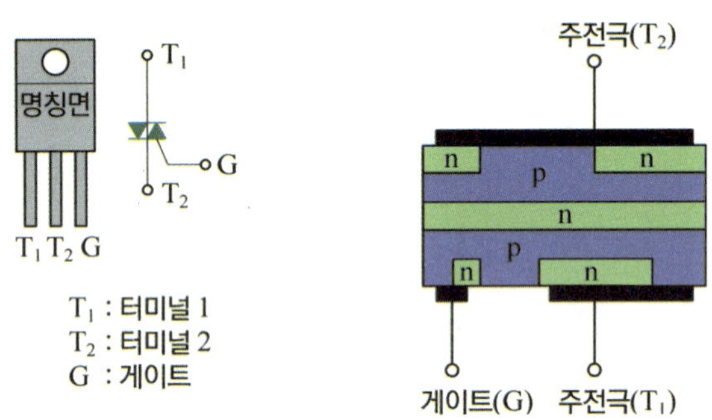

Ⅰ그림 6-6Ⅰ트라이액 구조 및 실물모양

4 단접합 트랜지스터(UJT)

UJT는 Double Base Diode라고도 하는데 대표적인 트리거 소자로 쓰인다. 구조는 막대 모양의 N형 SI 양단에 B_1, B_2라는 전극을 붙여 중간에 PN접합의 이미터 E를 설치한 것으로 베이스가 2개인 다이오드로 생각되므로 Double Base Diode라고 부르며, 발진용 소자로서 발전기 등에 사용된다.

특성은 $V_B = 0$ 인 때는 보통의 다이오드 특성이지만 $V_B > 1$인 때에는 부성저항 특성을 나타내어 2개의 베이스 전극 $B_1 - B_2$간에 V_B가 인가되며, B_2에서 B_1을 향하는 전계가 생기고 있을 때에 이미터 바로 밑 전위가 V_C에 비하여 $V_E < V_C$인 때에는 PN접합이 역방향으로 바이어스되기 때문에 고저항상태에 있으나, $V_E > V_C$ 가 되면 PN접합은 정바이어스되어 정공의 주입이 생기고 E-B_1사이가 전도 상태로 되므로서 부성저항을 나타낸다. 이 부성저항을 이용하여 스위치로 사용된다.

① **구조** : 저항률이 높은 막대 모양의 반도체 중앙에 반송자를 주입할 수 있도록 전극을 부착시켜, 1개의 접합부를 생성한 것. n형 반도체를 베이스로 하고 제1베이스 B_1, 제2베이스 B_2, 이미터 E의 3개 전극으로 구성된다.

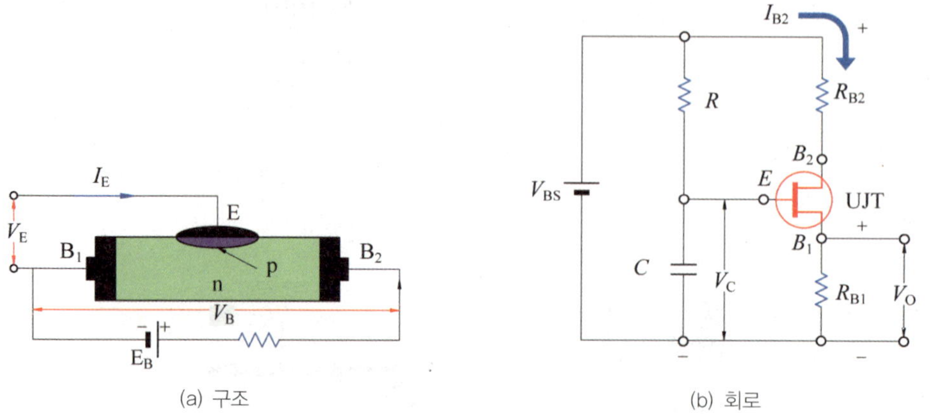

(a) 구조　　(b) 회로

| 그림 6-7 | 단접합트랜지스터 구조 및 회로

② **동작** : 이미터에서 주입된 정공에 의해 B_1, B_2 사이의 도전율을 변화시켜 부성저항이 생기게 한 것이다.

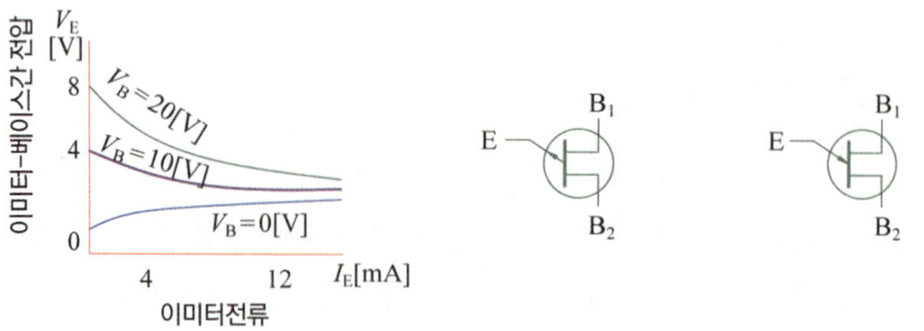

| 그림 6-8 | 특성 및 기호

5 바리스터(Varistor)

인가된 전압치에 따라 저항치가 비직선적으로 변화하는 것을 Variable Resister라하며 그 약자로서 바리스터(Varistor)라고 부른다.

바리스터는 탄화규소(SiC)를 주원료로 한 분말에 탄소나 황토 등을 혼합하여 소결한 구조의 반도체이고, 온도에 의한 저항 변화는 더어미스터 보다는 적지만 과부하에 강하다.

전압, 전류특성(그림a)은 그림에 나타나와 있는 것 같이 바리스터 특징인 비직선성을 가급적 키우려면 비직선지수 n값을 크게 만들 필요가 있으며, 이것은 일정한 전압 이상에서 갑자기 전류가 증가(저항감소) 되므로 릴레이 등의 스파크 흡수, 크로스바 전화교환기나 전화기, 피뢰기, 네온 등의 보호장치 등으로 이용되고 있다. 바리스터의 사용 온도는 120[℃]를 넘지 않도록 해야 한다.

① **구조** : 전압 변화에 의해 저항이 크게 변화하도록 만든 소자를 말하며, 전압-전류 특성이 비직선적이다.

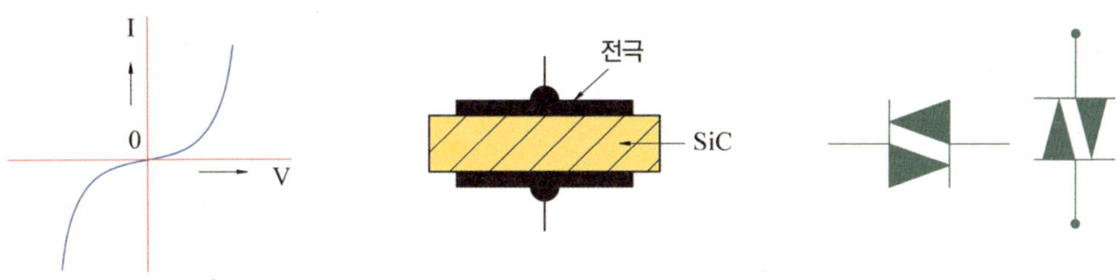

(a) 특성 (b) SiC 배리스터 (c) 기호

| 그림 6-9 | 대칭 배리스터

② **기능** : 비대칭 배리스터와 대칭 배리스터가 있으며, SiC 분말을 주성분으로 금속 산화물 등을 혼합 구워 만든 대칭 배리스터가 대표적이다.

③ **전압, 전류 특성[그림 6-9]**

$I = kV^n$

k : 구조와 재질에 따라 결정되는 비례상수

n : $n = 2 \sim 10$ 정도로 비직선 지수

④ 용도는 낙뇌 전압 등의 이상 전압 흡수, 전화기의 과전압에 의한 음성의 일그러짐 방지 및 각종 제어 회로에 응용한다.

Chapter 6 | 기타 반도체 소자

연습문제

01 SCR의 특성 중 적합하지 않은 것은?

㉮ PNPN 구조로 되어있다.
㉯ 정류 작용을 할 수 있다.
㉰ 정방향 및 역방향의 제어 특성이 있다.
㉱ 고속도의 스위칭 작용을 할 수 있다.

02 역저지 3단자에 속하는 것은?

㉮ SCR　　㉯ SSS
㉰ SCS　　㉱ TRIAC

03 교류회로에서 양방향 점호(ON) 및 소호(OFF)를 이용하며 위상제어를 할 수 있는 소자는?

㉮ TRIAC　　㉯ SCR
㉰ GTO　　㉱ IGBT

04 그림과 같은 기호가 나타내는 소자는?

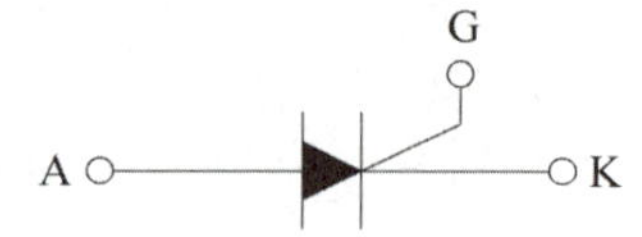

㉮ SCR　　㉯ TRIAC
㉰ IGBT　　㉱ Diode

05 SCR의 애노드 전류가 20[A]로 흐르고 있었을 때 게이트 전류를 반으로 줄이면 애노드 전류는?

㉮ 5A　　㉯ 10A
㉰ 20A　　㉱ 40A

06 트라이액(TRIAC)의 기호는?

㉮ 　　㉯ 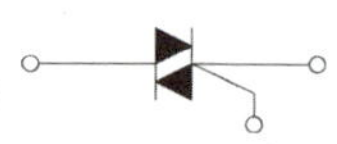

㉰ 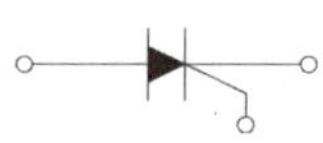　　㉱ 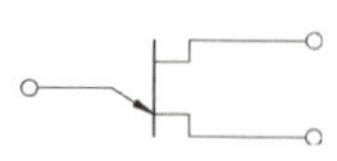

Answer | 01 ㉰　02 ㉮　03 ㉮　04 ㉮　05 ㉰　06 ㉯

07 그림은 실리콘 제어소자인 SCR을 통전시키기 위한 회로도이다. 바르게 된 회로는?

㉮
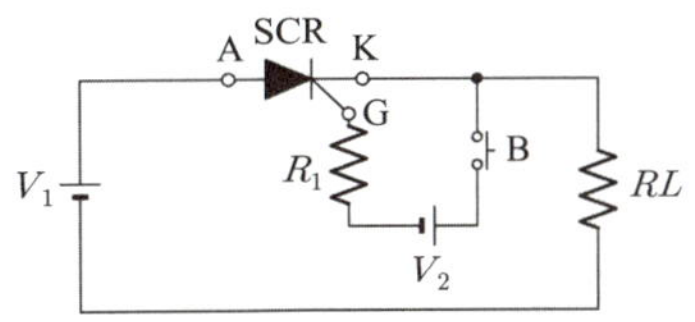

㉯
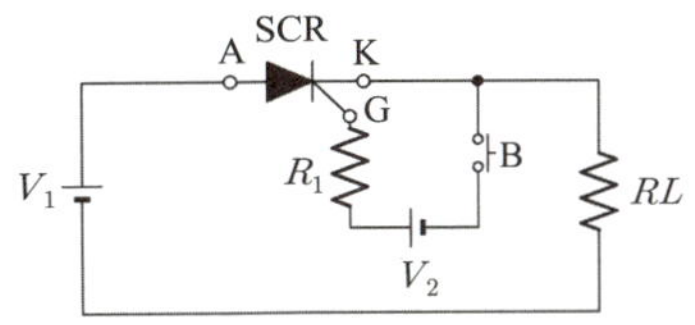

㉰
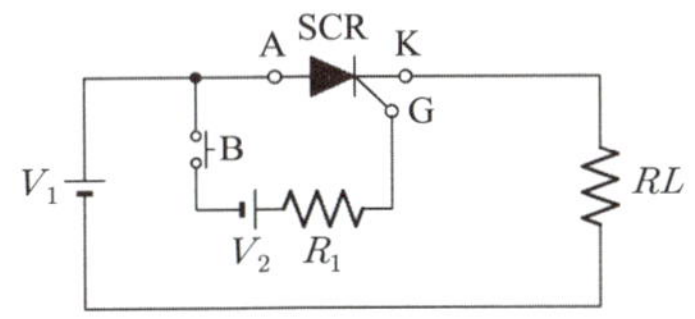

㉱
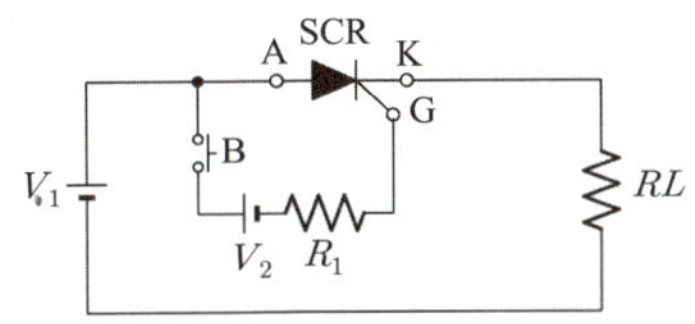

08 그림과 같이 역직률로 접속된 바리스터(Varistor)의 특성으로 적합한 것은?

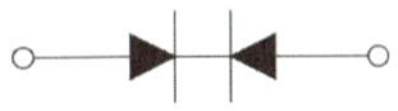

㉮ 낮은 전압에서 큰 저항을 나타낸다.
㉯ 높은 전압에서 큰 저항을 나타낸다.
㉰ 낮은 전압에서 작은 저항을 나타낸다.
㉱ 높은 전압에서 큰 저항, 낮은 전압에서 적은 저항을 나타낸다.

09 부성 저항 특성을 이용하여 발진회로에 응용 가능한 소자는?

㉮ CDS
㉯ 더미스터
㉰ 터널 다이오드
㉱ 제너 다이오드

10 다음 중 SCR에 대한 설명으로 옳지 않은 것은?

㉮ 전류제어형 소자이다.
㉯ 게이트 전극이 전도에 영향을 준다.
㉰ 터널 다이오드와 똑같은 특성의 부성 저항 소자이다.
㉱ 다이라트론(thyratron)과 비슷한 특성을 가지고 있다.

11 실리콘 제어 정류소자(SCR)의 설명으로 옳지 않은 것은?

㉮ 동작원리는 PNPN 다이오드와 같다.
㉯ 일반적으로 사이리스터(thyristor)라고도 한다.
㉰ 게이트 전류에 의하여 방전개시 전압을 제어할 수 있다.
㉱ SCR의 브레이크 오버 전압은 게이트가 차단 상태로 들어가는 전압이다.

Answer | 07 ㉯ 08 ㉮ 09 ㉰ 10 ㉰ 11 ㉱

12 낙뢰와 같이 급격한 서지 전압(Surge Voltage)으로부터 회로를 보호하기 위하여 전원이 인가되는 초단에 주로 사용되는 소자는?

㉮ 더미스터 ㉯ 바리스터
㉰ 쇼트키 다이오드 ㉱ 제너 다이오드

13 다음 중 반도체의 저항이 온도에 의해 변화하는 소자는?

㉮ Thermistor ㉯ SCR
㉰ TRIAC ㉱ DIAC

14 실리콘 제어 정류소자(SCR)의 설명으로 옳지 않은 것은?

㉮ 동작원리는 PNPN 다이오드와 같다.
㉯ 일반적으로 사이리스터(thyristor)라고도 한다.
㉰ 게이트 전류에 의하여 방전개시 전압을 제어할 수 있다.
㉱ SCR의 브레이크 오버 전압은 게이트가 차단 상태로 들어가는 전압이다.

Answer | 12 ㉯ 13 ㉮ 14 ㉱

Chapter 07

연산증폭기 (operational amplifier)

연산증폭기(op-amp, Operational amplifier)는 한 개의 차동입력과, 보통 한 개의 단일 출력을 가지는 직류연결형(DC-coupled) 고이득 전압증폭기이다. 하나의 연산증폭기는 그 입력 단자 간의 전압 차이보다 대개 100배에서 수 1,000배 큰 출력 전압을 증폭하는 연산증폭기는 두 개의 입력단자와 한 개의 출력단자를 갖는다.

연산증폭기는 두 입력단자 전압간의 차이를 증폭하는 증폭기이기에 입력단은 차동증폭기로 되어있으며, 미분기 및 적분기 구현 및 사칙연산이 가능한 회로를 구성을 할 수 있어 연산자의 의미에서 연산증폭기라고 부른다. 보통 연산증폭기가 필요로 하는 전원은 기본적으로는 두 개의 전원인 $+V_{cc}$ 및 $-V_{cc}$가 필요하다. 하지만 단일 전원만을 요구하는 연산증폭기도 상용화되어 있다. 신호증폭을 위한 주 증폭기의 종류로는 전압증폭기와 전류증폭기가 있다.

트랜지스터를 이용해서 증폭회로 설계시는 증폭회로의 타입 결정, 바이어스 전압과 전류 결정, 그리고 바이어스회로 설계와 이득을 정하는 소자 값의 결정이 필요하다. 즉, 전자회로에 대한 많은 지식과 경험이 필요하지만, 연산증폭기(OP-Amp)를 이용해서 증폭회로 설계시 전자회로에 대한 특별한 지식이 불필요하고 비교적 간단한 회로 구성으로 가능한 장점이 있다.

연산증폭기는 높은 증폭율을 가진 증폭기가 내장된 소자이며, 집적회로로 제작하여 저비용으로 대량생산이 가능하며, 현재 트랜지스터와 같이 하나의 부품으로서 여러 회로에 사용된다.

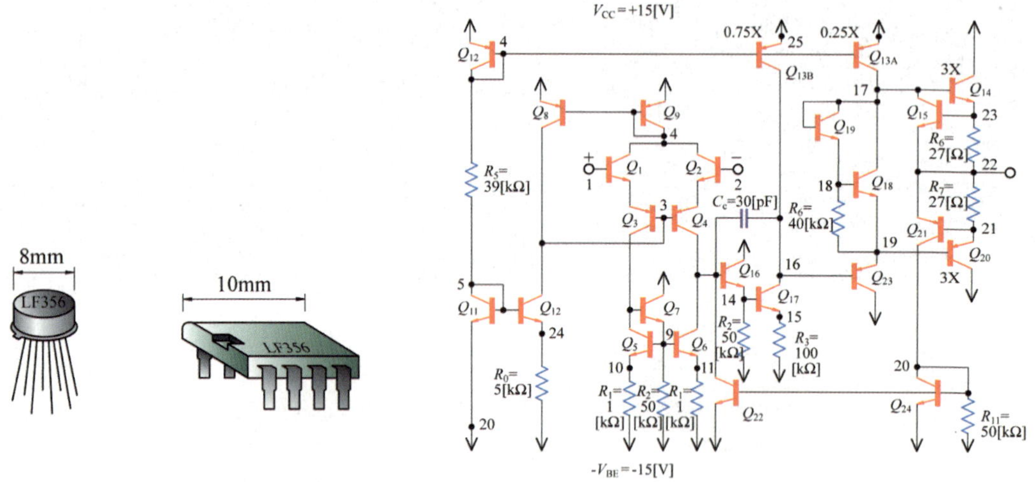

(a) 금속 케이스 (b) 플라스틱 케이스 (c)내부구조

| 그림 7-1 | 연산증폭기 외관 및 내부구조

1 연산증폭기의 개요

아날로그 IC의 일종인 연산증폭기는 1개의 트랜지스터와 같이 쉽게 사용할 수 있기 때문에 현장에서 다양하게 활용되는 소자 중의 하나이다.

증폭회로, 비교회로등, 아날로그 회로에서 널리 쓰이고 있는 OP AMP는 Operational Amplifier의 약자로 연산증폭기라고 한다. OP AMP는 원래 아날로그 계산기 (현재는 디지털계산기)용으로 개발되었지만 간단하게 사용할 수 있게 된 때부터 증폭기 뿐만 아니라 Active Filter, 선형, 비선형의 신호처리에 넓게 응용되고 있고 수백 종류 이상의 종류가 있으며 고성능 범용증폭기라고도 한다.

즉 연산증폭기란 부궤환의 방법에 따라서 덧셈이나 적분등의 연산기능을 갖게 할 수 있는 고 이득의 직류증폭기를 말한다.

[그림 7-1 (c)]에서처럼 바이폴라 트렌지스터나 FET를 사용하여 이상적 증폭기를 실현시킬 목적으로 만든 아날로그 IC(Integrated Circuit)로서 원래 아날로그 컴퓨터에서 덧셈, 뺄셈, 곱셈, 나눗셈 등을 수행하는 기본 소자로 높은 이득을 가지는 증폭기로서 이것은 (+) 및 (−) 2개의 입력 단자를 가지며, 외부 되먹임 회로를 첨가하여 사용한다.

2 연산증폭기의 특성

① 직류부터 특정한 주파수까지의 범위에서 되먹임 증폭기로 구성하여 일정한 연산을 할 수 있도록 한 직류증폭기이다.

② 능동필터, 미분기, 적분기, 비교기, 신호변환기, 함수발생기, 서보(servo)제어, 통신기기 등에 널리 사용한다.

③ 연산증폭기의 정확도를 높이기 위한 조건

㉠ 큰 증폭도와 높은 안정도가 필요하다.

㉡ 많은 양의 음되먹임을 안정하게 걸 수 있어야 한다.

㉢ 좋은 차단 특성을 가져야 한다.

④ 연산증폭기의 구성

㉠ 직결합 차동 증폭기를 사용하여 구성한다.

㉡ 되먹임 안정도를 높이기 위하여 특정 주파수에서 주파수 보상회로를 사용한다.

3 이상적인 연산증폭기의 특성

가. 이상적인 연산증폭기

• 이상적인 연산증폭기는 [그림 7-2]와 같다.

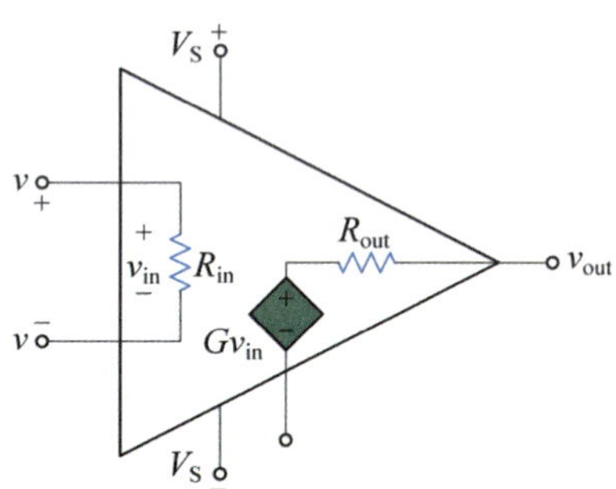

• 입력 임피던스가 무한대이다.($Z_{in} = \infty$)
• 출력 임피던스가 0이다.($Z_{out} = \infty$)
• 전압이득이 무한대이다.($A_V = \infty$)
• 주파수 대역폭이 무한대($B_W = \infty$)
• 동위상신호제거비(CMRR)가 무한대(CMRR = ∞)
• 입력 오프셋 전압 및 입력 오프셋 전류가 0
• 온도에 의하여 특성 불변
• 특성의 변동 현상과 잡음이 없다.
• 지연 응답은 0

| 그림 7-2 | 이상적인 연산증폭기

나. 연산증폭기 등가모델

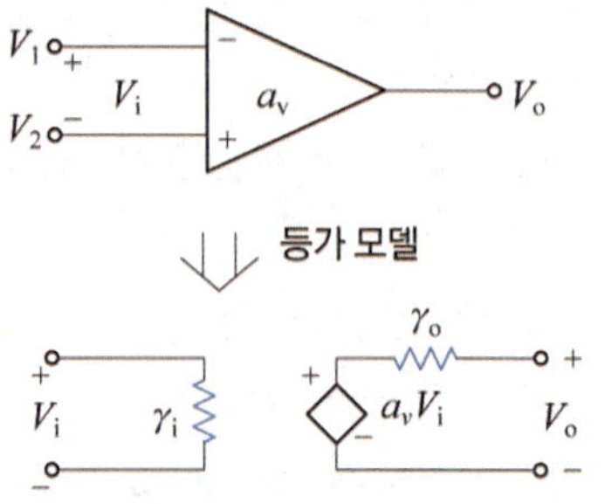

| 그림 7-3 | 연산증폭기 등가모델

회로 해석 편의상 [그림 7-3]의 등가 모델을 보면

$V_0 = - a_v Vi = a_v (V_2 - V_1)$

V_1 : 입력 저항(Input resistance)

V_2 : 동상(Noninverting)입력

a_v : (개방 회로) 전압 이득

γ_i : 입력 저항(Input resistance)

γ_o : 출력 저항(Output resistane)

위의 모델에서 다음 특성을 지니면 '이상적 OP Amp'라고 부른다.

- $a_v = \infty$ (실제특성 > 10^5)
- $r_i = \infty[\Omega]$ (실제특성 > 수M$[\Omega]$)
- $r_0 = 0[\Omega]$ (실제특성 > 수 $10[\Omega]$)
- 대역폭 $= \infty$

다. 이상적인 연산증폭기와 실제 증폭기의 비교

이상적인 연산증폭기는 무한대의 전압 이득과 무한대의 대역폭을 가질 뿐만 아니라 입력 임피던스가 무한대이므로 입력 측으로부터 전력 유입도 없다. 하지만 실제의 연산증폭기는 높은 전압이득, 높은 입력 임피던스, 낮은 출력 임피던스 그리고 넓은 대역폭을 갖고 있다.

① 개방루프이득 : 무한대
실제) 10,000~ 20,000배 정도

② 입력저항 : 무한대

입력저항이 무한대가 되면 연산증폭기 앞단에 연결할 수 있는 회로수가 많아짐을 의미한다.

③ 출력저항 : 0

출력저항이 0이 되면 연산증폭기 뒷단에 연결할 수 있는 회로 수(fan out)가 많아짐을 의미한다.

④ 대역폭 : 무한대

대역폭이 무한대라는 의미는 연산증폭기의 입력단자에 입력될 수 있는 전압의 주파수에 관계없이(어떤 주파수의 신호가 입력되어도) 동일한 동작을 함을 뜻한다.

| 표 7-1 | 이상적인 연산증폭기와 실제 증폭기의 비교

구분	이상 연산증폭기	uA 741	LF 356(FET 입력)
차등이득(A_d)	∞	2×10^5	2×10^5
동상신호제거비(CMRR)	∞	3×10^4	10^5
입력저항(R_{id})	∞	2[MΩ]	16^6[MΩ]
출력저항(R_o)		75[Ω]	50[Ω]
대역폭(f_c)	∞	5[Hz]	25[Hz]
입력 오프셋 전압(V_{os})		1[mV]	3[mV]
슬루레이트(SR)	∞	0.5[v/μs]	12[v/μs]

⑤ 연산증폭기에서 사용되는 용어

㉠ 반전, 비반전 입력 : 입력이 2개이며, 출력이 입력의 역으로 나오는 입력이 반전입력

㉡ 차동 입력 전압 : 2개 입력간의 전압차. 정상 동작시 수 [mV] 정도.

㉢ 동상 입력 전압 : 입력과 접지간의 전압. 실제 증폭되지 않으나 높으면 IC가 파괴될 경우가 있음

㉣ 입력 오프셋 전압 : 출력을 0으로 하기 위한 입력전압 [mV] 정도.

- 차동 입력이 0일 때는 출력이 0이어야 하나 실제로는 약간의 전압을 가하지 않으면 0이 되지 않음.

㉤ 동상신호 제거비(CMRR : common mode rejection ratio)

ⓐ 두 입력에 동시에 있는 신호(잡음)를 얼마나 제거할 수 있는가를 나타내는 파라미터(parameter)

ⓑ CMRR = 차동이득/동위상이득.

㉥ 개방 전압 이득 : 궤환을 걸지 않은 상태에서 반전, 비반전 입력에 대한 출력 전압의 비.

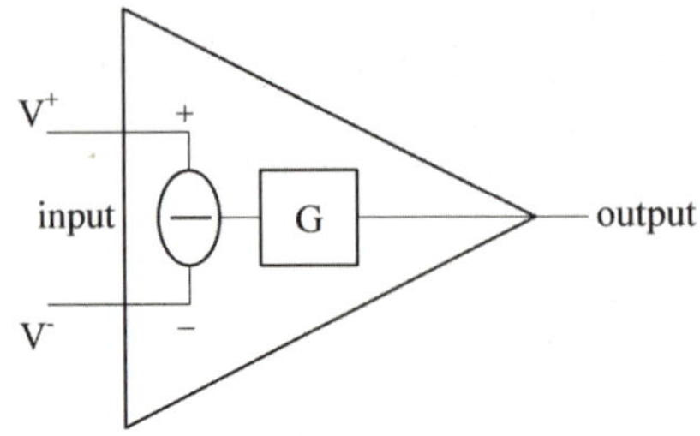

output(출력) = $G(V^{+}-V^{-})$

여기서 G : 이득 $(10^{5}\sim10^{6})$

V^{+} : non-inverting input(비반전입력)

V^{-} : inverting input(반전입력)

Ⅰ그림 7-4Ⅰ연산증폭기 이득 구조

4 연산증폭기 기본구성

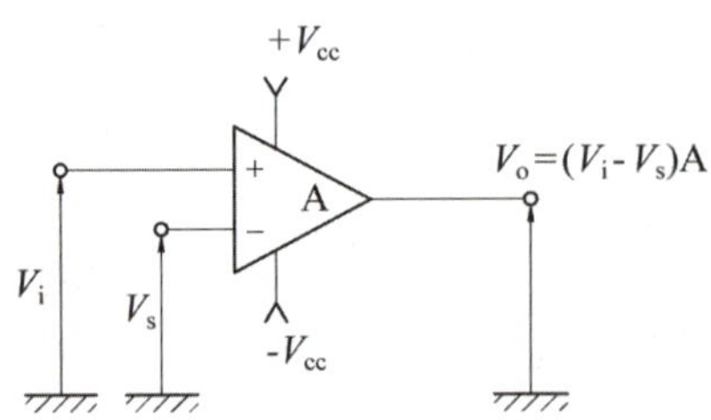

Ⅰ그림 7-5Ⅰ연산증폭기의 기본구성

OP앰프의 2개 입력 단자에 각각 전압을 가하였을 경우에도 그 출력 단자에는 입력 단자의 차의 전압이 증폭되어 나타나게 된다. 이와 같은 2개 입력 단자 사이의 차의 성분을 증폭하는 증폭기를 차동증폭기라고 하고 있으나, OP앰프는 기본적으로는 이러한 차동증폭기로 구성되어 있다.

[그림 7-5]와 같이 동일한 크기의 전원 전압 $+V_{cc}$와 $-V_{cc}$의 2개 입력 단자에 전압을 가하면 그 차의 성분이 증폭되어 출력에 나타난다.

즉, OP앰프 입력의 한 편에 기준 전압 V_s를 주고, 다른 쪽에 입력 전압 V_i를 가할 때 입력 전압이 기준 전압에 대해서 약간이라도 크게 되면 $+V_{cc}$를 출력하게 되고, 약간이라도 적게 되면 $-V_{cc}$를 출력한다.

가. OP 앰프의 단자 구성

① 2개의 입력 단자
  ㉠ 반전 입력(V+)
  ㉡ 비반전 입력(V-)

② 1개의 출력 단자
  ㉠ V_{out}

③ 2개의 전원단자
  ㉠ V+, V-

④ 3개의 특수 목적 단자

⑤ 규격으로 8개의 단자를 붙이도록 규정

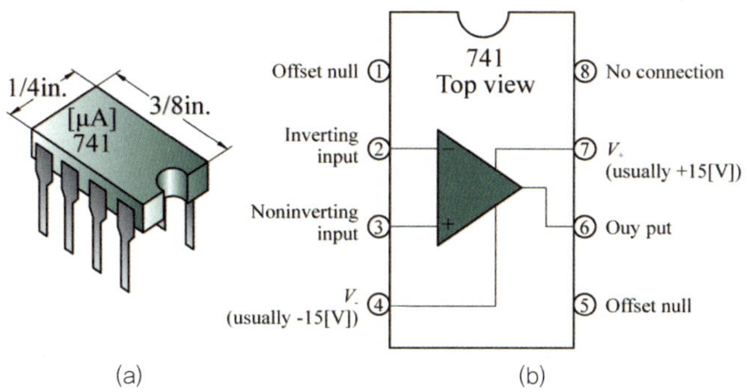

| 그림 7-6 | 단자의 예(μA 741)

| 표 7-2 | 단자의 예(μA 741)

전극 번호		역할
1	OS	오프셋 조정
2	V+	역상(반전) 입력
3	V-	동상(비반전) 입력
4	-E	- 전원
5	OS	오프셋 조정
6	Vo	출력
7	+E	+ 전원
8	NC	접속 안함

나. OP 앰프를 사용하기 위한 전원 인가

연산증폭기 내부회로는 능동소자와 수동소자로 구성되어 있으므로 반드시 외부전원에 의하여 동작을 하며, 단전원 방식과 양전원 방식으로 나누어진다.

① (+) 단자에 $+V_{CC}$를, (-)단자에 $-V_{EE}$의 직류 전원을 인가
② v_i는 증폭할 입력 신호(+와 - 입력 단자 사이에 입력)
③ v_0는 증폭된 출력 신호
④ 일반적으로 직류전원($+V_{CC}$, $-V_{EE}$)은 생략함

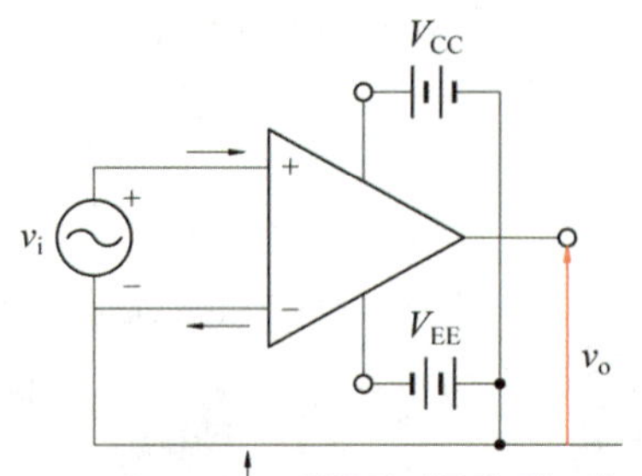

| 그림 7-7 | OP앰프 전원 결선도

5 차동증폭기 해석

연산증폭기의 기본적 회로 구성은 보통 2개 혹은 그 이상의 차등 증폭단으로 구성된다. 차동증폭기는 연산증폭기 내부회로 동작의 기본 요소이기 때문에 연산증폭기의 근본 개념을 이해하기 위해 먼저 차동증폭기에 대해서 이해해야 한다.

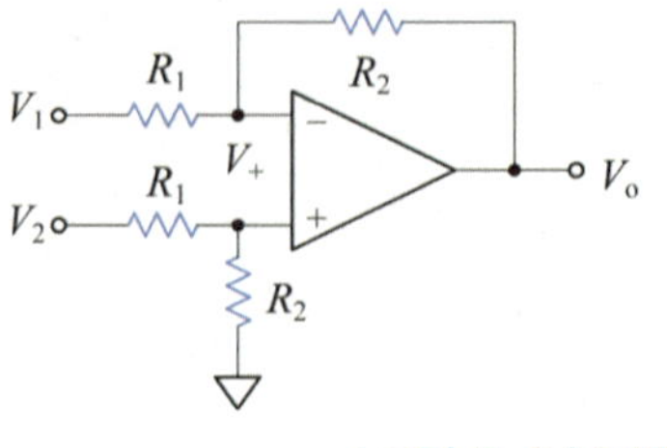

| 그림 7-8 | OP엠프의 차동증폭기

• Op Amp 차동증폭기 회로 해석

① $V_{+} = \dfrac{R_2}{R_1 + R_2} V_2$

② $\dfrac{V_1 - V_{+}}{R_1} = \dfrac{V_{+} - V_0}{R_2}$

$\therefore\ V_0 = (1 + \dfrac{R_2}{R_1}) V_{+} - \dfrac{R_2}{R_1} V_1 = \dfrac{R_2}{R_1}(V_2 - V_1)$

차동증폭기의 기본원리는 특성이 같은 2개의 트랜지스터를 사용하여 그림과 같이 좌우 대칭으로 구성하고 두 TR 베이스에 각각 별도의 입력을 가하여 컬렉터와 애미터간의 출력을 얻는 방식인데 출력이 두 신호 차에 비례하여 얻어지므로 차동증폭기라고 한다.

차동증폭 회로의 특징으로서는 직류증폭이 가능하며 직선성이 좋다. 또한 온도에 대해 안정되며 전원전압의 변동에도 안정된다.

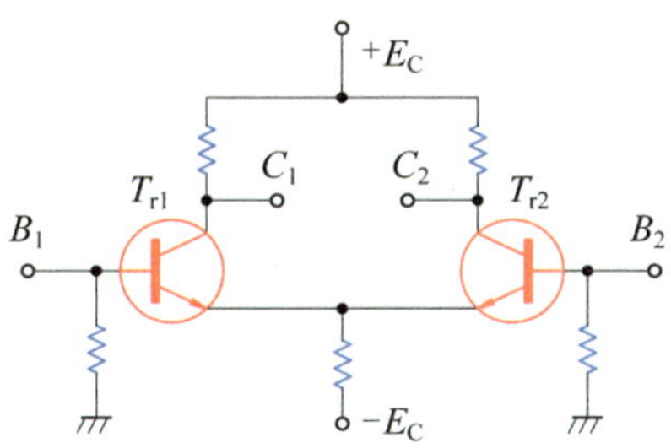

| 그림 7-9 | 트랜지스터 차동증폭기

[그림 7-9]는 특성이 같은 2개의 증폭 소자(트랜지스터)를 대칭적으로 접속하고, 양자의 입력차에 비례한 출력을 얻는 증폭기이다.

[그림 7-9]에서 B_1, B_2에 가한 두 입력의 차에 비례한 출력을 C_1, C_2 사이에서 꺼낸다. 입력을 각각 역위상으로 가하면 큰 출력이 되지만 한 쪽에만 가해도 동작한다. 이 회로의 특징은 전원전압이나 온도의 변화에 의한 영향이 상쇄되어 안정한 동작을 할 수 있는 점이다.

차동증폭기는 기본적으로 애미터 공통인 두 개의 애미터접지 증폭기의 결합이어서 휘스톤브리지와 같이 두 개의 증폭기로 정확하게 균형시킨 두 개의 입·출력(최종 출력은 한 개) 증폭기로서 키로히호프 전류법칙을 적용시켜 회로동작 해석이 가능하다. 보통 OP Amp 응용 증폭기에서는 '음의 되먹임(Negative feedback)'을 쓴다. 즉 반전(-) 입력단에 출력신호를 되돌리는 것을 뜻한다.

한 개의 증폭기를 사용하게 되면 아래 그림과 같은 파형을 얻게 된다.

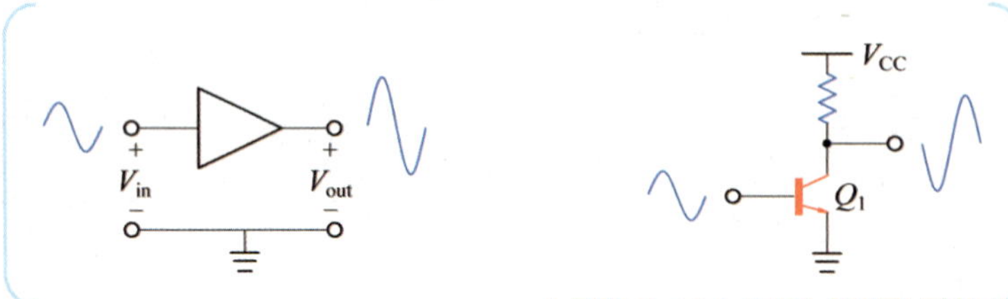

| 그림 7-10 | 1개의 증폭기 파형

[그림 7-11]처럼 서로 위상 180도 다른 신호를 증폭시키면 이 두 신호의 차이는 1개의 증폭된 신호의 2배가 된다.

$V_1 = V_a \sin\omega t + V_{CM}$

$V_2 = - V_a \sin\omega t + V_{CM}$

의 식에서 $V_1 - V_2 = 2V_0 \sin\omega t$가 된다.

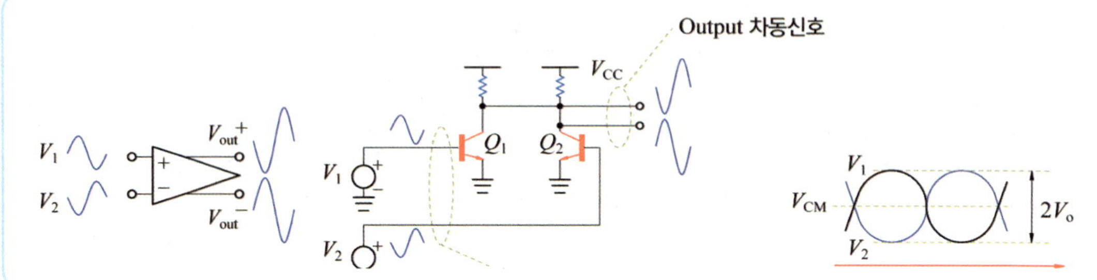

| 그림 7-11 | 차동증폭기 파형

6 연산증폭기 기본회로

연산증폭기의 기본회로는 반전 증폭기와 비반전 증폭기이다. 비반전 증폭기에서는 입력전압과 출력전압의 위상 차이가 0이고, 반전증폭기에서는 입력전압과 출력전압의 위상 차이는 역위상인 180°가 된다.

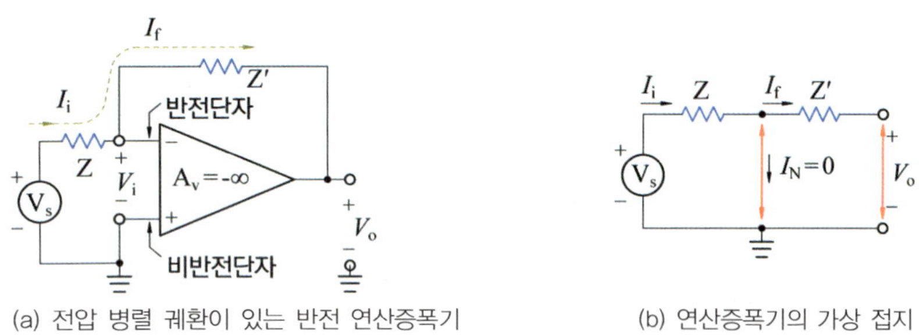

| 그림 7-12 | 반전증폭기 및 가상접지

[그림 7-12]는 반전 증폭기로서 증폭기 기호인 삼각형 내에 있는 무한대 기호는 이상적인 연산증폭기 임을 표시한다. 가상접지에 의해 증폭기 입력단자의 전압은 0이고, 또한 연산증폭기의 입력저항은 무한대이다.

따라서 연산증폭기의 입력단자로 전류가 들어갈 수 없기 때문에 신호전압과 출력 전압간의 비인 전압증폭도를 구하면 아래과 같은 식이 되며, 반전증폭기의 폐루프 전압이득은 Z'와 Z의 비로서 결정된다.

- 비반전 입력 접지, 반전 입력에 궤환 임피던스(Z, Z') 접속
- Z에 흐르는 전류 I_i는 $Z_i=\infty$이므로 Z'에 흐른다.
- $V_i = I_i Z \quad V_o = I_i Z'$

$$A_{vf} = \frac{V_o}{V_s} = -\frac{IZ'}{IZ} = \frac{Z'}{Z}$$

연산증폭기가 이상적인 증폭기이면, 신호전압의 형태나 주파수에 무관하게 위의 식이 성립된다. 즉 증폭도는 단순히 두 개의 저항비 만에 의해서 결정되며, 공식의 앞에 나타난 음의 부호는 신호전압 V_i와 출력전압 V_o간의 위상차가 180°임을 가리키는 것으로 신호가 반전 되었음을 나타낸다.

가. 반전 증폭회로의 해석

입력과 출력파형이 역위상이며, 이득은 키로히호프 법칙에서 유도할 수 있다.

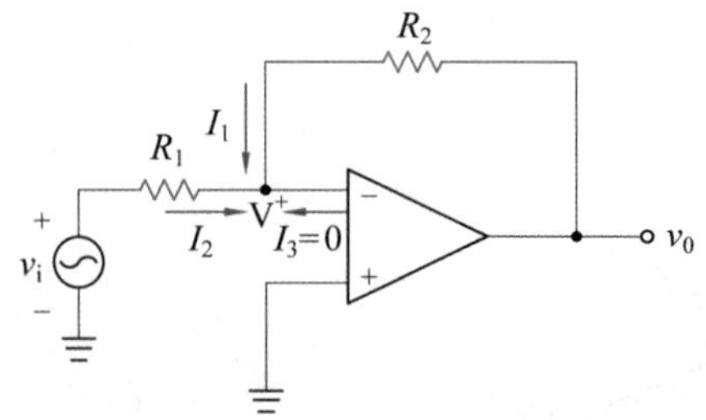

| 그림 7-13 | 반전 증폭기

KCL at v^+ : $\dfrac{v_i - v^+}{R_1} + \dfrac{v_0 - v^+}{R_2} = 0$

(where, $v^+ = 0 \leftarrow$ Virtual shot circuit)

$$\frac{v_i}{R_1} + \frac{v_0}{R_2} = 0$$

$$v_0 = -\frac{R_2}{R_1} v_i$$

$$\therefore \ A_v = \frac{v_0}{v_i} = -\frac{R_2}{R_1}$$

이상적인 연산증폭기의 두가지 중요한 성질은 아래와 같다.

① 연산증폭기의 두 개의 입력단자 사이의 전압은 항상 0 이다

② 연산증폭기의 두 개의 입력단자 사이의 전류는 항상 0 이다

다음은 연산증폭기의 입력과 출력과의 관계(DC 특성)를 그래프로 나타내었다.

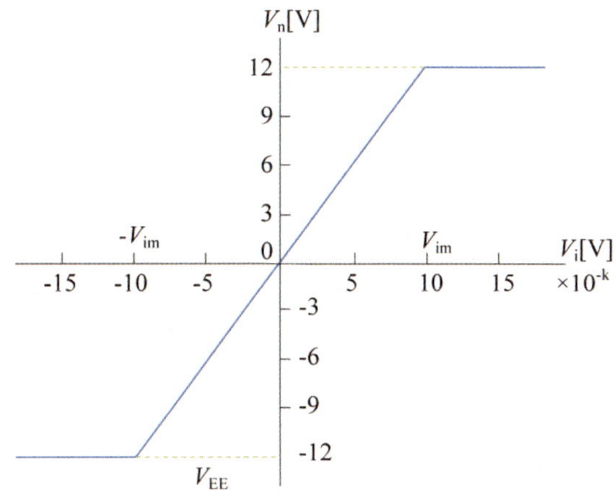

Ⅰ그림 7-14Ⅰ입·출력 DC 특성

즉, 증폭기로서 동작하는 연산증폭기의 두 입력 단자 사이의 전압과 전류는 출력에 비해 너무나 적은 값이므로 거의 0이라 할 수 있다.

위 그래프에서 입력값 대비 출력값이 100,000배 이므로 전원이 12[V]일때 입력값은 아래와 같다.

$$V_{im} = \frac{V_{CC}}{A_d} = \frac{12}{100000} = 0.00012[\text{V}] = 0.12[\text{mV}]$$

이상적인 연산증폭기(OP amp) 두 규칙에 의한 해석으로 이득을 유도 해보면

① 반전증폭기 해석(그림 Mash analyses 적용) : 전류 Loop에 의한 해석 방법.

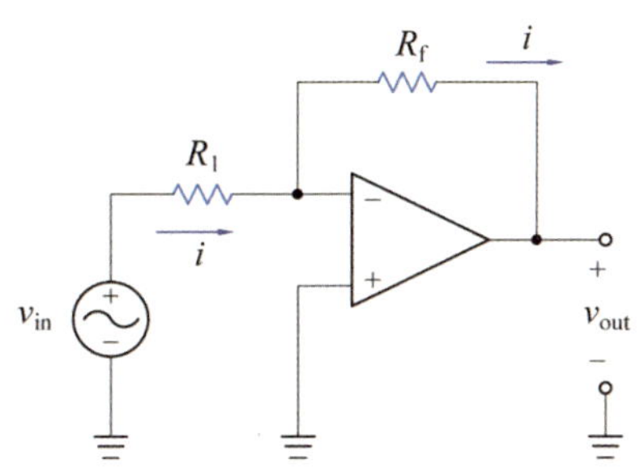

Ⅰ그림 7-15Ⅰ반전 증폭기의 해석

㉠ 회로 최외각 Loop의 KVL(키로히호프 전압법칙)식에서 OP amp 제1규칙 적용(두 입력 단자로 흘러 들어가는 전류는 없다).

$-v_{in} + R_1 i + R_f i + v_{out} = 0 \rightarrow v_{out} = v_{in} - (R_1 + R_f)i$

㉡ 회로 입력측 Loop의 KVL식에서 OP amp 제 2규칙적용
(두 입력 단자의 전압은 없다).

$$-v_{in}+R_1 i+0=0 \rightarrow i=\frac{V_{in}}{R_1}$$

㉢ 출력전압 : 위 ㉠에 $i=\frac{V_{in}}{R_1}$을 대입하면

$v_{out}=-\frac{R_f}{R_1}v_{in}$ ∴ 증폭도는 $\frac{R_f}{R_1}$로 주어진다.

㉣ 반전증폭기의 출력위상은 입력위상과 180° 다르다

㉤ R_f와 R_1에 의해 증폭과 감쇠가 이뤄진다 :

ⓐ $R_f > R_1$ 이면 증폭기로 동작.

ⓑ $R_f < R_1$ 이면 감쇠기로 동작.

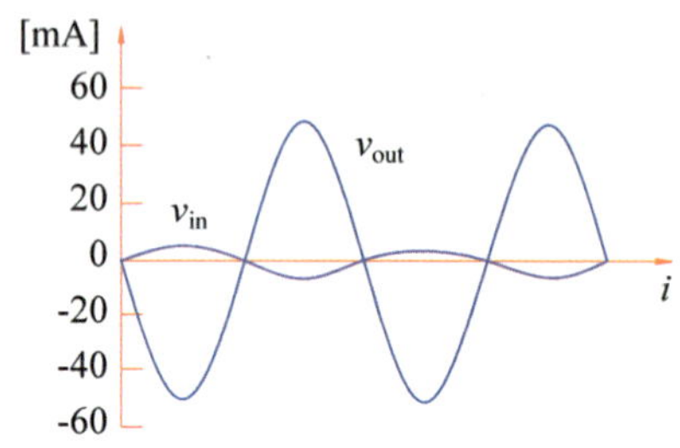

| 그림 7-16 | 반전증폭기 출력위상

나. 비반전 증폭회로의 해석

비반전 증폭기는 출력단자와 연산증폭기의 반전입력단자인 (-)에 저항이 연결되어 있는데 이를 부궤환이라고 한다.

부귀환 연산증폭기는 이득의 안정화 및 주파수 응답의 개선을 위한 연산증폭기 회로이다. 부궤환은 출력의 일부를 역위상으로 입력에 되 돌려 줌으로서 이득의 감소를 초래 한다. 이 폐루프의 이득은 보통 개방루프 이득보다 매우 적다.

만약 출력단자가 비반전단자인 (+)에 연결되면 이는 정궤환으로 구성되며, 그 특성은 부궤환인 경우와 판이하게 달라진다.

연산증폭기의 입력저항이 무한대 이기에 신호원에서 회로쪽으로 흐르는 전류 $I=0$ 이며, 가상접지에 의하여 $V_s = V_2$ 가 된다. 그리고 V_2점에서 연산증폭기의 (-)입력단자 측을 들여다 본 저항은 무한대이므로 전압 이득식은 다음과 같다.

$$\beta = \frac{V_2}{V_1} = \frac{Z}{Z + Z'}$$

$$\text{전압이득 } A_{vf} \fallingdotseq \frac{1}{\beta} = \frac{Z + Z'}{Z} = 1 + \frac{Z'}{Z}$$

위의 식으로부터 출력전압과 신호전압간의 위상차는 "0"임을 알게 되며, 따라서 [그림 7-17]의 회로를 비반전증폭기라고 부른다.

비반전증폭기 출력이 궤환저항을 통해 반전 입력 단자로 궤환되어 음되먹임(부궤환) 증폭회로를 구성한다.

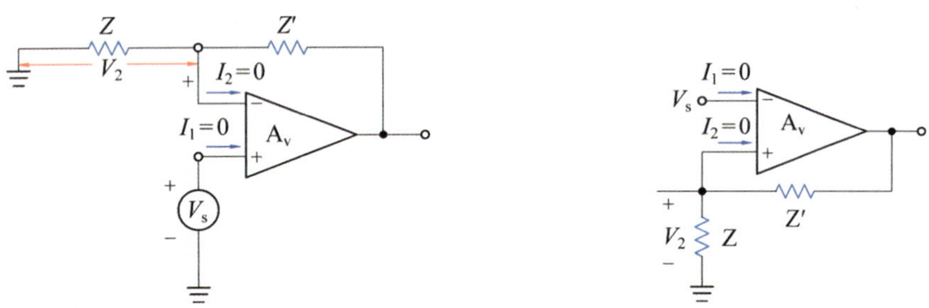

(a) 부궤환 증폭회로 (b) 정궤환 증폭회로

| 그림 7-17 | 비반전 증폭기

이상적인 OP amp 두 규칙에 의한 해석으로 이득을 유도 해보면

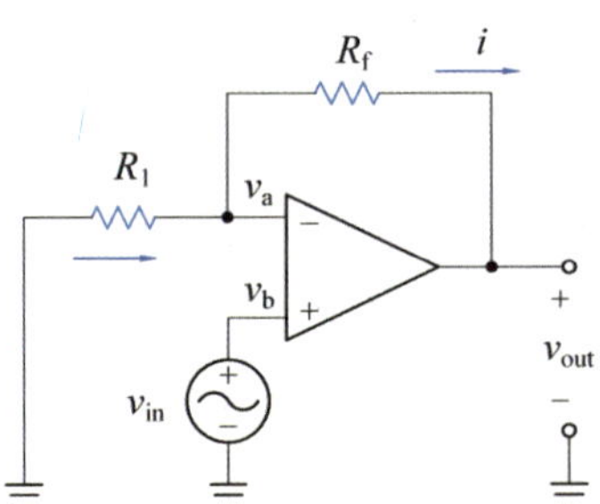

| 그림 7-18 | 비반전 증폭기의 해석

① 좌측 nodeA의 KCL식에서 OP amp 제 1규칙 적용하면

$$\frac{v_a}{R_1} + \frac{v_a - v_{out}}{R_f} = 0 \rightarrow v_{out} = (1 + \frac{R_f}{R_1})v_a$$

② 좌측 nodeB의 KCL식에서 OP amp 제 2규칙 적용하면

$v_a = v_b = v_{in}$

③ 출력전압 : 위 ①, ②로부터,

$$v_{out} = (1 + \frac{R_f}{R_1})v_{in}$$

④ 비반전 증폭기의 출력위상은 입력과 같다(아래 그림).

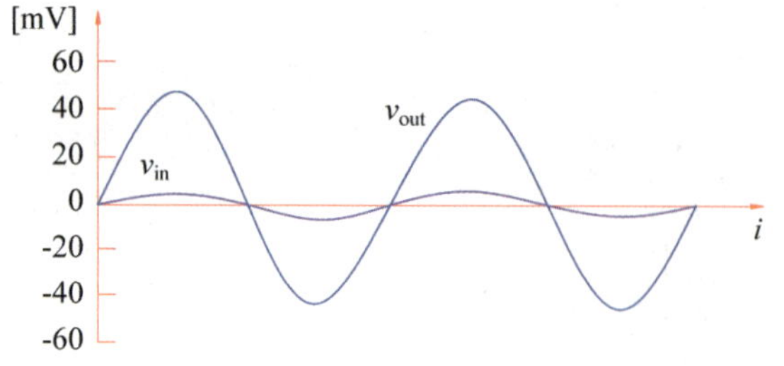

| 그림 7-19 | 비반전 증폭기 출력위상

Exercise 1

증폭기 입력에 인가된 신호원은 진폭이 50[mV] 이고 주파수가 100[Hz]인 정현파이다. 저항 R을 조정하게 되면, 이득이 변화되기에 출력전압의 크기가 변화된다. 위식에 의하여 저항 R이 각각 12[KΩ] 및 27[KΩ]인 경우, 이에 대응되는 이득은 각각 얼마인가?

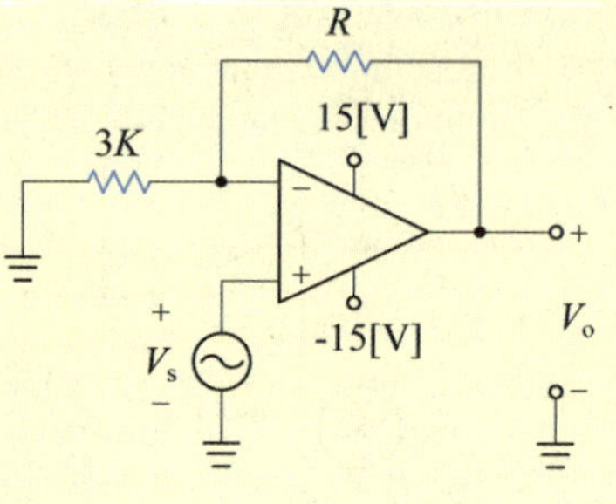

explanation

$V_s = 0.05\sin(wt)$	$f_{req} = 100[Hz]$	$R = 12[k\Omega]$	gain = 5 $V_o = 0.25\sin(wt)$
$V_s = 0.05\ \sin(wt)$	$f_{req} = 100[Hz]$	$R = 27[k\Omega]$	gain = 10 $V_o = 0.5\sin(wt)$

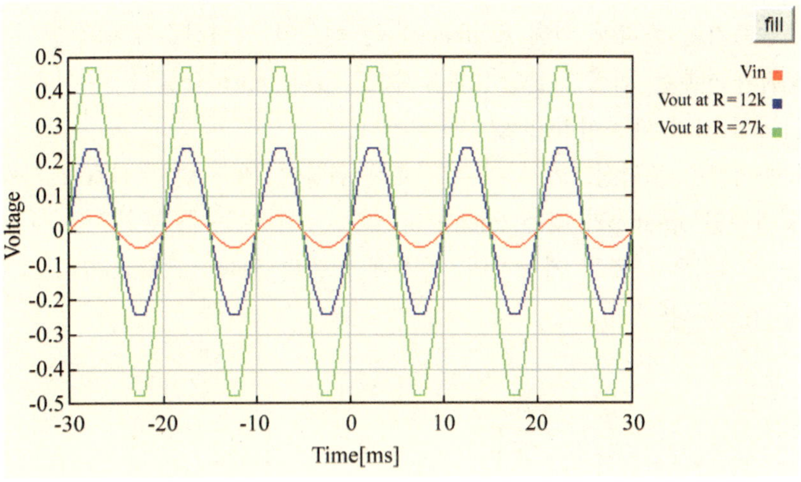

| 그림 7-20 |

다. 전압플로워(Voltage-Follower)

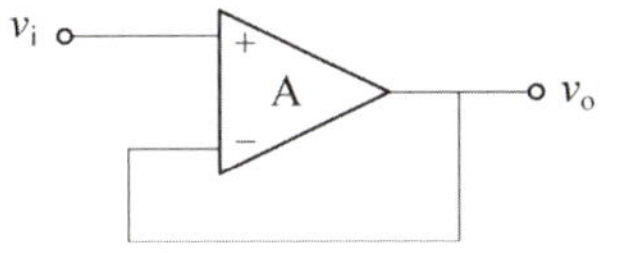

| 그림 7-21 | 전압플로워

비반전회로의 유용한 예인 전압팔로우어(follower)이다. 여기서 $R_F = 0$ 이고, $R_1 = \infty$, 즉 개방되어 있다. 따라서 이득은 아래 식에 의해 1이 되고, 증폭이 없는 버퍼가 되어 출력전압 v_0는 입력 v_1을 그대로 따라가게 된다.

$$A_F = \frac{v_0}{v_1} \approx \frac{R_1 + R_F}{R_1} = 1$$

이것은 이미터 팔로우어(emitter follower)와 마찬가지로 임피던스 특성을 개선시키는데 사용된다.

라. 부귀환과 정귀환 회로의 특징

궤환에는 부궤환(negative feedback)과 정궤환(positive feedback)이 있다. 부궤환은 동작상태를 안정화시키는 쪽으로 동작하는 반면, 정궤환은 동작상태를 불안정하게 하는 쪽으로 동작한다.

따라서 통산적으로 증폭기의 경우에는 부궤환을 채택하고, 발진기는 정궤환을 채택한다.

정귀환 증폭기는 출력에 의해 feedback되는 신호와 입력신호가 동상인 신호를 말한다. 그런데 정귀환 신호는 회로가 불안정해질 수 도 있다. positive를 쓰는 이유는 부귀환 보다는 전압이득이 크기 때문이라고 할 수 있겠다.

부귀환 증폭기는 출력신호에서 나온 신호를 위상이 180° 변한 신호를 다시 입력시키는 것이다. 일반적인 op-amp가 갖는 open-loop 이득은 매우 큰데, 부귀환을 사용하면 op-amp의 이득을 안정적으로 조절 가능하며, 동시에 입출력 임피던스(impedance)제어와 대역폭의 제어가 가능하다.

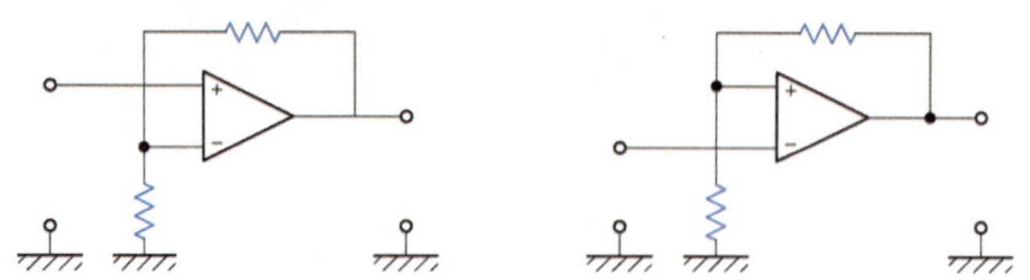

(a) 부귀환증폭기 (b) 정귀환증폭기

| 그림 7-22 | 부귀환 및 정귀환 증폭기

7 연산증폭기 응용회로

가. 가산증폭기

연산증폭기는 증폭기능을 비롯한 가산 및 감산을 수행할 수 있다. 감산은 차동증폭기에 의하여 수행 된다.

가산(합산)증폭기는 여러 개의 입력결합과 입력의 가중된 합이 음(-)의 값으로 출력한다.

- 몇 개의 입력신호의 선형 결합을 출력으로 얻는데 사용
- 출력에 흐르는 전체 전류는 $i = i_1 + i_2 + \cdots + i_n$
- 출력 전압 V_o는 $= \frac{v_1}{R_1} + \frac{v_2}{R_2} + \cdots + \frac{v_n}{R_n}$

$$v_0 = -R'i = -\left(\frac{R'}{R_1}v_1 + \frac{R'}{R_2}v_2 + \cdots + \frac{R'}{R_n}v_n\right)$$

- 만약 $R_1 = R_2 = \cdots = R_n$이면 출력은 다음과 같다.

$$v_o = -\frac{R'}{R}(v_1 + v_2 + \cdots + v_n)$$

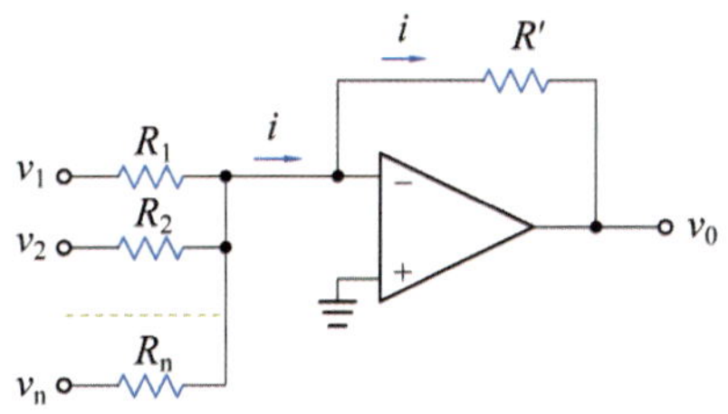

Ⅰ그림 7-23Ⅰ가산증폭기

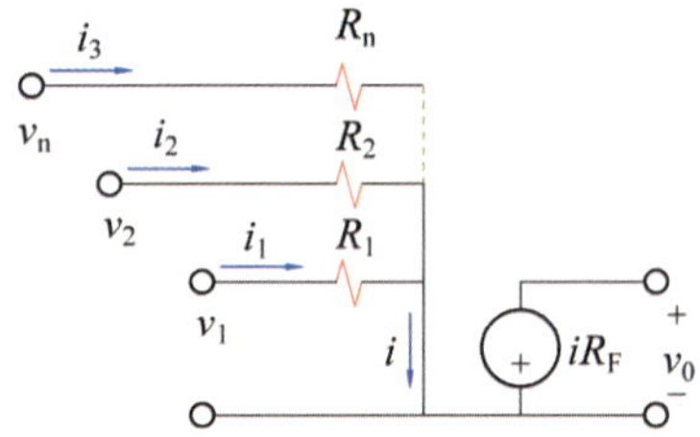

Ⅰ그림 7-24Ⅰ등가모델

나. 비반전 가산기

- 출력부호가 반대로 되지 않는 가산기.
- 출력 V_0는 $v_0 = (1+\dfrac{R'}{R})v_+ = (\dfrac{R+R'}{R})v_+$
- 여기서 저항이 같다면 v_+는

$v_+ = \dfrac{1}{n}(v_1{}' + v_2{}' + \cdots + v_n{}')$

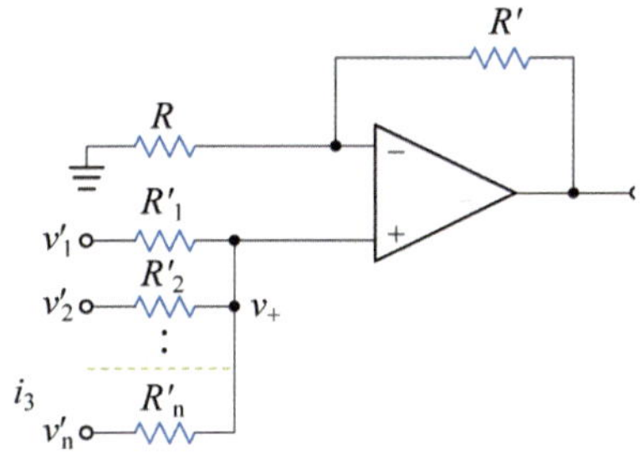

Ⅰ그림 7-25Ⅰ비반전 가산기

다. 차동계측증폭기

- 감산기와 같은 기능을 하는 증폭회로.
- 입력저항이 $\frac{R_2}{R_1} = \frac{R_4}{R_3} \rightarrow R_1 \cdot R_4 = R_2 \cdot R_3$의 조건을 만족하면

  출력전압은 $V_0 = \frac{R_2}{R_1}(V_2 - V_1)$이 된다.
- 만약 $R_1 = R_2$이면 $V_0 = (V_2 - V_1)$이다.
- 출력전압 V_0가 입력전압 $V_1 \cdot V_2$의 차에 비례.

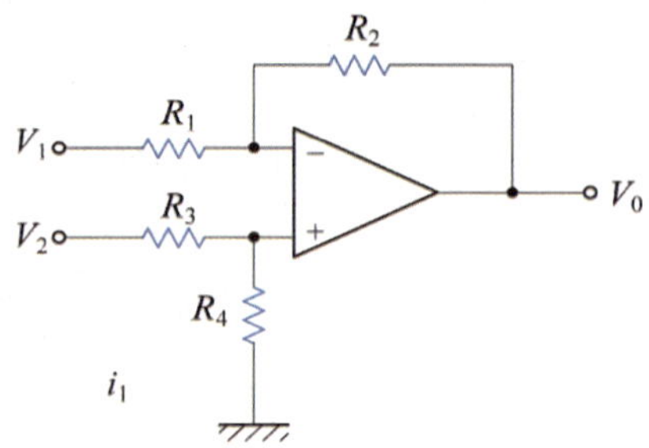

| 그림 7-26 | 차동계측증폭기

라. 미분기

[그림 7-27]는 기본적인 미분기를 보여주고 있다. 입력 요소가 콘덴서인 것을 제외하면 반전 증폭기와 같으며, 적분기와 다른점은 저항과 캐패시터가 회로상에 위치한 곳이 다르다. 미분기에서 캐패시터는 입력소자이며 미분기는 입력전압의 변화율에 비례하는 출력을 낸다.

출력전압 V_0는 아래식 ②와 같으며, 입력전압에 대한 미분값으로 주어진다.
이러한 미분기는 입력주파수 증가에 따라서 캐패시터의 리액턴스의 영향으로 큰 출력을 갖게 되므로 높은 주파수에서의 이득을 제한하기 위하여 [그림 7-27 (b)]와 같이 직렬저항 R_S를 연결해서 고주파 이득을 $\frac{R_F}{R_S}$로 제한함으로써 제한된 고주파 이득을 가지는 미분기 회로를 만들 수 있다.

$$V_0 = -\ R_f C \frac{dV_S}{dt}$$

$$i = C\frac{dv_i}{dt} \quad \cdots\cdots ①$$

$$V_o = -Ri = -RC\frac{dv_i}{dt} \quad \cdots\cdots ②$$

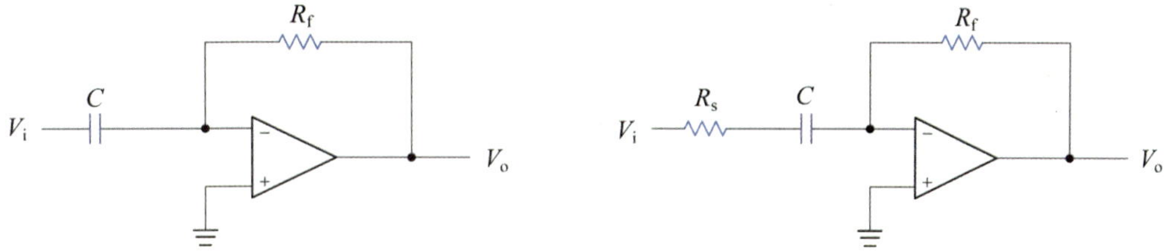

(a) 기본적인 미분기

(b) 제한된 고주파 이득을 가지는 미분기

| 그림 7-27 | 미분기

라. 적분기

연산증폭기 적분기는 함수의 곡선으로 싸인 전체면적을 구하는 기본적 합산과정인 수학적 과정이다. 미분기는 함수의 순간적인 변화율을 결정하는 수학적 과정인데, 적분기나 미분기가 어떻게 동작하는가를 이해하는데는 수학적인 적분이나 미분에 대한 사전 지식은 없어도 된다.

미분기 회로에서 저항과 콘덴서의 위치만 바꾸면 적분기가 된다. 그림에서 처럼 적분기의 입력소자는 저항이고, 되먹임 소자는 콘덴서이다. 이 회로는 미분기의 역이고 출력 전압도 미분기의 역이 된다.

아래 그림은 미분과 적분이 상호 역동작이 됨을 보여주고 있다.

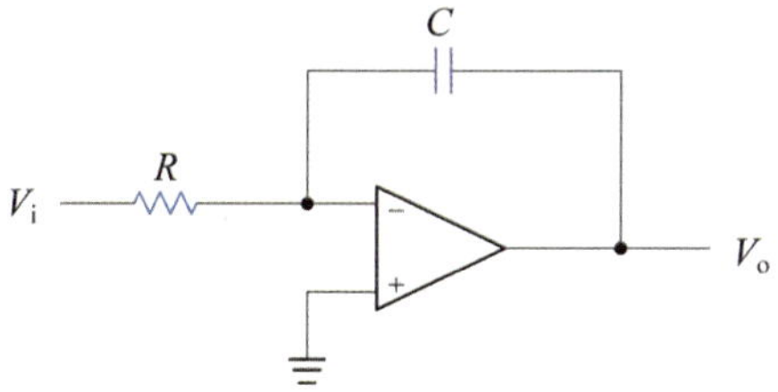

| 그림 7-28 | 적분기

$$V_o = -\frac{1}{RC}\int V_i dt$$

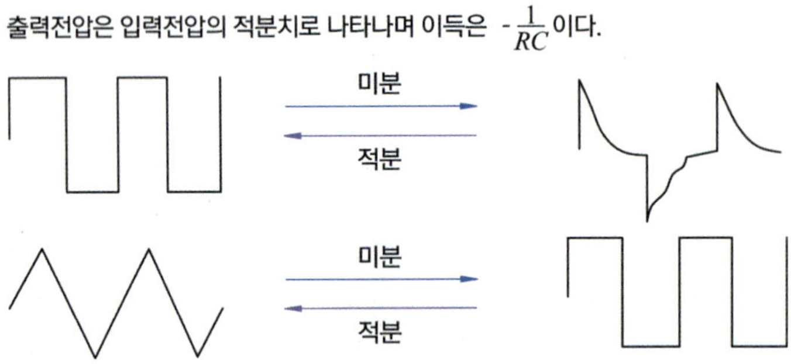

| 그림 7-29 | 미적분 파형

바. 비교기

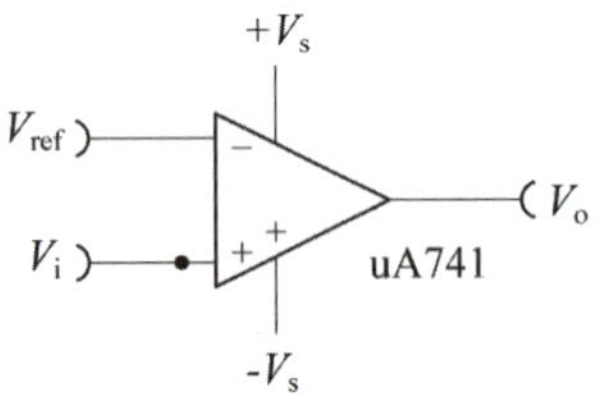

| 그림 7-30 | 비반전 비교기

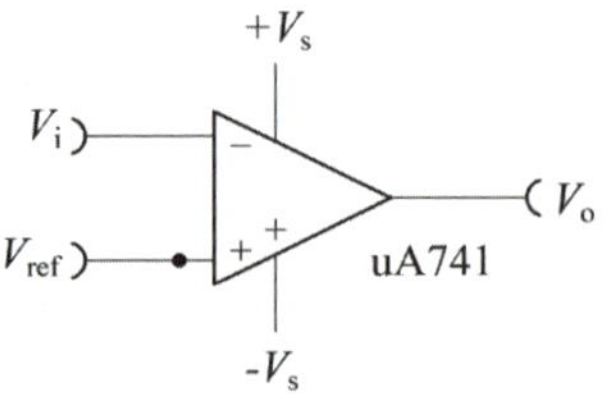

| 그림 7-31 | 반전 비교기

$V_i > V_{REF}$ ⇒ 출력전압은 양(+)의 전원전압과 같아지고($+V_s$)

$V_i < V_{REF}$ ⇒ 출력전압은 음(-)의 전원전압과 같아진다($-V_s$)

반전입력 단자를 GND시키고($V_{REF}=0$) 비반전 입력단자로 신호를 인가시 $V_i > 0$이면 $+V_s$, $V_i < 0$이면 $-V_s$의 출력전압을 갖게 된다.

• 비교기 응용회로 – 온도 스위치 회로

온도가 어떤 기준온도에 도달하면 출력단의 릴레이가 작동하여 적절한 동작을 개시 하도록 사용 할 수 있다.

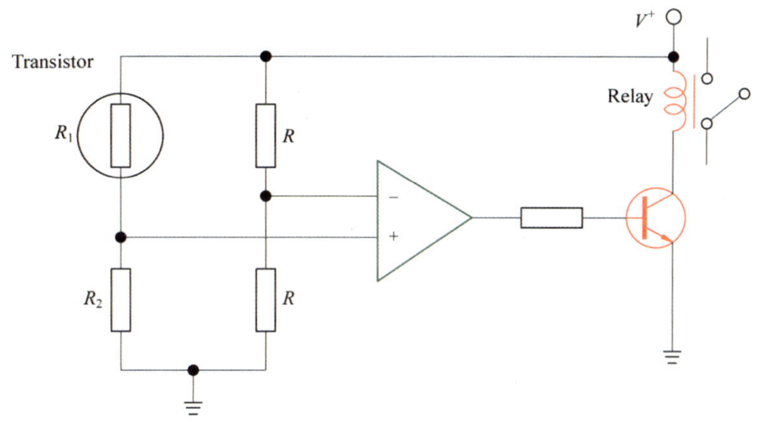

| 그림 7-32 | 온도 스위치 회로

• 온도가 기준온도에서 균형을 이루도록 하고, 비반전 비교기로 설계

- 만약에 온도가 기준온도보다 작다고 가정하면 서미스타 저항 R_1 값이 R_2 값보다 커지므로 브리지에 불균형이 발생되고 연산증폭기의의 입력단의 전압차가 발생하여 출력전압이 음의 포화전압으로 하강 → 트랜지스터 OFF(베이스-이미터, 베이스, 콜렉터 간의 역바이어스가 걸리게 되므로 릴레이에 전류가 흐르지 못함)
- 만약에 온도가 기준온도보다 크다고 가정하면 서미스타 저항 R1 값이 R2 값보다 작아므로 브리지에 불균형이 발생되고 연산증폭기의의 입력단의 전압차가 발생하여 출력전압이 양의 포화전압으로 상승 → 트랜지스터 ON(베이스-이미터, 베이스, 콜렉터 간의 정바이어스가 걸리게 되므로 릴레이 동작)

사. 대수증폭기

센서에 따라 계측하는 물리량에 대한 그 출력량이 비선형인 경우가 있으며, 이러한 센서 출력을 선형화하기 위해서는 적절한 신호 조절이 필요하다.

이 신호조절기는 연산증폭기를 이용하여 비선형 입력에 대하여 출력이 선형이 되도록 하는 비선형 특성을 갖는 회로를 설계하면 된다.

이는 피드백 루프에 적절한 소자를 선택함으로서 얻어질 수 있는데, 이것을 대수증폭기라고 한다.

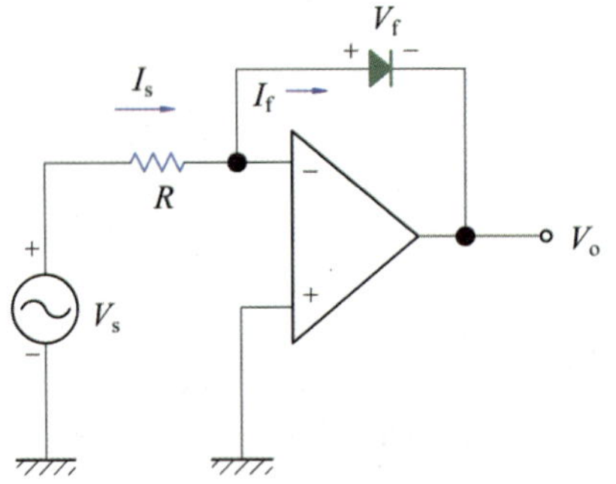

- 입력전압의 대수에 비례하는 출력전압을 얻는 회로
- 다이오드를 출력단에 연결 사용
- 온도에 민감하게 동작하므로 온도 보상회로 필요

| 그림 7-33 | 대수증폭기

- 적분기응용회로 – 파형발생기(sine파, 삼각파, 사각파)

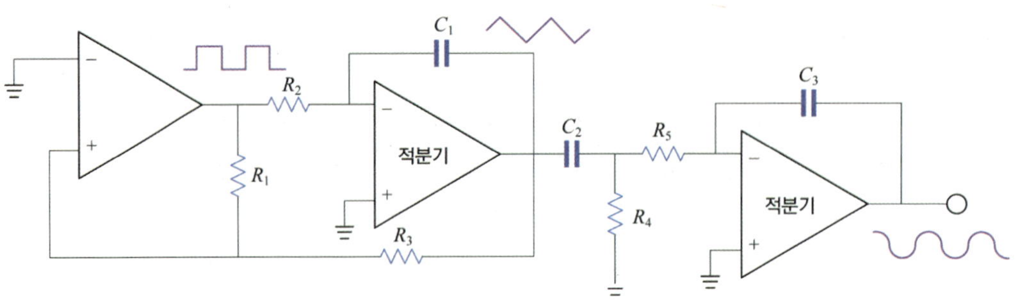

positive feedback 이용 비교기(입력이 크면 +Vcc값 출력 낮으면 -Vcc값 출력)	포물선의 조합이므로 sine파는 아니나 적당한 filter를 사용하여 sine파를 만들 수 있다.

| 그림 7-34 | 파형발생기

① 비교기(왼쪽에서 첫 번째 연산증폭기) 구형파 출력
② 적분기(왼쪽에서 두 번째 연산증폭기)에 구형파가 들어가면 삼각파 출력
③ 적분기(왼쪽에서 세 번째 연산증폭기)에 삼각파가 들어가면 싸인파형과 유사한 파형 출력

- 연산증폭기 회로에 의한 여러 가지 파형

– 적분회로

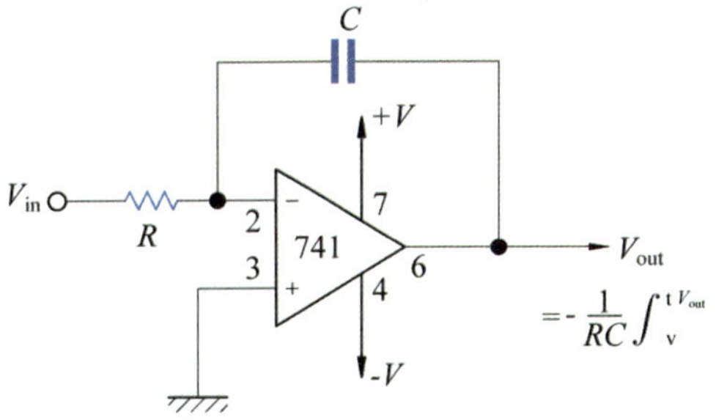

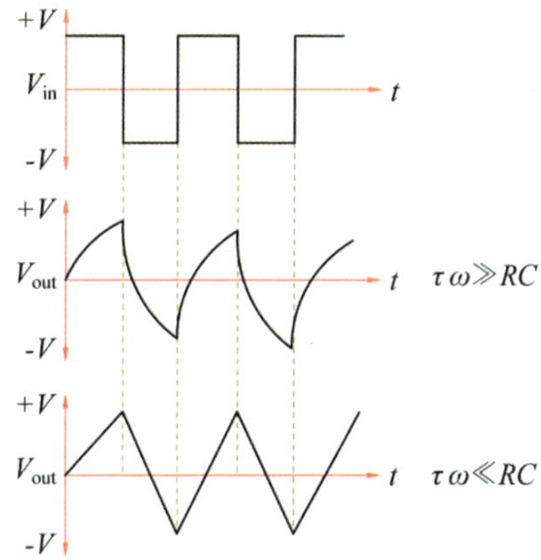

– 미분회로

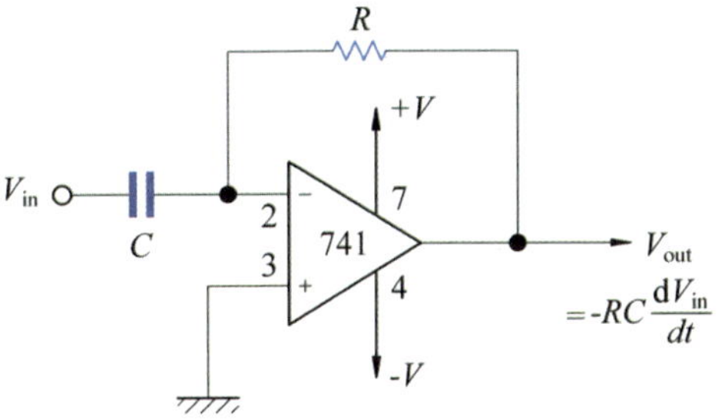

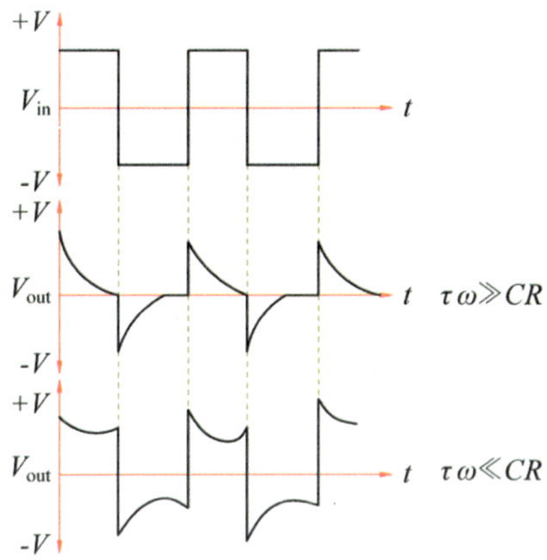

– 비교기

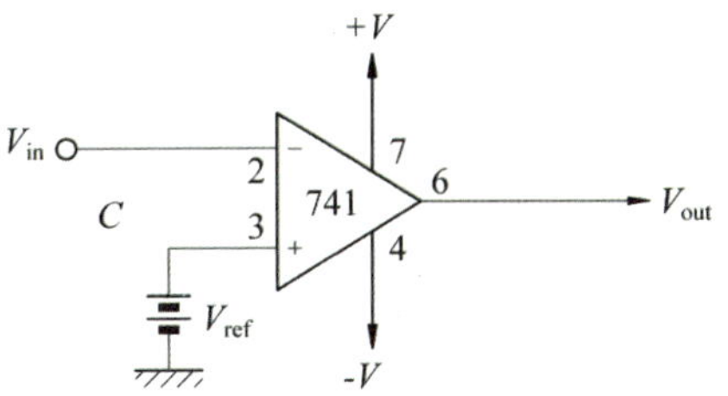

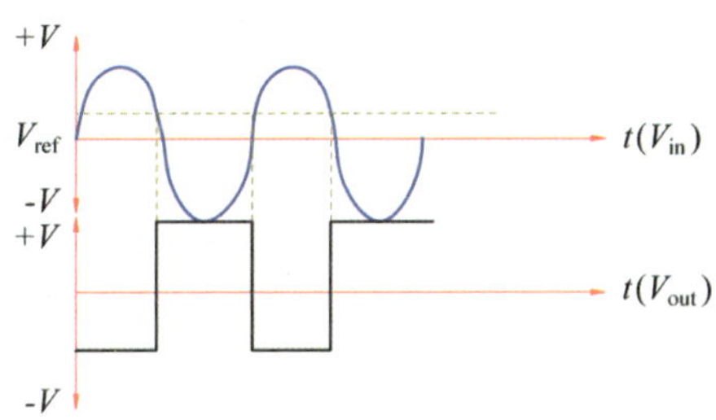

| 그림 7-36 | 미분, 적분, 비교기 회로파형

Chapter 7 | 연산증폭기(operational amplifier)

연습문제

01 다음 중 연산증폭기로 구성할 수 없는 회로는?

㉮ 아날로그 계산기
㉯ 발진회로
㉰ 디지털 메모리 회로
㉱ 여과기

02 도면과 같은 회로에서 저항 R_L을 통해 흐르는 전류는?

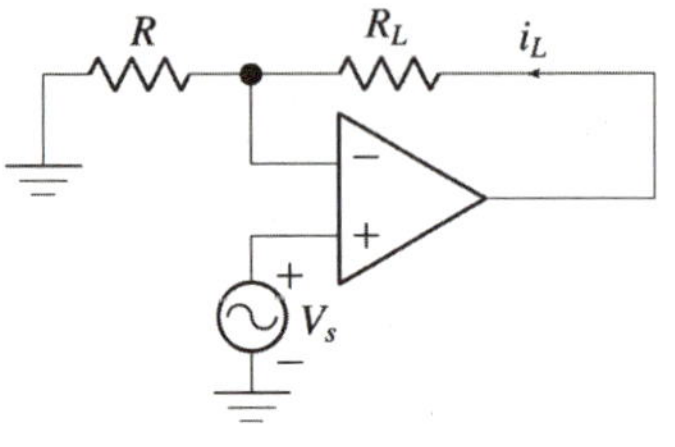

㉮ $\frac{V_s}{R+R_L}$　㉯ $\frac{V_s}{R_L}$
㉰ $\frac{V_s}{R}$　㉱ $\frac{R}{R+R_L}V_s$

03 그림과 같은 회로에서 출력 전압 V_o는?

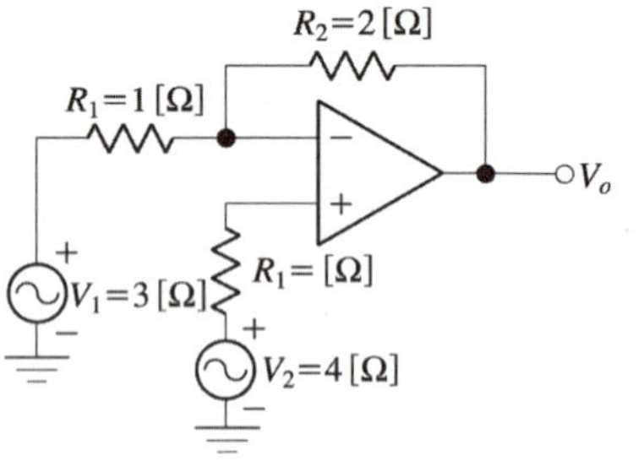

㉮ 3[V]　㉯ 4[V]
㉰ 5[V]　㉱ 6[V]

04 다음 회로의 명칭은?

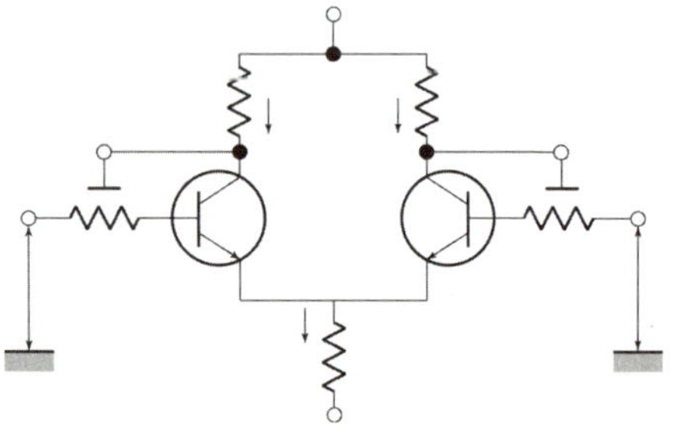

㉮ 차동 증폭 회로
㉯ 멀티바이브레이터 회로
㉰ 달링톤(Darlington) 회로
㉱ 레벨 시프트(Level shift) 회로

Answer | 01 ㉰ 02 ㉰ 03 ㉱ 04 ㉮

05 연산증폭기를 이용한 그림과 같은 회로의 출력으로 적당한 것은?

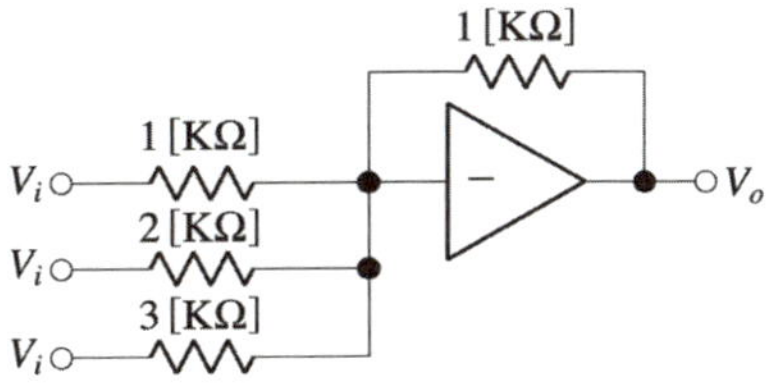

㉮ $V_o = -\frac{11}{6}V_i$ ㉯ $V_o = 6V_i$
㉰ $V_o = -6V_i$ ㉱ $V_o = \frac{11}{6}V_i$

06 이상적인 차동 증폭기의 동상 제거율(common mode rejection ratio)은?

㉮ 1 ㉯ 0
㉰ ∞ ㉱ -1

07 직렬 전류궤환 증폭기의 궤환신호 성분은?

㉮ 전류 ㉯ 전압
㉰ 전압과 전류 ㉱ 전압 혹은 전류

08 슬루 레이트(slew rate)의 단위는?

㉮ V/μs ㉯ μs/V
㉰ μs/A ㉱ A/μs

09 연산증폭기의 응용 회로에 속하지 않는 것은?

㉮ 배율기(multiplier)
㉯ 가산기(adder)
㉰ 변환기(converter)
㉱ 적분기(integrator)

10 연산증폭기(OP-Amp)의 특성 중 옳지 않은 것은?

㉮ 전압귀환 증폭기이다.
㉯ 낮은 전압이득을 갖는다.
㉰ 낮은 출력 임피던스를 갖는다.
㉱ 높은 입력 임피던스를 갖는다.

11 그림에서 A는 연산증폭기이다. V_1 = 2[V], V_2 = 3[V]일 때 V_o는?

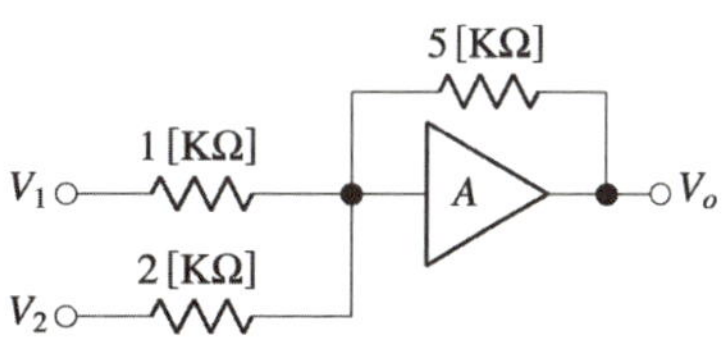

㉮ -17.5[V] ㉯ -1.6[V]
㉰ -11.25[V] ㉱ -7.2[V]

Answer | 05 ㉮ 06 ㉰ 07 ㉯ 08 ㉮ 09 ㉮ 10 ㉯ 11 ㉮

12 그림과 같은 회로에서 R_L에 2[mA] 전류를 흘려주려고 한다. R_L값은?

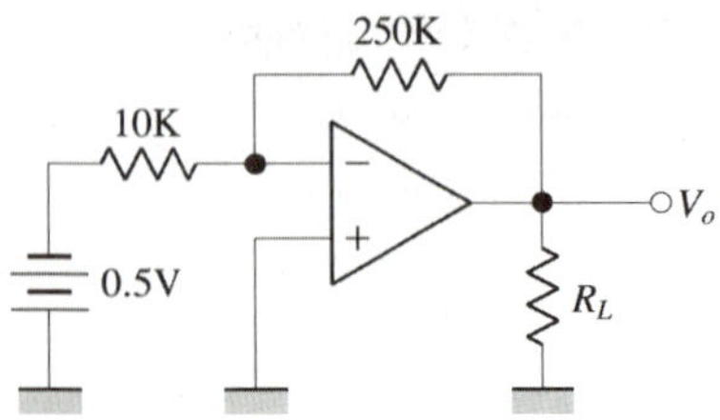

㉮ 4[kΩ]　　㉯ 5.25[kΩ]
㉰ 6.25[kΩ]　　㉱ 7.25[kΩ]

14 도면과 같은 회로에서 출력 전압 V_0는?

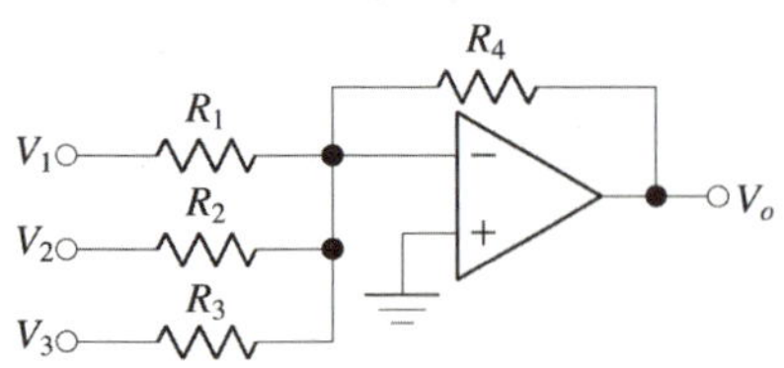

$V_1 = 0.2[V]$, $V_2 = 0.3[V]$, $V_3 = 0.4[V]$,
$R_1 = R_2 = R_3 = 1[k\Omega]$, $R_4 = 5[k\Omega]$

㉮ 3.6[V]　　㉯ -3.6[V]
㉰ 4.5[V]　　㉱ -4.5[V]

15 부궤환 증폭회로의 특징으로 옳지 않은 것은?

㉮ 이득이 증가한다.
㉯ 잡음이 감소한다.
㉰ 대역폭이 넓어진다.
㉱ 주파수 특성이 좋아진다.

16 이상적인 궤환 증폭기의 기본적 특징을 설명한 것 중 옳지 않은 것은?

㉮ 기본 증폭기는 단방향적이어야 한다.
㉯ 궤환 회로도 단방향적이어야 한다.
㉰ 기본 증폭기에 대한 궤환 회로의 부하 작용은 무시되어야 한다.
㉱ 기본 증폭기의 동작은 궤환 회로가 있을 때 이득이 커져야 한다.

17 이상적인 연상 증폭기(Op-Amp)의 특징이 아닌 것은?

㉮ 출력 임피던스가 무한대
㉯ 입력 임피던스가 무한대
㉰ 전압 이득이 무한대
㉱ 대역폭이 무한대

18 그림의 회로에서 i_L은? (단, $R_1 = R_2 = R_3 = R_4$이고, 연산증폭기는 이상적인 연산증폭이다.)

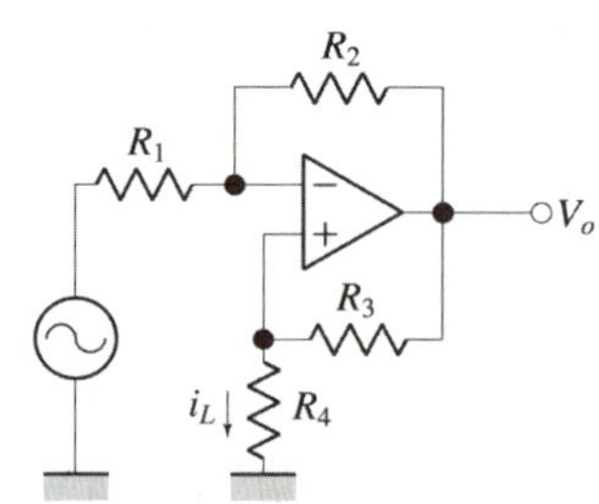

㉮ $i_l = -V_i$　　㉯ $i_L = -\dfrac{V_i}{R_i}$
㉰ $i_L = V_i$　　㉱ $i_L = \dfrac{V_i}{R_i}$

Answer | 12 ㉰ 14 ㉱ 15 ㉮ 16 ㉱ 17 ㉮ 18 ㉱

19 다음 중 증폭기에 부궤환(Negative Feed back)을 걸어서 얻어지는 좋은 효과에 들지 않는 것은?

㉮ 증폭도가 커진다.
㉯ 왜곡이 줄어진다.
㉰ 증폭도가 안정된다.
㉱ 잡음이 줄어진다.

20 741 연산 증축기의 입력단은 무슨 회로인가?

㉮ 공통 이미터 증폭기(CE)
㉯ 차동 증폭기
㉰ 이미터 폴로어
㉱ 공통 드레인 증폭기

21 다음 그림은 무슨 회로인가?

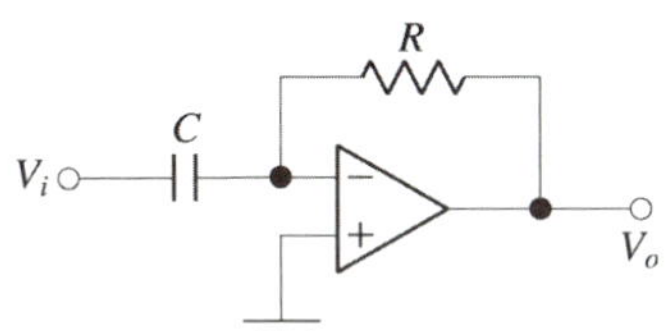

㉮ 적분기 ㉯ 미분기
㉰ 가산기 ㉱ 계측용 증폭기

22 이미터 플로어는 어떠한 궤환 증폭기인가?

㉮ 직렬전류 궤환 ㉯ 병렬전류 궤환
㉰ 직렬전압 궤환 ㉱ 병렬전압 궤환

23 다음 그림과 같은 OP AMP 회로에서 출력 전압 V_o는? (단, $V_1 = +1$[V], $V_2 = +2$[V], $V_3 = +3$[V], $R_1 = 500$[kΩ], $R_2 = 1$[MΩ], $R_3 = 1$[MΩ]이다.)

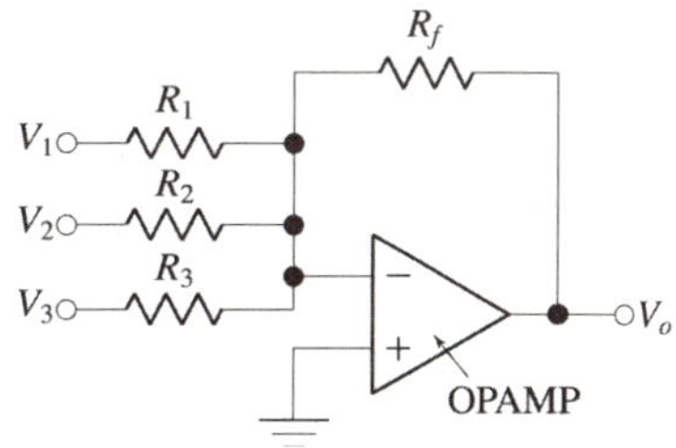

㉮ -3[V] ㉯ -7[V]
㉰ +3[V] ㉱ +7[V]

24 다음 회로에서 $R_1 = 1$[kΩ], $R_2 = 100$[kΩ], $R_3 = 1$[kΩ], $R_4 = 200$[kΩ], $V_1 = 8.5$[V], $V_2 = 8$[V]일 때, V_o는 몇 [V]인가?

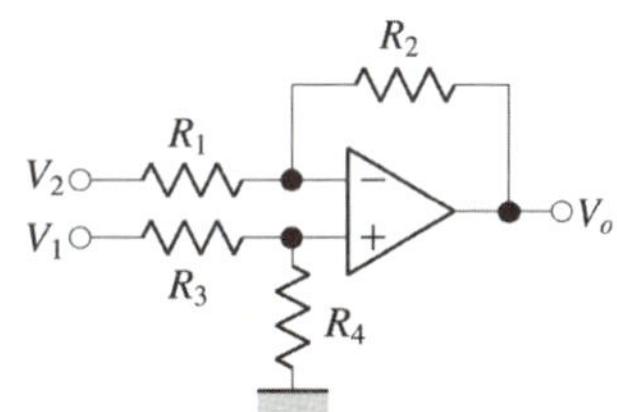

㉮ 10[V] ㉯ 50[V]
㉰ 30[V] ㉱ 20[V]

Answer | 19 ㉮ 20 ㉯ 21 ㉮ 22 ㉮ 23 ㉯ 24 ㉯

25 이상적인 차동 증폭기의 동상 제거율 (common mode rejection ration)은?

㉮ 1　　㉯ 0
㉰ ∞　　㉱ -1

26 차동증폭회로에서 차동이득 $A_d = 100$이고, 동상이득 $A_c = 0.01$이면 동상신호 제거비(CMRR)는 몇 [dB]인가?

㉮ 10　　㉯ 30
㉰ 60　　㉱ 100

27 이상적 연산증폭기의 조건으로 옳지 못한 것은?

㉮ 전압 증폭도가 무한대
㉯ 입력 임피던스가 무한대
㉰ 출력 임피던스가 무한대
㉱ 주파수 대역폭이 무한대

28 증폭회로에서 부궤환을 거는 목적으로서 옳지 않은 것은?

㉮ 주파수 대역의 확대
㉯ 잡음 특성의 개선
㉰ 출력 임피던스의 변화
㉱ 전압 이득의 증대

29 그림과 같은 OP 앰프 회로에서 V_o / V_s의 값은?

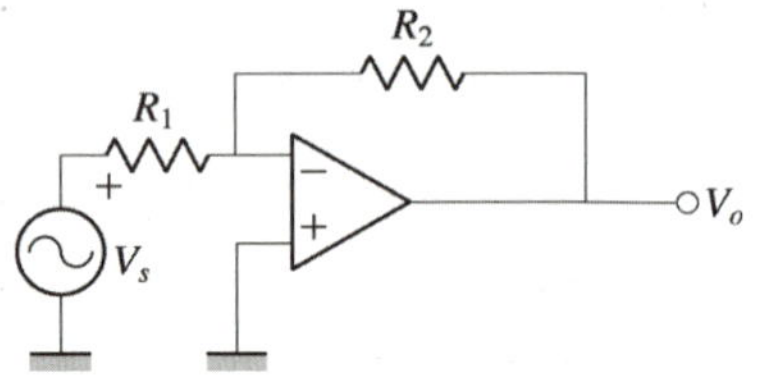

㉮ $\frac{R_1}{R_2}$　　㉯ $-\frac{R_1}{R-2}$
㉰ $\frac{R_2}{R_1}$　　㉱ $-\frac{R_2}{R_1}$

30 연산증폭기에서 슬루 레이트(slew rate)는 어떤 특성에 크게 영향을 주는가?

㉮ 잡음 특성　　㉯ 이득 특성
㉰ 스위칭 특성　　㉱ 동상 제거 특성

31 다음 중 연산증폭기의 응용 예로 적합하지 않은 것은?

㉮ 능동여파기　　㉯ RC발진기
㉰ 디지털계산기　　㉱ A/D 변환기

Answer | 25 ㉰ 26 ㉰ 27 ㉮ 28 ㉱ 29 ㉱ 30 ㉰ 31 ㉰

32 그림에서 A는 연산증폭이다. $V_i - V_o$관계로 가장 적합한 것은?

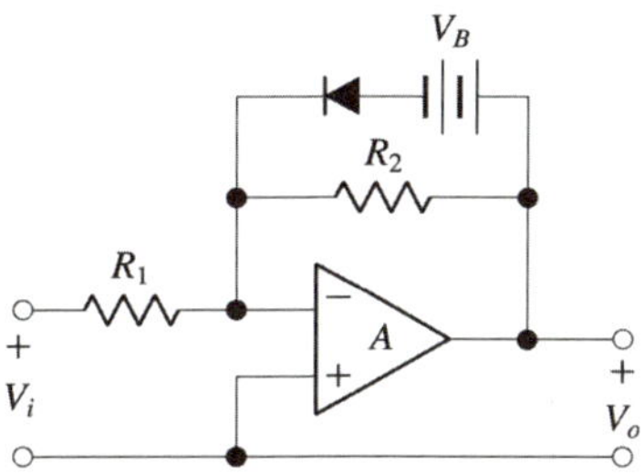

㉮ 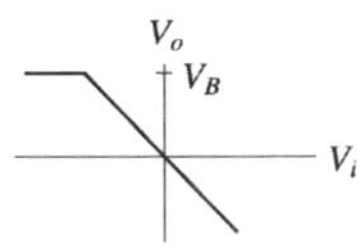

㉯ 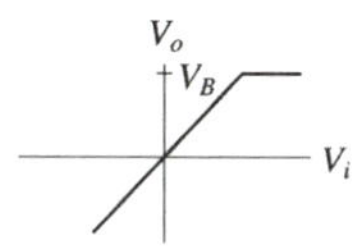

㉰ 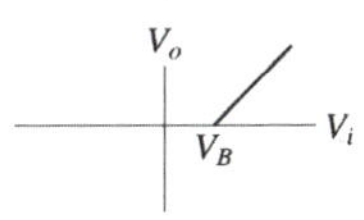

㉱ 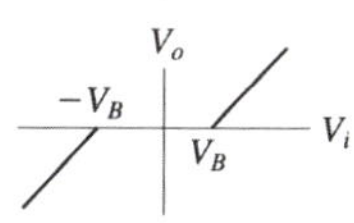

33 다음 그림은 반전 연산증폭회로이다. V_1 = 3[V], V_2 = 4[V]일 때 V_0는 몇 [V]인가?

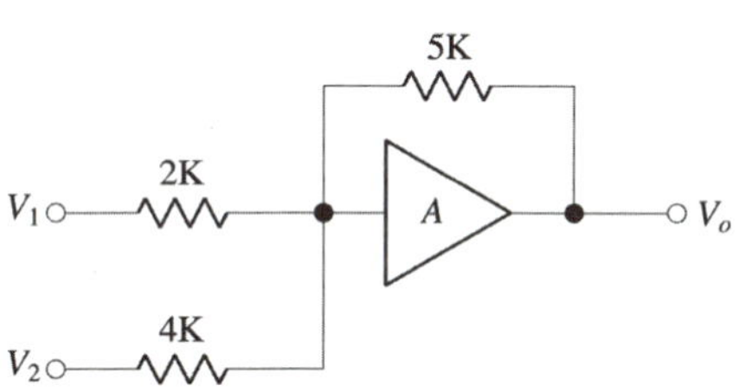

㉮ -12.5　　㉯ -13.75

㉰ -14.2　　㉱ -15.25

34 그림의 연산증폭기에서 $V_i - V_0$의 관계 특성으로 가장 적합한 것은?

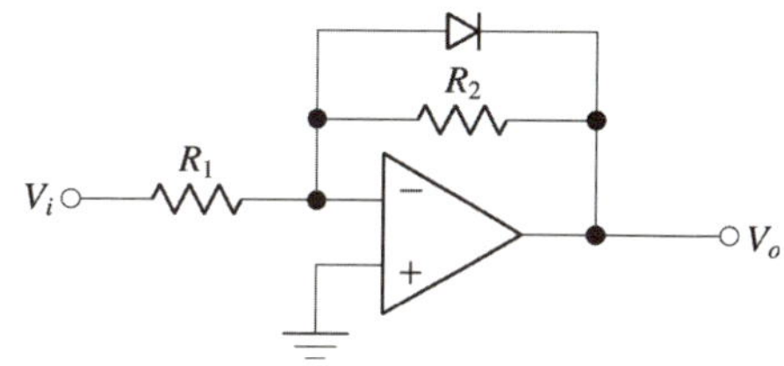

㉮ 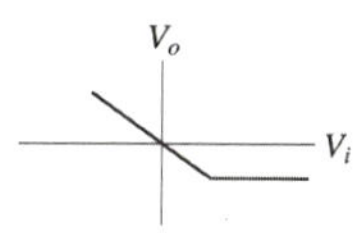

㉯ 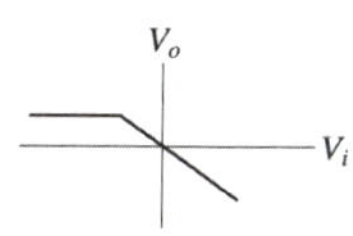

㉰ 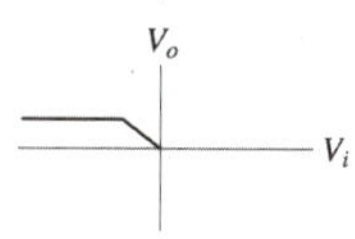

㉱ 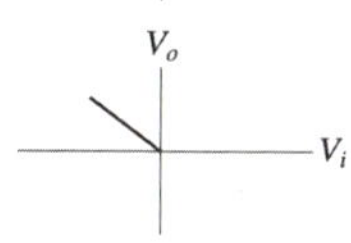

35 다음 반전연산증폭기를 이용한 가산기 회로의 입력과 출력 관계로 가장 적합한 것은?

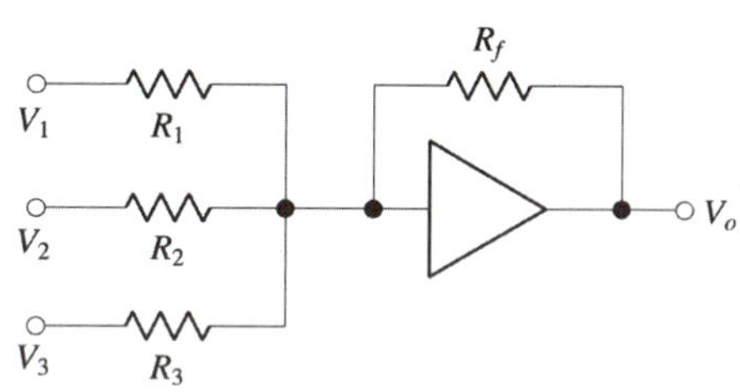

㉮ $\frac{V_1}{R_1} + \frac{V_2}{R_2} + \frac{V_3}{R_3} + \frac{V_0}{R_1}$

㉯ $V_0 = R_f\left(\frac{V_1}{R_2} + \frac{V_2}{R_2} + \frac{V_3}{R_3}\right)$

㉰ $V_0 = V_1 + V_2 + V_3$

㉱ $-V_0 = \frac{1}{R_1}V_1 + \frac{1}{R_2}V_2 + \frac{1}{R_3}V_3$

Answer | 32 ㉮　33 ㉯　34 ㉱　35 ㉯

36 다음과 같은 회로의 명칭은?

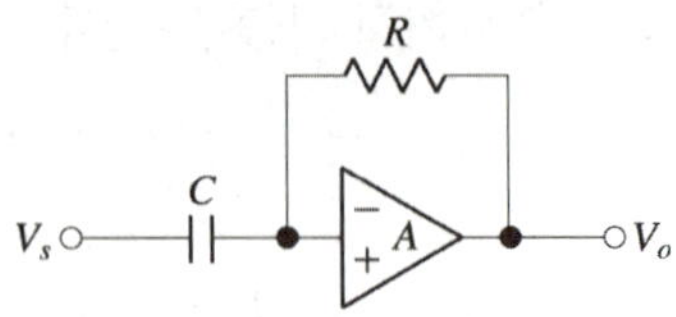

㉮ 부호변환기　　㉯ 가산기
㉰ 미분연산기　　㉱ 적분연산기

37 다음 회로에서 전압이득(V_0/ V_i)은? (단, $R_1 = \infty$, $-A_V = \infty$임)

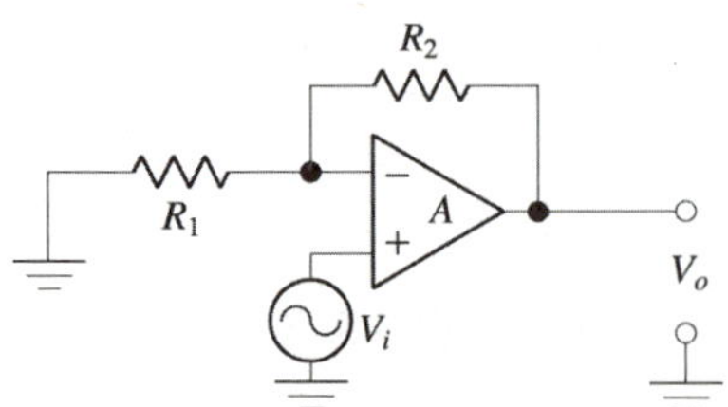

㉮ R_2/R_1　　㉯ $-R_1/R_2$
㉰ $1+(R_2/R_1)$　　㉱ $1-(R_1/R_2)$

38 다음의 연산증폭기 회로에서 R_1 = 3[kΩ], R_2 = 6[kΩ]일 경우 전압이득 A_V는 얼마인가?

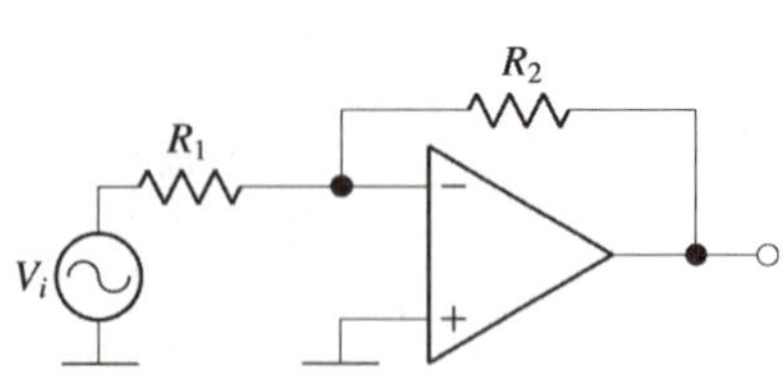

㉮ -2　　㉯ 2
㉰ -3　　㉱ 3

39 차동 증폭기에서 동상신호제거비(CMRR)에 대한 설명으로 옳은 것은?

㉮ 이 값은 클수록 좋다.
㉯ 이 값은 작을수록 좋다.
㉰ 동상 이득이 클수록 이 값이 크다.
㉱ 이 값이 크면 증폭기의 잡음출력이 크다.

40 다음 회로에서 궤환율 β는 얼마인가?

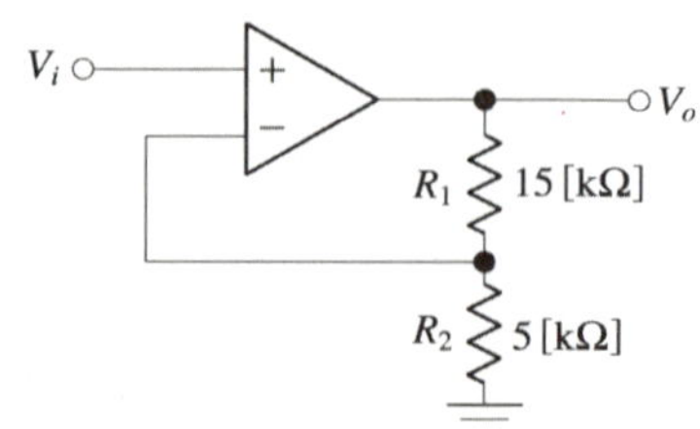

㉮ 0.25　　㉯ -1
㉰ 1　　㉱ 2.5

41 이상적인 연산증폭기의 두 입력 전압이 $V_1 = V_2$일 때 출력 전압은?

㉮ ∞　　㉯ 0
㉰ V_1　　㉱ $2V_1$

Answer | 36 ㉰ 37 ㉰ 38 ㉮ 39 ㉮ 40 ㉮ 41 ㉯

42 연산증폭기에 대한 설명 중 옳은 것은?

㉮ 높은 입력 오프셋 전압을 갖는 연산증폭기는 낮은 전압드리프트를 갖는다.
㉯ 연산증폭기의 입력 바이어스 전류란 두 입력단자를 통해 흘러 들어가는 전류의 평균값이다.
㉰ 연산증폭기의 슬루율(Slew Rate)이란 출력전압의 변화율을 입력 전압의 변화율로 나눈 값이다.
㉱ 연산증폭기의 개방루프이득이 100000이고, 동상이득이 0.25이면 동상신호제거비(CMRR)는 56[dB]이다.

43 다음 연산증폭기 회로에서 R_L에 흐르는 전류가 2.5[mA]일 때 R_L값은 몇 [kΩ]인가?

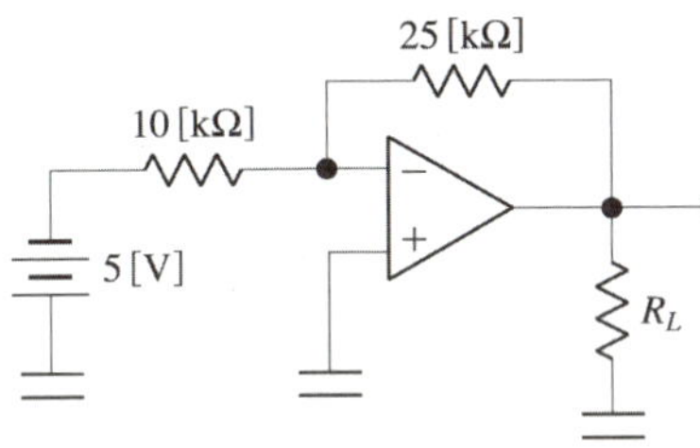

㉮ 4[kΩ] ㉯ 5[kΩ]
㉰ 6.5[kΩ] ㉱ 7.2[kΩ]

44 차동증폭기에서 공통성분 제거비(CMRR)에 대한 설명 중 옳은 것은?

㉮ 동상이득이 클수록 CMRR이 커진다.
㉯ 차동이득이 클수록 CMRR이 커진다.
㉰ CMRR은 $\left|\dfrac{AC(\text{동상이득})}{Ad(\text{차동이득})}\right|$으로 정의된다.
㉱ CMRR이 클수록 차동증폭기의 성능이 좋다.

45 어떤 증폭기의 전압 증폭도가 100이고 전류 증폭도가 10일 때 전력이득은 몇 [dB]인가?

㉮ 20[dB] ㉯ 30[dB]
㉰ 40[dB] ㉱ 60[dB]

46 부궤환 증폭기에 대한 설명 중 옳은 것은?

㉮ 이득이 감소되고, 기타 특성에는 변화가 없다.
㉯ 이득이 커지고 잡음, 왜율, 대역폭 특성이 개선된다.
㉰ 이득이 감소되는 반면 잡음, 왜율, 대역폭은 증가된다.
㉱ 이득, 잡음, 왜율은 감소되는 반면 대역폭은 넓어진다.

Answer | 42 ㉯ 43 ㉯ 44 ㉱ 45 ㉯ 46 ㉱

47 어떤 차동증폭기의 동상신호제거비 CMRR이 80[dB]이고 차동 신호에 대한 전압 이득이 100000이라고 할 때 이 차동증폭기의 동상신호에 대한 이득은 얼마인가?

㉮ 0.1　　㉯ 1
㉰ 10　　㉱ 12.5

48 연산증폭기(Op Amp)의 일반적인 특징에 대한 설명으로 옳은 것은?

㉮ 주파수 대역폭이 좁다.
㉯ 입력 임피던스가 낮다.
㉰ 온도변화에 따른 드리프트가 크다.
㉱ 동상신호제거비가 크다.

49 다음과 같은 회로에서 입력에 정현파를 인가하였을 때 출력 파형으로 가장 적합한 것은? (단, Z_D는 제너다이오드이다.)

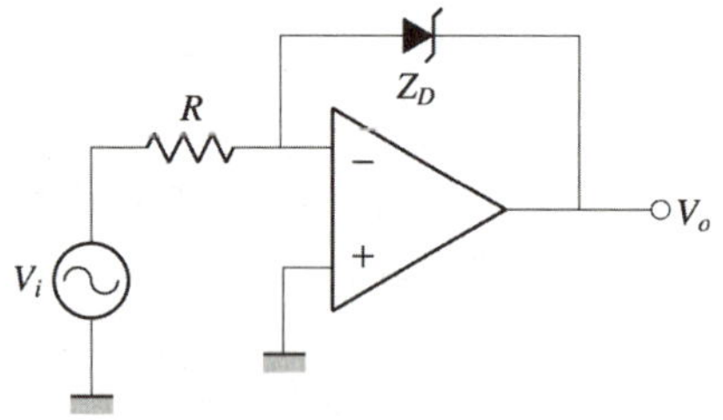

㉮ 구형파형　　㉯ 정현파형
㉰ ramp파형　　㉱ 톱날파형

50 그림에서 V_{oi}는 연산증폭기의 입력 직류 오프셋 전압이다. 직류 출력 오프셋 전압 V_{OS}는 어떻게 되는가?

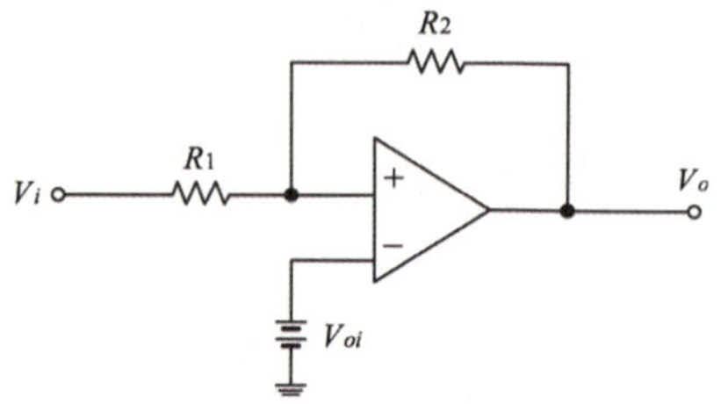

㉮ $\left(1+\frac{R_2}{R_1}\right)Voi$　　㉯ $\frac{R_2}{R_1}Voi$
㉰ $\left(1+\frac{R_1}{R_2}\right)Voi$　　㉱ $\frac{R_1}{R_2}Voi$

51 다음 회로에서 궤환율(feedback factor) β는 약 얼마인가?

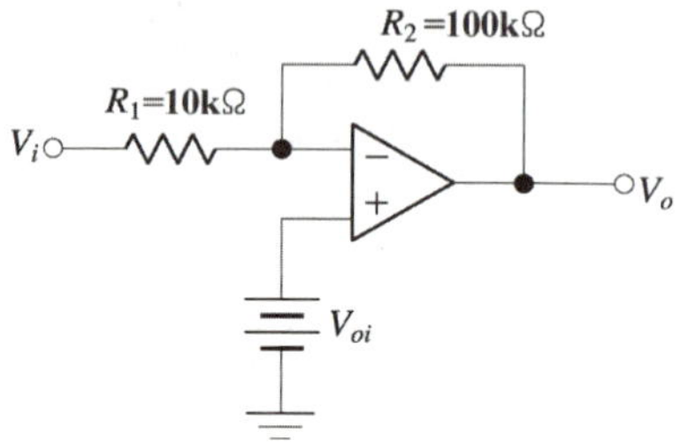

㉮ 0.09　　㉯ 0.12
㉰ 1.52　　㉱ 10.25

Answer | 47 ㉰ 48 ㉱ 49 ㉮ 50 ㉮ 51 ㉮

52 다음 회로의 명칭을 가장 적합한 것은?

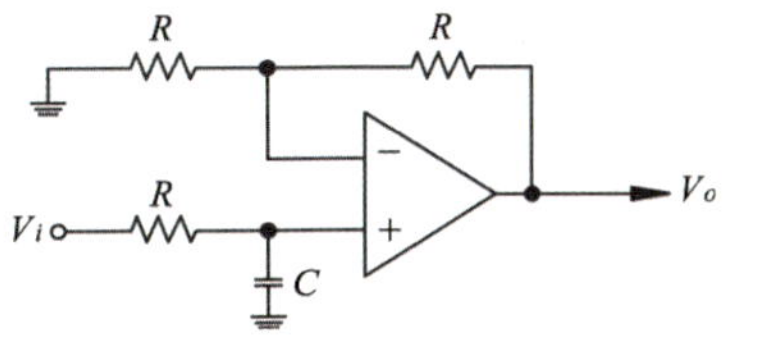

㉮ 저역통과 여파기 ㉯ 고역통과 여파기
㉰ AC - DC 변환기 ㉱ 시미트 트리거

53 다음 차동 증폭기 회로의 출력 V_o로 가장 적합한 것은? (단, 연산증폭기의 특성은 이상적이다.)

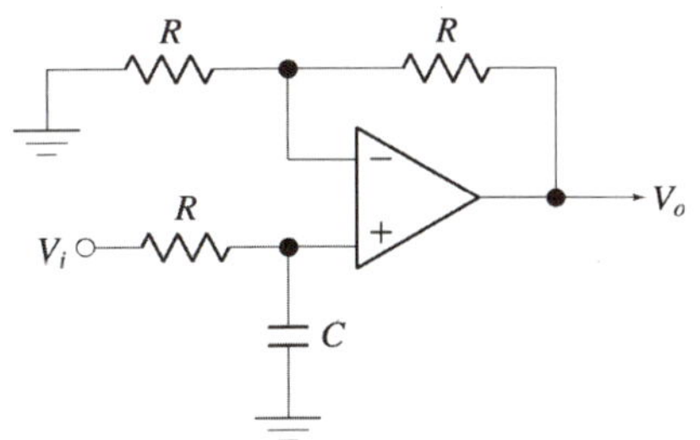

㉮ $-\dfrac{R_F}{R_1}V_1$

㉯ $\dfrac{R_3}{R_2+R_3}V_2$

㉰ $\left(1+\dfrac{R_F}{R_1}\right)\left(\dfrac{R_3}{R_2+R_3}\right)V_2$

㉱ $-\dfrac{R_F}{R_1}V_1+\left(1+\dfrac{R_F}{R_1}\right)\left(\dfrac{R_3}{R_2+R_3}\right)V_2$

54 다음 그림과 같은 연산회로의 출력전압 V_o는?

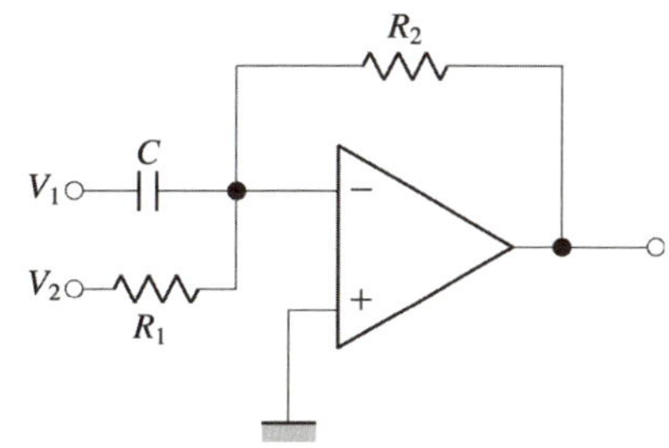

㉮ $-R_2C\dfrac{dV_1}{dt}-\dfrac{R_2}{R_1}V_2$

㉯ $R_2C\dfrac{dV_1}{dt}+\dfrac{R_2}{R_1}V_2$

㉰ $R_2C\int V_1dt+\dfrac{R_2}{R_1}V_2$

㉱ $-R_2C\dfrac{dV_1}{dt}+\dfrac{R_2}{R_1}V_2$

55 다음 그림의 회로에서 차동 증폭기의 출력 전압 V_o는? (단, $V_1=4V_1$)

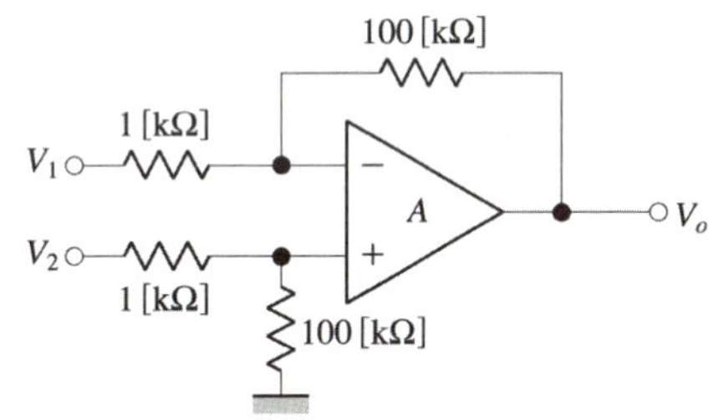

㉮ $100\ V_1$ ㉯ $120\ V_1$
㉰ $250\ V_1$ ㉱ $300\ V_1$

Answer | 52 ㉮ 53 ㉱ 54 ㉮ 55 ㉱

56 다음 회로에서 부하 R_L에 흐르는 전류는?

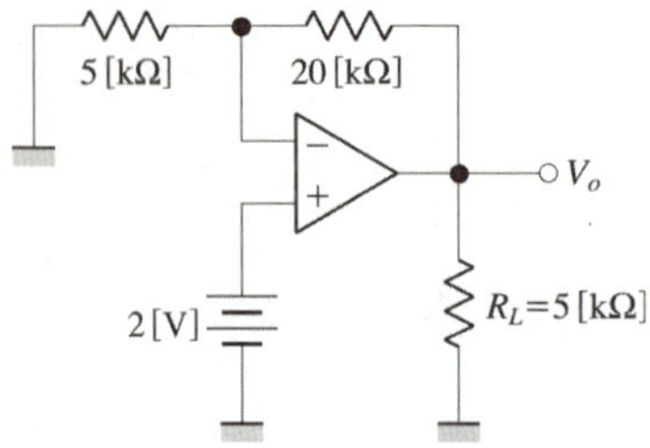

㉮ 1[mA] ㉯ 1.5[mA]
㉰ 2[mA] ㉱ 4[mA]

57 다음과 같은 가산기의 출력전압 e_o는 몇 [V]인가?

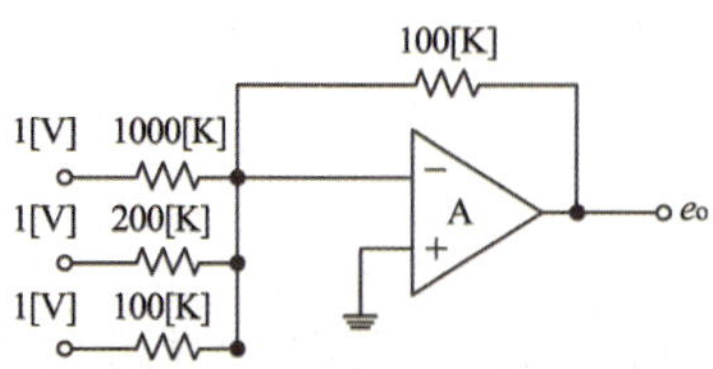

㉮ -1.2
㉯ -1.6
㉰ -2.5
㉱ -7.5

58 어떤 차동증폭기의 동상신호제거비(CMRR)가 80[dB]이고 차동이득(A_d)이 1000일 때 동상이득(A_c)은 얼마인가?

㉮ 0.1 ㉯ 1
㉰ 10 ㉱ 12.5

59 다음 연산증폭기 회로에서 출력임피던스는 약 몇 [Ω]인가? (단, 개루프 전압증폭도 A는 10000이고, 출력임피던스는 50[Ω]이다.)

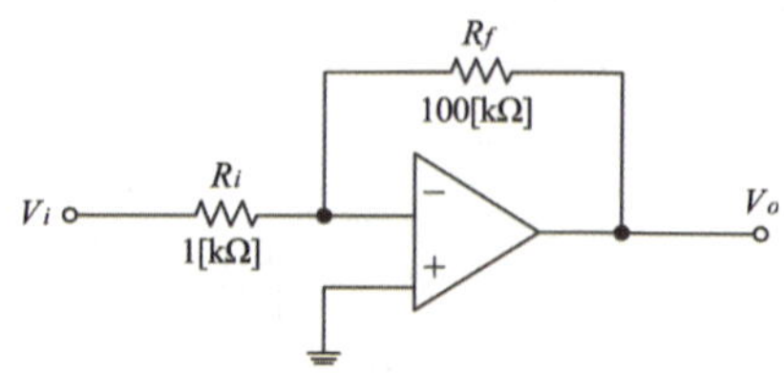

㉮ 0.1 ㉯ 0.5
㉰ 1.0 ㉱ 5.0

60 다음 중 이상적인 연산증폭기의 특징에 대한 설명으로 적합하지 않은 것은?

㉮ 입력 오프셋 전압은 0이다.
㉯ 오픈 루프 전압이득이 무한대이다.
㉰ 동상신호제거비(CMRR)가 0이다.
㉱ 두 입력전압이 같을 때 출력전압은 0이다.

Answer | 56 ㉰ 57 ㉯ 58 ㉱ 59 ㉯ 60 ㉰

61 다음 연산증폭기 회로에서 R_1 = 10[kΩ], R_2 = 100[kΩ]일 때 궤환율(β)은 약 얼마인가?

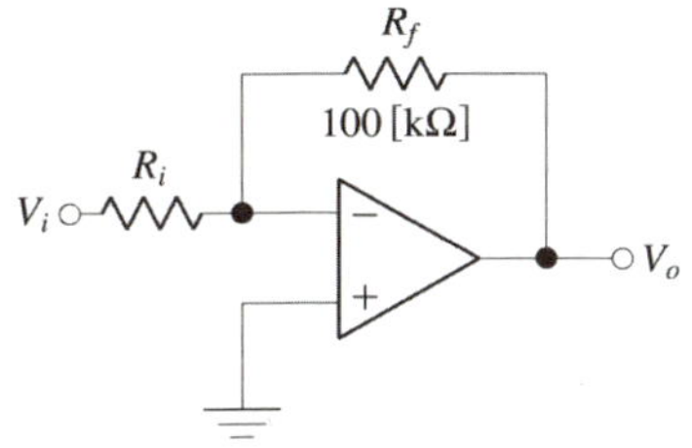

㉮ 0.01　　㉯ 0.09
㉰ 0.12　　㉱ 0.91

62 다음의 연산증폭기 회로에서 출력전압 V_o는? (단, $\frac{R_a}{R_b} = \frac{R_1}{R_2}$ 이다.)

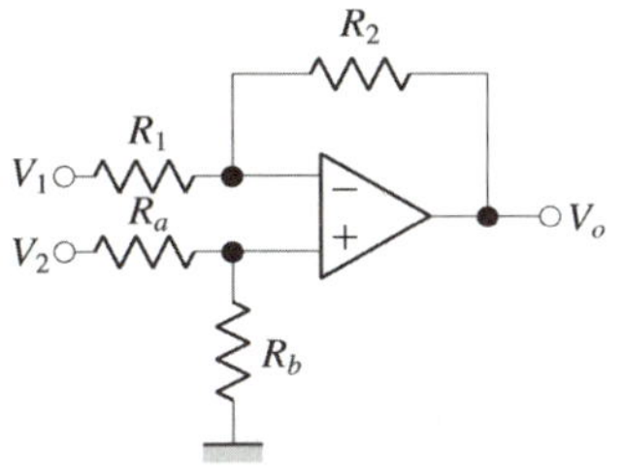

㉮ $V_o = \frac{R_1}{R_2}(V_2 + V_1)$

㉯ $V_o = \frac{R_2}{R_1}(V_2 + V_1)$

㉰ $V_o = \frac{R_1}{R_2}(V_2 - V_1)$

㉱ $V_o = \frac{R_2}{R_1}(V_2 - V_1)$

63 다음 회로의 명칭으로 가장 적합한 것은?

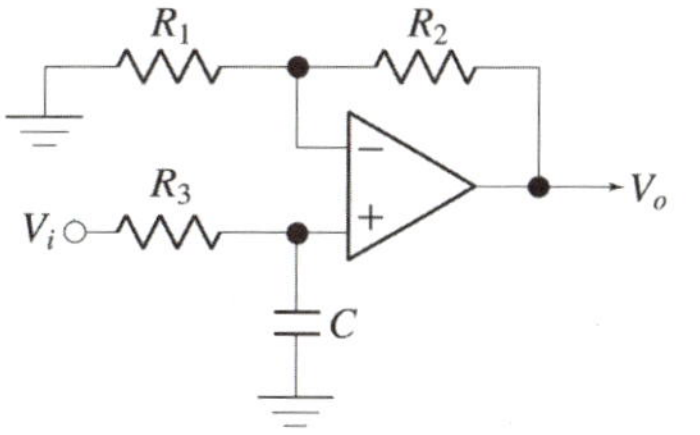

㉮ 저역통과 여파기
㉯ 고역통과 여파기
㉰ DC-AC 변환기
㉱ 시미트 트리거

64 그림과 같은 연산증폭기에서 입력 바이어스 전류란?

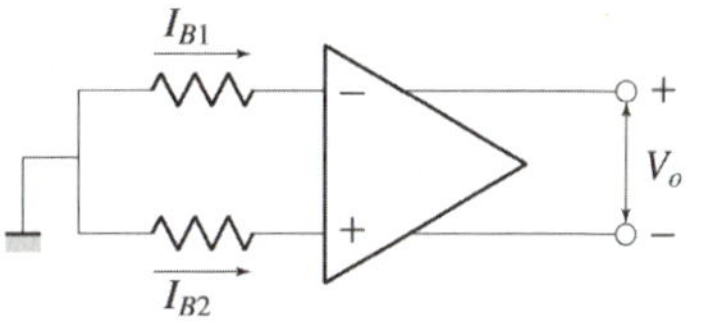

㉮ $V_0 = 0$ 일 때 $(I_{B1} + I_{B2})/2$
㉯ $V_0 = \infty$ 일 때 $(I_{B1} + I_{B2})/2$
㉰ $V_0 = 0$ 일 때 $(I_{B1} + I_{B2})$
㉱ $V_0 = \infty$ 일 때 $(I_{B1} + I_{B2})$

Answer | 61 ㉯　62 ㉱　63 ㉮　64 ㉮

65 다음 중 적분 회로로 사용 가능한 회로는?

㉮ 저역 통과 RC 회로
㉯ 고역 통과 RC 회로
㉰ 대역 소거 RC 회로
㉱ 대역 통과 RC 회로

66 다음의 2단 연산증폭기의 종합이득(V_o/ V_s)은 몇 배[dB]인가?

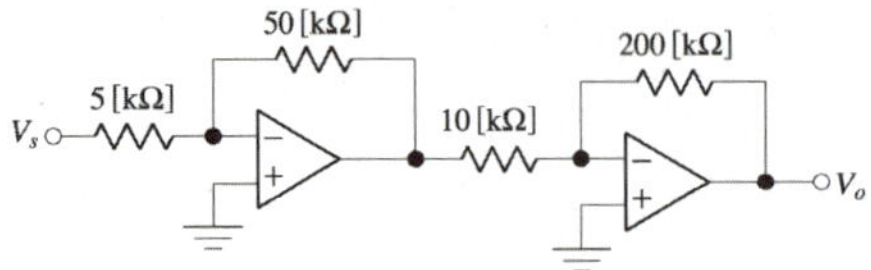

㉮ 26[dB] ㉯ 40[dB]
㉰ 46[dB] ㉱ 52[dB]

67 다음 회로에서 R_1= 10[kΩ], R_2= 1[kΩ] 일 때 궤환율 β는 약 얼마인가?

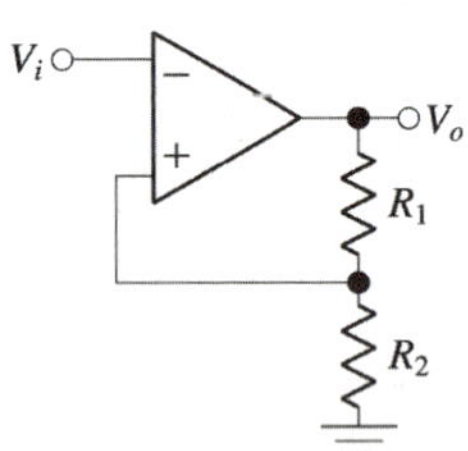

㉮ 0.09 ㉯ 0.2
㉰ 0.8 ㉱ 0.91

68 어떤 증폭기에서 입력전압이 0.25[V]일 때 출력전압이 25[V]이다. 이 증폭기 출력의 9[%]를 입력으로 부궤환 시킬 때 출력전압은 약 몇 [V]인가?

㉮ 1.5[V] ㉯ 2.5[V]
㉰ 3.2[V] ㉱ 4.2[V]

69 다음과 같은 연산증폭기의 출력전압(V_o) 으로 가장 적합한 것은?

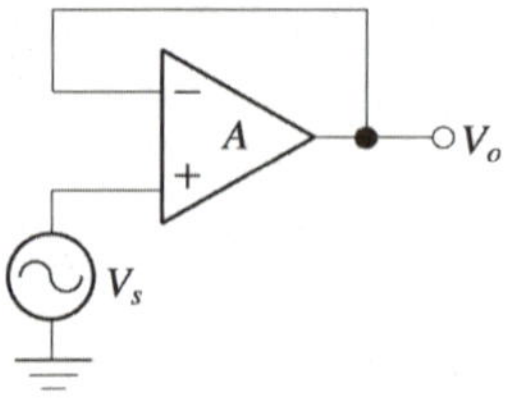

㉮ $V_o = 0$ ㉯ $V_o = A \cdot V_s$
㉰ $V_o = V_s$ ㉱ $V_o = 1$

70 연산증폭기의 일반적인 특징에 대한 설명으로 옳은 것은?

㉮ 주파수 대역폭이 좁다.
㉯ 입력 임피던스가 낮다.
㉰ 동상신호제거비가 크다.
㉱ 온도변화에 따른 드리프트가 크다.

Answer | 65 ㉮ 66 ㉰ 67 ㉮ 68 ㉯ 69 ㉰ 70 ㉰

71 어떤 연산증폭기의 차동이득이 100,000이고 동상이득이 0.2일 때 동상신호제거비(CMRR)는 몇 [dB]인가?

㉮ 104[dB] ㉯ 114[dB]
㉰ 126[dB] ㉱ 136[dB]

72 다음 회로에서 입력전압 V_1, V_2와 출력전압 V_o의 관계는?

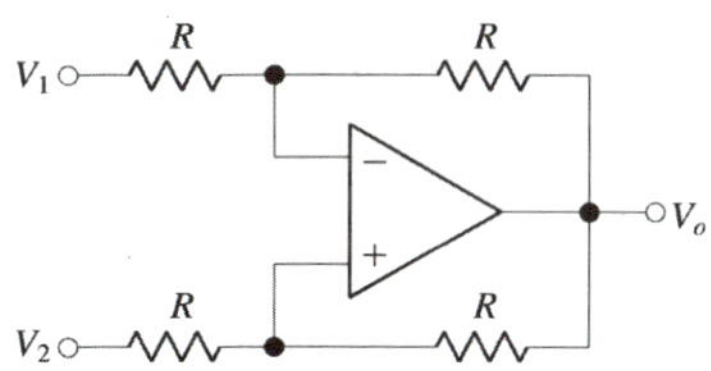

㉮ $V_o = V_2 - V_1$
㉯ $V_o = V_1 - V_2$
㉰ $V_o = \frac{1}{2}(V_2 - V_1)$
㉱ $V_o = \frac{1}{2}(V_2 + V_1)$

73 연산증폭기에서 차동출력을 0[V]가 되도록 하기 위하여 입력단자 사이에 걸어주는 것은?

㉮ 입력 오프셋 전류
㉯ 출력 오프셋 전압
㉰ 입력 오프셋 전압
㉱ 입력 바이어스 전류

74 다음 회로에서 궤환율 β는 약 얼마인가?

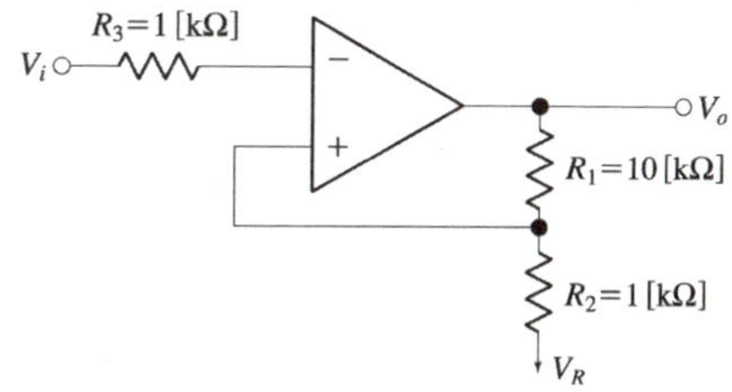

㉮ 0.01 ㉯ 0.09
㉰ 0.25 ㉱ 0.52

75 다음 연산회로에서 입력전압이 각각 V_1 = 5[V], V_2 = 10[V]이고, 저항 R_1 = R_f = 10[kΩ]일 때 출력전압 V_o는 몇 [V]인가?

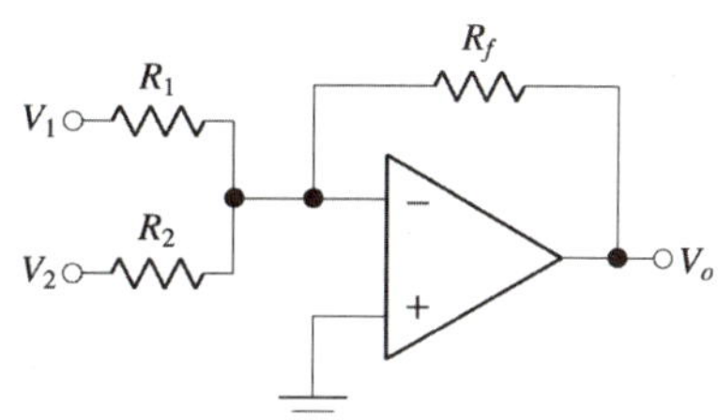

㉮ -5[V] ㉯ 10[V]
㉰ -15[V] ㉱ 20[V]

Part 2 Chapter 7 | 연산증폭기

Answer | 71 ㉯ 72 ㉮ 73 ㉯ 74 ㉯ 75 ㉰

76 다음 차동증폭기 회로의 출력 V_o로 가장 적합한 것은? (단, 연산증폭기의 특성은 이상적이다.

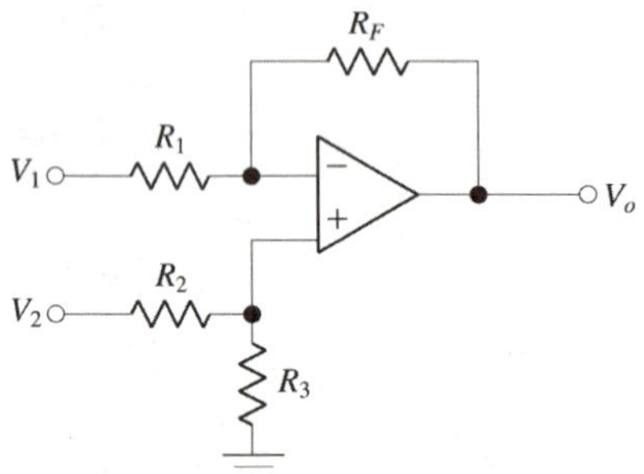

㉮ $-\frac{R_F}{R_1}V_1$

㉯ $\frac{R_3}{R_2+R_3}V_2$

㉰ $(1+\frac{R_F}{R_1})(\frac{R_3}{R_2+R_3})V_2$

㉱ $-\frac{R_F}{R_1}V_1+(1+\frac{R_F}{R_1})(\frac{R_3}{R_2+R_3})V_2$

77 다음 중 연산증폭기의 응용 회로가 아닌 것은?

㉮ 석분기　　㉯ 미분기
㉰ 비교기　　㉱ 디지털 반가산기

78 다음의 직렬형 전압조정기 회로에서 출력전압은? (단, 제너전압 V_R은 5.1[V]이고, R_1 = 1[kΩ], R_2 = R_3 = 10[kΩ]이다.)

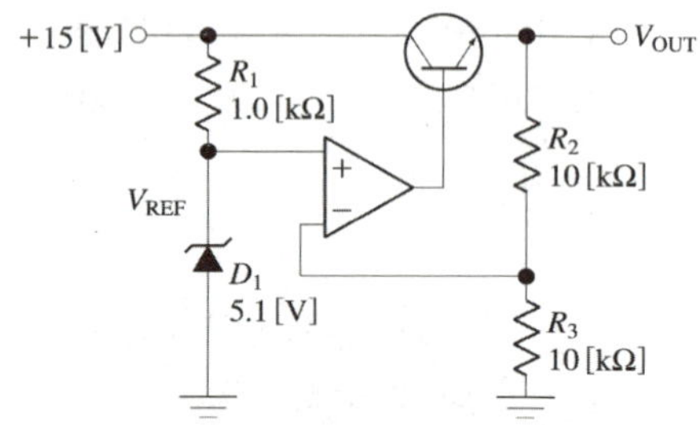

㉮ 5.1[V]　　㉯ 10.2[V]
㉰ 15.3[V]　　㉱ 18.2[V]

79 다음 연산증폭기 (Op-Amp) 회로에서 출력 전압은? (단, R_1 = 1[kΩ], R_2 = 5[kΩ], V_1 4[V], V_2 = 3[V])

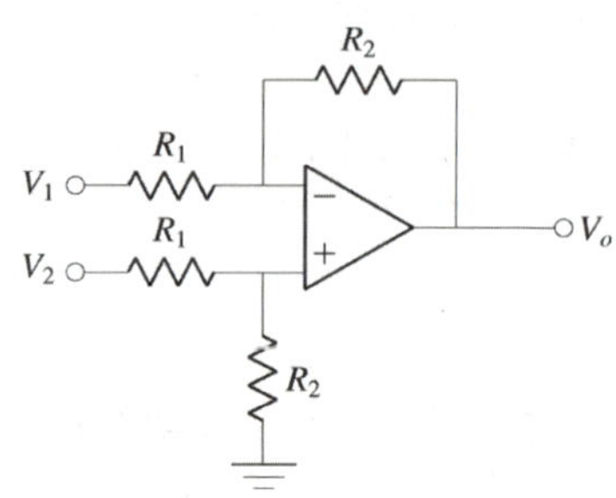

㉮ -5[V]　　㉯ -7[V]
㉰ -11[V]　　㉱ -12[V]

Answer | 76 ㉱　77 ㉱　78 ㉯　79 ㉮

80 다음 그림은 연산증폭이다. V_1 = 2[V], V_2 = 3[V]이면, 출력 V_o는?

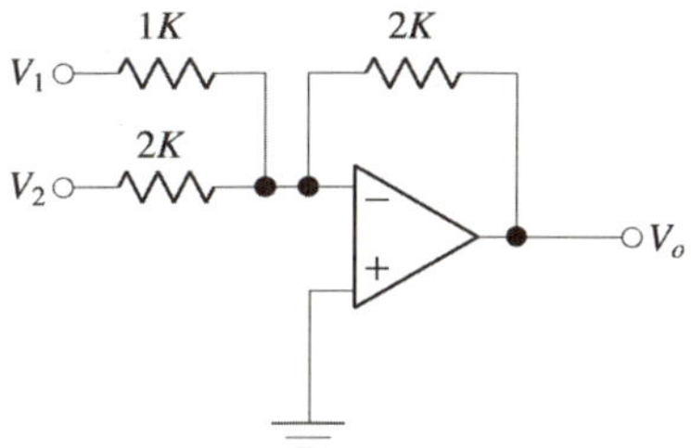

㉮ -5[V] ㉯ -6[V]
㉰ -7[V] ㉱ -8[V]

81 다음 표는 부궤환에 의한 입·출력 임피던스의 변화이다. (　)안의 보기 내용 중 옳지 않은 것은?

궤환방법 / 임피던스	직렬 전압	직렬 전류	병렬 전압	병렬 전류
입력 임피던스	(①)	증가	(③)	감소
출력 임피던스	감소	(②)	감소	(④)

㉮ ① 증가 ㉯ ② 감소
㉰ ③ 감소 ㉱ ④ 증가

82 이상적인 연산증폭기의 특징에 대한 설명으로 적합하지 않은 것은?

㉮ 입력 오프셋전압은 0이다.
㉯ 오픈 루프 전압이득이 무한대이다.
㉰ 동상신호제거비(CMRR)가 0이다.
㉱ 두 입력전압이 같을 때 출력전압은 0이다.

Answer | 80 ㉰ 81 ㉯ 82 ㉮

ELECTRICAL ELECTRONICS 전기전자공학(일반)
전기전자공학(일반) ELECTRICAL ELECTRONICS

회로시험기 구조 및 사용법

Part 3

ELECTRICAL ELECTRONICS

3

Chapter 1 | 회로시험기 구조 및 사용법

ELECTRICAL ELECTRONICS

| Chapter |

01 회로시험기(멀티미터) 구조 및 사용법

멀티미터는 의사가 항상 휴대하고 있는 청진기와 같이 전기·전자·기계를 많이 취급하는 기술자라면 누구 에게나 필수적으로 갖추고 있어야 할 측정기이며, 이 계측기를 이용하면 신속 정확 하게 일을 처리할 수 있으나, 없으면 비능률적임은 말할 것도 없거니와 실수할 우려성도 많고 일이 불가능한 때도 있다.

멀티미터는 전환 선택 스위치를 돌려서 직류 전압, 직류 전류, 교류 전압 및 저항 등을 하나의 계기로 측정할 수 있는 종합기능을 가진 계측기로 multimeter라고 부르며, Tester 혹은 VOM(Volt-Ohm-Milliampere)라고도 부른다. Multimeter에는 눈금판 위에 지침이 움직이는 Analogue 형과 숫자로 전기량을 표시해 주는 Digital 형이 있다.

1 아날로그 회로시험기

가. 아날로그 회로시험기 외부구조

회사마다 겉 모양은 조금씩 다르지만 기능과 사용법의 거의 같다. 따라서 한가지 제품을 선정하여 설명하고자 한다.

회로 시험기(circuit tester)는 멀티미터라고도 하며, 저항, 직류 전압, 교류 전압, 직류 전원 등을 측정할 수 있어 여러 가지 전기·전자 기기의 점검 및 수리에 편리하게 이용되는 계기이다. 회로시험기는 정격전류가 작은(수십[μA] ~ 1[mA]) 가동 코일형 전류계에 여러 개의 분류기와 배율기를 전환스위치로 전환하여 측정 범위를 연속적으로 확대해 나갈 수 있게 구성한 것이다.

보통 측정 범위는 1000[V]내외의 직류 전압 및 교류 전압, 10[A]이하의 직류 전류, 20[MΩ] 내외의 저항정도로 제작된다.

멀티미터의 기본 기능은 직류 전압 측정, 교류 전압 측정, 직류 전류 측정, 저항 측정을 기본으로 하고 회사에 따라서 부가적인 기능을 넣기도 한다.

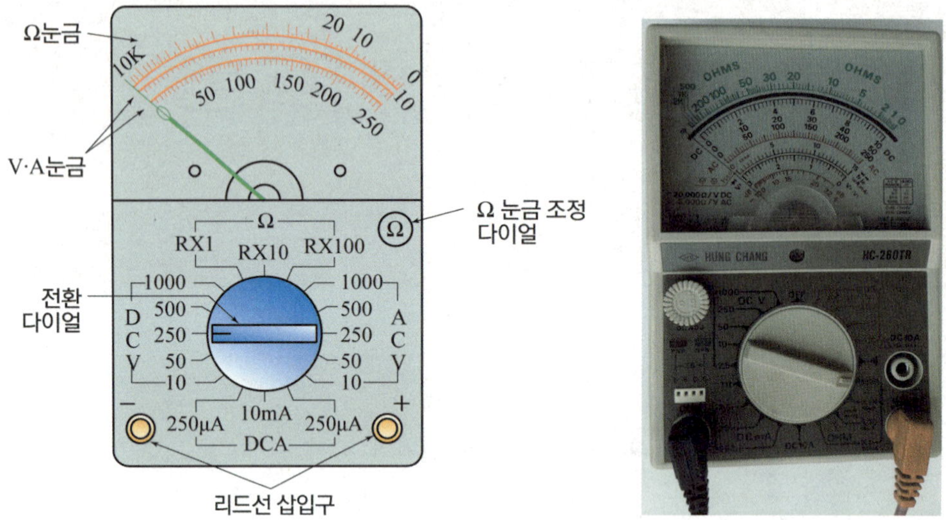

I 그림 1-1 I 아날로그 회로시험기 외부 구조

회로 시험기는 눈금판, 지침, 0점 조정기, 0[Ω] 조정기, 전환 스위치, 측정 단자(+, −), 리드선 등으로 구성되어 있다. 회로시험기 는 아날로그와 디지털 회로시험기가 있는데 측정 시 아날로그와 디지털 멀티미터 측정의 차이점은 흑색 리드선과 적색리드선이 측정 시 측정위치가 반대가 된다.

회로 시험기의 눈금판에는 저항 눈금, 전압 및 전류 눈금, 교류 전압 눈금 등 여러 가지 측정값을 읽을 수 있는 눈금이 표시되어 있다. 따라서, 눈금을 읽을 때에는 전환 스위치가 가리키는 측정 범위로 된 눈금을 선택해서 읽어야 한다.

※ 일반 아날로그 회로 시험기의 지시값에 대한 보증 오차는 직류 전압, 직류 전류, 저항을 측정할 경우에는 약 ±3[%], 교류 전압 측정 시에는 약 ±4[%]이다. 이 오차는 25[℃] 상태에서 측정했을 때의 경우이고, 온도가 영하로 떨어지거나 40[℃] 이상 높아지면 오차는 더욱 커진다.

0점 조정기는 회로 시험기의 측정 단자에 아무 것도 연결하지 않고 수평으로 놓았을 때 지침이 전압 및 전류 눈금의 0을 가리키도록 조정하는 나사이다.

0[Ω] 조정기는 저항값을 측정하고자 할 때 지침이 정확하게 0[Ω]을 가리키도록 조정하는 데 사용되는 가변 저항기이다. 리드선의 양끝을 단락시킨 상태에서 0[Ω] 조정기를 시계 방향으로 돌리면 지침은 오른쪽으로 이동하고, 시계 반대 방향으로 돌리면 왼쪽으로 이동한다.

전환 스위치는 예상되는 저항값의 측정 범위에 맞출 수 있도록 돌리게 되어 있다. 전환 스위치 둘레에는 저항, 전류, 직류 전압, 교류 전압 등의 측정 범위가 표시되어 있다. 저항값을 예상할 수 없을 경우에는 최대 측정 범위에 놓고 측정을 해 보면서 알맞은 측정 범위를 선택하도록 한다.

리드선에는 빨간색과 검은색 리드선이 있는데, 빨간색 리드선은 (+) 측정 단자에, 검은색 리드선은 (−) 측정 단자에 끼워서 사용한다.

① 트랜지스터 검사 소켓

트랜지스터 검사 시 소켓에 표시된 각 극성간의 정확한 위치에 트랜지스터의 극성을 맞추어 삽입한다. (PNP형과 NPN형을 검사할 수 있다.)

② 트랜지스터 판정 지시장치

적색 및 녹색 램프(LED)로 되어 있어 적색이 켜지면 양품의 PNP 극성의 트랜지스터이고, 녹색이 켜지면 양품의 NPN형 극성의 트랜지스터이다.

2개의 램프가 점멸되면 측정 트랜지스터의 극간의 단선 상태의 고장을 알려주며 둘 다 점멸 되지 않으면 컬렉터-이미터간의 단락 고장 상태를 뜻한다.

③ 입력 소켓

입력 소켓은 안전장치로 되어 있어 시험봉의 플러그 삽입시 손에 접촉되지 않게 매우 안전하다. 빨간색과 검은색의 리드선이 있는데 빨간색은 (+) 측정 단자에, 검은색은 (-) 측정 단자에 끼워서 사용한다.

④ 레인지 선택 스위치

명확한 레인지 선택이 가능한 스위치 방식으로 측정하려는 양의 측정범위를 맞출 수 있도록 돌릴 수 있다.

⑤ "0"[Ω] 조정기

저항 측정시 회로 시험기의 지침이 0[Ω]을 가리키도록 조정

⑥ 지침 영점 조정기

측정 전에 반드시 지침이 왼쪽 "0"점에 있는지 확인하고 필요시 조정

⑦ 내장형 가동 코일형 미터

고감도, 고직선성 및 1[%] 미만의 정밀도

⑧ 눈금판

약 90[mm], 90° 원호 및 칼날 지침의 눈금판은 판독하기가 쉬우며 눈금간의 간격이 넓어 정밀 측정이 가능

⑨ 눈금판

저항, 직류전압 및 직류전류, 교류전압 눈금 등이 표시

나. 아날로그회로시험기 전기적 규격

① 직류전압

- 레인지 : 2.5, 10, 50, 250, 1000[V]
- 감도 : 20,000[Ω/V]
- 정밀도 : 최대눈금치수의 ±3[%]

② 교류전압

- 레인지 : 10, 50, 250, 1000[V]
- 감도 : 20,000[Ω/V]
- 지시치 : 전파정류 평균 감응치를 정현파 실효치로 교정한 지시치
- 주파수감응 : 정격정밀도는 50[V]까지는 10[kHz], 250[V] 까지는 20[kHz]
- 정밀도 : 최대 눈금치수의 ±4[%]

③ 직류전류

- 레인지 : 2.5, 25, 250[mA], 10[A] (※10[A] 사용시는 별도의 전용소켓 사용)
- 전압강하 : 0.25[V]
- 정밀도 : 최대 눈금치수의 ±3[%]

④ 저항

R×1 : 0 ~ 2000[Ω](20[Ω] 중앙눈금) R×10 : 0 ~ 20,000[Ω](200[Ω] 중앙눈금) R×1k : 0 ~ 2[MΩ](20[KΩ] 중앙눈금) R×10k : 0 ~ 20[MΩ](200[KΩ]중앙눈금) 정확도 : ±3°	단락전류 및 개방전압(정상전지일 경우) R×1 : 150[mA], 3[V] R×10 : 15[mA], 3[V] R×1k : 150[μA], 3[V] R×10k : 60[μA], 12[V]

⑤ 데시벨 (0[DB] : 600[Ω], 1[mW] 기준)

-10[DB] ~ +22[DB](AC 10[V] 레인지)

+4[DB] ~ +36[DB](AC 50[V] 레인지)

+18[DB] ~ +50[DB](AC 250[V] 레인지)

+30[DB] ~ +62[DB](AC 1000[V] 레인지)

[데시벨 측정방법]

교류전압 측정 레인지에서 전력손실 및 이득분을 측정할 수 있다. 데시벨은 DB = 10log(Power$_1$/Power$_2$), 또는 20log(E_1/E_2)($R_1 = R_2$)일 때 본 측정기는 1[mW], 600[Ω]에서 0[DB]로 교정되어 있어서 20log[E_1(지시치)/0.774(V)] DB 600[Ω]에서 측정되는 E_1 전압을 각 교류전압 레인지에서 읽으면 눈금판에 교정된 DB 지시치를 직접 측정할수 있다. 이 DB 눈금선은 교류 10[V]에서만 직접 측정할 수가 있고 타 교류 레인지에서는 아래표를 이용하여 지시치에서 더하기만 하면 된다.

10[V]	눈금판에서 직접 읽음
50[V]	+14[DB]
250[V]	+28[DB]
1000[V]	+40[DB]

⑥ **사용전지** : 1.5[V]×2개, 9[V]×1개

⑦ **과부하 보호회로** : 미터 보호용 다이오드2개, 휴즈 0.5[A]/250[V] 1개

⑧ **사용온도** : 25[℃]에서 정격정밀도 유지(-4[°]~50[℃] 범위에서 4[%]오차 부가될수 있음)

다. 아날로그회로시험기 내부구조

테스터에는 모두 메터가 1개씩 사용되는데 테스터에 사용되는 메터는 모두 직류 전류계이다. 직류계는 영구자석 가운데에 자유로 움직일 수 있는 전자석을 넣은 것으로 외부에서 직류전류를 흘리면 전류의 크기에 비례하여 흡인력과 반발력에 의한 회전력이 생겨서 전자석이 고정 자극에 가까워질 때까지 회전하려 하는데, 이때는 전류의 크고 적음에 관계없이 모두 양쪽 끝에 끌려가서 서게 되므로 전류의 크기에 비례하여 회전 각도가 결정되도록 억제 스프링을 붙여 놓았다.

일정한 전류를 흘려서 어떤 각도만큼 회전하게 되면 그 때 지침이 가리키는 점에 그때의 전류값을 기록한다.

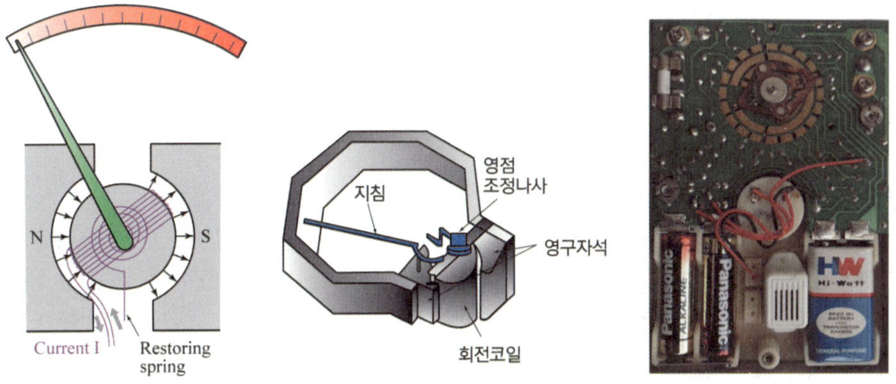

| 그림 1-2 | 아날로그 시험하기의 내부 구조

① **미터** : 전류계의 일종으로, 여기에 접속되는 저항값을 바꿈으로써 여러 가지 값의 전압과 전류를 측정할 수 있다.

② 저항기 : 탄소 피막 저항기나 권선형 저항기로 되어 있으며, 저항값이 정확하다.

③ 건전지 : 1.5[V] 및 9[V]가 있으며, 저항 측정 시에 측정 회로에 전류를 흘려주기 위한 것으로, 보통 1.5[V] 건전지 2개를 직렬로 연결하여 사용한다. 0[Ω] 조정기를 조정하여도 지침이 0[Ω]을 가리키지 않으면 건전지를 교환해야 한다.
(×10K부분에서 0[Ω] 조정이 안될 시는 9[V] 밧데리 교환)

④ 가변 저항기 : 저항값을 필요에 따라 변화시키는 것으로, 0[Ω] 조정기에 연결되어 있으며, 보통 2 ~ 10[kΩ] 정도이다.

⑤ 정류기 : 교류 전압 측정 시에 교류를 직류로 바꾸는 정류 회로이다.

⑥ 과부하보호회로 : 미터보호용 다이오드 및 휴즈(0.5[A]/250[V])

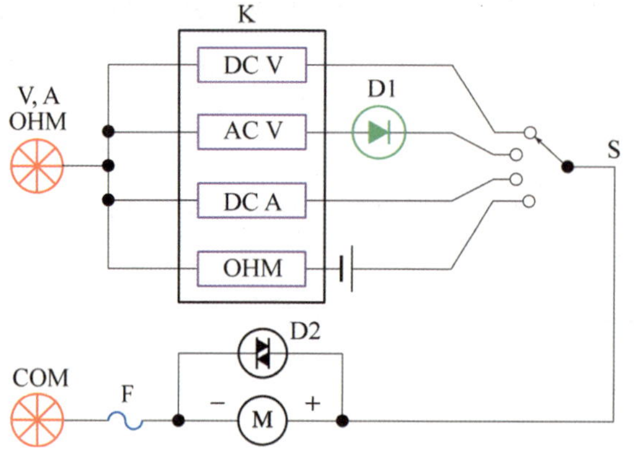

| 그림 1-3 | 일반 멀티미터의 기능 구성도

2 디지털 회로시험기(디지털 멀티미터)

가. 디지털 멀티미터의 개요

전형적인 멀티미터는 전압, 전류, 전기저항을 측정하는 능력은 기본적으로 가지는 기능이며, 장치에 따라 기타 측정 기능이 추가되기도 한다. 여기서는 디지털 멀티미터에 대한 구조와 사용법에 대해 설명한다.

디지털멀티미터는 내부의 전자회로에 의한 전압원, 전류원들의 기능을 이용하여 외부의 전압, 전류, 저항 등의 값을 전압신호로 변환하여 디지털로 표시한다.

직류전압, 교류전압, 직류전류, 교류전류, 저항값 등의 기본적인 측정기능 이외에 다이오드 테스트, 도통(導通) 테스트, 정전용량, 주파수, 온도 등을 측정할 수 있는 기종도 있다.

또 최대값이나 최소값의 홀드 기능이나 표시수치가 시시각각 변화하여 판독할 수 없는 순간 피크값 홀드 기능을 탑재한 제품도 있다.

사용방법은 원하는 측정값의 단추를 누른 후 ([V](AC/DC), [A], [kΩ]) 스케일 버튼을 눌러주면 되고, 주의 사항은 디지털 멀티미터를 이용하여 전류를 측정하는 경우, 디지털멀티미터의 내부 저항이 매우 낮으므로 높은 전류 범위에서 점차 낮은 전류 범위로 바꿔가며 측정해야 한다.

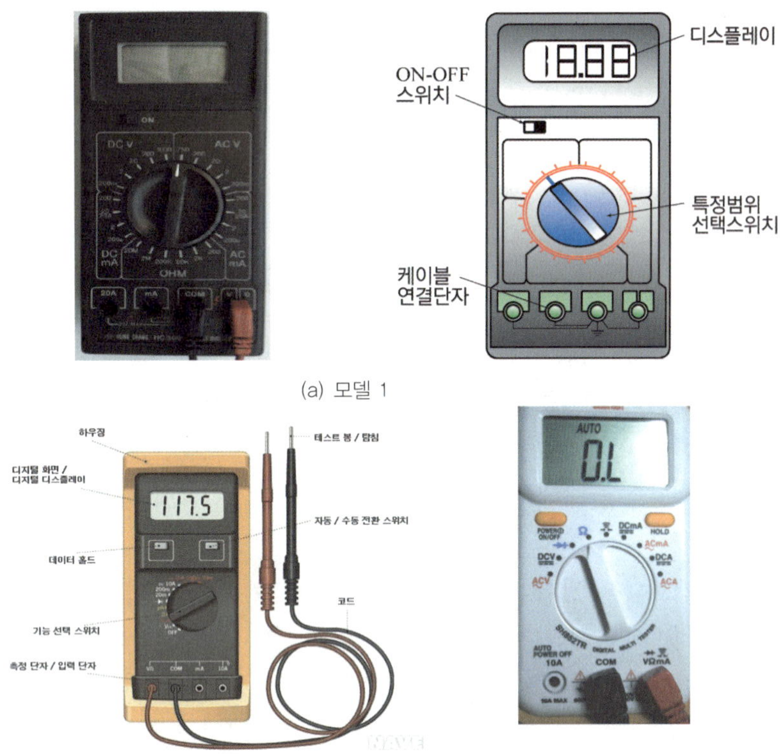

(a) 모델 1

(b) 모델 2

(c) 모델 3

| 그림 1-4 | 디지털멀티미터 외부구조

(1) 전면설명

① Power on/off 버튼 : 터치식스위치로 전원 개통(on), 차단(off)의 기능

② Hold 버튼 : 터치식스위치로 측정 데이터를 고정시키는 기능

(2) 기능 선택 스위치

① Rotary식 스위치로 측정하는 기능을 선택하는 기능
② COM 단자 : 흑색(-) 리드를 연결
③ V~mA 단자 : 적색(+) 리드를 연결
④ 10[A] 단자 : 적색(+) 리드를 연결
⑤ L, C, D Display : 측정치를 나타내는 창

나. 아날로그 방식과 디지털 방식의 차이점.

아날로그 방식은 무빙코일에 흐르는 전류에 따른 자장의 크기로 회전력을 얻지만, 디지털 방식은 입력된 전압을 ADC을 통해 디지털화 한 후, LCD 숫자창에 표시한다. 따라서 디지털화 하려면 아날로그에 비해 부가적인 회로가 필요하다.

(1) 아날로그 멀티미터의 특징

(가) 가동 코일형 직류전류계를 사용한다.

아날로그 테스터에는 가동 코일형 직류전류계가 사용되고 있다. 가동 코일형 직류계는 직류전압계의 기능도 갖고있다.

교류전압을 측정할 때에는 입력전압을 분압하여 전류계에 들어가기 직전에 정류하여 측정한다.

아날로그 테스터를 전압계로 사용하는 경우, 낮은 입력저항이 결점이다. 또 입력저항은 측정전압에 비례하므로 저전압 레인지에서의 측정 로스가 문제이다.

입력저항은 눈금의 구석에 "20[kΩ/V]"와 같이 표시되어 있다. 10[V] 레인지라면 20[k]×10 = 200[KΩ], 100[V] 레인지라면 20[k]×100 = 2[MΩ]이라는 뜻이다.

(나) 전압·전류의 측정은 전원이 불필요하다.

저항측정인 경우, 전지가 어느 정도 소모되었을 때 최초로 영향을 받는 것은 큰 전류를 흘려 측정하는 R×1 레인지이다. R×1은 제로 조정이 되지 않지만 그 위의 레인지에서는 사용할 수 있다. R×10, R×100 측정전류는 R×1의 1/10, 1/100이 된다.

(다) 눈금이 복잡하다.

펑크션이나 레인지에 대응한 눈금을 판독할 필요가 있다. 노련한 테스터라도 판독오류를 일으키는 경우가 있다.

(라) 계속 변동하는 값이라도 대략적으로 판독할 수 있다.

지시값이 안정되지 않아 끊임없이 변화하는 경우에도 지침의 미묘한 흔들림에서 대략적인 값을 판독할 수 있다.

(마) 조정작업에 적합하다.

지침의 흔들림으로 판단할 수 있어 최대값, 최소값, ±0등으로 조정할 수 있는 경우에 적합하다.

(바) 레인지 전환은 수동이다.

기본적으로 레인지의 전환은 수동이다. 레인지를 잘못 조작하면 지침이 오버 레인지되어 고장의 원인이 될 수도 있다.

(사) 교류전압 레인지의 주파수특성은 100[kHz] 정도이다.

디지털멀티미터에 비해 주파수특성이 좋아 일반적으로 100[kHz]정도까지 플랫이다.

(2) 디지털멀티미터(DMM)의 특징

(가) 소형이다.

(나) 입력저항이 높다.

일반적인 DMM의 입력저항은 1[m] ~ 몇 [MΩ] 정도이다. 이 값은 아날로그 테스터와 같이 입력 레인지에 의해 크게 변화하지는 않는다.

(다) 값의 오판독이 없다.

풀오토레인지식 DMM은, 소수점이나 단위는 자동적으로 표시하므로 아날로그식과 같은 값의 오판독은 거의 없다.

(라) 동작에 전원이 필요하다.

내장 전지가 소모되면 모든 기능이 정지된다.

(마) 조정작업에서의 조작성이 나쁘다.

아날로그에서의 장점인 최대값이나 최소값 판독이 곤란하다.

(바) 교류전압 레인지의 주파수특성은 수백[Hz] ~ 3[kHz] 이다.

주파수특성은 표준 제품에서 50 ~ 400[Hz], 참의 실효값 대응 제품에서도 일반적으로 1[k] ~ 3[kHz] 정도까지로 상용전원이나 인버터 등의 점검 이외에는 실용적이지 않다.

다. 아날로그 및 디지털 멀티미타 측정의 비교

(1) 저항 측정

저항 측정은 멀티미터 내부의 전지를 이용하여 외부의 프로브에 연결된 저항에 전압을 인가하여 전류을 측정한다.

- 아날로그 방식 : 저항에 인가된 전압에 따른 전류가 무빙코일과 연결되어 전류가 측정된다.
- 디지털 방식 : 외부 저항에 흐르는 전류에 따라, 멀티미터 내부에 저항을 삽입하여 전압을 얻어 ADC을 통해 수치화 한다.

저항을 측정할 때는 회로에서 분리하여 저항 단독으로 연결해야 한다. 회로에서 연결된 상태로 저항에 전압이 걸려 전류가 흐르고 있을 때, 멀티미터의 프로브를 연결하면 멀티미터의 전압인가와 외부 회로 전압인가가 중복되어 정확한 측정이 불가능하다. 회로에 연결된 저항은 전원이 없어 동작하지 않더라고 다른 부품이 저항치(다른 저항과 병렬 동작)를 갖기 때문에 회로에 연결된 상태로 저항을 측정하면 정확하지 않다.

(2) 전압 측정

프로브를 통해 외부에서 인가된 전압은

- 아날로그 방식 : 멀티미터 내부의 저항(고 임피던스)을 거쳐 전압을 내리고 이것을 무빙코일과 연결하여 전류가 흘러 측정된다.
- 디지털 방식 : 멀티미터 내부의 저항(고 임피던스)을 거쳐 전압을 내리고, 내부 저항에 걸린 전압을 ADC을 통해 수치화 한다.

(3) 전류 측정

대상의 위치에 대상과 직렬로 측정기를 연결한다. 예를 들어 특정 노드에 연결된 전선에 전류를 측정하려면 해당 전선을 절단하고 두 프로브를 삽입해야 전류가 측정된다. 만약 전선에 흐르는 전류를 측정하기 위해 전선에 프로브를 대면 저항이 0인 두 지점에 연결한 결과가 되어 전압이 나타나지 않기 때문에 측정이 불가능하다.

프로브를 통해 외부에서 인가된 전류은

- 아날로그 방식 : 무빙코일과 연결하여 전류가 흘러 측정된다. 전류 크기에 따라 무빙코일과 다른 저항(병렬)을 결합한 회로를 사용하기도 한다.
- 디지털 방식 : 멀티미터 내부의 매우 낮은 저항을 삽입하여 걸린 전압을 ADC을 통해 수치화 한다.

전류 측정 시, 측정 위치에 삽입된 측정기는 매우 낮은 임피던스 값을 가져야 대상 회로에 영향이 적다. 따라서 전류 측정 모드에 위치시키면 저항이 매우 낮다. 이 상태에서 측정 대상에 병렬로 잘못 프로브를 사용하면 저항이 거의 없어지는 쇼트현상이 발생할 수 있다. 따라서 과전류를 방지하기 위해 내부에 휴즈를 사용하여 보호한다.

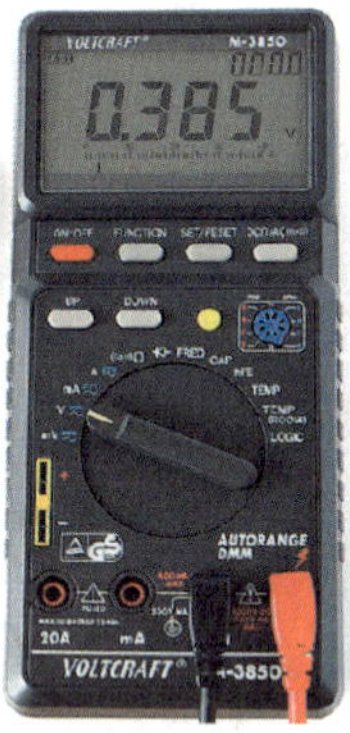

| 그림 1-5 | 디지털멀티미터의 여러 가지 외관

라. 디지털멀티미터 각부의 일반적인 명칭

① 10[A] : 10A 이내의 AC 또는 DC 전류측정용 리드선 입력소켓(적색)

② COM : 모든 측정을 위한 공통소켓(흑색), COM단자와 접지 사이에 보통 DC 1000[V], AC 750V이상 사용 불가능.

③ [V/Ω] : 전류([μA], [mA]), 전압, 저항, Diode Test용 소켓

⑤ 다이알스위치 : OFF는 Power off위치

⑦ RANGE : 수동 레인지 모드, 선택을 하거나 또는 버튼을 한번씩 누를 때마다 레인지가 증가하고 새로운 값이 표시된다. 버튼을 누눌시는 RANGE 버튼을 2초 동안 누르고 있으면 자동 레인지 모드로 돌아간다.

⑨ HOLD : 선택하거나 누르면 측정치를 기록, 다시 누르면 측정모드

⑩ DC/AC : 전류 모드에서 DC, AC 선택버튼

⑫ 비프(beep)음, 다이오드 테스트

마. 디지털멀티미터의 기능 구성도 및 측정방법

디지털 멀티미터는 내부에 증폭기를 가지고 있기 때문에 일반 멀티미터보다 측정 감도가 높아서 미소한 양을 측정하는 것이 가능하다.

(1) 디지털회로시험기의 기능 구성도.

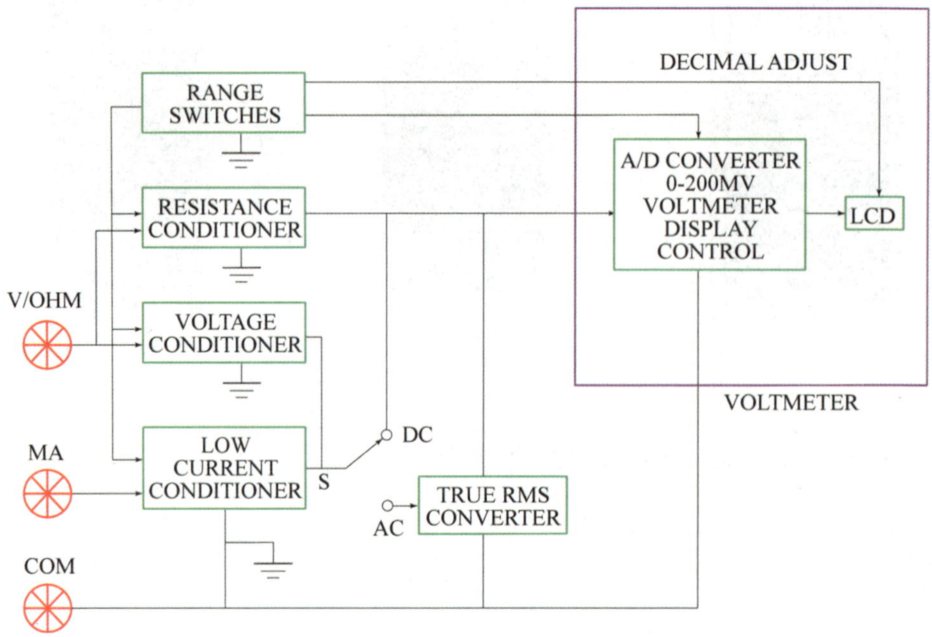

| 그림 1-6 | 디지털회로시험기의 기능 구성도

(2) 디지털회로시험기의 측정방법

(가) 직류전압 및 교류전압 측정 방법

- 흑색 시험봉은 'COM'단자에, 적색 시험봉은 '[V], [KΩ]'단자에 연결한다.
- [V]선택 스위치를 누른 상태에서 측정한다.
- 직류/교류 선택 스위치로 직류 전압과 교류 전압을 구분한다.
- 최고 범위는 직류 1000[V], 교류 750[V]임

(나) 직류전류 및 교류전류 측정 방법

- 흑색 시험봉은 'COM'단자에, 2[A]이하에서 적색 시험봉은 [mA]단자에 연결하고, 2[A]이상에서는 적색 시험봉은 반드시 '10[A]'단자에 연결한다.
- [mA]선택 스위치를 누른 상태에서 측정한다.

- 직류/교류 선택 스위치로 직류 전류와 교류 전류을 구분한다.
- 2[A]이상에서 측정 범위 스위치는 반드시 '10[A]'를 선택해야한다.

(다) 저항측정 방법

- 흑색 시험봉은 'COM'단자에, 적색 시험봉은 [KΩ]단자에 연결한다.
- [KΩ]선택 스위치를 누른 상태에서 측정한다.
- 저항 측정시 '0[Ω]'을 조정한다.

3 회로시험기(멀티미터)의 기능 및 사용법

가. 아날로그 멀티미터의 기능

테스터기로 측정 할 수 있는 것은

① 직류전류측정(DCA)

② 직류전압측정(DCV)

③ 교류전압측정(ACV)

④ 저항측정(ohm) 등이나 테스터에 따라서는 교류 전류를 측정할 수 있도록 되어 있는 것도 있고 콘덴서의 용량 측정 코일의 자기유도 계수 측정 데시벨(전압의 크기를 대수적으로 나타낸 것) 측정 등이 나와 있는 것도 있으나 이것은 모두 교류 전압 측정을 응용한 것에 불과한 것이다.

테스터는 측정기로 사용하는 것 이외에도 앰프(증폭기)에 신호를 주입 해 보는 실험과 테스터의 손잡이를 돌리면 테스터의 내부저항이 여러 가지로 달라지므로 실험 도중 여러 가지로 저항을 바꾸어 보려고 할 때에도 응용되고 있다.

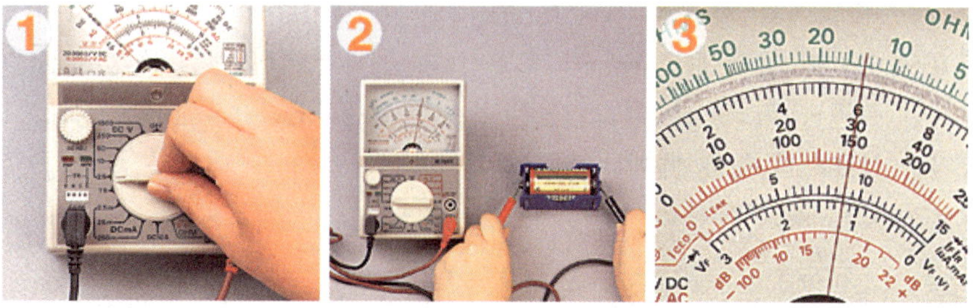

| 그림 1-7 | 회로시험기 사용법

나. 아날로그 회로시험기 사용법

(1) 용도

전기 기기의 부품 및 회로의 이상 유무를 점검 저항, 직류 전압, 교류 전압, 직류 전류 등 측정

(2) 회로 시험기 사용시 유의사항

① 고압 측정시 계측기 사용 안전 규칙을 준수한다.
② 측정하기 전에 계측기의 지침이 "0"점에 있는지 확인한다.
③ 측정하기 전에 레인지 선택 스위치와 시험봉이 적정 위치에 있는지 확인한다.
④ 측정 위치를 잘 모르면 제일 높은 레인지에서부터 선택한다.
⑤ 측정이 끝나면 피 측정체의 전원을 끄고 반드시 레인지 선택 스위치를 OFF에 둔다.

(3) 회로 시험기의 올바른 사용법

회로 시험기는 신뢰도가 매우 중요하므로, 측정 시 측정값에 오차가 크게 생기지 않도록 해 주어야 한다. 따라서 정확한 측정을 하기 위해서는 다음 사항에 유의해야 한다.

① 회로 시험기를 수평으로 놓고 충격을 받지 않도록 해야 하며, 습도가 높은 곳을 피하고, 자석을 가까이 놓지 말아야 한다.
② 측정하려는 값의 종류와 크기를 정확히 알아서 전환 스위치를 옮겨 놓아야 한다.
③ 지침이 눈금판의 양쪽 끝부분을 가리킬 때에는 눈금을 읽기가 어렵고 측정 오차가 많으므로, 지침이 눈금의 중앙에 오도록 전환 스위치를 알맞은 측정 범위로 돌려놓고 다시 측정한다.
④ 측정하려는 물체에 리드선을 접속한 채로 전환 스위치를 돌리지 말아야 한다.
⑤ 정확한 저항값을 측정하고자 할 때에는 반드시 0[Ω] 조정을 한다. 단, 0[Ω] 조정기는 저항을 측정할 때에만 사용하므로, 필요한 경우 이외에는 손대지 말아야 한다.
⑥ 전압과 전류의 측정에서 회로의 전압이 클 때에는 감전되지 않도록 주의한다.
⑦ 사용한 후에는 리드선을 뽑고, 전환 스위치를 'OFF' 위치에 놓는다.
⑧ 장기간 사용하지 않을 때에는 전해액이 흘러 나와 계기 내부를 부식시키는 일이 없도록 전지를 빼어 놓는다.

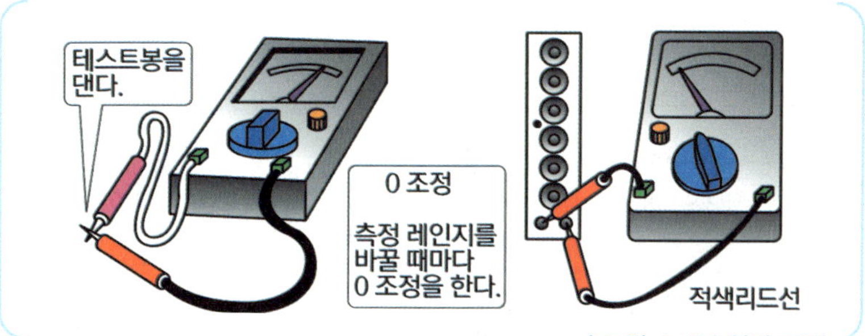

ㅣ그림 1-8ㅣ영점 조정

(4) 직류 전압 측정

측정 레인지를 DC V의 가장 높은 위치로 전환하고, 측정하고자 하는 곳의 전위 및 전극을 확인한 다음 +측에 적색 리드봉을, -측에는 흑색 리드봉을 병렬로 접속하여 측정한다. 이때 지침이 전혀 움직이지 않을 때는 측정 레인지를 500, 250, 50, ., 5 순으로 내려 지침이 중앙을 전후하여 멈추는 곳에 레인지를 고정시키고 측정하는 것이 바람직하다.

그러나 측정전압을 미리 예측을 한 때는 예측한 전압보다 높은 위치에 측정 레인지를 고정시키는 것이 안전한 방법이다.

전압이란 전기적인 위치에너지(전위)의 차이라고 볼 수 있다. 돌을 공중으로 던지면 늘 바닥으로 떨어지는데 이러한 현상은 위치에너지가 높은 곳에서 낮은 곳으로 이동하는 것으로, 만약 위치에너지가 같다면 떨어지지 않을 것이다. 전기회로에서도 전위의 차가 없다면 전류가 흐르지 않는다.

수압이 걸리지 않은 수도관에는 물이 흐르지 않는 것과 같다. 같은 수도관에서 수압이 높으면 많은 양의 물이 흐르는 것처럼 전기회로에서 전위의 차(전압)가 클수록 많은 전류가 흐르게 되는데, 이러한 두 지점의 전위차를 측정하기 위해서 전압계를 사용하며, 측정하고자 하는 부하(측정대상)의 양단을 연결하여 사용한다. 즉, 부하와는 병렬로 연결되어야 하며, 이처럼 연결된 두 지점의 전위차를 알아볼 수 있는 계측기가 전압계인 것이다.

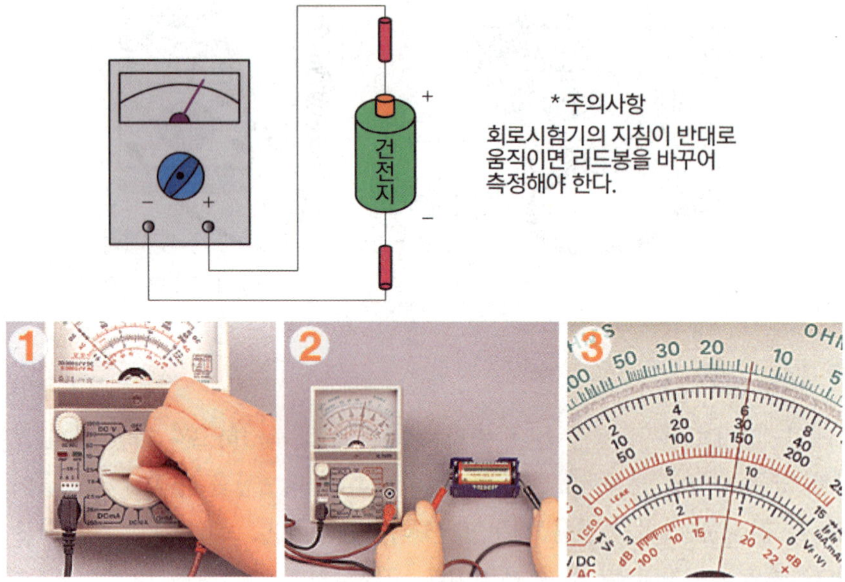

| 그림 1-9 | 직류 전압 측정

① 측정하려는 직류전압의 크기를 예상하여 적당한 직류전압(DC V)의 측정 범위에 전환 스위치를 놓는다. 측정 범위를 예상할 수 없을 때에는 가장 큰 측정 범위에 전환 스위치를 놓는다.

② 건전지의 (+) 쪽에는 빨간색 리드선을 대고, (−) 쪽에는 검은색 리드선을 댄 후, 눈금판(DC라고 쓰여진 줄)에서 눈금을 읽는다.

③ 계기의 눈금이 너무 적게 움직여서 읽기 어려울 때에는 전환 스위치를 적당한 측정 범위로 돌린 후 다시 측정한다.

※ 직류전압을 측정할 때에는 극성을 바르게 맞추어 접속해야 한다.

(5) 회로전압 측정

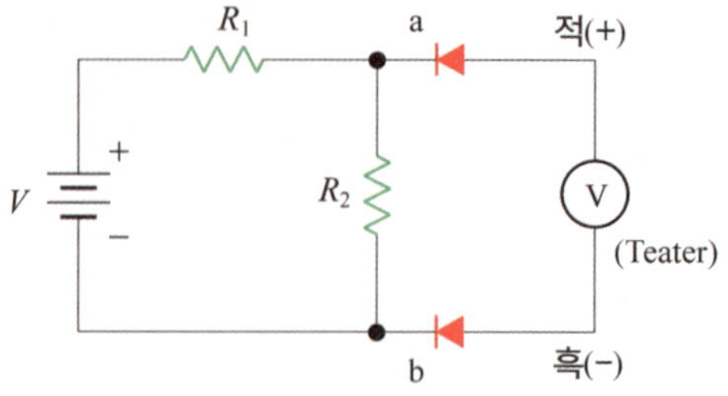

| 그림 1-10 | 회로에서 직류 전압 측정

① 건전지나 축전지 등의 전압은 직류이고, 그것을 전원으로 쓴 전기회로의 각 부분의 전압은 직류전압이다. 측정할 때는 다이알 스위치를 DC V에 옮겨 놓는다. 측정하려는 전압 스케일을 대강 알 경우에는 해당하는 측정범위 눈금에 다이알 스위치를 돌리고, 만일 측정하려는 전압의 크기 정도를 알지 못할 경우 가장 큰 눈금 위치로 돌려 놓는다.

② [그림 3-10]과 같이 저항 R_2양단의 직류전압을 측정하는 경우, 적색 리드선(+단자)은 전압의 높은쪽(점a)에 대고 흑색 리드선(-단자)은 전압의 낮은쪽(점b)에 갖다댄다. 만일 극성을 반대로한 경우에는 미터의 바늘이 반대방향(왼쪽)으로 돌아 테스터에 무리가 가해지고, 전압이 클 경우에는 급격한 회전으로 바늘이 휘는 경우가 있으므로 주의한다.

③ +, -리이드선을 ab에 갖다 대고 미터 바늘의 움직임을 본다. 눈금을 잘 읽을 수 없을 때는 다이알 스위치를 한 단씩 내려 측정 레인지를 맞추어 읽는다. 미터의 허용오차가 3 ~ 4[%]이므로 최대값에 가까운 레인지 눈금에서 측정할수록 정확하게 된다.

④ 회로시험기 직류전압 측정시 연결방법

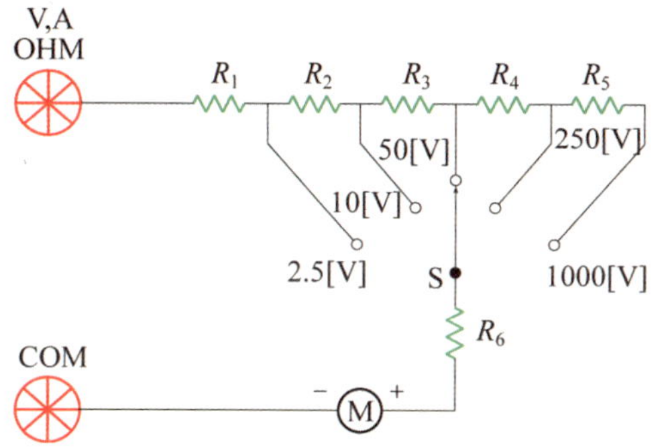

| 그림 1-11 | 회로시험기 직류전압 측정시 연결방법

(6) 직류전류 측정

측정 레인지를 DC mA의 가장 높은 위치로 전환하고 측정하고자 하는 곳의 회로를 확인한 다음 부하와 직렬로 접속 측정을 해야 한다. 이때 지침이 움직이지 않으면 250, 25, ..., 0.1 순서로 내려서 지침이 눈금 중앙을 전후하여 멈추는 곳에 레인지를 고정시키는 것이 바람직하다

전기회로에서 전류란 수도관에서 물의 흐름과 같이 생각할 수 있다. 수압에 의해 수도관에 물이 흐르게 되는데, 가정에서 물의 흐르는 양은 유량계(수도 계량기)를 사용하여 측정할 수 있으며, 수도관의 중간에 유량계를 연결하여 사용하고 있다. 이처럼 전기회로에서도

전류의 양을 측정하기 위한 계기가 전류계이며, 회로의 중간에 넣어 측정해야 한다. 즉, 측정하고자 하는 부하와 직렬로 연결하여 사용하여야 함을 말하는 것이다. 다른 것이 있다면 유량계는 물의 양을 누적하는 것이고, 전류계는 순간 순간에 흐르는 전류의 양을 측정하는 것이다.

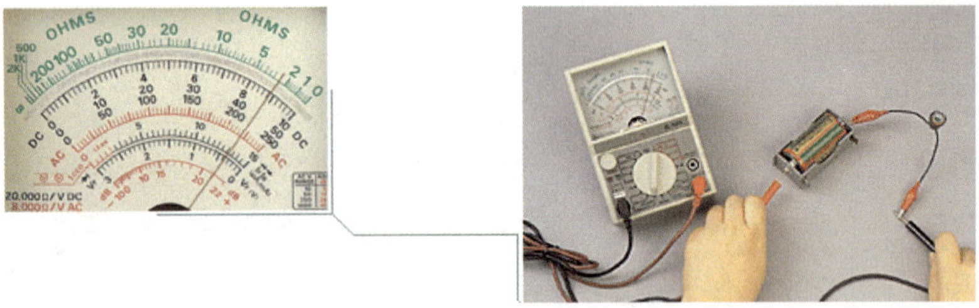

| 그림 1-12 | 직류 전류 측정

① 측정하려는 직류 전류의 크기를 예상하여 적당한 직류 전류(DC mA)의 측정 범위에 전환 스위치를 놓는다.

② 직류 전류는 극성(+, −)이 있으므로 바뀌지 않도록 주의하면서 회로를 열고, 그 사이를 직렬로 연결한다. 만일, 전원에 직접 접속시켜 병렬로 연결되면, 회로 시험기에 큰 전류가 흘러 회로 시험기 내부의 부품이 타게 되므로 주의해야 한다.

③ 눈금판(DC라고 쓰여진 줄)에서 눈금을 읽은 후, 전환 스위치가 놓여 있는 측정 범위로 측정값을 환산한다.

• 통전 및 절연 시험

① 전환 스위치의 범위 - 저항의 측정 범위(OHMS)

② 통전 시험 : 회로의 단선 여부 측정

- 플러그의 양 단자에 시험 막대를 대고 측정-지침이 움직이지 않으면 단선

③ 절연 시험 : 기기의 절연 상태 측정

-플러그의 한 단자와 기기의 몸체에 시험 막대를 대고 지침이 움직이면 절연불량

(7) 회로 전류 측정

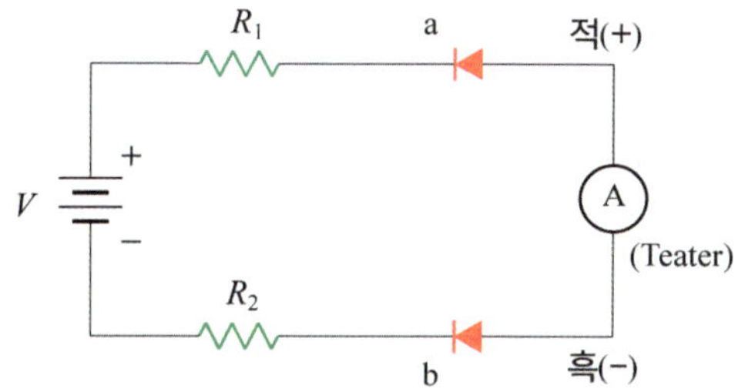

Ⅰ그림 1-13Ⅰ회로에서의 직류 전류 측정

① 전류 측정시에는 반드시 회로와 직렬로 연결시켜야 한다. 테스터의 다이알 스위치 를 DC A로 돌려놓는다. 측정하려는 전류를 알지 못하는 경우에는 반드시 스위치를 최대 전류 레인지에 옮겨 놓은 후 전압이 높은 쪽(a점)에 적색 리이드선 (+단자)을, 낮은 쪽(b점)에 흑색 리이드선 (-단자)를 접촉시켜 [그림 3-13]과 같이 측정한다. 바늘이 너무 작게 움직이면 레인지를 점차로 내려 오른쪽 부근에 바늘이 오도록 한다.

② 아주 낮은 전류를 측정하고자 할 때에는 측정 레인지를 저항레인지(전류, 저항 혼용 : 150[mA], 15[mA], 150[μA] 중 선택)로 옮긴다. 이때는 [μA], [mA]로 쓰여 있는 별도의 눈금스케일을 읽는다.

③ 250[mA]이상을 측정하고자 할 때에는 DC A 레인지를 벗어나므로 그대로는 측정할 수 없다. 이때는 +리이드선을 테스터에서 뽑아 테스터의 윗 부분에 별도로 만들어져 있는 10A 단자에 연결하고 다이알을 DC A의 10A로 맞추어 측정한다.

④ 회로시험기 직류전류 측정시 연결방법.

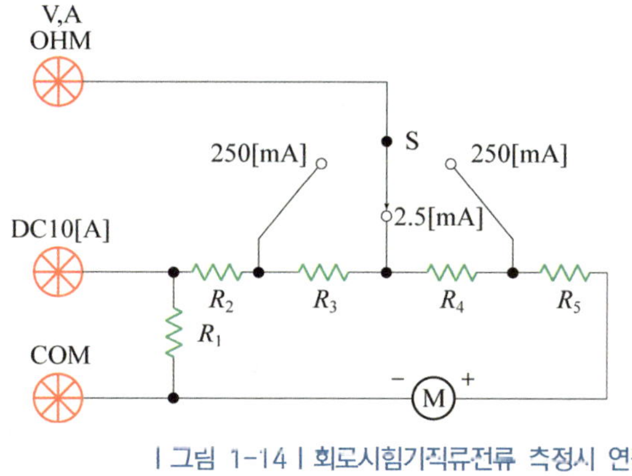

Ⅰ그림 1-14Ⅰ회로시힘기직류전류 측정시 연결방법

(8) 교류전압 측정

측정 레인지를 ACV의 가장 높은 위치 1000[V]로 전환하고, 리드봉의 극성에 관계없이 (회로시험기 리드봉의 극성은 구별 없이 사용해도 된다) 병렬로 접속하여 측정을 한다. 여기에서 눈금은 직류 눈금을 병행해서 사용하는데, 10 레인지에서만 AC 10[V] 전용 눈금을 읽는다.

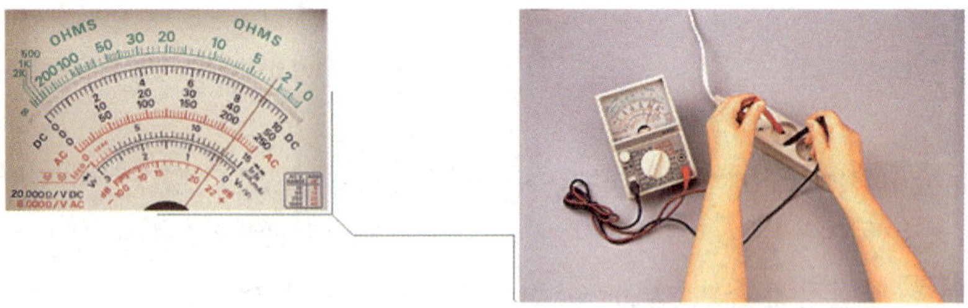

| 그림 1-15 | 교류전압 측정

① 측정하려는 교류전압의 크기를 예상하여 적당한 교류전압(AC V)의 측정 범위에 전환 스위치를 놓는다. 전환 스위치는 측정하려는 교류전압의 크기보다 큰 측정 범위에 있어야 하며, 교류전압의 크기를 예상할 수 없을 때에는 가장 큰 측정 범위에 전환 스위치를 놓는다.

② 측정하려는 교류전압의 양 단자에 리드선을 대고 측정값을 읽는다.

※ 교류전압 측정 시에 실제의 전압보다 낮은 측정 범위에 전환 스위치를 놓고 측정할 경우, 지침이 눈금판 범위를 벗어나 휘게 되므로 주의한다.

③ 회로시험기 교류전압 측정시 연결방법.

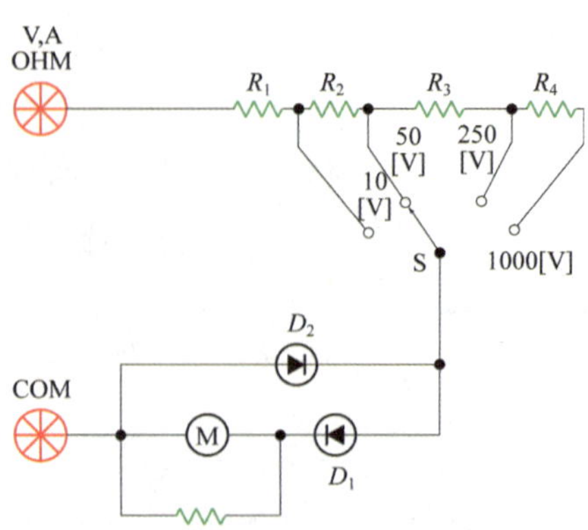

| 그림 1-16 | 회로시험기 교류전압 측정시 연결방법

(9) 저항의 측정

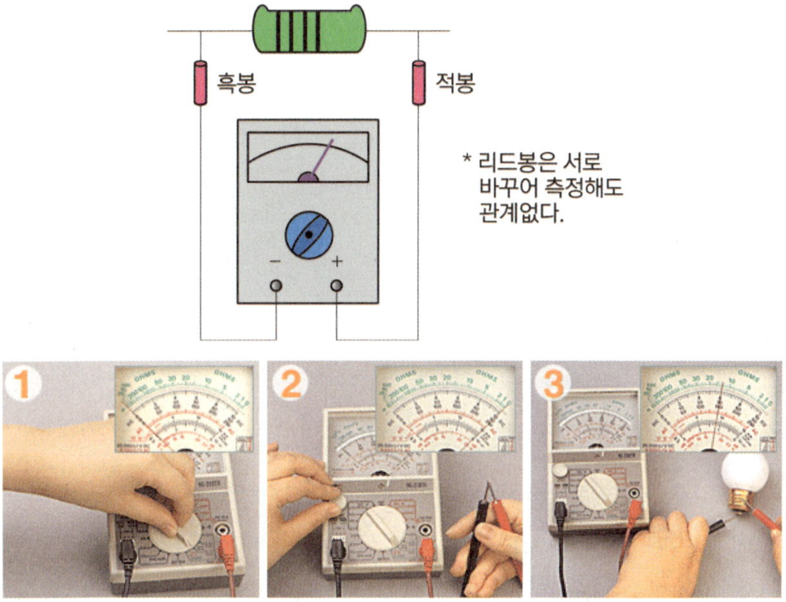

ǀ 그림 1-17 ǀ 저항 측정

① 전환 스위치를 저항 측정 범위(OHM) 1[R], 10[R], 1[kR], 10[kR]의 위치 중에서 적당한 곳에 놓는다.

② 측정하고자 하는 저항이 수십[Ω] 이하인 것은 R에, 수백[Ω] 정도인 것은 10[R]에, 수천[Ω] 정도이면 1[kR]에 놓는다.

③ 측정하려는 저항값을 알 수 없을 때에는 최대 측정 범위에서부터 측정하여 지침이 눈금판의 중앙 부분에 머물게 한다.

④ 0[Ω] 조정은 빨간색 리드선과 검은색 리드선의 양끝을 단락시킨 다음, 지침이 0[Ω]을 가리키도록 0[Ω] 조정기를 조정한다.

⑤ 0[Ω] 조정 후, 측정하려는 저항의 양 끝에 리드선을 대고 눈금을 읽는다. 이때, 전환 스위치가 R에 있으면 그대로 읽고, 10[R]에 있으면 10배, 1[kR]에 있으면 1,000을 곱해 환산하여 읽는다.

※ 저항 측정이 끝나면 리드선을 회로 시험기에서 뽑아 놓거나, 전환 스위치를 최대 전압 측정 위치로 돌려놓아 전지의 불필요한 소모를 막아 준다.

⑥ 회로시험기 저항측정시 연결방법

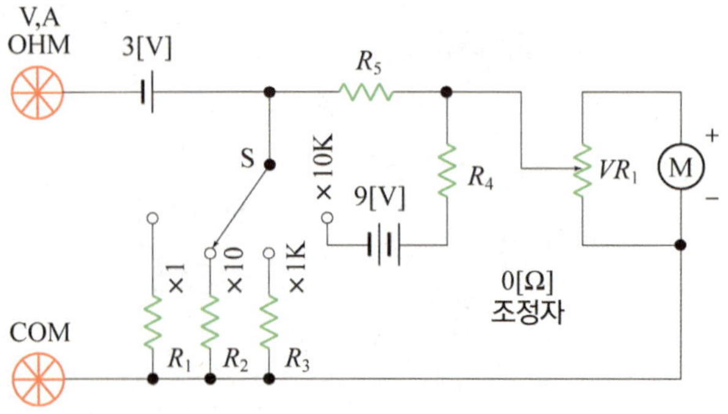

| 그림 1-18 | 회로시험기 저항측정시 연결방법

(10) 저항측정시의 측정 리이드선의 전압극성

전류와 전압을 측정할 때에는 외부에서 멀티미터로 전류를 흐르게 하여 미터가 움직이도록 되어 있다. 이때 적색 리이드선은 외부 전압의 +극에, 검정 리이드선은 -극으로 가도록 되어 있으나 저항을 측정할 때는 멀티미터 내부에 별도로 마련된 전지가 측정저항에 전류를 흘리도록 되어 있다. 이때, 멀티미터의 내부의 리이드선에 대한 회로구성은 [그림 3-19]와 같다. 다이알 스위치가 저항측정 레인지에 오게 되면 멀티미터의 두 리이드선에는 내장전지의 전압이 나타난다. 이때 적색 리이드선이 -이고 흑색 리이드선이 +의 극성이 되는 것에 주의해야 한다.(이와같은 테스터의 특성은 다이오드 및 트랜지스터의 극성을 식별하는데 이용된다.)

따라서 다이알 스위치를 저항 레인지에 놓은 체로 멀티미터를 방치해두면 두 리이드선이 접촉되는 경우에 내장 전지가 쇼트(short)되고 전지 수명이 현격히 저하 될 것이다.

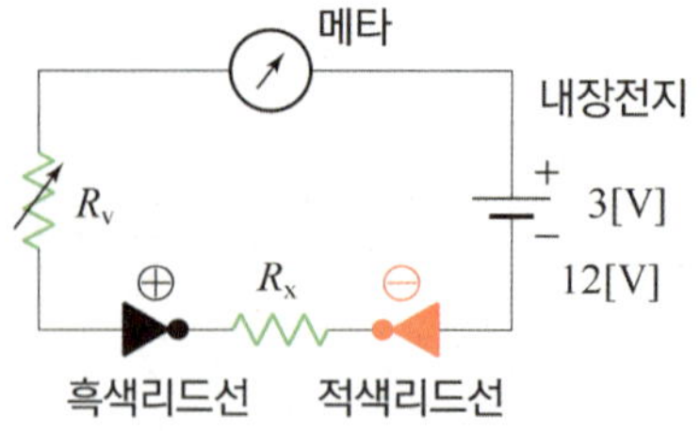

| 그림 1-19 | 측정 리이드선의 극성

(11) 콘덴서의 측정

전해 콘덴서(10[μF] 정도)에 아날로그 테스타를 저항측정 모드로 연결하면 한순간 전류가 흐르나 곧바로 제로(저항이 무한대)가 된다. 테스터기의 측정 프로브를 반대로 하면 또한 순간 전류가 흐른다.

따라서 직류전압이 콘덴서에 가해지면 한순간 전류가 흐르지만 그후는 흐르지 않게 되기 때문에 직류를 통과시키지 않는 용도에 사용된다.

따라서 테스터기의 지침이 올라갔다가 서서히 내려오면 정상이며, 이때 용량이 큰 때에는 지침이 올라갔다가 내려오는 시간이 길어지므로 테스터기 레인지의 배수를 줄여 측정해야 한다.

그러나 교류의 경우에는 방금전 테스타 프로브를 계속해서 교체하고 있는 것과 같기 때문에 전류가 흐르게 되는 것이다.

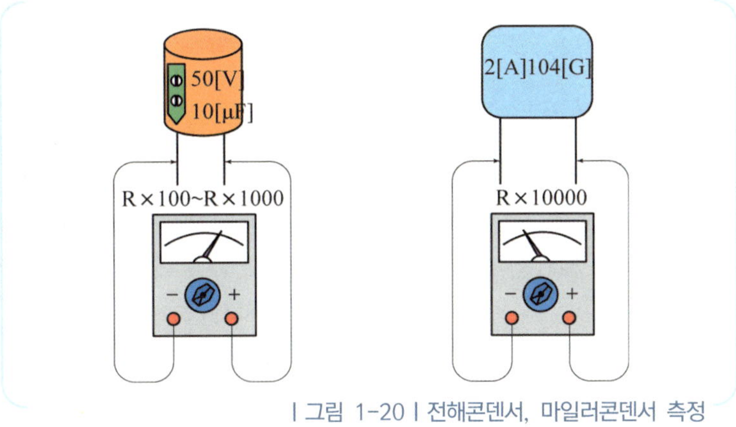

| 그림 1-20 | 전해콘덴서, 마일러콘덴서 측정

① 회로시험기의 지침이 올라갔다가 내려오지 않으면 내부 단락
② 회로시험기의 지침이 전혀 올라가지 않으면 내부 단선
③ 점검이 완료되면 회로시험기 리드봉을 반대로 접속해 본다. 이때도 역시 지침 은 올라갔다가 내려온다.

(12) 다이오드 측정

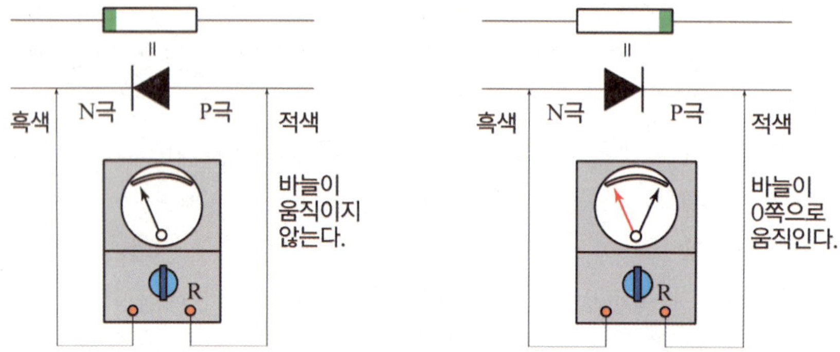

| 그림 1-21 | 다이오드 측정

① 회로시험기(테스터)기와 다이오드를 준비한다.

② 회로시험기(테스터)기의 레인지를 저항(R)에 놓는다.

③ 회로시험기의 흑색리드선을 왼쪽에 적색리드선을 오른쪽에 연결한다.

④ 흑색 리드선을 한 쪽 극에, 적색 리드선을 다른 쪽 극에 접속한다.

⑤ 회로시험기의 지침이 Zero(0)쪽으로 이동하는지를 확인한다.

⑥ 리드선을 반대로 연결하고 ⑤ 항목을 확인한다.

⑦ 두 번 모두 움직이던가 모두 움직이지 않는다면 이상이 있는 다이오드이다.(제너 다이오드는 역방향 일때 지침이 올라간다)

⑧ 한 쪽만 동작하였을 때 흑색리드가 연결된 쪽이 다이오드의 P형이 된다.

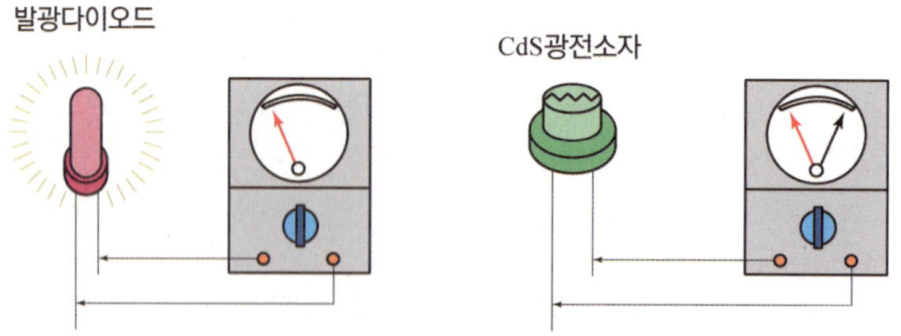

| 그림 1-22 | 광다이오드와 광전소자 측정

① 다이오드의 극성 찾기와 같은 방법으로 양부를 판별한다.

② 발광 다이오드에서는 발광이 되므로 테스터기의 지침을 보지 않아도 쉽게 확인

③ 광전소자의 경우 손으로 빛을 차단하면 저항값이 변화하는 것을 확인하면 된다.

(13) 트랜지스터 측정

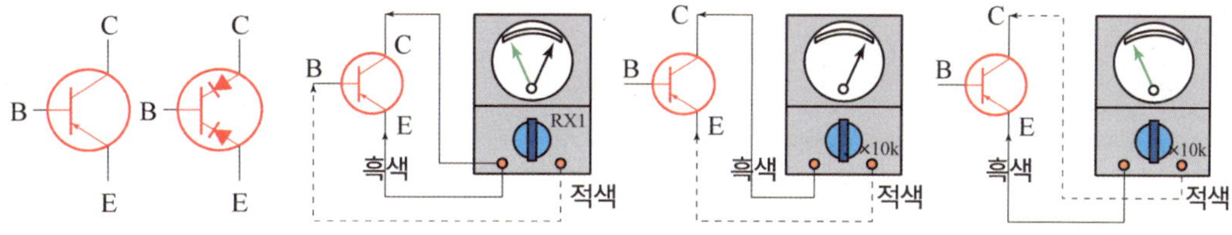

(a) 기호 (b) Base 공통 (c) 많이 움직임×10k (d) 적게 움직임

| 그림 1-23 | PNP 트랜지스터 극성 찾기

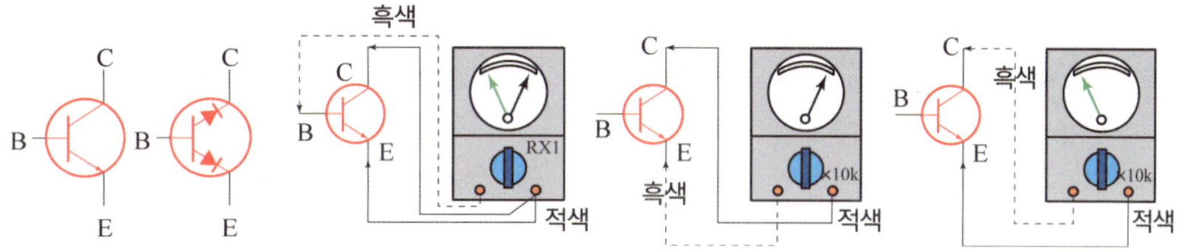

(a) 기호 (b) Base 공통 (c) 많이 움직임 (d) 적게 움직임

| 그림 1-24 | NPN 트랜지스터 극성 찾기

- [그림 1-23] PNP 트랜지스터 경우
  - ① 테스터기의 레인지를 ×1[R]에 놓고 적색리드를 한 극에 고정시킨다.
  - ② 흑색리드를 다른 두 극에 각각 접속하여 테스터의 지침이 모두 움직인다면 그 극이 베이스가 된다.
  - ③ 여기서 한 쪽만 움직인다면 적색리드를 다른 극에 놓고 반복하여 실험한다. 또 모든 극에서 나타나지 않는다면 이 트랜지스터는 PNP형이 아니거나 불량이라고 볼 수 있다.
  - ④ 테스터기의 전환스위치를 ×10[kR]에 놓고, 베이스를 제외한 두 극에 테스터기의 두 리드선을 접속하고 지침을 확인한다.
  - ⑤ 테스터기 리드선을 반대로 접속하여 보고 지침을 확인한다.
  - ⑥ 많이 움직였을 때의 적색 리드선에 접속된 극이 이미터가 되고 흑색 리드선이 컬렉터가 된다.
- NPN형에서는 테스터기 리드선의 색깔을 반대로 하여 측정하면 된다.[그림 1-24]

Chapter 1 | 회로시험기 구조 및 사용법

연습문제

01 부하의 전압과 전류를 측정하기 위한 전압계와 전류계의 접속 방법으로 옳은 것은?

㉮ 전압계 : 직렬, 전류계 : 병렬
㉯ 전압계 : 직렬, 전류계 : 직렬
㉰ 전압계 : 병렬, 전류계 : 직렬
㉱ 전압계 : 병렬, 전류계 : 병렬

02 diode 양부 시험에서 순방향 지시상태에서 적색 리드봉이 닿은 쪽이 K 이고, 흑색 리드봉이 닿은 쪽의 전극 표시는?

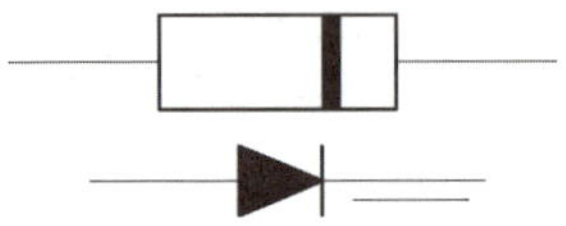

㉮ 캐소드　　㉯ 베이스
㉰ 애노드(A)　　㉱ 콜렉터

03 회로시험기로 측정 할 수 있는 것은 무엇인가?

① 직류전압 및 전류 측정
② 저항 측정
③ 교류전압 측정
④ 전력량 측정

04 회로시험기(tester)로 (　　)을 측정하고자 할 때는 기능 스위치를 DC · V에 놓고, 배율기를 측정 예상되는 전압보다 높은 값으로 높인 후, 전위가 높은 점을 +극, 낮은 점을 –극(혹은 common)이 되도록 하여 측정한다.

㉮ 직류 전압　　㉯ 직류 전류
㉰ 교류 전압　　㉱ 교류 전류
㉲ 저항

05 전환스위치를 10R에 놓았을 때 저항값은 얼마인가?

- A : (　　)[Ω]
- B : (　　)[Ω]

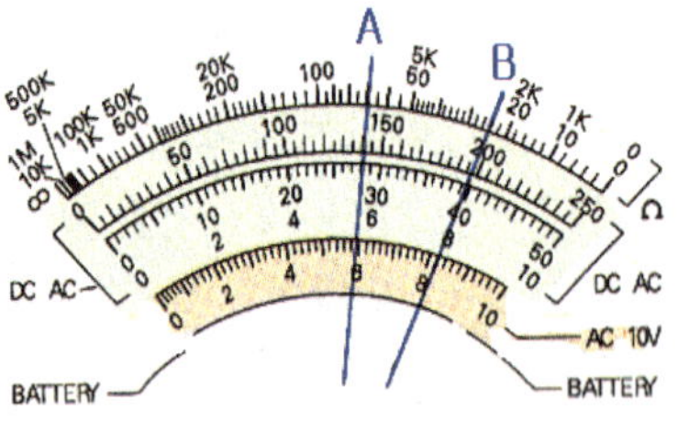

Answer | 01 ㉰　02 ㉰　03 ㉮　04 ㉱　05 A : [700] B : [240]

수학 및 물리기초

부록

E L E C T R I C A L E L E C T R O N I C S

supplement

Chapter 1 | 수와식의 계산

Chapter 2 | 지수와 로그

Chapter 3 | 수열 및 극한

Chapter 4 | 미분 및 적분

Chapter 5 | 벡터

Chapter 6 | 물리공학 기초

Chapter 7 | 단위

| C h a p t e r |

01 수와 식의 계산

1. 자연수

1, 2, 3 ...과 같은 수를 자연수라 한다.

(1) 몫과 나머지

$a = b\times$(몫)+(나머지) * 나머지는 0 또는 b보다 작은 자연수이다.

(2) 약수와 배수

$a = b\times$(자연수)에서

a를 b의 배수라 하고, b를 a의 약수라 한다.

> 예 $24 = 1\times24 = 2\times12 = 3\times8 = 4\times6$
> 24의 약수 : 1, 2, 3, 4, 6, 8, 12, 24
> 24는 1, 2, 3, 4, 6, 8, 12, 24의 배수

(3) 거듭제곱

같은 수나 문자를 거듭 곱한 것.

$a^3 = a\times a\times a$

(4) 소수

- 1이 아닌 자연수 중에서 1과 그 수 자신만을 약수로 갖는 자연수
- 2, 3, 5, 7, 11, 13, 17, ...를 소수라 한다.
- 자연수 a를 소수들의 곱으로 나타내는 것 → 「소인수분해」

> 예 360을 소인수분해 하면, $360 = 2^3\times3^2\times5$ 이다.

(5) 공약수와 최대공약수, 공배수와 최소공배수

① 공약수 : 두 개 이상의 자연수의 공통인 약수

② 최대공약수 : 공약수 중 가장 큰 수

③ 공배수 : 두 개 이상의 자연수의 공통인 배수

④ 최소공배수 : 공배수 중 가장 작은 수

예제 다음 수의 최대공약수와 최소공배수를 구하라.

30,　　15,　　45

해설

```
3 ) 30  15  45
5 ) 10   5  15
     2   1   3
```

최대공약수 = 3×5 = 15

최소공배수 = 3×5×2×1×3 = 90

공약수와 최대공약수, 공배수와 최소공배수

① 공약수 : 두 개 이상의 자연수의 공통인 약수

② 최대공약수 : 공약수 중 가장 큰 수

[예] 12의 약수 = 1, 2, 3, 4, 6, 12
18의 약수 = 1, 2, 3, 6, 9
공약수(공통인 약수) = 1, 2, 3, 6
최대공약수 = 6

③ 공배수 : 두 개 이상의 자연수의 공통인 배수

④ 최소공배수 : 공배수 중 가장 작은 수

[예] 4의 배수 = 4, 8, 12, 16, 20, 24 ...
6의 배수 = 6, 12, 18, 24, 30 ...
공배수(공통인 배수) = 12, 24
최소공배수 = 12

2. 정수와 유리수

(1) 정수

음의 정수, 0, 양의 정수

- 양의 정수 : 자연수 앞에 부호+를 붙인 수
- 음의 정수 : 자연수 앞에 부호 -를 붙인 수

(2) 유리수

$\frac{\text{자연수}}{\text{자연수}}$ 의 꼴의 분수로 나타내어진 수.

분자와 분모의 최대공약수로 분자와 분모를 모두 약분한 분수를 『기약분수』라 한다.

3. 유리수와 사칙연산

(1) 분수의 덧셈, 뺄셈 → 분모를 통분하여 계산

ex) $\frac{1}{2}+\frac{1}{3}=\frac{3+2}{6}=\frac{5}{6}$

(2) 곱셈

같은 부호의 곱은 절대값에+를 붙인다.

다른 부호의 곱은 절대값에 -를 붙인다.

ex) $(-\frac{4}{3})^2\times\left(-\frac{3}{2}\right)^3=\frac{16}{9}\times(-\frac{27}{8})=-6$

(3) 나눗셈

두 정수 a, b에 대하여 a를 b로 나눈 몫을 「$a\div b=\frac{a}{b}$」와 같이 분수로 나타냄.

ex) $(-\frac{2}{3})\div(+\frac{7}{9})=(-\frac{2}{3})\times(+\frac{9}{7})=-\frac{6}{7}$

(4) 사칙이 혼합된 계산의 순서

① 지수가 있으면 지수를 먼저 계산한다.

② 괄호가 있으면 그 안을 먼저 계산한다.

③ ×,÷ 를 먼저 계산하고+, -를 계산한다.

예제 A작업장에는 작업용 선반이 10대, B작업장에는 5대가 있다. 30명의 학생이 동시에 작업하려면 선반 1대당 몇 명의 학생이 배치되어야 하는가?

해설 선반의 총 대수는 10+5 = 15대 이므로 30명÷15대 = 2(명/대) 이다.
즉, 1대당 2명씩 작업할 수 있다.
즉, 30÷(10+5) = 2이다.

예제 다음 수를 소인수분해 하라.

해설 $12 = 2 \times 2 \times 3 = 2^2 \times 3$

$90 = 2 \times 3 \times 3 \times 5 = 2 \times 3^2 \times 5$

예제 다음 수를 분수로 나타내어라.

해설
- $4 = \frac{4}{1} = \frac{8}{2} = \frac{12}{3} = \frac{16}{4} = \cdots$
- $2.5 = \frac{25}{10} = \frac{5}{2} = \frac{10}{4} = \cdots$

예제 다음을 계산하라.

해설
- $(+7) - (-13) = 7+13 = 20$
- $(-\frac{4}{5}) - (-\frac{2}{3}) = (-\frac{4}{5}) + (\frac{2}{3}) = \frac{-12+10}{15} = -\frac{2}{5}$
- $(-\frac{5}{3}) \times (-2) \times = (-\frac{9}{5}) \times (-6) = \frac{10}{3} \times \frac{54}{5} = 2 \times 18 = 36$
- $(-4)^2 \times (-2)^3 = 16 \times (-8) = -128$

4. 문자식

문자를 사용하여 쓴 식을 문자식이라 하고, 이를 간단히 식이라고도 한다.

(1) 곱셈 기호의 생략

- (수) × (문자) ex) $a \times 3 = 3a$
- (문자) × (문자) ex) $a \times b = \mathrm{a}b$
- (수) × (괄호) ex) $3 \times (a+b) = 3(a+b)$
- (문자) × (괄호) ex) $a \times (a-b) = a(a-b)$

(2) 나눗셈

나눗셈 기호를 생략하고 분수의 꼴로 나타낸다.

ex) $a \div b = a \times \frac{1}{b} = \frac{a}{b}$

5. 다항식의 덧셈과 뺄셈

다항식이란? 몇 개의 단항식의 합으로 이루어진 식

① 괄호는 분배법칙을 이용하여 푼다.

예 $+(3x-2y)=+3x-2y$

② 동류항끼리 모아서 간단히 한다.

예 $3(x+2)+4(3x-5)=3x+6+12x-20$

$=3x+12x+6-20$

$=15x-14$

6. 지수법칙과 단항식의 곱셈 나눗셈

• 지수법칙

① $a^m \times a^n = a^{m+n}$, $(a^m)^n = a^{nm}$

② $a^m \div a^{n=a^{m-n}}$, (단, $a^0=1$, $a^{-n}=\frac{1}{a^n}$)

③ $(ab)^n = a^n b^n$, $(\frac{b}{a})^n = \frac{a^n}{b^n}$

예 1) $3\times a\times a\div 2=\frac{3\times a^2}{2}=\frac{3a^2}{2}$

2) $x^3\times x^5\div x^4=\frac{x^{3+5}}{x^4}=x^{3+5-4}=x^4$

3) $12a^2b\div(-3ab^2)\times 2b=\frac{12a^2b\times 2b}{-3ab^2}=\frac{24a^2b^2}{-3ab^2}=-8a$

7. 다항식의 곱셈

(1) 단항식과 다항식의 곱셈 (분배법칙을 이용)

$a(b+c)=ab+ac$

$(a+b)c=ac+bc$

(2) 다항식을 단항식으로 나누기

$$\frac{b+c}{a}=\frac{b}{a}+\frac{c}{a}$$

(3) 다항식의 곱셈

다항식과 다항식의 곱을 단항식의 합의 모양으로 나타내는 것.

① $(a+b)(a-b)=a^2-b^2$

② $(a+b)^2=a^2+2ab+b^2$

③ $(x+a)(x+b)=x^2+(a+b)x+ab$

④ $(a+b)(a^2-ab+b^2)=a^3+b^3$

예 1) $3x(2x-2y)+4y(x-3y)=6x^2-6xy+4xy-12y^2=6x^2-2xy-12y^2=2(3x^2-xy-6y^2)$

2) $\frac{x+3y}{3}+\frac{7x-y}{2}=\frac{2x+6y+21x-3y}{6}=\frac{23x+3y}{6}$

3) $(2x+3y)(x+4y)=2x^2+8xy+3xy+12y^2=2^2+11xy+12y^2$

4) $(3+2\sqrt{2})(3-2\sqrt{2})=9-6\sqrt{2}+6\sqrt{2}-8=1$

8. 인수분해

하나의 다항식을 두 개 이상의 단항식이나 다항식의 곱의 꼴로 나타내는 것

• 공식

① $ma+mb=m(a+b)$

② $a^2+2ab+b^2=(a+b)^2$

③ $a^2-2ab+b^2=(a-b)^2$

④ $a^2-b^2=(a+b)(a-b)$

예 $(x-3)^2=x^2-6x+9$

9. 제곱근

① 제곱 : 어떤 수 x에 자기 자신 x를 곱한 x^2을 x의 이제곱 또는 x의 제곱이라 한다.

② 제곱근 : 제곱하여 a가 되는 수를 a의 제곱근이라한다. (단, $a \geqq 0$)

③ 제곱근의 성질

㉠ $a>0$ 일 때, $(\sqrt{a})^2=(-\sqrt{a})^2=a$

㉡ $a>0$ 일 때, $\sqrt{a^2}=\sqrt{(-a)^2}=a$

㉢ $a>0, b>0$ 일 때,

$$\sqrt{a}\times\sqrt{b}=\sqrt{ab} \quad \frac{\sqrt{a}}{\sqrt{b}}=\sqrt{\frac{a}{b}}$$

㉣ $a\sqrt{b}=\sqrt{a^2}\sqrt{b}=\sqrt{a^2b}$

㉤ $\sqrt{a^2b}=\sqrt{a^2}\sqrt{b}=a\sqrt{b}$

예 $\sqrt{7}\times\frac{1}{9\sqrt{3}}\times 3\sqrt{21}=\sqrt{7}\times\frac{\sqrt{\frac{21}{3}}}{3}=\frac{\sqrt{\frac{7\times 21}{3}}}{3}=\frac{\sqrt{7^2}}{3}=\frac{7}{3}$

10. 비례식

(1) 정의

두 개의 비값이 같을 때, 이것을 등호로 나타낸 식을 비례식이라고 하고 비례식 $a:b=c:d$에서 a와 d를 외항, b와 c를 내항이라 한다.

(2) 성질

$\frac{a}{b}=\frac{c}{d}$(즉 $a:b=c:d$)이면

① $ad=bc$(곧, 외항의 곱은 내항의 곱과 같다.)

② $\frac{a+b}{b}=\frac{c+d}{d}$

③ $\frac{a-b}{b}=\frac{c-d}{d}$

④ $\frac{a+b}{a-b}=\frac{c+d}{c-d}$, $\frac{a-b}{a+b}=\frac{c-d}{c+d}$(분모 $\neq 0$)

⑤ (가비의 리)

$$\frac{a}{b}=\frac{c}{d}=\frac{e}{f}=\frac{a+c+e}{b+d+f}=\frac{pa+qc+re}{pb+qd+rf}$$

(단, $b+d+f\neq 0$, $pb+qd+rf\neq 0$)

예 $\frac{y+z}{x}=\frac{z+x}{y}=\frac{x+y}{z}=k$일 때 $k=\frac{2(x+y+z)}{x+y+z}=2$만이 아니고 $x+y+z=0$이면

$k=\frac{-x}{x}=\frac{-y}{y}=\frac{-z}{z}=-1$이므로 $k=2$ 또는 $k=-1$이다.

예제 다음 말을 식으로 나타내어라

(1) 가로의 길이가 a[cm]이고 세로의 길이가 3[cm]인 직사각형의 넓이?

(2) 연필 30자루를 학생 7명에게 a자루씩 나누어 주었을 때 남는 연필의 자루 수는?

해설 (1) $a\times 3$[cm^2]

(2) $30=a\times 7+$(남은 연필)이므로 남는 연필 자루 수 $=30-7a$

11. 일차 방정식

- 등식 : 두 식 사이의 관계를 등호(=)를 써서 나타낸 식을 말한다.
- 등식의 좌변의 값과 우변의 값이 같을 때 「참이다」라 하고, 같지 않을 때 그 등식은 「거짓이다」라고 말한다.
- 방정식 : 등식에 들어있는 미지수의 값에 따라 참이 되기도 하고 거짓이 되기도 하는 등식을 말한다.
- 방정식의 "근" 또는 "해" : 방정식을 참이 되게 하는 미지수의 값.

(1) 일차방정식을 푸는 순서

① 미지수의 계수 중에 분수 또는 소수는 양변에 적당한 수를 곱하여 모든 계수 를 정수로 고친다. 또 괄호를 풀어준다.

② 미지수가 들어 있는 항은 좌변으로 이항하고 상수항은 우변으로 이항한다.

③ 양변을 정리하여 $ax=b$꼴로 고치고 양변을 a로 나누어 $x=\frac{b}{a}$를 얻는다.

(2) 미지수가 2개인 연립 일차방정식의 풀이

① 가감법에 의한 풀이

예제 $3x - 2y = 11$ ································· ①
$2x + 3y = 3$ ································· ②

해설 ①×3, ②×2 → 미지수 y를 없애기 위해
$\therefore\ 9x - 6y = 33$ ································· ③
$4x+6y = 6$ ································· ④
③+④ → $13x = 39$
$\therefore\ x = 3$
② → $2\times3+3y = 3\ \therefore\ y = -1$　　　[답] $x = 3,\ y = -1$

예제 $5x + 2y = 31$ ································· ①
$4x - 3y = 11$ ································· ②
를 가감법으로 x, y값을 구하라.

해설 ①×3 + ②×2를 하면
$15x + 6y = 93$
$+\ \ 8x - 6y = 22$
$23x = 115$이므로
$x = 5$
$x = 5$를 ①식에 대입하면 → $25+2y = 31$
$\therefore\ y = 3$　　　[답] $x = 5,\ y = 3$

② 대입법에 의한 풀이

$x = 3y - 4$ ································· ①
$y = 2x - 7$ ································· ②
①식을 ②식에 대입하면
$x = 3(2x - 7) - 4$　　　$\therefore\ x = 5$

예제 $5x + 2y = 31$ ································· ①
$4x - 3y = 11$ ································· ②
x, y를 구하라.

해설
$2y = 31 - 5x \rightarrow y = \dfrac{31-5x}{2}$

$4x - 3(\dfrac{31-5x}{2}) = 11$

$x = 5,\ y = 3$

(3) 일차방정식의 응용

① 구하려는 수량을 x로 놓는다.

② 문제 중에 있는 수량을 x에 관한 식으로 나타내어 방정식을 세운다.

③ 이 방정식을 풀고 구한 해가 문제의 뜻에 맞나 검토한다.

예제 다음방정식을 계산하여라.

3(4-3x) = 4(3-4x)

해설 $12-9x=12-16x$

$-9x+16x=12-12$

$7x=0 \therefore x=0$

예제 미지수가 2개인 일차방정식의 예

- 3x - y = 4
  5x + 2y = 3

해설 $15x-5y=20$

$15x+6y=9$

$-11y=11$

$\therefore y=-1$

예제 일차방정식의 응용

1) 다이오드 6개와 트랜지스터 부품의 5개 값은 2400원이고, 다이오드 12개와 트랜지스터 3개의 값은 2700원 일때, 다이오드 한 개의 값과 트랜지스터 한개의 값은 각각 얼마인가?
2) 길이가 250[cm]인 줄을 두 개로 잘라서 긴 쪽 길이가 짧은 쪽 길이의 2배 보다 40[cm]만큼 길게 하려면 각각 몇 [cm]가 되도록 잘라야 하는가?

해설 1) 다이오드를 x라 하고 트랜지스터를 y라 하면,

$6x+5y=2400$

$12x+3y=2700$에서

$2\times(6x+5y)=2\times2400$ 이므로

$12x+10y=4800$ 로 고쳐 계산하면

$7y=2100$

$y=300$

$6x+1500=2400$

$6x=900$

$x=150$

그러므로 다이오드는 150원이고, 트랜지스터는 300원이다.

2) 긴 쪽 길이를 x라 하면 짧은 쪽 길이는 $250-x$이다.
문제의 뜻에서 $x = 2\times(250-x)+40$ 이므로 $= 500-2x+40$
$\therefore\ 3x = 540x = 180$
라서 긴 쪽의 길이는 180[cm]이고, 짧은 쪽의 길이는 70[cm]이다.

12. 이차방정식 $ax^2+bx+c = 0(a \neq 0)$의 풀이

(1) 두 수 A, B에 대해 AB = 0이면 A = 0 또는 B = 0

이차방정식의 좌변을 인수분해하여 (일차식)×(일차식) = 0의 꼴

예제 $(x+5)(2x-3) = 0$을 풀어라.

해설 $x+5 = 0$ 또는 $2x-3 = 0$ 이므로

$x = -5$ 또는 $x = \frac{3}{2}$

(2) 제곱근을 이용한 풀이

$x^2 = k(k \geq 0)$의 근 $\Rightarrow$ $x = \pm\sqrt{k}$

$(x+p)^2 = k(k \geq 0)$의 근 $\Rightarrow$ $x = -p \pm \sqrt{k}$

예제 $(x-3)^2 = 8$의 해를 구하라.

해설 $x-3 = \pm\sqrt{8} = \pm\ 2\sqrt{2}$
$\therefore\ x = 3\pm2\sqrt{2}$

(3) 완전제곱식을 이용한 풀이(근의 공식)

$$x = \frac{-b \pm \sqrt{b^2 - 4ac}}{2a}$$

① $b^2-4ac > 0$ 이면 근이 두 개 있다. (실근 2개)

② $b^2-4ac = 0$ 이면 근이 한 개 있다. (중근)

③ $b^2-4ac < 0$ 이면 실근이 없다.

예제 $x^2-7x+1=0$을 풀어라.

해설 근의 공식에 대입하여 풀면,

$x=\dfrac{-b\pm\sqrt{b^2-4ac}}{2a}$에서 $a=1$, $b=-7$, $c=1$ 이다.

$$x=\frac{-(-7)\pm\sqrt{(-7)^2-4\cdot1\cdot1}}{2}$$

$$\therefore\ x=\frac{7\pm\sqrt{45}}{2}$$

예제 다음을 계산하여라.
$(x+5)(2x-3)=0$

해설 $x+5=0$ or $2x-3=0$

$x=-5$ or $x=\dfrac{3}{2}$

예제 $(x+2)^2=2(3x+6)$

해설 $x^2+4x+4=6x+12$

$x^2-2x-8=0$

$(x-4)(x+2)=0$

$x=4$ or $x=-2$

예제 $3x^2-7x-37=0$

해설 $x=\dfrac{-(-7)\pm\sqrt{(-7)^2-4\times3\times(-37)}}{2\times3}=\dfrac{7\pm\sqrt{493}}{6}$

예제 $x=0.3x^2+0.7$

해설 양변에 10을 곱하면

$3x^2-10x+7=0$

$$x=\frac{10\pm\sqrt{10^2-4\times3\times7}}{2\times3}$$

$$x=\frac{10\pm\sqrt{16}}{6}==\frac{10\pm4}{6}$$

$$\therefore\ x=\frac{7}{3}\ \text{or}\ x=1$$

예제 **연속된 세 자연수의 제곱의 합이 29일 때 세 자연수를 구하라.**

해설 세 자연수 중 가장 작은 것을 x라 하면 연속된 세 자연수는

x, $x+1$, $x+2$ 이므로

$x^2+(x+1)^2+(x+2)^2=29$

$3x^2+6x-24=0$

$3(x+4)(x-2)=0$

$\therefore\ x=-4,\ x=2$

자연수 $x=2$

연속된 세 자연수는 2, 3, 4

예제 **볼록 n각형의 대각선은 $\frac{1}{2}n(n-3)$개이다. 대각선이 모두 20인 다각형은 몇 각형 일까?**

해설 $\frac{1}{2}n(n-3)=20$

$n^2-3n-40=0$

$\therefore\ (n-8)(n+5)=0$

$\therefore\ n=8$ or $n=-5$

$n>0$이므로 $n=8$(8각형)

예제 **두 변의 길이가 20cm, 30cm 인 직사각형에서 두변의 길이를 똑같이 x[cm]씩 늘였더니 넓이가 처음 넓이의 2배가 되었다. 이 때 x의 값을 구하라.**

해설 새로 생긴 직사각형의 두 변의 길이는 각각 $20+x$, $30+x$이므로 문제의 뜻에서

$(20+x)(30+x)=2\times(20\times30)$

$x^2+50x-600=0$

$(x+60)(x-10)=0$

$\therefore\ x>0$ 이므로 $x=10$

13. 원

일정한 점에서 같은 거리에 있는 점들의 집합으로 점 O를 원의 중심, r를 지름이라 하고, 중심으로부터의 거리가 반지름보다 작은 부분을 원의 내부, 반지름보다 큰 부분을 원의 외부라 한다. 또한 이 곡선과 내부를 합친 도형을 원이라 하고 곡선 자체를 특히 원주(圓周)라 한다.

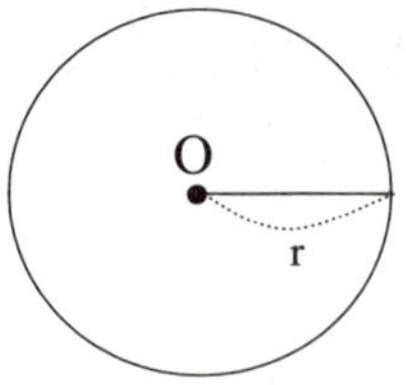

(1) 원주와 원의 넓이

원주(원둘레)의 길이를 l이라 하면 원주 l과 지름 $2r$의 비는 원의 반지름에 관계없이 항상 일정하다. 이 비 $\frac{원주}{지름}=\frac{l}{2r}=\pi$를 원주율(圓周率)이라 하고, 그리스 소문자 π(파이)로 나타낸다.

반지름의 길이가 r인 원의 원주 l과 넓이 S는 다음과 같다.

원주 $l=\pi\times(지름)=2\pi r$

넓이 $S=\pi r^2$

(2) 호의 길이와 부채꼴의 넓이

한 원 또는 반지름의 길이가 같은 두 원에서 호의 길이와 부채꼴의 넓이는 그 중심각의 크기에 비례한다.

따라서 반지름의 길이가 r, 중심각의 크기가 θ[°]일 때 호의 길이 l과 부채꼴의 넓이 S는 다음과 같다.

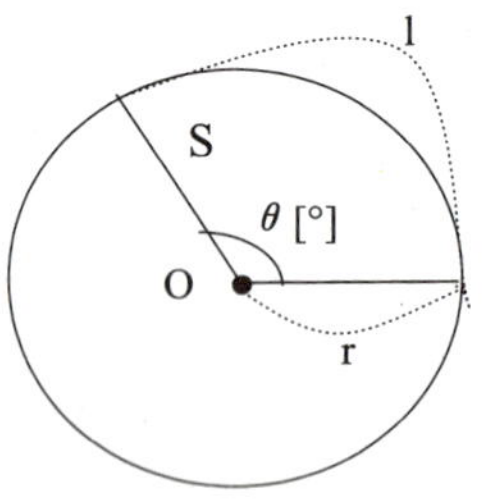

$$l=2\pi r\times\frac{\theta}{360}$$

$$S=\pi r^2\times\frac{\theta}{360},\ S=\frac{rl}{2}$$

14. 호도법

(1) 각의 정의

한 점 O로부터 시작되는 두 개의 반직선 $\overrightarrow{OX}$, $\overrightarrow{OP}$로 만들어지는 도형을 각이라 하고 기호 $\angle XOP$로 나타낸다.

이 때, 반직선 $\overrightarrow{OX}$를 각의 시초선, 반직선 $\overrightarrow{OP}$를 각의 동경, 점O를 각의 꼭지점이라고 한다.

특히, $\angle XOP$에서 동경 OP가 회전할 때, 시계 바늘이 도는 방향과 반대 방향을 양의 방향, 시계 바늘이 도는 방향을 음의 방향이라 한다.

(2) 일반각의 정의

$\angle XOP$의 크기의 하나를 α[°]라고 하면, $\angle XOP$의 크기는 α[°]+360[°]×n(n은 정수)으로 나타낼 수 있다 이것을 동경 OP의 일반각이라 한다.

참고 특수각의 삼각비

θ	0[°]	30[°]	45[°]	60[°]	90[°]
$\sin\theta$	0	$\frac{1}{2}$	$\frac{\sqrt{2}}{2}$	$\frac{\sqrt{3}}{2}$	1
$\cos\theta$	1	$\frac{\sqrt{3}}{2}$	$\frac{\sqrt{2}}{2}$	$\frac{1}{2}$	0
$\tan\theta$	0	$\frac{\sqrt{3}}{3}$	1	$\sqrt{3}$	∞

(3) 호도법과 육십분법

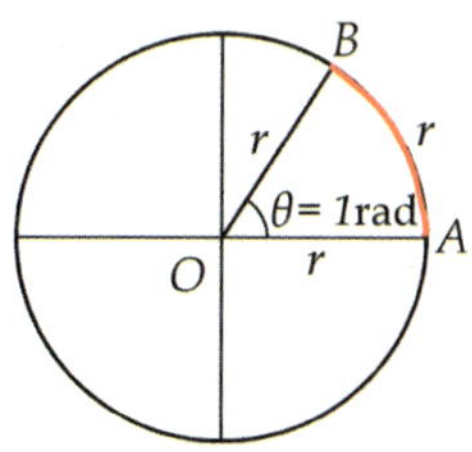

① 정의 : 라디안(radian)을 단위로하여 각의 크기를 나타내는 방법, 즉 반지름 r과 호 AB의 길이가 같을 때 각의 크기를 1호도(라디안)이라 정의하고 이것을 단위로 하는 각의 측정법을 호도법이라 하고, [°](도)를 단위로 하여 각의 크기를 나타내는 방법을 60분법이라 한다.

* 1. 1라디안은 반지름의 길이와 같은 길이의 호에 대한 중심각의 크기를 의미한다.
2. 호도법에서는 흔히 각의 단위인 라디안을 생략 하여 1, π, 2π 등과 같이 실수 만으로 각의 크기를 나타낸다.

② 호도법과 60분법과의 관계

$$\pi\text{라디안} = 180[°] \Rightarrow 3.1415[\text{rad}]\text{에서} \begin{cases} 1\text{라디안} = \dfrac{180°}{\pi} \fallingdotseq 57° \\ 1° = \dfrac{\pi}{180}\text{라디안} \end{cases}$$

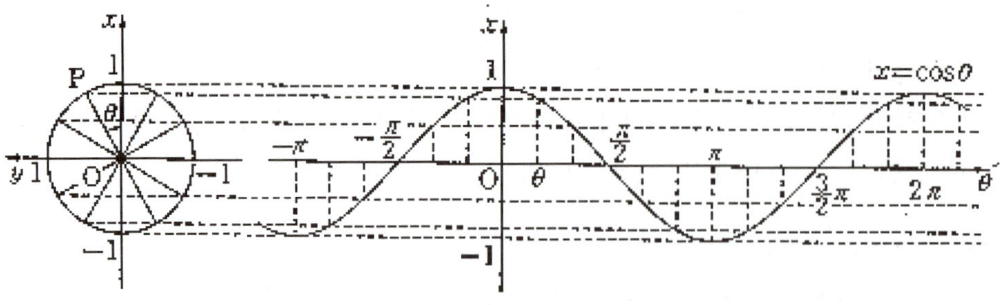

반지름의 길이가 r인 원에서 크기가 θ인 중심각에 대한 호 AB의 길이를 l이라 하면 l과 r의 비 $\dfrac{1}{r}$은 원의 크기에 관계없이 일정하므로 $\angle AOB$의 크기 θ를 $\dfrac{l}{r}$라디안(radian)으로 나타낼 수 있으므로 $180[°] = \dfrac{\pi r}{r}$라디안 $= \pi$라디안이다.

③ 부채꼴의 호의 길이과 넓이

반지름이 r인 원에서 중심각 $\theta[\text{rad}]$인 부채꼴의 호의 길이를 l, 넓이를 S라 하면

$l = r\theta,\ S = \dfrac{1}{2}r^2\theta = \dfrac{1}{2}rl$

예제 다음 각을 도는 라디안(radian)으로, 라디안은 도로 고쳐라.

(1) 30[°]
(2) 90[°]
(3) 200[°]
(4) $\dfrac{\pi}{4}$
(5) 2.3
(6) $\sqrt{2}$

해설

(1) $30[°] = 1[°] \times 30 = \frac{\pi}{180[°]} \times 30 = \frac{\pi}{6} \fallingdotseq 0.524$

(2) $90[°] = 1[°] \times 90 = \frac{\pi}{180[°]} \times 90 = \frac{\pi}{2} \fallingdotseq 1.571$

(3) $200[°] = 1[°] \times 200 = \frac{\pi}{180[°]} \times 200 = \frac{10\pi}{6} \fallingdotseq 3.460$

(4) $\frac{\pi}{4} = \frac{\pi}{180[°]} \times \frac{\pi}{4} = 45[°]$

(5) $2.3 = \frac{\pi}{180[°]} \times 2.3 = \frac{414[°]}{\pi} \fallingdotseq 131.78[°]$

(6) $\sqrt{2} = \frac{\pi}{180[°]} \times \sqrt{2} = \frac{180[°]\sqrt{2}}{\pi} \fallingdotseq 81.029[°]$

예제 다음을 계산하라.(60분법 ⇔ 호도법)

(1) 70[°]

(2) 3[rad]

(3) 0.5[rad]

해설

(1) $70[°] = 70[°] \times \frac{\pi}{180[°]} = 0.39\pi$

(2) $3[rad] = 3 \times \frac{180[°]}{\pi} \fallingdotseq \frac{3}{3.14} \times 180[°] = 172[°]$

(3) $0.5[rad] = 0.5 \times \frac{180[°]}{\pi} \fallingdotseq \frac{0.5}{3.14} \times 180[°] = 29[°]$

예제 반지름 4[cm] 중심각이 30[°]인 부채꼴의 면적을 소수 둘째자리 까지 구하라.

해설 반지름 4cm 중심각이 30[°]인 부채꼴의 면적을 소수 둘째자리 까지 구하라.

30[°]를 rad으로 고치면 $30[°] = \frac{\pi}{6}$

면적 $S = \frac{1}{2} \times 4^2 \times \frac{\pi}{6} = \frac{4\pi}{3} \fallingdotseq 4.188$

15. 삼각함수

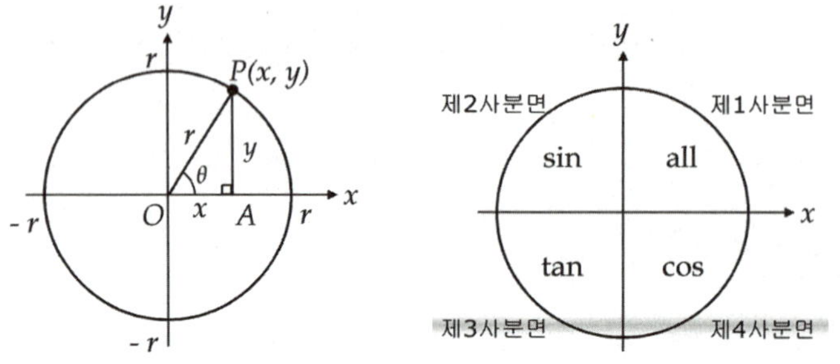

(1) 정의

$\angle C = \angle R$인 직각삼각형 ABC에서 $\angle A = \theta$라 할 때, θ에 대한 삼각비를

- $\sin\theta = \dfrac{y}{r} = \dfrac{y\text{좌표}}{\text{동경의 길이}}$

- $\cos\theta = \dfrac{x}{r} = \dfrac{x\text{좌표}}{\text{동경의 길이}}$

- $\tan\theta = \dfrac{y}{x} = \dfrac{y\text{좌표}}{x\text{좌표}}$

- $\csc\theta = \dfrac{1}{\sin\theta}$, $\sec\theta = \dfrac{1}{\cos\theta}$, $\cot\theta = \dfrac{1}{\tan\theta}$로 정의한다.

위에서 정의한 여섯 가지의 함수를 통틀어 **삼각함수**라 한다.

* $x = 0$인 경우에는 $\tan\theta$, $\sec\theta$를 정의하지 않는다.

(2) 삼각함수(사인, 코사인, 탄젠트)의 부호

1사분면에서는 모두, 2사분면에서는 sine만, 3사분면에서는 tan만, 4사분면에서는 cosine만 양수이다.

- 정의를 좌표평면에서 생각하면 이해할 수 있다.

(3) 삼각함수의 공식

① 상제관계

$$\tan\theta = \frac{\sin\theta}{\cos\theta},\ \cot\theta = \frac{\cos\theta}{\sin\theta}$$

② 제곱관계

$\sin^2\theta + \cos^2\theta = 1$, $\tan^2\theta + 1 = \sec^2\theta$

$1 + \cot^2\theta = \mathrm{cosec}^2\theta$

③ $\frac{\pi}{2} \pm \theta$(n은 정수)의 삼각함수

- 음각공식

  $\sin(-\theta) = -\sin\theta$, $\cos(-\theta) = \cos\theta$

  $\tan(-\theta) = -\tan\theta$

  ☞ 음각공식은 4사분면에서 삼각함수의 부호를 생각.

- 보각공식

  $\frac{\pi}{2}$가 짝수번 있으면(n이 짝수일 때) 바뀌지 않고 부호는 그 각이 몇 사분면에 있는가로 결정.

  즉 $\sin(\pi - \theta) = \sin\theta$, $\cos(\pi - \theta) = -\cos\theta$

  $\tan(\pi - \theta) = -\tan\theta$

예 1) $\cos\frac{4}{3}\pi = \cos\left(\pi + \frac{\pi}{3}\right) = -\cos\frac{\pi}{3}$

2) $\tan 135° = \tan(180° - 45°) = -\tan 45°$

- 여각공식

  $\frac{\pi}{2}$가 홀수번 있으면(n이 홀수일 때) cos → sin, sin → cos, tan → cot로 바뀌고 부호는 그 각이 몇 사분면에 있는가로 결정하면 된다.

  즉, $\sin(\frac{\pi}{2} - \theta) = \cos\theta$, $\cos(\frac{\pi}{2} - \theta) = \sin\theta$

  $\tan(\frac{\pi}{2} - \theta) = \cot\theta$

예 $\tan 110° = \tan(90° + 20°) = -\cot 20°$

- 삼각함수의 공식 20개

  삼각함수의 정의 6개. 상제관계 2개. 제곱관계3개. 음각공식3개. 여각공식. 보각공식. 사인법칙. 제일코사인법칙. 제이코사인법칙. 삼각형의 넓이 등

(4) 삼각방정식과 부등식의 해법

① 각을 통일하라.

② 하나의 삼각함수로 고쳐라.

③ 그래프를 이용하여 방정식이나 부등식을 푼다.

(5) 사인법칙

① $\frac{a}{\sin A} = \frac{b}{\sin B} = \frac{c}{\sin C} = 2R$

② $a : b : c = \sin A : \sin B : \sin C$

(단, A, B, C는 각이고 이에 마주보는 변의 길이를 각각 a, b, c라 하고 R은 외접원의 반지름)

• 마주보는 두 쌍의 변과 각이 주어지거나 외접원의 반지름이 주어질 때

• $A : B : C \neq a : b : c$ 임에 주의한다.

(6) 제일 코사인 법칙

$a = b\cos C + c\cos B,\ b = c\cos A + a\cos C,\ c = acosB + bcosA$

(단 A, B, C는 각이고 이에 마주보는 변의 길이을 각각 a, b, c)

☞ 양각과 양변이 주어질 때

(7) 제이 코사인 법칙

$a^2 = b^2 + c^2 - 2bc\cos A,\ b^2 = c^2 + a^2 - 2ca\cos B,\ c^2 = a^2 + b^2 - 2ab\cos C$

(단 A, B, C는 각이고 이에 마주보는 변의 길이을 각각 a, b, c)

☞ 두 변과 사이각이 주어지거나 세 변의 길이가 주어질 때

(8) 삼각형의 넓이 구하는 공식

① 두 변 b, c과 사이각(A)을 알 때의 넓이는

$S = \frac{1}{2}bc\sin A$

② 헤론의 공식

세 변(a, b, c)가 주어질 때의 넓이는

$S = \sqrt{s(s-a)(s-b)(s-c)}$ (단, $2s = a+b+c$)

③ 세 점 A(a, b), B(c, d), C(e, f)가 주어질 때

$S = \frac{1}{2}\sqrt{|\vec{a}|^2|\vec{b}|^2 - (\vec{a}\cdot\vec{b})^2}$ (단, $\vec{a} = \overrightarrow{BA}, \vec{b} = \overrightarrow{BC}$)

④ 외접원의 반지름 R이 주어질 때

$$S=\frac{1}{2}ab\sin C=\frac{abc}{4R}$$ ☜ 사인법칙에 의해

⑤ 내접원의 반지름 r이 주어질 때

$$S=\frac{1}{2}r(a+b+c)$$

• 내심과 세 꼭지점으로 이루어진 세 개의 삼각형의 넓이를 구한다.

공식정리

1. 삼각함수의 덧셈정리

① $\sin(\alpha+\beta)=\sin\alpha\cos\beta+\cos\alpha\sin\beta$

② $\sin(\alpha-\beta)=\sin\alpha\cos\beta-\cos\alpha\sin\beta$

③ $\cos(\alpha+\beta)=\cos\alpha\cos\beta-\sin\alpha\sin\beta$

④ $\cos(\alpha-\beta)=\cos\alpha\cos\beta+\sin\alpha\sin\beta$

⑤ $\tan(\alpha+\beta)=\dfrac{\tan\alpha+\tan\beta}{1-\tan\alpha\tan\beta}$

⑥ $\tan(\alpha-\beta)=\dfrac{\tan\alpha-\tan\beta}{1+\tan\alpha\tan\beta}$

2. 삼각함수의 합성(최대, 최소값을 구할 때 이용)

① $a\sin\theta+b\cos\theta=\sqrt{a^2+b^2}\sin(\theta+\alpha)$(단, $\cos\alpha=\dfrac{a}{\sqrt{a^2+b^2}}$, $\sin\alpha=\dfrac{b}{\sqrt{a^2+b^2}}$)

② $a\sin\theta+b\cos\theta=\sqrt{a^2+b^2}\,cos(\theta-\beta)$(단, $\cos\beta=\dfrac{b}{\sqrt{a^2+b^2}}$, $\sin\beta=\dfrac{a}{\sqrt{a^2+b^2}}$)

3. 배각의 공식

① $\sin2\alpha=2\sin\alpha\cos\alpha$

② $\cos2\alpha=\cos^2\alpha-\sin^2\alpha=2\cos^2\alpha-1=1-2\sin^2\alpha$

③ $\tan2\alpha=\dfrac{2\tan\alpha}{1-\tan^2\alpha}$

④ $\sin3\alpha=3\sin\alpha-4\sin^3\alpha$

⑤ $\cos3\alpha=4\cos^3\alpha-3\cos\alpha$

4. 반각의 공식

① $\sin^2\dfrac{\alpha}{2}=\dfrac{1-\cos\alpha}{2}$

② $\cos^2\dfrac{\alpha}{2}=\dfrac{1+\cos\alpha}{2}$

③ $\tan^2\dfrac{\alpha}{2}=\dfrac{1-\cos\alpha}{1+\cos\alpha}$

5. 곱을 합 또는 차로 변형하는 공식

① $\sin\alpha\cos\beta=\dfrac{1}{2}(\sin(\alpha+\beta)+\sin(\alpha-\beta))$

② $\cos\alpha\sin\beta=\dfrac{1}{2}(\sin(\alpha+\beta)-\sin(\alpha-\beta))$

③ $\cos\alpha\cos\beta = \frac{1}{2}(\cos(\alpha+\beta)+\cos(\alpha-\beta))$

④ $\sin\alpha\sin\beta = -\frac{1}{2}(\cos(\alpha+\beta)-\cos(\alpha-\beta))$

6. 합 또는 차를 곱으로 변형하는 공식

① $\sin A+\sin B = 2\sin\frac{A+B}{2}\cos\frac{A-B}{2}$

② $\sin A-\sin B = 2\cos\frac{A+B}{2}\sin\frac{A-B}{2}$

③ $\cos A+\cos B = 2\cos\frac{A+B}{2}\cos\frac{A-B}{2}$

④ $\cos A-\cos B = -2\sin\frac{A+B}{2}\sin\frac{A-B}{2}$

7. 삼각방정식의 일반해

- 특수해를 α라하고, n을 임의의 정수라 할 때.

① $\sin x = a(|a| \leqq 1)$ 의 해는 $x = n\pi + (-1)^n\alpha$

② $\cos x = a(|a| \leqq 1)$ 의 해는 $x = 2n\pi \pm \alpha$

③ $\tan x = a$의 해는 $x = n\pi + \alpha$(단, n는 정수)

16. 입체도형의 겉넓이와 부피

(1) 각기둥의 겉넓이와 부피

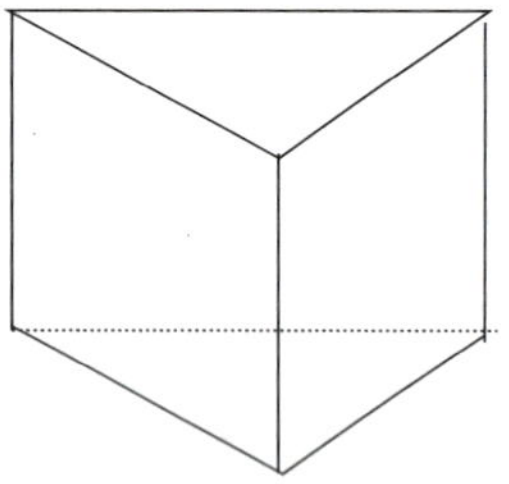

삼각기둥

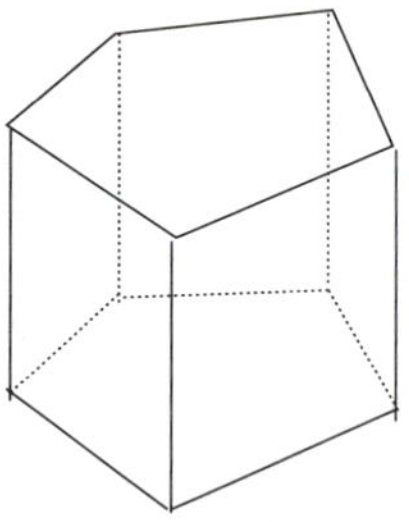

오각기둥

- 각기둥이란?

한 직선에 평행하는, 셋 이상의 평면과 이 직선과 만나는 두 개의 평행한 평면으로 둘러싸인 다면체

겉넓이 = 옆넓이+밑넓이×2
부피 = 밑넓이×높이

(2) 원기둥의 겉넓이와 부피

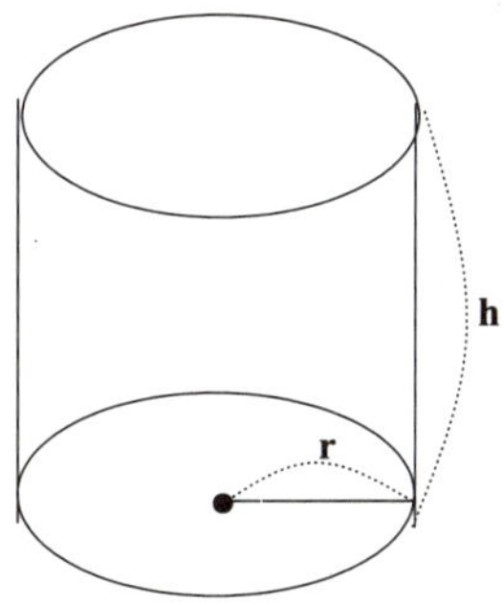

원기둥

• 원기둥이란?

원주 곡면을 주어진 원의 면에 평행한 두 평면으로 자른 중간의 입체를 말한다.
밑면의 반지름의 길이가 r이고, 높이가 h일 때

겉넓이 = 옆넓이+밑넓이×2 = $2\pi rh+2\pi r^2$
부피 = 밑넓이×높이 = $\pi r^2 h$

(3) 각뿔의 겉넓이와 부피

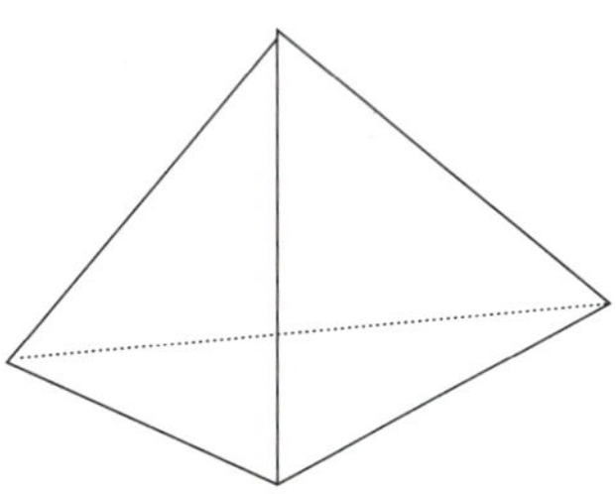

삼각뿔

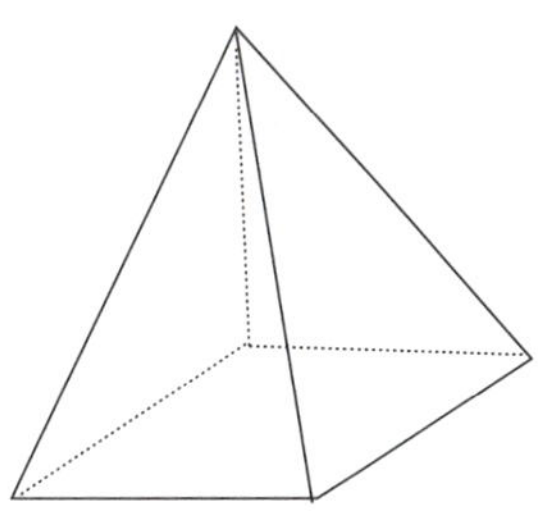

사각뿔

• 각뿔이란?

다각형과 그 각 변을 밑변으로 하고, 다각형의 평면 밖에 있는 한 점을 공통의 꼭지점으로 삼는 여러 삼각형으로 에워싸인 다면체.

겉넓이 = 옆넓이+밑넓이

피 = $\frac{1}{3}$ × 밑넓이 × 높이

(4) 원뿔의 겉넓이와 부피

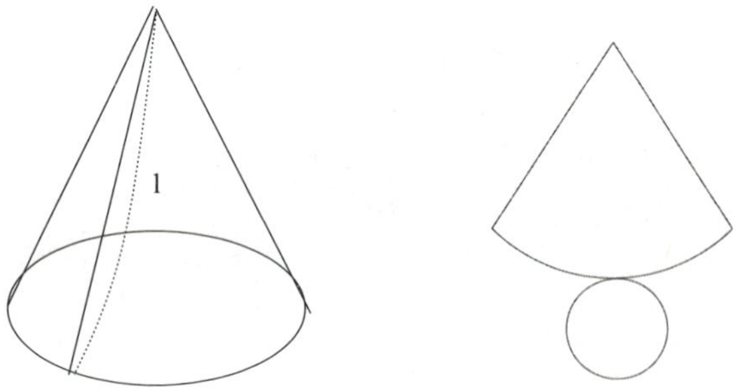

원뿔

• 원뿔이란?

직삼각형이 직각을 이루는 한 변을 축으로 하여 한 바퀴 돌 때 생기는 입체를 말한다.

겉밑넓이 = πr^2

옆넓이 = $\pi l^2 \times \frac{x}{360} = \pi l^2 \times \frac{r}{l} = \pi r l$

겉넓이 = 밑넓이+옆넓이 = $\pi r^2 + \pi r l$

부 피 = $\frac{1}{3}$ × 밑넓이 × 높이 = $\frac{1}{3}\pi r^2 h$

(5) 부채꼴의 넓이 구하기.

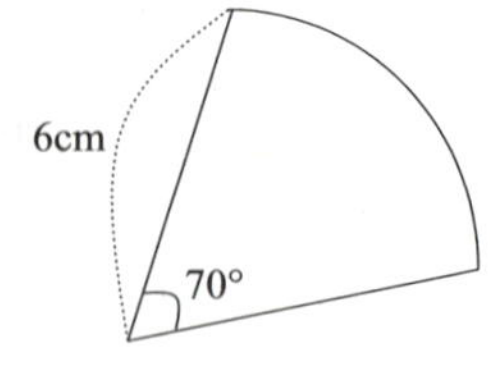

$$S = \pi r^2 \times \frac{\theta}{360} = \pi \cdot 6^2 \times \frac{70}{360} = 7\pi[\text{cm}^2]$$

(6) 전개도가 아래와 같은 입체도형의 겉넓이와 부피 구하기.

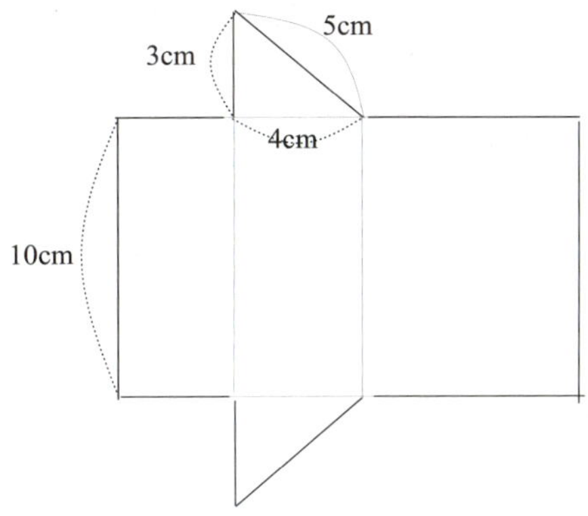

$$S = 2\times(\frac{1}{2}\times3\times4)+10\times(3+4+5) = 12+12 = 132[\mathrm{cm}^2]$$

$$V = \frac{1}{3}\times(\frac{1}{2}\times3\times4)\times10 = 20[\mathrm{cm}^3]$$

$$S = \pi r^2 + \pi rl = \pi6^2 + \pi6 \cdot 10 = 36\pi + 60\pi = 96\pi[\mathrm{cm}^2]$$

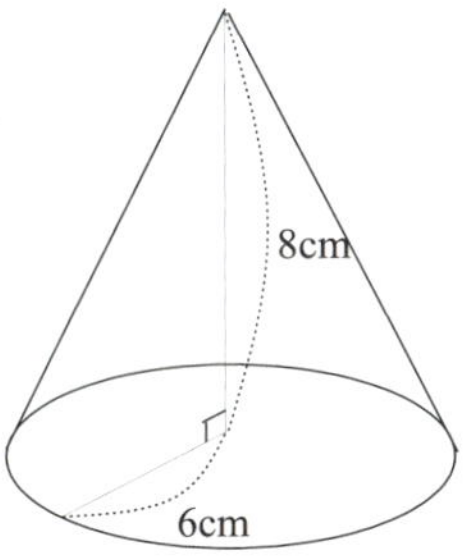

$$V = \frac{1}{3}\pi r^2 h = \frac{1}{3}\pi6^2 \cdot 10 = \frac{1}{3}\pi \cdot 36 \cdot 10 = 120\pi[\mathrm{cm}^3]$$

| Chapter |

02 지수와 로그

1. 거듭제곱근의 성질

① $x^n = a$일 때

- n이 짝수 ⇒ $x = \pm \sqrt[n]{a}\ (a \geq 0)$
- n이 홀수 ⇒ $x = \sqrt[n]{a}$

② $\sqrt[n]{a}\sqrt[n]{b} = \sqrt[n]{ab}$, $\dfrac{\sqrt[n]{a}}{\sqrt[n]{b}} = \sqrt[n]{\dfrac{a}{b}}$

③ $(\sqrt[n]{a})^m = \sqrt[n]{a^m}$

④ $\sqrt[m]{\sqrt[n]{a}} = \sqrt[mn]{a} = \sqrt[n]{\sqrt[m]{a}}$

⑤ $\sqrt[np]{a^{mp}} = \sqrt[n]{a^m}$

⑥ $\sqrt[n]{a^n}$

- n이 홀수 : a
- n이 짝수 : $|a|$ − $a \geq 0$: a
  − $a < 0$: $-a$

> **예제** −64의 세제곱근은 얼마인가?
>
> **해설** $\sqrt[3]{-64} = \sqrt[3]{(-4)^3} = -4$

예제 $\sqrt[4]{16^2}\times(\sqrt[3]{(-4)^3})^2\div\sqrt{\sqrt[3]{64}}$ 의 값을 구하여라.

해설 $\sqrt[4]{16^2}\times(\sqrt[3]{(-4)^3})^2\div\sqrt{\sqrt[3]{64}}=\sqrt[4]{((4)^2)^2}\times(-4)^2\div\sqrt[3]{(16)^3}=4\times16\times\frac{1}{16}=4$

2. 지수법칙

(1) 영(0), 음의 정수, 분수지수의 정의

① $a^0=1$(단, $a\neq0$)

② $a^{-n}=\frac{1}{a^n}$ (단, $a\neq0, n$은 정수)

③ $a^{\frac{m}{n}}={}^n\sqrt{a^m}$

(단, $a>0$, m은 정수, n은 2이상의 정수)

(2) $a>0$, $b>0$이고 실수 m, n일 때,

① $a^m\times a^n=a^{m+n}$

② $a^m\div a^n=a^{m-n}$

(단 $a^0=1$, $a^{-n}=\frac{1}{a^n}$ ☜ n은 양의 정수)

③ $(a^m)^n=a^{mn}=(a^n)^m$

④ $(ab)^n=a^nb^n, \left(\frac{a}{b}\right)^n=\frac{a^n}{b^n}$

• $\frac{a^{nx}\pm a^{-nx}}{a^{mx}\pm a^{-mx}}$꼴의 식의 값을 구하는 방법

① 분모, 분자에 a^x을 곱한다.

② 분모, 분자를 a^x으로 나눈다.

③ 인수분해 또는 곱셈공식의 변형을 이용한다.

3. 대소의 비교

(1) $\sqrt[m]{a}$, $\sqrt[n]{b}$ 꼴

m, n의 최소공배수 k를 구하여 지수를 통일시킨 후 $\sqrt[k]{a}$, $\sqrt[k]{b}$ 꼴로 만들어 비교한다.

(2) a^m, b^n의 꼴

m, n의 최대공약수 p를 구한 후 p제곱근을 구하여

$\sqrt[p]{a^m}$, $\sqrt[p]{b^n}$을 비교

(3) 밑이 같은 경우

- $a>1$: $a^m > a^n \Leftrightarrow m>n$
- $0<a<1$: $a^m > a^n \Leftrightarrow m<n$

예제 다음은 식을 간단하게 정리하여라.

(1) $\sqrt{3}\sqrt{48}$

(2) $\sqrt{2\sqrt{4\sqrt{16}}}$

(3) $\dfrac{\sqrt{56}}{\sqrt{7}}$

(4) $(a^3b^4)^5$

해설 (1) $\sqrt{3}\sqrt{48}=12$

(2) $\sqrt{2\sqrt{4\sqrt{16}}}=2\sqrt{2}$

(3) $\dfrac{\sqrt{56}}{\sqrt{7}}=2\sqrt{2}$

(4) $(a^3b^4)^5=a^{15}b^{20}$

예제 $\left\{\left(\dfrac{16}{9}\right)^{\frac{4}{3}}\right\}^{\frac{3}{8}}$을 계산하면?

해설

$$\left\{\left(\frac{16}{9}\right)^{\frac{4}{3}}\right\}^{\frac{3}{8}}=\left(\frac{16}{9}\right)^{\frac{4}{3}\times\frac{3}{8}}=\left(\frac{16}{9}\right)^{\frac{1}{2}}=\sqrt{\frac{16}{9}}=\frac{4}{3}$$

예제 $\sqrt{2\sqrt[3]{4\sqrt[4]{8}}}$ 을 2^k의 꼴로 나타내면?

해설

$$\sqrt{2\sqrt[3]{4\sqrt[4]{8}}} = \left\{2(4\times 8^{\frac{1}{4}})^{\frac{1}{3}}\right\}^{\frac{1}{2}} = \left\{2(2^2\times 2^{\frac{3}{4}})^{\frac{1}{3}}\right\}^{\frac{1}{2}}$$

$$= (2\times 2^{\frac{11}{12}})^{\frac{1}{2}} = (2^{\frac{23}{12}})^{\frac{1}{2}} = 2^{\frac{23}{24}}$$

예제 $2^x = (\sqrt{2+\sqrt{3}} - \sqrt{2-\sqrt{3}})^{\frac{1}{3}}$ 을 만족시키는 x의 값은?

해설

$$2^x = (\sqrt{2+\sqrt{3}} - \sqrt{2-\sqrt{3}})^{\frac{1}{3}} = \left(\frac{\sqrt{4+2\sqrt{3}}}{\sqrt{2}} - \frac{\sqrt{4-2\sqrt{3}}}{\sqrt{2}}\right)^{\frac{1}{3}}$$

$$= \left(\frac{\sqrt{3}+1-(\sqrt{3}-1)}{\sqrt{2}}\right)^{\frac{1}{3}} = \sqrt{2}^{\frac{1}{3}} = 2^{\frac{1}{6}}$$

$$\therefore x = \frac{1}{6}$$

예제 $a>0$이고 $\sqrt[3]{a^2} = \sqrt[4]{a\sqrt{a^k}}$ 이면 k의 값은?

해설

$$a^{\frac{2}{3}} = (a^{1+\frac{k}{2}})^{\frac{1}{4}} = a^{(1+\frac{k}{2})\cdot\frac{1}{4}}$$

$$\therefore \frac{2}{3} = \frac{1}{4} + \frac{k}{8} \qquad \therefore k = \frac{10}{3}$$

예제 다음 식을 간단히 하여라.

$$\frac{1}{\sqrt{2\times 5\times 10^3\times 10^{-12}\times 10^{-4}}}$$

해설

$$\frac{1}{\sqrt{2\times 5\times 10^3\times 10^{-12}\times 10^{-4}}} = \frac{1}{\sqrt{2\times 5\times 10^{3-12-4}}} = \frac{1}{\sqrt{2\times 5\times 10^{-13}}}$$

$$= \frac{1}{(10^{-12})^{\frac{1}{2}}} = \frac{1}{(10^{-6})} = 10^6$$

4. 로그의 정의

임의의 양수 b에 대하여 $a^x = b(a > 0,\ a \neq 1)$를 만족하는 실수 x를 a를 밑으로 하는 b의 로그라고 하며, 이것을 $x = \log_a b$로 나타낸다. 이 때, b를 $\log_a b$의 진수라 한다.

즉 $a > 0,\ a \neq 1,\ b > 0$일 때, $a^x = b \Leftrightarrow x = \log_a b$

$a > 0,\ a \neq 1,\ x > 0$일 때, $a^y = x \Leftrightarrow y = \log_a x$

$\Uparrow$ 로그가 의미를 갖기 위한 조건

$\Uparrow$ a : 밑, x : 진수, $y = \log x$: 실수

5. 로그의 계산

① 밑을 통일시킨다.

② 합성수는 소인수 분해, 소수는 분수로, 거듭제곱은 지수로 변형

③ 로그의 성질을 이용하여 계산한다.

6. 지수의 로그화

① 정의에 의한다.

$x = a^y \Leftrightarrow y = \log_a x$

② 양변에 로그를 취한다.

$f(x) = g(x) \Leftrightarrow \log_a f(x) = \log_a g(x)$

7. 로그의 성질

$x > 0,\ y > 0,\ a > 0,\ a \neq 1$일 때

① $\log_a 1 = 0$

② $\log_a a = 1$

③ $\log_a xy = \log_a x + \log_a y$

④ $\log_a \dfrac{x}{y} = \log_a x - \log_a y$

⑤ $\log_a x^n = n\log_a x,\ \log_{a^m} x^n = \dfrac{n}{m} log_a x$

⑥ $\log_a \frac{1}{b} = \log_a b^{-1} = -\log_a b,\ \log_{\frac{1}{a}} b = -\log_a b$

⑦ $\log_a b = \frac{\log_c b}{\log_c a},\ \log_a b = \frac{1}{\log_b a}$

⑧ $\log_a b \cdot \log_b c \cdot \log_a c = \frac{\log_b}{\log_a} \cdot \frac{\log_c}{\log_b} \cdot \frac{\log_a}{\log_c} = 1$

⑨ $a^{\log_b c} = c^{\log_b a},\ a^{\log_a b} = b^{\log_a a} = b$

예제 다음 등식을 로그를 통하여 나타내어라.

(1) $3^2 = 9$

(2) $8^{-\frac{1}{3}} = \frac{1}{2}$

해설 (1) $3^2 = 9 \Leftrightarrow 2 = \log_3 9$

(2) $8^{-\frac{1}{3}} = \frac{1}{2} \Leftrightarrow -\frac{1}{3} = \log_8 \frac{1}{2}$

예제 다음 값을 구하시오.

(1) $\log_2 16$

(2) $\log_8 \sqrt{2}$

해설 (1) $\log_2 16 = Z \Rightarrow 16 = 2^Z \Rightarrow Z = 4$

(2) $\log_8 \sqrt{2} = Z \Rightarrow \sqrt{2} = 8^Z \Rightarrow 2^{\frac{1}{2}} = 2^{3Z} \Rightarrow z = \frac{1}{6}$

예제 $\log_3 9 + 8\log_3 \sqrt{3} - 2\log_3 \sqrt{27}$ 을 간단히 하여라

해설

$$\begin{aligned}\log_3 9 + 8\log_3 \sqrt{3} - 2\log_3 \sqrt{27} &= \log_3 3^2 + 8\log_3 3^{\frac{1}{2}} - 2\log_3 (3^3)^{\frac{1}{2}} \\ &= 2\log_3 3 + 4\log_3 3 - 3\log_3 3 = 3\log_3 3 = 3\end{aligned}$$

8. 상용로그 및 자연로그의 정의

- 밑을 10으로 하는 로그를 상용로그라 하고, 보통 밑 10을 생략하여 쓴다.
  즉 $\log_{10}x \Leftrightarrow \log x$
- 자연로그 : 무리수 e를 밑으로 하는 $\log_e x$를 자연로그라 한다.
  $\Rightarrow \log_e x = \ln x$로 표기 할 수 있다.
  - 밑(base)이 e 임 { 자연 상수 $e = 2.71828... = \lim_{n \to \infty}(1+1/n)^n$
  - 미분, 적분, 복리계산 등 극한(극소)에 수렴하는 수의 계산에 유용하다.

9. 상용로그의 지표와 가수

(1) 정의

상용로그 $\log N$의 값을 $\log N = n + \alpha$(단 n : 정수, $0 \leq \alpha < 1$)의 꼴로 나타낼 때, n을 $\log N$의 지표라 하고, α를 $\log N$의 가수라 한다.

☞ 지표 n가 음수이고 가수 α가 양수일 때 표현은 $\bar{n} + \alpha$로 나타낸다.

> 예 $-3.899 = -3-0.899 = -3-1+1-0.899$
> $= -4+0.101 = \bar{4}.101$
> ☞ 지표는 −4, 가수는 0.101이다.

(2) 지표의 성질

① $\log N$에서 N의 정수부분이 n자리이면 지표는 $n-1$이다.

② $\log N$에서 N이 소수 제 n자리에서 처음으로 0이 아닌 숫자가 나타나면 지표는 $-n$ 이다.

(3) 가수의 성질

진수의 숫자 배열은 같고, 소수점의 위치만 다른 두 수의 상용로그의 가수와 같다.

- $\log a$와 $\log b$의 가수가 같으면 $\log a - \log b =$(정수)
  $\log a$와 $\log b$의 가수의 합이 1이면 $\log a + \log b =$(정수)

예제 $\log_{\frac{1}{a}} a^2$의 값은?

해설 $\log_{\frac{1}{a}} a^2 = \log_{a^{-1}} a^2 = -\frac{2}{1}\log_a a = -2$

예제 $\log_{\frac{1}{5}} 125$의 값은?

해설 $\log_{\frac{1}{5}} 125 = \log_{5^{-1}} 5^3 = -3$

예제 $\log 2 = a$, $\log 3 = b$일 때 $\log_{\sqrt{12}} {}^3\sqrt{48}$을 a, b로 나타내어라.

해설

$$\log_{\sqrt{12}} \sqrt[3]{48} = \frac{\log_{10}\sqrt[3]{48}}{\log_{10}\sqrt{12}} = \frac{2\log_{10}(2^4 \cdot 3)}{3\log_{10}(2^2 \cdot 3)}$$
$$= \frac{2(4\log_{10}2 + \log_{10}3)}{3(2\log_{10}2 + \log_{10}3)} = \frac{2(4a+b)}{3(2a+b)}$$

예제 $\log x = 2.2059$일 때, x의 값은? (단, $\log 1.6 = 0.2041$, $\log 1.61 = 0.2068$)

해설 $\log A = 0.2059$에서 A를 구하자.

1.610 …… 2068

(A)…… 2059

1.600 …… 2041에서 $10 : p = 27 : 18$이므로 $p \fallingdotseq 7$

$\therefore A = 1.607$

$\log x = 2.2059 = 2 + 0.2059$

$= \log 10^2 + \log 1.607 = \log 160.7$

예제 세 실수 $A = 3^{\log_3 2}$, $B = \frac{1}{\log_2 3} + \frac{1}{\log_3 2}$, $C = \log_4 2 + \log_9 3$의 대소관계는?

해설 $A = 3^{\log_3 2} = 2$

$B = \frac{1}{\log_2 3} + \frac{1}{\log_3 2} = \log_3 2 + \frac{1}{\log_3 2} > 2$

$C = \log_4 2 + \log_9 3 = \frac{1}{2} + \frac{1}{2} = 1$

$\therefore C < A < B$

10. 지수함수 $y = a^x (a \neq 1,\ a > 0)$

(1) 정의

a가 1이 아닌 양수일 때, $y = a^x (a > 0,\ a \neq 1)$를 a을 밑으로 하는 x의 <u>지수함수</u>라 한다.

(2) 성질

① 정의역은 실수 전체의 집합 R이고, 치역은 $y \mid y > 0$이다.

② 그래프는 정점 (0, 1)을 지난다.

③ 그래프는 직선 $y = 0$(x축)을 점근선으로 한다.

④ $a > 1$일 때, 단조증가, $0 < a < 1$ 일 때 단조감소한다

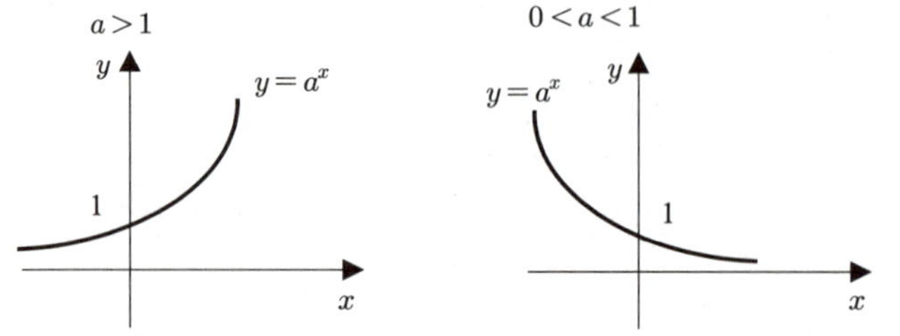

$a > 1$일 때, $u < v \Leftrightarrow a^u < a^v$(부등호 방향 유지)

$0 < a < 1$일 때, $u < v \Leftrightarrow a^u > a^v$(부등호 방향 반대)

11. 로그함수와 지수함수의 관계

① $y = \log_a X \Leftrightarrow X = a^y$(a>0, a≠1)

② 로그함수 $y = \log_a X$는 지수함수 $y = a^X$의 역함수이다.

예

지수형태	로그형태
$2^3 = 8$	$\log_2 8 = 3$
$\left(\frac{1}{2}\right)^{-4} = 16$	$\log_{\frac{1}{2}} 16 = -4$
$3^{-4} = \frac{1}{81}$	$\log_3 \frac{1}{81} = -4$

12. 로그함수 $y = \log_a x$의 성질

① 정의역은 $\{x \mid x > 0\}$이고, 치역은 실수 전체의 집합R이다.
② 그래프는 정점 (1, 0)을 지난다.
③ 그래프는 직선 $x = 0$(y축)을 점근선으로 한다.
④ $a > 1$일 때 단조증가, $0 < a < 1$일 때 단조감소이다.
⑤ 로그함수와 지수함수는 $y = x$에 대하여 대칭이다.

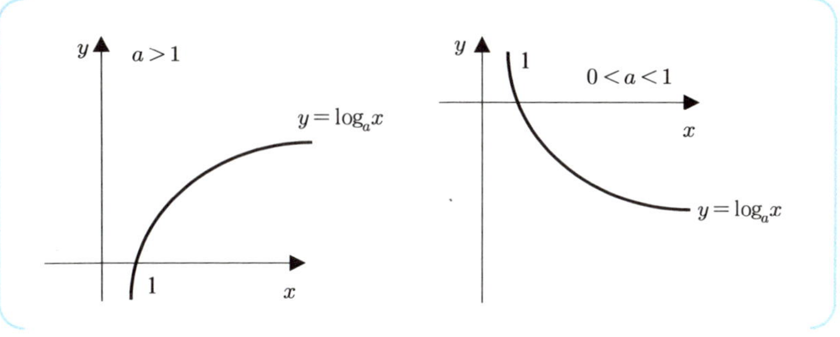

$a > 1$일 때, $u < v \Leftrightarrow \log_a u < \log_a v$(부등호 방향 유지)
$0 < a < 1$일 때, $u < v \Leftrightarrow \log_a u > \log_a v$(부등호 방향 반대)

13. 로그방정식의 해법

① $\log_a f(x) = \log_a g(x)$의 꼴 또는 $\log_a f(x) = b$의 꼴로 정리하여
$\log_a f(x) = \log_a g(x) \Leftrightarrow f(x) = g(x)$
$\log_a f(x) = b \Leftrightarrow a^b = f(x)$(단 $f(x) > 0$, $g(x) > 0$)를 이용한다.
② $\log_a x = X$로 치환해 본다.(공통부분이 있을 때)
③ 양변에 로그를 취해 본다.(지수에 로그가 있거나 밑과 지수가 변수일 때)

| Chapter |

03 수열 및 극한

1. 수열의 정의

어떤 규칙에 따라 차례로 나열한 수의 열을 **수열**이라 하고, 수열을 이루고 있는 각 수를 그 수열의 **항**이라 한다. 또 각 항을 앞에서부터 첫째항, 둘째항, $\cdots$, n째항, $\cdots$ 또는 제1항, 제2항, $\cdots$, 제n항, $\cdots$이라고 한다.

일반적으로 수열을 나타낼 때는 각 항에 번호를 붙여 a_1, a_2, $\cdots$, a_n, $\cdots$과 같이 쓰고 제n항 a_n을 이 수열의 **일반항**이라 부르고 수열을 간단하게 나타낼 때는 일반항 a_n을 사용하여 $\{a_n\}$과 같이 나타내기도 한다.

* 소수를 크기 순서대로 나열한 수열의 제n항을 n의 식으로 나타내는 방법은 지금까지 알려져 있지 않고 수열이라 하면 보통 무한수열을 의미한다.

2. $\sum$ (합)

(1) 정의

$$a_1 + a_2 + a_3 + \ldots + a_n = \sum_{k=1}^{n} a_k$$

(2) 성질

① $\displaystyle\sum_{k=1}^{n}(a_k \pm b_k) = \sum_{k=1}^{n} a_k \pm \sum_{k=1}^{n} b_k$ (복호동순)

② $\displaystyle\sum_{k=1}^{n} ca_k = c\sum_{k=1}^{n} a_k$ (단 c : 상수)

③ $\sum_{k=1}^{n} c = cn$ (단 c : 상수)

(3) 공식

① $\sum_{k=1}^{n} k = \frac{n(n+1)}{2}$

② $\sum_{k=1}^{n} k^2 = \frac{n(n+1)(2n+1)}{6}$

③ $\sum_{k=1}^{n} k^3 = \{\frac{n(n+1)}{2}\}^2$

3. 무한수열의 수렴 발산

① 수열 $\{a_n\}$에서 n이 한없이 커질 때, a_n이 일정한 값 α에 한없이 가까워지면 수열 $\{a_n\}$은 α에 수렴한다고 하고 α를 수열 $\{a_n\}$의 극한값 또는 극한이라 한다.
이 때, 기호로는 $n \to \infty$일 때 $a_n \to \alpha$ 또는 $\lim_{n\to\infty} a_n = \alpha$로 나타낸다.

② 수열 $\{a_n\}$에서 n이 한없이 커질 때, a_n이 한없이 커지면 수열 $\{a_n\}$은 "양의 무한대로 발산 한다 또는 $\{a_n\}$의 극한은 ∞이다." 라 하고 $n \to \infty$일 때 $a_n \to \infty$ 또는 $\lim_{n\to\infty} a_n = \infty$로 나타낸다.

③ 수열 $\{a_n\}$에서 n이 한없이 커질 때, a_n이 음수로서 그 절대값이 한없이 커지면, 수열 $\{a_n\}$은 음의 무한대로 발산한다. 또는 $\{a_n\}$의 극한은 -∞이다 라하고 $n \to \infty$일 때 $a_n \to -\infty$ 또는 $\lim_{n\to\infty} a_n = -\infty$로 나타낸다.

④ 수열 $\{a_n\}$이 수렴하지 않으면서, 양의 무한대로나, 음의 무한대로 발산하지 않을 때, 수열 $\{a_n\}$은 진동한다고 하고 이 때 $\{a_n\}$의 극한은 없다고 한다.

* 수렴하지 않는 수열은 모두 발산한다고 한다.

4. 수열의 극한값에 대한 기본 성질

① 두 수열 $\{a_n\}$, $\{b_n\}$이 수렴할 때

㉠ $\lim_{n\to\infty} ka_n = k\lim_{n\to\infty} a_n$

㉡ $\lim_{n\to\infty} (a_n \pm b_n) = \lim_{n\to\infty} a_n \pm \lim_{n\to\infty} b_n$

㉢ $\lim_{n\to\infty} \frac{a_n}{b_n} = \frac{\lim_{n\to\infty} a_n}{\lim_{n\to\infty} b_n}$

㉣ $\lim_{n\to\infty} a_n b_n = \lim_{n\to\infty} a_n \lim_{n\to\infty} b_n$

② $a_n < b_n$이면 $\lim_{n-\infty} a_n \leqq \lim_{n\to\infty} b_n$

(등호 예 : $a_n = \frac{1}{n}$, $b_n = \frac{2}{n}$)

> 참고
> $a_n \leqq b_n$일 때는 당연히 성립

③ $a_n \leqq b_n \leqq c_n$이고 $\lim_{n\to\infty} a_n = \lim_{n\to\infty} c_n = \alpha$이면 $\lim_{n\to\infty} b_n = \alpha$

| Chapter |

04 미분 및 적분

1. 미분계수

(1) 정의

함수 $y=f(x)$에서 구간$[a,\ a+\triangle x]$에서의 평균변화율의 $\triangle x\to 0$일 때 극한값

즉 $\displaystyle\lim_{\triangle x\to 0}\frac{\triangle y}{\triangle x}=\lim_{\triangle x\to 0}\frac{f(a+\triangle x)-f(a)}{\triangle x}$가 존재할 때 이 극한값을 $f(x)$의 $x=a$에서의 (순간)변화율 또는 미분계수라 하고, $f'(a)$, $y'_{x=a}$, $[\frac{dy}{dx}]_{x=a}$로 나타낸다.

즉 $\displaystyle f'(a)=\lim_{\triangle x\to 0}\frac{f(a+\triangle x)-f(a)}{\triangle x}=\lim_{x\to a}\frac{f(x)-f(a)}{x-a}$

(2) 변화율의 기하학적인 의미

변화율 $f'(a)$는 x좌표가 a인 점에서의 접선의 기울기를 나타낸다.

2. 도함수

함수 $y=f(x)$에서 $\displaystyle\lim_{\triangle x\to 0}\frac{\triangle y}{\triangle x}=\lim_{\triangle x\to 0}\frac{f(x+\triangle x)-f(x)}{\triangle x}$를 x에 관한 y의 도함수라 하고, y', $f'(x)$, $\frac{dy}{dx}$, $\frac{df(x)}{dx}$, $\frac{d}{dx}f(x)$으로 나타낸다.

또 함수 $y=f(x)$에서 도함수 $f'(x)$를 구하는 것을 $f(x)$를 x에 관하여 미분한다고 하고 그 계산법을 미분법이라 한다.

예제 $f(x)=\sqrt{x}$ 의 도함수를 구하여라

해설
$$f'(x)=\lim_{h\to 0}\frac{f(x+h)-f(x)}{h}=\lim_{h\to 0}\frac{\sqrt{x+h}-\sqrt{x}}{h}$$
$$=\lim_{h\to 0}\frac{(\sqrt{x+h}-\sqrt{x})(\sqrt{x+h}+\sqrt{x})}{h(\sqrt{x+h}+\sqrt{x})}=\lim_{h\to 0}\frac{(x+h)-x}{h(\sqrt{x+h}+\sqrt{x})}$$
$$=\lim_{h\to 0}\frac{1}{\sqrt{x+h}+\sqrt{x}}=\frac{1}{2\sqrt{x}}$$

3. 미분법의 공식

(1) 몫의 미분법 공식

- $f(x)$와 $g(x)$의 도함수가 존재할 때

① $\{kf(x)\}'=kf'(x)$ (단, k는 상수)

② $\{f(x)\pm g(x)\}'=f'(x)\pm g'(x)$ (복부호 동순)

③ $\{f(x)g(x)\}'=f'(x)g(x)+f(x)g'(x)$

④ $[f(ax+b)]'=f'(ax+b)\times(ax+b)'$

⑤ $\left\{\dfrac{f(x)}{g(x)}\right\}'=\dfrac{f'(x)g(x)-f(x)g'(x)}{\{g(x)\}^2}$

⑥ $[\{f(x)\}^n]'=n\{f(x)\}^{n-1}f'(x)$

예 1) $f(x)=3x^4$

$f'(x)=(3x^4)'=3(x^4)'=3(4x^3)=12x^3$

2) $f(x)=(2x+3)(x^2-x+1)$

$f'(x)=(2x+3)'(x^2-x+1)+(2x+3)(x^2-x+1)'$

$=((2x)'+(3)')(x^2-x+1)+(2x+3)((x^2)'+(-x)'+(1)')$

$=2(x^2-x+1)+(2x+3)(2x-1)$

$=6x^2+2x-1$

3) $f(x)=\dfrac{1}{x}$

$$f'(x)=\left(\frac{1}{x}\right)'=\frac{(1)'x-1\cdot(x)'}{x^2}==\frac{0\cdot x-1\cdot 1}{x^2}=-\frac{1}{x^2}$$

$$\left(\frac{1}{x}\right)'=(x^{-1})'=(1-)x^{-2}=-\frac{1}{x^2}$$

(2) 합성함수의 미분법 공식

- $y' = \frac{dy}{dx} = \frac{dy}{du} \cdot \frac{du}{dx}$
- $y = f(u)$, $u = g(x)$가 모두 미분가능할 때, 합성함수 $y = f(g(x))$는 미분가능하고, 그 도함수는 $y' = f'(g(x))g'(x)$이다.

(3) 역함수의 미분법 공식

- $y' = \frac{dy}{dx} = \frac{1}{\frac{dx}{dy}}$
- $y = \sqrt{f(x)}$ 미분 $\Rightarrow y' = \frac{f'(x)}{2\sqrt{f(x)}}$

(4) 매개변수로 나타내어진 함수의 미분법 공식

- $y' = \frac{dy}{dx} = \frac{\frac{dy}{dt}}{\frac{dx}{dt}} = \frac{g'(t)}{f'(t)}$

(5) 삼각함수의 도함수

① $y = \sin x \Rightarrow y' = \cos x$

② $y = \cos x \Rightarrow y' = -\sin x$

③ $y = \tan x \Rightarrow y' = \sec^2 x$

④ $y = \cot x \Rightarrow y' = -\operatorname{cosec}^2 x$

⑤ $y = \sec x \Rightarrow y' = \sec x \tan x$

⑥ $y = \operatorname{cosec} x \Rightarrow y' = -\operatorname{cosec} x \operatorname{cort} x$

☞ ① $y = \sin f(x)$꼴 미분 $\Rightarrow y' = \cos f(x) \times f'(x)$

② $y = \cos f(x)$꼴 미분 $\Rightarrow y' = -\sin f(x) \times f'(x)$

삼각함수의 미분법은 이와 같은 방법으로 모두 처리한다.

(6) 지수, 로그함수 도함수

- 지수 함수의 도함수

① $y = e^x \Rightarrow y' = e^x$

② $y = a^x \Rightarrow y' = a^x l_n a (a > 0,\ a \neq 1)$

③ $y = a^{f(x)} \Rightarrow y' = a^{f(x)} \cdot l_n a \cdot f'(x)$

④ $y = e^{f(x)} \Rightarrow y = e^{f(x)} f'(x)$

• 로그 함수의 도함수

① $y = \log x \Rightarrow y' = \dfrac{1}{x}$

② $y = \log_a x \Rightarrow y' = \dfrac{1}{x} \cdot \dfrac{1}{l_n a}$

③ $y = \log_a f(x) \Rightarrow y' = \dfrac{1}{f(x)} \cdot \dfrac{1}{l_n a} \cdot f'(x)$

④ $y = \log f(x) \Rightarrow y' = \dfrac{f'(x)}{f(x)}$

4. 미분공식 요약

① $\dfrac{d}{dx}C = 0$

② $\dfrac{d}{dx}x = 1$

③ $\dfrac{d}{dx}cf(x) = c\dfrac{d}{dx}f(x)$

④ $\dfrac{d}{dx}\{f(x) \pm g(x)\} = \dfrac{d}{dx}f(x) \pm \dfrac{d}{dx}g(x)$

⑤ $\dfrac{d}{dx}v \cdot u = v \cdot \dfrac{du}{dx} + u \cdot \dfrac{dv}{dx}$

⑥ $\dfrac{d}{dx}\dfrac{u}{v} = \dfrac{v \cdot \dfrac{du}{dx} - u \cdot \dfrac{dv}{dx}}{v^2}$

⑦ $\dfrac{d}{dx}v^n = nv^{n-1}\dfrac{dv}{dx}$

⑧ $\dfrac{d}{dx}\sin v = \cos v\dfrac{dv}{dx}$

⑨ $\dfrac{d}{dx}\cos v = -\sin v\dfrac{dv}{dx}$

⑩ $\dfrac{d}{dx}\tan v = \sec^2 v\dfrac{dv}{dx}$

⑪ $\dfrac{d}{dx}\cot v = -\csc^2 v\dfrac{dv}{dx}$

⑫ $\dfrac{d}{dx}\sec v = \sec v \tan v\dfrac{dv}{dx}$

⑬ $\dfrac{d}{dx}\csc v = -\csc v \cot v\dfrac{dv}{dx}$

⑭ $\frac{d}{dx}\sin^{-1}v = \frac{1}{\sqrt{1-v^2}}\frac{dv}{dx}$

⑮ $\frac{d}{dx}\cos^{-1}v = -\frac{1}{\sqrt{1-v^2}}\frac{dv}{dx}$

⑯ $\frac{d}{dx}\tan^{-1}v = -\frac{1}{1+v^2}\frac{dv}{dx}$

⑰ $\frac{d}{dx}\cot^{-1}v = -\frac{1}{1+v^2}\frac{dv}{dx}$

⑱ $\frac{d}{dx}\sec^{-1}v = -\frac{1}{v\sqrt{v^2-1}}\frac{dv}{dx}$

⑲ $\frac{d}{dx}\sec^{-1}v = -\frac{1}{v\sqrt{v^2-1}}\frac{dv}{dx}$

⑳ $\frac{d}{dx}\sinh v = \cosh v\frac{dv}{dx}$

㉑ $\frac{d}{dx}\cosh v = \sinh v\frac{dv}{dx}$

5. 부정적분

(1) 정의

함수가 주어질 때, $F'(x) = f(x)$인 함수 $F(x)$를 $f(x)$의 부정적분 또는 원시함수라 하고 $f(x)$의 임의의 부정적분은 $F(x) + C$ 꼴로 나타내어지며 기호는 $\int f(x)dx = F(x) + C$(C는 임의의 상수)로 나타내기로 한다.

이때 C를 적분상수, 함수 $f(x)$를 피적분함수, x를 적분변수라 하고, $f(x)$의 부정적분 구하는 것을 $f(x)$를 적분한다고 한다.

(2) 부정적분과 도함수

① $\int (\frac{d}{dx}f(x))dx = f(x) + C$

② $\frac{d}{dx}(\int f(x)dx) = f(x)$

(3) 부정적분의 미분

① $\frac{d}{dx}F(x) = f(x) \Leftrightarrow F(x) = \int f(x)dx$

② $\frac{d}{dx}\left\{\int f(x)dx\right\} = f(x)$

③ $\int \left\{ \frac{d}{dx} f(x) \right\} dx = f(x) + c$

(4) 부정적분의 계산

① $\int dx = x + c$

② x^n 의 부정적분 : n인 실수일 때 $\int x^n\, dx = \frac{x^{n+1}}{n+1} + C$ (단, C는 적분상수)

③ $\int \frac{1}{x} dx = \ln|x| + C$

④ $\int k\, f(x)\, dx = k \int f(x) dx$ (단, k는 상수)

⑤ $\int \{ f(x) \pm g(x) \} dx = \int f(x) dx \pm \int g(x) dx$

⑥ $\int (ax+b)^n dx = \frac{1}{n+1}(ax+b)^{n+1} \cdot \frac{1}{a} + C$

⑦ $\int \{f(x)\}^n f'(x) dx = \frac{1}{n+1}\{f(x)\}^{n+1} + C$

⑧ $\int \frac{f'(x)}{f(x)} = \ln|f(x)| + C$

☞ $\int \{ f(x) g(x) \} dx \neq \int f(x) dx \int g(x) dx$

(5) 삼각함수의 부정적분

① $\int \sin x dx = -\cos x + C$

② $\int \cos x dx = \sin x + C$

③ $\int \sec^2 x dx = \tan x + C$

④ $\int \text{cosec}^2 x dx = -\cot x + C$

⑤ $\int \sec x \tan x dx = \sec x + C$

⑥ $\int \text{cosec} x \cot x dx = -\text{cosec} x + C$

☞ $1 + \tan^2 x = \sec^2 x$, $1 + \cot^2 x = \text{cosec}^2 x$

(6) 지수함수의 부정적분

① $\int a^x dx = \frac{1}{l_n a} a^x + C \ (a > 0,\ a \neq 1)$

② $\int e^x dx = e^x + C$

(7) 치환 적분법

• $x=g(t)$일 때

$$\int f(x)dx=\int f(x)\frac{dx}{dt}dt=\int f(g(t))g'(t)dt$$

• 특수꼴의 적분법

① $\sqrt{a^2-x^2}$꼴 적분은 $x=\sin\theta$로 치환

② $\sqrt{a^2+x^2}$, $\dfrac{1}{x^2+a^2}$꼴 적분은 $x=a\tan\theta$로 치환

③ $\sqrt{x^2-a^2}$꼴 적분은 $x=a\sec\theta$로 치환

(8) 부분적분법

$$\int f(x)g'(x)dx=f(x)g(x)-\int f'(x)g(x)dx$$

(9) 정적분의 성질

실수 a, b, c 의 대소에 관계없이 다음이 성립한다.

① $\int_a^a f(x)dx=0$, $\int_a^b f(x)dx=-\int_b^a f(x)dx$

② $\int_a^b kf(x)dx=k\int_a^b f(x)dx$ (단, k는 상수)

③ $\int_a^b \{f(x)\pm g(x)\}dx=\int_a^b f(x)dx\pm\int_a^b g(x)dx$ (복부호 동순)

④ $\int_a^b f(x)dx=\int_a^c f(x)dx+\int_c^b f(x)dx$

(10) 정적분의 치환적분법

함수 $x=g(t)$가 미분가능하고 $a=g(\alpha)$, $b=g(\beta)$일 때,

$$\int_a^b f(x)dx=\int_\alpha^\beta f(g(t))g'(t)dt$$

(11) 정적분의 부분적분법

$$\int_a^b f(x)g'(x)dx=[f(x)g(x)]_a^b-\int_a^b f'(x)g(x)dx$$

(12) 위치의 변화량

수직선 위를 움직이는 점 P의 시각 t에서의 속도를 $v(t)$라고 할 때 $t=a$에서 $t=b$까지의 점 P의 위치의 변화량은 $\int_a^b v(t)dt$이다.

(13) 경과거리

수직선 위를 움직이는 점P의 시각 t에서의 속도를 $v(t)$라 할 때 시각 $t=a$에서 $t=b$ (단, $a<b$)까지 실제 이동거리 s는 $s=\int_a^b |v(t)|dt$이다.

☞ $\int$(가속도)dx = 속도, $\int$(속도)dx = 위치

예제 다음 부정적분을 구하여라

해설 1. $\int \frac{x^3+x+1}{1+x^2}dx = \int \left(x+\frac{1}{1+x^2}\right)dx = \int xdx + \int \frac{1}{1+x^2}dx$

$= \frac{1}{2}x^2 + \tan^{-1}x + C$

2. $\int \sec x(\sec x + \tan x)dx = \int (\sec^2 x + \sec x\tan x)dx = \int \sec^2 x dx + \int \sec x \tan x dx$

$= \tan x + \sec x + C$

6. 정적분의 정의

함수 $f(x)$가 폐구간$[a, b]$에서 연속일 때, $\lim_{n\to\infty}\sum_{k=1}^{n} f(x_k)\cdot\triangle x$(단, $x_k = a+\frac{k(b-a)}{n}$, $\triangle x = \frac{b-a}{n}$)를 $f(x)$의 a에서 b까지의 정적분이라 하고 $\int_a^b f(x)dx$로 나타낸다. 즉, 이 때, $\int_a^b f(x)dx$의 값을 구하는 것을 $f(x)$를 a에서 b까지 적분한다고 하며, a와 b를 각각 정적분의 아래끝, 위끝이라 한다.

7. 정적분의 기본 정리

(1) 적분과 미분의 관계

$f(x)$가 구간 $[a, b]$에서 연속이고, $f(x)\geqq 0$일 때, $\frac{d}{dt}\int_a^t f(x)dx = f(t)$ $(a\leqq t\leqq b)$

(2) 정적분 기본 정리

함수 $f(x)$가 구간 $[a, b]$에서 연속이고, $F(x)$가 $f(x)$의 한 부정적분이면

$\int_a^b f(x)dx = F(b)-F(a) = [F(x)]_a^b$

8. 정적분의 계산

(1) 정적분의 기본공식

① $\int_a^a f(x)dx = 0$ (∵ 정적분의 정의)

② $a > b$일 때, $\int_a^b f(x)dx = -\int_b^a f(x)dx$ (∵ 정적분의 기본정리)

③ $\int_a^b kf(x)dx = k\int_a^b f(x)dx$ (k는 상수)

④ $\int_a^b (f(x) \pm g(x))dx = \int_a^b f(x)dx \pm \int_a^b g(x)dx$ (복호동순)

⑤ $\int_a^b f(x)dx = \int_a^c f(x)dx + \int_c^b f(x)dx$ (절대값이나 특성함수에 많이 쓰이는 공식)

참고

$$\int_\alpha^\beta a(x-\alpha)(x-\beta)dx = -\frac{a}{6}(\beta-\alpha)^3$$

예제 다음을 계산하시오.

해설 $\int_1^2 (3x+4)x$

$F(x) = \int (3x+4)dx = \frac{3}{2}x^2 + 4x$

$\Rightarrow \int_1^2 (3x+4)dx = \frac{3}{2}x^2 + 4x\Big|_1^2 = (6+8) - \left(\frac{3}{2}+4\right) = \frac{17}{2}$

(2) 기함수·우함수의 정적분

① $f(-x) = f(x)$ (우함수) $\Rightarrow \int_{-a}^a f(x)dx = 2\int_0^a f(x)dx$

② $f(-x) = -f(x)$ (기함수) $\Rightarrow \int_{-a}^a f(x)dx = 0$

참고 **치환적분법**

$\int f(x)dx = F(x) + C$일 때 $\int f(ax+b)dx = \frac{1}{a}F(ax+b) + C$

예 $\int_0^3 (2x-1)^2 dx = [\frac{1}{3}(2x-1)^3 \cdot \frac{1}{2}]_0^3 = \frac{1}{6}(5^3 - (-1)^3) = 21$

| Chapter |

05 벡터

1. 벡터의 정의

(1) 벡터와 스칼라의 정의

크기만을 갖는 양을 스칼라(scalar)라 하고, 크기와 방향을 갖는 양을 벡터(vector)라 한다.

벡터는 흔히 크기는 선분의 길이로, 방향은 선분의 방향으로 표시하는 유향선분으로 나타낸다. 이 때, 화살표가 시작하는 점 A를 시점, 끝나는 점 B를 종점으로 하고 $\overrightarrow{AB}$로 나타낸다.

(2) 벡터의 크기와 단위벡터

벡터 $\overrightarrow{AB}$, $\vec{a}$등의 크기는 $|\overrightarrow{AB}|$, $|\vec{a}|$와 같이 절대값 기호를 써서 나타내고 특히 크기가 1인 벡터를 단위벡터라 한다.

(3) 벡터의 상등

두 벡터 $\overrightarrow{AB}$, $\overrightarrow{CD}$에서 그 크기와 방향이 각각 같을 때, 이 두 벡터는 같다고 하고, $\overrightarrow{AB}=\overrightarrow{CD}$로 나타낸다.

(4) 영벡터와 역벡터

크기가 0인 벡터는 한 점으로 나타내어지며 이러한 벡터를 영벡터라 하고 $\vec{0}$로 나타낸다.

또 벡터 $\overrightarrow{AB}$와 크기가 같고, 방향이 반대인 벡터를 역벡터라 하고 $-\overrightarrow{AB}$로 나타낸다.

> 참고
>
> 영벡터 $\vec{0}$의 크기는 0이고, 방향은 생각하지 않는다.

2. 벡터의 덧셈, 뺄셈

(1) 벡터의 덧셈

① 삼각형 법칙

두 벡터 $\vec{a}$, $\vec{b}$가 있을 때, $\vec{a}$와 같게 $\overrightarrow{AB}$를 고, B를 시점으로 하여 $\vec{b}$와 같게 $\overrightarrow{BC}$를 잡는다. 이 때 $\overrightarrow{AC}(=\vec{c})$를 $\vec{a}$와 $\vec{b}$의 합이라 하고, $\vec{a}+\vec{b}(=\vec{c})$로 나타낸다.

즉 $\vec{a}+\vec{b}=\vec{c} \Leftrightarrow \overrightarrow{AB}+\overrightarrow{BC}=\overrightarrow{AC}$

② 평행사변형 법칙

두 벡터 $\vec{a}, \vec{b}$가 있을 때, O를 시점으로 하여 $\vec{a}$, $\vec{b}$와 같게 각각 $\overrightarrow{OA}$, $\overrightarrow{OB}$를 잡는다. 이 때 선분 OA, OB를 두 변으로 하는 평행사변형 $OABC$를 만들 때, $\overrightarrow{OC}(=\vec{c})$는 $\vec{a}$와 $\vec{b}$의 합을 나타낸다.

즉 $\vec{a}+\vec{b}=\vec{c} \Leftrightarrow \overrightarrow{OA}+\overrightarrow{OB}=\overrightarrow{OC}$

③ 성질

㉠ 교환법칙 : $\vec{a}+\vec{b}=\vec{b}+\vec{a}$

㉡ 결합법칙 : $(\vec{a}+\vec{b})+\vec{c}=\vec{a}+(\vec{b}+\vec{c})$

㉢ 영벡터의 성질 : $\vec{a}+(-\vec{a})=(-\vec{a})+\vec{a}=\vec{0}$, $\vec{a}+\vec{0}=\vec{0}+\vec{a}=\vec{a}$

> **참고**
>
> 덧셈에 대한 성질로서 교환법칙과 결합법칙이 성립하고 덧셈에 대한 항등원($\vec{0}$)가 존재하고 덧셈에 대한 역원이 존재한다.

(2) 벡터의 뺄셈

두 벡터 $\vec{a}$, $\vec{b}$에 대하여 $\vec{b}+\vec{x}=\vec{a}$를 만족시키는 $\vec{x}$를 $\vec{a}$에서 $\vec{b}$를 뺀 차라하고, $\vec{a}-\vec{b}$ $(=\vec{x})$로 나타낸다.

즉 $\vec{a}-\vec{b}=\vec{x} \Leftrightarrow \overrightarrow{OA}-\overrightarrow{OB}=\overrightarrow{BA}$

3. 벡터의 스칼라배

(1) 벡터의 실수배

실수 m과 벡터 $\vec{a}$와의 곱 $m\vec{a}$를 다음과 같이 정의하고 이것을 벡터$\vec{a}$의 스칼라배 또는 실수배라고 한다.

① $m>0$이면 $\vec{a}$와 같은 방향이고 크기가 $m\ |\vec{a}|$인 벡터이다.

② $m<0$이면 $\vec{a}$와 반대 방향이고, 크기가 $|m|\ |\vec{a}|$인 벡터이다.

③ $m=0$이면 영벡터이다.

(2) 벡터의 스칼라배에 대한 법칙

실수 k, l과 벡터 $\vec{a}$, $\vec{b}$에 대하여

① 결합법칙 : $k(l\vec{a})=(kl)\vec{a}$

② 분배법칙 : $(k+l)\vec{a}=k\vec{a}+l\vec{a}$

$k(\vec{a}+\vec{b})=k\vec{a}+k\vec{b}$

벡터의 실수배에 관한 성질은 결합법칙, 분배법칙이 성립되고 $0\vec{a}=\vec{0}$, $1\vec{a}=\vec{a}$, $m\vec{0}=\vec{0}$이 성립된다

(3) 두 벡터의 평행

영벡터가 아닌 두 벡터 $\vec{a}$, $\vec{b}$의 방향이 같거나 또는 정반대일 때, $\vec{a}$와 $\vec{b}$는 서로 평행하다고 하고, $\vec{a}//\vec{b}$로 나타낸다.

• $\vec{a}\neq 0$, $\vec{b}\neq 0$일 때 $\vec{a}//\vec{b}$ $\Leftrightarrow$ $\vec{b}=m\vec{a}$ (m은 0아닌 실수)

$\Leftrightarrow$ 세 점이 일직선상에 있다.

$\Leftrightarrow$ $\vec{a}\cdot\vec{b}=\pm|\vec{a}|\cdot|\vec{b}|$

$\Leftrightarrow$ 성분으로 주어질 때, 각 성분비가 같다

참고

1) 세 점이 A, B, C 가 동일직선 위에 있기 위한 조건

① $\overrightarrow{AC}=t\overrightarrow{AB}$(단 t는 0이 아닌 실수)

② $\overrightarrow{OC}=\alpha\overrightarrow{OA}+\beta\overrightarrow{OB}$, $\alpha+\beta=1$

2) 영벡터가 아닌 두 벡터 $\vec{a}\vec{b}$가 평행이 아니라 할 때

① $m\vec{a}+n\vec{b}=\vec{0}$($m$, n은 실수)일 필요충분조건은 $m=0$, $n=0$이다.

▲ 귀류법으로 증명하여 보자.

② $m\vec{a}+n\vec{b}=m'\vec{a}+n'\vec{b}$($m$, n, m', n'는 실수)일 필요충분조건은 $m=m'$, $n=n'$이다.

4. 평면벡터의 성분

(1) 평면벡터의 성분의 정의

좌표평면의 원점 O를 시점으로 하는 벡터 $\overrightarrow{OA}=\vec{a}$의 종점 $A(a_1, a_2)$의 좌표를 $\vec{a}$의 성분이라 하고 특히 a_1를 $\vec{a}$의 x의 성분, a_2를 $\vec{a}$의 y성분이라 하며 $\vec{a}=(a_1, a_2)$로 나타낸다.

(2) 기본벡터의 정의

원점을 시점으로 하고, x축 위의 점 (1, 0), y축의 점 (0, 1)에 종점을 갖는 벡터를 기본단위벡터 또는 간단히 기본벡터라 하고 각각 $\overrightarrow{e_1}$, $\overrightarrow{e_2}$로 나타낸다.

임의의 벡터 $\vec{a}=(a_1,\ a_2)$를 기본벡터로 다음과 같이 나타낼 수 있다.

$\vec{a}=(a_1,\ a_2)=a_1\overrightarrow{e_1}+a_2\overrightarrow{e_2}$

(3) 성분으로 정의된 평면벡터의 크기와 상등

두 벡터 $\vec{a}=(a_1,\ a_2)$, $\vec{b}=(b_1,\ b_2)$에 대하여

① $|\vec{a}|=\sqrt{{a_1}^2+{a_2}^2}$

② $\vec{a}=\vec{b} \Leftrightarrow a_1=b_1,\ a_2=b_2$

(4) 평면벡터의 성분에 의한 연산

$\vec{a}=(a_1,\ a_2)$, $\vec{b}=(b_1,\ b_2)$이고 k가 실수일 때

① $\vec{a}\pm\vec{b}=(a_1\pm b_1,\ a_2\pm b_2)$

② $k\vec{a}=(ka_1,\ ka_2)$

(5) 두 벡터의 성분에서의 평행 조건

$\vec{a}=(a_1,\ a_2)$, $\vec{b}=(b_1,\ b_2)$가 평행하기 위한 필요충분조건은

$\vec{a}//\vec{b} \Leftrightarrow \frac{a_1}{b_1}=\frac{a_2}{b_2}$

참고

$\vec{a}\neq 0$, $\vec{b}\neq 0$일 때, $\vec{a}//\vec{b} \Leftrightarrow \vec{b}=m\vec{a}$($m$은 0아닌 실수)
$\Leftrightarrow$ 세 점이 일직선상에 있다.
$\Leftrightarrow$ 성분으로 주어질 때, 각 성분비가 같다
$\Leftrightarrow \vec{a}\cdot\vec{b}=\pm|\vec{a}|\cdot|\vec{b}|$

5. 공간벡터

공간벡터는 평면벡터에 좌표를 하나 추가한 것이므로 z축만 추가하면 된다.

따라서 성분의 정의, 크기와 상등 및 단위벡터, 연산, 평행조건은 평면벡터에 z축만 추가하 여 생각하면 되므로 여기에서는 생략한다.

즉, 공간벡터는 평면벡터보다 z좌표가 더 있고 정의와 성질이 모두 같다.

6. 벡터의 합성과 분해

(1) 벡터의 이동과 크기

① 벡터의 평행 이동 : 크기와 방향이 같으면 서로 같은 벡터

☞ $\vec{A}$를 평행 이동시켜 얻은 $\vec{B}$는 $\vec{A}$ 와 같다.

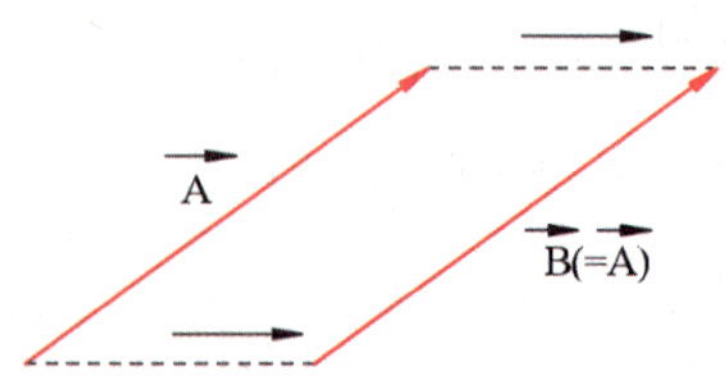

② 벡터의 a배 : 주어진 벡터에 a배를 하면 $a\vec{A}$가 된다.

$a\vec{A}$는 $\vec{A}$ 크기의 a배이고, a가 +이면 방향은 $\vec{A}$와 같고 -이면 정 반대 방향이다. (단, 여기서 a는 실수이다.)

(2) 벡터의 합성

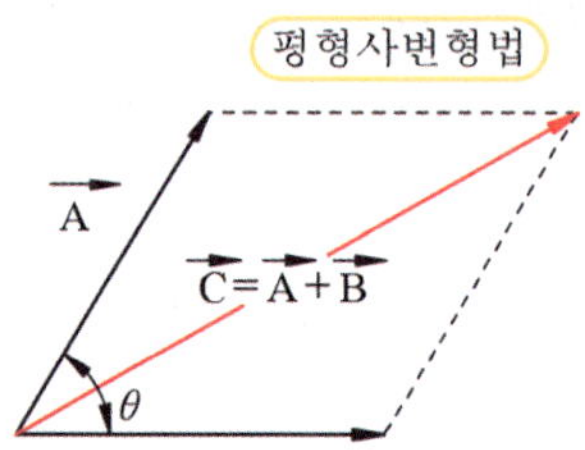

① 평행사변형법

㉠ 두 벡터 $\vec{A}$, $\vec{B}$의 작용점을 일치시킨다.

㉡ $\vec{A}$, $\vec{B}$를 두 변으로 하는 평행사변형을 그린다.

㉢ 이 평행사변형의 대각선이 합 벡터가 된다.

☞ 합 벡터의 크기 : 대각선의 길이.

합 벡터의 방향 : 대각선의 방향

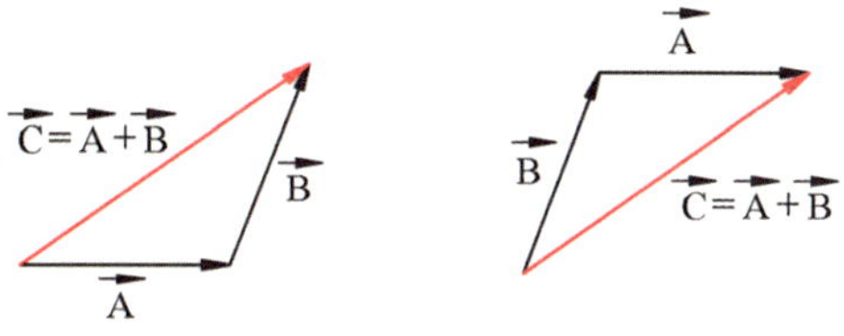

② 삼각형법

㉠ $\vec{A}$의 머리에 $\vec{B}$의 작용점을 놓는다.

㉡ 합벡터 : $\vec{A}$의 작용점에서 $\vec{B}$ 의 머리까지 직선

③ 합 벡터의 크기

$$|\vec{C}| = \sqrt{A^2 + B^2 - 2A \cdot B\cos(180 - \theta)}$$

$$|\vec{C}| = \sqrt{A^2 + B^2 + 2AB\cos\theta}$$

(3) 벡터의 뺄셈($\vec{B} - \vec{A}$) : $\vec{B}$ 에다 $-\vec{A}$를 합성하는 것

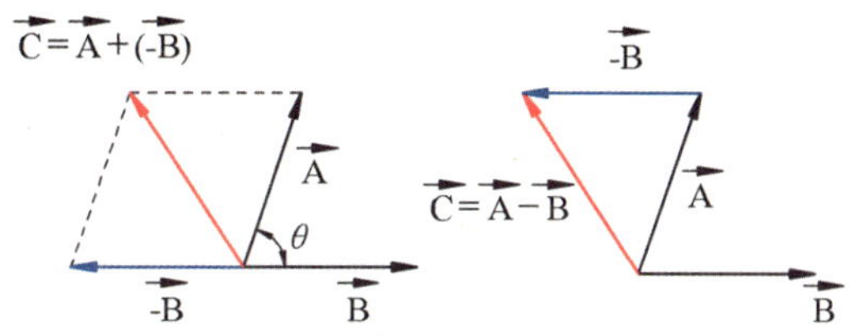

① $\vec{A}$는 $\vec{A}$와 크기는 같고 방향은 정반대인 벡터

② $\vec{B}$-$\vec{A}$ = $\vec{B}$+(-$\vec{A}$)

③ 합 벡터의 크기는 $= \sqrt{A^2 + B^2 - 2A \cdot B\cos\theta}$

(4) 벡터의 분해

분해방향은 맘대로 할 수 있지만 직교 좌표축(x, y축)에서 분해하는 것이 쉽고 편리, 분해는 평행사변형법을 거꾸로 생각

$$\vec{F} = \vec{F_x} + \vec{F_y}', \quad \vec{F^2} = \vec{F_x^2} + \vec{F_y^2}$$

$$\cos\theta = \frac{F_x}{F},\ \sin\theta = \frac{F_y}{F},\ \tan\theta = \frac{F_x}{F_y}$$

$$F\cos\theta = F_x,\ F\sin\theta = F_y,\ \tan\theta = \frac{F_x}{F_y}$$

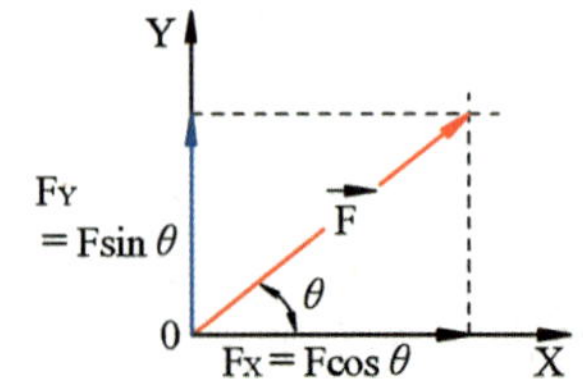

| Chapter |

06 물리공학 기초

1. 단위와 속도

(1) 단위와 단위계

길이, 질량, 시간, 속도, 힘, 일…등의 물리량을 나타낼 때 단위를 사용한다.

- 기본단위 = 길이, 질량, 시간을 나타내는 단위
- 유도단위 = 속도, 가속도, 힘, 중량, 일…등을 나타내는 단위

길이를 나타내는 많은 단위들 중에서 표준이 되는 것이 [m]이다
또 질량 [kg], 시간 [sec(초)]

① 표준단위
1m는 진공에서 빛이 1/299792458초 동안 진행한 거리와 같다.
국제적으로 널리 사용되고 있는 단위계에는 'MKS' 단위계, 'CGS' 단위계, '영국' 단위계 등이 있다.

② MKS 단위계 : 길이, 질량, 시간에 [m], [kg], [sec]를 사용하는 단위

③ CGS 단위계 : [cm], [g], [sec]를 사용하는 단위

④ 영국 단위계 : [ft], [slug], [sec]를 사용하는 단위

⑤ 국제 단위계 : SI인데 이것은 길이, 질량, 시간에는 MKS와 같이 [m], [kg], [sec]를 사용하고 그 외의 온도, 광도, 전류에는 K(캘빈), Cd(칸델라), A(암페어), Mol(몰)을 사용하는 단위계이다.

(2) 속도와 가속도

- 정의 : 어떤 사람이 A를 떠나 B까지 거리가 s되는 길을 t시간 동안에 달려갔다면, 이때 이사람의 빠르기를 '속도'라고하며 다음과 같이 정의한다.

속도 = 단위시간당 거리의 변위

$$v = \frac{s}{t}(\text{m/sec})$$

- 등속운동 : 어떤 물체의 운동속도가 v가 시간이 흘러도 변함이 없을 때 이러한 운동을 등속운동이라 한다.
- 가속운동 : 시간이 지남에 따라 속도가 변하는 운동

어떤 사람이 A를 지날 때, 속도가 v_1이었는데 t시간후 B를 지날때에는 v_2이고 속도가 되었다면 이 사람의 가속도(a)는 속도의 변화를 시간의 변화로 나눈 다음의 식으로 정의된다.

$$a = \frac{v_2 - v_1}{t} = \frac{\triangle v}{t}$$

2. 힘의 정의

물체에 힘을 가하면 그 물체의 운동 상태가 달라진다.(뉴튼의 운동 제2법칙)

$$F = ma[\text{N}]$$

3. 관성의 법칙

물체가 운동상태를 계속적으로 유지하려는 성질

① 운동의 법칙 : 물체가 힘을 받는 방향으로 가속도를 갖는 법칙(가속도의 법칙)
② 작용·반작용의 법칙 : 물체가 힘을 가했을 때 상대편에서 반드시 반력에 의한 반작용이 생기는 법칙

4. 질량과 중량

모든 천체는 그 질량에 비례하는 중력을 가지고 있는데 이것에 의해 천체에 따라 물체의 무게가 다르게 나타난다. 즉 물체의 형태나 크기가 달라지지 않는 한 그 물체의 무게가 달라진다고 볼 수 없는데 이와 같이 변치 않는 물체 고유의 무게를 말한다.

① 질량 : 달라질 수 없는 물체 고유의 량
② 중량 : 천체에 따라 달리 측정되는 무게
③ 중력가속도 : 중력에 의해 물체는 천체의 중심부로 이동하는 운동을 할 수 있게 되는

데 이때의 가속도를 말하며 g로 나타낸다.

㉠ $F=m \cdot a \rightarrow W=m \cdot g$

㉡ 힘 = 질량 · 가속도 → 중량 = 질량 · 중력가속도

㉢ W(천체가 물체를 당기는 힘)과 g(천체를 향한 물체의 가속도/지구일 경우 9.8 [m/sec^2]), m(질량)과의 관계는 $W=mg$가 성립한다.

④ 질량이 1[kg]인 물체의 중량은 지구상에서

m = 1[kg] → $W = m \cdot g$

= (1[kg])(9.8[m/sec^2])

= 9.8[kgm/sec^2]

= 1[N](1[N] 만큼의 중량인 동시에 힘)

= 1[kg중] (1[kg]×중력가속도)

= 1[kg_f] (1[kg]이 만드는 힘)

= 1[kgw] (1[kg]이 만드는 중량)

5. 물체에 가해진 힘 구하기

예제 질량 5[kg]인 어떤 물체가 힘을 받아 2.4[m/sec^2] 만큼 가속되었다. 이 물체에 가해진 힘을 구하면?

해설 3F = ma = 5[kg] · 2.4[m/sec^2] = 12[kgm/sec^2] = 12[N]

예제 어느 지점을 지날 때 5[m/sec]의 속도로 달리던 자동차가 20초 후 6[m/sec]의 속도로 달리고 있었다. 이 자동차의 가속도를 구하라.

해설 $a = \frac{\Delta V}{t} = \frac{v_2 - v_1}{t} = \frac{6[m/sec] - 5[m/sec]}{20[sec]} = \frac{1[m/sec]}{20[sec]} = 0.05[m/sec^2]$

예제 3600[rpm]이란 1초 동안에 몇 도, 몇 회전하는 속도인가?

해설 $3600rpm = \frac{3600[rev]}{[min]} = \frac{3600 \times 360[°]}{[min]} = 1,296,000[° /min]$

$= \frac{1,296,000}{60}$ 도/초

예제 어떤 트럭이 10분 동안에 5[km]를 달려갔다. 이 트럭의 속도는 몇 [km/h]인가?

해설 $v = \frac{s}{t} = \frac{5[km]}{10[min]} = 0.5km/min$

1[h] = 60[min]이므로 60분 동안에는 0.5[km]×60 = 30[km]

∴ 속도는 30[km/h]

예제 0.25[rev(회전)/sec(초)]는 몇 [도/se]c인가?

해설 [rev] : 360[°] = 0.25[rev] : x

$\therefore\ x = \frac{360[°] \times 0.25[rev]}{1[rev]} = 90[°]$ [답] 90[°/sec]

6. 뉴튼의 운동법칙

영국의 물리학자 뉴튼은 운동에 관한 세 가지 법칙을 발견.
이것은 고전 역학의 토대를 구축하였고, 과학의 발전에 크게 공헌.

(1) 운동의 제1법칙

정지 또는 운동상태에 있는 물체에 힘이 작용하지 않는 한 그 물체는 정지 또는 등속직선운동을 유지하려는 성질을 지닌다.

- 관성의 법칙

(2) 운동의 제2법칙

물체에 힘을 가하면 물체는 힘과 동일한 방향으로, 힘의 크기와 비례하는 가속도를 지닌다.

- 가속도 발생의 법칙

(3) 운동의 제3법칙

작용력은 항시 방향이 반대이고 크기가 동일한 반작용력을 유발한다.

- 작용반작용의 법칙

7. 물체의 가속도 구하기.

예제 어떤 사람이 질량 3[kg]인 물체를 15[N]의 힘을 주어 밀고 있다. 마찰력을 무시할 때 이 물체가 갖게 되는 가속도는?

해설 F = ma이므로

$$a = \frac{F}{m} = \frac{15[N]}{3[kg]} = \frac{15[kgm/sec^2]}{3[kg]} = 5[m/sec^2]$$

예제 다음 표의 빈 칸을 채워라.

12.4[m]	(12,400)[mm]	(24,600)[g]	24.6[kg]
212,300[cm]	(2.123)[km]	(1.2×106)[cm^3]	1.2[m^3]
14,200[cc]	(14.2)[l]	(2,600)[m/sec]	2.6[km/sec]
3,800[sec]	(1.06)[h]	(57.6)[km/h]	16[m/sec]
(192)[min]	3.2[h]	0.023[kg]	(23)[g]
(1.283)[kg]	1,283,000[mg]	21,520[sec]	(5)[h] (58.7)[min]

예제 60[km/h]의 자동차로 20분간 달린 거리를 구하면 몇 [km]가 되는가?

해설 $S = vt = (60[km/h])\,(20[min] \times 1[h]/60[min]) = 20[km]$

예제 질량 100[kg]인 물체에 힘이 가해지자 이 물체는 0.4[m/sec^2]의 속도를 갖게 되었다. 이 물체에 가해진 힘을 [N]으로 구하라.

해설 $F = ma = (100[kg])\,(0.4[m/sec^2]) = 40[N]$

8. 일의 정의

일이란, 어떤 힘이 물체에 작용하여 그 결과로 물체의 이동이 있을 때만을 물리학에서의 일이라 한다.

일이라 함은 힘과 이동이 반드시 있어야 하는데 힘에 의한 이동은 그 이동방향이 힘과 같은 방향이어야 함.

어떤 힘 F에 의해 물체가 힘의 방향으로 S만큼 이동하였다면
이때 행하여진 일의 값은
$W = F \cdot S$

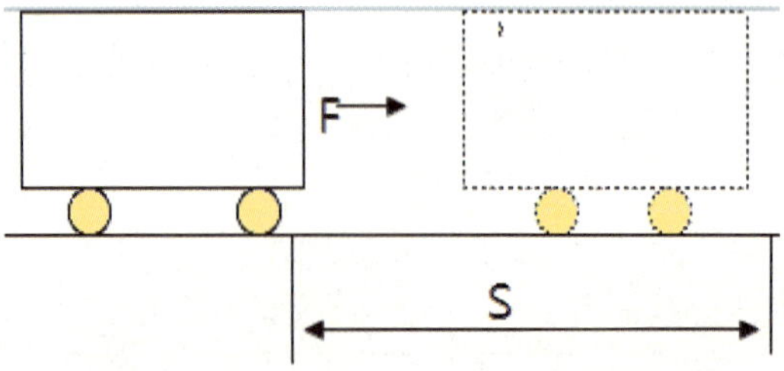

어떤 힘 F에 의해서 물체가 힘과 같은 방향으로 위 간격(S)만큼 이동 했다면 이 때 행해진 일의 값 W는 $W = F \cdot S$ 로 정의된다.

일은 힘×거리로 나타나므로 일의 단위는 [N·m]이 된다.

간단히 [J(주울)]이라고 하며, 1[J]이란 1[N]의 힘으로 1[m]를 이동했을 때 행하여진 일의 값을 의미한다.

예제 어떤 물체에 수평 방향으로 5[N]의 힘을 가하여 4[m]를 이동시켰다. 이 물체에 행한 일의 값은?

해설 $W = F \cdot S = 5[N] \cdot 4[m] = 20[N \cdot m] = 20[J]$
따라서 20[J]의 일을 하였다.

9. 작업률과 효율

두 가지 이상의 일의 능력을 비교해 보려면 시간당 행한 일의 값을 각각 구해 비교해 보면 된다.

어떤 기계 A, B가 있을 때 A는 3시간에 150[J]의 일을 하였고, B는 2시간에 120[J]의 일을 하였다.

이때 두 기계의 능력을 서로 비교하려면 1시간당 행한 일의 값을 각각 구하면 된다.

A의 경우 $\dfrac{150[J]}{3[h]} = 50[J/h]$, B의 경우 $\dfrac{120[J]}{2[h]} = 60[J/h]$

따라서 같은 1시간에 B가 A보다 10[J]의 일을 더 할 수 있는 능력이 있음을 알 수 있다. 이것을 일률(공률) 또는 작업률이라 하며 $P = \frac{W}{t}$와 같이 정의된다.

$$p = \frac{w}{t}\left(= \frac{F \cdot S}{t} = F \cdot v\right)$$

- s : 이동거리
- v : 이동속도

① 1[Watt](= [W]) = 1[J/sec] = (1[kgm^2/sec^2])/[sec] = 1[kgm^2/sec^3]
- 영국식 : 1[Hp](마력) = 746[Watt](= 76[kg중 · m/sec])
- 프랑스식 : 1[PS](마력) = 736[Watt](= 75[kg중 · m/sec])

② 공학에서는 프랑스식 마력을 자주 사용하므로 1마력의 값을 736[Watt]로 기억한다.

③ 효율 η(이타)

$$\eta = \frac{\text{행한 작업율(출력)}}{\text{공급된 작업률(입력)}}$$

$$\frac{P}{I} \times 100\%$$

예제 어떤 기중기가 340[kg_f]의 물체를 5초 동안에 3[m] 끌어 올렸다. 이 기중기의 작업률을 구하라.

해설

$$P = \frac{W}{t} = \frac{(340[kg])\,(9.8[m/sec^2])\,(3[m])}{5[sec]} = 1{,}999.2[kgm^2/sec^3]$$

$$= 1{,}999.2[Watt] = \frac{1{,}999.2}{736}[PS] \fallingdotseq 2.72[PS](\text{마력})$$

예제 효율이 87[%]인 어떤 모우터에 3[KW]의 전력이 공급 되었다면 이 모우터의 작업률은 얼마나 되겠는가?

해설 효율은 $\eta = \frac{P}{I}$ 이므로 구하는 모우터의 작업률은 $P = \eta I = (0.87)\,(3[KW]) = 2.61[KW]$이다.

예제 다음 표의 빈칸을 채워라.

힘	이동거리	일
10[N]	24[m]	(240)[J]
(15)[kg_f]	52[m]	780[$kg_f \cdot m$]
20[N]	(2.4)[m]	48[J]

예제 질량이 5[kg]인 물체를 연직 상방향으로 1[m] 끌어 올렸다. 행한 일의 값은?

해설 W = mgh = (5[kg])×(9.8[m/sec^2]) (1[m]) = 49[J]

예제 수평면과 30[°]의 각을 이룬 경사면을 따라서 질량 10[kg]인 물체를 20[m] 끌어 올렸다. 행한 일값을 구하라.

해설 물체의 무게는 10[kg](9.8[m/sec^2]) = 98[N]
물체를 끄는데 필요한 힘은 F = 98[N](sin30[°]) = 49[N]
따라서 일 W = Fs = (49[N])20[m] = 980[J]

예제 어떤 기계로 10N의 힘을 주어 100m 움직이는데 10초가 걸렸다. 이 기계의 작업률은 얼마인가?

해설 P = W/t = (10[N]) (100[m])/10[sec] = 100[Watt]

10. 에너지의 정의

에너지이란, 일을 할 수 있게 하는 능력을 말한다.

에너지의 형태에 관계없이 그것이 역학적인 운동으로 나타날 때 이를 역학적 에너지 라고 부르는데 이것은 운동에너지와 위치에너지로 나눈다.

(1) 운동에너지

질량이 m이고 운동속도가 v인 물체의 운동에너지는 $K = \frac{1}{2}mv^2$으로 정의된다.

만약 물체의 속도가 v_1에서 v_2로 변했을 경우 v_2 대신에 (v_2^2 - v_1^2)을 대입하여 운동에너지를 구한다.

(2) 위치에너지

h만큼 높은 위치에 있는 물체는 지구로부터 중력을 받아 g만큼의 가속도로 밑을 향하여 낙하하면서 일을 할 수 있게 되므로 이 물체는 이미 높이 h에서 에너지를 갖고 있다고 볼 수 있는데 이와 같은 에너지를 위치에너지라 한다.

$$T = mgh$$

여기서 $g = 9.8[\mathrm{m/sec^2}]$으로 계산한다.

(3) 에너지 보존법칙

질량 m인 어떤 추가 줄에 매달려 있을 때 추를 현 위치에서 h만큼 높은 곳으로 이동시켰다가 놓으면 추는 원궤도를 그리며 낙하 하게 된다.

낙하하던 추는 제일 낮은 곳을 통과하여 다시 상승하게 되며 잠시 후 다시 낙하하는 운동을 반복하게 될 것이다. 이와 같은 운동을 「진자운동」이라 한다.

추의 운동에서 가장 높은 곳에 추가 있을 때는 이 지점에서 위치에너지가 최대가 되고, 정지상태에 있으므로 운동에너지는 0이다.

낙하하면서 추는 다시 운동에너지를 증가시켜 나가게 되고 반대로 위치에너지는 점차 감소하게 된다.

더 이상 낙하 할 수 없는 위치를 지날 때에는 위치에너지는 0이 되나, 최고의 운동속도를 갖게 되어 운동에너지는 최대가 된다.

이 운동에서 운동에너지와 위치에너지를 분리하여 보면 각각의 에너지가 생성, 소멸 반복하는 것처럼 보이나 둘을 함께 보면 위의 해석으로 부터 두 에너지의 합은 항시 동일함을 알 수 있다.

[위치에너지+운동에너지 = 일정]

이것은 모든 종류의 에너지에 적용되는 자연법칙으로 이를 「에너지 보존 법칙」이라 한다.

예제 질량 800[kg]인 자동차가 36[km/h]로 달리고 있을 때의 운동에너지를 구하라.

해설 $\frac{36[\mathrm{km}]}{1[\mathrm{h}]} = \frac{36 \cdot 1000[\mathrm{m}]}{1 \cdot 60 \cdot 60[\mathrm{sec}]} = 10[\mathrm{m/sec}]$이므로 구하는 운동에너지는

$$K = \frac{1}{2}mv^2 = \frac{1}{2} \cdot 800[\mathrm{kg}] \cdot (10[\mathrm{cm/sec}])^2 = 4000[\mathrm{J}]$$

> **예제** 어떤 물체가 정지 상태에서 낙하하여 지면에 충돌할 때 운동에너지는 400[J] 이었다. 높이 h 에서의 위치에너지는 얼마인가?
>
> **해설** 높이 h에서의 위치에너지는 h만큼 낙하 후의 운동에너지가 되므로 운동에너지는 400[J] 이고 위치에너지 또한 400[J]로 같다.

11. 원자와 분자

원자란 분자를 쪼개면 그 분자를 구성하면서도 분자의 성질과 무관한 작은 입자가 있는데 이를 원자라 한다.

① **1원자 분자** : 원자 한 개가 분자와 같은 역할을 함

② 대부분의 분자는 불안정하므로 원자가 모여 한 개의 분자가 되는데(2원자 분자, 3원자 분자....) 이러한 원자의 결합을 「화학결합」이라 한다.

③ **원자의 결합방법**

㉠ 이온결합 : 양이온과 음이온이 정전기력에 의해 결합하여 하나의 분자를 만드는 결합방식

> **예** 염화나트륨분자는 양이온의 나트륨과 음이온의 염소가 결합
> $Na^{+} + Cl^{-} \rightarrow NaCl$

㉡ 공유결합 : 원자끼리 자신들의 전자를 서로 갖도록 함으로써 안정된 상태의 분자를 만드는 결합방식.

> **예** 수소분자(H_2)는 2개의 수소원자가 한개씩 상대 원자의 전자를 공유할 때 만들어지는 공유전자쌍을 매개로 만들어짐.

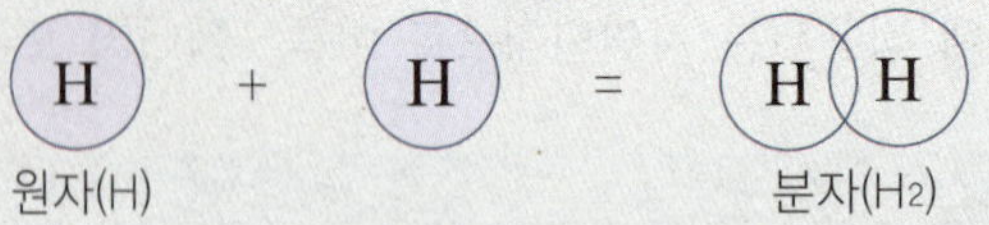

㉢ 금속결합 : 금속 내부에 규칙적으로 배열되어 있는 금속원자들이 자신의 전자를 일부 내보내어 자신의 양이온이 되고 음전기의 전자를 매개로 원자끼리 결합하는 방식.

- **자유전자** : 전자들이 이웃 원자들로부터 균일한 인력을 받게 되어 어느 원자에도 속박됨이 없이 금속물질 내를 자유로이 움직이는 전자.

12. 물질의 상태변화

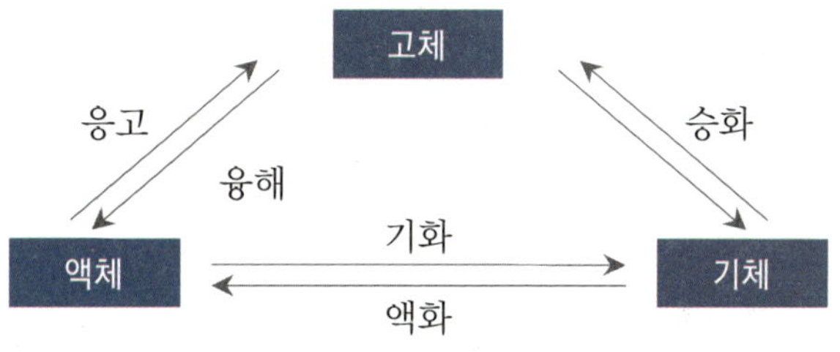

예제 산소분자 1개의 질량을 구하라.

해설 산소기체 1몰(32[g])에는 6×10^{23}개의 산소분자가 들어 있으므로 산소분자 1개의 질량은 그 질량값을 총 개수로 나눔.

$$\frac{32}{6\times10^{23}} \fallingdotseq 5.3\times10^{-23}[g/개]$$

즉, 산소분자 1개의 질량은 5.3×10^{-23}[g]이다.

예제 탄산가스(CO_2) 1[g]이 차지하는 부피는 표준상태에서 몇 [L]나 되나?

해설 CO_2의 분자량 = 12+(16×2) = 44이므로 CO_2 1몰은 44[g]이며 부피는 표준상태에서 22.4[ℓ]가 되므로 CO_2 1[g]이 차지하는 부피를 x라고 할 때

44[g] : 22.4[ℓ] = 1[g] : x 의 관계가 성립.

$$\therefore\ x = \frac{1[g]\times22.4[\ell]}{44[g]} = 0.51[\ell](=510[cm^3])$$

예제 용접용 산소병의 내부 체적을 40[ℓ]라고 하면 표준상태에서 산소병에 몇 [g]의 산소가 들어 갈 수 있겠는가?

해설 산소가스(O_2) 1몰은 32[g]이며 이것의 부피는 22.4[ℓ] 이다.

가스 40[ℓ] 가 차지하는 질량을 x라고 하면 32[g] : 22.4[ℓ] = x : 40[ℓ]

$$\therefore\ x = \frac{32[g]\times40[\ell]}{22.4[\ell]} = 57[g]$$: 산소병에 들어가는 산소의 질량

13. 화학식과 반응식

- 화학식 : 물질 분자를 구성하고 있는 원자의 종류와 수를 원소기호로 나타낸 것.
- 분자식 : 어떤 물질의 특히 한 분자만을 나타낸 것.
- 화학반응식 : 물질이 화학변화를 일으켜 새로운 물질이 만들어지는 과정은 화학식을 이용하여 나타낼 수 있는데 이러한 과정을 보여주는 식을 말한다.

> 예 수소분자와 산소분자 결합하여 물분자 만드는 화학반응식은,
>
> $2H_2$ + O_2 → $2H_2O$
>
> (수소분자2) (산소분자1) (물분자2)

14. 산화와 환원

(1) 산화

어떤 물질이 산소와 결합하는 것.

(2) 환원

어떤 물질이 산소와 분리되는 것.

> 예 ┌──환원──┐
>
> $CuO + H_2 \longrightarrow Cu + H_2O$
>
> └──산화──┘

산화제이구리(CuO)를 가열하여 수소를 통과시키면 구리와 물이 생성된다.

이 반응에서 산화제이구리는 산소를 잃었으므로 환원되었고, 수소는 산소와 결합하였으므로 산화되었다고 한다.

(3) 금속의 반응성과 산화 환원 반응

① 반응성이 큰 금속 : 전자를 잃고 산화되기 쉽다.

$$(Zn \rightarrow Zn^{2+} + 2e^-)$$

② 반응성이 작은 금속 : 전자를 얻어 환원되기 쉽다

$$(Cu^{2+} + 2e^- \rightarrow Cu)$$

③ 금속 반응 서열 : 왼쪽으로 갈수록 산화가 잘 된다.

K > Ca > Na > Mg > Al > Zn > Fe > Ni > Sn > Pb > (H) > Cu > Hg > Ag > Pt > Au

15. 파동의 개념

에너지를 한 곳에서 다른 곳으로 전달하는 방법에는, 물체를 던졌을 때와 같이 물체가 직접 에너지를 운반하는 방식과

소리 혹은 물결과 같이 물질은 공간의 일정한 곳에서 진동만 하고 그 진동이 인 접한 물질에 전파되어 에너지가 전달되는 방식이 있다.

① 파동 : 물질의 한 부분에서 생긴 진동이 물질을 따라 차례로 퍼져나가는 현상 (회절성, 간섭성, 독립성)

② 매질 : 파동을 전파시키는 물질을 말함.

③ 횡파 : 매질의 진동방향이 파의 진행방향에 수직한 파동
ex) 현의 진동, 지진의 S파, 광파, 전자파 등

④ 종파 : 매질의 진동방향이 파의 진행방향과 일치하는 파동
ex) 소리, 용수철의 종파, 지진의 S파 등

⑤ 진폭 : 파동의 중간점에서의 최대 변위를 파동의 진폭(A)라 함.

⑥ 파장 : 위상이 같은 점 사이의 거리를 말함(λ)

⑦ 주기 : 파동이 1진동을 하는데 소요되는 시간을 말함 (T)

⑧ 진동수 : 단위시간(1초)동안 진동하는 회수 (f)
단위는 헤르츠(Hz)를 사용한다.

⑨ $\lambda = \nu T$

$$f = \frac{1}{T}$$

$$\nu = f\lambda$$

※ 전기현상과 자기현상

- 자장(자기장) : 전자 또는 양성자 등과 같은 전하의 이동
- 전장(전기장) : 자장을 변화시키는 것.

16. 빛의 성질

① 광원으로부터 나와 모든 방향으로 일정 속도로 전파로 직진하는 성질을 지닌다. (빛의 직진성 때문에 빛은 물체의 뒤로 갈 수 없으며 그림자는 물체의 뒤에 생기게 된다.)

② 빛이 나가는 길을 광선이라는데, 여러 광선의 묶음을 광선속이라 한다.

③ 매질의 경계면에서 **반사**되는 성질을 지닌다.
(입사광선과 반사광선은 경계면에 수직한 면위에 있으며 이 곳에서 입사각과 반사각은 항상 같게 된다.)

④ 빛이 진행하다가 광학적으로 밀도가 다른 두 매질의 경계면에서 진로를 바꾸며 다른 매질로 들어가는 것을 빛의 **굴절**이라 한다.
(입사광선과 굴절광선은 두 매질의 경계면에 수직인 법선면 위에 있으며 입사각과 굴절각의 크기는 두 매질의 광학적 밀도에 의해 결정됨
☞ 빛의 속도는 매질의 밀도가 클수록 느려진다.

⑤ 빛의 학설

㉠ 뉴턴의 광입자설
빛은 발광체에서 빠른 속도로 진행하여 나오는 입자라 하는 학설
- 빛의 직진, 반사 현상
- 간섭 무늬 발견

㉡ 호이겐스의 파동설
빛을 파동으로 보는 학설
- 빛의 반사, 굴절, 회절, 간섭 현상
- 19세기 말 맥스웰과 헤르츠에 의해 전자기파 발견

㉢ 아인슈타인의 광양자설
광전 효과라는 실험을 통해 빛은 파동임과 동시에 입자(에너지양자)구실도 한 다는 학설
- 빛의 이중성

17. 광도와 조도

(1) 광도

광원이 단위 시간에 일정 방향으로 내 보내는 빛의 양을 그 방향에 대한 광도라 하며, 표준단위는 [cd(칸델라)] 이다.

(1[cd]는 백금이 용융상태에 있을 때 1[cm^2]의 표면에서 방출하는 빛의 광도의 1/60으로 정의된다.)

(2) 조도

어떤 단위 면적이 단위 시간에 받는 빛의 양을 말하며, 표준단위는 l[ux(룩스)] 이다.

(1[lux]는 1[cd]의 광원에서 1[m] 거리에 있고 빛의 방향에 수직인 면이 받는 빛의 양으로 정의된다.)

☞ **조도는 일반적으로 광원의 광도에 비례하고, 광원으로부터의 거리 제곱에 반비례한다.**

그러므로 광원에서의 거리가 1[m], 2[m], 3[m] … 으로 되면 그 빛을 받는 면적은 1, 4, 9, …, n^2배 즉, $(거리)^2$배로 넓어진다.

따라서 단위면적이 받는 빛의 양은 1, 1/4, 1/9,…$1/n^2$으로 되어 그 면적에 반비례 한다.

광원에서부터 r되는 면의 조도 L은 광도를 I라 할 때 다음과 같은 관계가 성립된다.

$$L \propto \frac{I}{r^2}$$

(3) 가시광선

보통 우리 눈으로 느끼는 빛의 파장은 3.8×10^{-7}[m] ~ 8.1×10^{-7}[m]이며 이것을 가시광선이라 한다.

가시광선 이외에 파장이 더 긴 전자기파(전파), 적외선, 그리고 파장이 더 짧은 자외선, X선 등은 모두 빛과 동일한 성질을 지니고 있으며, 그 전파 속도도 빛의 속도와 같다.

(4) 스펙트럼의 종류

- 선(line)스펙트럼
  원자 상태의 고온의 기체에서 나오는 빛에 의한 스펙트럼
- 띠(band)스펙트럼
  고온의 기체가 분자의 상태에서 내는 빛에 의한 스펙트럼
- 연속(continuous)스펙트럼
  고온 상태의 액체 또는 고체가 내는 빛에 의한 스펙트럼
  ex) 태양광선, 백열 전구, 형광등
- 흡수(absorption)스펙트럼
  연속 스펙트럼을 나타내는 빛이 저온의 기체를 통과하며 나타나는 현상

예제 주기가 10^{-2}[sec]인 어떤 파동의 진동수를 구하라.

해설 진동수 $f = \frac{1}{T} = \frac{1}{10^{-2}[sec]} = 10^2[cycle/sec] = 100[Hz]$

예제 어떤 매질을 지나는 음파의 파장은 18[cm], 진동수는 1900[Hz]일 때 이 음파의 속도를 구하라.

해설 파장 $\lambda = v \times T = v/f$이므로 구하는 속도는
$v = \lambda \times f = 0.18[m] \times 1900[cycle/sec] = 342[m/sec]$

예제 진동과 주기에 관한 용어의 설명으로 옳지 않은 것은?

① 주기 - 단진동 운동이 한 번 반복되는 데 걸리는 시간.
② 진폭 - 진동의 평형 위치로부터 진동의 끝까지의 거리.
③ 파장 - 진동의 마루와 마루 또는 골과 골 사이의 거리.
④ 위상 - 단진동 운동의 위치를 나타내는 거리.

해설 위상은 단진동 운동의 각도에 해당하는 양을 나타낸다.

예제 매초 100회의 진동에 의해서 파동이 생길 때 파동의 진동수와 주기는 각각 얼마인가? 또 이 파동의 전파속도가 20[m/sec]라면 이때 파장은 얼마인가?

해설
- 진동수 : 100[cycle/sec] = 100[Hz]
- 주기 : $T = 1/f = 1/100[Hz] = 0.01[sec]$
- 파장 : $\lambda = vT = (200[m/sec])(0.01[sec]) = 2[m]$

18. 밀도와 비중

(1) 밀도

① 보통 **단위 부피당 물질의 질량**을 나타내며, 그 값은 수치상 비중과 거의 일치한다.
② 물질 속의 원자나 분자 배열의 소밀도, 합금이나 혼합물 속의 성분비 등을 알아내는 데 이용된다.
③ 넓은 뜻으로는 질량 이외의 각종 물리량의 단위부피당 크기, 단위 넓이 당 크기, 단위 길이 당 크기도 말하며, 각각 부피밀도·넓이밀도(또는 면밀도)·선밀도라고 한다.
④ 엷은 판이나 막 모양의 물체, 또는 실 모양의 물체 등에서 질량의 면밀도·선밀도를 쓰는 경우가 많다.

$$\rho = \frac{m}{V}$$

- ρ : 밀도, m : 물질의 질량, V : 물질의 체적

㉠ 밀도의 특징

ⓐ 두 물질의 체적이 같을 때에는 질량이 큰 물질이 크다.

ⓑ 두 물질의 질량이 같을 때에는 체적이 작은 물질이 밀도가 크다.

ⓒ 질량이 크다는 체적에 분자의 크기가 같다.

ⓓ 분자들 사이의 간격이 좁아져 밀도가 크게 된다.

㉡ 밀도의 단위

$[kg/m^3]$, $[g/cm^3]$, [g/cc] 등을 사용한다.

또한 $1[kg] = 10^3$, $1[m^3] = 106[cm^3]$ 이므로 $1[kg/m^3] = 10^3[g]/10^6[cm^3] = 10^{-3}$ [g/cc]가 되어 $1[g/cc] = 1000[kg/m^3]$ 인 관계가 성립한다.

(2) 비중

어떤 물질의 질량과, 이것과 같은 부피를 가진 표준물질의 질량과의 비.

표준물질로서는 고체 및 액체의 경우에는 보통 1[atm], 4[℃]의 물을 취하고, 기체의 경우에는 0[℃], 1[atm]하에서의 공기를 취한다.

비중은 온도 및 압력(기체의 경우)에 따라 달라진다.

무차원수인데, 고체·액체에 대해서는 그 값이 소수점 이하 5자리까지 밀도와 일치 한다.

대부분 비중과 밀도는 그 값이 같다고 생각해도 무방하다.

$$\text{비중} = \frac{\text{어떤 물질의 질량}}{\text{순수한 물의 질량}} = \frac{\text{어떤 물질의 밀도}}{\text{순수한 물의 밀도}}$$

어떤 물질의 밀도를 x[g/cc] 라 할 때 비중은 위의 정의에 의해

$$\text{비중} = \frac{x[g/cc]}{1[g/cc]} = x$$

이므로 비중은 단위없는 수치로만 표시된다.

그러므로 어떤 물질이 물도바 몇 배 무거운지 알려면 밀도 수치와 비교

(3) 무게의 계산

$m = \rho V$이므로 이 관계로부터 물체의 질량은 그 물질의 밀도와 체적을 곱하여 구할 수 있다.

질량을 알면 무게 즉, 중량은 쉽게 구할 수 있다.

> **예** 구리 10[cc]의 질량은 $m = \rho V = (8.9[g/cc])(10[cc]) = 89[g]$이므로 구리의 무게는 89[g] 중 또는 89[gf]가 됨을 알 수 있다.

| 고체 및 액체의 밀도 |

고체	밀도[g/cc]	고체	밀도[g/cc]
알루미늄	2.7	에틸알코올	0.81(0[℃])
구리	8.9	벤젠	0.9(0[℃])
철	7.8	글리세린	1.26(0[℃])
납	11.4	수은	13.6(0[℃])
금	19.3	윤활유	0.91(20[℃])
얼음(0[℃])	0.917	바닷물	1.03(15[℃])
콜크	0.24	증류수	1.00(4[℃])

예제 알루미늄 덩어리 6[g]이 차지하는 부피를 구하라.

해설 $\rho = \frac{m}{V}$ 이므로 $V = \frac{m}{\rho} = \frac{6[g]}{2.7[g/cc]} ≒ 2.2[cc]$

예제 0[℃] 얼음 10[cc]를 녹여서 4[℃] 물로 만들었을 때 그 질량과 체적을 구하라.

해설 0[℃] 얼음 10[cc]의 질량은
$m = \rho V = (0.917[g/cc])(10[cc]) = 9.17[g]$으로서 물이 되어도 그대로임.
이 때 물의 체적은 $V = \frac{m}{\rho} = \frac{9.17[g]}{1[g/cc]} = 9.17cc$
즉, 얼음 10[cc]는 물이 되면서 0.83[cc]만큼 부피가 감소된다.

예제 반지름 5[cm], 길이 10[cm]인 알루미늄 봉의 무게를 구하라.

해설 이 봉의 체적은 밑면적×높이 이므로 이것을 계산하면 785[cc]가 된다.
따라서 이 봉의 질량은 $m = \rho V = (2.7[g/cc])(785[cc]) ≒ 2.12[kg]$이므로
∴ 구하는 봉의 무게는 $2.12[kg_f]$이다.

19. 압력

압력은 면 전체에 걸리는 힘을 전압력이라 하고, 그 면의 단위면적당 작용하는 힘을 압력의 세기라 한다. 지표상에 있는 물체는 모두 대기압 아래 있으므로 압력의 크기만을 말할 경우에는 압력의 세기로 나타내는 것이 보통이다.

- 특징 : 압력은 가한 힘에는 비례하지만, 단위 면적당 받는 면적에는 반비례하는 특성을 갖는다.
  힘 F가 면적 A에 작용할 때 그 면이 받는 압력은 다음과 같다.
  $$P = \frac{F}{A}$$
- 단위 : [kg_f/m^2], [N/m^2] …
  (SI단위로서의 [N/m^2]을 Pa : 파스칼이라고도 한다.
  즉, 1[Pa]란 1[N]의 힘이 1[m^2]의 면적에 가해졌을 때 만들어지는 전압)

20. 토리첼리의 실험

토리첼리는 긴 유리관을 수은으로 채운 다음 접시 위에 거꾸로 세웠을 때 수은의 일부가 흘러나오지 않고 관속 수은 위의 공간이 진공으로 되는 것을 관찰했다. 토리첼리는 처음으로 지속적인 진공을 만든 사람이 되었다. 여러 번 관찰한 끝에 수은의 높이가 매일 변하는 것은 대기압의 변화에 의해 생기는 것이라는 결론을 내렸다. 즉, 대기압이 수은의 무게를 지탱하고 있다고 생각하였다

토리첼리는 공기가 무게를 가진다고 생각하였으며, 이것이 대기압이라고 생각하였다. 그는 10[m]의 물기둥의 압력이 대기압과 같을 것이라고 생각하였으나, 이 실험을 위해서 10[m]의 유리관을 만들 수가 없었다. 그래서 1643년, 수은이 물보다 더 무거우므로 물 대신 이용하면 더 짧은 길이의 유리관으로도 실험을 할 수 있다고 생각하고 수은을 이용하여 실험을 하였다.

21. 유체 및 유체압

(1) 유체

물, 알코올, 석유, 글리세린 등의 액체와 수소, 헬륨, 산소 등의 기체를 말한다.
담는 용기의 형상에 따라 모양이 달라지는 특성을 지님.

(2) 유체압

대기압에서와 같이 모든 유체는 압력을 만드는데 이것을 유체압이라 한다.

- 물체의 윗부분에 액체에 의해서 가해지는 압력 P는 물체까지의 깊이를 h, 액체의 밀도를 ρ라고 할 때 다음과 같이 정의된다.
  $$P = \rho g h$$

\• 액체면 위에는 대기압이 작용할 것이므로 대기압을 $P(a)$, 물체가 받는 총압력을 P라면 이것은 대기압과 액체압의 합이 된다.

$P = P(a) + \rho gh$

22. 유체 법칙

(1) 파스칼의 원리

유체의 압력변화는 유체의 모든 방향으로 고르게 전달된다.

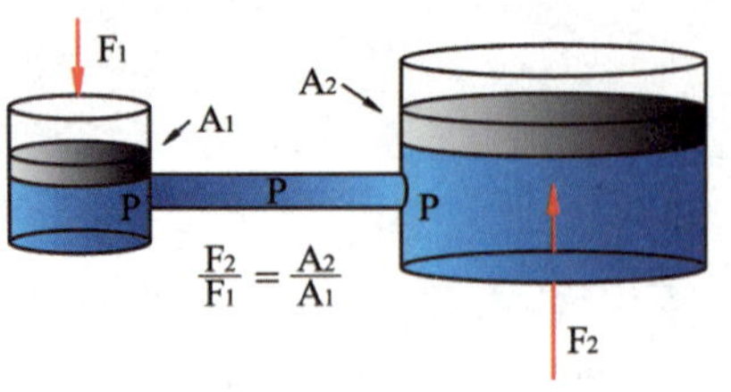

(2) 보일의 법칙

일정 온도에서 기체의 부피는 압력에 반비례한다.

$PV =$ 일정

- P : 기체의 압력(기압, [kg/m^2])
- V : 기체의 부피([L], [m^3])

$P_1V_1 = P_2V_2 =$ 일정

(3) 아르키메데스의 원리

물체가 유체 속에서 뜨는 이유는 부력에 의한 것이다.

유체 속의 압력 : 유체 속의 압력은 수면으로부터의 깊이에 비례하여 증가한다.

유체 속 깊이 h 위치의 압력을 P라 하고, $h+dh$ 위치의 압력을 $P+dP$라고 하자. 면적 A, 두께 dh의 가상 유체를 머리 속에 그리자.

그 물체는 유체 속에 떠있으므로(같은 물질이므로) 힘이 평형상태에 있다. 그러면 $(P+dP)A - PA = rAdh$[g]이다. $dP = rdh$[g]가 되어, $P = rgh + P_0$가 된다.(여기서 P_0는 대기압이다).

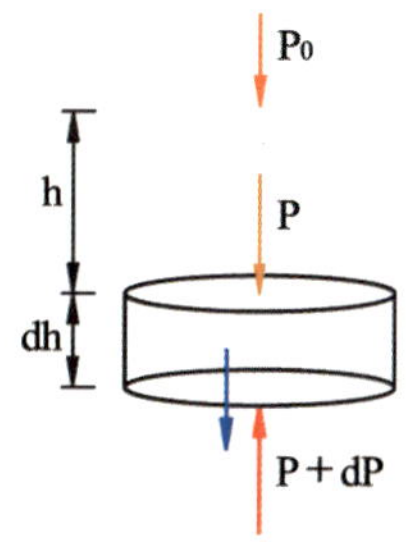

예제 다음 중 어느 것이 무게가 더 나가는가?

① 가장자리까지 물을 채운 욕조.
② ①과 같은 욕조에 장난감 배를 띄운 경우 전체 무게.
③ 두 무게가 같다.

해설 장난감 배는 자기 자신의 무게에 해당하는 물과 대체된다. 욕조 가득히 물을 담아놓고 배를 띄우면 배의 무게에 해당하는 물이 넘쳐나서 같은 높이를 유지한다. [답] ③

예제 알미늄 조각을 위로 해서 묶은 스치로폼 조각이 물 위에 떠있다. 만약 이를 뒤집어 알미늄이 밑으로 가게 했다면, 전체 물통의 물높이는 어떻게 되는가?

① 높아진다.
② 전과 같다.
③ 전보다 낮다.

해설 뒤집혀져도 부력은 변하지 않으므로, 대체되는 물의 부피는 같다. 즉, 물 높이는 같다. [답] ②

예제 바다 속 10m에 있는 어떤 물체에 가해지는 바닷물의 압력(수압)을 구하라.

해설 $P = \rho gh = (1.03 \times 1000[kg/m^2])\,(9.8[m/sec^2])\,(10[m]) = 1.00904 \times 10^5[N/m^2]$
$\fallingdotseq 1[atm]$
즉 바닷물이 만드는 압력(수압)은 10[m] 깊이에서 1[atm]이 된다.

예제 수압기에서 큰 피스톤의 단면적은 100[cm^2], 작은 쪽 피스톤의 단면적은 20[cm^2]일 때 작은 피스톤에 40[kg_f]의 힘이 가해지면 큰 피스톤의 힘은 얼마인가?

해설 구하는 힘은 200[kg_f]이다.

$$F_2 = \frac{A_2}{A_1},\ F_1 = \frac{100}{20}(40) = 200[kg_f]$$

예제 입구의 단면적이 80[cm^2]이고 이곳을 2[m/sec]의 속도로 물이 흘러 들어가고 있다면 단 면적이 20[cm^2]인 A_2를 흘러 나가는 물의 속도는 얼마인가?

해설 $A_1v_1 = A_2v_2$이므로 구하는 속도는

$$v_2 = \frac{A_1v_1}{A_2} = \frac{(80[cm^2])\,(2[m/sec])}{20[cm^2]} = 8[m/sec]$$

23. 물질의 비저항

물질	비저항[Ω · m]	물질	비저항[Ω · m]
은	1.67×10^{-8}	니크롬	1.09×10^{-6}
구리	1.72×10^{-8}	탄소	3.5×10^{-5}
금	2.2×10^{-8}	나무	$10^{6} \sim 10^{9}$
알루미늄	2.75×10^{-8}	유리	$10^{10} \sim 10^{14}$
텅스텐	5.51×10^{-8}	운모	$10^{11} \sim 10^{15}$
철	9.8×10^{-8}	고무	$10^{13} \sim 10^{16}$

비저항이 작은 물질에는 은, 구리 등이 있으며 구리가 은보다 값이 저렴하기 때문에 우리가 전선을 만들 때 구리를 많이 사용하게 된다.

니트롬과 같은 금속은 비저항이 클 뿐만 아니라 고온에도 잘 견디기 때문에 전열기와 같이 전류를 열로 바꾸는 장치에 널리 이용된다.

| Chapter | 07

단위

1. SI 단위계

① 국제적으로 합의된 7개의 기본 물리단위계 또는 이들의 유도단위를 말한다. SI는 불어 "Le Systeme International d'Unites"의 약어이다.

	길이	질량	시간	전류	열역학적 온도	물질의 양
이름	meter	kilogram	second	ampere	kelvin	mole
심볼	m	kg	s	A	K	mol

② SI 단위계 외에 가우스(Gauss) 단위계와 영국단위계가 있는데, 전세계적으로 점차 사용이 줄어들고 있는 중임.

③ SI 단위의 접두어 : 다음과 같은 20개의 접두어가 쓰이며, 각 접두어에 따라 배수 및 약수가 정해져 있다.

약배수	이름	Symbol	약배수	이름	Symbol
10^{24}	yotta	Y	10^{-1}	deci	d
10^{21}	zetta	Z	10^{-2}	centi	c
10^{18}	exa	E	10^{-3}	milli	m
10^{15}	peta	P	10^{-6}	micro	μ
10^{12}	tera	T	10^{-9}	nano	n
10^{9}	giga	G	10^{-12}	pico	p
10^{6}	mega	M	10^{-15}	femto	f
10^{3}	kilo	k	10^{-18}	atto	a
10^{2}	hecto	h	10^{-21}	zepto	z
10^{1}	deka	da	10^{-24}	yocto	y

* 예외적으로 "kg"은 SI 기본단위 이름에 "k"라는 접두어를 이미 달고 있다. 그러므로 질량단위에서는 접두어를 kg에 붙이지 않고 g에 붙인다. 예를 들면,

10^{-6}kg = 1mg

$\neq$ 1 μkg

| SI 접두어 |

v·d·e·h

10^n	접두어	기호	배수	십진수
10^{24}	요타(yotta)	Y	자	1 000 000 000 000 000 000 000 000
10^{21}	제타(zetta)	Z	십해	1 000 000 000 000 000 000 000
10^{18}	엑사(exa)	E	백경	1 000 000 000 000 000 000
10^{15}	페타(peta)	P	천조	1 000 000 000 000 000
10^{12}	테라(tera)	T	조	1 000 000 000 000
10^9	기가(giga)	G	십억	1 000 000 000
10^6	메가(mega)	M	백만	1 000 000
10^3	킬로(kilo)	k	천	1 000
10^2	헥토(hecto)	h	백	100
10^1	데카(deca)	da	십	10
10^0			일	1
10^{-1}	데시(deci)	d	십분의 일	0.1
10^{-2}	센티(centi)	c	백분의 일	0.01
10^{-3}	밀리(milli)	m	천분의 일	0.001
10^{-6}	마이크로(micro)	μ	백만분의 일	0.000 001
10^{-9}	나노(nano)	n	십억분의 일	0.000 000 001
10^{-12}	피코(pico)	p	일조분의 일	0.000 000 000 001
10^{-15}	펨토(femtp)	f	천조분의 일	0.000 000 000 000 001
10^{-18}	아토(atto)	a	백경분의 일	0.000 000 000 000 000 001
10^{-21}	젭토(zepto)	z	십해분의 일	0.000 000 000 000 000 000 001
10^{-24}	욕토(yocto)	y	일자분의 일	0.000 000 000 000 000 000 000 001

2. 절대단위와 중력단위

(1) 절대단위

절대단위에는 MKS 단위와 cgs 단위가 있다. 길이, 질량, 시간의 단위를 나타내는데 MKS 단위에서는 [m], [kg], [s]를 쓰고 cgs 단위로는 [cm], [g], [s]를 쓴다.

(2) 중력단위

길이와 시간의 단위로는 [m]와 [s]를 사용하고, 힘의 단위로서는 1[kg] 중 (1[kg] 질량에 작용하는 중력 즉, 질량 1[kg]의 물체의 무게)을 사용한다. 힘을 표시하는 단위를 절대단위에서는 N(Newton)을 사용하는데, 중력단위인 $[kg_f]$와의 관계는 다음과 같다.

$1[kg_f] = 9.8[N]$

(3) MKS 단위와 cgs 단위

• 아래 단위를 기본으로 한 유도단위도 포함한다.

	길이	질량	시간
M, K, S	m(meter)	kg(kilogram)	s(second)
c, g, s	cm(centimeter)	g(gram)	s(second)

① 1meter란?

클립톤86(^{86}Kr) 원자의 준위(準位) $2P_{10}$과 $5d_5$간의 천이에 대응하는 광파의 진공속에서의 파장의 1650763.73배와 같은 길이이다. 이것은 1960년 도량형총회에서 결정된 새로운 정의이며 이전에는 국제도량형국에 보관되어 있는 미터원기(Standard meter)의 길이를 표준으로 하였다. 이것은 백금과 이리듐의 합금으로 된 막대이며 온도 0[℃]에서 가장자리 가까이의 가는 두 선간의 간격을 1[m]로 정하였다.

② 1kg이란?

국제 kilogram 원기(原器)인 백금과 이리듐 합금체의 질량. 원기번호 No.20이며 국제도량형국에 보관되어 있다.

③ 1초란?

평균태양일의 1/24×60×60이다. 평균태양일이란 1일을 1년간의 태양의 평균속도로 나타낸 것이다. 제2의 표준시간으로는 전기적으로 유지되는 수정의 자유주기진동을 이용한 수정결정시계를 이용한다. 이 시계의 1년간의 최대오차는 0.02초이다. 1967년 제13회 도량형총회에서는 세슘(^{133}Cs) 원자시계에 기초를 둔 초를 국제표준으로 채택하였다. 초는 ^{133}Cs의 특별히 선정된 전이주기의 9,192,631,770배로 정의되었다. 세슘시계는 6000년 동안의 오차가 1초이하이며, 더 좋은 원자시계가 계속 연구중에 있다.

(4) 속도의 단위

① 마하(mach) : 주로 비행기의 속력단위로 사용. 음속의 몇 배인가로 표시한 것.

1[mach] = 340[m/s] at 15[℃]

1[mach] 보다 큰 속력을 "초음속"이라 한다

② mile/h : 1[mile](육상마일) = 1,609[m]

③ knot : 1[mile](해상마일) = 1,852[m]

1[knot] = 1[mile/h] = 1,852[m/h]

④ 지구의 공전속도 : 약 30[km/s]

빛의 속도 : 3×10^8[m/s]

빙하의 평균 이동속도 : 10^{-6}[m/s]

(5) 힘의 단위

① 1[N](Newton) : 질량 1[kg]인 물체를 1[m/s^2]의 가속도로 움직이게 하는 힘.

1[N] = 1[kg]×1[m/s^2] = 1[kg · m/s^2]

② 1[dyne] : 1[g]의 질량을 1[cm/s^2]의 가속도로 움직이는 힘.

1[dyne] = 1[g]×1[cm/s^2] = 1[g · cm/s$^{2]}$

* 10^5[dyne] = 1[N]

(∵ 1[N] = 1[kg · m/s^2] = 1000[g] · 100[cm/s^2] = 10^5[g · cm/s^2] = 10^5[dyne])

③ 1[kg$_f$](f = force) : 질량 1[kg]인 물체를 지구가 중력가속도(9.80665[m/s^2])로 잡아낭기는 힘. 이것은 물체의 무게를 나타내며, 무게도 힘의 일종이다.

1[kg$_f$] = 1[kg]×9.8[m/s^2] = 9.8[kg · m/s^2] = 9.8[N]

= 1[kg]중(중 = 중력)

= 1[kgw](w = weight)

= 1[kp](kp = kilo pond)

= 1[kg] : 공학에서 보통 f를 생략하여 사용함.

> 예 1[PS](마력) = 75[kg · m/s]라고 할 때의 [kg]은 [kg$_f$]를 뜻함.
> 75[kg · m/s]를 절대단위로 고쳐본다면,
> 75[kg · m/s] = 75[kg$_f$ · m/s]
> = 75×9.80665[N · m/]s (∵ 1[kg$_f$] = 9.80665[N])
> = 735.5[N · m/s]
> = 735.5[W] (∵ 1[W] = 1[N · m/s])

④ 질량과 무게의 관계

㉠ 질량 : 위치에 따라 변하지 않는 물체 고유의 양으로서, 단위는 [kg]이다.

㉡ 무게 : 물체에 작용하는 지구의 중력으로서, 지구상의 위치나 높이에 따라 달라진다. 단위는 [kg_f]이다.

⑤ 중력질량과 관성질량

㉠ 중력질량 : 물체의 무게를 재서 질량을 구한다.

$$m = \frac{W}{g} \quad (\because W = mg)$$

㉡ 관성질량 : 일정한 힘을 가해 가속도의 크기를 비교하여 질량을 구한다.

$$m = \frac{F}{a} \quad (\because F = ma)$$

⑥ 무게와 힘의 비교

㉠ 힘 : F = m · a(질량×가속도)

무게 : W = m · g (질량×중력가속도)

㉡ 중력(g)이 없는 곳(예로써, 우주선)에서 큰 질량의 물체를 드는데 필요한 힘은?

힘은 0. [W] = [m · g] = 0이므로(∵ g = 0).

㉢ 그러나, a의 가속도로 이 물체를 미는데 필요한 힘은?

질량과 가속도가 0이 아니므로 F = m · a에 해당하는 힘이 필요.

㉣ 중력가속도(g)를 계산으로 구하는 법

Newton의 만유인력의 법칙은 다음과 같다.

$$F = G\frac{M \cdot m}{r^2}$$

F : 만유인력, M : 태양의 질량, m : 행성의 질량, r : 공전궤도반경,

G : 만유인력상수 = $6.67 \times 10^{-11}[N \cdot m^2/kg^2]$

$F = mg$의 식과 만유인력식을 이용하면,

$$F = G\frac{M \cdot m}{r^2} = mg \text{ 이므로,}$$

$$g = \frac{G \cdot M}{r^2}$$

$$= \frac{6.67 \times 10^{-11}[N \cdot m^2/kg^2] \times \overbrace{6 \times 10^{24}[kg]}^{\text{지구의 질량}}}{(\underbrace{6.4 \times 10^6[m]}_{\text{지구반경}})^2} \fallingdotseq 9.8[m/s^2]$$

* 위 식에서는 지구와 물체간의 인력이므로 M = 지구의 질량, m = 물체의 질량이다.

(6) 일의 단위

물체에 일어난 변화의 양을 힘과 이동거리로 나타낸 것이다. 힘의 크기를 F, 이동거리를 s라 하면,

W = F · s

고로, 아무리 큰 힘을 가해도 물체가 이동하지 않으면 한 일은 없다.
일의 단위는 에너지의 단위와 같다.

① 1 J(Joule) : 1 N의 힘으로 1 m 움직이는데 필요한 일.
  $1\ J = 1\ N \cdot m = 1\ kg \cdot m^2/s^2$
② $1\ erg = 1\ dyn \cdot cm = 10^{-7}\ J$ ($\because$ $1\ dyn = 10^{-5}\ N$, $1\ cm = 10^{-2}\ m$)
③ $1\ PSh = 2.648 \times 10^6\ J = 2.648\ MJ$
④ 1 Ws (Watt · second) = 1 J (∵ 1 W = 1 J/s, 뒤의 7-1) 참조)
⑤ 1 Wh (Watt · hour) = 3600 J
⑥ 1 kwh (kilowatt · hour) = 3.6×10^6 J = 3.6 MJ
⑦ $1\ kg_f \cdot m = 9.80665\ J$

(7) 일률의 단위

일률은 단위시간에 한 일의 양이다.

$$P = \frac{W}{t} = \frac{Fs}{t} = Fzv$$

역으로 일률에 시간을 곱하면 일이 된다. 즉,

$$P = \frac{W}{t} \text{에서 } P \cdot t = W$$

그러므로 일률과 시간의 곱 형태인 Ws, PSh, HPh 등은 일의 단위와 같다.

① 1[W](Watt) = 1[J/s]
② 1[PS] = 75[kg · m/s] = 735.5[W] = 0.7355[kW]
  [PS]는 불마력, 독마력 또는 미터마력이라 하며, HP에 비해 많이 쓰이는 단위임. 독어 Pferdstärke(마력)의 약자임.
③ 1[HP] = 550[lb · ft/s] = 745.7[W]
  [HP]는 영마력이라 하며, [PS]에 비해 적게 쓰임. Horse Power의 약자.

(8) 압력의 단위

액체와 기체에는 “압력(Pressure)”, 고체에는 “응력(Stress)”이라는 용어를 사용한다. 즉, 압력과 응력의 단위는 같다.

① $1[N/m^2]$: $1[m^2]$에 1[N]의 힘이 작용하는 압력
$= 1[Pa](Pascal) = 10^{-2}[hPa](hecto\ pascal)$

② $1[bar] = 10^5[N/m^2] = 10^5[Pa] = 10^3[hPa]$
$= 10[N/cm^2] = 10^6[dyne/cm^2](\because\ 1[N] = 10^5[dyne])$
$= 10^3[mbar]$
$1[mbar] = 1[hPa]$

③ 1공업기압(Technical atmosphere, at) : $1[cm^2]$의 면적에 $1[kg_f]$의 힘이 작용하는 압력.
$1[at] = [kg_f/cm^2]$
$= 9.8[N/cm^2](\because\ 1[kg_f] = 9.8[N])$
$= 0.98[bar](\because\ 1[bar] = 10[N/cm^2])$

④ 1기압(표준기압, Normal atmosphere, atm) : 0[℃]에서 수은주 760[mm]가 나타내는 압력. [atm]으로 표시한다.
$1[atm] = 760[mmHg] = 760[Torr]$
$= 1.013\times10^5[Pa] = 1.013\times10^3[hPa]$
$= 1.0133[bar] = 1013.3[mbar]$
$= 1.0332[kg_f/cm^2abs](\because\ 1[kg_f/cm^2] = 0.98[bar]$이므로, $1.0133\div0.98=1.0332)$
$= 14.7[lb/in^2abs] = 14.7[psia]$
$= 10.332[mWG]$

⑤ 1[mmHg] : 중력가속도가 $9.80665[m/sec^2]$ 인 장소에서 밀도 $13595.10[kg/m^3]$인 수은의 높이 1[mm]의 기둥이 바닥에 미치는 압력.
$= 13.59510[kg/m^2]$
$= 1[Torr]$

㉠ Torrcelli의 실험 : 이탈리아의 물리학자 토르첼리(1608 ~ 47)는 대기압을 측정하기 위해 한쪽 끝이 막힌 유리관에 수은을 넣고 거꾸로 세웠더니 76[cm]의 높이에서 수은기둥이 멈추는 것을 발견하였다. 이것은 수은기둥에 의한 압력과 대기압이 같다는 것을 의미한다.

㉡ 수은주에 의한 대기압의 계산방법

ⓐ 수은의 밀도는 $13.6\times10^3[kg/m^3]$으로서 단면적이 S인 수은기둥의 무게는,
무게 = 밀도×부피×중력가속도
$= 13.6\times10^3\times S\times0.76\times9.80$
$= 1.013\times10^5\times S[N]$

ⓑ 0[℃]에서 수은기둥의 높이가 76[cm]일 때의 대기압을 1기압이라고 한다. 따라서 수은 기둥의 무게를 이용하면 압력을 구할 수 있다.

$$P = \frac{F}{S} = \frac{무게}{S}$$

$= 1.013 \times 10^5 [N/m^2]$

$= 1.013 \times 10^5 [Pa]$

$= 1.013 [bar]$

⑥ 1[mmH₂O] : 중력가속도 9.80665[m/sec²]인 곳에서 밀도 999.972[kg/m³]인 물의 높이 1[mm]의 기둥이 바닥에 미치는 압력

$1[mmH_2O] = 0.999972[kg_f/m^2] = 0.999972 \times 10^{-4}[kg_f/m^2]$

$= 1[mmAq]$(Aqua)

$= 1[mmWG]$(Water Gauge)

$= 1[mmWC]$(Water Column)

예제 1[kg/cm²]에 해당하는 수두값은?

해설 $1[mmH_2O] = 0.999972 \times 10^{-4}[kg_f/cm^2]$이므로,

$\therefore\ 1[kg_f/cm^2] = 1 \div (0.999972 \times 10^{-4})$

$= 10^4 [mmH_2O]$

$= 10[mH_2O]$

⑦ 1[psi](프사이) = $1[lb/in^2] = 0.070307[kg/cm^2]$

$\therefore\ 1[kg/cm^2] = 14.22[psi]$

⑧ 절대압력 : 완전진공을 압력 0으로 기준한 것.

$[kg/cm^2abs]$, $[kg/cm^2ata]$, [psia] 등으로 표시한다. abs 혹은 a는 Absolute의 약자.

⑨ 계기압력 : 대기압을 압력 0으로 기준한 것.

$[kg/cm^2G]$, $[kg/cm^2gauge]$, $[kg/cm^2atg]$, [psig] 등으로 표시한다.

⑩ 절대압력과 계기압력과의 관계

Pa = Pg+대기압

(9) 중력단위와 절대단위의 개념 종합정리

중력단위		절대단위
[kg]	질량	[kg]
[kg_f]	힘(=무게)	[N] = [kg · m/s^2] [dyn] = [g · cm/s^2] (1[N] = 10^5[dyn])
[kg_f · m]	일(=에너지)	[J] = [N · m] = [kg · m/s^2 · m] = [kg · m^2/s^2] [erg] = [dyn · cm] (1[J] = 10^7[erg])
[kg_f · m/s]	일률	[W] = [J/s] = [kg · m^2/s^2/s] = [kg · m^2/s^3]
1[PS] = 75[kg_f · m/s] = 75×0.98[N · m/s] = 735.5[N · m/s] = 735.5[J/s] = 735.5[W]	1PS (변환의 예)	1[PS] = 735.5[W] = 0.7355[kW] ∴ 1[kW] = 1.3596[PS]
1[kg_f/cm^2] = 9.8[N/cm^2] = 0.98[bar]	압력 (변환의 예)	1[bar] = 10^5[Pa] = 10^5[N/$m^{2]}$ = 10[N/cm^2] = 1.0197[kg_f/cm^2]

(10) 비중, 비중량 및 밀도

① 밀도(ρ) : 물질의 단위체적의 질량. 단위는 [kg*/m^3](*는 절대단위를 표시).

㉠ 물의 밀도 : 물의 밀도는 4[℃]에서 0.99997×10^3[kg*/m^3]로서 10^3에 가장 가깝고, 가장 높다. 4[℃]보다 높거나 낮은 온도에서는 밀도가 더 낮다.

㉡ 호수의 물이 위에서 부터 어는 이유 : 겨울철 호수는 위에서 부터 얼게 되는데 그 이유는, 0[℃]에 가까운 물일수록 밀도가 낮으므로 위로 올라가고 4[℃]에 가까운 물일수록 밀도가 높으므로 아래로 내려가기 때문이다.

② 비중량(γ) : 단위체적에 대한 중량이다. 단위는 [kg_f/m^3]. 밀도를 ρ, 비중량을 γ, 중력가속도를 g라 하면,

$\gamma = \rho g$

③ 비중(S) : 물질의 질량과 4[℃], 표준기압에서 이 물질과 같은 체적의 순수한 물의 질량과의 비이며, 무차원수이다. 때로는 물질과 물의 기준온도를 명시하여 15[℃]/4[℃], 60[°F]/60[°F] 등으로 나타내기도 한다. 여기에서 15[℃]는 시료의 기준온도, 4[℃]는 물의 기준온도이다.

(11) 온도의 단위

① 섭씨(攝氏)온도 : 1742년 스웨덴의 Celsius가 정한 온도. 표준기압하에서 순수한 얼음이 녹는 온도를 0도, 끓는 온도를 100도로 하고 이 사이를 100등분하여 1 눈금을 1도로 정한 온도이며 [℃]로 표시한다.

② 화씨(華氏)온도 : 알코홀온도계와 수은온도계를 처음 만들었던 독일인 Fahrenheit가 정한 온도. 물의 끓는 온도를 212도, 어는 온도를 32도로 하여 그 사이를 180등분하여 1눈금을 1도로 정한 온도이며, [℉]로 표시한다.
화씨온도와 섭씨온도와의 관계는 다음과 같다.

$$[°F] = \frac{9}{5}[°C] + 32$$

③ 절대온도 : Kelvin에 의해 정해진 온도이며, [°K]로 표시한다. 이상기체는 일정압력하에서 온도 1[℃] 상승에 따라 체적이 1/273.15씩 증가(0[℃] 체적의)하고, 일정용적하에서는 온도 1[℃] 상승에 따라 압력이 1/273.15씩 증가(0[℃] 압력의)하는 것을 이용한 것이다.
섭씨온도와의 관계는 다음과 같다.
[°K] = [℃]+273.15

(12) 열의 일당량

열의 본질은 에너지이며, 물체에 변화를 일으키는 원인이 되므로 일과 마찬가지이다.

① 열량을 Q[kcal], 이와 동등한 일량을 W[kg · m]라 하면, $W = JQ$
이 J를 열의 일당량이라 하며 426.8이다. 즉, 1[kcal]는 426.8[kg_f · m]에 상당한다.
W의 단위를 [kg_f · m] 대신 Joule을 사용한다면,
426.8[kg_f · m] = 4186[J] (∵ 1[kg_f] = 9.8[N])
즉, 1[kcal]는 4186[J]에 상당하며 1[cal]는 4.186(≒4.2)[J]에 상당한다.

② J의 역수를 일의 열당량이라 하고 A로 나타낸다.

$$Q = \frac{1}{J}[W] = A[W]$$

(13) 밝기에 관한 단위

단위시간 동안에 빛의 에너지가 통과하는 양을 광속 또는 광류라고 한다. 광원에서 어떤 방향의 단위입체각에 내보내지는 광속을 그 광원의 광도라고 한다. 어떤 면의 단위면적이 받는 광속을 그 면의 조도라고 한다. 광원이 클 때 광원면의 작은 면적 df의 면에 수직방향의 광도를 df로 나눈 것을 휘도라고 한다.

① 광도 : 1946년 국제도량형위원회는 광도의 단위로서 칸델라(candela, cd)를 사용하기로 하였다. 1[cd]는 백금의 응고점에 있어서 흑체의 1[cm^2]의 평탄한 표면에 수직방향 광도의 1/60이다. 종래의 국제촉(International candle, int. c)은 영, 미, 불 세나라에 의해 협정된 단위이며, 표준펜탄 등의 수평방향의 광도의 1/10에 거의 같다.
1 국제촉 = 1.018[cd]

② 조도

㉠ 1[lx](lux) = 1[m · cd] : 1[cd]의 광원에서 1[m]의 거리에 있는 수직평면의 조도.

㉡ 1[lx](lux) = 1[lumen/m^2] : 1[lumen]의 광속이 1[m^2]의 면적에 균일하게 분포할 때의 조도.

㉢ 휘도 : 1stilb(sb) = 1[cd/m^2]

(14) 음향에 관한 단위

① 음의 세기 : 음의 파면에 평행인 면의 단위면적을 단위시간에 흐르는 에너지를 말한다. cgs 단위는 [erg/cm^2 · s]이다.

② 데시벨 : 음의 세기의 레벨은 다음식으로 정의되는 데시벨수(decibel, db)로 부여된다.

$\beta = 10\log_{10}(I/I_0)$

여기서 I는 측정할 음의 세기, I_0는 기준음의 세기이며 보통 10^{-16}[W/cm^2]을 적용한다.

③ 폰 : 어떤 음의 크기를 나타내는데는 정상적인 귀가 이것과 상등한 크기로 느끼는 기준음, 1000[c/s]의 평면진행 정현파, 의 데시벨수를 가지고 한다. 이것을 음의 세기레벨과 구별하기 위해서 폰(phone)이라고 한다. 데시벨의 기준점은 10^{-16}[W/cm^2]으로 한다.

④ 음의 진동수의 단위

㉠ Hz : 1[cycle/sec]

㉡ 옥타브(octave) : 2 : 1의 진동수비를 단위로 해서 이것을 옥타브라 하며, 진동수 f_2와 f_1과의 음정을 $N = \log_2(f_2/f_1)$ octave로 나타낸다

(15) 전기의 단위

① 전하량의 단위

- 1[C](Coulomb) : 도선에 흐르는 전류의 세기가 1[A]일 때 도선의 한 단면을 1초 동안 통과한 전하량.

② 전위

- 1[V](Volt) : 단위 전하당 전기적 위치에너지로서, 1[C]의 전하를 옮기는데 1[Joule]의 일이 필요할 때 두 점 사이의 전위차는 1[V](J/C)이다.

③ 전기용량

- 1[F](Farad) : 1[V]의 전압을 걸었을 때 1[C]의 전하가 저장될 때의 전기용량. 1[F]은 너무 큰 값이므로 실제로는 [μF]이나 [pF]이 사용된다.

  1[F] = 1[C]/1[V] = 10^6[μF] = 10^{12}[pF]

④ 전류

- 1[A](Ampere) : 도선의 단면을 1초 동안 1[C]의 전하가 이동하는 전류의 세기. 도선의 단면을 통과하는 전하량을 q라 하면 전류의 세기 I는 다음과 같다.

$$I = \frac{q}{t}$$

* 전자 1개의 전하량이 1.6×10^{-19}[C]이므로 1[C]의 전하량에 해당하는 전자의 수는 6.25×10^{18}이다. 1초 동안에 6.25×10^{18}개의 전자들이 이동할 때의 전류의 세기는 1[A]이다.

⑤ 전기저항

㉠ 1[Ω](Ohm) : 1[V]의 전압을 걸었을 때 1[A]의 전류를 흐르게 하는 전기저항의 값.

㉡ Ohm의 법칙 : 전압을 V, 전류를 I, 저항을 R이라 할 때 다음의 관계가 있다.

$$V = IR \text{ 또는 } I = \frac{V}{R}$$

㉢ 비저항 : 길이 1[m], 단면적 1[m²]인 물질이 가지는 전기저항으로서 물질마다 그 값이 다르다. 비저항이 클수록 부도체에 가깝다. 단위는[Ωm]

ⓐ 비저항의 단위 : 도선의 저항은 길이(ℓ)에 비례하고 단면적(S)에 반비례한다.

즉, $R = \rho \frac{l}{S}$

$$\therefore \ \rho = R \times \frac{S}{l} = [\Omega] \times [m^2/m] = [\Omega \cdot m]$$

ⓑ 여러 가지 물질의 비저항

물질	비저항[Ω · m]	물질	비저항[Ω · m]
은	1.6×10^{-8}	게르마늄	0.46
구리	1.7×10^{-8}	실리콘	640
알미늄	2.8×10^{-8}	유리	$10^{10} \sim 10^{14}$
텅스텐	5.5×10^{-8}	에보나이트	$10^{13} \sim 10^{15}$
철	10×10^{-8}	고무	$(1 \times 5) \times 10^{13}$
니크롬	1.1×10^{-6}	황	10^{15}

㉣ 비저항과 온도

ⓐ 대부분의 금속은 온도의 증가에 따라 저항값도 증가한다. 온도가 증가하면 원자의 진동이 활발해져 전자와 충돌하는 횟수가 늘어나기 때문이다. 표준온도(보통 0[℃]나 20[℃])에서의 비저항값을 ρ_0, 온도 T에서의 비저항값을 ρ라 할 때 좁은 영역(0 ~ 100[℃] 정도)에서 다음과 같은 식으로 표현된다.

$$\rho = \rho_0 [1 + \alpha (T - T_0)]$$

ⓑ 반도체 : 온도가 증가함에 따라 비저항이 감소한다. 서미스터(Thermister)는 작

은 반도체의 결정으로서 민감한 전자온도계를 만드는데 사용된다.

ⓒ 초전도체 : 상온에서는 온도가 감소함에 따라 비저항이 감소하다가 어떤 온도(임계온도)에 이르면 비저항이 갑자기 0으로 떨어지는 물질이다.

⑥ 전기에너지

㉠ 회로에 전위차를 걸어서 전류가 흐르도록 하면 회로저항에 의해 전기에너지가 열에너지로 변환된다. 전기적인 위치에너지(전기에너지)와 중력에 의한 물체의 위치에너지를 비교해 보면 다음과 같다.

전기적 위치에너지 = 전하량(q)×전압(V)

중력에 의한 위치에너지 = 무게(mg)×높이(h)

전기에너지(= 일)를 W로 나타내면,

$$W = qV = VIt = I^2Rt = \frac{V^2}{R}t[\text{J}]$$

$(\because q = It,\ V = IR)$

이 전기에너지는 도선에서 열에너지로 전환되며 이 때 발생하는 열량은 다음과 같다.

$$Q = \frac{W}{J} = \frac{1}{J}VIt = \frac{1}{J}I^2Rt[\text{cal}]$$

J : 열의 일당량 4.2[J/cal]

㉡ 소비전력 : 단위시간에 발생하는 열에너지 혹은 전류가 단위시간에 한 일의 양.

$$P = \frac{W}{t} = VI = I^2R = \frac{V^2}{R}$$

예를 들어, 100[V]용 100[W] 전구인 경우,

ⓐ 저항은 $P = \frac{V^2}{R}$에서 $R = \frac{V^2}{P} = \frac{100^2}{100} = 100[\Omega]$이다.

ⓑ W = [J/sec]이므로, 100[W]의 전력이란 매초당 100[J]의 전기에너지를 소비하는 것이다.

㉢ 소비전력량 : 전기에너지가 다른 형태의 에너지로 전환된 양을 말하며 전력×시간으로 나타낸다. 1[kWh]는 1[kW]의 전력을 1시간 동안 소비한 것이며 3.6×106[J]과 같다.

$(\because 1[\text{kWh}] = 10^3[\text{Wh}] = 10^3 \times 60 \times 60[\text{W} \cdot \text{sec}] = 3.6 \times 10^6[\text{J}])$

⑦ 자기장의 단위

㉠ 자속 : 자기장에 수직인 단면을 지나는 자기력선의 수. 단위는 Weber(Wb).

㉡ 자속밀도 : 자기장에 수직인 단위면적을 지나는 자기력선의 수로서 자기장의 세기를 나타낸다. 단면적 A를 지나는 자기력선을 Φ라 할 때 자속밀도 B는 다음과 같다.

$$B = \frac{\Phi}{A}$$

단위는 $[Wb/m^2]$ = [T](Tesla) = [N/A · m](Newton/Ampere · meter)

⑧ 유도계수의 단위

㉠ 자체유도 : 코일에 흐르는 전류의 세기가 변하면 코일을 통과하는 자기장(자속)이 변하고 이에 따라 유도기전력이 발생하여 유도전류가 흐르게 된다. 이것을 자체유도라 하며, Δt 동안 전류가 ΔI 만큼 변했을 때 유도기전력은 다음과 같다.

$$E = -L\frac{\Delta I}{\Delta t}$$

여기에서 L은 자체 유도계수(자체 인덕턴스)이며, 단위는 H(Henry)이다. 1[H]는 1초 동안 1[A]의 전류변화가 있을 때 1[V]의 유도 기전력이 발생하는 경우의 유도계수이다.

㉡ 상호유도 : 서로 가까이 설치된 두 개의 코일 중 어느 한 쪽에 전기를 흐르게 하여 자기장을 변화시키면 다른 코일에 유도기전력이 발생한다. 이것을 상호유도라 한다. Δt 동안 전류가 ΔI 만큼 변했을 때 유도기전력은 다음과 같다.

$$E = -M\frac{\Delta I}{\Delta t}$$

여기에서 M은 상호 유도계수(상호 인덕턴스)이며, 단위는 H(Henry)이다.

(16) 진동의 단위

$w = 2\pi f$ ω = 각진동수, f = 주파수(Hz = cps)

종류	단위	환산식	적용범위
변위 (Displacement)	mm, inch, mil(= 10^{-3}inch)	$D = a$	구조물 (피로강도) 증
속도 (Velocity)	cm/sec, mm/sec, inch/sec	$V = aw = a \cdot \pi f f$	일반회전기계 등
가속도 (Acceleration)	g(= 9.81m/sec^2), mm/sec^2, cm/sec^2(= gal), inch/sec^2	$A = aw^2 = a \cdot (2\pi f)^2$	충격(shock) 등

(17) 그리스 알파벳 읽기

대문자	소문자	이름	영어식읽기	한국식읽기
A	α	Alpha	앨퍼	알파
B	β	Beta	비-터	베타
Γ	γ	Gamma	개머	감마
Δ	δ	Delta	델터	델타
E	ε	Epsilon	엡사일런	엡실론
Z	ζ	Zeta	지-터	제타
H	η	Eta	이-터	이타
Θ	θ	Theta	씨-터	쎄타
I	ι	Iota	아이오우터	이오타
K	κ	Kappa	캐퍼	카파
Λ	λ	Lambda	램더	람다
M	μ	Mu	뮤-	뮤-
N	ν	Nu	뉴-	뉴-
Ξ	ξ	Xi	크사이	크사이
O	o	Omicron	오마이크런	오미크론
Π	π	Pi	파이	파이
P	ρ	Rho	로우	로
Σ	σ	Sigma	시그머	시그마
T	τ	Tau	타우	타우
Υ	υ	Upsilon	윱사일런	윕실론
Φ	φ	Phi	파이	파이
X	χ	Chi	카이	카이
Ψ	ψ	Psi	프사이	프사이
Ω	ω	Omega	오우미거	오메가

전기전자공학(일반)

초　　판 인쇄 | 2014년 11월 1일
초　　판 발행 | 2014년 11월 5일
개정 1판 발행 | 2016년 9월 20일

저　자 | 양경모
발행인 | 조규백
발행처 | **도서출판 구 민 사**
(07299) 서울특별시 영등포구 당산로2길 12, 1004호
전화 (02) 701－7421(～2)
팩스 (02) 3273－9642
홈페이지 www.kuhminsa.co.kr

등　록 | 제14-29호 (1980년 2월 4일)
ISBN | 979-11-5813-301-6 13560

값 29,000원